电气信息工程丛书

# 智能制造工业控制软件规范及其应用

彭　瑜　何衍庆　编著

机 械 工 业 出 版 社

本书共 6 章，介绍 IEC 61131-3 第三版的公用元素基本概念、标准编程语言中的指令表和结构化文本的文本类编程语言、梯形图和功能块图的图形类编程语言、顺序功能表图编程语言、运动控制功能块、安全相关功能块、模糊控制功能块等，并讨论了它们的编程技巧和工业应用。

　　本书内容涵盖了智能制造对 PLC 软件功能的基本要求。

　　本书可作为自动化和仪表专业等相关专业本科及专科学生的教材和编程语言的培训用书，也是工矿企业、科研开发单位工程技术人员的重要参考资料。

## 图书在版编目（CIP）数据

智能制造工业控制软件规范及其应用 / 彭瑜，何衍庆编著. —2 版. —北京：机械工业出版社，2018.4（2021.2 重印）

（电气信息工程丛书）

ISBN 978-7-111-59695-0

Ⅰ. ①智… Ⅱ. ①彭… ②何… Ⅲ. ①智能制造系统-控制系统-应用软件—技术规范 Ⅳ. ①TH166-65

中国版本图书馆 CIP 数据核字（2018）第 077089 号

机械工业出版社（北京市百万庄大街 22 号　邮政编码 100037）

策划编辑：时　静　　责任编辑：时　静　王　荣

责任校对：张艳霞　　责任印制：常天培

北京虎彩文化传播有限公司印刷

2021 年 2 月第 2 版·第 2 次印刷

184mm×260mm·27 印张·658 千字

2501－3000 册

标准书号：ISBN 978-7-111-59695-0

定价：99.00 元

凡购本书，如有缺页、倒页、脱页，由本社发行部调换

电话服务　　　　　　　　　　网络服务

服务咨询热线：（010）88379833　　机 工 官 网：www.cmpbook.com

读者购书热线：（010）88379649　　机 工 官 博：weibo.com/cmp1952

　　　　　　　　　　　　　　　教育服务网：www.cmpedu.com

**封面无防伪标均为盗版**　　　金 书 网：www.golden-book.com

# 前　言

《中国制造 2025》由国务院于 2015 年 5 月发布，提出了中国制造强国建设三个十年的"三步走"战略，是第一个十年的行动纲领。其基本方针是创新驱动、质量为先、绿色发展、结构优化、人才为本；基本原则是市场主导，政府引导，立足当前，着眼长远、整体推进、重点突破、自主发展，开放合作；战略目标是立足国情，立足现实，力争通过"三步走"实现制造强国的战略目标。其中，加快推动新一代信息技术与制造技术融合发展，把智能制造作为两化深度融合的主攻方向；着力发展智能装备和智能产品，推进生产过程智能化，培育新型生产方式，全面提升企业研发、生产、管理和服务的智能化水平，推进信息化与工业化深度融合是其重点之一。

当前，机器人应用正在扩展到越来越多的行业，包括 3D 打印、农业、装配、建筑、电子、物流和仓储、生产制造、医药、采矿以及运输等行业都能看到机器人的身影。此外，在生产制造行业，安全防范意识的提升，对于重复性劳动带来伤害的重视，都成为工业机器人发展的助推力。

PLCopen 国际组织在构筑工控编程环境开放性的同时，还孜孜不倦地为提高工业自动化的工作效率进行最基础性的规范工作。其主要成果之一就是构筑工控编程软件包的开发环境；同时，还在这些编程系统的基础上进一步将其发展为统一工程平台。与智能制造紧密相关的主要工作有：

- 运动控制规范。在 IEC 模块化的开发环境里加入了运动控制技术，将 PLC 和运动控制的功能组合在控制软件的编制中。
- 机械安全规范。和德国 TÜV 公司合作规定了 IEC 61131-3 框架内的安全功能及其应用。
- IEC 61131-3 的 XML 格式规范。为实现在不同的软件开发环境之间交换程序、函数/功能块库和工程项目，IEC 61131-3 规范了这些数据交换的接口。
- IEC 61131-3 的 OPC 信息模型。将 OPC UA 技术和 IEC 61131-3 组合成一个独立于制造厂商的信息和通信架构的平台，为实现自动化结构提供了一种全新的选择。

为此，PLCopen 国际组织注重与许多国际标准化组织和基金会（譬如 ISA、OPC 基金会等）的合作，开发了有关标准和规范，为智能制造和工业 4.0 的应用和发展，打下坚实基础。

为适应我国智能制造的发展，编者根据 IEC 61131-3 第三版、PLCopen 国际组织的运动控制和安全等有关规范，编写了本书。本书共 6 章。第 1 章介绍了 IEC 61131-3 编程语言第三版的内容，根据基于面向对象的程序设计语言，IEC 61131-3 第三版增加了有关类、方法、功能块类型、引用、接口、动态名绑定、命名空间等内容，对封装、多态和继承等内容进行介绍。第 2～4 章对 PLCopen 规范的各种编程语言进行分类介绍和讨论其应用示例。

结合运动控制理论，本书第 5 章介绍运动控制的基本概念，包括运动学、动力学、坐标系及其变换、插补技术、状态图、轴、轴组、缓冲模式、过渡模式、电子凸轮、电子齿轮、协调运动、同步运动等；讨论了运动控制功能块的基本功能，并介绍管理类和运动类运动控制功能块，包括单轴和多轴，协调和同步运动控制功能块。

针对由电气或电子和可编程电子部件构成、起安全功能的电气/电子/可编程电子系统，本书第 5 章还介绍了安全的基本概念。PLCopen 将逻辑、运动和安全结合在一个开发环境中，简化应用环境，实现了跨平台环境的有效解决方案。为此，本书介绍了安全相关功能块和通用规则等内容，提供了应用示例。

自查德创立模糊集理论以来，由于无需对被控过程建立数学模型和模糊控制的强鲁棒性，模糊控制受到广泛的应用，为此，本书第 5 章依据 IEC 61131-6 的标准文本和其他参考资料介绍模糊控制基本概念，包括模糊集、隶属函数、隶属函数运算、模糊控制基本结构等，讨论了模糊控制功能块和其实现方法。

本书第 6 章用大量示例说明标准编程语言在工业生产过程中的各种应用，既有用梯形图和功能块图编程语言编程的示例，也有用指令表和结构化文本编程语言编程的示例，最后，还讨论了用顺序功能表图编程语言编程的示例。

编写本书的目的是为中国制造 2025 提供较全面的编程语言培训教材。因此，本书对 PLC 的硬件没有介绍，有关硬件内容可参考各制造商的产品说明书。由于采用国际标准的编程语言介绍编程技术，因此，与专用制造商编程语言的培训教材不同，本书的适应面广，学习一次，得益终身。同时，也是响应教育部关于发展新工科高等教育，进行工业控制通识教育的一次尝试。

本书由彭瑜、何衍庆编著。本书的编写得到 PLCopen 中国组织 PC5 的积极支持和帮助，得到上海工业自动化仪表研究院和华东理工大学等单位的关心和支持，同时 PLCopen、ABB、GE、菲尼克斯软件、倍福、施耐德、罗克韦尔等组织和公司有关技术人员为本书的编写提供了大量资料和技术支持，谨在此一并表示诚挚的谢意。本书编写过程中，参考了相关专业书籍和产品说明书，在此向有关作者和单位表示衷心感谢。

由于编者水平所限，错漏在所难免，敬请读者不吝指正。

编　者

# 目　　录

# 第1章 概　　述

## 1.1　智能制造是制造业转型升级的方向

　　智能制造是当前我国制造业，乃至全国工业、农业以及国防等各行各业中贯彻和实施《中国制造 2025》规划的重点方向，更是制造业转型升级的方向。而工业控制软件则是智能制造的基础性关键环节。工业控制软件规范主要涵盖逻辑控制、顺序控制、运动控制、过程控制、安全控制、工业通信等的标准化、规范化、模块化以及具体实现等内容。

### 1.1.1　智能制造对 PLC 功能的新要求

　　PLC 作为设备和装置的控制器，除了传统的逻辑控制、顺序控制、运动控制、安全控制功能之外，还承担着工业 4.0 和智能制造赋予的以下任务：

　　1）越来越多的传感器被用来监控环境、设备的状态和生产过程的各类参数，这些工业大数据的有效采集，迫使 PLC 的 I/O 由集中安装在机架上，必须转型为分布式 I/O。

　　2）各类智能部件普遍采用嵌入式 PLC，或者微小型 PLC，尽可能的就在现场完成越来越复杂的控制任务。

　　3）应用软件编程的平台化，进一步发展工程设计的自动化和智能化。

　　4）大幅提升无缝联通能力，相关的控制参数和设备的状态可直接传输至上位的各个系统和应用软件，甚至送往云端。

　　概括起来就是：满足工业大数据采集的需求，就地实时自治控制，实现编程的自动化和智能化，提升无缝的联通能力。

　　PLC 系统作为工业控制主力军的地位会不会因为正在掀起的第四次工业革命而被逐步替代呢？回答是否定的。同时，这也取决于 PLC 软硬件技术能否快速地进行适应性的转型和升级。事实上，PLC 软件技术以 PLCopen 为先导，一直在为满足工业 4.0 和智能制造日益清晰的要求做足了准备。图 1-1 显示 PLCopen 历年来所开发的各种规范在工业 4.0 参考架构模型（RAMI4.0）相应维度和层级中的位置，可以明显地看到，PLCopen 国际组织长期以来为提高自动化效率做了一系列卓有成效的工作。

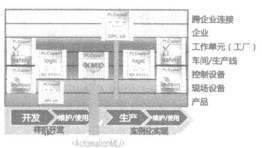

图 1-1　PLCopen 各规范在 RAMI4.0 中的位置

总之，PLC 可谓是工业自动化控制的常青树，即使是在工业转型升级的智能制造年代，或者是工业 4.0 的时代，它仍然足够胜任各种控制和通信要求。但它早已不再是三四十年前的只能完成逻辑控制、顺序控制的继电逻辑系统的替代物，它已完成了由经典 PLC 向现代 PLC 的蜕变。它继承了高性价比、高可靠性、高易用性的特点，又具有了分布式 I/O、嵌入式智能和无缝连接的性能，尤其是在强有力的 PLC 软件平台的支持下，人们完全可以相信 PLC 将持久不衰地活跃在工业自动化的世界中。

## 1.1.2 PLC 硬件如何适应智能制造的要求

尽管人们较普遍的认为 PLC 硬件技术进步是渐进的，但也不能否认，PLC 的硬件技术一直在为满足工业 4.0 和智能制造日益清晰的要求积累经验。

特别是微电子技术的飞跃进展，使得 SoC 芯片在主钟频率越来越高的同时功耗却显著减小；多核的 SoC 的发展，又促进了在 PLC 的逻辑和顺序控制处理的同时，可以进行高速的运动控制处理、视觉算法的处理等；而通信技术的进展使得分布式 I/O 运用越来越多、泛在的 I/O 运用也有了起步。

为迎接工业 4.0 的挑战，PLC 硬件设计应该在以下方面有一定的改善空间：

1）极大改善能耗和减小空间。PCB 85% 的空间被模拟芯片和离散元器件所占，需要采取将离散元器件的功能集中于单个芯片中，采用新型的流线模拟电路等措施。

2）增加 I/O 模块的密度。

3）进行良好的散热设计，降低热耗散。

4）突破信息安全的瓶颈（如何防范黑客攻击、恶意软件和病毒）。

概括起来说，PLC 的硬件必须具备综合的性能，即更小的体积、更高的 I/O 密度、更多的功能。

举例来说，选用新型的器件收效显著：为了减小 I/O 模块的体积，减少元器件的数量，采用多通道的并行/串行信号转换芯片（serializer），可以对传感器 24V 的输出信号进行转换、调理和滤波，并以 5V 的 CMOS 兼容电平输入 PLC 的 MCU。这样可把必要的光电隔离器件减少至 3 个，来自多通道的并行/串行信号转换芯片（serializer）的信号，可共享相同的光电隔离资源。

美信（Maxim）公司的模拟器件集成设计，简化了信号链，使 ±10V 的双极性输入可以多通道采样、放大、滤波和模-数转换，而且只需单路的 5V 电源。这种设计取消了 ±15V 的电源，减少了元器件的数量和系统成本，降低了功耗，缩小了元器件所占用的面积。

## 1.1.3 PLC 软件如何适应智能制造的要求

PLC 作为一类重要的工业控制器装置，之所以能够在长达数十年的工控市场上长盛不衰，重要原因是软件与硬件发展的相辅相成、相得益彰。

IEC 61131-3 标准推动 PLC 在软件方面的进步，体现在以下方面：

1）编程的标准化，促进了工控编程从语言到工具性平台的开放；同时为工控程序在不同硬件平台间的移植创造了前提条件。

2）该标准为控制系统创立统一的工程应用软环境打下坚实基础。从应用工程程序设计的管理，到提供逻辑和顺序控制、过程控制、批量控制、运动控制、传动、人机界面等统一的设计平台，以至于将调试、投运和投产后的维护等统统纳入统一的工程平台。

3）应用程序的自动生成工具和仿真工具。

4）为适应工业 4.0 和智能制造的软件需求，IEC 61131-3 的第 3 版将面向对象的编程
（Object Oriented Programming，OOP）纳入标准。

在 IEC 61131-3 标准发布之前，人们已开发了许多为 PLC 控制系统工程设计、编程、运行，乃至管理的工具性软件，其中包括控制电路设计软件包、接线设计软件、PLC 编程软件包、人机界面和 SCADA 软件包、程序调试仿真软件以及自动化维护软件等。尽管这些软件都是为具体的工程服务的，但是，即使在对同一对象进行控制设计和监控，它们却都互不关联。不同的控制需求（如逻辑和顺序控制、运动控制、过程控制等）要用不同的开发软件；在不同的工作阶段（如编程组态、仿真调试、维护管理等）又要用不同的软件；而且往往在使用不同的软件时必须自行定义标签变量（tags），定义变量的规则又往往各取其便，导致对同一物理对象的相同控制变量不能做到统一的、一致的命名。

缺乏公用的数据库和统一的变量命名规则，造成在使用不同软件时不得不进行烦琐的变量转换，重复劳动导致人力资源成本高、效率低下。

工控编程语言是一类专用的计算机语言，建立在对控制功能和要求的描述和表达的基础上。作为实现控制功能的语言工具，工控编程语言不可能是一成不变的。其进步和发展必然受到计算机软件技术和编程语言的发展，以及它所服务的控制工程在描述和表达控制要求和功能的方法的影响。

但是不论其如何发展和变化，这些年来的事实表明，它总是在 IEC 61131-3 标准的基础和框架上展开的。这就告诉人们，IEC 61131-3 不仅仅是工控编程语言的规范，也是编程系统的实现架构的基础和参照。

长期以来 PLCopen 国际组织注重与许多国际标准化组织和基金会（譬如 ISA、OPC 基金会等）合作，开发了基础性的规范。这些工作都为智能制造和工业 4.0 的应用和发展做了许多先导性的探索和准备，打下了坚实的基础。

多年来 PLCopen 一直坚持与开放标准化组织合作建立一种开放标准的生态系统。譬如与 OPC 基金会合作开发的 IEC 61131-3 的信息模型（2010 年 5 月发布）、IEC 61131-3 的 OPC UA Client FB 客户端功能块（2015 年 3 月发布）、IEC 61131-3 的 OPC UA Server FB 服务端功能块（2015 年 3 月发布）。例如，这些开放标准已经成功地应用于包装行业建立 PackML 系列规范，大大简化了包装机械与上位生产管理系统的通信。

这些标准扩大了如今广泛运用于计算技术行业的 SOA 面向服务架构的应用范围，同时也推进了一度落后于计算技术和软件的自动化系统技术，使其快速跟上 IT 技术的进展。

### 1.1.4　PLC 是智能制造和工业物联网的先行者

实现中国制造 2025 和工业 4.0 大环境下的智能制造，必须建立在一类包括实时控制和及时监控在内的、强有力的联网技术和规范的基础上。这类联网技术和规范可以在一定程度上继承原有的联网技术和规范，但更重要的是一定要突破原有技术和规范的局限，以及明显不能满足实现工业 4.0、智慧工厂和智能制造的多层递阶的架构和按功能分层进行通信的思维。这就是说，除了对时间有严格要求的实时控制和对安全有严格要求的安全功能仍然保留在工厂层面外，所有的制造功能都将按产品、生产制造和经营管理这三个维度做到通信扁平化，

实现信息虚拟化，从而构成全链接和全集成的智能制造生态系统（见图1-2）。

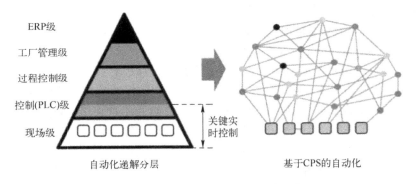

图 1-2　智能制造的通信架构的扁平化

在智能制造系统中，PLC 不仅仅是机械装备和生产线的控制器，而且还是制造信息的采集器和转发器。从这个意义上讲，只有 PLC 具有面向服务架构（Service Oriented Architecture，SOA）的功能，才有可能完成这些重要任务。例如 PLC 调用视觉系统的摄像头所摄制的图像服务，或者 PLC 调用某个 RFID 读取器的服务（这都需要视觉系统或 RFID 读取器直接与 PLC 通信），或者当 PLC 要传送大数据应用的数据给云端。

图 1-3 所示为在 2015 年德国汉诺威博览会上 SAP 公司展示的系统。3D 打印系统所制造的零件信息由视频系统的图像采集，通过 OPC UA 送到机器人控制器，再由机器人将零件抓取后放置在传送带上，还可以把有关信息送至 SAP 云中。

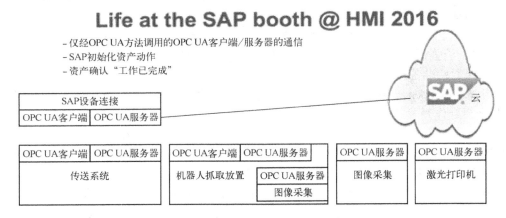

图 1-3　用 OPC UA 进行多种设备的通信

目前，在制造执行系统（Manufacturing Execution System，MES）级与 PLC 的数据交换通常是通过一个耗时的握手过程。例如 MES 发出一个信号要向 PLC 传送一个配方数据，等待 PLC 确认信号返回；接着 MES 向 PLC 传送该配方数据，当 PLC 接收到这一组数据后向 MES 发出接收确认信号。如果 PLC 同时具有 OPC UA 的服务端功能和客户端功能，这种 PLC 就是一种面向服务架构的 PLC（也可简称为 SOA-PLC）。这时 MES 向 PLC 传送一个配方数据就是执行一次通信服务，这次服务的输入参数是配方，输出数据是 PLC 的确认信号，再也不需要 MES 和 PLC 之间的多次握手过程。实际上就是 OPC UA 远程调用了 PLC 的功能块，大大地缩短了 MES 与 PLC 之间通信来往过程，提高了生产调度安排的效率，同时显著减少了工程成本，极大地加强了工厂层与上位执行调度和管理层的数据通信能力。

一台 SOA-PLC 实际上是把支持确保信息安全的虚拟专用网络（Virtual Private Network，VPN）的 Web 服务权植入 PLC。这种服务权执行面向对象的数据通信，包括实时数据、历史数据、报警数据和其他服务。PLC 通过这类服务把对应的大量数据连接至上级的服务和数据层，供信息模型建模时使用和处理。

让一台 PLC 集成了 OPC UA 的服务端功能和 OPC UA 的客户端功能，就能保证这台 PLC 通过 VPN 进行有安全保证的数据通信。正如前面所述 PLCopen 和 OPC 基金会合作制定了 IEC 61131-3 的 OPC UA 信息模型，使 PLC 的相关信息都可以运用 OPC UA 的通信机制进行传输。而 PLCopen 组织所发布的 OPC UA 的服务端的功能块规范和客户端的功能块规范，为实现这类通信的模块化和便利化奠定了标准基础。由图 1-4 可以看出，不同厂商的 PLC 可以实现 OPC 的通信、PLC 与 MES/ERP 之间可以实现 OPC 的通信，PLC 还可以通过 OPC 实现与微软的 Azure 公共云和亚马逊的 AWS 公共云的直接通信。

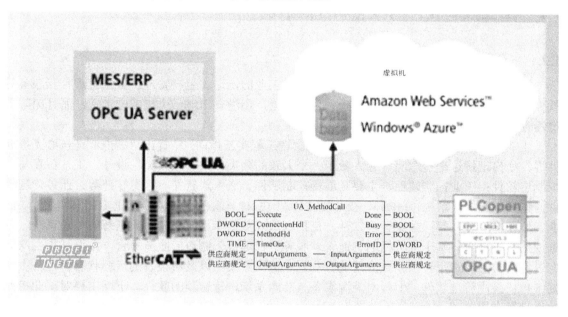

图 1-4　执行 PLCopen 的 OPC UA 的通信功能块

现在已经有一些公司能够提供在 PLC 上完整实现 OPC UA 通信的软件平台支持。图 1-5 显示德国倍福公司的 EtherCAT III 平台软件。德国菲尼克斯（Phoenix）软件公司开发的 PC WORX UA 软件平台支持 200 台 PLC 之间进行 PLCopen 规范的 OPC UA 通信，选用不同的版本通信变量可以是 10 万个、1 万个和 5000 个。

在此顺便指出，至少到目前为止，OPC UA 并不适合于硬实时的 M2M 通信，而非常适合监控级或生产管理执行级的软实时 B2M 通信以及软实时的 B2B 通信。读者应该对此有清醒的了解。

5

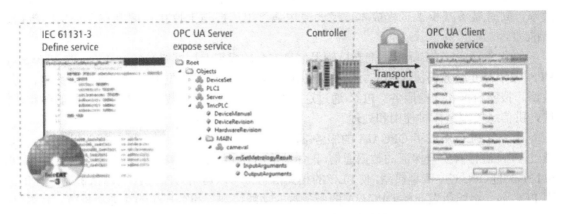

图 1-5　实现 OPC UA 通信的软件平台支持

## 1.2　工业控制软件的概念和发展近况

### 1.2.1　工业软件的大致分类

国内一直有工业软件的说法。是不是用于工业的制造、生产管理、数据管理、云服务等软件及其平台都是工业软件呢？至少到目前为止，还没有出现一个权威的定义，而且国际上也没有相应的说法。

工业和信息化部 2016 年下发的《智能制造工程实施指南》中提出"智能制造核心支撑软件"。如何理解这个概念呢？有人做了一个大致的分类，共有六大类：设计、工艺仿真与虚拟制造软件；工业控制软件，主要是现场控制软件、嵌入式软件、组态软件等；业务管理软件，包括制造执行系统（MES）、企业资源计划（ERP）软件、供应链管理（SCM）软件、商业智能（BI）软件等；数据管理软件，包括嵌入式数据库系统与实时数据智能处理系统、数据挖掘分析平台、基于大数据的智能管理服务平台等；云制造云服务平台，主要是指生产制造过程的协同制造平台，集成应用的行业系统解决方案，以及对设备的远程状态管理与主动性维护；能源管理软件，专门对能源设备、能源系统进行管理的软件。下面主要对工业控制软件进行介绍。

### 1.2.2　工业控制软件的概念

相对工业软件的提法来讲，工业控制软件的概念倒是相当明确的。凡是用于工业生产制造现场控制的软件，都可以叫作工业控制软件（简称工控软件）。工业生产制造现场可以是连续流程，可以是离散制造，也可以是批量制造过程，只要是用于现场控制系统中的应用软件（不是维护现场控制系统正常运行的系统软件），习惯上都称为工业控制软件。这是不会引起任何歧义的。

工业生产过程基本分为三类，即连续生产过程、离散制造过程和批量生产过程。这是按工业生产制造中被加工对象是连续、离散或者是批量的来加以区别的。采用连续生产过程的工业，通常称为流程行业，如发电、钢铁、化工、石油化工等。采用离散制造过程的工业，通常称为离散制造业，如机械制造、电子制造、汽车制造等。所谓批量生产过程往往是指按一批一批生产处理的过程，在批处理过程中其生产流程是连续的，当产品生产出来以后，同一个生产装备可以用来生产另一类产品。这类介乎连续流程和离散制造之间的生产过程，被称为批量生产过程，如精细化工、酒类饮料加工、印染等。

用于连续流程的控制系统主要是DCS。用于离散制造的控制系统主要是PLC，当然还有一些专用的控制系统，如数控系统、机器人控制系统、运动控制系统等。批量制造过程的控制系统可以是DCS，也可以采用PLC。从历史上看，这些控制设备都是由模拟控制系统发展到数字控制系统的。只有采用数字式的系统才有工业控制软件的需求。

### 1.2.3 工业控制软件的发展近况

对一个工业控制系统来说软件的重要性无可置疑。根据国际知名的咨询集团麦肯锡的调查，从1980年到2010年，软件的成本已从总成本的10%上升至40%（见图1-6），而且还有继续上升的趋势。这是因为软件的复杂性、软件出错率和软件开发所需时间都呈指数增长（见图1-7）。

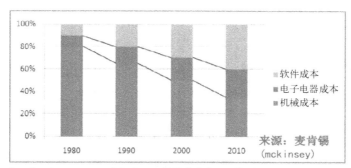

图 1-6　软件成本的变化

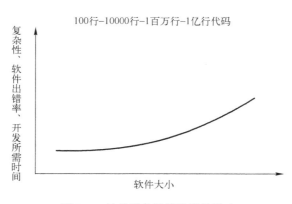

图 1-7　软件复杂性等性能的影响

7

如何降低工控软件的开发成本、提高工控软件的质量呢？大量事实证明，可行的途径就是彻底实行工控软件的标准化。只有这样才有可能使工业控制系统更可靠和更具有可维护的能力；使所编制的工控软件质量更高，编程的效率更高；也只有这样才能提高工控软件的接受程度和使用率，方便最终用户的应用。

工控软件的标准化有三个目标：软件开发可独立于硬件、软件开发环境具有一致性、软件的安装和维护界面具有一致性。

编程语言是实现软件功能的基础，用什么样的编程语言来编制应用软件，并且为贯穿于整个软件的全生命周期提供坚实的基础和足够的支持，这是开发软件的关键问题。这样的编程语言必须建立在现代软件工程的理论基础之上，用它来实现软件的全生命周期的各种必要功能，它首先必须具备以下特性：① 结构化；② 可分解；③ 可重复使用；④ 软件的执行过程必须可控；⑤ 必须是可以被认证和被确认的。

如图 1-8 所示，当今软件编程语言是由专用语言经过机器语言、汇编语言、过程语言、可视化语言发展到面向对象的语言，作为工控编程语言国际标准的 IEC 61131-3 的最新版本，也把面向对象的编程方法融合到现有的 5 种语言中去，以适应智能制造和工业 4.0 发展的需要。

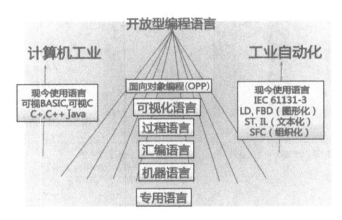

图 1-8　编程语言的发展

实现工控软件的标准化首先是编程语言标准化（采用 IEC 61131-3）；其次是编程的环境和工具实现标准化（采用 IEC 61131-3 的软件模型和模块化的编程架构，文本和图形数据交换的 XML 的 IEC 61131-3 格式规范）；再次是实现对驱动/运动控制设备的存取标准化（采用 PLCopen 运动控制规范），不论是集中的运动控制还是分散的运动控制；还要实现机械设备工控软件的功能安全保证（采用 PLCopen 安全规范），以及实现底层控制器的横向通信集成和垂直通信集成的功能（采用 IEC 61131-3 的 OPC UA 模型和 PLCopen 开发的相关的服务端功能块规范和客户端功能块规范）。

总而言之，现代工业控制软件必须通过标准化、结构化，实现软件的正确性、可靠性、鲁棒性、完整性、持久性、安全性，易于使用。程序结构化使程序结构一目了然，让程序内的各个组成部分的关系清晰，更有利聚焦于问题的解决，同时，程序自成文档，可读性强，还为软件的可复用性打下基础。

## 1.3 编程语言的发展和标准

### 1.3.1 编程语言的基本概念

IEC 61131-3 是 PLC 的编程语言标准,它是现代软件概念和现代软件工程机制与传统 PLC 编程语言的成功结合。它规范和定义 PLC 编程语言及基本公用元素,为 PLC 的软件发展,制定通用控制语言的标准化开创新的有效途径。它的影响已经超越 PLC 的界限,已成为 DCS、PC 控制、运动控制及 SCADA 等编程系统的实际标准。

1993 年 3 月,由国际电工委员会(International Electro-technical Commission,IEC)正式颁布 PLC 的国际标准 IEC 1131(前面添加 6 后作为国际标准的编号,即成为 IEC 61131)。IEC 61131 标准将信息技术领域的先进思想和技术(例如,软件工程、结构化编程、模块化编程、面向对象的思想及网络通信技术等)引入工业控制领域,弥补或克服了传统 PLC、DCS 等控制系统的弱点(例如,开放性差、兼容性差、应用软件可维护性差以及可复用性差等)。该标准已在发达国家得到广泛应用,不符合该标准的产品已不被最终用户接受,但在我国,对该标准及有关产品的推广工作还做得不够,许多技术人员还不知道有这样的国际标准。国家标准 GB/T 15969.1~8-2002~2017 等效采用 IEC 61131 有关标准。

符合该标准的控制器产品,即使是不同制造商生产,其编程语言是相同的,其使用方法是类似的。因此,编程、维修技术人员可以一次学习,反复使用。采用该标准的产品,可大大减少人员培训、技术咨询、系统调试和系统维护等费用。

该标准第 3 部分 IEC 61131-3 定义和规范编程语言,1993 年颁布第一版,2003 年颁布第二版,2013 年颁布第三版。

编程语言标准的制定对促进 PLC 的发展和整个工业控制软件的发展起到十分重要的推动作用。因为,该标准是控制领域第一次制定的有关数字控制软件技术的编程语言标准。它的制定为 PLC 走向开放系统奠定了坚实基础,也为其他计算机控制装置的数字控制软件开发提供统一标准。

标准已对整个控制领域产生巨大影响。它不仅适用于 PLC 产品,而且适用于运动控制产品、机器安全、DCS 和基于工业 PC 的软逻辑、SCADA 等,其适用的市场领域正在不断扩大。采用或应用符合标准的产品,已经成为工业控制领域的发展趋势。

### 1.3.2 编程语言发展史

标准化编程语言的发展来自下列三方面的发展。

(1)传统 PLC 编程语言

传统 PLC 开发了相应的编程语言。例如,常用的梯形图编程语言脱胎于电气逻辑图,指令表编程语言是汇编语言的发展。

(2)工控软件公司开发的编程语言

3S 公司的 CoDeSys、菲尼克斯软件公司的 Multiprog、ICS Triplex 软件公司的 ISaGRAF

等为代表的软件公司，开发了 PLC 编程语言的编程平台，这类平台吸取各 PLC 制造商编程语言的特点。在吸收和开发中，形成一套新的国际编程语言标准。

（3）基于工业 PC 的软逻辑 PLC

软逻辑 PLC 是在 PC 平台运行在 Windows 操作环境下，用软件实现 PLC 功能。编程语言的软件运行于 PC 环境称为软逻辑 PLC。它构成开放的应用系统，能够方便地与来自不同制造商的各种输入输出设备、现场总线和控制网络实现无缝集成。开放的软件环境使编程语言成为工业应用的重要条件，由此而开发了新型的编程软件。

20 世纪 60 年代末，随着汽车市场需求的增长和计算机技术的发展，一些汽车制造商希望有一种模块化的数字式控制器代替继电控制，用软件编程方法实现继电控制的硬接线技术，随即开发出 PLC。在 PLC 问世初期，其编程语言因地域和应用习惯等原因，形成了北美、欧洲和日本三大流派。北美以梯形图语言为主，欧洲流行顺序功能图语言和功能块图语言，而日本主要运用梯形图语言和指令表语言。

标准的制定是美国、加拿大、欧洲（主要是德国、法国）以及日本等 7 家国际性工业控制企业的专家和学者智慧的结晶，它浓缩了数十年工控方面的实践经验，包括北美和日本等使用的梯形图编程语言的实践经验、欧洲各国使用的顺序功能表图和功能块图编程语言经验、德国和日本使用的指令表编程语言经验等。在制定编制语言国际标准的过程中，大量地吸取现代软件概念（例如结构化、模块化、程序的可复用性等）和软件工程技术方法（例如软件统一开发过程、面向对象的方法等）的特点，有力地推动了标准编程语言的发展。

编程语言不是一成不变的，随着科技和工业的发展，它会不断改善和进步。不过作为国际工业标准，为便于广泛采用，它又需要有一定年限的稳定期。这两者之间必须有一个平衡。为适应数字控制技术的发展，使编程语言能够适用于 PLC、DCS、FCS、运动控制、机器安全及 SCADA 等工业控制领域的应用，特别是近些年来智能制造、智慧工厂、工业 4.0 的大力推进，需要不断努力和完善有关编程语言标准。此外，标准编程语言的推广工作也是一项十分重要的工作，必须在一个非营利的国际组织的全面规划和安排下，积极推广，才能使标准深入各种应用，充分发挥其开放系统的功能。

IEC 61131-3 第三版是第二版的改进和扩展。由于面向对象编程语言（OOP）的诞生，使编程语言完善了功能和结构等概念。表 1-1 列出了 IEC 61131-3 第三版的主要改进和扩展内容。表 1-2 是 IEC 61131-3 第三版性能改进的主要内容。

**表 1-1　IEC 61131-3 第三版的主要改进、删除和弃用的内容**

| 项　　目 | 主要内容 |
|---|---|
| 主要性能改进的内容 | 显式数据类型；命名值的类型；基本数据类型；引用；带引用的函数和操作；验证；ANY_BIT 的部分存取；可变长度的数组；初始值赋值；隐式和显式数据类型的转换规则；没有函数返回值的函数调用；数值、按位数据等的类型转换函数；持续时间函数及日期和时刻函数的析构函数；类，包括方法、接口等；面向对象的功能块，包括方法、接口等；命名空间；结构文本编程语言中的 CONTINUE 等；梯形图编程语言中的比较触点（类型和过载）；附录 A 语言元素格式规范 |
| 删除的内容 | 第二版附录的示例和附录中与 IEC 61499 标准的互操作性 |
| 弃用的内容 | 八进制文本；程序组织单元（POU）本体和方法中的直接表示变量的使用；过载的截尾函数 TRUNC；指令表编程语言；动作控制功能块的指示器变量 |

表 1-2 　 IEC 61131-3 第三版性能改进的主要内容

| 条款号 | 内容 | 主要性能 |
|---|---|---|
| 6.1.5 | 注释 | 增加//表示的单行注释符号和整段注释符号/*和*/的符号对 |
| 6.3.2 | 数值文字 | 增加数值类型符号后可采用各种进制整数，例如可表示 INT#16#7FFF、WORD#16#AFF |
| 6.3.3 | 字符串文字 | 增加单字节字符 CHAR、双字节字符 WCHAR，提供了双字符表示的字符串，例如$$ |
| 6.3.5 | 日期和一天中的时间 | 增加纳秒（ns）的时间单位，增加长时间文字（扩展到纳秒表示），例如 LTIME、LDATE、LTOD、LDT 等 |
| 6.4.4 | 数据类型 | 增加用户定义的数据类型，包括枚举数据类型 ENUM、带指定值的枚举数据类型；数组数据类型的重复，结构数据类型的相对位置 AT 和重叠，直接引用的声明和操作，结构数据中直接表示变量的部分定位设置（其位置待定），用户定义数据类型的变量初始化，统一原有数据类型、子范围和列表。改进了原有声明和初始化 |
| 6.5.3 | 可变长度的数组 | 使用*的声明表示可变长度的数组，例如，A:ARRAY [*,*] OF INT 表示 A 是可变长度的数组 |
| 6.5.5 | 直接表示变量 | 使用*表示部分特定的直接表示变量，例如，C AT %Q*.BYTE 表示 C 变量还未定位其输出字节 |
| 6.5.6 | 掉电保持变量 | 可在功能块、类和程序实例的声明段使用掉电保持属性使所包含的变量都具有该属性 |
| 6.6.1 | 程序组织单元 | 对 ANY_BIT 的部分存取，数据类型的显式和隐式转换 |
| 6.6.2 | 函数 | 没有返回值的函数调用，类型化和过载函数，显式和隐式数据类型转换函数，时间函数的串联和分解，字节序转换函数，验证函数 |
| 6.6.3 | 功能块 | 功能块类型的声明，功能块输入和输出参数的用法，功能块调用，功能块名作为参数和外部变量，标准功能块的长变量名，例如，SET1、RESET1，废除计数器的长名称 LOAD、RESET |
| 6.6.5 | 类 | 面向对象的类作为功能块的特例，功能块从基类继承，类的性能，类的方法，类的继承，动态名绑定，抽象类和抽象方法，方法的存取符号，变量的存取符号 |
| 6.6.6 | 接口 | 接口用法，接口原型，类声明中接口的用法，接口作为一个变量的类型，接口的继承，赋值尝试 |
| 6.6.7 | 面向对象的性能 | 功能块的方法，动态名绑定，THIS 和 SUPER 的方法调用，抽象功能块和抽象方法，方法存取符，变量存取符 |
| 6.6.8 | 多态性 | 接口的多态性，输入-输出变量的多态性，引用的多态性，THIS 的多态性 |
| 6.7 | 顺序功能表图 | 求值规则 |
| 6.9 | 命名空间 | 命名空间，命名空间的声明，USING 的用法 |
| 7.2 | 指令表编程语言 | 下一版本（第四版）将被删除，格式参数和非格式参数的方法的调用 |
| 7.3 | 结构化文本编程语言 | 新的性能表，新的语句 CONTINUE 和空语句 |
| 8.1 | 图形类编程语言 | 清除不规范的图形表示，增加比较触点（类型化和重载） |
| 附录 | 语法 | 更新新的元素，关键字和分隔符，出错条件等 |

## 1.3.3 编程语言的标准化

　　IEC 61131 编程语言标准是第一个，也是迄今为止唯一的为工业控制系统提供标准化编程语言的国际标准。该标准针对工业控制系统所阐述的软件设计概念、模型等，适应当今世界软件、工业控制系统的发展方向，是一种非常先进的设计技术。它极大地推动了工业控制系统软件设计的发展，对现场总线设备的软件设计也产生极大影响。符合标准的软件系统是一个结构完美、可重复使用、可维护的工业控制系统软件，它不仅能应用于 PLC，而且能应用于流程过程和制造过程软件中，因此，它是新型先进的工业控制编程系统。

　　截至 2017 年 6 月，IEC 61131 标准共由 9 部分组成。

　　1）IEC 61131-1 通用信息（2013）：定义 PLC 及其外围设备，例如，编程和调试工具（PADT）、人机界面（HMI）等的有关定义和术语，及主要功能特性。

　　2）IEC 61131-2 设备特性（2012）：规定适用于 PLC 及有关外围设备的工作条件、结构

特性、安全性及试验的一般要求、试验方法和步骤等。

3）IEC 61131-3 编程语言（2013）：规定 PLC 编程语言的语法和语义，规定编程语言有文本语言和图形语言，并描述了 PLC 与第一部分规定的程序登录、测试、监视和操作系统的功能。

4）IEC 61131-4 用户导则（2010）：为从事自动化项目各阶段的用户提供 PLC 系统应用中除第 8 部分外的其他方面的参考，例如，系统分析、装置选择、系统维护等。

5）IEC 61131-5 通信（2013）：基于制造商信息规范（MMS），规定 PLC 的通信范围，包括任何设备与作为服务器的 PLC 通信、PLC 与其他设备的通信、PLC 为其他设备提供服务和 PLC 应用程序向其他设备请求服务时 PLC 的行为特性等。

6）IEC 61131-6 功能安全性（2012）：规定用于 PLC 和其相关外围设备，即电气、电子、可编程电子的安全相关系统的安全性要求，即安全 PLC 的功能安全和安全完整性要求。

7）IEC 61131-7 模糊控制编程（2012）：根据第三部分编程语言，将它与模糊控制的应用结合，为制造商和用户提供基本意义的综合理解，提供不同编程系统间交换可移植模糊控制程序的可能性。

8）IEC 61131-8 编程语言应用和实现导则（2008）：为实现在 PLC 系统及其程序支持的环境下编程语言的应用提供导则，为 PLC 系统应用提供编程、组态、安装和维护指南。

9）IEC 61131-9 用于传感器和执行器的单端数字通信接口（SDCI）（2012）：是智能传感器和执行器的点对点网络通信协议。

目前又在 PLCopen 国际组织的 XML 格式规范的基础上，提出了有关 IEC 61131 的 XML 格式的标准草案，一旦通过将以 IEC 61131-10 的形式发布。

### 1.3.4 编程语言的特点

**1. 编程语言的多样性**

标准编程语言的多样性表现在编程语言有文本编程语言和图形编程语言两类，还有既可用于文本编程，也可用于图形编程的顺序功能表图编程语言。语言的多样性是 PLC 软件发展的产物，它为 PLC 的应用提供了良好操作环境，也为更确切地表达不同的控制要求提供了方便。

（1）易操作性

编程人员可根据应用程序的不同部分灵活选择恰当的编程语言予以完整的表达控制要求；也可以按照对编程语言的熟悉程度选用既适应应用项目要求，又能够发挥自身优势的编程语言；还可以在编制大型项目的应用程序时，由多个程序员同时编程，局部调试完成后再连接成最终的应用程序。总之既能缩短程序设计时间和调试时间，还能保证编制程序的质量。

（2）编程的灵活性

不同的工程应用，有最佳的编程方式，不同编程语言具有下列不同特点，可根据工程应用的需求选用合适的编程语言。

1）梯形图编程语言。与电气操作原理图相对应，具有直观性和对应性；电气技术人员易于掌握和学习；与语句表编程语言有一一对应关系，便于相互转换和对程序的检查；但对复杂控制系统的编程，程序的结构化描述不够清晰。

2）功能块图编程语言。以功能块为设计单位，能从控制功能入手，使控制方案的分析和理解变得容易；功能块具有直观性强、容易掌握的特点，有较好操作性；对复杂控制系统仍可用图形方式清晰描述；但每种功能块要占程序存储空间，并延长程序执行时间。

3）语句表编程语言。容易记忆，便于掌握；与梯形图程序有一一对应关系，便于相互转换和对程序的检查；不受显示屏幕大小的限制，输入元素不受限制等；但对复杂控制系统编程，程序难以进行结构化的描述。需要指出的是，用不同的编程语言对同一个控制要求和控制过程进行编程，语句表编程语言编制的程序执行时间最短。

4）结构化文本编程语言。可实现复杂控制运算；但对编程人员的技能要求高，直观性和易操作性差。

5）顺序功能表图编程语言。以完成的功能为主线，操作过程条理清楚，便于对程序操作过程的理解和思路的沟通；对大型程序可分工设计，采用较灵活的程序结构，节省程序设计时间和调试时间；由于只对活动步进行扫描，因此可缩短程序执行时间。

（3）多种编程语言的融合，实现程序优化

标准编程语言中，顺序功能表图作为公用元素，既可用于文本类编程语言，也可用于图形类编程语言，使多种编程语言融合，实现程序设计优化。

**2. 编程语言的兼容性**

编程语言的兼容性表现为该标准编程语言不仅能够用于不同制造商生产的 PLC 产品的编程，而且，也适用其他数字控制装置的编程。例如，不少 DCS 产品的说明书强调指出，该产品符合标准，即满足标准编程语言的有关性能，能够用标准编程语言进行控制系统的组态。

标准编程语言能够适用于 PLC、DCS、现场总线控制系统、数据采集和监视系统、运动控制系统等，使它成为功能强、应用广、使用方便的国际标准。

标准编程语言的软件模型适应各种不同行业、不同规模、不同结构的工业应用。因此，它与所使用的硬件无关。对用户来说，他们对硬件的依赖性变得越来越小，从而不必为选用何种产品而烦恼。

**3. 编程语言的标准化和开放性**

编程语言是用于 PLC 编程的国际标准。因此，它定义了编程语言的语法、语义、语句和句法。在标准化编程语言中，有公用元素和编程语言。编程语言中所使用的变量、数据类型、程序、函数、功能块、类和方法等都有统一表达方式和性能，大大方便了应用。

编程语言的标准化也使 PLC 系统成为开放系统。任何一个制造商的产品，如果符合标准编程语言，就能够使用该编程语言进行编程，并能够获得同样的执行结果。编程语言的标准化切断了软件与硬件的依赖关系。

从开放系统互连参考模型的构架看，一个开放系统表示该系统能够与其他符合开放系统互连通信模型的其他任何一个系统进行信息交换。从通信协议看，这些系统之间有相同的通信协议和规范。从软件看，开放系统指一个系统中开发的软件可方便地移植到任何一个符合标准编程语言的其他系统。

编程语言的标准化使开放得以实现。虽然，从目前的标准看，要做到软件不修改的完全移植还有困难。问题的根源主要来自 PLC 外部端子的物理地址没有统一的标准，由制造商自行定义，因此在进行程序移植时还需对输入、输出地址重新定义等。

**4. 编程语言的可读性**

编程语言定义了变量的数据类型,程序中数据运算、传递等需要根据不同数据类型执行,避免因设计的数据类型不当选用造成程序出错现象的发生,大大提高程序的可读性。

编程语言采用数据结构的机制,相关数据元素虽然可能是不同的数据类型,也可在程序的不同部分传送,类似于在同一实体内的传送。而不同程序组织单元之间传送的复杂信息,也可像传送单一变量一样。这样使程序的可读性提高,易操作性增强。

编程语言来自工控软件公司和软逻辑 PLC 软件,因此,编程语言中大量语言的表达方式与常用编程语言的表达方式类似。例如,IF 和 CASE 等选择语句,FOR、WHILE 和 REPEAT 等循环语句,都与计算机编程语言类似,大大方便用户对其用法的理解,提高了程序的可读性。

**5. 编程语言的易操作性和安全性**

易操作性和安全性有时是矛盾的两个方面。但在标准编程语言中,两者被有机结合。它得益于标准编程语言来自于传统的电气逻辑图,来自于工控软件的成熟软件和软逻辑 PLC,由于编程语言是常用计算机编程语言的沿用、改进和扩展,因此,它保留了这些编程语言的优点,克服了它们的缺点,使编程操作变得容易。同时,由于这些编程语言是标准的,因此,出错的情况已被控制到最小,使标准编程语言更安全。

为使编程语言能够安全正确使用,标准还提供了出错代码列表,用户可直接根据列表所提供的出错原因查找,既使操作变得方便,也使安全性大大提高。

在标准中的独立实体是程序组织单元,调用时,只需要它的外部接口,而不需要包含在其内部的代码。因此,一旦定义了外部接口,就能够通过编程系统为整个项目服务,保证系统的易操作性和安全性。

**6. 编程语言对硬件的非依赖性**

当开发者按照编程语言标准的规范开发了编程系统,需要由第三方机构对其是否符合标准的规定进行测试认证。编程语言基本级测试是离线进行的。它用测试程序检查编程系统语法的行为特性。符合级测试包括附加的在线测试。通过连接一台 PLC 来测试编程系统语义行为特性。编程语言对实际编程系统硬件的依赖性是程序能否移植的关键,这是因为制造商的 PLC 硬件性能对编程语言程序结构有影响。因此,编程语言在多大程度上与硬件无关是十分重要的问题。至今为止,由于定位和成本原因,小型 PLC 产品几乎不需要具备标准所规定的所有性能,因此,标准规定的所有性能在这些编程系统中实现仍存在一定的困难。

为便于程序的移植,标准提供了下列机制:

1)一个程序所需的所有外部信息由符合标准的全局变量、存取路径或通信功能块提供。

2)使用的硬件输入、输出地址必须在程序中或配置声明中专门声明。

3)制造厂商应随其软件提供一个与硬件有关性能的表格。

## 1.3.5 面向对象的程序设计语言

**1. 面向过程的程序设计语言**

计算机科学家 Nikiklaus Wirth 提出一个公式:程序=数据结构+算法。它很好地诠释了面向过程的程序设计方法的核心是数据和算法。

面向过程的程序设计语言按照工程的标准和严格规范，将系统分解为若干功能块，系统是实现模块功能的函数和过程的集合。其结构化程序设计的思路是采用模块分解和功能抽象，将功能分为若干基本功能模块，各模块间关系尽量简单，功能相对独立。

面向过程的程序设计方法将较复杂程序设计分解为许多易于控制和处理的子任务，因此，便于开发和维护。但这种设计方法的可复用性差、数据的安全性差，并且由于数据和处理数据的过程被分离，因而造成对它们理解困难。数据结构的改变将使相关处理过程要进行相应修改才能适用。在程序还不太复杂时，这种设计方法是可行的。

在面向过程的程序设计方法中，数据和数据的处理是分开的，它们被按功能分割，并被拆分为一系列较小的功能部件，直到这些子任务能够被理解。而在数据处理时，再分别调用各个独立的模块来完成所需功能。因此，对功能越来越复杂和程序长度越来越长的工程问题，其软件代码的可复用性低，软件的维护也十分困难。为此，产生了面向对象的程序设计语言。

**2. 面向对象的程序设计语言**

为便于将数据和数据处理结合，面向对象的程序设计语言将数据和数据处理的过程作为一个整体（即对象），将数据和相应数据处理过程封装在对象中。其特点是以数据为中心，而不是以功能为中心，将编程问题视为一个数据的集合，数据相对功能而言，具有更强的稳定性。

面向对象的程序设计语言提高代码可复用性，减少模块之间的依赖关系，有利于程序的调试和修改。其优点是程序模块之间关系更简单，程序模块独立性、数据安全性更有保障。此外，通过继承和多态性，大大提高程序的可复用性，使软件的开发和维护变得更容易和方便。

面向对象程序设计语言的优势是具有较系统的软件工程的理论和工具的支持。

（1）封装

绑定代码和代码操作的数据编程机制可保护数据的安全，防止外部干扰和误用。在对象中，代码、数据或两者都可以是对象私有，也可公有。对私有代码或数据，只能被对象的其他部分访问和识别，因此，私有代码和数据不能被位于该对象外的程序所访问。

IEC 61131-3 第三版中定义的类，是一种特定的程序组织单元，它规定该类的变量，还规定了其可采用的方法。这里，类定义的变量是数据，而方法是对该数据进行操作的代码。

（2）多态

多态是指同一事物在不同场合具有不同作用的现象。多态是允许用一个接口访问多个同类操作的性能。例如，一个程序需要多个堆栈，分别用于整数值、浮点和字符值，但每种栈的算法是相同的。在非面向对象的编程语言中，需要创建三组不同的栈例程，每组例程有不同名称。采用面向对象的编程语言时，由于其多态性，因此，只需要一次指定栈的通用形式，并用于三种不同的具体情况，这将降低程序的复杂性。编程人员只需要知道如何使用该通用接口，就可使用多种不同操作。

（3）继承

继承是面向对象程序设计的重要功能，是实现代码复用的一种形式。面向对象方法强调软件的可复用性，采用继承机制。继承是在一个已有类的基础上建立一个新的类，因此，保持已有类的特性而构建新类的过程称为继承。在已有类的基础上新增加自己的特性，而产生新的类的过程称为派生。继承的目的是实现代码复用。

层次结构的分类有利于管理。采用继承，对象只需要定义它与其所在类中与其不同的特性，而不需要显式定义其所有特性，因为，对象可从其父类继承通用属性。

## 1.4 公用元素

### 1.4.1 语言元素

**1. 术语**

表1-3列出编程语言的有关术语。

表1-3 编程语言的有关术语

| 中　文 | 英　文 | 注　释 |
|---|---|---|
| 绝对时间 | absolute time | 一天的时间和日期信息的组合 |
| 存取路径，访问路径 | access path | 用于开放式通信的符号名和变量的组合 |
| 动作 | action | 要执行的布尔变量或一组操作及相关联的控制结构 |
| 动作块 | action block | 图形化语言元素，根据预定的控制结构，它使用一个布尔输入变量来确定布尔输出变量的值或对一个动作给出使能条件 |
| 聚集 | aggregate | 形成数据类型的数据对象的结构化集合（来源：ISO/AFNOR：1989） |
| 数组 | array | 由具有相同属性的多个数据对象组成，通过其下标唯一引用每个数据对象的聚集（来源：ISO/AFNOR：1989） |
| 赋值 | assignment | 将值赋给变量或一个聚集的机制（来源：ISO/AFNOR：1989） |
| 基本类型 | base type | 数据类型、功能块类型或类，其他类型可从基本类型继承/派生 |
| 基底数 | based number | 特定的非十的基所表示的数 |
| 二 - 十进制数 BCD | binary coded decimal | 十进制数的二进制编码的代码。其中，每个数字用它自己的二进制序列表示 |
| 双稳功能块 | bistable function block | 由一个或多个输入控制的具有两个稳态的功能块 |
| 比特串 | bit string | 由一个或多个比特组成的数据元素 |
| 比特串文字 | bit string literal | 直接表示数据类型 BOOL、BYTE、WORD、DWORD 或 LWORD |
| 本体，主体 | body | 程序组织单元的操作集合 |
| 调用 | call | 用于调用一个函数、功能块或方法的执行的一种语言结构 |
| 字符串 | character string | 由有序序列的字符组成的聚集 |
| 字符串文字 | character string literal | 直接表示数据类型 CHAR、WCHAR、STRING 或 WSTRING 的字符或字符串值的文字 |
| 类 | class | 由下列组成的程序组织单元：①数据结构的定义；②对数据结构执行的一组方法 |
| 注释 | comment | 包含在程序中的文本，对程序执行没有影响的语言结构（来源：ISO/AFNOR：1989） |
| 配置 | configuration | 对应于一个 PLC 系统的语言元素 |
| 常数 | constant | 声明具有固定值数据元素的语言元素 |
| 计数器功能块 | counter function block | 用于在一个或多个特定输入端，累加一个值，使总数变化的功能块 |
| 数据类型 | data type | 与一组允许的操作结合的值的集合（来源：ISO/AFNOR：1989） |

| 中　文 | 英　文 | 注　释 |
|---|---|---|
| 日期和时间 | date and time | 用单一语言元素表示的一年中的日期和一天中的时间 |
| 声明 | declaration | 建立语言元素定义的机制，通常包括语言元素的附加标识符和分配属性，如数据类型及其算法 |
| 分界符 | delimiter | 用于分隔程序语言元素的字符或字符组合 |
| 派生类 | derived class | 继承其他的类而创建的类。注：对实体，派生类也称为扩展类或子类 |
| 派生数据类型 | derived data type | 从其他数据类型创建的数据类型 |
| 派生功能块类型 | derived function block type | 继承其他的功能块类型而创建的功能块类型 |
| 直接表示法 | direct representation | 可编程控制器程序中，根据一个实现直接确定到一个特定的物理或逻辑位置的变量的表示方法 |
| 双字 | double word | 包含 32 位的数据元素 |
| 动态绑定 | dynamic binding | 根据实例或接口的实际类型，在运行期间，一个被调用的方法实例才能被恢复的编程机制 |
| 求值 | evaluation | 在程序执行期间，为一个表达式或一个函数、或为一个网络输出或功能块实例确定其值的过程 |
| 执行控制元素 | execution control element | 控制程序执行流向的语言元素 |
| 下降沿 | falling edge | 一个布尔变量从 1 到 0 的变化 |
| 函数 | function | 当被执行时，通常产生一个数据元素的结果和可能的附加输出变量的 POU 语言元素 |
| 功能块实例 | function block instance | 一个功能块类型的实例 |
| 功能块类型 | function block type | 由下列组成的编程语言元素：①有一个分为输入、输出和内部变量的数据结构的定义；②当调用该功能块类型的实例时，该数据结构元素将执行一组操作或一组方法 |
| 功能块图 | function block diagram | 一种网络，其节点是用图形方法表示的函数或方法的调用、变量、文本和标号的功能块实例 |
| 通用（类属）数据类型 | generic data type | 表示多于一个数据类型的数据类型 |
| 全局变量 | global variable | 其应用范围是全局的变量 |
| 分级寻址 | hierarchical addressing | 数据元素直接表示为物理或逻辑层次结构的一员。例如，一个在某机柜某机架某模块上的点 |
| 标识符 | identifier | 开头是字母或下画线，由字母、数字和下画线组成的，以其组合命名的语言元素 |
| 实现 | implementation | 由实施者提供的一个 PLC 编程和调试工具的产品版本 |
| 实施者 | implementer | 为用户的一个 PLC 应用编程提供 PLC 编程和调试工具的 PLC 制造商 |
| 继承 | inheritance | 基于现有的类、功能块类型或接口，独立地创建一个新的类、功能块类型或接口 |
| 初始值 | initial value | 系统启动时给一个变量赋的值 |
| 输入-输出变量 | in-out variable | 用于给一个程序组织单元提供一个值，并附加地用于从程序组织单元返回一个值的变量 |
| 输入变量 | input variable | 除了类以外，用于给一个程序组织单元提供一个值的变量 |
| 实例 | instance | 与功能块类型、类或程序类型关联的数据结构的独立复制，从一个相关操作的这次调用到下一次调用之间，保持各种输入和输出值不变 |
| 实例名 | instance name | 与特定实例有关联的标识符 |
| 实例化 | instantiation | 创建一个实例 |
| 整数 | integer | 可能包含正值、零值和负值的整数数值 |
| 整数文字，整数直接量 | integer literal | 直接表示一个整数值的文字（直接量） |

| 中　文 | 英　文 | 注　释 |
|---|---|---|
| 接口，界面 | interface | 面向对象的编程环境下，包含一组方法原型的语言元素 |
| 调用 | invocation | 启动执行程序组织单元中规定操作的过程 |
| 关键字 | keyword | 使语言元素特性化的词法单元 |
| 标号 | label | 用于命名一个指令、网络或网络组的语言结构，它包含一个标识符 |
| 语言元素 | language element | 正规的规范中，在产生式规则左侧的符号标识的任何项 |
| 文字，直接量 | literal | 直接表示一个值的词法单元（直接量）（来源：ISO/AFNOR：1989） |
| 逻辑位置 | logical location | 以一种方式分级寻址的变量的位置，它与 PLC 的任何输入、输出和存储的物理结构可以有关，也可以无关 |
| 长实数 | long real | 用长字表示的实数 |
| 长字 | long word | 包含 64 位的数据元素 |
| 方法 | method | 与函数类似的语言元素，它仅在功能块类型范围内被定义，它隐式访问功能块实例或类实例的静态变量 |
| 方法原型 | method prototype | 仅包含一个方法签名的语言元素 |
| 命名元素 | named element | 用关联的标识符命名的一个结构元素 |
| 网络 | network | 节点和互连分支的组合 |
| 数值文字，数值直接量 | numeric literal | 直接表示数值的文字，即一个整数文字（直接量）或实数文字（直接量） |
| 断开-延时（接通-延时）定时器功能块 | off-delay（on-delay）timer function block | 按规定持续时间延迟布尔输入的下降（上升）沿的功能块 |
| 操作 | operation | 表示一个属于一个程序组织单元和方法的基本功能的语言元素 |
| 操作数 | operand | 通过它执行一个操作的语言元素 |
| 操作符 | operator | 表示在一个操作中需要执行动作的符号 |
| 覆盖 | override | 在派生类或功能块类型中方法的关键字，它与该方法有同样的签名但用一个新的方法本体作为基本类或功能块类型的方法 |
| 多载，过载 | overload | 一种操作或功能，能对不同类型数据进行操作 |
| 输出变量 | output variable | 除了类以外，用于从程序组织单元返回一个变量的值 |
| 参数 | parameter | 用于提供一个值给 POU（例如，输入、输入-输出参数）或从 POU 返回一个值（例如，输出，输入-输出参数）的变量 |
| 能流，电源流 | power flow | 梯形图中的电源流向符号，用于说明逻辑求解算法的进展方向 |
| 附注 | pragma | 在 POU 中为可能影响程序执行准备的包含文本的语言结构 |
| 编程（动词） | program | 设计、编写和测试用户程序 |
| 程序组织单元 | program organization unit | 函数、功能块、类或程序 |
| 实数文字，实数直接量 | real literal | 直接表示 REAL、LREAL 类型的值的文字（直接量） |
| 引用，参考 | reference | 用户定义的数据，它包含到一个变量或一个特定类型功能块实例位置的地址 |
| 资源 | resource | 它对应于"信号处理功能"，和它的"人机接口"和"传感器执行器接口功能"的语言元素 |
| 结果 | result | 作为 POU 的结果被返回的值 |
| 返回 | return | 表示在 POU 内命名的单元中一个执行顺序结束的语言结构 |
| 上升沿 | rising edge | 布尔变量从 0 到 1 的变化 |
| 范围 | scope | 语言元素的一部分，在该部分内声明或标号申请 |
| 语义 | semantics | 编程语言的符号元素和它们的含义、解释和使用之间符号元素的关系 |
| 半图形表示 | semigraphic representation | 通过使用有限的字符集表示的图形信息 |

（续）

| 中 文 | 英 文 | 注 释 |
|---|---|---|
| 签名 | signature | 显式定义的用于标识方法的参数接口的信息集，包括方法的名字和名称、类型和所有它的参数（即输入、输出、输入-输出变量和结果类型）的序列 |
| 单元素变量 | single-element variable | 表示单一数据元素的变量 |
| 静态变量 | static variable | 从一次调用到下一次调用，其值被存储的变量 |
| 梯级 | step | 一种状况。在该状况，相对于它的输入和输出，POU 的行为符合梯级的相应动作定义的规则集 |
| 结构数据类型 | structured data type | 已用 STRUCT 或 Function_Block 声明段进行声明的聚集数据类型 |
| 下标 | subscripting | 引用数组元素的机制，当对一个或多个表达式求值时，通过它指明该元素的位置 |
| 任务 | task | 为周期执行或触发执行一组相关的 POU 而提供的执行控制元素 |
| 时间文字，时间直接量 | time literal | 表示 TIME、DATE、TOD 或 DT 及 LTIME、LDATE、LTOD 或 LDT 数据的文字（直接量） |
| 转换 | transition | 经指定链路，从一个或多个前级步到一个或多个后级步进展的控制条件 |
| 无符号整数 | unsigned integer | 可能包含正号和空值（零值）的整数 |
| 无符号整数文字 | unsigned integer literal | 前面不包含正号（+）或负号（-）符号的整数文字（直接量） |
| 用户定义的数据类型 | user-defined data type | 由用户定义的数据类型 |
| 变量 | variable | 可在每次取不同值的软件实体 |

**2. 标识符**

（1）字符集

根据国家标准 GB 13000—2010 规定了在 PLC 编程语言中使用的字符集（Character set）。表 1-4 是该字符集的性能。

表 1-4　字符集性能

| 序号 | 描 述 |
|---|---|
| 1 | GB 13000—2010 |
| 2a | 小写字母[①]：　a，b，c |
| 2b | 数字符号：　#，见表 1-8 |
| 2c | 钱币符号：　$，见表 1-9 |

① 除在注释中及标准定义的在字符串文字和在 STRING 和 WSTRING 类型的变量中以外，支持小写字母时，字母的大小写将不在语言元素中区分。

（2）标识符

标识符（Identifier）是字母、数字和下画线字符的组合。它被命名为语言元素（language element）。标识符的第一字符必须是字母或下画线字符，标识符的最后字符不能是下画线字符。

在标识符中，不区分字母的大小写。例如，标识符 abcd、ABCD 和 aBCd 有相同的含义。标识符中，下画线字符是标识符的一部分。例如，A_BCD 和 AB_CD 被解释为不同的标识符。标识符不允许有连续的多个下画线。因此，__LIM_SW5 和 LIM__SW_5 是不正确的标识符。同样，因为标识符结尾不允许用下画线，因此，LIM_SW5_ 也是不正确的标识符。

在所有支持标识符使用的系统中，至少应支持 6 个不同的字符。例如，在这样的系统中，Valve_23 与 Valve_33 被系统认为是相同的标识符。一个标识符中允许的最大字符数是由实施者规定的。表 1-5 是标识符的性能和示例。

表 1-5　标识符的性能和示例

| 序号 | 特性描述 | 示　　例 |
|---|---|---|
| 1 | 大写字母和数字 | MW15，VLAVE215H，QX75，IDENT |
| 2 | 大小写字母，数字，中间的下画线字符 | MW15，LIM_SW_5，abcd，ab_cd |
| 3 | 大小写字母，数字，开头或中间的下画线字符 | MW15，ab_cd2，_MAIN，_12_V7 |

### 3. 分界符

分界符（Delimiter）用于分隔程序语言元素的字符或字符组合。它是专用字符，不同分界符具有不同的含义。表 1-6 列出各种分界符及其含义。

表 1-6　分界符及其含义

| 分界符 | 含　　义 | 备注和应用示例 |
|---|---|---|
| 空格 | 允许在 PLC 程序中插入一个或多个空格 | 不允许在关键字、文字、枚举值、标识符、直接表示变量或分界符组合中插入空格，空格是具有 32 位编码的 SPACE 字符 |
| // | 单行注释的字符组合 | 单行注释符号开始于//，终止于下一个换行、新行、换页和回车，其他注释符号在单行注释中无特殊含义 |
| /* | 多行注释开始字符组合 | 用于多行注释，可设置在程序允许空格的任何位置。允许嵌套的注释成对使用 |
| */ | 多行注释结束字符组合 | 多行的中间不需要其他符号说明其是注释内容，中间的单行注释//无特殊含义<br>可嵌套使用，如/* /* 嵌套注释 */ */ |
| (* | 多行注释开始字符组合 | 多行注释。可设置在程序允许空格的任何位置。IEC 61131-3 第三版允许嵌套使用，例如，允许（* （* A=2 *）*） |
| *) | 多行注释结束字符组合 | |
| + | 十进制文字的前缀符号 | 例如，+234 |
| | 加操作 | 例如，5+6 |
| | 十进制文字的前缀符号 | 例如，-567 |
| | 年-月-日的分隔符 | 例如，D#2008-08-08 |
| - | 减操作 | 例如，5-6 |
| | 水平线 | 例如，图形编程语言中表示水平连接线 |
| | 基底数的分隔符 | 例如，2#1111_1111 或 16#FF（都表示十进制 255） |
| # | 时间文字的分隔符 | 例如，T#19ms，T#25h_25m，TOD#15:36:35.25 |
| | 整数和小数的分隔符 | 例如，3.14159265 |
| | 分级寻址分隔符 | 例如，%IW2.5.7.3 |
| | 结构元素分割符 | 例如，MOD_5_CONFIG. CHANNEL[5]. RANGE |
| | 功能块结构分割符 | 例如，TON_1.Q |
| . | ANY_BIT 变量的部分存取符 | 例如，By.7，Wo.%B1 |
| | 步名与步状态、步持续时间的分隔符 | 例如，STEP1.X=BOOL#1，STEP3.T=T#3s; |
| | 方法调用分界符 | 例如，THIS.UP |
| * | 直接表示部分待定的符号 | 例如，%Q*，%M* |
| | 变长度数组使用*的声明 | 例如，A: ARRAY[*,*] OF INT |
| e 或 E | 实指数分界符 | 例如，1.0e+6，1.2345E6 |
| ' | 单引号字符串开始和结束符号 | 例如，'SWITCH' |
| " | 双引号字符串开始和结束符号 | 例如，"BOOK" |

| 分界符 | 含　义 | 备注和应用示例 |
|---|---|---|
| $ | 串中特殊字符的开始 | 例如，'$L'表示换行，'$R'表示回车，'$P'表示换页等 |
| : | 时刻文字分隔符 | 例如，TOD#15:36:35.25 |
| | 类型化名称/特定分隔符 | 例如，Traffic_light : (Red, Amber, Green) |
| | 变量/数据类型分隔符 | 例如，ANALOG_DATA : INT(-4095..4095) |
| | 步名称终结符 | 例如，STEP　STEP5:　END_STEP |
| | 程序名/类型分隔符 | 例如，PROGRAM　P1　WITH　PER_2: |
| | 存取名/路径/类型分隔符 | 例如，ABLE : STATION_1.%IX1.1:BOOL　READ_ONLY |
| | 指令标号终结符 | 例如，L1:　LD　%IX1 |
| | 网络标号终结符 | 例如，NEXT1: 后接梯形图程序 |
| := | 初始化操作符 | 例如，MIN_SCALE: ANALOG_DATA:=-4095 |
| | 输入连接操作符 | 例如，TASK　INT_2(SINGLE:= z2, PRIORITY:=1) |
| | 赋值操作符 | 例如，J :=J+2 |
| ?= | 赋值尝试 | 例如，interf2 ?= interf1 |
| ( ) | 枚举表分界符 | 例如，V:( BI_10V, UP_10V, UP_1_5V) := UP_1_5V |
| | 子范围分界符 | 例如，ANALOG_DATA: INT(-4095..4095) |
| | 多重初始化 | 例如，ARRAY(1..2, 1..3)　OF INT :=1, 2, 3(4), 6 |
| | 指令表修正符/操作符 | 例如，(A>B) |
| | 函数自变量 | 例如，A+B-C*ABS(D) |
| | 子表达式分级 | 例如，(A*(B-C)+D) |
| | 功能块输入表分界符 | 例如，CMD_TMR ( IN :=%IX5.1, PT :=T#100ms) |
| | 方法输入表分界符 | 例如，My_Room_Ctrl(RM:= MyRoom1) |
| | 本体引用符 | 例如，SUPER() |
| [ ] | 数组下标分界符 | 例如，MOD_5_CFG.CH [5].RANGE := BI_10V |
| | 串长度分界符 | 例如，A_ARAY[%MB6,SYM]=I_ARAY[2]+I_ARAY[5] |
| , | 枚举表分隔符 | 例如，V:( BI_10V, UP_10V, UP_1_5V) := UP_1_5V |
| | 初始值分隔符 | 例如，ARRAY(1..2, 1..3)　OF INT :=1, 2, 3(4), 6 |
| | 数组下标分隔符 | 例如，ARRAY(1..2, 1..3)　OF INT :=1, 2, 3(4), 6 |
| | 被声明变量的分隔符 | 例如，VAR_INPUT　A, B, C: REAL;　END_VAR |
| | 功能块初始值分隔符 | 例如，TERM_2 (RUN:=1, A1:=AUTO, XIN :=START) |
| | 功能块输入表分隔符 | 例如，SR_1 (S1:=%IX1, RESET :=%IX2) |
| | 操作数表分隔符 | 例如，ARRAY(1..2, 1..3)　OF INT :=1, 2, 3(4), 6 |
| | 函数自变量表分隔符 | 例如，LIMIT (MN:=4.0, IN :=%IW0, MX:=20.0) |
| | CASE 值表分隔符 | 例如，CASE TW_1 OF<br>(1 .. 5)：DISPLAY：=OVEN_TEMP |
| ; | 类型分隔符 | 例如，TYPE R: REAL;　END_TYPE |
| | 语句分隔符 | 例如，QU :=5*(A+B);　QD :=4*(A-B) |
| .. | 子范围分隔符 | 例如，INT (-4095..4095) |
| | 数组下标范围符 | 例如，ARRAY [1..2, 1..3] OF INT |
| | CASE 范围分隔符 | 例如，CASE TW_1 OF<br>(1 .. 5)：DISPLAY：=OVEN_TEMP; |

| 分界符 | 含　　义 | 备注和应用示例 |
|---|---|---|
| ^ | 解引用符 | 例如，RM^.DT:=(Actual_TOD<=TOD#20:15) AND (Actual_TOD>=TOD#6:00)); |
| { } | 附注，在花括号内的内容是附注 | 例如，{版本 3.1} |
| % | 直接表示变量的前缀 | 例如，%IX1.2，%QB5 |
| => | 输出连接操作符 | 例如，C10(CU: =%IX10, Q = > OUT); |
| \| 或 ! | 垂直线 | 图形编程语言中表示垂直线 |

#### 4. 关键字

关键字（Keyword）是实现单个语法元素所用字符的唯一组合。关键字不应包含内嵌的空格。关键字不区分字符的大小写。它们不能够被用于任何其他目的，例如，作为变量名、实例名或扩展名等。表 1-7 是关键字的介绍。

表 1-7　关键字

| 关　键　字 | 含　　义 | 关　键　字 | 含　　义 |
|---|---|---|---|
| CONFIGURATION<br>END_CONFIGURATION | 配置段开始<br>配置段结束 | VAR_TEMP<br>END_VAR | 暂存变量段开始<br>变量段结束 |
| RESOURCE　ON<br>END_RESOURCE | 资源段开始<br>资源段结束 | VAR_CONFIG<br>END_VAR | 组态变量段开始<br>变量段结束 |
| TASK | 任务 | CONSTANT | 常数变量 |
| PROGRAM<br>END_PROGRAM | 程序段开始<br>程序段结束 | TYPE<br>END_TYPE | 数据类型段开始<br>数据类型段结束 |
| FUNCTION<br>END_FUNCTION | 函数段开始<br>函数段结束 | STRUCT<br>END_STRUCT | 结构段开始<br>结构段结束 |
| FUNCTION_BLOCK<br>END_FUNCTION_BLOCK | 功能块段开始<br>功能块段结束 | IF　　THEN　　ELSIF<br>ELSE　　END_IF | 选择语句 IF |
| NAMESPACE<br>END_NAMESPACE | 公有命名空间声明段开始<br>公有命名空间声明段结束 | CASE　OF　ELSE<br>END_CASE | 选择语句 CASE |
| NAMESPACE　INTERNAL<br>END_NAMESPACE | 内部命名空间声明段开始<br>内部命名空间声明段结束 | FOR　TO　BY　DO<br>END_FOR | 循环语句 FOR |
| CLASS<br>END_CLASS | 类声明段开始<br>类声明段结束 | WHILE　DO<br>END_WHILE | 循环语句 WHILE |
| METHOD<br>END_METHOD | 方法声明段开始<br>方法声明段结束 | REPEAT　UNTIL<br>END_REPEAT | 循环语句 REPEAT |
| INTERFACE<br>END_INTERFACE | 引用声明段开始<br>引用声明段结束 | STEP<br>END_STEP | 步段开始<br>步段结束 |
| VAR<br>END_VAR | 内部变量段开始<br>变量段结束 | INITIAL_STEP<br>END_STEP | 初始步段开始<br>初始步段结束 |
| VAR_INPUT<br>END_VAR | 输入变量段开始<br>变量段结束 | TRANSITION<br>END_TRANSITION | 转换段开始<br>转换段结束 |
| VAR_OUTPUT<br>END_VAR | 输出变量段开始<br>变量段结束 | ACTION<br>END_ACTION | 动作段开始<br>动作段结束 |
| VAR_IN_OUT<br>END_VAR | 输入-输出变量段开始<br>变量段结束 | READ_WRITE<br>READ_ONLY | 读写<br>只读 |
| VAR_GLOBAL<br>END_VAR | 全局变量段开始<br>变量段结束 | R_EDGE<br>F_EDGE | 上升沿<br>下降沿 |

| 关　键　字 | 含　义 | 关　键　字 | 含　义 |
|---|---|---|---|
| VAR_EXTERNAL<br>END_VAR | 外部变量段开始<br>变量段结束 | INT、REAL、BOOL、WORD、<br>CHAR、WCHAR 等 | 数据类型名称 |
| VAR_ACCESS<br>END_VAR | 存取路径变量段开始<br>变量段结束 | RETAIN<br>NON_RETAIN | 具有掉电保持功能的变量<br>不具有掉电保持功能的变量 |
| PROGRAM　　WITH | 与任务结合的程序 | TRUE | 逻辑真 |
| FB　　WITH | 与任务结合的功能块 | FALSE | 逻辑假 |
| PROGRAM | 没有任务结合的程序 | OVERLAP | 结构数据的重叠 |
| MOD、NOT、AND、OR、<br>XOR 等 | 操作符 | PUBLIC | 公有存取修饰符 |
| ABS、ADD、GT、BCD_TO_<br>INT 等 | 函数名 | PRIVATE | 私有存取修饰符 |
| SR、TON、TOF、R_TRIG 等 | 功能块名 | INTERNAL | 内部存取修饰符 |
| RETURN | 跳转返回符 | PROTECTED | 保护存取修饰符 |
| CONTINUE | 程序继续符 | FINAL | 不可改变的最终修饰符 |
| EXIT | 退出所在的循环符 | REF_TO、REF | 引用的声明和引用 |
| AT | 直接表示变量的地址 | EXTENDS | 扩展继承符 |
| CAL，RET，JMP 等 | 指令表操作符 | OVERRIDE | 覆盖继承符 |
| ARRAY　　OF | 数组数据 | ABSTRACT | 抽象修饰符 |
| EN，ENO | 使能端输入和输出 | IMPLEMENTS | 接口实现符 |
| SUPER，THIS | 基类和自身引用符 | USING | 命名空间使用符 |

## 1.4.2　文字–数据的外部表示

各种 PLC 的编程语言中，文字–数据的外部表示采用数值文字、字符串文字和时间文字表示。

### 1. 数值文字

数值文字（Numeric literal）定义一个数值。它可以是十进制数或其他进制的数。数值文字分为整数文字和实数文字两类。表 1-8 是数值文字的表示和示例。

表 1-8　数值文字的表示和示例

| 序号 | 数值文字类型 | 数值文字表示 | 示例 |
|---|---|---|---|
| 1 | 整数数值文字 | 符号整数 | -123，0，+2345 |
| | | 二进制整数 | 2#1101_1011（219），2#1111_0000（16#F0） |
| | | 八进制整数（下一版本将被取消） | 8#377（255），8#123（83），8#123（16#53） |
| | | 十六进制整数 | 16#AD（173），16#FF（2#1111_1111） |
| 2 | 实数数值文字 | 符号实数：符号整数.整数 | 0.0，0.4560，3.14159_265 |
| | | 指数表示的实数 | -1.34E-12，-1.34e-12，1.0E+6，1.0e+6，1.234E6，1.234e6 |
| 3 | 布尔数值文字 | 0 或 1 | 1，0 |
| | | TRUE 或 FALSE | TRUE，FALSE |
| 4 | 类型化文字 | [整数类型名#] 整数数值文字 | INT#12_3，UINT#16#3FAD，SINT#8#12，WORD#1234，CHAR#16#41 |
| | | [实数类型名#] 实数数值文字 | REAL#-3.14159，LREAL#1.2e-5 |
| | | [布尔类型名#] 布尔数值文字 | BOOL#1，BOOL#0，BOOL#TRUE；BOOL#FALSE |

使用时注意下列事项：

1）在数值文字中，单一的下画线字符没有意义。因此，INT#54_3 和 INT#543 具有相同的数值。

2）整数的基底数有 2、8、10 和 16，分别表示二进制、八进制、十进制和十六进制整数。十进制整数前的基 10 可不写出。例如，-123 可直接表示，不必写为 10#-123。下一版本将取消八进制整数表示。

3）#是基底数的分界符。例如，2#表示该数值文字用二进制整数数值表示。

4）IEC 61131-3 第三版增加：数值类型符号后可连接各种进制整数，例如，INT#16#FA，WORD#16#FFFF 等。

5）表示数值的正负，可在数值文字前添加正负符号。正号可不表示。例如，-123，273.15。

6）整数类型名标识符分为有符号和无符号整数两大类。有符号整数标识符分为 SINT（单整数）、INT（整数）、DINT（双整数）、LINT（长整数）四类。例如，SINT#12。有符号整数要占用一位表示符号（正或负），因此，同样存储单元。例如字节中，整数允许的范围减小。无符号整数标识符分为 USINT（无符号单整数）、UINT（无符号整数）、UDINT（无符号双整数）、ULINT（无符号长整数）四类。

7）实数类型名标识符分为 REAL（实数）和长实数（LREAL）两类。

8）布尔文字类型名标识符是 BOOL。它是整数文字的特例。

9）WORD 和 CHAR 类型符号表示字和字符类型的整数或字符。例如，WORD#1234 表示十进制整数 1234，WORD#16#1234 表示十六进制整数 16#1234，CHAR#16#41 表示 ASCII 编码用十六进制表示的 41，即字母 A。

**2. 字符串文字**

字符串文字（String literal）用于表示一系列字符，包括单字节和双字节编码的字符。

1）单字节字符串文字是零个和多个字符的序列，由单引号字符（'）开始和结束。在单字节字符串中，美元字符与随后的两个十六进制数字组成的三个字符组合应被解释为 8 位字符编码的十六进制表示。例如，'$0A'表示 LF 字符的长度为 1 的串，它与字符'$L'等效。表 1-9 是字符串文字的表示。

表 1-9　字符串文字

| 序号 | 描　　述 | 示　　例 |
|---|---|---|
| 性能 1：单字节字符串或带"的字符串 | | |
| 1a | 空串（长度为零） | '' |
| 1b | 串长为 1 或字符 CHAR 包含一个单字符 | 'A' |
| 1c | 串长为 1 或字符 CHAR 包含一个"空格"字符 | ' ' |
| 1d | 串长为 1 或字符 CHAR 包含一个"单引号"字符 | '$'' |
| 1e | 串长为 1 或字符 CHAR 包含一个"双引号"字符 | '"' |
| 1f | 支持表 1-10 的两个字符组合 | '$R$L' |
| 1g | 带'$'的字符表达和支持两个十六进制字符 | '$0A' |
| 性能 2：双字节字符串或带""的字符串 | | |
| 2a | 空串（长度为零） | "" |
| 2b | 串长为 1 或字符 WCHAR 包含一个单字符 | "A" |

| 序号 | 描　　述 | 示　　例 |
|---|---|---|
| 2c | 串长为 1 或字符 WCHAR 包含一个"空格"字符 | " " |
| 2d | 串长为 1 或字符 WCHAR 包含一个"单引号"字符 | "'" |
| 2e | 串长为 1 或字符 WCHAR 包含一个"双引号"字符 | "$"" |
| 2f | 支持表 1-10 的两个字符组合 | "$R$L" |
| 2h | 带'$'的字符表达和支持四个十六进制字符 | "$1234" |
| 性能 3：类型化单字节字符或带#的字符串文字 | | |
| 3a | 类型化字符串 | STRING#'YES' |
| 3b | 类型化字符 | CHAR#'X' |
| 性能 4：带#的类型化双字节字符文字 | | |
| 4a | 类型化双字节字符串（使用"双引号"字符） | WSTRING#"YES" |
| 4b | 类型化双字节字符（使用"双引号"字符） | WCHAR#"X" |
| 4c | 类型化双字节字符串（使用"单引号"字符） | WSTRING#'OK' |
| 4d | 类型化双字节字符（使用"单引号"字符） | WCHAR#'X' |

注：如果特定的实施系统支持性能 4 但不支持性能 2，则实施者应规定使用双引号字符的特定语法和语义。

2）双字节字符串文字是零个（空串）和根据 GB 13000—2010 字符集的多个字符串的序列，由双引号字符（"）开始和结束。美元字符与随后的 4 个十六进制数字组成的 5 个字符组合应被解释为 16 位字符编码的十六进制表示。例如，"$R$L"表示包含 CR 和 LF 字符的长度为 2 的双字节字符串。表 1-10 是字符串中双字符的组合。

**表 1-10　字符串中双字符组合**

| 序号 | 描述 | 组合 | 序号 | 描述 | 组合 |
|---|---|---|---|---|---|
| 1 | 美元符号 | $$ | 5 | 换页 | $P 或 $p |
| 2 | 单引号① | $' | 6 | 回车 | $R 或 $r |
| 3 | 换行 | $L 或 $l | 7 | 制表 | $T 或 $t |
| 4 | 新行② | $N 或 $n | 8 | 双引号③ | $" |

① $'组合仅在单引号字符串文字中有效。

② "新行"字符定义一行数据结束的方法，与实现无关的。用于打印时，其效果是结束一行数据及在下一行开始继续打印。

③ $"组合仅在双引号字符串文字中有效。

单字节字符串文字以单引号开始，以单引号结束。单字节字符串文字可用单字符串类型名的标识符号 STRING 和#表示，例如，STRING#'OK'。

双字节字符串文字以双引号开始，以双引号结束。双字节字符串文字可用双字符串类型名的标识符号 WSTRING 和#表示，例如，WSTRING#'GOOD'。

字符串文字可以是空串，表示字符串长度为零。例如，''和""。

IEC 61131-3 第三版增加单字节字符 CHAR、双字节字符 WCHAR 和提供了双字符表示的字符串，例如，$$。

美元符号与一些特殊字符组合可组成一些特殊字符。例如，为了表示"This 'book' cost $5"，采用单字节字符串表示为'This $" book $" cost $$5'，采用双字节字符串表示为"This $' book $' cost $$5"。

**3. 时间文字**

时间文字用于表示时间。IEC 61131-3 第三版增加了微秒和纳秒的时间单位和长持续时间的表示，可分别表示为 US 和 NS。有 4 种与时间有关的数据类型。

（1）持续时间

持续时间用于表达一个控制事件通过的时间。例如，定时器设定时间是一个持续时间。它表示定时器计时开始后，要持续达到该设定时间后才能有输出。

持续时间分为持续时间（Duration literal）和长持续时间（long duration literal）两类。持续时间以持续时间标识符 T（短前缀）或 TIME（长前缀）开始，长持续时间以长持续时间标识符 LT（短前缀）或 LTIME（长前缀）开始。其后是时间文字分界符#，最后是用天（D）、小时（H）、分（M）、秒（S）、毫秒（MS）、微秒（US）和纳秒（NS）为时间单位表示的持续时间数值。例如，T#3D4H5M 表示持续时间是 3 天 4 小时 5 分。LTIME#2S_3MS_4US_5NS 表示持续时间是 2 秒 3 毫秒 4 微秒 5 纳秒。

使用持续时间时的注意事项如下：

1）时间单位字母的大小写和持续时间标识符字母的大小写没有意义，即它们具有相同的效果，例如，T#2d 与 time#2D 都表示持续时间 2 天。

2）持续时间标识符有短前缀和长前缀两种表示，它们有相同的含义，例如，T#1s 与 TIME#1S 等效。

3）持续时间文字的单位可用下画线字符分隔，例如，T#3D_4H_5M。需注意，不能用两个或两个以上的连续下画线来分割持续时间。不能将数值与其单位用下画线分隔，例如，不允许 T#3_D5_H。

4）持续时间表示时，允许其数值超过有效的时间单位。例如，T#25h_15m 的表示是允许的，编程系统自动将它转换为不超过有效时间单位的数值，例如，T#25h_15m 被转换为 T#1d_1h_15m。

5）持续时间标识符分短前缀和长前缀两种表示，不能在长前缀中省略字母，因此，Ti、Tim、Tm 等缩写的字符都不是持续时间标识符。

6）持续时间的数值可以是负值，例如，可表示为 T#-3h，但不能表示为 -T#3h。

7）持续时间可以用小数，例如，T#3.5h 表示 3 小时 30 分，LT#200MS30.5US 表示 200 毫秒 30 微秒 500 纳秒。

8）持续时间的数值如果为零，则相应的时间单位可省略。例如，可表示为 T#2D3S。

表 1-11 是持续时间文字的示例。

表 1-11　持续时间文字的示例

| 序号 | 描　　述 | 示　　例 |
|------|---------|---------|
| | 不带下画线的持续时间文字 | |
| 2a | 短前缀 | T#14ms, T#-14ms, LT#14.7s, T#14.7m, T#14.7h, T#14.7d, t#15h15m, t#12h3m44s500us400ns |
| 2b | 长前缀 | TIME#14ms，TIME#-14ms，time#14.7m |
| | 带下画线的持续时间文字 | |
| 3a | 短前缀 | t#15h_15m, lt#5d_1h_2m_3s_4.5ms, t#12h_3m_44s |
| 3b | 长前缀 | time#15h_15m, LTIME#5d_1h_2m_3s_4.5ms, time#12h_3m_44s |

（2）一天中的时间

一天中的时间（Time of day literal）和一天中的长时间（long time of day literal）均用于表

示在一天中的时间。例如，当前时间等，也称为日时。

一天中的时间以时间标识符 TOD（短前缀）或 Time_of_day（长前缀）开始，一天中的长时间以长时间标识符 LTOD（短前缀）或 LTime_of_day（长前缀）开始。其后是时间文字分界符#，最后是用冒号"："分隔的时间数据。例如，TOD#14:28:32.21 表示当前日的时间是14 时 28 分 32.21 秒。

使用一天中的时间时的注意事项如下：

1）一天中的时间标识符和一天中的长时间标识符分短前缀和长前缀两种。不能在短前缀和长前缀中省略或增加字母。例如，TD、Time_OF_D、LT_of_D 等不是一天中的时间标识符。

2）一天中的时间标识符和一天中的长时间标识符中字母的大小写没有意义。因此，Tod#14:28:32、Ltime_of_DAY#14:28:32 等都是正确的表示。

3）一天中的时间中，时间数据用冒号分割。时间的单位是时、分、秒。

4）与持续时间不同，一天中的时间表示中，时、分、秒的时间数据不能省略。但最小时间单位没有时，可省略。例如，TOD#15 表示 15 时。

5）与持续时间不同，一天中的时间表示中，不能用负号。例如，TOD#-12:30 是错误的表示。

（3）日期

日期分为日期（Date literal）和长日期（long date literal）两类，用于表示当天是某年某月某日。

日期以日期标识符 D（短前缀）或 Date（长前缀）开始，长日期以长日期标识符 LD（短前缀）或 LDate（长前缀）开始。其后是时间文字分界符#，最后是用连字符"－"分隔的日期数据。例如，D#2017-2-3 表示当天是 2017 年 2 月 3 日，LDATE#2008-08-08 表示当天是 2008年 8 月 8 日。

使用日期时的注意事项如下：

1）日期标识符分短前缀和长前缀两种。不能在短前缀和长前缀中省略或增加字母。例如，Dat、D_T 等不是日期标识符。

2）日期标识符字母的大小写没有意义。因此，d、D、Date、DATe 都是正确的日期标识符。

3）日期数据表示的先后次序是年–月–日。采用日–月–年或其他表示次序都是不正确的。因此，D#02-03-2017 是不正确的表示。

4）日期数据用连字符号分隔。日期的单位是年、月、日。

5）日期中的年、月、日数据不能省略。因此，Date#09-28 是不正确的表示。

（4）日期和时间

日期和时间分为日期和时间（Date and time literal）、长日期和时间（long date and time literal）两类。日期和时间用于表示某年某月某日某时某分某秒的时刻。例如，DT#2017-02-03:12:12:35.30表示当前日期和时间是 2017 年 2 月 3 日 12 时 12 分 35.30 秒。

日期和时间以日期和时间标识符 DT（短前缀）或 Date_and_time（长前缀）开始，长日期和时间以长日期和时间标识符 LDT（短前缀）或 LDate_and_time（长前缀）开始，其后是时间文字分界符#，最后是用连字符"－"分隔的日期数据和用冒号"："分隔的时间数据。日期数据和时间数据之间用连字号"－"分隔。

使用日期和时间时的注意事项如下：

1）日期和时间标识符分短前缀和长前缀两种。它们是专用标识符，不能在其间增加或减少字符。例如，D&Time、date_time 等都是不正确的表示。

2）日期和时间标识符字母的大小写没有意义。因此，dT、Date_and_Time 都是正确的日期和时间标识符表示。

3）日期数据次序是年、月、日。时间数据的次序是时、分、秒等。同样可用小数表示时间数据。例如，LDT#2017-02-03-12:36:55.360_227。

4）日期和时间中的年、月、日和时、分、秒的数据不能省略。

表 1-12 是其他时间文字的示例。基本数据类型的性能见表 1-13。

**表 1-12　其他时间文字的示例**

| 序号 | 描述 | 示　例 | 序号 | 描述 | 示　例 |
|---|---|---|---|---|---|
| 1a | 日期文字（长前缀） | DATE#1984-06-25，　date#2012-05-10 | 2a | 长日期文字（长前缀） | LDATE#1984-06-25 |
| 1b | 日期文字（短前缀） | D#1984-06-25，　d#2012-05-10 | 2b | 长日期文字（短前缀） | ld#2012-05-10，LD#1984-06-25 |
| 3a | 一天中时间（长前缀） | TIME_OF_DATE#15:36:25.25， | 4a | 一天中长时间（长前缀） | LTIME_OF_DATE#15:36:25.25 |
| 3b | 一天中时间（短前缀） | TOD#15:36:25.25，tod#18:26:25 | 4b | 一天中长时间（短前缀） | LTOD#15:36:25.25，ltod#18:26:25 |
| 5a | 日期和时间（长前缀） | DATE_AND_TIME#1984-06-25-18:26:25 | 6a | 长日期和时间（长前缀） | LDATE_AND_TIME#1984-06-25-18:26:25:55.360_227_400 |
| 5b | 日期和时间（短前缀） | DT#1984-06-25-18:26:25 | 6b | 长日期和时间（短前缀） | LDT#2014-09-25-18:26:25:55.360_227_400 |

**表 1-13　基本数据类型的性能**

| 序号 | 数据类型 | 关键字 | 位数 $N^{①}$ | 允许范围 | 默认初始值 |
|---|---|---|---|---|---|
| 1 | 布尔 | BOOL | $1^{②}$ | 0 或 1 | 0，FALSE |
| 2 | 短整数 | SINT | $8^{③}$ | $-128 \sim 127$（$-2^7 \sim 2^7-1$） | 0 |
| 3 | 整数 | INT | $16^{③}$ | $-32768 \sim 32767$（$-2^{15} \sim 2^{15}-1$） | 0 |
| 4 | 双整数 | DINT | $32^{③}$ | $-2^{31} \sim 2^{31}-1$（$-2147483648 \sim 2147483647$） | 0 |
| 5 | 长整数 | LINT | $64^{③}$ | $-2^{63} \sim 2^{63}-1$ | 0 |
| 6 | 无符号短整数 | USINT | $8^{④}$ | $0 \sim 255$（$0 \sim 2^8-1$） | 0 |
| 7 | 无符号整数 | UINT | $16^{④}$ | $0 \sim 65535$（$0 \sim 2^{16}-1$） | 0 |
| 8 | 无符号双整数 | UDINT | $32^{④}$ | $0 \sim 2^{32}-1$（$0 \sim 4294967295$） | 0 |
| 9 | 无符号长整数 | ULINT | $64^{④}$ | $0 \sim 2^{64}-1$ | 0 |
| 10 | 实数 | REAL | $32^{⑤}$ | 按 IEC 60559 对基本单精度浮点格式的规定 $-3.402823466e38 \sim -1.175494351e-38$，0.0；$1.175494351e-38 \sim 3.402823466e38$ 精度 23 位尾数(对应 6 位小数) 8 位指数位，1 位符号位 | 0.0 |

| 序号 | 数据类型 | 关键字 | 位数 $N$[①] | 允许范围 | 默认初始值 |
|---|---|---|---|---|---|
| 11 | 长实数 | LREAL | 64[⑥] | 按 IEC60559 对基本双精度浮点格式的规定<br>$-1.797\_693\_134\_862\_315\_7E+308$ to $-2.225\_073\_858\_507\_201\_4E-308$,<br>0.0,<br>$+2.225\_073\_858\_507\_201\_4E-308$ to $+1.797\_693\_134\_862\_315\_7E+308$<br>精度 52 位尾数(对应 15 位小数)<br>11 位指数位, 1 位符号位 | 0.0 |
| 12a | 持续时间 | TIME | —[⑦] | | T#0s |
| 12b | 长持续时间 | LTIME | 64[⑧⑨] | | LTIME#0s |
| 13a | 日期 | DATE | —[⑦] | | D#0001-01-01[⑩] |
| 13b | 长日期 | LDATE | 64[⑪] | | LDATE#1970-01-01 |
| 14a | 日时 | TOD | —[⑦] | | TOD#00:00:00 |
| 14b | 长日时 | LTOD | 64[⑨⑬] | | LTOD#00:00:00 |
| 15a | 日期和时刻 | DT | —[⑦] | | DT#0001-01-01-00:00:00[⑩] |
| 15b | 长日期和时刻 | LDT | 64[⑨⑫] | | LDT#1970-01-01-00:00:00 |
| 16a | 变长度单字节字符串 | STRING | 8[⑭⑮⑯⑰] | 与执行有关的参数 | ""单字节空串 |
| 16b | 变长度双字节字符串 | WSTRING | 16[⑭⑮⑯⑰] | 与执行有关的参数 | ""双字节空串 |
| 17a | 单字节字符 | CHAR | 8[⑯⑰] | | '$00' |
| 17b | 双字节字符 | WCHAR | 16[⑯⑰] | | '$0000' |
| 18 | 8 位长度的位串 | BYTE | 8[⑯⑱] | 0～16#FF | 16#00 |
| 19 | 16 位长度的位串 | WORD | 16[⑯⑱] | 0～16#FFFF | 16#0000 |
| 20 | 32 位长度的位串 | DWORD | 32[⑯⑱] | 0～16#FFFF_FFFF | 16#0000_0000 |
| 21 | 64 位长度的位串 | LWORD | 64[⑯⑱] | 0～16#FFFF_FFFF_FFFF_FFFF | 16#0000_0000_0000_0000 |

① 本列的输入应认为已在表的脚注所规定。

② 这些数据类型的变量的可能值是 0 和 1，对应关键字是 FALSE 和 TRUE。

③ 该数据类型的变量值允许范围为 $-2^{N-1}$～$2^{N-1}-1$。

④ 该数据类型的变量值允许范围为 0～$2^{N-1}-1$。

⑤ 该数据类型的变量值允许范围根据 IEC 60559（GB/T 17966—2000）定义的基本单宽浮点格式。实施者规定非规范值、无穷大或 NAN 的算术指令结果。

⑥ 该数据类型的变量值允许范围根据 IEC 60559（GB/T 17966—2000）定义的基本双宽浮点格式。实施者规定非规范值、无穷大或 NAN 的算术指令结果。

⑦ 该数据类型表示的值允许范围和精度由实施者规定。

⑧ 数据类型 LTIME 是一个 64 位有符号整数，单位是 ns。

⑨ 实施者规定该时间格式的值的更新精度，即该值可规定每纳秒，但也可规定为每毫秒或每微秒。

⑩ 规定的开始日期与 0001-01-01 不一致时，根据实施者规定。

⑪ 数据类型 LDATE 是一个 64 位有符号整数，单位是 ns，开始日期是 1970-01-01。

⑫ 数据类型 LDT 是一个 64 位有符号整数，单位是 ns，开始时间是 1970-01-01-00:00:00。

⑬ 数据类型 LTOD 是一个 64 位有符号整数，单位是 ns，开始时间是午夜 TOD#00:00:00。

⑭ $N$ 的值表示该数据类型的位/字符的数量。

⑮ 实施者规定 STRING 和 WSTRING 变量的最大允许长度。

⑯ 值的数字范围不适合这些数据类型。

⑰ 用于 CHAR，STRING，WCHSR 和 WSTRING 的字符编码是 ISO/IEC 10646（GB 13000—2010）。

⑱ $N$ 的值表示该数据类型的位串中的位数。

### 1.4.3　数据类型

数据类型是 IEC 61131-3 编程语言的重要内容。它定义文字和变量可能的值、可以进行的操作和存储其值的方法。

IEC 61131-3 第三版增加用户定义的数据类型,包括枚举数据类型、带指定值的枚举数据类型、数组数据重复等。

#### 1. 基本数据类型

基本数据类型(Elementary data types)是在标准中预先定义的标准化数据类型。它有约定的数据允许范围及约定的初始值。基本数据类型名可以是数据类型名、时间类型名、位串类型名、STRING、WSTRING、CHAR、WCHAR、TIME、LTIME 等。表 1-13 是基本数据类型的性能。

基本数据类型字符串包括 STRING、WSTRING、CHAR、WCHAR。实施者规定 STRING 和 WSTRING 类型支持的最大长度。实际应用的最大长度由相关声明中括号内最大长度确定。

【例 1-1】　字符串长度的声明。

```
VAR
    String1: STRING[10]:= 'ABCD';        //字符串 String1 的长度是 10 字符,初始值是"ABCD"
    String2: STRING[10]:= ";             //字符串 String2 的长度是 10 字符,初始值是空串
    aWStrings: ARRAY [0..1] OF WSTRING:= ["1234", "5678"];
    //双字节字符串 aWStrings 是两维双字节字符串 WSTRING,初始值是["1234", "5678"]
    Char1: CHAR;                          //字符 Char1 是单字节字符,占 8 位,初始值是'$00'
    WChar1: WCHAR;                        //字符 WChar1 是双字节字符,占 16 位,初始值是'$0000'
END_VAR
```

单字节字符(CHAR)和双字节字符(WCHAR)的数据类型只包含一个字符。而字符串可包含几个字符,例如,示例中 String1 可存储 10 个字符,初始字符是"ABCD"。因此,字符串需要附加的管理信息。采用 CHAR 和 WCHAR 可简化程序的操作。详见数据类型转换的有关内容。

基本数据类型的默认初始值是系统提供的初始值,见表 1-13。

#### 2. 一般数据类型

一般数据类型(generic data type)也称为类属数据类型。它用前缀 ANY 标识。一般数据类型是编程系统使用的数据类型,它们被用在标准函数和功能块的输入和输出,规定它们的数据类型。

使用一般数据类型时的注意事项如下:

1)一般数据类型不能用于用户声明的 POU。

2)与派生的基本数据类型一样,直接派生类型的一般数据类型与导出该基本数据类型的一般数据类型相同。

3)子范围数据类型的一般数据类型是 ANY_INT。

4)图 1-9 是一般数据类型的分级结构。它定义了所有其他派生的一般数据类型是 ANY_DERIVED。

| 一般数据类型 | | 一般数据类型 | 基本数据类型组 |
|---|---|---|---|
| ANY | | | |
| ANY_DERIVED | | | |
| ANY_ELEMENTARY | | | |
| | ANY_MAGNITUDE | | |
| | ANY_NUM | | |
| | ANY_REAL | | REAL, LREAL |
| | ANY_INT | ANY_UNSIGNED | USINT, UINT, UDINT, ULINT |
| | | ANY_SIGNED | SINT, INT, DINT, LINT |
| | ANY_DURATION | | TIME, LTIME |
| | ANY_BIT | | BOOL, BYTE, WORD, DWORD, LWORD |
| | ANY_CHARS | | |
| | ANY_STRING | | STRING, WSTRING |
| | ANY_CHAR | | CHAR, WCHAR |
| | ANY_DATE | | DATE_AND_TIME, LDT, DATE, TOD, LTOD |

图 1-9 一般数据类型的分级结构

### 3. 用户定义的数据类型

用户定义的数据类型（User-defined data type）被用于其他数据类型的声明和用于变量声明中，可以用于任何基本数据类型可被使用的地方。用户定义的数据类型是用户为应用需要而定义的数据类型。因此，用户定义的数据类型应便于建立数据模型。用户定义的数据类型也称为派生数据类型、衍生数据类型或导出数据类型。

派生数据类型所定义的变量是全局变量。它可用与基本数据类型所使用的相同方法对变量进行声明。

用户定义数据类型用 TYPE…END_TYPE 文本结构来声明，即用 TYPE 关键字开始，中间是用户定义数据类型声明，最后用 END_TYPE 关键字结束。

用户定义数据类型有枚举数据类型、子范围数据类型、数组数据类型、结构数据类型、直接派生数据类型等。用户定义的数据类型可用用户定义的初始值来初始化。该初始值的优先级高于系统默认的初始值。所用用户定义的值的数据类型可以是兼容类型的，即系统的数据类型或用隐式数据类型转换进行转换的数据类型。

用户定义的数据类型需要赋予初始值时，采用直接赋值符。其格式如下：

**数据类型 := 用户定义的初始值;**

表 1-14 是用户定义的数据类型和初始化声明。

表 1-14　用户定义的数据类型和初始化声明

| 序号 | 描述 | 示　　例 | 说　　明 |
|---|---|---|---|
| 1a<br>1b | 枚举数据类型 | TYPE<br>ANALOG_SIGNAL_RANGE:<br>　(BIPOLAR_10V,<br>　UNIPOLAR_10V,<br>　UNIPOLAR_1_5V,<br>　UNIPOLAR_0_5V,<br>　UNIPOLAR_4_20_MA, | 初始化<br>ANALOG_SIGNAL_RANG<br>E 初始化结果:UNIPOLAR_1_<br>5V |

| 序号 | 描述 | 示 例 | 说 明 |
|---|---|---|---|
| 1a<br>1b | 枚举数据类型 | UNIPOLAR_0_20_MA)<br>　　:= UNIPOLAR_1_5V;<br>END_TYPE | |
| 2a<br>2b | 带指定值的数据类型 | TYPE<br>　Colors: DWORD<br>　　(Red := 16#00FF0000,<br>　　Green:= 16#0000FF00,<br>　　Blue:= 16#000000FF,<br>　　White:= Red OR Green OR Blue,<br>　　Black:= Red AND Green AND Blue)<br>　　:= Green;<br>END_TYPE | 初始化<br>Colors 初始化结果:Green |
| 3a<br>3b | 子范围数据类型 | TYPE<br>　ANALOG_DATA: INT(-4095 .. 4095):= 0;<br>END_TYPE | 初始化<br>ANALOG_DATA 初始值是0 |
| 4a<br>4b | 数组数据类型 | TYPE ANALOG_16_INPUT_DATA:<br>　ARRAY [1..16] OF ANALOG<br>　:= [8(-4095), 8(4095)];<br>END_TYPE | ANALOG 见 3a 和 3b 的初始化,其值分别是前 8 个是-4095,后 8 个是 4095 |
| 5a<br>5b | 功能块类型和类作为数组元素 | TYPE<br>　TONs: ARRAY[1..50] OF TON<br>　:= [50(PT:=T#100ms)];<br>END_TYPE | 标准功能块 TON 作为数组元素初始化结果,50 个数实例 TONs 的初始设定值是 T#100ms |
| 6a<br>6b | 结构数据类型 | TYPE ANALOG_CHANNEL_CONFIGURATION:<br>　STRUCT<br>　　RANGE: ANALOG_SIGNAL_RANGE;<br>　　MIN_SCALE: ANALOG:= -4095;<br>　　MAX_SCALE: ANALOG:= 4095;<br>　END_STRUCT;<br>END_TYPE | ANALOG_SIGNAL_RANGE 见 1a 和 1b。MIN_SCALE 初始值是-4095,MAX_SCALE 初始值是 4095 |
| 7a<br>7b | 功能块类型和类作为结构元素 | TYPE<br>　Cooler: STRUCT<br>　　Temp: INT;<br>　　Cooling: TOF:= (PT:=T#100ms);<br>　END_STRUCT;<br>END_TYPE | 功能块 TOF 作为 Cooler 的结构元素,初始值设定为 T#100ms |
| 8a<br>8b | 结构数据类型带相应的寻址 AT | TYPE<br>　Com1_data: STRUCT<br>　　head AT %B0: INT;<br>　　length AT %B2: USINT:= 26;<br>　　flag1 AT %X3.0: BOOL;<br>　　end AT %B25: BYTE;<br>　END_STRUCT;<br>END_TYPE | 不重叠的显式布置 |
| 9a | 结构数据类型带相应的寻址 AT 和 OVERLAP | TYPE<br>　Com2_data: STRUCT OVERLAP<br>　　head AT %B0: INT;<br>　　length AT %B2: USINT;<br>　　flag2 AT %X3.3: BOOL;<br>　　data1 AT %B5: BYTE;<br>　　data2 AT %B5: REAL;<br>　　end AT %B19: BYTE;<br>　END_STRUCT;<br>END_TYPE | 带重叠的显式布置<br>%B5 用于 data1, %B5～%B8 还被用于 data2<br>出现 B5 存储位置的重叠 |
| 10a<br>10b | 结构元素的直接表达-部分待定采用"*" | TYPE<br>　HW_COMP: STRUCT;<br>　　IN AT %I*: BOOL;　　　　　// 待定位<br>　　OUT_VAR AT %Q*: WORD:=200; // 待定位, 初始值 200<br>　　ITNL_VAR: REAL:= 123.0;<br>　END_STRUCT;<br>END_TYPE | 输入和输出尚未定位的结构数据类型[①] |

| 序号 | 描述 | 示　　例 | 说　　明 |
|---|---|---|---|
| 11a<br>11b | 直接派生数据类型 | TYPE<br>　CNT: UINT;<br>　FREQ: REAL:= 50.0;<br>　ANALOG_CHANNEL_CONFIG:<br>　ANALOG_CHANNEL_CONFIGURATION<br>　　:= (MIN_SCALE:= 0, MAX_SCALE:= 4000);<br>END_TYPE | 初始化<br><br>新的初始化，6a 和 6b 已经初始化，这里重新初始化 |
| 12 | 使用常数表达式的初始化 | TYPE<br>　PIx2: REAL:= 2.0 * 3.1416;<br>END_TYPE | 使用常数表达式 2.0*3.1416 作为初始值 |

注：数据类型的声明可以没有初始化（性能 a）或有初始化（性能 b）。如果只支持性能 a，该数据类型初始化用默认的初始值。如果支持性能 b，该数据类型可用用户给定的值初始化或如果没有给出初始值时，用系统默认的初始值。

① 使用待定的"*"的部分直接表示元素的结构变量不能用于 VAR_INPUT、VAR_IN_OUT 或 VAR_TEMP 段

（1）枚举数据类型

枚举数据类型（Enumerated data type）的声明规定该数据类型的任何一个数据元素只能取在相应的枚举列表中给出的值，例如，表 1-14 的 1a 和 1b 中，ANALOG_SIGNAL_RANGE 枚举数据类型有 6 种值可选，即模拟信号 BIPOLAR_10V（±10V）、UNIPOLAR_10V（0～10V）、UNIPOLAR_1_5V（1～5V）、UNIPOLAR_0_5V（0～5V）、UNIPOLAR_4_20_MA（4～20mA）和 UNIPOLAR_0_20_MA（0～20mA）。

使用枚举数据类型时的注意事项如下：

1）枚举列表是枚举值的有序集合，它开始于列表的第一个标识符，终止于列表的最后一个。

2）不同枚举数据类型的枚举值可使用相同的标识符。但在枚举文本中没有提供足够信号来明确地确定它的值时，则出错。为此，可用该枚举数据类型+"#"+枚举值表示，使其在系统中可唯一识别。

【例 1-2】 枚举数据类型的枚举值使用相同标识符，造成出错。

```
TYPE
    Traffic_light: (Red, Amber, Green);         /*Traffic_light 有三个枚举值：Red，Amber 和 Green */
    Painting_colors: (Red, Yellow, Green, Blue):= Blue;   /*Painting_colors 有四个枚举值：Red，
Yellow，Green 和 Blue */
    END_TYPE
    VAR
    My_Traffic_light: Traffic_light:= Red;   /*声明 My_Traffic_light 数据类型是 Traffic_light，初始
值为 Red */
    stop: BOOL;
    END_VAR
    IF My_Traffic_light = Traffic_light#Amber THEN    stop.. END_IF;.
    // 如果 My_Traffic_light 为 Traffic_light 枚举值的 Amber，则执行 stop
    IF My_Traffic_light = Traffic_light#Red THEN ...stop.. END_IF;
    // 如果 My_Traffic_light 为 Traffic_light 枚举值的 Red，则执行 stop
    IF My_Traffic_light = Amber THEN    stop.. END_IF;
    // 如果 My_Traffic_light 为 Amber，因该 Amber 是唯一的，因此，不出错，即执行 stop。
    IF My_Traffic_light = Red THEN ...stop.. END_IF;
    // 如果 My_Traffic_light 为 Red，因该 Red 不是唯一的，因此，出错，即不执行 stop，并报警出错。
```

// 但改为：IF My_Traffic_light = Traffic_light#Red THEN ...stop.. END_IF; 就不出错

3）枚举数据类型的默认初始值是相应枚举列表的第一个标识符。例如，

Colors: DWORD(Red:=16#00FF0000,Green:=16#0000FF00,Blue :=16#000000FF,White:= Red OR Green OR Blue,Black:= Red AND Green AND Blue)的默认初始值是 Red。

4）可采用带指定值的数据类型。例如，表 1-14 中的序号 2a 和 2b。初始化不限于指定值，也可使用基本数据类型范围内的任何值。声明的指定值不限制这些数据类型的变量值的使用范围，即其他常数也能够被赋值，或能够通过计算生成。

5）用户定义的初始值比系统默认初始值具有更高优先级。即应用时，有上述两个初始值时，优先采用用户定义的初始值。

（2）子范围数据类型

子范围数据类型（Subrange data type）的数据元素值只能取规定子范围的上、下限之间（包括上、下限）的值。例如，表 1-14 中的序号 3a 和 3b。示例中，INT 数据类型的允许范围是-32768～32767，如果应用的数据范围在该数据类型允许的范围内部时，需要定义子范围数据类型。示例显示某类数据 ANALOG 只允许取值范围为-4095～4095，则需要定义子范围数据类型。

子范围数据类型的取值范围由子范围确定。用圆括号和内部的子范围表示，子范围用"下限值..上限值"表示。如果子范围数据值落在特定的取值范围之外则出错。子范围数据类型的默认初始值是该子范围中的第一个限值，即下限值。例如，示例的默认初始值是-4095，实际初始值采用用户定义的初始值 0。

【例 1-3】 子范围数据类型的应用。

```
TYPE
    MOTOR_VOLTS: REAL(-6.0.. 12.0);
END_TYPE
```

MOTOR_VOLTS 变量被定义为子范围数据类型。即直流电动机的电压范围是-6.0～12.0V，从而保证当电压超出范围时，数据仍能在该范围内。

（3）数组数据类型

数组数据类型（Array data type）由多个相同数据类型的数据元素组成。数组数据类型用 ARRAY 表示，用方括号内的数据定义其范围，然后是 OF 和采用的相同数据类型名和可选的":="和用户定义的初始值，例如表 1-14 中序号 4a 和 4b 的示例。

使用数组数据类型时的注意事项如下：

1）数组数据类型用于定义具有相同数据类型的多个数据元素，如果数据元素的数据类型不同，则应采用结构数据类型。

2）数组数据类型的下标说明其大小，用方括号定义，对多维数组，用逗号分隔。每个维数范围用"1..维数值"表示。

【例 1-4】 多维数组的表示。

```
TYPE
    AI5: ARRAY [1..5,  1..8] OF  ANALOG;
END_TYPE
```

示例声明 AI5 是一个 5×8 维的数组数据，它们的数据元素有相同数据类型 ANALOG。

3）数组数据类型的取值根据该数据类型的单元素的数据类型取值的范围确定。例如，该元素的数据类型是 INT，则取值范围是-32768～32767。可用"*"表示变长度的数组，例如，"ARRAY [*,*] OF INT;"。

4）如果用户没有定义的初始值，各数据元素的初始值根据该基本数据类型的默认初始值确定。

5）用户定义初始值时，可采用重复因子方法，对数组数据的各数据元素定义用户的初始值。

6）重复因子方法是对 $N$ 个数据元素赋相同数据 $M$ 的方法。当数组中有连续的若干数据类型都需要赋予相同初始值时，用圆括号前的值说明相同数据类型个数 $N$，圆括号内的值是用户定义的初始值 $M$。

【例 1-5】 数组数据类型的重复因子。

```
TYPE
    AI : ARRAY[1..8] OF REAL    := 7(4.0);
END_TYPE
```

示例声明 AI 是数组数据类型，为一维的 REAL 数据类型，共有 7 个数据的初始值是 4.0。最后一个数据初始值是 0.0。它对应于实际应用的 8 通道 AI 模拟量输入板，7 个输入电流初始值为 4.0mA，最后一个输入通道短路连接。

IEC 61131-3 第三版增加了可用功能块类型和类作为数组元素的性能。表 1-14 中序号 5a和 5b 的示例，将标准功能块 TON 作为数据元素的数据类型，并对相同的 50 个接通延迟定时器的计时设定值 PT 定义了用户的初始值 T#100ms。

7）初始化一个数组类型时，用户初始值由初始化列表给出。如果初始化列表给出的数据个数超出数组实体的个数，则超过部分（最右面）的初始值被忽略。如果初始化列表的数据个数小于数据实体的个数，则剩余的数组实体用其对应数据类型的默认初始值。例如，示例中最后一个数据为 0.0。

（4）结构数据类型

当不同数据类型组合时，可采用结构数据类型（Structured data type），结构数据类型由多种不同数据类型组合。结构数据类型格式是从"结构数据类型名:"及结构关键字"STRUCT"开始，中间包含一个特定类型的子元素的集合，最后是 END_STRUCT。

【例 1-6】 结构数据类型的声明。

```
TYPE
    AI_Board:                       // AI_Board 是结构数据类型名
    STRUCT
        Range: SIGNAL_RANGE;        // Range 子元素的数据类型是 SIGNAL_RANGE
        Min: ANALOG;                // Min 子元素的数据类型是 ANALOG
        Max: ANALOG;                // Max 子元素的数据类型是 ANALOG
    END_STRUCT
END_TYPE
```

结构数据类型用于将多个不同数据类型组合在一起。示例中，结构数据类型 AI_Board 有三个子元素 Range、Min 和 Max，它们的数据类型分别是 SIGNAL_RANGE、ANALOG 和

ANALOG。这些数据类型是用户定义的数据类型。因此应分别根据它们的数据类型所允许的取值范围确定。例如，如果是 ANALOG 数据类型，则根据表 1-14 中序号 3a 和 3b，所允许的取值范围是-4095~4095。

使用结构数据类型时的注意事项如下：

1）IEC 61131-3 第三版扩展了结构数据类型子元素数据类型的应用范围。结构数据类型结构元素的数据类型可以是基本数据类型（例如，表 1-14 中序号 7a 和 7b 示例中 Temp 的数据类型为 INT）、用户定义的数据类型（例如，表 1-14 中序号 6a 和 6b 示例中 RANGE 的数据类型为 ANALOG_SIGNAL_RANGE 枚举数据类型）、功能块类型和类（例如，表 1-14 中序号 7a 和 7b 示例中 Cooling 的数据类型为 TOF 功能块类型）、带寻址 AT（例如，表 1-14 中序号 8a 和 8b 示例中 head 的数据类型为 AT %B0: INT 基本数据类型等）、带重叠的 AT（例如，表 1-14 中序号 9a 和 9b 示例中 data1 AT %B5: BYTE;和 data2 AT %B5: REAL;）和带*符号表示部分直接表达的输入和输出（例如，表 1-14 中序号 10a 和 10b 示例中 IN AT %I*: BOOL;和 OUT_VAR AT %Q*: WORD:= 200;）等。

2）结构数据类型各子元素的取值范围根据各自元素数据类型的取值范围。例如，表 1-14 中序号 7a 和 7b 示例中 Temp 的数据类型是 INT，因此，其取值范围是-32768~32767。表 1-14 中序号 6a 和 6b 示例中 RANGE 是 ANALOG_SIGNAL_RANGE 枚举数据类型，根据表 1-14 中序号 1a 和 1b 示例，其取值范围是 6 种输入信号范围。

3）结构数据类型的各子元素的初始值根据各自元素数据类型的初始值。例如，表 1-14 中序号 7a 和 7b 示例中 Temp 的数据类型是 INT，因没有用户定义的初始值，因此，用系统默认初始值-32768。表 1-14 中序号 6a 和 6b 示例中 RANGE 是 ANALOG_SIGNAL_RANGE 枚举数据类型，其初始值是用户定义的初始值 UNIPOLAR_1_5V。

4）结构数据类型元素的位置（寻址地址）是相对于结构的开始位置。该结构数据的每个元素名称应跟在关键字 AT 后面，并表示其相对位置。相对位置由"%"（百分数符号）、位置前缀和位或字节位置组成。字节位置是一个无符号整数文字，表示字节偏移量。位的位置是由字节的偏移量、"."（点）和位的偏移量组成，位的偏移量是一个 0~7 范围的无符号整数。在相对位置内是不允许空格的。除了用关键字 OVERLAP 声明其是重叠外，结构数据类型元素不应在它们的存储分布上重叠。位偏移的计数从最右位的 0 开始，字节偏移的计数从该结构字节偏移的 0 开始。

【例 1-7】 结构数据类型元素的相对位置和重叠。

```
TYPE
    Com1_data: STRUCT              // 设置 Com1 是结构数据类型
        head AT %B0: INT;          // 相对位置在字节的 B0
        length AT %B2: USINT:= 26; // 相对位置在字节的 B2
        flag1 AT %X3.0: BOOL;      // 相对位置在位 3.0
        end AT %B25: BYTE;         // 相对位置在字节的 B25，即中间留有间隙
    END_STRUCT;
    Com2_data: STRUCT OVERLAP      // 设置 Com2 是可重叠的结构数据类型
        head AT %B0: INT;          // 相对位置在字节的 B0
        length AT %B2: USINT;      // 相对位置在字节的 B2
        flag2 AT %X3.3: BOOL;      // 相对位置在位 3.3
```

```
        data1 AT %B5: BYTE;          // 相对位置在字节的 B5，与下列的实数重叠
        data2 AT %B5: REAL;          // 相对位置在字节的 B5～B8，实数占 4 字节，存储区重叠
        end AT %B19: BYTE;           // 相对位置在字节的 B19，在中间留有间隙
    END_STRUCT;
    Com_data: STRUCT OVERLAP        // Com_data 是可重叠的结构数据类型，C1 和 C2 的存储空
                                     // 间重叠
        C1 at %B0: Com1_data;        // Com1_data 是结构数据类型
        C2 at %B0: Com2_data;        // Com2_data 是结构数据类型
    END_STRUCT
END_TYPE
```

5）采用部分待定的 "*" 符号的结构数据类型的直接表示部分中，"*" 符号表示未确定输入和输出位置的结构数据类型。当用于一个程序、功能块类型或类时，在声明段的定位部分，"*" 符号表示其大小前缀的位置，并且在串联中的无符号整数用于声明直接表示待定。可见表 1-14 中序号 10a 和 10b 的示例。这类变量不能用于 VAR_INPUT、VAR_IN_OUT 或 VAR_TEMP 段。

6）使用部分待定的 "*" 符号的结构数据类型时，对每个所包含类型的实例，其结构变量的位置应在 VAR_CONFIG…END_VAR 结构中完整声明。

（5）直接派生数据类型

直接派生数据类型（Directly derived data type）是从基本数据类型或用户定义的数据类型直接派生的数据类型。

直接派生数据类型与其父的数据类型允许的取值范围一致。直接派生数据类型的默认初始值与其父的数据类型的默认初始值相同。

用户可定义直接派生数据类型的初始值，它的优先级高于系统默认的初始值。结构元素的用户定义的初始值在数据类型标识符后面的方括号内声明，在初始值列表中没有列出的初始值元素有系统默认的初始值，它们是这些元素在原始数据类型声明中的默认初始值。

【例 1-8】 直接派生数据类型的声明。

```
TYPE
    IT:   INT :=4;
END_TYPE
```

示例中，用 IT 作为直接派生数据类型，即 INT 数据类型，其初始值默认为 4。

表 1-14 中序号 11a 和 11b 示例中，CNT 是直接派生数据类型，即 UINT 数据类型，其初始值是 UINT 的系统默认初始值 0；FREQ 是直接派生数据类型，即 REAL 数据类型，其初始值是用户默认初始值 50.0。

【例 1-9】 直接派生数据类型的初始化。

```
TYPE
    myInt1123: INT:= 123;
    myNewArrayType: ANALOG_16_INPUT_DATA := [8(-1023), 8(1023)];
    Com3_data: Com2_data:= (head:= 3, length:=40);
END_TYPE
R1: REAL:= 1.0;
R2: R1;
```

myNewArrayType 是直接派生数据类型，其父类的数据类型是 ANALOG_16_INPUT_DATA，初始值在方括号内表示，前 8 个初始值是-1023，后 8 个初始值是 1023。Com3_data 是直接派生数据类型，其父类的数据类型是 Com2_data 结构数据类型，其中，head 的初始值是 3，length 的 0 初始值是 40。

（6）用户定义的数据类型的嵌套

用户定义的数据类型可作为其他用户定义的数据类型的基础。用户定义数据类型的单元素变量能够使用在它父类的变量能够使用的任何地方。即用户定义的数据类型可以嵌套，但需注意，如果这种嵌套造成递归，则这种嵌套是非法的。

【例 1-10】 用户定义的数据类型的非法嵌套。

```
TYPE
    S1
    STRUCT
        A1 : INT;
        A2 : S2;
        A3 : STRING :=' WRONG ';
    END_STRUCT;
    S2
    STRUCT
        A1 : S1;
        A2 : REAL;
        A3 : BOOL :=' FALSE ';
    END_STRUCT;
END_TYPE
```

例 1-10 中，结构数据类型 S1 中变量 A2 递归调用 S2，而 S2 中变量 A1 递归调用 S1，这样就造成嵌套递归结构。

（7）数据类型的初始化

IEC 61131-3 标准规定，数据类型的初始化是 PLC 系统启动时对有关数据类型赋予初始值的过程。变量的初始化是变量在系统启动时对变量赋予初始值的过程，见下述。

数据类型的初始值有下列优先级：

1）用户定义的数据类型初始值具有高优先级。

2）系统默认的数据类型初始值具有低优先级。

**4. 引用和解引用**

引用（Reference）是一个变量，它只包含对一个变量或一个功能块实例的引用。引用可有一个值 NULL，即它不引用什么。引用表示被引用者和引用者有相同的数据类型。引用者是被引用者的别名。

（1）引用的声明

对一个已定义的数据类型，引用采用关键字 REF_TO 和一个数据类型（该引用的数据类型）来声明。该引用的数据类型应该已经被定义，它可以是基本数据类型或用户定义的数据类型。引用绑定一个数据类型，不绑定数据类型的引用超出本标准的范围。

【例 1-11】 引用的声明。

```
TYPE
    myArrayType: ARRAY[0..999] OF INT;
    myRefArrType: REF_TO myArrayType;
    // 引用的定义。定义引用 myRefArrType 变量，它引用数组数据类型 myArrayType
    myArrOfRefType: ARRAY [0..12] OF myRefArrType;
    // 引用数组的定义。定义引用数组 myArrOfRefType，它引用 myRefArrType 数据类型
END_TYPE
VAR
    myArray1: myArrayType;
    myRefArr1: myRefArrType;        // 引用 myRefArrType 变量的声明，作为变量声明
    myRefArr2: myRefArrType;        // 多次引用 myRefArrType 变量的声明，作为变量声明
    myArrOfRef: myArrOfRefType;     // 引用数组 myArrOfRef 变量的声明，作为数组变量声明
END_VAR
```

使用引用时的注意事项如下：

1）引用必须绑定一个数据类型。例如，例 1-11 中，myRefArrType 标识符引用了 myArrayType 数据类型，它的数据类型是一维整数数组数据类型，即 myRefArrType 标识符是一维整数数组数据类型的别名。

2）引用只引用给定引用数据类型的变量。引用到直接派生数据类型是指它是基本数据类型引用的一个别名，可以多次引用，例如，例 1-11 中，myArrOfRefType 标识符引用了 myRefArrType 数据类型，myRefArrType 标识符表示的数据类型引用了 myArrayType。

3）一个引用的引用数据类型也可以是功能块类型或类。一个基本数据类型的引用也可是该基本类型的派生数据类型实例的引用。

【例 1-12】 引用的数据类型是一个类。

```
CLASS F1 ... END_CLASS;               // 创建一个类 F1
CLASS F2 EXTENDS F1 ... END_CLASS;    // 从类 F1 扩展，建立一个派生类 F2
TYPE
    myRefF1: REF_TO F1;               // myRefF1 引用类 F1
    myRefF2: REF_TO F2;
    // myRefF2 只能引用派生类 F2 和它的派生类，不能引用 F1 实例，因为 F1 不支持派生类 F2
    //的方法和变量
END_TYPE
```

（2）引用的初始化

引用可用值 NULL（默认）或一个已经声明的变量、功能块或类的实例值来初始化。

【例 1-13】 引用的初始化。

```
FUNCTION_BLOCK F1 ... END_FUNCTION_BLOCK;
VAR
    myInt: INT;                           // myInt 是直接派生数据类型
    myRefInt: REF_TO INT:= REF(myInt);    // myRefInt 引用 INT 数据类型，其初始值是 myInt 的
                                          // 初始值
    myF1: F1;                             // myF1 是直接派生数据类型，其父的数据类型是功能
                                          // 块 F1
```

myRefF1: REF_TO F1:= REF(myF1);        // myRefF1 引用 myF1 数据类型，其初始值是 myF1
                                        // 的初始值
    END_VAR

（3）引用操作

引用操作采用 REF()操作符。它返回一个引用到给定变量或实例。返回引用的引用数据类型是给定变量的数据类型。不允许对暂存变量（VAR_TEMP 声明段声明的变量和在函数中的任何变量）进行引用操作。

【例1-14】 引用操作。

```
TYPE
    S1: STRUCT                            //定义结构数据类型 S1
        SC1: INT;
        SC2: REAL;
    END_STRUCT;
    A1: ARRAY[1..99] OF INT;              // 定义数组数据类型 A1
END_TYPE
VAR
    myS1: S1;                             // myS1 是从 S1 派生的结构数据类型
    myA1: A1;                             // myA1 是从 A1 派生的数组数据类型
    myRefS1: REF_TO S1:= REF(myS1);       // myRefS1 是引用 S1，其初始值引用 myS1
                                          // 的初始值
    myRefA1: REF_TO A1:= REF(myA1);       // myRefA1 是引用 A1，其初始值引用
                                          // myA1 的初始值
    myRefInt: REF_TO INT:= REF(myA1[1]);  // myRefInt 是引用 INT，其初始值引用
                                          // myA1[1]的初始值
END_VAR
```

引用操作的结果是对该数据类型的变量值赋值。而派生数据类型不能被赋值。

引用操作时应注意下列事项：

1）如果引用数据类型是等于基本数据类型或是已赋值引用的引用数据类型的基本数据类型，则引用能够赋值到另一个引用。而派生数据类型只是数据类型，不能被赋值。

2）如果参数引用的数据类型等于基本数据类型或是引用数据类型的基本数据类型。在调用时，引用能够给一个函数、功能块或方法的参数赋值。需注意它们应具有相同数据类型。

3）引用不能用于输入-输出变量的赋值。

4）如果引用被用于对一个同样数据类型的引用赋值，则后者引用同样的变量。这种情况下，直接派生数据类型被认为是它的基本数据类型。

5）如果引用被用于对一个同样功能块类型的引用或一个基本功能块类型的引用赋值，则该引用将引用同样的实例，但它仍与它的功能块类型绑定，即只能用它的引用数据类型的变量和方法。

（4）解引用

引用可以解除，只需要在引用后添加"^"符号。解引用指将变量或实例的内容直接给该引用的引用变量，而不说明是从该引用所得，故也称为去引用。派生数据类型没有解除派生数据类型的操作功能。

【例1-15】 解引用。

```
TYPE
    S1: STRUCT
        SC1: INT;
        SC2: REAL;
    END_STRUCT;
    A1: ARRAY[1..99] OF INT;
END_TYPE
VAR
    myS1: S1;
    myA1: A1;
    myRefS1: REF_TO S1:= REF(myS1);
    myRefA1: REF_TO A1:= REF(myA1);
    myRefInt: REF_TO INT:= REF(myA1[1]);
END_VAR
myRefS1^.SC1:= myRefA1^[12];      // 本情况等效于 S1.SC1:= A1[12];
myRefInt:= REF(A1[11]);           // 将引用 A1[11]赋值给 myRefInt
S1.SC1:= myRefInt^;               // 即赋值 A1[11] 到 S1.SC1
```

图形描述如图 1-10 所示。

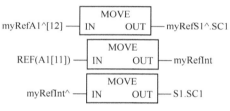

图 1-10　例 1-15 解引用的图形描述

NULL 引用不能进行解引用。为此,编译和应用程序检查引用是否是 NULL 引用。表 1-15 是引用操作和解引用的示例。

表 1-15　引用操作和解引用

| 序号 | 描　　述 | 示　　例 | 示 例 说 明 |
|---|---|---|---|
| | 引用的声明 | | |
| 1 | 引用类型的声明 | TYPE<br>　myRefType: REF_TO INT;<br>END_TYPE | myRefType 引用 INT |
| | 引用的赋值和比较 | | |
| 2a | 引用赋值给引用 | 格式: 引用:= 引用 | myRefType1:= myRefType2; |
| 2b | 给函数、功能块和方法的参数赋值引用 | myFB (a:= myRefS1); | 数据类型必须相同 |
| 2c | 与 NULL 的比较 | IF myInt = NULL THEN ... | 如果 myInt 是空引用时, 则…… |
| | 引用的操作 | | |
| 3a | REF(引用变量名)　给一个变量提供类型化的引用 | myRefA1:= REF (A1); | 引用 A1 赋值给变量 myRefA1 |
| 3b | REF(功能块实例)　给一个功能块或类的实例提供类型化的引用 | myRefFB1:= REF(myFB1) | 引用功能块实例赋值给 myRefFB1 |
| | 解引用 | | |
| 4 | 引用^。提供变量或实例的内容到包含该引用的引用变量 | myInt:= myA1Ref^[12]; | myA1Ref[12]的值送 myInt |

### 1.4.4 变量

与数据的外部表示相反，变量提供能够改变其内容的识别数据对象的方法。例如，可改变与 PLC 输入、输出或存储器有关的数据。变量与数据类型结合，从而在存储空间规定对应的存储位置。这是与传统编程语言的重大区别。传统编程语言规定存储空间的类型与对应的继电器类型一致。因此，存储空间的分配不合理。例如，某类继电器类型用完，则其他类型的继电器存储空间不能用于该类型继电器的使用，造成存储资源的浪费。

与数据外部表示的文字相反，变量能够随时改变它们的值。

**1. 变量段和变量的声明**

在 POU 的函数、功能块、程序和附加的方法的声明中，都有零个或多个特定的段落，用于对在该 POU 内使用的变量进行声明。这些段落称为变量段（Variable section）。

不同类型的 POU，因其功能不同，有不同的变量段。

（1）变量的属性

一个变量可以是以下类型：

1）一个单元素变量，即变量的数据类型：

① 可以是一个基本数据类型。

② 也可以是用户定义的枚举数据类型或子范围数据类型。

③ 或其父系，递归定义的，可溯源到基本、枚举或子范围的用户定义的数据类型。

2）多元素变量，即用 **ARRAY** 或 **STRUCT** 表示的数组或结构变量。

3）一个引用，即引用到另一个变量或功能块实例的变量。

IEC 61131-3 标准对变量定义了属性。通过设置变量属性将它们的有关性能赋予变量。表 1-16 是变量的类型和属性表。除了上述变量类型外，IEC 61131-3 还对变量提供变量的附加属性（限定），见表 1-17。

表 1-16 变量类型和属性

| 变量类型关键字 | 变量属性和用法 |
| --- | --- |
| VAR | 内部变量，即 POU 的内部变量。从内部到实体（函数、功能块等），变量值在一次调用到下一次调用之间不保留 |
| VAR_INPUT | 输入变量，外部支持，在 POU 实体内部不能修改 |
| VAR_OUTPUT | 输出变量，提供实体到外部实体的支持，由 POU 提供给外部实体使用 |
| VAR_IN_OUT | 输入-输出变量，提供外部实体支持，能够在 POU 实体内部修改和提供向外部实体的支持 |
| VAR_EXTERNAL | 外部变量，能在 POU 内部修改，由全局变量组态提供 |
| VAR_GLOBAL | 全局变量，能在声明的配置、资源内使用的全局变量 |
| VAR_ACCESS | 存取路径变量，用于不同程序间变量的传递 |
| VAR_TEMP | 暂存变量，即在功能块、方法和程序中暂时存储的变量，对函数和方法，该变量和内部变量等效 |
| VAR_CONFIG | 结构变量或配置变量。实例特定的初始化和地址分配 |

表 1-17　变量的附加属性

| 变量附加属性关键字 | 变量用法 |
| --- | --- |
| RETAIN | 掉电保持的变量附加属性。电源掉电时能够保持该变量的当时数值，再启动时变量采用该被保持的值 |
| NON_RETAIN | 掉电不保持的变量附加属性。再启动时变量采用用户定义的初始值或系统默认初始值 |
| PROTECTED | 保护修饰属性。只能从内部自己实体和它的派生（默认）唯一存取访问 |
| PUBLIC | 公有修饰属性。允许从所有实体进行存取访问 |
| PRIVATE | 私有修饰属性。只能从自己实体进行存取访问 |
| INTERNAL | 内部修饰属性。只能在同一命名空间进行存取访问 |
| CONSTANT | 常量属性（变量不能被修改）。该变量的值保持不变。但功能块实例不能用变量段 CONSTANT 限定符声明 |
| R_EDGE | 上升沿边沿检测属性。对输入变量设置上升沿边沿检测 |
| F_EDGE | 下降沿边沿检测属性。对输入变量设置下降沿边沿检测 |
| READ_WRITE | 读写属性。对存取路径变量设置读写属性 |
| READ_ONLY | 只读属性。对存取路径变量设置只读属性 |
| AT | 直接表示变量的变量存取地址 |

（2）变量的声明

变量声明用于声明变量的类型（包括附加属性）、变量名、变量的数据类型、变量的初始值。

变量声明时注意下列事项：

1）变量声明的格式：

**变量类型关键字**
　　　**变量名列表：变量的数据类型 (:= 用户定义的初始值);**
　　// 在相同的变量类型内，不同变量名的变量声明部分可重复
　　**END_VAR**

表 1-18 是变量声明的示例。

表 1-18　变量声明的示例

| 序号 | 描述 | 示例 | 说明 |
| --- | --- | --- | --- |
| 1 | 带基本数据类型的变量 | VAR<br>　MYBIT: BOOL;<br>　OKAY: STRING[10];<br>　VALVE_POS AT %QW28: INT;<br>END_VAR | 声明 MYBIT 是布尔数据类型，并分配内存地址<br>声明 OKEY 变量是长度为 10 个字符的单字节字符串<br>声明 VALVE_POS 是直接表示变量，整数数据类型 |
| 2 | 带用户定义的数据类型的变量 | VAR<br>　myVAR: myType;<br>END_VAR | 带用户定义数据类型 myType 的变量 myVAR 的声明 |
| 3 | 数组变量 | VAR<br>　BITS: ARRAY[0..7] OF BOOL;<br>　TBT: ARRAY [1..2, 1..3] OF INT;<br>　OUTA AT %QW6: ARRAY[0..9] OF INT;<br>END_VAR | BITS 是 8 个布尔数据类型组成的数组变量<br>TBT 是 2×3 维整数数据类型组成的数组变量<br>OUTA 是 10 个整数数据类型组成的开始地址是%QW6 的数组变量 |
| 4 | 引用变量 | VAR<br>　myRefInt: REF_TO INT;<br>END_VAR | 整数数据类型的引用变量 myRefInt，该变量的数据类型由引用的数据类型 INT 确定 |

2）变量类型关键字见表 1-16。如果变量有附加属性（即对变量的限定属性），则在变量类型关键字后，列出该变量附加属性关键字，两者之间应有空格分隔。

3）变量名应符合标识符的规定，不允许用关键字作为变量名。

4）变量的数据类型是变量的重要性能，它表示该变量的存储空间大小，是系统分配该变量存储空间位置的重要依据。数据类型见 1.4.3 节。

5）圆括号的内容是可选的，如果设置用户定义的变量数据类型的初始值，需要将圆括号去除。如果不设置用户定义的变量数据类型的初始值，则将圆括号的整个内容去除，采用该变量数据类型的系统默认初始值。

6）引用变量的系统默认初始值是 NULL。基本数据类型的默认初始值见表 1-13。

7）用户定义的初始值可以是直接表示的数值，也可以是常数表达式表示的数值，可在变量声明段用赋值符号 ":=" 规定。

8）VAR_EXTERNAL 变量声明段声明的外部变量是外部提供的变量，因此，不能赋初始值。

9）初始值也可以用 VAR_CONFIG…END_VAR 结构提供的用实例规定的初始化性能来确定。实例规定的初始值通常覆盖类型规定的初始值。

【例 1-16】 初始值的赋值。

```
VAR CONSTANT
    Pi: REAL:= 3.141593;        /* 圆周率作为常量变量 Pi，初始值用直接表示的数值 */
    TwoPi: REAL:= 2.0*Pi;       /* 圆周率的两倍，用表达式表示，作为常数变量 TwoPi 的初始值 */
END_VAR
```

变量类型和附加属性声明时应注意下列事项：

1）在 VAR…END_VAR 变量声明段声明的内部变量在程序和功能块实例从一次调用到下一次调用时其变量的值是保留不变的。但函数和方法在一次调用到下一次调用时，该内部变量的值不被保留。

2）对函数和方法，在 VAR…END_VAR 变量声明段声明的内部变量和在 VAR_TEMP…END_VAR 变量声明段声明的暂存变量，其效果相同，即 VAR_TEMP…END_VAR 变量声明段声明的暂存变量只在这一次调用时才有效，在两次调用之间该变量的值不被保留。

3）在 VAR_INPUT、VAR_OUTPUT 和 VAR_IN_OUT 变量声明段内声明的变量是函数、功能块类型、程序和方法的形式参数。

4）在 VAR_GLOBAL…END_VAR 变量声明段声明的全局变量只在声明的配置或资源中是全局变量，即在配置中声明的全局变量可在该配置中被读写，在资源中声明的全局变量只可在该资源中被读写。在配置和资源中要读写全局变量时要采用 VAR_EXTERNAL…END_VAR 变量声明段声明的外部变量。需注意，全局变量的数据类型应与外部变量的数据类型一致。表 1-19 是全局变量和外部变量的用法。

表 1-19　全局变量和外部变量的用法

| 包含变量的元素声明 | 使用变量的元素的声明 | 是否允许 |
| --- | --- | --- |
| VAR_GLOBAL x | VAR_EXTERNAL CONSTANT x | 是 |
| VAR_GLOBAL x | VAR_EXTERNAL　x | 是 |
| VAR_GLOBAL CONSTANT x | VAR_EXTERNAL CONSTANT x | 是 |
| VAR_GLOBAL CONSTANT x | VAR_EXTERNAL　x | 否 |

注：在包含元素的 VAR_EXTERNAL 段的用法会导致意想不到的行为，例如，一个外部变量被另一个包含元素修改在同样的包含元素内。

5）被声明是全局变量的变量只能经 VAR_EXTERNAL 变量声明段声明来存取。在 VAR_EXTERNAL 变量声明段内声明的一个变量允许在相应程序、配置或资源的 VAR_GLOBAL 块声明其数据类型。

6）在 VAR_ACCESS…END_VAR 变量声明段声明的存取路径变量可用声明中规定的存取路径进行存取。

7）在 VAR_CONFIG…END_VAR 变量声明段声明的配置变量可赋值给实例的特定位置，用星号"*"表示变量或赋值给实例特定的初始值来符号化表示变量，或两者兼而有之。

8）在 VAR、VAR_INPUT、VAR_OUTPUT 和 VAR_GLOBAL 变量声明段内声明的变量允许使用附加属性 RETAIN 和 NON_RETAIN。不允许在 VAR_IN_OUT 段声明使用附加属性 RETAIN 和 NON_RETAIN。

9）当功能块类型、类和程序实例的声明段使用附加属性 RETAIN 和 NON_RETAIN 时，所有实例的成员都被处理为具有 RETAIN 和 NON_RETAIN 的属性。除非成员本身是功能块或类，或在功能块类型或程序类型的声明中明确声明被作为 RETAIN 和 NON_RETAIN 使用。

10）RETAIN 或 NON_RETAIN 限定符可在静态 VAR、VAR_INPUT、VAR_OUTPUT 和 VAR_GLOBAL 的变量段声明变量，但不能在 VAR_IN_OUT 段声明。

11）功能块、类和程序实例的声明段，允许使用 RETAIN 或 NON_RETAIN，其影响是在该实例中的所有变量都被处理为 RETAIN 或 NON_RETAIN，除了下列情况：

① 该变量被显式声明是功能块、类或程序类型定义的 RETAIN 或 NON_RETAIN。

② 变量本身是一个功能块类型或类，这时，被使用的功能块或类的保持属性的声明被使用。

12）结构数据类型实例的 RETAIN 或 NON_RETAIN 保持属性的使用是允许的。其影响是所有结构元素，包括它们的嵌套结构，都被处理为 RETAIN 或 NON_RETAIN。

13）在 VAR_CONFIG 变量声明段允许使用附加属性 RETAIN 和 NON_RETAIN。这时，所有该结构内变量的成员，包括嵌套结构的成员都具有相应的附加属性。

14）CONSTANT 附加属性声明该变量是不允许改变其值的特殊变量（常量）。因此，没有必要同时对某个变量附加 CONSTANT 和 RETAIN 属性，只需要设置 CONSTANT 的附加属性。因掉电后的热启动时，该变量仍可保持该常量值。

15）上升沿和下降沿边沿检测属性只对输入变量有效。读写和只读属性只对存取路径变量有效。

16）附加属性的关键字紧跟在变量关键字后，例如"VAR CONSTANT;""VAR_OUTPUT RETAIN;"等，但上升沿、下降沿边沿检测属性及读写、只读属性的关键字是在变量数据类型后，例如"VAR R1 : REAL R_EDGE;""VAR RW: REAL READ_WRITE;"。

**2. 直接表示变量**

直接表示变量是直接规定存储器输入或输出的可寻址物理或逻辑地址之间相应关系的变量。它被用于函数、功能块、程序、方法、配置和资源中。符号%是直接表示变量关键字。直接表示变量的存储位置和存储空间的大小，用位置前缀和大小前缀表示。

直接表示变量的分级寻址用附加的英文句号"."分隔。表 1-20 是直接表示变量的性能。

表 1-20　直接表示变量的性能

| 序号 | 描述 | | 示例 | 示例说明 |
|---|---|---|---|---|
| 位置① | | | | |
| 1 | 输入位置 | I | %IW205 | 输入位置是第 205 字 |
| 2 | 输出位置 | Q | %QB3 | 输出位置是第 3 字节 |
| 3 | 存储器位置 | M | %MD58 | 存储器位置是第 58 双字开始 |
| 大小 | | | | |
| 4a | 单一的位 | X | %IX1 | 输入布尔数据类型 BOOL |
| 4b | 单一的位 | 空 | %I1 | 输入布尔数据类型 BOOL |
| 5 | 字节（8 位） | B | %IB2 | 输入字节数据类型 BYTE |
| 6 | 字（16 位） | W | %IW2 | 输入字数据类型 WORD |
| 7 | 双字（32 位） | D | %ID4 | 输入双字数据类型 DWORD |
| 8 | 长字（64 位） | L | %IL5 | 输入长字数据类型 LWORD |
| 分级寻址 | | | | |
| 9 | 简单寻址 | %IX1 | %IB0 | 1 层 |
| 10 | 使用 "." 的分层寻址 | %qx7.5 | %QX7.5<br>%MW1.7.9 | 实施者定义：<br>2 层：范围 0～7；3 层：范围 1～16 |
| 11 | 使用 "*" 的部分待定变量② | | %M* | 表示在存储区（M）的待定位置 |

① 国家标准化组织可发布这些前缀的翻译表。

② "*" 的使用需要 VAR_CONFIG 的性能，反之亦然。

简单的分级寻址只有 1 层。其后是用英文句号 "." 分隔的其他各层。因此，分级寻址中最左的域是分级的最高层，最右的域是分级的最低层。例如，寻址地址 %IW2.5.7.1 表示变量存储在 PLC 系统的第 2 条 I/O 总线的第 5 个机架的第 7 个模块的第一通道（字）。分级寻址的地址是该变量的开始地址。

由于存储空间的地址分配是重叠的，因此，编程时应注意这点。图 1-11 是存储空间的地址分布。可以看到，字节 B0 和字节 B1 组成字 W0，字节 B1 和字节 B2 组成字 W1 等，而字 W0 和字 W2 组成双字 DW0 等，其余类推。

| B0 | | B1 | | B2 | | B3 | | B4 | | B5 | | B6 | | B7 | |
|---|---|---|---|---|---|---|---|---|---|---|---|---|---|---|---|
| W0 | | | | W2 | | | | W4 | | | | W6 | | | |
| - | | W1 | | | | W3 | | | | W5 | | | | | |
| DW0 | | | | | | | | DW4 | | | | | | | |
| DW1 | | | | | | | | DW5 | | | | | | | |
| - | | DW2 | | | | | | | | DW6 | | | | | |
| - | | DW3 | | | | | | | | | | DW7 | | | |
| LW0 | | | | | | | | | | | | | | | |

图 1-11　存储空间的地址分配

直接表示变量不能设置用户初始值。直接表示变量声明格式如下：

**(变量名) AT** 直接表示变量的关键字，位置前缀和大小前缀，分级寻址的地址：数据类型(:=初始值)；

分级的物理或逻辑地址中，其最左的域表示分级的最高层，而连接着的最低层出现在右面。

IEC 61131-3 第三版定义直接表示变量可采用用户定义的变量名。

IEC 61131-3 第三版扩展了直接表示变量，一个数组的变量能够用 AT 来赋值一个绝对存储位置。用户定义的数据类型也可用于直接表示变量。变量位置定义存储器位置的开始地址，它不需要等于或大于给出的直接表示，即允许空的存储或重叠。

**【例 1-17】** 用户定义的数据类型与直接表示变量。

```
VAR
    INP_0 AT %IB0: BYTE:=BYTE#2#11010100; // 输入变量 INP_0，字节数据类型，初始值为 2#11010100
    AT %IB12: REAL ;                        // 直接表示变量，数据类型是 REAL
    PA_VAR AT %IB200: PA_VALUE;
     //输入开始位置是%IB200 的变量 PA_VAR 和用户定义的数据类型 PA_VALUE
END_VAR
VAR RETAIN
    OUTARY  AT %QW6: ARRAY[0..9] OF INT :=[10(1)];
    // 10 个整数的数组被设置在%QW6 开始的连续输出位置，初始值都是 1
END_VAR
```

**3. 使用星号"*"的部分待定存储地址的直接表示变量**

在程序和功能块内部，星号"*"能够用于待定地址的赋值，声明该直接表示变量的存储地址是待定的。实际应用时，需用实参代入使用。

**【例 1-18】** 待定存储地址的输出变量。

```
VAR
    C2  AT %Q*: BYTE;              // 输出 C2 是直接表示变量，其大小是字节，但位置待定
END_VAR
```

在内部变量 VAR 的声明段，直接表示变量用于表示位置是输入 I、输出 Q 或存储 M 的变量时，可用星号"*"紧跟位置前缀，表示该变量是位置待定的直接表示变量。

使用待定存储地址的直接表示变量时，应注意下列事项：

1）待定存储地址的直接表示变量不能用于 VAR_INPUT 和 VAR_IN_OUT 的声明段。

2）在 VAR_CONFIG...END_VAR 的变量声明段，应采用实参说明其实际存储地址。如果没有声明其实际存储地址，则出错。

3）内部变量 VAR 的声明段，才可采用待定存储地址的直接表示变量。

**4. 可变长度的数组变量**

下列情况可采用可变长度的数组变量：

1）作为函数和方法的输入变量、输出变量或输入-输出变量。

2）作为功能块的输入-输出变量。

使用可变长度的数组变量时注意下列事项：

1）数组的实参和形参的维数应相同。

2）应提供可变长度的数组变量的上下限范围。表 1-21 是可变长度数组变量的用法。

3）可变长度的数组变量为函数、功能块、方法和程序提供使用不同索引范围的数组的方法。它们定义星号"*"作为一个未定义的子范围用于索引范围。

表 1-21　可变长度数组变量的用法

| 序号 | 描　述 | 示　例 |
|---|---|---|
| 1 | 使用*的声明<br>ARRAY [*, *, ...] OF 数据类型 | VAR_IN_OUT<br>　A: ARRAY [*, *] OF INT;<br>END_VAR; |
| | 标准函数 LOWER_BOUND/UPPER_BOUND | |
| 2a | 图形表达<br>函数的 ARR 输入可变长度数组变量名<br>函数的 DIM 输入可变长度数组可变长度的维数<br>该函数的返回值是 INT 数据类型 | 一个数组维数的下界函数 LOWER_BOUND<br><br>一个数组维数的上界函数 UPPER_BOUND<br> |
| 2b | 文本表达 | 获得数组 A 的第二维数的下界：　low2:= LOWER_BOUND (A, 2);<br>获得数组 A 的第二维数的上界：　up2:= UPPER_BOUND (A, 2); |

【例 1-19】 可变长度数组变量的示例。

假设数组 A1 和 A2 的变量声明如下：

```
VAR
    A1: ARRAY [1..10] OF INT:= [10(1)];
    A2: ARRAY [1..20, −2..2] OF INT:= [20(5(1))];
END_VAR
```

为计算数组求和，编写下列用户的函数：

```
FUNCTION SUM: INT;
    VAR_IN_OUT A: ARRAY [*] OF INT; END_VAR;
    VAR   i, sum2: DINT; END_VAR;
sum2:= 0;
FOR i:= LOWER_BOUND(A,1) TO UPPER_BOUND(A,1)
    sum2:= sum2 + A[i];
END_FOR;
SUM:= sum2;
END_FUNCTION
```

对于数组 A1，程序运行结果为：SUM(A1)的内容为 10。

因为，LOWER_BOUND(A1,1) =1；UPPER_BOUND (A1, 1) =10；A1(1)=A1(2)=⋯=A1(10)=1；因此，10 个 1 的累加结果是 10。

对于数组 A2，程序运行结果为：SUM(A2[2])的内容为 5。

因为，LOWER_BOUND(A2,2) =−2；UPPER_BOUND (A2, 2) =2；A2[1,−2]=A2[1,−1]=⋯=A2[1,2]=1；因此，5 个 1 的累加结果是 5。

为计算两个 2×2 维矩阵相乘结果，编写下列用户的函数（没有返回值的函数）：

```
FUNCTION MATRIX_MUL  //MATRIX_MUL 是用户的函数名，注意没有定义返回值的数据类型
    VAR_INPUT
        A: ARRAY [*, *] OF INT;        // 输入 A 是 2×2 维可变长度的整数数据类型的矩阵
        B: ARRAY [*, *] OF INT;        // 输入 B 是 2×2 维可变长度的整数数据类型的矩阵
```

```
            END_VAR;
            VAR_OUTPUT C: ARRAY [*, *] OF INT; END_VAR;
            // 输出 C 是 2×2 维可变长度的整数数据类型的矩阵
            VAR i, j, k, s: INT; END_VAR;                    // i, j, k, s 是内部变量
            FOR i:= LOWER_BOUND(A,1) TO UPPER_BOUND(A,1)
                FOR j:= LOWER_BOUND(B,2) TO UPPER_BOUND(B,2)
                    s:= 0;
                    FOR k:= LOWER_BOUND(A,2) TO UPPER_BOUND(A,2)
                        s:= s + A[i,k] * B[k,j];
                    END_FOR;
                    C[i,j]:= s;
                END_FOR;
            END_FOR;
        END_FUNCTION
```

调用该函数时，可将有关维数用实参代入，即：

```
    VAR
        A: ARRAY [1..5, 1..3] OF INT;      // A 是 5×3 维的整数矩阵
        B: ARRAY [1..3, 1..4] OF INT;      // B 是 3×4 维的整数矩阵
        C: ARRAY [1..5, 1..4] OF INT;      // 注意，C 的维数应为[1..5, 1..4]，即 5×4 维的整数矩阵
    END_VAR
     C:= MATRIX_MUL (A, B) ;               // 实现矩阵的相乘运算
```

## 5. 变量的初始化

变量在系统启动时进行初始化（Initialization）。初始化后变量的值根据下列准则确定。

1）具有 RETAIN 掉电保持属性的变量，在掉电后再启动时，变量初始值是掉电前的保持值。

2）用户定义初始值的变量，在变量初始化时，其初始值是用户定义的初始值。

3）没有用户定义初始值的非保持变量，在变量初始化时，其初始值是系统的默认初始值。

电源掉电后的再启动，称为系统的暖启动（Warm Restart）。这时，变量的值应根据是否有附加属性 RETAIN 来确定。如果具有该属性，则变量恢复到掉电前的值。如果没有该属性，则称为系统的冷启动（Cold Restart）。这时，变量初始值由用户定义的初始值或变量对应的数据类型的默认初始值（当没有用户定义的初始值时）确定。

变量初始值取值有优先级。准则表明，RETAIN 提供最高优先级（即准则中的 1)），系统默认初始值提供最低优先级（即准则中的 3)）。

变量初始化时的注意事项如下：

1）用户定义的初始值可以是文字（例如，-123, 1.55, "abc"）或常量表达式（例如，12*24）。IEC 61131-3 第三版增强了赋初始值的功能，因此，常量表达式可作为初始值。

2）对引用变量，其初始值是 NULL。

3）变量的初始值可以是在类型化数据类型时，通过赋值符号":="提供，也可以在变量声明段用赋值符号":="提供。在 VAR_CONFIG…END_VAR 变量声明段，可用实例规定的初始化性能提供变量的初始值，它将覆盖数据类型规定的初始值。

4）用户不能定义从外部输入变量的初始值。因此，VAR_EXTERNAL、VAR_INPUT 变

量声明段声明的变量不能赋予初始值。

表 1-22 是变量初始化示例。

表 1-22 变量初始化示例

| 序号 | 描述 | 示 例 | 说 明 |
|---|---|---|---|
| 1 | 基本数据类型的变量的初始化 | VAR<br>　MYBIT: BOOL := 1;<br>　OKAY: STRING[10] := 'OK';<br>　VALVE_POS AT %QW28: INT:= 100;<br>END_VAR | 定位一个存储器位到布尔变量 MYBIT, 初值为 1<br>定位存储器, 包含一个字符串, 最大长度为 10 字符, 初始化后, 字符串有一个包含 2 字节的字符序列 'OK'(对应十进制 79 和 75), 以适应打印需要 (打印成字符串)<br>整数类型的直接表示变量, 初始值是 100 |
| 2 | 用户定义的数据类型的变量的初始化 | TYPE<br>　myType: ...<br>END_TYPE<br>VAR<br>　myVAR: myType:= ... // 初始化<br>END_VAR | 用户定义的数据类型的变量的初始化<br><br>声明一个以前用户定义数据类型的变量的初始化 |
| 3 | 数组 | VAR<br>　BITS: ARRAY[0..7] OF BOOL:=[1,1,0,0,0,1,0,0];<br>　TBT: ARRAY [1..2, 1..3] OF INT := [9,8,3(10),6];<br>　OUTARY AT %QW6: ARRAY[0..9] OF INT := [10(1)];<br>END_VAR | 存储器的位被赋下列初始值: BITS[0]:=1, BITS[1]:= 1,...,BITS[6]:= 0, BITS[7]:= 0.<br>允许 2×3 整数数组 TBT 有下列初始值:<br>TBT[1,1]:= 9, TBT[1,2]:= 8,TBT[1,3]:= 10, TBT[2,1]:= 10,TBT[2,2]:= 10, TBT[2,3]:= 6.等 |
| 4 | 常量的初始化和声明 | VAR CONSTANT<br>　PI: REAL:= 3.141593;<br>　PI2: REAL:= 2.0*PI;<br>END_VAR | 常量<br>符号常量 PI<br>常量表达式 |
| 5 | 常量表达式的初始化 | VAR<br>　PIx2: REAL:= 2.0 * 3.1416;<br>END_VAR | 使用常量表达式 |
| 6 | 引用的初始化 | VAR<br>　myRefInt: REF_TO INT<br>　:= REF(myINT);<br>END_VAR | 引用 myINT 的 myRefInt 变量的初始化 |

## 1.4.5　程序组织单元的公用性能

IEC 61131-3 定义的程序组织单元(POU)是函数、功能块、类和程序。功能块和类可包含方法。作为面向对象的编程语言, 一个 POU 包含用于模块化目的和结构化的明确定义的程序部分。

POU 和方法可由用户编程实现, 也可由 PLC 实施者实现。POU 和方法是否允许递归, 即一个 POU 和方法的调用是否影响另一个 POU 和方法的调用, 是由实施者规定的。POU、方法和给定资源的实例允许的最大个数也由实施者规定。

**1. 赋值**

一个文字(直接量)、常量表达式、变量或一个表达式(见下述)的值被写入另一个变量, 称为赋值。另一个变量可以是任何类型的变量, 例如, 函数、方法、功能块等的一个输入或一个输出变量。

赋值过程遵循下列规则:

1)类型为 STRING 或 WSTRING 的变量和常数可对应地赋值给类型为 STRING 或 WSTRING 的另一个变量。如果源字符串比目标字符串长, 则结果由实施者规定。

2)子范围数据类型的变量能用于它基本类型的变量可以使用的任何地方。例如, 子范围数据类型是 INT, 则该子范围数据类型的变量在 INT 数据类型可使用的任何地方都可使用。

3）派生数据类型的变量可用于它基本类型的变量可以使用的任何地方。

4）数组数据类型的变量，其附加规则由实施者规定。

5）文本表示的赋值符号如下：

① ":=" 符号：它表示操作符右侧表达式的值被写到操作符左侧的变量，例如，A:= B。

② "=>" 符号：它表示操作符左侧的值被写到操作符右侧的变量。"=>" 操作符只能用在函数、方法、功能块等的调用的参数列表中，只能通过 VAR_OUTPUT 变量来返回给调用者，例如，C10(CU: =%IX10, Q => OUT)。

6）图形表示时，它是图形符号的源连接到它的宿的连线，例如，从一个功能块的输出端到另一个功能块的输入端，从一个函数的返回值到变量的图形符号等。图形表示的赋值可采用 MOVE 赋值函数实现。

7）赋值时，赋值符号两侧的数据类型必须相同。当两者不一致时，必须使用数据类型转换函数。

8）数据类型的转换有隐式和显式两种。

【例 1-20】 赋值。

```
A:= B + C/2;                    //将 B 与 C/2 相加的结果赋值给变量 A
Func (in1:= A, out2 => x);      //A 赋值给派生函数 Func 的 in1，输出 out2 赋值给变量 x
A_struct1:= B_Struct1;          //将 B_Struct1 赋值给 A_Struct1
```

**2. 表达式**

表达式是一个语言结构，它由一个已经定义的操作数（如文本、变量、函数调用）和操作符（如+、−、*、/）组合而成。表达式可产生一个值，该值称为表达式的值，它可被多次给出（读取）。

隐式和显式数据类型转换可被用于一个表达式操作的数据类型。

表达式可以用文本格式或图形格式描述。文本格式根据编程语言规定的程序按规定的顺序执行，例如，先乘除后加减；先执行圆括号内的运算，再执行外部的运算；从左向右执行运算等。图形格式是用图形元素（连接线、函数和功能块等）表示的网络，其表达式的运算是网络求值的过程。

（1）常量表达式

常量表达式是一种语言结构，它由已定义的操作数组合而成，例如，文字、常量变量、枚举变量和操作符（如+、−、*），用于产生一个称为表达式的值的数值，该值可被多次给出（读取）。常量表达式的值不会发生改变。

【例 1-21】 常量和常量表达式。

```
VAR   CONSTANT
    PI : REAL := 3.1416;        //定义 PI 是常量，初始值是 3.1416
    PIx2: REAL:= 2.0 * PI;      //定义 PIx2 是常量，其初始值是常量表达式 2.0 * PI 的值
END_VAR
```

（2）对 ANY_BIT 变量的局部寻址

具有一般数据类型 ANY_BIT 属性的变量，可对该变量的一个位、字节、字和双字局部寻址。表 1-23 是 ANY_BIT 数据类型变量的局部寻址的示例。

**表 1-23 对 ANY_BIT 变量的局部寻址**

| 序号 | 描述 | 数据类型 | 语法 | 示例 |
|---|---|---|---|---|
| | 数据类型-存取到 | BOOL | MyVAR_12.%X1; // 存取 MyVAR 变量的第 1 位<br>VAR1.%W3; // 存取 VAR1 变量的第 3 字 | |
| 1a | 字节-位 VB2.%X0 | BOOL | 变量名.%X0~变量名.%X7 | MyVAR_11 .%X1 //MyVAR_11 变量的数据类型是字节 |
| 1b | 字-位 VW2.%X15 | BOOL | 变量名.%X0~变量名.%X15 | MyVAR_12 .%X12 //MyVAR_12 变量的数据类型是字 |
| 1c | 双字-位 | BOOL | 变量名.%X0~变量名.%X31 | MyVAR_13 .%X22 //MyVAR_13 变量的数据类型是双字 |
| 1d | 长字-位 | BYTE | 变量名.%X0~变量名.%X63 | MyVAR_14 .%X32 //MyVAR_14 变量的数据类型是长字 |
| 2a | 字-字节 VW4.%B0 | BYTE | 变量名.%B0~变量名.%B1 | MyVAR_12 .%B1 //MyVAR_12 变量的数据类型是字 |
| 2b | 双字-字节 | BYTE | 变量名.%B0~变量名.%B3 | MyVAR_13 .%B2 //MyVAR_13 变量的数据类型是双字 |
| 2c | 长字-字节 | BYTE | 变量名.%B0~变量名.%B7 | MyVAR_14 .%B3 //MyVAR_14 变量的数据类型是长字 |
| 3a | 双字-字 | WORD | 变量名.%W0~变量名.%W1 | MyVAR_13 .%W2 //MyVAR_13 变量的数据类型是双字 |
| 3b | 长字-字 | WORD | 变量名.%W0~变量名.%W3 | MyVAR_14 .%W3 //MyVAR_14 变量的数据类型是长字 |
| 4 | 长字-双字 VL5.%D1 | DWORD | 变量名.%D0~变量名.%D1 | MyVAR_14 .%D3 //MyVAR_14 变量的数据类型是长字 |

注：1. 根据表 1-20，位存取的前缀%X 可以省略，例如，By1.%X7 等效于 By1.7。

2. 局部寻址不能用于直接表示变量，例如，%IB10。

**【例 1-22】** ANY_BIT 数据类型的变量局部寻址。

```
VAR
    Bo,Bo1,Bo2: BOOL;
    By,By1: BYTE;
    Wo: WORD;
    Do: DWORD;
    Lo: LWORD;
END_VAR;
Bo:= By.%X0;        // 存取 By 字节的第 0 位，并赋值给 Bo
Bo1:= By.7;         // 存取 By 字节的第 7 位（%X 是默认的，可以省略），并赋值给 Bo1
Bo2:= Lo.63;        // 存取 Lo 长字的第 63 位，并赋值给 Bo2
By:= Wo.%B1;        // 存取 Wo 字的第 1 字节，并赋值给 By
By1:= Do.%B3;       // 存取 Do 双字的第 3 字节，并赋值给 By1
Do:=Lo.%D1;         // 存取 Lo 长字的第 1 双字，并赋值给 Do
```

（3）调用表达式

调用是语言结构，用于函数、功能块实例或功能块或类的方法的执行。调用可用文本描述或图形描述。

调用的规律如下：

1）当标准函数输入变量没有给出其名称时，默认的名称是从上到下依次为 IN1，IN2，…。如果标准函数只有一个没有名称的输入变量，则该变量名称用 IN。例如，ADD 函数中，输入变量的名称用 IN1，IN2，…。而 SQRT 函数的输入变量的名称用 IN。

2）VAR_IN_OUT 变量应正确映射到其输入和输出。采用文本调用时，如果 VAR_IN_OUT 变量是正确映射，则在 POU 包含的 VAR_IN_OUT、VAR、VAR_TEMP、VAR_OUTPUT 或 VAR_EXTERNAL 变量声明段用 ":=" 赋值到被声明的变量，或者其他包含的调用中正确映射的 VAR_IN_OUT 变量。一个正确映射的 VAR_IN_OUT 变量的调用可用 ":=" 赋值符赋值给包含 POU 的 VAR、VAR_OUTPUT 或 VAR_EXTERNAL 变量声明段的变量。

3）图形描述时，正确映射的 VAR_IN_OUT 变量应被连接到有关图形符号的左面，同时，应被连接到该图形符号中 VAR_IN_OUT 变量的右面。

4）当这样的连接导致该被连接变量的值模糊不定时，则出错。

IEC 61131-3 第三版指出，当功能块实例名在 VAR_INPUT 变量声明段声明，或作为 VAR_IN_OUT 变量时，它可作为输入。当功能块实例名作为 VAR_INPUT 变量时，功能块的变量具有只读属性。当功能块实例名作为 VAR_IN_OUT 变量，且功能块被调用时，功能块的变量具有读和写属性。

（4）文本类编程语言中表达式（函数）的调用

文本类编程语言中表达式的调用由被调用实体名和后续的参数列表组成。例如，A:=ADD(B,C,D);表示一个加函数的调用，其中，B、C、D 是三个输入参数。它们是参数列表，参数之间用逗号分隔，用圆括号将列表的参数包括在内。调用时，参数列表应提供实际的数值。

1）形参调用。参数列表将实际值赋值给形参名（形式参数列表），即：

> 输入和输入-输出变量的值用 ":=" 操作符赋值
> 输出变量的值用 "=>" 操作符赋值

形式参数列表可以是完整的或不完整的，任何在列表中没有被赋值的变量有初始值，可以是在调用实体的声明中被用户定义并赋值，或采用该变量相应数据类型的系统默认初始值。

由于列表中参数与实际值有一一对应的赋值关系，因此，参数列表的顺序可任意排列。在列表中可使用执行控制参数 EN 和 ENO。

【例 1-23】 表达式的形参调用。

```
A:= LIMIT(EN:= COND, IN:= B, MN:= 0, MX:= 5, ENO => TEMPL);    // 完整参数列表
A:= LIMIT(IN:= B, MX:= 5);                                      // 不完整参数列表
```

2）非形参调用。除了执行控制参数 EN 和 ENO 外，非格式调用时的参数列表应包含在函数定义中给出的完全相同的参数个数，相同的参数顺序和相同的数据类型。

【例 1-24】 表达式的非形参调用。

```
A:= LIMIT(B,0, 5);       // 必须与该函数的参数排列顺序、数据类型和参数个数保持一致
```

（5）图形类编程语言中表达式的调用

图形类编程语言中，表达式的调用可根据下列规则：

1）被调用的表达式用矩形块表示，矩形块的大小和性能与被调用表达式的输入参数个数和其他信息有关。被调用实体的名称或符号应位于矩形块内的上侧，输入-输出变量的名称应分别列写在矩形块内的左侧和右侧，如果有附加的执行控制参数 EN 和 ENO，则应列写在矩形块内部最上部位置的左侧和右侧。

2）参数的连接用信号流线表示。布尔信号取反的图形符号是一个与块相切的小空心圆，它与矩形块及输入或输出线连接。空心圆也可用大写字母 O 表示。取反操作在 POU 外执行。矩形表示的函数的所有输入和输出（包括函数的返回值）用单线表示在矩形块相应侧的外面。

3）输出（包括函数的返回值）可连接到变量，用于作为其他调用的输入。输出也可不连

接。如果有附加的执行控制参数 ENO，则函数的返回值位于 ENO 的下面位置。

4）输入可连接到其他调用的输出或有关变量。

表 1-24 是文本类和图形类编程语言中调用形式参数和非形式参数的示例。

表 1-24　文本类和图形类编程语言中调用形式参数和非形式参数的示例

| 序号 | 图形类编程语言（选用 FBD 编程语言） | 文本类编程语言（选用 ST 编程语言） | 说明 |
|---|---|---|---|
| 1 | ADD<br>B<br>C —— A<br>D | A:= ADD(B,C,D);　// 函数或<br><br>A:=B+C+D;　　　// 操作符 | 非形参列表(B,C,D) |
| 2 | SHL<br>B — IN<br>C — N —— A | A:= SHL ( IN:=B, N:=C); | 形参名 IN，N |
| 3 | SHL<br>ENABLE — EN　ENO o—NO_ERR<br>B — IN<br>C — N —— A | A:= SHL (<br>EN:=ENABLE,<br>IN:=B,<br>N:=C,<br>NOT ENO=>NO_ERR); | 形参名<br>EN 输入的使用<br>ENO 输出取反的使用 |
| 4 | INC<br>—— A<br>X — V —— V — X | A:= INC(V:=X); | 用户定义的 INC 函数<br>形参名 V 用于输出变量 |

注：本表示例说明图形和等效的文本的用法，包括标准 ADD 函数没有定义的形式参数名、标准 SHL 函数有定义的形式参数名、SHL 函数有附加的 EN 输入和 ENO 输出取反及有用户定义的形式参数名的用户定义的函数（INC）。

### 3. 执行控制 EN 和 ENO

POU 的 EN 和 ENO 是该 POU 的使能输入和使能输出变量。在 POU 中，既可只用 EN，也可只用 ENO，或两者都使用或都不使用。

（1）EN 的赋值

EN 输入可在 POU 内部或外部赋值。其赋值准则如下：

1）EN 输入在 POU 内部赋值时，如果 EN 是 FALSE，则 ENO 被置为 FALSE，POU 立刻返回或执行一个取决于该状态的一个子集，所有给定的输入和输入-输出参数被赋值，并被设置在 POU 的实例（函数除外），并检查输入-输出参数的有效性。

2）EN 输入在 POU 外部赋值时，如果 EN 是 FALSE，则仅有 ENO 被置为 FALSE，而POU 不被调用，输入和输入-输出参数不被赋值，POU 实例不被设置，也不检查输入-输出参数的有效性。从一个外部调用分开的 POU 输入的 EN 不被设置。

3）附加的 EN 和 ENO 用于控制执行过程的进行与否。

使能输入 EN 和使能输出 ENO 的应用原则如下：

1）当该 POU 被调用时，如果 EN 的值是 0（FALSE），则该 POU 实体定义的操作不被执行，同时，ENO 的值也被复位到 0（FALSE）。

2）否则，当该 POU 被调用时，如果 EN 的值是 1（TRUE），则该 POU 实体定义的操作被执行，同时，ENO 的值也被置位到 1（TRUE）。

3）如果 POU 执行过程中出错，例如，类型转换出错、数值结果超出该数据类型的范围、除以零等，则 ENO 的值被自动复位到 0（FALSE）或实施者规定的该出错的其他处置。

4）如果 ENO 输出的求值结果为 FALSE，则所有该 POU 的输出（VAR_OUTPUT、VAR_IN_OUT 和函数返回）值应根据实施者的规定。

5）输入 EN 只能被设置为实际值，作为一个 POU 调用的一部分。

6）输出 ENO 只能连接一个变量，作为一个 POU 调用的一部分。输出 ENO 只能在它 POU 的内部进行设置。

7）用引用操作 REF()中的参数 EN/ENO，来获得 EN/ENO 参数的引用是错误的。

（2）执行控制参数的执行

EN 和 ENO 可以内部执行，也可以外部执行。

【例 1-25】 EN 和 ENO 执行示例。

myInst (EN:= cond, A:= V1, C:= V3, B=> V2, ENO=> X);

表 1-25 显示 EN 和 ENO 的内部执行和外部执行。

表 1-25　内部执行和外部执行

| 类型 | 内 部 执 行 | 外 部 执 行 |
|---|---|---|
| 功能 | IF NOT EN THEN...    // 则执行一个依赖于该情况<br>ENO:= 0; RETURN; END_IF  / 的操作子集 | IF cond THEN<br>myInst (A:=V1, C:= V3, B=> V2, ENO=> X)<br>ELSE   X:= 0; END_IF; |
| 说明 | EN 内部执行时，只判别 EN 是否满足，如果 EN=1，则内部<br>执行 POU 实体；如果 EN=0，则 ENO=0，并返回 | EN 外部执行时，根据外部条件 cond 是否为 1 的情<br>况执行。如果为 1，则执行 POU 实体，反之，将外部<br>变量 X 复位（FALSE） |

（3）执行控制参数的示例

表 1-26 是 EN 和 ENO 执行控制的示例。给出的性能演示所选用的语言仅作为示例。

表 1-26　EN 和 ENO 执行控制的示例

| 序号 | 描述 | FBD 编程语言和 LD 编程语言描述的示例 | ST 编程语言描述的示例 |
|---|---|---|---|
| 1 | 不使用 EN 和 ENO | | C:= ADD(IN1:= A, IN2:= B); |
| 2 | 只用 EN 的用法（没有 ENO） | | C:= ADD(EN:= ADD_EN. IN1:= A, IN2:= B); |
| 3 | 只用 ENO 的用法（没有 EN） | | C:= ADD(IN1:= A, IN2:= B, ENO => ADD_OK); |
| 4 | EN 和 ENO 的用法 | | C:= ADD(EN:= ADD_EN, IN1:= A IN2:=B, ENO => ADD_OK); |

#### 4. 数据类型转换

当不同数据类型的变量进行操作时，需要将不同的数据类型转换成为相同的数据类型。因此，当使用表达式、设置和参数赋值时，数据类型转换用于适配数据类型。例如，整数数据类型的变量 A 不能与实数数据类型的变量 B 相加，可以将 A 的数据类型转换为实数数据类型再加，也可将 B 数据类型转换为整数数据类型再加。

（1）需要数据类型转换的场合

下列情况下需要对变量的数据类型进行转换：

1）赋值语句中，一个变量的数据值赋值到另一个不同数据类型的另一个变量时，可采用赋值操作符 ":=" 和 "=>" 和函数、功能块、方法和程序中被声明为输入、输出变量等参数的赋值实现。例如，输入变量 A 被声明是整数，而变量 B 被声明为实数，则用 A:=B 语句可将实数 B 的值转换为整数，并赋值给 A。

2）表达式由操作符和操作数组成，操作数分为直接数据值和数据类型相同或不同的变量。例如，表达式 SQRT（A+B*1.5），可采用不同数据类型的变量 A 和 B 转换为实数实现。这里，函数 SQRT 适用于实数数据类型，因此，其内部的各变量都需转换到实数数据类型。

（2）数据转换类型的分类

数据转换分为显式和隐式两种。显式数据类型转换通过数据类型转换函数实现。隐式数据类型转换遵循下列规则：

1）应保持数据类型的值和精度。

2）可用于类型化函数。

3）可用于将表达式的值赋值给变量。

4）可用于一个输入参数的赋值。

5）可用于一个输出参数的赋值。

6）可用于一个输入–输出参数的赋值。

7）可用于使操作数和操作结果或过载函数结果获得相同的数据类型。

8）对非类型化的文本，由实施者规定其转换规则。为避免出现模棱两可现象，建议用户采用类型化文本。

表 1-27 是两种可交替使用的"隐式"和"显式"的源数据类型到目标数据类型的转换。

需注意，一些数据类型的转换是没有"隐式"和"显式"的。例如，实数数据类型转换为时间数据类型，这时，必须用对应的数据类型转换函数 REAL_TO_TIME。

**表 1-27　两种可交替使用的"隐式"和"显式"的源数据类型到目标数据类型的转换**

| 源数据类型 | | 目标数据类型 | | | | | | | | | | | | | | | | | | | | | |
| --- | --- | --- | --- | --- | --- | --- | --- | --- | --- | --- | --- | --- | --- | --- | --- | --- | --- | --- | --- | --- | --- | --- | --- |
| | | 实数 | | 整数 | | | | 无符号整数 | | | | 位 | | | | | 日期和时间 | | | | | | 字符 | | | |
| | | LREAL | REAL | LINT | DINT | INT | SINT | ULINT | UDINT | DINT | DSINT | LWORD | DWORD | WORD | BYTE | BOOL | LTIME | TIME | LDT | DT | LDATE | DATE | LTOD | TOD | WSTRING | STRING | WCHAR | CHAR |
| 实数 | LREAL | | e | e | e | e | e | e | e | e | e | e | — | — | — | — | — | — | — | — | — | — | — | — | — | — | — | — |
| | REAL | i | | e | e | e | e | e | e | e | e | — | e | — | — | — | — | — | — | — | — | — | — | — | — | — | — | — |
| 整数 | LINT | e | e | | e | e | e | e | e | e | e | e | e | e | — | — | — | — | — | — | — | — | — | — | — | — | — | — |
| | DINT | i | e | i | | e | e | e | e | e | e | e | e | e | — | — | — | — | — | — | — | — | — | — | — | — | — | — |

56

目标数据类型分组：实数（LREAL, REAL）、整数（LINT, DINT, INT, SINT）、无符号整数（ULINT, UDINT, UINT, USINT）、位（LWORD, DWORD, WORD, BYTE, BOOL）、日期和时间（LTIME, TIME, LDT, DT, LDATE, DATE, LTOD, TOD）、字符（WSTRING, STRING, WCHAR, CHAR）

| 源数据类型（大类） | 源数据类型 | LREAL | REAL | LINT | DINT | INT | SINT | ULINT | UDINT | UINT | USINT | LWORD | DWORD | WORD | BYTE | BOOL | LTIME | TIME | LDT | DT | LDATE | DATE | LTOD | TOD | WSTRING | STRING | WCHAR | CHAR |
|---|---|---|---|---|---|---|---|---|---|---|---|---|---|---|---|---|---|---|---|---|---|---|---|---|---|---|---|---|---|
| 整数 | INT | i | i | i | i |  | e | e | e | e | e | e | e | e | e | e | — | — | — | — | — | — | — | — | — | — | — | — |
| 整数 | SINT | i | i | i | i | i |  | e | e | e | e | e | e | e | e | e | — | — | — | — | — | — | — | — | — | — | — | — |
| 无符号整数 | ULINT | e | e | e | e | e | e |  | e | e | e | e | e | e | e | e | — | — | — | — | — | — | — | — | — | — | — | — |
| 无符号整数 | UDINT | i | e | i | e | e | e | i |  | e | e | e | e | e | e | e | — | — | — | — | — | — | — | — | — | — | — | — |
| 无符号整数 | UINT | i | i | i | i | e | e | i | i |  | e | e | e | e | e | e | — | — | — | — | — | — | — | — | — | — | — | — |
| 无符号整数 | USINT | i | i | i | i | i | i | e | i | i |  | e | e | e | e | e | — | — | — | — | — | — | — | — | — | — | — | — |
| 位 | LWORD | e |  | e | e | e | e | e | e | e | e |  | e | e | e |  | — | — | — | — | — | — | — | — | — | — | — | — |
| 位 | DWORD |  | e | e | e | e | e | e | e | e | e | i |  | e | e | e | — | — | — | — | — | — | — | — | — | — | — | — |
| 位 | WORD |  |  | e | e | e | e | e | e | e | e | i | i |  | e |  | — | — | — | — | — | — | — | — | — | — | e | — |
| 位 | BYTE |  |  | e | e | e | e | e | e | e | e | i | i | i |  |  | — | — | — | — | — | — | — | — | — | — | — | e |
| 位 | BOOL |  |  | e | e | e | e | e | e | e | e | i | i | i | i |  | — | — | — | — | — | — | — | — | — | — | — | — |
| 日期和时间 | LTIME | — | — | — | — | — | — | — | — | — | — | — | — | — | — | — |  | e | — | — | — | — | — | — | — | — | — | — |
| 日期和时间 | TIME | — | — | — | — | — | — | — | — | — | — | — | — | — | — | — | i |  | — | — | — | — | — | — | — | — | — | — |
| 日期和时间 | LDT | — | — | — | — | — | — | — | — | — | — | — | — | — | — | — | — | — |  | e | e | e | e | e | — | — | — | — |
| 日期和时间 | DT | — | — | — | — | — | — | — | — | — | — | — | — | — | — | — | — | — | i |  | e | e | e | e | — | — | — | — |
| 日期和时间 | LDATE | — | — | — | — | — | — | — | — | — | — | — | — | — | — | — | — | — | — | — |  | e | — | — | — | — | — | — |
| 日期和时间 | DATE | — | — | — | — | — | — | — | — | — | — | — | — | — | — | — | — | — | — | — | i |  | — | — | — | — | — | — |
| 日期和时间 | LTOD | — | — | — | — | — | — | — | — | — | — | — | — | — | — | — | — | — | — | — | — | — |  | e | — | — | — | — |
| 日期和时间 | TOD | — | — | — | — | — | — | — | — | — | — | — | — | — | — | — | — | — | — | — | — | — | i |  | — | — | — | — |
| 字符 | WSTRING | — | — | — | — | — | — | — | — | — | — | — | — | — | — | — | — | — | — | — | — | — | — | — |  | — | e | — |
| 字符 | STRING① | — | — | — | — | — | — | — | — | — | — | — | — | — | — | — | — | — | — | — | — | — | — | — | e |  | — | e |
| 字符 | WCHAR | — | — | — | — | — | — | — | e | e | e | — | — | — | — | — | — | — | — | — | — | — | — | — | i |  |  | e |
| 字符 | CHAR① | — | — | — | — | — | e | e | e | e | e | — | — | — | — | — | — | — | — | — | — | — | — | — | — | i | e |  |

注：1. 表中的空格为没有必要进行数据类型转换（因数据类型相同）。

2. 本标准没有显式和隐式的数据类型转换的定义。

3. 表中的 i 表示隐式数据类型转换，但也允许显式类型转换。

4. 表中的 e 表示用户使用的显式数据类型转换（标准的转换函数），会有可接受的精度损失，范围的失配或可能影响实施者的相关行为。

① 为避免使用的字符串发生冲突，STRING 到 WSTRING 的转换和 CHAR 到 WCHAR 的转换是显式的。

（3）数据转换的示例

【例1-26】 显式和隐式数据类型转换。

变量声明如下：

```
VAR
    PartsRatePerHr: REAL;
    PartsDone: INT;
    HoursElapsed: REAL;
    PartsPerShift: INT;
```

ShiftLength: SINT;
    END_VAR

表 1-28 是不同编程语言中显式和隐式数据类型转换的用法。

表 1-28　显式和隐式数据类型转换的用法

| 转换类型 | | 示例 |
|---|---|---|
| 显式 | ST 编程语言 | PartsRatePerHr:= INT_TO_REAL(PartsDone) / HoursElapsed;<br>PartsPerShift := REAL_TO_INT(SINT_TO_REAL(ShiftLength)*PartsRatePerHr); |
| | FBD 编程语言 | |
| 显式过载 | ST 编程语言 | PartsRatePerHr:= TO_REAL(PartsDone) / HoursElapsed;<br>PartsPerShift := TO_INT(TO_REAL(ShiftLength)*PartsRatePerHr); |
| | FBD 编程语言 | |
| 隐式 | ST 编程语言 | PartsRatePerHr:= PartsDone / HoursElapsed;<br>PartsPerShift := TO_INT(ShiftLength * PartsRatePerHr); |
| | FBD 编程语言 | |

（4）支持的隐式数据类型转换

图 1-12 显示标准支持的隐式数据类型转换。箭头表示可能的转换路径，例如，BOOL 能够转换为 BYTE，BYTE 能够转换为 WORD 等，即从存储空间大的数据类型中可隐式转换为存储空间小的数据类型。

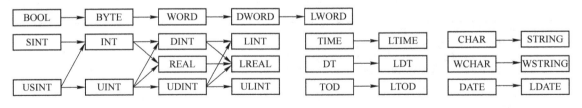

图 1-12　支持的隐式数据类型转换

## 5. 过载

如果在一般数据类型中的各种类型输入语言元素都可被操作，则称该语言元素是过载的，也称为超载或多载，例如 ANY_NUM、ANY_INT 等输入数据元素。过载表示对一种操作或功能，能用一个或多个不同的数据类型的操作数或参数进行工作的能力。

（1）具有过载性能的标准语言元素

下列标准语言元素具有一般过载性能作为其特定的性能：

1）标准函数：有过载的标准函数（例如 ADD、MUL）和过载的标准转换函数（例如 TO_REAL、TO_INT）。

2）标准方法：IEC 61131 没有在标准类或功能块类型中定义标准方法，但可由实施者提供。

3）标准功能块：除了一些简单功能块，像计数器外，IEC 61131 没有定义标准功能块。但它们可以在 IEC 61131 的其他部分定义，并由实施者提供。

4）标准类：IEC 61131 没有定义标准类，但它们可在 IEC 61131 的其他部分定义，并由实施者提供。

5）操作符：ST 编程语言的"+"和"*"和指令表（IL）编程语言的 ADD 和 MUL 等操作符具有过载性能。

（2）具有过载语言元素的变量进行数据类型的转换

根据图 1-12，一般数据类型 ANY_NUM 的基本数据类型包括 ANY_REAL 和 ANY_INT。但不同实施者可规定其一般数据类型所包含的基本数据类型。例如，可规定 ANY_BIT 只表示基本数据类型的 BYTE 和 WORD。

一个过载语言元素可根据下列规则用被定义的基本数据类型操作：

1）输入和输出/返回值的数据类型应是相同的数据类型。

2）如果同类型输入和输出的数据类型有不同的类型，则语言元素的转换由实施者规定。

3）一个表达式和一个赋值的隐式数据类型转换遵循表达式求值的顺序。

【例 1-27】 一个表达式和一个赋值的隐式数据类型转换。

```
int3 := int1 + int2;      /* 加法作为一个整数数据类型的加操作被执行 */
dint1:= int1 + int2;      /* 加法被作为一个整数数据类型的加操作被执行，然后，结果被转换为
                             DINT 并赋值给 dint1 */
dint1:= dint2 + int3;     /* int3 数据类型被转换为 DINT，加法被作为 DINT 数据类型的相加操作被
                             执行 */
```

4）存储过载函数返回值的变量的数据类型不影响函数或操作的返回值数据类型。

## 1.4.6  函数

函数（Function）是一个可赋予参数，但不存储（没有记忆）其状态的 POU，即它不存储其输入、内部（或暂存）变量和输出/返回值。如果没有其他说明，POU 的公用性能适用于函数。

当用相同的输入参数、输入-输出参数或相同的外部参数的值调用某一函数时，该函数总能够生成相同的结果作为其函数的输出变量、输入-输出变量、外部变量和函数返回值。但一些函数，实施者将它作为系统函数，这时函数可具有不同的值，例如 TIME、RANDOM 函数。

函数也被译为功能。函数分为标准函数和用户自定义函数等两类。

函数有多个输入变量，没有输出变量，但有一个输出作为该函数的返回值。函数由函数名、函数返回值的数据类型和一个函数本体等组成。函数可以用文字或图形的格式表示。

执行函数的结果可得到下列结果：

1）通常，函数执行结果提供一个暂时结果，它可以是单元素数据或多元素的数组或结构变量的数据。

2）提供可能的具有多值的输出变量。

3）可改变输入-输出变量或外部变量的值。

具有返回值的函数可在一个表达式或一个语句中被调用。没有返回值的函数不能在一个表达式内被调用。在一次函数调用和下一次函数调用之间，函数不存储任何输入、内部（或暂存）和输出元素的值。

**1．函数的声明**

（1）函数声明的内容

表1-29说明函数声明的内容。

表1-29　函数的声明

| 序号 | 描　述 | | 示　例 |
|------|------|------|------|
| 1a | 不带结果 | FUNCTION … END_FUNCTION | FUNCTION myFC … END_FUNCTION |
| 1b | 带结果 | FUNCTION 函数名：数据类型 … END_FUNCTION | FUNCTION myFC:INT … END_FUNCTION |
| 2a | 输入变量 | VAR_INPUT … END_VAR | VAR_INPUT IN:BOOL; T1:TIME; END_VAR |
| 2b | 输出变量 | VAR_OUTPUT…END_VAR | VAR_OUTPUT OUT: BOOL; ET_OFF: TIME; END_VAR |
| 2c | 输入-输出变量 | VAR_IN_OUT…END_VAR | VAR_IN_OUT A: INT; END_VAR |
| 2d | 暂存变量 | VAR_TEMP…END_VAR | VAR_TEMP I: INT; END_VAR |
| 2e① | 暂存变量（内部） | VAR…END_VAR | VAR B: REAL; END_VAR |
| 2f | 外部变量 | VAR_EXTERNAL…END_VAR | VAR_EXTERNAL B: REAL; END_VAR 对应于 VAR_GLOBAL B: REAL… |
| 2g | 外部常数 | VAR_EXTERNAL CONSTANT…END_VAR | VAR_EXTERNAL CONSTANT B: REAL; END_VAR 对应于 VAR_GLOBAL B: REAL |
| 3a | 输入变量初始化 | | VAR_INPUT MN: INT:= 0; |
| 3b | 输出变量初始化 | | VAR_OUTPUT RES: INT:= 1; |
| 3c | 暂存变量初始化 | | VAR I: INT:= 1; |
| -- | EN/ENO 输入和输出 | | 见表1-26 的定义 |

① 由于兼容性的原因，与功能块的区别是：VAR 内部变量在功能块中是静态变量（可被存储）。

函数声明时注意下列事项：

1）函数的文本格式如下：

  **FUNCTION**　函数名：函数返回值的数据类型
   函数内变量的声明段
   函数本体程序
  **END_FUNCTION**

2）如果没有函数返回值，IEC 61131-3 第三版规定，可在函数名后不带":"和函数返回值的数据类型。

3）函数内变量的声明可参考表1-29 的变量声明段。

4）函数中允许使用输入、输出、输入-输出、外部、内部、暂存等变量。有关规定如下：

① 如果需要，在 VAR_INPUT、VAR_OUTPUT 和 VAR_IN_OUT 的变量结构规定函数参数的名称和数据类型。

② 通过 VAR_EXTERNAL 的变量结构，函数可将变量的值在函数块内进行修改。

③ 通过 VAR_EXTERNAL CONSTANT 的变量结构，函数不能将常量的值在函数块内进行修改。

④ 通过 VAR_IN_OUT 的变量结构，函数可将变量的值在函数块内进行修改。

⑤ 在 VAR_INPUT、VAR_OUTPUT 和 VAR_IN_OUT 的变量结构，可使用可变长度数组变量。

⑥ 允许输入、输出和暂存变量在变量声明段进行初始化。

⑦ 如果设置 EN 和 ENO，则根据 EN 和 ENO 的规则对该函数进行操作。

⑧ 如果需要，VAR…END_VAR 结构和 VAR_TEMP…END_VAR 结构一样，可用于规定内部的暂存变量名和其数据类型。在 VAR…END_VAR 结构中声明的变量不被存储。

⑨ 标准函数的变量声明段中，如果使用一般数据类型（例如 ANY_INT），则这类函数参数的实际数据类型的使用规则是函数定义的一部分。

⑩ 变量声明段内变量初始化结构能用于函数输入变量初始值声明，以及内部和输出变量初始值声明。

（2）函数声明的示例

【例 1-28】 函数参数接口的规定。

```
FUNCTION SIMPLE_FUN: REAL    // 函数声明段开始，函数名 SIMPLE_FUN，返回值数据类型 REAL
    VAR_INPUT                // 函数输入变量声明段开始
        A, B: REAL;          // 变量名为 A 和 B 的函数输入变量是 REAL 数据类型，初始默
                             // 认值为系统默认值
        C: REAL:= 1.0;       // 变量名为 C 的函数输入变量是 REAL 数据类型，初始默认值由
                             // 用户定义为 1.0
    END_VAR                  // 函数输入变量声明段结束
    VAR_IN_OUT               // 函数输入-输出变量声明段开始
        COUNT: INT;          // 变量名为 COUNT 的函数输入-输出变量是 INT 数据类型，初
                             // 始值为系统默认值
    END_VAR                  // 函数输入-输出变量声明段结束
    //函数实体    见下述
END_FUNCTION                 // 函数声明段结束
```

图 1-13 是用图形格式表示的函数参数接口关系。可以看到，矩形框（函数框）内上部的 SIMPLE_FUN 是函数名；函数框右侧没有参数连接的 REAL 表示函数的返回值数据类型；与函数框左侧内部 A、B 和 C 变量连接的，在外部表示的 REAL 声明函数的这些输入变量数据类型是实数数据类型；需指出，图形格式描述无法显示用户定义的变量的初始值。与函数框左侧和右侧内部 COUNT 变量连接的，在外部表示的 INT 声明函数的输入-输出变量 COUNT 的数据类型是整数数据类型。

图 1-13　函数参数接口的图形格式

【例 1-29】 函数实体的规定。

```
VAR COUNTP1: INT; END_VAR;      // 函数内部变量 COUNTP1 的数据类型是 INT 整数数据类型
COUNTP1:= ADD(COUNT, 1);        // 调用 ADD(COUNT,1)函数，实现每次执行加一的操作
```

```
COUNT := COUNTP1              // 将上述操作结果赋值给变量 COUNT
SIMPLE_FUN:= A*B/C;           // 调用表达式 A*B/C，将结果赋值给函数的返回值（即函数名）
```

图 1-14 是用图形格式表示的函数实体。IEC 61131-3 第三版将内部变量作为函数实体的一部分，因此，没有将它放在函数变量声明段。示例中，第一行声明变量 COUNTP1 是内部变量，它不被存储，换言之，在该函数调用完成后变量 COUNTP1 的内容不被保存。图形中不显示该内部变量。第二行函数调用标准函数 ADD(COUNT, 1)，完成将 COUNT 加 1 的操作，

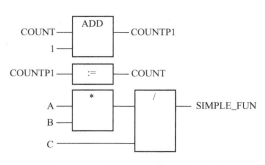

它用第一部分的图形符号描述。第三行是赋值操作，将调用标准函数 ADD(COUNT, 1) 的返回值赋值给 COUNT，用图形格式中的第二部分描述。第四行是将表达式的值赋值给函数返回值，用图形格式的第三部分描述。图形符号中，ADD 表示加函数；:=表示赋值操作，也可用 MOVE 函数表示；*表示乘法运算，也可用 MUL 函数表示；/表示除法运算，也可用 DIV 函数表示。为防止除法运算时，除数为零，因此，函数变量声明段，将除数变量 C 的初始值设置为 1.0。

图 1-14  函数实体程序的图形格式

IEC 61131-3 第三版将内部变量声明段作为函数实体的部分进行编程。

【例 1-30】  没有函数返回值，用内部变量输出。

```
VAR_GLOBAL
    DataArray: ARRAY [0..100] OF INT;     // 外部接口，用全局变量定义数组变量 DataArray
END_VAR
FUNCTION SPECIAL_FUN                      // 函数 SPECIAL_FUN 没有返回值，但输出 Sum
    VAR_INPUT                             // 函数输入变量声明段开始
        FirstIndex, LastIndex: INT;       // 声明 FirstIndex、LastIndex 变量是 INT 数据类型
    END_VAR                               // 函数输入变量声明段结束
    VAR_OUTPUT                            // 函数输出变量声明段开始
        Sum: INT;                         // 声明输出变量 Sum 是 INT 数据类型
    END_VAR                               // 函数输出变量声明段结束
    VAR_EXTERNAL                          // 函数外部变量声明段开始
        DataArray: ARRAY [0..100] OF INT;     // 与全局变量声明的变量对应
    END_VAR                               // 函数外部变量声明段结束
    // 函数实体开始
    VAR                                   // 函数实体的内部变量声明段开始
        I: INT; Sum: INT:= 0;             // 声明 I、Sum 变量是 INT 数据类型，Sum 初始值为 0
    END_VAR                               // 函数实体的内部变量声明段结束
    FOR i:= FirstIndex TO LastIndex
        DO Sum:= Sum + DataArray[i];
    END_FOR      // 计算从下标 FirstIndex 到 LastIndex 的外部数组 DataArray 之和,并将输出送 Sum
END_FUNCTION           // 函数声明段结束
```

图 1-15 是没有函数返回值的该函数的图形格式。本示例中，LastIndex 是不大于 100 的整数，FirstIndex 是不小于 0 的整数。

62

图 1-15　没有函数返回值的函数的图形格式

图 1-15 中，Sum 是该函数的输出参数，因此，该参数被列写在函数矩形框内的右侧。因没有返回值，图形符号中返回值（没有变量名）没有显示，也没有连接线连接到外部的变量。

**2. 函数的调用**

函数的调用可用文本格式和图形格式表示。由于函数的输入变量、输出变量和函数返回值不被存储，因此，函数调用时，函数输入变量的赋值、函数输出变量的存取和函数返回值的存取立刻进行。

将可变长度数组作为函数的一个参数时，该参数应作为静态变量连接。

表 1-30 是函数调用的示例。

表 1-30　函数调用的示例

| 序号 | 描述 | 示例 |
|---|---|---|
| 1a | 完整的格式调用（仅用于文本编程语言）<br>在调用函数时如果需要 EN/ENO，可采用这种调用格式<br>形参调用时，赋值表达式顺序可任意 | A:= LIMIT( EN:= COND,<br>　　　　　 IN:= B,<br>　　　　　 MN:= 0.0,<br>　　　　　 MX:= 5.0,<br>　　　　　 ENO => TEMPL); |
| 1b | 不完整的格式调用（仅用于文本编程语言）<br>用于不需要 EN/ENO 的函数调用 | A:= LIMIT( IN:= B,<br>　　　　 MX:= 5.0);　　　//MN 有默认的值 0.0 |
| 2 | 非形参格式调用（仅文本编程语言）（需固定顺序和完整的项）<br>用于非形参式的标准函数调用 | A:= LIMIT(B, 0, 5);　　　//该调用等效于 1a，但没有 EN/ENO 参数 |
| 3 | 没有函数返回值的函数 | FUNCTION myFun　　//没有函数返回值数据类型的声明<br>VAR_INPUT x: INT; END_VAR;<br>VAR_OUTPUT y: REAL; END_VAR;<br>END_FUNCTION<br>myFun(150, var);　　　// 调用 |
| 4 | 图形表示（带 EN 和 ENO，有返回值和输出） | |
| 5 | 图形表示（采用反相的输入和输出） | 不允许在输入-输出变量使用这种外切圆的结构 |
| 6 | 输入-输出变量的图形用法 | |

【例 1-31】　标准函数调用的应用。

带函数返回值和 EN/ENO 的标准函数调用（图形格式见图 1-16）。

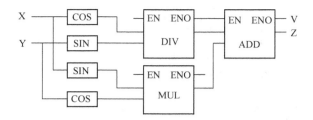

图 1-16  示例的函数调用的图形格式

```
VAR
      X, Y, Z, Res1, Res2: REAL;
      En1, V: BOOL;
END_VAR
Res1:= DIV(In1:= COS(X), In2:= SIN(Y), ENO => EN1);
//调用 DIV 标准函数, 采用形参格式
Res2:= MUL(SIN(X), COS(Y));
//调用 MUL 标准函数, 采用非形参格式
Z := ADD(EN:= EN1, In1:= Res1, In2:= Res2, ENO => V);
//调用 ADD 标准函数, 带 EN 和 ENO, 采用形参调用格式。示例中, Res1、Res2 和 EN1 是内部
//暂存变量
```

【例 1-32】  没有返回值的函数的声明。

（1）文本格式描述：

```
FUNCTION My_function          // 没有声明数据类型, 表示该函数没有返回值
      VAR_INPUT In1: REAL; END_VAR          // 输入变量声明段
      VAR_OUTPUT Out1, Out2: REAL; END_VAR          // 输出变量声明段
      VAR_TEMP Tmp1: REAL; END_VAR          // 允许采用暂存变量 VAR_TEMP
      VAR_EXTERNAL Ext: BOOL; END_VAR          // 外部变量声明段
// 此处, 函数本体程序未列出
END_FUNCTION
```

（2）图形格式描述：见图 1-17。

【例 1-33】  带输入-输出变量的函数调用。

（1）文本格式描述：

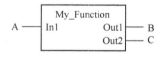

图 1-17  函数图形格式描述

```
FUNCTION myFC1                    // 没有声明数据类型, 表示该函数没有返回值
      VAR_INPUT In1: REAL; END_VAR          // 输入变量声明段
      VAR_IN_OUT Inout : REAL; END_VAR          // 输入-输出变量声明段
      VAR_OUTPUT Out1: REAL; END_VAR          // 输出变量声明段
// 此处, 函数本体程序未列出
END_FUNCTION
FUNCTION myFC2 : REAL            // 声明数据类型为 REAL 的函数 myFC2
      VAR_INPUT In1: REAL; END_VAR          // 输入变量声明段
      VAR_IN_OUT Inout : REAL; END_VAR          // 输入-输出变量声明段
// 此处, 函数本体程序未列出
END_FUNCTION
```

```
PROGRAM ABC                                      // 程序 ABC 声明段
     VAR_INPUT A, B : REAL; END_VAR              // 输入变量声明段
     VAR_OUTPUT  C, D: REAL; END_VAR             // 输出变量声明段
VAR_TEMP Tmp1: REAL; END_VAR                     // 暂存变量声明段
// 此处，程序本体调用函数 myFC1 和 myFC2
myFC1 (In1:= A, Inout:= B, Out1 => Tmp1);        // 暂存变量的用法
D:= myFC2 (In1:= Tmp1, Inout:=B);                //B 被存储在输入-输出，函数结果赋值给 D
C:= B;                                           //B 赋值给 C
END_FUNCTION
```

（2）图形格式描述：图 1-18 是上述示例的程序本体的图形描述。

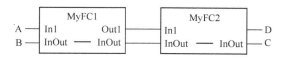

图 1-18　采用输入-输出变量的程序本体的图形描述

### 3. 类型化和过载函数

（1）类型化函数

类型化函数指函数的变量数据类型适用于特定数据类型，用函数名后添加一个"＿"（下画线）字符和特定所需的数据类型表示。例如，ADD_INT 表示该函数只适用于整数变量的相加。

类型化函数用特定的数据类型作为其输入和输出，可采用显式和隐式数据类型转换。

表 1-31 是类型化函数的示例。

表 1-31　类型化函数的示例

| 序号 | 描述 | 变量声明 | ST 编程语言描述 | FBD 编程语言描述 |
|---|---|---|---|---|
| 1 | 不需要类型化 | VAR<br>　A: INT;<br>　B: INT;<br>　C: INT;<br>END_VAR | C := A+B;<br>或 C:= ADD (A,B); | A ─┐ + ┌─ C<br>B ─┘ |
| 2 | 显示类型化 | VAR<br>　A: INT;<br>　B: INT;<br>　C: INT;<br>END_VAR | C := ADD_INT(A,B); | A ─ ADD_INT ─ C<br>B ─ |
| 3 | 用转换函数和不显示类型化 | VAR<br>　A: INT;<br>　B: REAL;<br>　C: REAL;<br>END_VAR | C := INT_TO_REAL(A)+B; | A ─ INT_TO_REAL ─ + ─ C<br>B ─ |
| 4 | 用转换函数和显示类型化 | VAR<br>　A: INT;<br>　B: REAL;<br>　C: REAL;<br>END_VAR | C := ADD_REAL(INT_TO_REAL(A),B); | A ─ INT_TO_REAL ─ ADD_REAL ─ C<br>B ─ |

（2）过载转换函数

如果函数的输入变量不限于某个单一的数据类型，而可用于不同数据类型，例如，一般数据类型，则称该函数具有过载（Overloading）属性或超载属性。标准函数都具有过载属性，

它能够适用于不同的数据类型。如果函数只适用于某类数据类型，则需在函数名中给予声明，这称为函数的类型化（Typed）。

过载属性的实质是将不同的数据类型经数据类型转换函数转换为所需的数据类型，并进行有关的函数运算，运算结果再转换为所需的数据类型。

过载转换函数的格式是 TO_xxx 或 TRUNC_xxx，其中，xxx 表示需要类型化的基本数据类型。例如，TO_INT 表示转换为整数的过载函数，它将任何数据类型转换为整数数据类型。

过载转换函数不规定需要转换的数据类型，而规定转换后的数据类型，因此，具有过载属性。而下面介绍的数据类型转换函数规定需要转换的数据类型，也规定转换后的数据类型。因此，不具有过载属性。

过载转换函数只适用于标准函数和标准功能块。

表 1-32 是过载转换函数的示例。

**表 1-32　过载转换函数示例**

| 序号 | 描　　述 | 示　　例 |
|---|---|---|
| 1a | 过载函数<br><br>ADD (ANY_Num to ANY_Num)<br><br>示例的 ADD 函数输入和输出可以是任何数据类型 | |
| 1b | 输入转换函数：将输入的任何数据类型转换为所需的数据类型<br>ANY_ELEMENT TO_INT | |
| 2a[①] | 类型化函数<br><br>ADD_INT<br><br>示例的 ADD 函数只适用于整数数据类型的相加 | |
| 2b[①] | 数据类型转换函数：将指定的数据类型转换为所需的数据类型<br><br>WORD_TO_INT | |

① 如果支持序号 2 的性能，实施者应提供附加的表格，来显示什么函数是可以过载的和在实施时如何类型化。

#### 4. 标准函数

IEC 61131-3 第三版规定 10 类标准函数。它们是：数据类型转换函数、数值函数、算术函数、位串函数、选择和比较函数、字符串函数、日期和时间函数、字节序转换函数、枚举数据类型函数和验证函数。与第二版比较，增加字节序转换函数和验证函数，并扩展了数据类型转换函数等内容。

（1）数据类型转换函数

表 1-33 是数据类型转换函数（Data type conversion function）的图形格式和文字格式。

表中，对于序号 1a 形式的数据类型转换函数，可根据源数据类型和目标数据类型的不同，分为 214 种不同类型的数据类型转换函数，详见下述。

**表 1-33　数据类型转换函数的图形格式和文字格式**

| 序号 | 描述 | 图形编程语言的用法示例 | | ST 编程语言的用法示例 |
|---|---|---|---|---|
| 1a | 数据类型转换<br>输入数据类型_<br>TO_输出数据类型 | B ── [ *_TO_** ] ── A | *：输入数据类型，例如，INT<br>**：输出数据类型，例如，REAL | A:= INT_TO_REAL(B);<br>整数转换为实数，并赋值给 A |
| 1b①②③ | 过载转换（输入转换）_<br>TO_输出数据类型 | B ── [ TO_** ] ── A | 输入数据类型任意<br>**：输出数据类型，例如，REAL | A:= TO_REAL(B);<br>任何数据类型的 B 转换为实数，并赋值给 A |
| 2a③ | 老版的截断<br>TRUNC | ANY_REAL ── [ TRUNC ] ── ANY_INT | | 今后将不支持 |
| 2b③ | 类型截断<br>输入数据类型<br>_TRUNC_输出数据类型 | ANY_REAL ── [ *_TRUNC_** ] ── ANY_INT | | A:= REAL_TRUNC_INT (B);<br>实数 B 截尾（小数）后赋值给 A |
| 2c③ | 过载截断（输入截断）<br>TRUNC_输出数据类型 | ANY_REAL ── [ TRUNC_** ] ── ANY_INT | | A:= TRUNC_INT(B);<br>任何实数 B 截尾（小数）后赋值给 A |
| 3a④ | 类型化<br>输入_BCD_TO_<br>输出数据类型 | * ── [ *_BCD_TO_** ] ── ** | | A:=WORD_BCD_TO_INT (B);<br>BCD 表示的字 B 转换为整数，赋值给 A |
| 3b④ | 过载<br>BCD_TO_输出数据类型 | * ── [ BCD_TO_** ] ── ** | | A:= BCD_TO_INT(B);<br>任何 BCD 表示的 B 数据转换为整数，并赋值给 A |
| 4a⑤ | 类型化<br>输入_TO_BCD_<br>输出数据类型 | ** ── [ **_TO_BCD_* ] ── * | | A:=INT_TO_BCD_WORD(B);<br>整数 B 转换到 BCD 表示的字，赋值给 A |
| 4b⑤ | 过载<br>TO_BCD_输出数据类型 | * ── [ TO_BCD_* ] ── ** | | A:= TO_BCD_WORD(B);<br>任意数 B 转换到 BCD 表示的字，赋值给 A |

① 本表序号 1 的一致性声明包括所支持的特定数据类型的转换和执行每个数据转换的影响的声明。

② 从数据类型 REAL 或 LREAL 到 SINT、INT、DINT 或 LINT 的转换应根据 GB/T 17966—2000（与 IEC 60559 等效）的规定，据此，如果两个最接近的整数是同样接近，则结果是最接近的偶整数，例如：

REAL_TO_INT ( 1.6) = 2；REAL_TO_INT (−1.6) = −2；　REAL_TO_INT ( 1.5) = 2；REAL_TO_INT (−1.5) = −2；

REAL_TO_INT ( 1.4) = 1；REAL_TO_INT (−1.4) = −1；　REAL_TO_INT ( 2.5) = 2；REAL_TO_INT (−2.5) = −2.

③ TRUNC_**函数和*_TRUNC_**函数用于将 REAL 或 LREAL 小数尾数截断，获得整数类型的变量，例如：

TRUNC_INT ( 1.6) = INT#1；TRUNC_INT (−1.6) = INT# −1；　TRUNC_SINT ( 1.4) = SINT#1；TRUNC_SINT (−1.4) = SINT#−1.

④ *_BCD_TO_** 和 **_TO_BCD_*转换函数执行类型为位串变量数据类型 BYTE，WORD，DWORD 和 LWORD 和数值数据类型 USINT，UINT，UDINT 和 ULINT 之间的转换（相应地表示为*和**）。其中，相应的位串变量包含数据编码为 BCD 格式。例如，USINT_TO_BCD_BYTE（25）的值是 2#0010_0101，而 WORD_BCD_TO_UINT(2#0001_0101_1000)是 158。

⑤ 类型转换函数输入或输出是 STRING 或 WSTRING，则字符串数据应符合 1.4.2 节规定的相应的数据外部表示和 GB 13000—2010 规定的字符集

1）数字数据类型的数据类型转换。数字数据类型转换时的注意事项如下：

① 数据类型转换步骤为：

➢ 源数据类型被扩展到同一数据类型目录中它的保持其值的最大数据类型。

➢ 然后，将结果转换为目标数据类型目录中最大的数据类型，作为它所属的目标数据类型。

➢ 再将结果转换到目标数据类型。

② 转换浮点数时，采用舍入规则，即舍入到最接近的整数。根据 GB/T 17966—2000（等效 IEC 60559）的规定，如果同样接近，则舍入到最接近的偶整数，示例见表 1-33 的注②。

③ 源数据类型是 BOOL 时，作为无符号整数数据类型，其值为 0 和 1。

④ 如果源变量的值不适合转换为目标数据类型，即该值的范围太小，则目标变量的值由

实施者规定。

表 1-34 规定了 90 种数字数据类型转换函数的转换细节。

**表 1-34　数字数据类型转换函数的转换细节**

| 序号 | 转　换　函　数 | | | 转　换　细　节 |
|---|---|---|---|---|
| 1~9 | LREAL_TO_REAL； | LREAL_TO_LINT； | LREAL_TO_DINT； | 采用舍入转换，值的范围出错给出实施者规定的结果 |
| | LREAL_TO_INT； | LREAL_TO_SINT； | LREAL_TO_ULINT； | |
| | LREAL_TO_UDINT； | LREAL_TO_UINT； | LREAL_TO_USINT； | |
| 10 | REAL_TO_LREAL； | | | 保值转换 |
| 11~18 | REAL_TO_LINT； | REAL_TO_DINT； | REAL_TO_INT； | 采用舍入转换，值的范围出错给出实施者规定的结果 |
| | REAL_TO_SINT； | REAL_TO_ULINT； | REAL_TO_UDINT； | |
| | REAL_TO_UINT； | REAL_TO_USINT； | | |
| 19~20 | LINT_TO_LREAL； | LINT_TO_REAL； | | 有潜在精度损失的转换 |
| 21~27 | LINT_TO_DINT； | LINT_TO_INT； | LINT_TO_SINT； | 值的范围出错给出实施者规定的结果 |
| | LINT_TO_ULINT； | LINT_TO_UDINT； | LINT_TO_UINT； | |
| | LINT_TO_USINT； | | | |
| 28 | DINT_TO_LREAL； | | | 保值转换 |
| 29 | DINT_TO_REAL； | | | 有潜在精度损失的转换 |
| 30 | DINT_TO_LINT； | | | 保值转换 |
| 31~36 | DINT_TO_INT； | DINT_TO_SINT； | DINT_TO_ULINT； | 值的范围出错给出实施者规定的结果 |
| | DINT_TO_UDINT； | DINT_TO_UINT； | DINT_TO_USINT； | |
| 37~40 | INT_TO_LREAL； | INT_TO_REAL； | INT_TO_LINT； | 保值转换 |
| | INT_TO_DINT； | | | |
| 41~45 | INT_TO_SINT； | INT_TO_ULINT； | INT_TO_UDINT； | 值的范围出错给出实施者规定的结果 |
| | INT_TO_UINT； | INT_TO_USINT； | | |
| 46~50 | SINT_TO_LREAL； | SINT_TO_REAL； | SINT_TO_LINT； | 保值转换 |
| | SINT_TO_DINT； | SINT_TO_INT； | | |
| 51~54 | SINT_TO_ULINT； | SINT_TO_UDINT； | SINT_TO_UINT； | 值的范围出错给出实施者规定的结果 |
| | SINT_TO_USINT； | | | |
| 55~56 | ULINT_TO_LREAL； | ULINT_TO_REAL； | | 有潜在精度损失的转换 |
| 57~63 | ULINT_TO_LINT； | ULINT_TO_DINT； | ULINT_TO_INT； | 值的范围出错给出实施者规定的结果 |
| | ULINT_TO_SINT； | ULINT_TO_UDINT； | ULINT_TO_UINT； | |
| | ULINT_TO_USINT； | | | |
| 64 | UDINT_TO_LREAL； | | | 保值转换 |
| 65 | UDINT_TO_REAL； | | | 有潜在精度损失的转换 |
| 66 | UDINT_TO_LINT； | | | 保值转换 |
| 67~69 | UDINT_TO_DINT； | UDINT_TO_INT； | UDINT_TO_SINT； | 值的范围出错给出实施者规定的结果 |
| 70 | UDINT_TO_ULINT； | | | 保值转换 |
| 71~72 | UDINT_TO_UINT； | UDINT_TO_USINT； | | 值的范围出错给出实施者规定的结果 |
| 73~76 | UINT_TO_LREAL； | UINT_TO_REAL； | UINT_TO_LINT； | 保值转换 |
| | UINT_TO_DINT； | | | |
| 77~78 | UINT_TO_INT； | UINT_TO_SINT； | | 值的范围出错给出实施者规定的结果 |
| 79~80 | UINT_TO_ULINT； | UINT_TO_UDINT； | | 保值转换 |
| 81 | UINT_TO_USINT； | | | 值的范围出错给出实施者规定的结果 |
| 82~86 | USINT_TO_LREAL； | USINT_TO_REAL； | USINT_TO_LINT； | 保值转换 |
| | USINT_TO_DINT； | USINT_TO_INT； | | |
| 87 | USINT_TO_SINT； | | | 值的范围出错给出实施者规定的结果 |
| 88~90 | USINT_TO_ULINT； | USINT_TO_UDINT； | USINT_TO_UINT； | 保值转换 |

【例 1-34】 数字数据的数据类型转换。

X:= REAL_TO_INT (70_000.4)

本例的转换方法如下：

① 实数 70_000.4 转换到实数数据类型中最大数据类型 LREAL 的值 70_000.400_000...。

② 将 LREAL 的值 70_000.400_000...转换为目标数据类型中最大的数据类型 LINT 的值 70_000。

③ 将 LINT 的值 70_000 转换到 INT 的值，由于 INT 的最大保持值是 65536，因此，导致在目标数据类型的变量 X 保持同样的值 65536 作为源变量。

2）位数据类型的数据类型转换。位数据类型的数据类型转换遵循下列规则：

① 位数据类型的数据类型转换是二进制传输；

② 如图 1-19 所示，如果源数据类型小于目标数据类型，则源数值被存储在目标变量的最右字节，最左字节被设置为零。

图 1-19　位数据类型的数据转换细节

③ 如果源数据类型大于目标数据类型，则只有源变量最右的字节被存储在目标数据类型。

表 1-35 是 28 种位数据类型转换函数的转换细节。

表 1-35　位数据类型转换函数的转换细节

| 序号 | 转换函数 | | | 转换细节 |
|---|---|---|---|---|
| 1~3 | LWORD_TO_DWORD; | LWORD_TO_WORD; | LWORD_TO_BYTE; | 最右字节到目标的二进制传输 |
| 4 | LWORD_TO_BOOL; | | | LWORD 最右位到目标的二进制传输 |
| 5 | DWORD_TO_LWORD; | | | DWORD 最右字节到目标的二进制传输，最左目标字节设置为零 |
| 6、7 | DWORD_TO_WORD; | DWORD_TO_BYTE; | | DWORD 最右字节到目标的二进制传输 |
| 8 | DWORD_TO_BOOL; | | | DWORD 最右位到目标的二进制传输 |
| 9、10 | WORD_TO_LWORD; | WORD_TO_DWORD; | | WORD 最右字节到目标的二进制传输，最左目标字节设置为零 |
| 11 | WORD_TO_BYTE; | | | WORD 最右字节到目标的二进制传输 |
| 12 | WORD_TO_BOOL; | | | WORD 最右位到目标的二进制传输 |
| 13~15 | BYTE_TO_LWORD; | BYTE_TO_DWORD; | BYTE_TO_WORD; | BYTE 最右字节到目标的二进制传输，最左目标字节设置为零 |
| 16 | BYTE_TO_BOOL; | | | BYTE 最右位到目标的二进制传输 |
| 17 | BYTE_TO_CHAR; | | | BYTE 的二进制传输 |
| 18~21 | BOOL_TO_LWORD; | BOOL_TO_DWORD; | BOOL_TO_WORD; | 结果是值 16#0 或 16#1 |
| | BOOL_TO_BYTE; | | | |
| 22 | CHAR_TO_BYTE; | | | CHAR 的二进制传输 |
| 23~25 | CHAR_TO_WORD; | CHAR_TO_DWORD; | CHAR_TO_LWORD; | CHAR 最右字节到目标的二进制传输，最左目标字节设置为零 |
| 26 | WCHAR_TO_WORD; | | | WCHAR 的二进制传输 |
| 27、28 | WCHAR_TO_DWORD; | WCHAR_TO_LWORD; | | WCHAR 最右字节到目标的二进制传输，最左目标字节设置为零 |

3）位数据类型与数字数据类型之间的数据类型转换。位数据类型与数字数据类型之间的数据类型转换遵循下列规则：

① 位数据类型到数字数据类型的数据类型转换是二进制传输。

② 如果源数据类型小于目标数据类型，则源值被存储在目标变量的最右字节，最左字节被设置为零。

【例1-35】 源数据类型小于目标数据类型的数据类型转换。

VAR　X: SINT:= 34; W: WORD; END_VAR;　W:= SINT_TO_WORD(X);

转换结果: W 的值是 16#0022。

③ 如果源数据类型大于目标数据类型，则只有源变量的最右的字节被存储目标数据类型。

【例1-36】 源数据类型大于目标数据类型的数据类型转换。

VAR　W: WORD: = 16#1234; X: SINT;　END_VAR;　X:= WORD_TO_SINT(W);

转换结果: X 的值是 16#34，即 52。

表 1-36 是 76 种位数据类型与数字数据类型的数据类型转换函数的转换细节。

**表1-36　位数据类型与数字数据类型的数据类型转换函数的转换细节**

| 序号 | 转换函数 | | | 转换细节 |
|---|---|---|---|---|
| 1，2 | LWORD_TO_LREAL; | LWORD_TO_REAL; | | 二进制传输 |
| 3 | LWORD_TO_LINT; | | | 二进制传输 |
| 4～6 | LWORD_TO_DINT; | LWORD_TO_INT; | LWORD_TO_SINT; | LWORD 最右字节到目标的二进制传输 |
| 7 | LWORD_TO_ULINT; | | | 二进制传输 |
| 8～10 | LWORD_TO_UDINT; | LWORD_TO_UINT; | LWORD_TO_USINT; | LWORD 最右字节到目标的二进制传输 |
| 11 | DWORD_TO_LINT; | | | DWORD 最右字节到目标的二进制传输 |
| 12 | DWORD_TO_DINT; | | | 二进制传输 |
| 13～15 | DWORD_TO_INT; | DWORD_TO_SINT; | | DWORD 最右字节到目标的二进制传输 |
| 16 | DWORD_TO_UDINT; | | | 二进制传输 |
| 17，18 | DWORD_TO_UINT; | DWORD_TO_USINT; | | DWORD 最右字节到目标的二进制传输 |
| 19，20 | WORD_TO_LINT; | WORD_TO_DINT; | | WORD 最右字节到目标的二进制传输 |
| 21，25 | WORD_TO_INT; | WORD_TO_UINT; | | 二进制传输 |
| 22～24，26 | WORD_TO_SINT; | WORD_TO_ULINT; | WORD_TO_UDINT; | WORD 最右字节到目标的二进制传输 |
| 27～29 | BYTE_TO_LINT; | BYTE_TO_DINT; | BYTE_TO_INT; | BYTE 最右字节到目标的二进制传输 |
| 30，34 | BYTE_TO_SINT; | BYTE_TO_USINT; | | 二进制传输 |
| 31～33 | BYTE_TO_ULINT; | BYTE_TO_UDINT; | BYTE_TO_UINT; | BYTE 最右字节到目标的二进制传输 |
| 35～42 | BOOL_TO_LINT;<br>BOOL_TO_SINT;<br>BOOL_TO_UINT; | BOOL_TO_DINT;<br>BOOL_TO_ULINT;<br>BOOL_TO_USINT; | BOOL_TO_INT;<br>BOOL_TO_UDINT; | 结果是值0或1 |
| 43 | LREAL_TO_LWORD; | | | 二进制传输 |
| 44 | REAL_TO_DWORD; | | | 二进制传输 |
| 45 | LINT_TO_LWORD; | | | 二进制传输 |

| 序号 | | 转 换 函 数 | | 转 换 细 节 |
|---|---|---|---|---|
| 46～48 | LINT_TO_DWORD； | LINT_TO_WORD； | LINT_TO_BYTE； | LINT 最右字节到目标的二进制传输 |
| 49，51，52 | DINT_TO_LWORD； | DINT_TO_WORD； | DINT_TO_BYTE； | DINT 最右字节到目标的二进制传输 |
| 50 | DINT_TO_DWORD； | | | 二进制传输 |
| 53，54 | INT_TO_LWORD； | INT_TO_DWORD； | | INT 最右字节到目标的二进制传输，其余为 0 |
| 55 | INT_TO_WORD； | | | 二进制传输 |
| 56 | INT_TO_BYTE； | | | INT 最右字节到目标的二进制传输 |
| 57，58 | SINT_TO_LWORD； | SINT_TO_DWORD； | | SINT 最右字节到目标的二进制传输，其余为 0 |
| 59，60 | SINT_TO_WORD； | SINT_TO_BYTE； | | 二进制传输 |
| 61 | ULINT_TO_LWORD； | | | 二进制传输 |
| 62～64 | ULINT_TO_DWORD； | ULINT_TO_WORD； | ULINT_TO_BYTE； | ULINT 最右字节到目标的二进制传输 |
| 65 | UDINT_TO_LWORD； | | | UDINT 最右字节到目标的二进制传输，其余为 0 |
| 66 | UDINT_TO_DWORD； | | | 二进制传输 |
| 67，68 | UDINT_TO_WORD； | UDINT_TO_BYTE； | | UDINT 最右字节到目标的二进制传输 |
| 69，70 | UINT_TO_LWORD； | UINT_TO_DWORD； | | UINT 最右字节到目标的二进制传输，其余为 0 |
| 71 | UINT_TO_WORD； | | | 二进制传输 |
| 72 | UINT_TO_BYTE； | | | UINT 最右字节到目标的二进制传输 |
| 73，74 | USINT_TO_LWORD； | USINT_TO_DWORD； | | USINT 最右字节到目标的二进制传输，其余为 0 |
| 75，76 | USINT_TO_WORD； | USINT_TO_BYTE； | | 二进制传输 |

4）日期和时间数据类型的数据类型转换。12 种日期和时间数据类型的数据类型转换函数的转换细节见表 1-37。

表 1-37　日期和时间类型的数据类型转换细节

| 序号 | | 转 换 函 数 | | 转 换 细 节 |
|---|---|---|---|---|
| 1 | LTIME | _TO_ | TIME | 值的范围出错给出一个实施者规定的结果，可能造成精度损失 |
| 2 | TIME | _TO_ | LTIME | 值的范围出错给出一个实施者规定的结果，可能造成精度损失 |
| 3 | LDT | _TO_ | DT | 值的范围出错给出一个实施者规定的结果，可能造成精度损失 |
| 4 | | | DATE | 只有日期的转换，值的范围出错给出一个实施者规定的结果 |
| 5 | | | LTOD | 只有一天中时间的转换 |
| 6 | | | TOD | 只有一天中时间的转换，可能发生精度损失 |
| 7 | DT | _TO_ | LDT | 值的范围出错给出一个实施者规定的结果，可能造成精度损失 |
| 8 | | | DATE | 只有日期的转换，值的范围出错给出一个实施者规定的结果 |
| 9 | | | LTOD | 只有一天中时间的转换，值的范围出错给出一个实施者规定的结果 |
| 10 | | | TOD | 只有一天中时间的转换，值的范围出错给出一个实施者规定的结果 |
| 11 | LTOD | _TO_ | TOD | 保值转换 |
| 12 | TOD | _TO_ | LTOD | 值的范围出错给出一个实施者规定的结果，可能造成精度损失 |

5）字符类型的数据类型转换。8 种字符类型的数据类型转换函数的转换细节见表 1-38。

表 1-38　日期和时间类型的数据类型转换细节

| 序号 | 转换函数 | | | 转换细节 |
|---|---|---|---|---|
| 1 | WSTRING | _TO_ | STRING | 实施者支持的字符串是 STRING 的转换，其他转换根据实施者规定 |
| 2 | | | WCHAR | 字符串的第一个字符被转换，如果字符串是空，则目标变量未定义 |
| 3 | STRING | _TO_ | WSTRING | 由实施者定义的字符串的字符转换应符合 ISO/IEC 10646（UTF-16）字符集 |
| 4 | | | CHAR | 字符串的第一个字符被转换，如果字符串是空，则目标变量未定义 |
| 5 | WCHAR | _TO_ | WSTRING | 给出一个字符的实际大小的字符串 |
| 6 | | | CHAR | 实施者支持的字符串是数据类型 CHAR 的转换，其他转换根据实施者规定 |
| 7 | CHAR | _TO_ | STRING | 给出一个字符的实际大小的字符串 |
| 8 | | | WCHAR | 转换实施者定义的字符到合适的 UTF-16 字符 |

（2）数值函数

数值函数（Numerical function）用于对数值变量进行数学运算。该函数图形表示是将数值函数名称填写在函数图形符号内，并连接有关输入和输出变量。数值函数的输入是单数值变量。数值函数的输入和返回值（输出）数据类型是相同的。

如果函数求值结果超过该函数返回值规定的数据类型规定范围或如果企图除以零，则出错。

表 1-39 是 12 种标准数值类函数的图形格式和文字格式。

表 1-39　标准数值函数的图形格式和文字格式

| 序号 | 描述（函数名） | 输入/输出类型 | 说明 |
|---|---|---|---|
| 图形格式 | * ────[ ** ]──── * 　　**：函数名 　　*：I/O 数据类型 | | ST 编程语言中的用法示例 A:= SIN(B); |
| 文本格式：一般函数 | | | |
| 1 | ABS(x) | ANY_NUM | 绝对值 |
| 2 | SQRT(x) | ANY_REAL | 二次方根 |
| 文本格式：对数函数 | | | |
| 3 | LN(x) | ANY_REAL | 自然对数 |
| 4 | LOG(x) | ANY_REAL | 10 为底的对数 |
| 5 | EXP(x) | ANY_REAL | 自然指数 |
| 文本格式：三角函数 | | | |
| 6 | SIN(x) | ANY_REAL | 输入用弧度的正弦 |
| 7 | COS(x) | ANY_REAL | 输入用弧度的余弦 |
| 8 | TAN(x) | ANY_REAL | 输入用弧度的正切 |
| 9 | ASIN(x) | ANY_REAL | 反正弦主值 |
| 10 | ACOS(x) | ANY_REAL | 反余弦主值 |
| 11 | ATAN(x) | ANY_REAL | 反正切主值 |
| 12 | ATAN2(y, x)　　ATAN2 ANY_REAL ─ Y 　── ANY_REAL ANY_REAL ─ X | ANY_REAL | 平面上 $X$ 轴的正方向与平面上点 $(x, y)$ 与原点组成的线之间的夹角 逆时针方向，角度为正（$y>0$，上半平面） 顺时针方向，角度为负（$y<0$，下半平面） |

使用数值函数时注意下列事项：

1）数值函数是过载函数，也是类型化函数。

2）正弦、余弦和正切函数的输入数据以弧度为单位，反正弦、反余弦和反正切函数计算获得主值。

3）LN 是自然对数，EXP 是自然指数，都以自然对数的基 e 为底数。

4）除绝对值函数的输入–输出数据类型是 ANY_NUM 外，其他数值函数的输入–输出数据类型是一般数据类型的 ANY_REAL。

5）数值函数有一个输入变量和一个返回值。

6）数值函数可用符号表示和函数名表示。

7）IEC 61131-3 第三版增加 ATAN2 函数，它给出平面上的点$(x,y)$与原点的连线与 $x$ 轴正方向之间的夹角。因此，是点$(x,y)$的纵坐标 $y$ 与横坐标 $x$ 相除后结果的反正切，即 $ATAN2(x,y)=ATAN(DIV(y,x))$。

【例 1-37】 数值函数应用示例。

C:= ABS(A); B:=SQRT(C);　　// 计算 A 的绝对值，并赋值给 C，计算 C 的开方结果，并赋值给 B

（3）算术函数

算术函数（Arithmetic function）用于对多个输入变量进行算术运算，包括加（ADD）、减（SUB）、乘（MUL）、除（DIV）、模除（MOD）、幂（EXPT）和赋值（MOVE）等。

表 1-40 是算术函数的图形格式和文字格式。

表 1-40　算术函数的图形格式和文本格式

| 序号①② | 描述（函数名） | | 函数名 | 符号（操作符） | 说明 |
|---|---|---|---|---|---|
| 图形格式 | ***：函数名或符号<br><br>ANY_NUM ──┐<br>ANY_NUM ──┤ *** ── ANY_NUM<br>⋮<br>ANY_NUM ──┘ | | | | ST 编程语言中的用法示例<br>作为函数调用：<br>A:= ADD(B, C, D);<br>或作为操作符<br>A:= B + C + D; |
| 文本格式：可扩展的算术函数 | | | | | |
| 1⑧ | 加 | | ADD | + | OUT:= IN1 + IN2 +⋯ + INn |
| 2 | 乘 | | MUL | * | OUT:= IN1 * IN2 *⋯* INn |
| 文本格式：不可扩展的算术函数 | | | | | |
| 3⑧ | 减 | | SUB | − | OUT:= IN1 − IN2 |
| 4④ | 除 | | DIV | / | OUT:= IN1 / IN2 |
| 5⑤ | 模除 | | MOD | | OUT:= IN1 modulo IN2 |
| 6⑥ | 幂 | | EXPT | ** | OUT:= $IN1^{IN2}$ |
| 7⑦ | 赋值 | | MOVE | := | OUT:= IN |

注：符号列中非空白的项适合用于文本类编程语言中作为操作符；符号 IN1，IN2，…，表示从上到下输入的排列顺序；OUT 表示输出；用法示例和描述用 ST 编程语言给出。

① 当支持采用函数名表示函数时，在符合性语句声明中，用后缀 n 表示。例如，1n 表示符号"ADD"（第二版在序号 12，因此，用 12n 表示）。

② 当支持采用符号表示函数时，在符合性语句声明中，用后缀 s 表示。例如，1s 表示符号"+"（第二版在序号 12，因此，用 12s 表示）。

③ 这些函数的输入和输出的一般数据类型是 ANY_MAGNITUDE。

④ 整数除法的结果是向零截断的同样数据类型的一个整数，例如，7/3=2 和(−7)/3=−2。

⑤ MOD 函数中，IN1 和 IN2 是一般数据类型的 ANY_INT，MOD 函数的求值结果是与执行 ST 编程语言中的下列语句等效：
IF (IN2 = 0)
　THEN OUT:=0;
　ELSE OUT:=IN1 − (IN1/IN2)*IN2;
END_IF

⑥ EXPT 函数中，IN1 是 ANY_REAL，IN2 是 ANY_NUM，输出应有与 IN1 相同数据类型。

⑦ MOVE 函数的一个输入（IN）和一个输出（OUT）具有完全相同的 ANY 数据类型。

使用算术函数时注意下列事项:

1)算术函数的输入变量和输出变量的数据类型都是 ANY_NUM,都只有一个输出变量。

2)除了加和乘运算函数可有多个输入变量,赋值函数只有一个输入变量外,其他算术函数有两个输入变量,并将第一个输入变量与第二个输入变量进行有关的算术运算,例如 IN1-IN2、IN1/IN2、IN1 MOD IN2 等。加和乘函数称为可扩展的算术函数。其他算术函数是不可扩展的算术函数。

3)赋值函数将输入变量的数据移动,赋值到函数的返回值,即 OUT :=IN。

4)算术函数可用符号表示和函数名表示,见表 1-40。

5)输入-输出变量的数据类型符合一般算术运算的要求,例如,整数除法的结果是向零截断的整数,实数除法的结果是实数等。

【例 1-38】 算术函数应用示例。

Temp_Comp:= (273.15+50.0)/(273.15+ S1);    //设计温度 50℃,实际温度 S1 时的温度补偿系数

(4)位串函数

位串函数(Bit string function)包括位串移位函数和位串的按位布尔函数。

1)位串移位函数。位串移位函数(Bit shift function)有两个输入变量,第一个变量 IN 是需要移位的位串,数据类型是 ANY_BIT;第二个变量 N 是移动的位数,数据类型是 ANY_INT。函数返回值仍是位串,数据类型是 ANY_BIT。

表 1-41 显示位串函数的图形格式和文字格式。

表 1-41　位串函数的图形格式和文本格式

| 序号 | | 描述(函数名) | 函数名 | 说　明 |
|---|---|---|---|---|
| 图形格式 | | ***: 函数名<br>ANY_BIT —IN ***<br>ANY_INT —N — ANY_BIT | *** | ST 编程语言中的用法示例<br>A:= SHL(IN:=B, N:=5); |
| 文本格式 | 1 | 左移 | SHL | OUT:=IN 左移 N 位,右面填零 |
| | 2 | 右移 | SHR | OUT:=IN 右移 N 位,左面填零 |
| | 3 | 循环左移 | ROL | OUT:=IN 循环左移 N 位 |
| | 4 | 循环右移 | ROR | OUT:=IN 循环右移 N 位 |

注:说明列中的符号 OUT 指函数的返回值。示例:IN:= 2#1100_1001; 是字节类型数据,N=3;则 SHL(IN, 3)的结果是 2#0100_1000; SHR(IN, 3) 的结果是 2#0001_1001;ROL(IN, 3)的结果是 2#0100_1110; ROR(IN, 3) 的结果是 2#0011_1001。

使用位串移位函数时注意下列事项:

① 移位函数分不循环左移(SHL)、不循环右移(SHR)、循环左移(ROL)和循环右移(ROR)四种。

② SHL 函数将输入位串 IN 左移 N 位,右面填零,N 是大于 0 的整数。

③ SHR 函数将输入位串 IN 右移 N 位,左面填零,N 是大于 0 的整数。

④ ROL 函数对输入位串 IN 进行左移循环移位 $N$ 位，$N$ 是大于 0 的整数。

⑤ ROR 函数对输入位串 IN 进行右移循环移位 $N$ 位，$N$ 是大于 0 的整数。

⑥ 如果 $N$ 的值小于零则出错。如果 $N$ 的值为零表示不移位。

⑦ 输入位串和输出返回值的数据类型是 ANY_BIT，即可以是 LWORD、DWORD、WORD、BYTE 或 BOOL 中的任何一种数据类型。

2）位串的按位布尔函数。位串的按位布尔函数（Bitwise Boolean function）用于对位串按位进行逻辑运算，例如，与、或、非和异或运算。表 1-42 显示位串的按位布尔函数的图形格式和文字格式。

表 1-42　按位布尔函数的图形格式和文本格式

| 序号 | 描述（函数名） | | 函数名 | 符号（操作符） | 说明[2] |
|---|---|---|---|---|---|
| 图形格式 | ***: 函数名或符号<br>ANY_BIT —— *** —— ANY_BIT<br>ANY_BIT ——<br>ANY_BIT —— | | *** | | ST 编程语言中的用法示例[3]<br>A:= AND(B, C, D);<br>或<br>A:= B & C & D; |
| 文本格式 | 1 | 与逻辑　IN1 —— & —— OUT　INn | AND | &[1] | OUT:= IN1 & IN2 &... & INn |
| | 2 | 或逻辑　IN1 —— ≥1 —— OUT　INn | OR | >=[1] | OUT:= IN1 OR IN2 OR... OR INn |
| | 3 | 异或逻辑　IN1 —— =2k+1 —— OUT　INn | XOR | =2k+1[1] | OUT:= IN1 XOR IN2 XOR... XOR INn |
| | 4 | 非逻辑，见表 1-30 | NOT | | OUT:= NOT IN1[4] |

注：1. 当支持采用函数名表示函数时，在符合性语句声明中，可用后缀 n 表示。例如，1n 表示符号 "AND"。

2. 当支持采用符号表示函数时，在符合性语句声明中，可用后缀 s 表示。例如，1s 表示符号 "&"。

① 文本编程语言中，该符号作为操作符。

② 符号 IN1，IN2，…，表示从上到下输入的排列顺序；OUT 表示函数的返回值。

③ 用法示例和描述用 ST 编程语言给出。

④ BOOL 类型信号的图形取反也如表 1-30 所示，用外切圆实现。

使用位串的按位布尔函数时注意下列事项：

① OR 和 XOR 函数不能用文字符号表示形式，其他函数都可用函数名或符号文字形式。

② 按位布尔函数可采用函数名或符号两种文字形式。

（5）选择和比较函数

1）选择函数。选择函数（Selection function）用于根据条件来选择输入信号作为输出返回值。选择的条件包括单路选择，输入信号本身的最大、最小、限值和多路选择等。表 1-43 显示选择函数的图形格式和文字格式。

表 1-43　选择函数的图形格式和文本格式

| 序号 | 描述 | 函数名 | 图形格式 | 说明和文本格式示例 |
|---|---|---|---|---|
| 1 | MOVE[①②] | MOVE | ANY —［MOVE］— ANY | OUT:= IN |
| 2 | 二位选择[②] | SEL | BOOL—G<br>ANY—IN0 —［SEL］— ANY<br>ANY—IN1 | OUT:= IN0 if G = 0<br>OUT:= IN1 if G = 1<br>示例 1:<br>A:= SEL (G := 0.0,IN0:= X,<br>IN1:= 5.0); |
| 3 | 可扩展的最大函数 | MAX | ANY_ELEMENTARY —［MAX］— ANY_ELEMENTARY<br>ANY_ELEMENTARY | OUT:=MAX(IN1, IN2, ...,INn);<br>示例 2<br>A:= MAX(B, C , D); |
| 4 | 可扩展的最小函数 | MIN | ANY_ELEMENTARY —［MIN］— ANY_ELEMENTARY<br>ANY_ELEMENTARY | OUT:=MIN (IN1, IN2,...,INn)<br>示例 3<br>A:= MIN(B, C, D); |
| 5 | 限幅器 | LIMIT | ANY_ELEMENTARY—MN<br>ANY_ELEMENTARY—IN —［LIMIT］— ANY_ELEMENTARY<br>ANY_ELEMENTARY—MX | OUT:=(MAX(IN, MN),MX);<br>示例 4<br>A:= LIMIT(IN:= B,MN:= 0.0,<br>MX:= 5.0); |
| 6 | 可扩展的多路转换器[③] | MUX | ANY_ELEMENTARY—K —［MUX］— ANY_ELEMENTARY<br>ANY_ELEMENTARY | 根据输入 K 选择 n 个输入中的一个<br>示例 5<br>"A:= MUX(0,B,C,D);"与"A :=<br>B;"有相同结果 |

注：1. 符号 IN1, IN2, …, 表示从上到下输入的排列顺序；OUT 表示函数返回值。
2. 用法示例和描述用 ST 编程语言给出。
① MOVE 函数只有一个类型为 ANY 的输入 IN 和一个类型 ANY 的输出 OUT。
② 为声明符合本性能，允许（但非必须）实施者支持用户定义的数据类型的变量之间的选择。
③ 当 MUX 函数的实际输入 K 不在{0…n-1}范围内，则出错。

IEC 61131-3 第三版将 MOVE 函数作为赋值函数处理，它也作为选择函数列出。

使用选择类函数时注意下列事项：

① 不同选择函数的各输入变量允许的数据类型不同，见表 1-43。

② 从上到下顺序，IN1，IN2，…，INn 符号表示输入，OUT 表示输出的返回值。多路选择器 MUX 函数中无名称的输入，从上到下顺序，有默认的名称 IN0，IN1，…，INn，其中，n 是输入变量的总数。这些名称可以显示，也可不在图形描述中显示。

③ 多路选择器 MUX 函数也可用 MUX_*_** 的文字形式表示，其中，*是输入变量 K 的数据类型，**是其他输入和输出变量的数据类型。例如，MUX_INT_REAL(A, B, C)。

④ 应用时，MUX 的输入变量 K 的数据应在被选择变量个数 n 的范围内，即输入变量 K 的值应在 0 到 n-1 间选择。例如，A :=MUX(0, B, C, D);表示 K=0，因此，选择第二个输入变量 B 作为其函数的返回值。

⑤ 除 SEL 选择函数的 G 输入和 MUX 多路选择器的 K 输入外，其他选择类函数中的输

76

入和输出需采用相同的数据类型，以保证数据类型的正确。

⑥ LIMIT 函数是限幅函数。当输入 IN 在下限 MN 和上限 MX 之间时，输出的返回值与输入相等。当低于下限时，输出返回值被限幅到下限输出。反之，当高于上限时，输出返回值被限幅到上限输出。图 1-20 是 LIMIT 函数的输入-输出关系曲线。

2）比较函数。比较函数（Comparison function）用于比较多个输入变量数值的大小。比较函数对所有数据类型是过载的。所有比较函数，除了 NE 外都是可扩展的。表 1-44 显示比较函数的图形格式和文字格式。

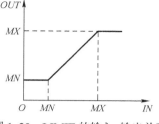

图 1-20  LIMIT 的输入-输出关系

表 1-44　比较函数的图形格式和文本格式

| 序号 | | 描述 | 函数名① | 符号② | 说明和示例（对两个或多个操作符，可扩展） |
|---|---|---|---|---|---|
| 图形格式 | | ***: 函数名符号<br><br>ANY_ELEMENTARY ⋮ ANY_ELEMENTARY —— [***] —— BOOL | *** | *** | 用法示例<br>A:= GT(B, C, D); // 函数名<br>或<br>A:= (B>C) & (C>D); // 符号 |
| 文本格式 | 1 | 递减序列 | GT | > | OUT:=(IN1>IN2)& (IN2>IN3) &…& (INn-1 >INn) |
| | 2 | 单调序列 | GE | >= | OUT:=(IN1>=IN2)&(IN2>=IN3)&…&(INn-1 >=INn) |
| | 3 | 相等序列 | EQ | = | OUT:=(IN1=IN2)&(IN2=IN3) &…&(INn-1 =INn) |
| | 4 | 单调序列 | LE | <= | OUT:=(IN1<=IN2)&(IN2<=IN3)&…&(INn-1 <=INn) |
| | 5 | 递增序列 | LT | < | OUT:=(IN1<IN2)& (IN2<IN3) &…&(INn-1 <INn) |
| | 6 | 不等序列 | NE | <> | OUT:= (IN1<>IN2)（不可扩展） |

注：1. 本表显示的所有符号适合在文本类编程语言中作为操作符。

　　2. 用 ST 编程语言给出用法示例和描述。

　　① 当支持采用函数名表示函数时，在符合性语句声明中，可用后缀 n 表示。例如，1n 表示符号"GT"。

　　② 当支持采用符号表示函数时，在符合性语句声明中，可用后缀 s 表示。例如，1s 表示符号">"。

使用比较类函数时注意下列事项：

① IN1，IN2，…，INn 符号表示从上到下顺序的输入，OUT 表示输出的返回值。

② 比较的输入变量应具有相同的数据类型，可以比较数值，也可以比较字符串。

③ NE 函数用于比较两个输入变量的不相等，它是不可扩展的，即只有两个变量进行比较。其他比较类函数都有多个输入变量可选，因此，是可扩展的。

④ 大于比较是递减序列的比较，小于比较是递增序列的比较，大于等于比较是单调序列的比较，小于等于比较也是单调序列的比较。

⑤ 比较函数的符号在文本类编程语言中也作为操作符号使用。

⑥ 可以比较的输入变量个数由实施者规定。

⑦ 两个字符串比较，如果它们的长度不等时，可在短串的右面填充零，然后进行比较运算。因此，字符串的比较应与无符号整数变量的比较具有相同的结果。

⑧ 两个字符串的比较从最高有效位（最左面）开始，逐位向最低有效位（最右面）进行比较。因此，'ABC'比'CBA'小，'AX'比'AGGY'大。字符串比较的不是字符串的长度，而是字符串对应的 ASCII 代码的大小。

（6）字符串函数

字符串函数（Character string function）用于处理输入的字符串，例如，确定字符串的长度、对输入的字符串进行截取。处理后的新字符串作为该函数的返回值。表 1-45 是字符串函数的图形格式和文本格式。

表 1-45　字符串函数的图形格式和文本格式

| 序号 | 描述 | 图形形式 | 文本形式的示例 |
|---|---|---|---|
| 1 | 字符串长度函数<br>确定字符串的长度 | ANY_STRING — LEN — ANY_INT | A :=LEN('WSTRING');<br>等效于 A :=7; |
| 2 | 左截函数<br>截取 IN 的最左面 L 个字符 | LEFT<br>ANY_STRING — IN<br>ANY_INT — L — ANY_STRING | A :=LEFT(IN := 'ASTR', L :=3);<br>等效于 A :='AST'; |
| 3 | 右截函数<br>截取 IN 的最右面 L 个字符 | RIGHT<br>ANY_STRING — IN<br>ANY_INT — L — ANY_STRING | A :=RIGHT(IN := 'STAR', L :=3);<br>等效于 A :='TAR'; |
| 4 | 中截函数<br>截取 IN 的 L 个字符<br>开始于第 P 个字符 | MID<br>ANY_STRING — IN<br>ANY_INT — L<br>ANY_INT — P — ANY_STRING | A :=MID(IN := 'STAR', L :=2,P :=2);<br>等效于 A :='TA'; |
| 5 | 字符串串联扩展函数<br>将字符串串联 | CONCAT<br>ANY_STRING —<br>⋮<br>ANY_STRING — — ANY_STRING | A :=CONCAT('AB', 'CD', 'E');<br>等效于 A := 'ABCDE'; |
| 6 | 插入字符串函数<br>将 IN2 插入 IN1，<br>从 IN1 第 P 字符后面插入 | INSERT<br>ANY_STRING — IN1<br>ANY_STRING — IN2<br>ANY_INT — P — ANY_STRING | A :=INSERT(IN1 := 'ABC', IN2 := 'XY', P :=2);<br>等效于 A := 'ABXYC'; |
| 7 | 删除字符串函数<br>从 IN1 第 P 字符开始，删除 IN1 中的 L 个字符 | DELETE<br>ANY_STRING — IN<br>ANY_INT — L<br>ANY_INT — P — ANY_STRING | A:=DELETE(IN1:= 'ABXYC',L:=2,P:=3);<br>等效于 A:= 'ABC'; |
| 8 | 替代字符串函数<br>从 IN1 的第 P 个字符开始，IN2 替换 IN1 的 L 个字符 | REPLACE<br>ANY_STRING — IN1<br>ANY_STRING — IN2<br>ANY_INT — L<br>ANY_INT — P — ANY_STRING | A:=REPLACE(IN1:= 'ABCDE',IN2:= 'X', L:=2,P:=3);<br>等效于 A:= 'ABXE'; |
| 9 | 寻找字符串函数<br>寻找 IN1 中 IN2 第一次出现的位置，如果未找到，则返回值为=0 | FIND<br>ANY_STRING — IN1<br>ANY_STRING — IN2 — ANY_INT | A :=FIND(IN1 := 'ABBCBCBC', IN2 := 'BC');<br>等效于 A :=3; |

注：表中的示例用 ST 编程语言给出。

使用字符串函数时应注意下列事项：

1）字符串的位置从最左开始编号，依次为 1，2，3，…，L。L 是字符串长度。

2）字符串函数中，用于定位的输入变量应是大于零的整数。其他定位的整数应使运算能够正确进行。如果函数运算结果要存取一个在字符串中不存在的字符位置时，系统就出错。

3）字符串串联扩展函数 CONCAT 是可扩展的，即输入字符串的个数可扩展。CONCAT 函数的所有输入、INSERT、REPLACE 和 FIND 函数的输入 IN2 的数据类型是 ANY_CHARS，即也可以是 CHAR 或 WCHAR 数据类型。

4）最大串的长度由实施者规定。

5）下列情况出现，则出错：

① 表 1-45 中指定为 ANY_INT 的任何输入的实际值小于零。

② 函数的求值结果企图去存取字符串中不存在的字符位置，或生成一个字符串，其长度超出供应商规定的字符串最大长度。

③ 在同一函数中，数据类型 STRING 或 CHAR 和数据类型 WSTRING 或 WCHAR 混杂设置。

（7）日期和持续时间函数

日期和持续时间函数（Date and duration functions）是当数据类型是时间和持续时间数据类型时，有关函数的扩展。IEC 61131-3 第三版扩展了其内容，例如，长持续时间、长日期、长日时和长日期和时间的有关函数。

IEC 61131-3 第三版将时间数据类型的转换函数分类划归到数据类型转换函数中，并进行扩展。

1）日期和持续时间的数值函数。除了比较和选择函数外，表 1-46 中的输入和输出的时间和持续时间的数据类型的组合允许有相关的数值函数。如果这些函数之一的求值结果超出实施者规定的输出数据类型值的范围，则出错。

表 1-46 时间和持续时间数据类型的数值函数

| 序号 | 描述（函数名） | 符号 | IN1 数据类型 | IN2 数据类型 | OUT 数据类型 |
|---|---|---|---|---|---|
| 1a | ADD | + | TIME, LTIME | TIME, LTIME | TIME, LTIME |
| 1b | ADD_TIME | + | TIME | TIME | TIME |
| 1c | ADD_LTIME | + | LTIME | LTIME | LTIME |
| 2a | ADD | + | TOD, LTOD | LTIME | TOD, LTOD |
| 2b | ADD_TOD_TIME | + | TOD | TIME | TOD |
| 2c | ADD_LTOD_LTIME | + | LTOD | LTIME | LTOD |
| 3a | ADD | + | DT, LDT | LTIME | DT, LDT |
| 3b | ADD_DT_TIME | + | DT | TIME | DT |
| 3c | ADD_LDT_LTIME | + | LDT | LTIME | LDT |
| 4a | SUB | − | TIME, LTIME | TIME, LTIME | TIME, LTIME |
| 4b | SUB_TIME | − | TIME | TIME | TIME |
| 4c | SUB_LTIME | − | LTIME | LTIME | LTIME |
| 5a | SUB | − | DATE | DATE | TIME |
| 5b | SUB_DATE_DATE | − | DATE | DATE | TIME |

| 序号 | 描述（函数名） | 符号 | IN1 数据类型 | IN2 数据类型 | OUT 数据类型 |
|---|---|---|---|---|---|
| 5c | SUB_LDATE_LDATE | – | LDATE | LDATE | LTIME |
| 6a | SUB | – | TOD, LTOD | TIME, LTIME | TOD, LTOD |
| 6b | SUB_TIME | – | TOD | TIME | TOD |
| 6c | SUB_LTIME | – | LTOD | LTIME | LTOD |
| 7a | SUB | – | TOD, LTOD | TOD, LTOD | TIME, LTIME |
| 7b | SUB_TOD_TOD | – | TOD | TOD | TIME |
| 7c | SUB_LTOD_LTOD | – | LTOD | LTOD | LTIME |
| 8a | SUB | – | DT, LDT | TIME, LTIME | DT, LDT |
| 8b | SUB_DT_TIME | – | DT | TIME | DT |
| 8c | SUB_LDT_LTIME | – | LDT | LTIME | LDT |
| 9a | SUB | – | DT, LDT | DT, LDT | TIME, LTIME |
| 9b | SUB_DT_DT | – | DT | DT | TIME |
| 9c | SUB_LDT_LDT | – | LDT | LDT | LTIME |
| 10a | MUL | * | TIME, LTIME | ANY_NUM | TIME, LTIME |
| 10b | MUL_TIME | * | TIME | ANY_NUM | TIME |
| 10c | MUL_LTIME | * | LTIME | ANY_NUM | LTIME |
| 11a | DIV | / | TIME, LTIME | ANY_NUM | TIME, LTIME |
| 11b | DIV_TIME | / | TIME | ANY_NUM | TIME |
| 11c | DIV_LTIME | / | LTIME | ANY_NUM | LTIME |

注：这些标准函数支持过载，但只在数据类型 TIME，DT，DATE，TOD 和 LTIME，LDT，LDATE，LTOD 数据类型内支持过载。

【例 1-39】 日期和时间的数值函数示例。

A :=T#35s+T#2h5s; B :=T#1h3s-T#1h18s;

运算结果：A=T#2h40s；B=T# -15s。

由于持续时间的数值允许有负值，因此，运算结果 B 的负值是允许的。

2）附加的日期和时间函数。附加的日期和时间函数包括对日期和时间的组合和分解。表 1-47 和表 1-48 是附加的日期和时间函数图形形式和文本形式。

表 1-47　附加的日期和时间函数 CONCAT 的图形格式和文本格式

| 序号 | 描述 | 图形格式 | 文本格式的示例 |
|---|---|---|---|
| 日期和时间的组合 | | | |
| 1a | CONCAT_DATE_TOD | DATE —— DATE<br>TOD —— TOD<br>（CONCAT_DATE_TOD）—— DT | VAR; myD: DATE; END_VAR<br>myD:= CONCAT_DATE_TOD<br>(D#2015-03-12, TOD#12:30:00); |
| 1b | CONCAT_DATE_LTOD | DATE —— DATE<br>LTOD —— LTOD<br>（CONCAT_DATE_LTOD）—— LDT | VAR; myD: DATE; END_VAR<br>myD:= CONCAT_DATE_LTOD<br>(D#2015-03-12, TOD#12:30:12.123456); |

| 序号 | 描述 | 图形格式 | 文本格式的示例 |
|---|---|---|---|
| 2 | CONCAT_DATE | ANY_INT — YEAR / ANY_INT — MONTH / ANY_INT — DAY (CONCAT_DATE) — DATE | VAR; myD: DATE; END_VAR<br>myD:= CONCAT_DATE (2015,3,12); |
| 3a | CONCAT_TOD | ANY_INT — HOUR / ANY_INT — MINUTE / ANY_INT — SECOND / ANY_INT — MILLISECOND (CONCAT_TOD) — TOD | VAR; myTOD: TOD; END_VAR<br>myTD:= CONCAT_TOD (16,33,12,0); |
| 3b | CONCAT_LTOD | ANY_INT — HOUR / ANY_INT — MINUTE / ANY_INT — SECOND / ANY_INT — MILLISECOND (CONCAT_LTOD) — LTOD | VAR; myTOD: TOD; END_VAR<br>myTD:= CONCAT_LTOD (16,33,12,0); |
| 4a | CONCAT_DT | ANY_INT — YEAR / ANY_INT — MONTH / ANY_INT — DAY / ANY_INT — HOUR / ANY_INT — MINUTE / ANY_INT — SECOND / ANY_INT — MILLISECOND (CONCAT_DT) — DT | VAR; myDT: DT; Day: USINT; END_VAR<br>Day := 17;<br>myDT:= CONCAT_DT (2015,3,Day,12,33,12,0); |
| 4b | CONCAT_LDT | ANY_INT — YEAR / ANY_INT — MONTH / ANY_INT — DAY / ANY_INT — HOUR / ANY_INT — MINUTE / ANY_INT — SECOND / ANY_INT — MILLISECOND (CONCAT_LDT) — LDT | VAR; myDT: DT; Day: USINT; END_VAR<br>Day := 17;<br>myDT:= CONCAT_LDT (2015,3,Day,12,33,12,123456); |

注：1. 实施者规定 ANY_INT 输出所提供的数据类型。

2. 实施者可根据支持的精度定义附加的输入或输出，例如微秒和纳秒。

**表 1-48　附加的日期和时间函数 SPLIT 和一周日期函数的图形格式和文本格式**

| | | 日期和时间的分解 | |
|---|---|---|---|
| 5 | SPLIT_DATE | DATE — IN (SPLIT_DATE) YEAR — ANY_INT / MONTH — ANY_INT / DAY — ANY_INT | VAR; myD: DATE:= DATE#2015-03-12;<br>myYear: UINT; myMonth, myDay:USINT;<br>END_VAR<br>SPLIT_DATE (myD,myYear,myMonth,myDay); |
| 6a | SPLIT_TOD | TOD — IN (SPLIT_TOD) HOUR — ANY_INT / MINUTE — ANY_INT / SECOND — ANY_INT / MILLISECOND — ANY_INT | VAR myTOD: TOD:= TOD#14:12:03;<br>myHour, myMin, mySec: USINT;<br>myMilliSec: UINT;<br>END_VAR<br>SPLIT_TOD(myTOD, myHour, myMin, mySec,myMilliSec); |

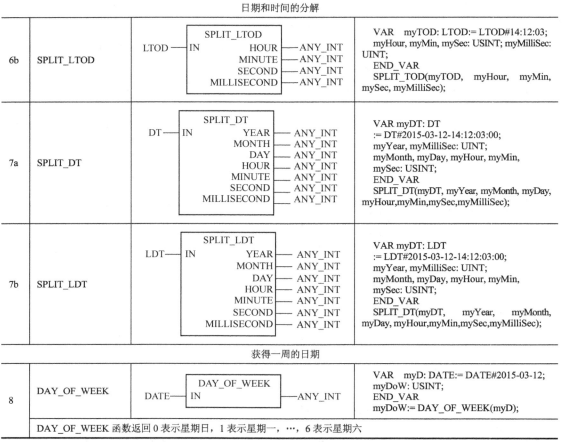

| | | 日期和时间的分解 | |
|---|---|---|---|
| 6b | SPLIT_LTOD | LTOD — IN ┃ SPLIT_LTOD ┃ HOUR — ANY_INT / MINUTE — ANY_INT / SECOND — ANY_INT / MILLISECOND — ANY_INT | VAR myTOD: LTOD:= LTOD#14:12:03; myHour, myMin, mySec: USINT; myMilliSec: UINT; END_VAR SPLIT_TOD(myTOD, myHour, myMin, mySec, myMilliSec); |
| 7a | SPLIT_DT | DT — IN ┃ SPLIT_DT ┃ YEAR — ANY_INT / MONTH — ANY_INT / DAY — ANY_INT / HOUR — ANY_INT / MINUTE — ANY_INT / SECOND — ANY_INT / MILLISECOND — ANY_INT | VAR myDT: DT := DT#2015-03-12-14:12:03:00; myYear, myMilliSec: UINT; myMonth, myDay, myHour, myMin, mySec: USINT; END_VAR SPLIT_DT(myDT, myYear, myMonth, myDay, myHour,myMin,mySec,myMilliSec); |
| 7b | SPLIT_LDT | LDT — IN ┃ SPLIT_LDT ┃ YEAR — ANY_INT / MONTH — ANY_INT / DAY — ANY_INT / HOUR — ANY_INT / MINUTE — ANY_INT / SECOND — ANY_INT / MILLISECOND — ANY_INT | VAR myDT: LDT := LDT#2015-03-12-14:12:03:00; myYear, myMilliSec: UINT; myMonth, myDay, myHour, myMin, mySec: USINT; END_VAR SPLIT_DT(myDT, myYear, myMonth, myDay, myHour,myMin,mySec,myMilliSec); |
| | | 获得一周的日期 | |
| 8 | DAY_OF_WEEK | DATE — IN ┃ DAY_OF_WEEK ┃ — ANY_INT | VAR myD: DATE:= DATE#2015-03-12; myDoW: USINT; END_VAR myDoW:= DAY_OF_WEEK(myD); |
| | DAY_OF_WEEK 函数返回 0 表示星期日，1 表示星期一，…，6 表示星期六 | | |

注：1. 在数据类型中，年的输入是至少 16 位数据类型，这样，才能支持有效的年的数值。
    2. 实施者规定 ANY_INT 输出所提供的数据类型。
    3. 实施者可根据支持的精度定义附加的输入或输出，例如微秒和纳秒。

附加的日期和时间函数是 IEC 61131-3 第三版的扩展。它将第二版的 CONCAT_DATE_TOD 函数扩展为各种日期和时间的组合和分解，并增加了一周日期等函数。

（8）字节序转换函数

字节序转换函数（Functions for endianess conversion）将实施者规定所请求字节序转换到内部 PLC 所用的字节序或从内部 PLC 所用的字节序转换到实施者规定的所请求的字节序。

字节序是在一个较长的数据类型或变量内字节的存储序列。字节序是指多字节数据在计算机内存中存储或者网络传输时各字节的存储顺序。有下列两种不同的存储方式：

1）高端优先（大端存储）的字节序中，数据的数据值放置在存储器的位置，开始是在第一字节的最左面，最后是在字节的最右面，即存储器的最低位地址用于存储数据的最高位数据。

2）低端优先（小端存储）的字节序中，数据的数据值放置在存储器的位置，开始是在

第一字节的最右面，最后是在字节的最左面，即存储器的最低位地址用于存储数据的最低位数据。

独立于高端和低端字节序，对一个数据类型的最右面位，位的偏移是 0 地址。

不同 CPU 上运行不同的操作系统，其字节序不同。例如，x86 系统、MIPS NT、PowerPC NT 等是小端存储，而 HP-UNIX、MIPS UNIX、SPARC UNIX 等是大端存储。

【例 1-40】 字节序示例一。

TYPE D: DWORD:= 16#1234_5678; END_TYPE;

存储器配置：低地址　→　高地址

高端优先的字节序：16#12，16#34，16#56，16#78；

低端优先的字节序：16#78，16#56，16#34，16#12。

【例 1-41】 字节序示例二。

TYPE L: ULINT:= 16#1234_5678_9ABC_DEF0; END_TYPE;

存储器配置：低地址　→　高地址

高端优先的字节序：16#12，16#34，16#56，16#78，16#9A，16#BC，16#DE，16#F0；

低端优先的字节序：16#F0，16#DE，16#BC，16#9A，16#78，16#56，16#34，16#12。

表 1-49 是字节序转换函数的图形格式和文本格式。

表 1-49　字节序转换函数的图形格式和文本格式

| 序号 | 描述 | 图形格式 | 文本格式示例和说明 |
|---|---|---|---|
| 1 | TO_BIG_ENDIAN | ANY — TO_BIG_ENDIAN IN — ANY | 转换到大端存储（高端优先）数据格式<br>A:= TO_BIG_ENDIAN(B); |
| 2 | TO_LITTLE_ENDIAN | ANY — TO_LITTLE_ENDIAN IN — ANY | 转换到小端存储（低端优先）数据格式<br>A:= TO_LITTLE_ENDIAN(B); |
| 3 | FROM_BIG_ENDIAN | ANY — FROM_BIG_ENDIAN IN — ANY | 从大端存储（高端优先）格式转换<br>A:= FROM_BIG_ENDIAN(B); |
| 4 | FROM_LITTLE_ENDIAN | ANY — FROM_LITTLE_ENDIAN IN — ANY | 从小端存储（低端优先）格式转换<br>A:= FROM_LITTLE_ENDIAN(B); |

注：输入和输出侧的数据类型应相同；如果变量已经在所请求的数据类型，则函数不改变该数据的表示。

（9）枚举数据类型的函数

在选择和比较函数中，SEL 和 MUX 的输入变量是 ANY 类型，因此，它适用于用户定义的数据类型。当用于枚举数据时，输入和输出的枚举数据个数应相同。例如，在正常工况，某个变量可用三原色的某种组合显示，在某限值（例如下限）时，该变量以另一种颜色组合显示，用于作为警告信号。当达到另一限值（例如下下限）时，需用第三种颜色的组合显示并报警。这类应用项目就可用枚举变量的三种不同颜色组合作为多路选择器的三个输入变量，并用 K 来选择输出采用哪种颜色组合。K 对应三种不同的工况（用 0、1 和 2 表示）。表 1-50

是能用于枚举类数据类型的选择和比较函数。

表 1-50　枚举数据类型的选择和比较函数

| 序号 | 1 | 2 | 3 | 4 |
|---|---|---|---|---|
| 描述/函数名 | SEL | MUX | EQ | NE |
| 符号 | | | = | <> |
| 对应性能 | 表 1-43 序号 2 | 表 1-43 序号 6 | 表 1-44 序号 3 | 表 1-44 序号 6 |

注：表 1-43 的注 1 和注 2 适用于本表；表 1-43 的注①和②适用于本性能。

枚举数据类型的比较函数有 EQ 和 NE 函数。如果输入变量的枚举数据对应相等，则 EQ 函数的返回值为 1。如果两个输入变量的枚举数据不相等，则 NE 函数的返回值为 1。

（10）验证函数

IEC 61131-3 第三版扩展的验证函数（Validate functions）用于检查给出的输入参数是否包含一个验证的值。

过载验证函数 IS_VALID 用于数据类型 REAL 和 LREAL 的验证。如果实数是非数（NaN）或无穷（+Inf，-Inf），该验证函数的返回值是 FALSE。

过载验证函数 IS_VALID_BCD 用于数据类型 BYTE、WORD、DWORD、LWORD 的验证。如果该值不执行定义的 BCD，该验证函数的返回值是 FALSE。

实施者可以支持验证函数 IS_VALID 带附加数据类型，其扩展结果由实施者规定。

表 1-51 是验证函数的图形格式和文本格式。

表 1-51　验证函数的图形格式和文本格式

| 序号 | 描述 | 图形格式 | 文本格式的示例 |
|---|---|---|---|
| 1 | IS_VALID | ANY_REAL — IN [IS_VALID] BOOL | REAL 的验证：<br>VAR R: REAL; END_VAR<br>IF IS_VALID(R) THEN ... |
| 2 | IS_VALID_BCD | ANY_REAL — IN [IS_VALID_BCD] BOOL | BCD 字的验证测试<br>VAR W: WORD; END_VAR<br>IF IS_VALID_BCD(W) THEN ... |

**5. 用户定义的函数**

用户定义的函数也称为派生函数，它可以是标准函数的组合或调用，也可以是用户根据应用项目的要求编写的函数。可用派生函数编写新的派生函数。作为派生函数，它与标准函数具有相同的特性。

表 1-52 是两个派生函数的示例。

表 1-52　派生函数的示例

| | 温度压力补偿函数 COMPENSATION | 圆面积计算函数 AREA |
|---|---|---|
| 派生函数的要求 | 气体密度随其温度和压力而变化，用本函数对其补偿<br>补偿公式：$COMPENSATION = \dfrac{(T_0 + 273.15)(P + 101.32)}{(P_0 + 101.32)(T + 273.15)}$ | 圆面积 $AREA$ 与圆半径 $R_1$ 之间有关系：$AREA = \pi R_1^2$ |

| 温度压力补偿函数 COMPENSATION | 圆面积计算函数 AREA |
|---|---|
| 派生函数的编写 | 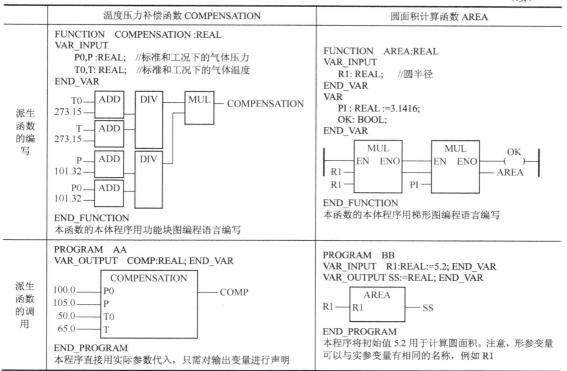 |

```
FUNCTION    COMPENSATION :REAL
VAR_INPUT
    P0,P :REAL;    //标准和工况下的气体压力
    T0,T: REAL;    //标准和工况下的气体温度
END_VAR
```

```
FUNCTION    AREA:REAL
VAR_INPUT
    R1: REAL;    //圆半径
END_VAR
VAR
    PI : REAL :=3.1416;
    OK: BOOL;
END_VAR
```

END_FUNCTION
本函数的本体程序用功能块图编程语言编写

END_FUNCTION
本函数的本体程序用梯形图编程语言编写

派生函数的调用

```
PROGRAM    AA
VAR_OUTPUT    COMP:REAL; END_VAR
```

```
PROGRAM    BB
VAR_INPUT    R1:REAL:=5.2; END_VAR
VAR_OUTPUT SS:=REAL; END_VAR
```

END_PROGRAM
本程序直接用实际参数代入，只需对输出变量进行声明

END_PROGRAM
本程序将初始值 5.2 用于计算圆面积。注意，形参变量可以与实参变量有相同的名称，例如 R1

编写派生函数时注意下列事项：

1）变量声明中变量的数据类型不允许采用一般数据类型。

2）派生函数只允许有一个返回值，IEC 61131-3 第三版规定可没有返回值，但可有多个输出。

3）派生函数中的变量名与实际应用时的实参变量可以同名。

4）派生函数输入变量的排列次序与输入变量声明时的先后次序相同。

【例 1-42】 用派生函数建立新的派生函数。

（1）建立长度函数 LENGTH，用于计算两点之间的距离。

根据两点的坐标确定直线的长度，即建立如下派生函数 LENGTH：

假设两点坐标为 $(X_1, Y_1)$ 和 $(X_2, Y_2)$，则长度计算公式为

$$LENGTH= \sqrt{(X_2 - X_1)^2 + (Y_2 - Y_1)^2} \tag{1-1}$$

派生函数 LENGTH 的程序如下：

```
FUNCTION    LENGTH : REAL
VAR_INPUT
    X1,Y1: REAL;    // 第一点坐标
    X2,Y2 : REAL;    // 第二点坐标
END_VAR
    // LENGTH 函数本体程序（见图 1-21）
END_FUNCTION
```

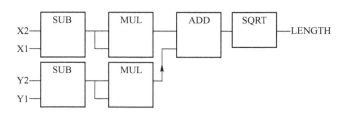

图 1-21 LENGTH 函数的本体程序

（2）建立面积函数 AREA，它通过调用长度函数计算三角形的三条边长，然后，计算三角形面积。

假设三角形三顶点坐标为（$X_1$，$Y_1$）、（$X_2$，$Y_2$）和（$X_3$，$Y_3$），则三角形面积计算公式为

$$AREA=\sqrt{(S-S_1)(S-S_2)(S-S_3)S} \qquad (1\text{-}2)$$

式中，$S$ 是三条边长 $S_1$、$S_2$、$S_3$ 之和的一半，即 $S=(S_1+S_2+S_3)/2$。

派生函数 AREA 的程序如下：

```
FUNCTION AREA: REAL
    VAR_INPUT
        X1,Y1: REAL;        // 第一点坐标
        X2,Y2: REAL;        // 第二点坐标
        X3,Y3 : REAL;       // 第三点坐标
        START : BOOL;       // 计算开始信号
    END_VAR
    VAR
        S,S1,S2,S3: REAL;
    END_VAR
    VAR_TEMP
        TEMP1,TEMP2: REAL;
    END_VAR
//  调用长度函数时采用 EN 和 ENO 属性, 采用 ST 编程语言
S1:=LENGTH(EN:=START, X1:=X1,Y1:=Y1,X2:=X2,Y2:=Y2,ENO=>TEMP1);  // 调用 LENGTH 函数
S2:=LENGTH(EN:=START, X1:=X1,Y1:=Y1,X2:=X3,Y2:=Y3);             // 调用 LENGTH 函数
S3:=LENGTH(EN:=START, X1:=X2,Y1:=Y2,X2:=X3,Y2:=Y3);             // 调用 LENGTH 函数
S:=ADD(EN:=TEMP1,IN1:=S1,IN2:=S2,IN3:=S3,ENO=>TEMP2);          // 调用标准 ADD 过载函数
S:=DIV(EN:=TEMP2,IN1:=S,IN2:=2.0);                             // 调用标准 DIV 函数
AREA:=SQRT(MUL(S,S1,S2,S3));                                   // 计算 AREA 返回值
END_FUNCTION
```

（3）派生函数的调用。

SS:=AREA(0.0,0.0,0.0,1.0,1.0,1.0,START);

当 START=BOOL#1 时，计算结果 SS 是 0.5。

### 1.4.7　功能块

功能块（Function Block，FB）是在执行时能够产生一个或多个值的程序组织单元（POU）。它用于模块化并构建程序的明确定义的部分。功能块概念通过功能块类型和功能块实例实现。

功能块类型可由下列成分组成：

1）划分为输入、输出和内部变量的数据结构的定义。

2）当调用功能块实例时，数据结构的元素执行的一组操作集合。

功能块实例的说明如下：

1）一个功能块类型的多个命名的实例。

2）每个实例有一个相应的标识符（实例名）和一个包含静态输入、输出和内部变量的数据结构。静态变量是在功能块的一次执行到下一次执行时保持其值的变量，因此，用同样的输入参数，功能块实例的调用结果会有不同的输出值，即功能块具有记忆属性。

功能块实例的范围对于在其中已将该功能块实例 POU 应是局部的，除非在全局变量声明段声明是全局的。

标准的功能块实际是某种控制算法或子程序。例如，RS 功能块用于实现复位优先的起保停控制。

与函数类似，POU 的公用性能可以用于功能块。

IEC 61131-3 第三版将功能块扩展到面向对象的功能块，即扩展面向对象的性能集合。因此，面向对象的功能块也是类的一个超集。有关面向对象的功能块内容在下面介绍。

**1. 功能块类型的声明**

可采用与函数类似的方法，对功能块类型（Function block type）进行声明。

功能块类型的声明由表 1-53 所示的部分组成。

1）从关键字 FUNCTION_BLOCK 开始，然后是需声明的功能块名的特定标识符。

2）其后是功能块内变量的声明段和功能块实体程序部分。功能块实体程序是一组操作的集合。

3）用 END_FUNCTION_BLOCK 结束，即功能块类型的声明格式如下：

**FUNCTION_BLOCK　功能块名**
**功能块类型内变量的声明段**
**功能块本体程序**
**END_FUNCTION_BLOCK**

表 1-53　功能块类型的声明

| 序号 | 描　述 | | 示　例 |
| --- | --- | --- | --- |
| 1 | 功能块的声明 | FUNCTION_BLOCK<br>...<br>END_FUNCTION_BLOCK | FUNCTION_BLOCK　myFB<br>...<br>END_FUNCTION_BLOCK |
| 2a | 输入变量的声明 | VAR_INPUT ... END_VAR | VAR_INPUT IN: BOOL; T1: TIME; END_VAR |
| 2b | 输出变量的声明 | VAR_OUTPUT ... END_VAR | VAR_OUTPUT OUT: BOOL; ET_OFF: TIME; END_VAR |
| 2c | 输入-输出变量的声明 | VAR_IN_OUT ... END_VAR | VAR_IN_OUT A: INT; END_VAR |
| 2d | 暂存变量的声明 | VAR_TEMP ... END_VAR | VAR_TEMP I: INT; END_VAR |
| 2e | 静态变量的声明 | VAR ... END_VAR | VAR B: REAL; END_VAR |
| 2f | 外部变量的声明 | VAR_EXTERNAL ... END_VAR | VAR_EXTERNAL B: REAL; END_VAR 对应 VAR_GLOBAL B: REAL |
| 2g | 外部常量的声明 | VAR_EXTERNAL CONSTANT ... END_VAR | VAR_EXTERNAL CONSTANT B: REAL; END_VAR 对应 VAR_GLOBAL B: REAL |

| 序号 | 描　述 | 示　例 |
|---|---|---|
| 3a | 输入变量初始化 | VAR_INPUT MN: INT:= 0; |
| 3b | 输出变量初始化 | VAR_OUTPUT RES: INT:= 1; |
| 3c | 静态变量初始化 | VAR B: REAL:= 12.1; |
| 3d | 暂存变量初始化 | VAR_TEMP I: INT:= 1; |
| － | EN/ENO 输入和输出 | 见表 1-26 定义 |
| 4a | 输入变量的 RETAIN 限定符 | VAR_INPUT RETAIN X: REAL; END_VAR |
| 4b | 输出变量的 RETAIN 限定符 | VAR_OUTPUT RETAIN X: REAL; END_VAR |
| 4c | 输入变量的 NON_RETAIN 限定符 | VAR_INPUT NON_RETAIN X: REAL; END_VAR |
| 4d | 输出变量的 NON_RETAIN 限定符 | VAR_OUTPUT NON_RETAIN X: REAL; END_VAR |
| 4e | 静态变量的 RETAIN 限定符 | VAR RETAIN X: REAL; END_VAR |
| 4f | 静态变量的 NON_RETAIN 限定符 | VAR NON_RETAIN X: REAL; END_VAR |
| 5a | 就地功能块实例的 RETAIN 限定符 | VAR RETAIN TMR1: TON; END_VAR |
| 5b | 就地功能块实例的 NON_RETAIN 限定符 | VAR NON_RETAIN TMR1: TON; END_VAR |
| 6a | 上升沿边沿输入的文本声明 | FUNCTION_BLOCK AND_EDGE<br>　VAR_INPUT X: BOOL R_EDGE; Y: BOOL F_EDGE;<br>END_VAR |
| 6b | 下降沿边沿输入的文本声明 | 　VAR_OUTPUT Z: BOOL; END_VAR<br>Z:= X AND Y;　// ST 编程语言示例<br>END_FUNCTION_BLOCK |
| 7a | 上升沿边沿输入的图形声明 | FUNCTION_BLOCK　//外部界面<br> |
| 7b | 下降沿边沿输入的图形声明 | //功能块实体程序<br><br>END_FUNCTION_BLOCK |

注：本表的性能 1～3 与表 1-29 的函数等效。

**2. 功能块变量的声明**

功能块类型中变量声明时应注意下列事项：

1）如果需要，VAR_INPUT、VAR_OUTPUT 和 VAR_IN_OUT 变量声明段应规定其变量名和类型。

2）VAR_EXTERNAL 声明的变量，其值可从功能块内部修改。但 VAR_EXTERNAL CONSTANT 声明段声明的变量，其值不能从功能块内部修改。

3）与函数声明类似，可变长度数组变量可作为 VAR_INPUT、VAR_OUTPUT 和 VAR_IN_OUT 变量使用。

4）与函数的声明类似，EN/ENO 输入和输出可像输入和输出变量一样进行声明。

5）与函数的声明类似，输入、输出和静态变量可被初始化。

功能块类型中变量声明有下列不同于函数的特殊性能：

1）VAR…END_VAR 结构和 VAR_TEMP…END_VAR 结构一样，作为内部变量使用。如

果需要，规定功能块内部变量的名称和类型。与函数比较，在功能块类型的 VAR…END_VAR 声明段声明的变量是静态变量。

2）VAR…END_VAR 变量段声明的变量，可声明其存取属性 PUBLIC（公用）或 PRIVATE（私用），默认的存取是 PRIVATE。公用属性可用类似存取功能块输出的语法，从功能块外部存取。

3）RETAIN 和 NON_RETAIN 属性可用于作为功能块输入、输出和内部变量，见表 1-53 序号 4 和 5。

4）文本格式声明时，变量的 R_EDGE 和 F_EDGE 属性用于表示对布尔输入变量的边沿检测函数，它是 R_TRIG 和 F_TRIG 边沿检测功能块的隐式声明，用于使功能块执行所需边沿检测，见表 1-53 的序号 6。

5）图形格式声明时，上升沿和下降沿边沿检测属性是用"greater than"或">"和"less than"或"<"字符在功能块的边沿线表示，见表 1-53 序号 7。

6）星号"*"被用于一个功能块中内部待定变量的声明，见表 1-20 序号 11。

7）标准功能块可以过载，也可以具有可扩展的输入和输出。功能块具有记忆功能。

8）若标准功能块输入和输出的数据类型声明中使用一般数据类型，则该功能块类型输出的实际数据类型的推断规则是功能块类型定义的一部分。以文本格式调用该功能块时，对变量输出赋值应直接在调用语句中给出（使用=>操作符）。

9）在功能块内，允许使用 VAR、VAR_INPUT、VAR_IN_OUT、VAR_OUTPUT、VAR_EXTERNAL 变量，不允许使用 VAR_GLOBAL、VAR_ACCESS 等变量。

10）除了 VAR_TEMP 声明段外，其他功能块、类和面向对象功能块的实例可在所有变量段声明。

11）功能块类型内声明的功能块实例名不能以相同名称作为同一命名空间的函数名，以避免模棱两可。

表 1-54 是功能块变量声明的应用示例。

表 1-54　功能块变量声明的应用示例

| 变量声明 | 应用示例 |
|---|---|
| 内部变量的限定符 RETAIN | VAR  RETAIN<br>　A: REAL;　　　// 内部变量 A 是掉电保持变量<br>END_VAR |
| 内部变量的限定符 NON_RETAIN | VAR  NON_RETAIN<br>　A: REAL;　　　// 内部变量 A 是掉电不保持变量<br>END_VAR |
| 输出变量的限定符 RETAIN | VAR_OUTPUT  RETAIN<br>　Y: REAL;　　　// 输出变量 Y 是掉电保持变量<br>END_VAR |
| 输出变量的限定符 NON_RETAIN | VAR_OUTPUT  NON_RETAIN<br>　Y: REAL;　　　// 输出变量 Y 是掉电不保持变量<br>END_VAR |
| 输入变量的限定符 RETAIN | VAR_INPUT  RETAIN<br>　X: REAL;　　　// 输入变量 X 是掉电保持变量<br>END_VAR |

(续)

| 变量声明 | 应用示例 |
|---|---|
| 输入变量的限定符 NON_RETAIN | VAR_INPUT NON_RETAIN<br>  X: REAL ;　　// 输入变量 X 是掉电不保持变量<br>END_VAR |
| 内部功能块的限定符 RETAIN | VAR RETAIN<br>  TMR1: TON ;　　// 功能块实例 TMR1 是掉电保持变量<br>END_VAR |
| 内部功能块的限定符 NON_RETAIN | VAR NON_RETAIN<br>  TMR1: TON ;　　// 功能块实例 TMR1 是掉电不保持变量<br>END_VAR |
| VAR_IN_OUT 声明 | VAR_IN_OUT<br>  IO: INT ;　　// 声明 IO 变量名作为输入-输出变量<br>END_VAR |
| 功能块实例名作为 INPUT 变量 | VAR_INPUT<br>  TMR1: TON ;　　// 声明功能块 TON 的实例名 TMR1 作为输入变量<br>END_VAR<br>　　　　┌─ INSIDE_A ─┐<br>TON ─┤ TMR1　　EXPIRED ├─ BOOL<br>　　　└───────────┘ |
| 功能块实例名作为 VAR_IN_OUT 变量 | VAR_IN_OUT<br>  TMR2: TOF ;　　// 声明功能块 TOF 的实例名 TMR2 作为输入-输出变量<br>END_VAR<br>　　　　┌── INSIDE_B ──┐<br>TOF ─┤ TMR2 ------ TMR2 ├─ TOF<br>BOOL ─┤ TMR1_GO　EXPIRED ├─ BOOL<br>　　　└──────────────┘ |
| 功能块实例名作为外部变量 | VAR_EXTERNAL<br>  EX_TMR: TON ;<br>// 声明功能块 TON 的实例名 EX_TMR 作为外部变量<br>END_VAR<br>　　　　　　EX_TMR<br>　　　　┌─ TON ─┐<br>TMR_GO ─┤IN　　Q├─ EXPIRED<br>　　　　│PT　ET│<br>　　　　└───────┘ |
| 上升沿和下降沿输入的声明 | VAR_INPUT<br>  X: BOOL R_EDGE ;　　// 输入变量 X 是具有上升沿边沿检测属性的变量<br>  Y: BOOL F_EDGE ;　　// 输入变量 Y 是具有下降沿边沿检测属性的变量<br>END_VAR<br>VAR_OUTPUT Z :BOOL; END_VAR<br>　　　　┌─ AND_EDGE ─┐<br>BOOL ─>│X　　　Z├─ BOOL<br>BOOL ─<│Y　　　　├<br>　　　└────────────┘ |

功能块中变量名和赋值的注意事项如下：

1）一般不允许对功能块输出变量赋值。只有当输入变量作为功能块的调用部分时，才允许对功能块输入变量赋值。

2）为确保功能块不依赖于硬件，在功能块变量声明时，不允许将具有固定赋值的 PLC 硬件地址变量（即直接表示变量，例如%IX1.1、%IW4、%QM25）作为局部变量，但在 VAR_EXTERNAL 变量中可使用 PLC 硬件地址变量作为全局变量。功能块中不允许对 VAR_ACCESS 变量类型或 VAR_GLOBAL 变量的存取路径进行声明，但可用 VAR_EXTERNAL 变量间接存取路径来存取全局变量。

3）功能块实例中的一些输出变量（形式参数）可以不被连接到其他变量。它表示这些输出是用户不需要了解的。功能块实例的输入变量不赋值或不连接表示将保持它们的初始值或最近调用的值。

4）功能块可调用函数和功能块，当调用功能块时，采用功能块实例，因此，可将该功能块实例名作为该功能块的变量名来声明。

5）只能用功能块、程序的 POU 接口，将参数和外部数据传递到功能块实例。

6）经 VAR_IN_OUT 或 VAR_EXTERNAL 结构传递功能块实例名，能够在功能块内调用。函数或功能块输出不能用这种结构传递，因此，它能防止这些输出被无意中修改。

7）功能块内部可使用 EN 和 ENO 附加属性，EN 和 ENO 可在功能块中使用任一个、或两者或都不使用。附加的 EN 和 ENO 属性用于控制执行过程的进行与否。使能输入和使能输出的应用原则与函数的使能输入和使能输出的应用原则相同。

**3. 功能块实例的声明**

功能块实例用类似结构变量的描述的方法进行声明。

当一个功能块实例被声明时，输入、输出或功能块实例中公用变量的初始值在如表 1-55 序号 2 所示的功能块类型标识符（实例名）和赋值符后的圆括号内声明。

未在上述初始化列表内声明初始值的元素具有功能块声明中这些元素声明的默认初始值，见表 1-55 中的序号 1。

表 1-55　功能块实例声明的示例

| 序号 | 描 述 | 示 例 |
|---|---|---|
| 1 | 功能块实例的声明 | VAR<br>　　FB_instance_1, FB_instance_2: my FB_Type;<br>　　T1, T2, T3: TON;<br>END_VAR |
| 2 | 带变量初始值的功能块实例的声明 | VAR<br>　　TempLoop: PID:= (PropBand:= 2.5, Integral:= T#5s);<br>END_VAR |

函数和功能块实例的区别如下：

1）函数的调用只有一个结果。

2）调用一个函数的结果可被用作表达式或赋值语句中的值，但不能被用作赋值操作的目标。

3）函数不具有以前历次调用作用的专用存储区，因此，每次相同输入的函数调用有相同结果。

4）函数名的范围，如函数类型范围是全局的，而功能块实例名地方范围是局部的。

**4. 功能块的调用**

一个功能块实例的调用可用文本格式或图形格式。功能块调用的性能（包括格式和非格式调用）类似于带下列扩展函数的性能：

1）功能块的文本格式调用由功能块实例名和参数列表组成。

2）图形格式调用时，功能块的实例名位于功能块框外的上面。

3）一个功能块实例的输入变量和输出变量被存储和表示为结构数据类型的元素。因此，一个功能块的输入的赋值和输出的存取可以是：

① 直接来自功能块调用。

② 从调用中分离，这些分离的赋值在该功能块下次调用时有效。

③ 功能块未被赋值或未连接的输入保持它们初始值，或如果有的话，来自最近的一次调用所得到的值。

一个输入-输出变量或者一个功能块实例（作为另一功能块实例的输入变量）可能有未被指定的实际参数。但是，一个被存储的有效值应被提供给该实例。例如，功能块（本体）或方法调用前，通过初始化或格式调用获得，否则将导致运行错误。

功能块调用遵循下列规则：

1）当 EN=0 时，如果调用一个功能块实例，则实施者应规定是否在实例中需设置输入和输入-输出变量。

2）如果在 VAR_INPUT 声明中功能块实例名被声明为输入变量，则该功能块实例名可用于作为一个功能块实例的输入变量。如果在 VAR_IN_OUT 声明中功能块实例名被声明为输入-输出变量，则该功能块实例名作为一个功能块实例的输入-输出变量。

3）不同功能块实例的输出值，它的名称可通过 VAR_INPUT、VAR_IN_OUT 或 VAR_EXTERNAL 结构传递到功能块，则它们就可被存取，但不能从功能块内部被修改。

4）功能块实例名通过 VAR_IN_OUT 或 VAR_EXTERNAL 结构传递到功能块，则它能够从功能块内部进行调用。

5）只有变量或功能块实例名能够通过 VAR_IN_OUT 结构传递到功能块。VAR_IN_OUT 结构允许串联连接。

功能块实例化是编程人员在功能块声明段用指定功能块名和相应的功能块类型来建立功能块的过程。功能块本体（或实体）程序中的变量称为形式参数或形参。具体应用时，要用实际参数（称为实际参数或实参）代替形式参数，才能调用该功能块执行，该过程是功能块的实例化。

功能块实例的外部只有输入和输出变量是可存取的。功能块的内部变量对用户来说是隐含的。因此，一个功能模块实例是保持在由功能模块类型定义的结构中特定数据类型的集合。它是一个数据结构，并有一个在功能模块类型内被定义的有关算法。

表 1-56 是功能块实例调用的示例。

表 1-56 功能块实例调用的示例

| 序号 | 描 述 | | 示 例 |
| --- | --- | --- | --- |
| 1 | 完整格式调用（仅文本格式）被使用，调用中如果 EN/ENO 是必要的，可如示例添加 | | YourCTU( EN:= not B,<br>CU:=r,<br>PV:= c1,<br>ENO=> next,<br>Q => out,<br>CV => c2); |
| 2 | 不完整格式调用（仅文本格式） | | YourCTU( Q => out, CV => c2);<br>/*EN, CU, PV 变量将有最近调用值或初始值，如果在其前未调用*/ |
| 3 | 图形格式调用 | 文本格式调用：<br>YourCTU( EN:= B,<br>CU:= r,　PV:= c1,<br>ENO=> next,　Q => out,<br>CV => c2); | |

| 序号 | 描 述 | | 示 例 |
|---|---|---|---|
| 4 | 图形格式调用<br>（带反相输入和输出） | 文本格式调用:<br>YourCTU( EN:= NOT B,<br>CU:= r,  PV:= c1,<br>ENO=> next,  NOT Q => out,<br>CV => c2); | |
| 5a | 图形格式调用<br>（带 VAR_IN_OUT） | FUNCTION_BLOCK ACCUM<br> VAR_IN_OUT  A:  INT;<br>END_VAR<br> VAR_INPUT  X:  INT;<br>END_VAR<br> A:= A+X;<br> END_FUNCTION_BLOCK<br> VAR  ACC:  INT;  X1,  X2:<br>INT;END_VAR | |
| 5b | 带 VAR_IN_OUT 的赋值给变量的图形格式调用 | | |
| 6a | 文本调用<br>带分级的输入赋值 | FB_Instance.Input:= x; | YourTon.IN:= r;<br>YourTon.PT:= t;<br>YourTon(not Q => out); |
| 6b | 图形调用<br>带分级的输入赋值 | VAR<br>R,C,NexT,Out: BOOL;<br>YourCTU:CTU;<br>END_VAR;<br>YourCTU.CU:=R;<br>YoutCTU.PV:=C;<br>YourCTU(ENO => Next);<br>YourCTU(NOT Q => Out); | |
| 7 | 功能块调用后,文本输出的读取<br>x:=<br>FB_Instance.Output; | VAR FF75:SR; END_VAR;<br>FF75(S1:=bIn1, R:=Bin2);<br>bOut3:=FF75.Q1; | |
| 8a | 功能块调用时对文本输出赋值 | | |
| 8b | 功能块调用时对文本输出赋值并取反 | | |
| 9a | 功能块实例名作为输入变量的文本格式调用 | | VAR_INPUT I_TMR: TON; END_VAR<br>EXPIRED:= I_TMR.Q;<br>/*假设 EXPIRED 和 A_VAR 已经在序号 9～序号 11<br>中声明为 BOOL 类型*/ |
| 9b | 功能块实例名作为输入变量的图形格式调用 | | I_TMR 是功能块 TON 的实例名,它作为 INSIDE_A<br>的输入变量<br>FUNCTION_BLOCK  INSIDE_A<br>//外部界面<br><br>//功能块本体程序<br><br>END_FUNCTION_BLOCK |
| 10a | 功能块实例名作为输入-输出变量的文本格式调用 | | VAR_IN_OUT IO_TMR: TOF; END_VAR<br>IO_TMR (IN:=A_VAR, PT:= T#10S);<br>EXPIRED:= IO_TMR.Q; |

| 序号 | 描　　述 | 示　　例 |
|---|---|---|
| 10b | 功能块实例名作为输入-输出变量的图形格式调用 | IO_TMR 是功能块 TON 的实例名，它作为 INSIDE_B 的输入-输出变量<br>FUNCTION_BLOCK　INSIDE_B<br>// 外部界面<br><br>//功能块本体程序<br><br>END_FUNCTION_BLOCK |
| 11a | 功能块实例名作为外部变量的文本格式调用 | VAR_EXTERNAL EX_TMR: TOF; END_VAR<br>EX_TMR(IN:= A_VAR, PT:=T#10S);<br>EXPIRED:= EX_TMR.Q; |
| 11b | 功能块实例名作为外部变量的图形格式调用，与序号 11c 配套使用 | FUNCTION_BLOCK　INSIDE_C<br>//外部界面<br><br>VAR_EXTERNAL　EX_TMR: TON；　END_VAR;<br>//功能块本体<br><br>END_FUNCTION_BLOCK |
| 11c | 功能块实例名作为全局变量的图形格式调用，与序号 11b 配套使用 | FUNCTION_BLOCK　EXAMPLE_C<br>//外部界面<br><br>VAR_GLOBAL　X_TMR: TON；　END_VAR<br>//功能块本体<br><br>END_FUNCTION_BLOCK |
| 12 | 使用实例数组的功能块调用 | VAR<br>　TONs: array [0..100] OF TON;<br>　i: INT;<br>END_VAR<br>TONs[12](IN:= bIn1, PT:= T#10ms);<br>TONs[i](IN:= bIn1, PT:= T#20ms);<br> |
| 13 | 使用实例作为结构元素的功能块调用 | TYPE Cooler:<br>　STRUCT<br>　　Temp: INT;<br>　　Cooling: TOF;<br>　END_STRUCT;<br>END_TYPE<br>VAR myCooler: Cooler;END_VAR<br>myCooler.Cooling(IN:= bIn1, PT:= T#30s);<br> |

**5. 功能块调用时输入和输出变量的用法**

功能块的输入和输入-输出变量赋值后，这些数值必须在该功能块实例的下一次调用时才有效。表 1-57 是功能块调用时输入和输出参数的用法。图 1-22 是功能块调用时输入、输出变量用法的图形描述。

表 1-57　功能块调用时输入和输出变量的用法

| 功能块声明和功能块内部变量声明 | FUNCTION_BLOCK FB_TYPE;<br>　　VAR_INPUT In: REAL; END_VAR;<br>　　VAR_OUTPUT Out: REAL; END_VAR;<br>　　VAR_IN_OUT In_out: REAL; END_VAR;<br>　　VAR M: REAL; END_VAR;<br>END_FUNCTION-BLOCK<br>VAR<br>　　FB_INST: FB_TYPE;<br>　　A, B, C: REAL;<br>END_VAR; | |
|---|---|---|
| 用法 | 功能块内部 | 功能块外部 |
| 1　读输入变量 | M:= In; | 不允许　~~A:= In;~~　见注 1 和注 2 |
| 2　输入变量赋值 | 不允许 ~~In:= M;~~　见注 1 | FB_INST(In:= A);　// 调用直接变量赋值<br>FB_INST.In:= A;　// 分别赋值（见注） |
| 3　读输出变量 | M:= Out; | FB_INST(Out => B);　// 调用直接变量赋值<br>B:= FB_INST.Out;　// 分别赋值 |
| 4　输出变量赋值 | Out:= M; | 不允许 ~~FB_INST.Out:= B;~~　见注 1 |
| 5　读输入-输出变量 | M:= In_out; | 不允许 ~~FB_INST(In_out=> C);~~<br>不允许 ~~C:= FB_INST.In_out;~~ |
| 6　输入-输出变量的赋值 | In_out:= M; 见注 3 | FB_INST(In_out:= C);　// 调用直接变量赋值<br>不允许 ~~FB_INST.In_out:= C~~ |

注：1. 本表列出的这些不允许用法可能导致实施者规定的不可预知的副作用。
　　2. 一个功能块输入、输出参数和内部变量的读和写（赋值）可以通过 IEC 61131-1 定义的"通信功能"、"操作员界面功能"或"编程、测试和监视功能"执行。
　　3. 功能块在输入-输出变量声明段声明的一个变量允许被修改。

图 1-22 中，×表示不允许的操作。它在表 1-57 中用删除线表示。

功能块调用时输入和输入-输出变量的赋值，应注意下列不允许的赋值情况：

1）不允许将功能块的输入参数赋值给其连接的外部变量，见图中 1b。

2）不允许将功能块内部存储的数据赋值给功能块的输入参数，见图中 2a。

3）不允许将外部变量赋值给功能块的输出参数，见图中 4b。

4）不允许将外部变量赋值给功能块的输入-输出变量，见图中 5b。

5）不允许将功能块的输入-输出变量赋值给外部的输入变量，见图中 6b。

IEC 61131-3 第三版扩展了功能块实例名的使用，功能块实例名可作为参数和外部变量使用，而这是上述规则所不允许的。

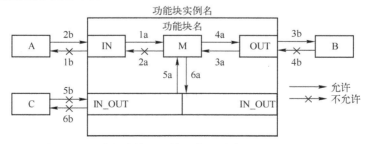

图 1-22　功能块输入、输出变量用法（规则的说明）

### 6. 标准功能块

标准功能块是为 PLC 常见编程语言定义的公共功能块。实施者可以提供额外的标准功能块，例如，PID 控制功能块等。

标准功能块可以过载，也可以具有可扩展的输入和输出。IEC 61131-3 第三版增加了标准功能块的输入-输出参数的长变量名的定义，例如 RESET1、SET1 等；删除了计数器功能块的长变量名，例如 LOAD、RESET 等，见下述。

（1）双稳元素功能块

双稳元素（Bitstable element）功能块有两个稳态，根据两个输入变量都为 1 时，输出稳态值的不同可分为置位优先（SR）和复位优先（RS）两类。表 1-58 显示双稳元素功能块的图形格式、文字格式和功能块本体结构。图 1-23 是双稳元素功能块的信号时序图。

表 1-58　标准双稳元素功能块的性能

| 序号 | 描述/图形格式 | 功能块本体 | 文本格式 |
|---|---|---|---|
| 1a | 双稳元素功能块（置位优先）：SR(S1,R,Q1) | | FUNCTION_BLOCK　SR<br>　VAR_INPUT S1,R : BOOL;END_VAR;<br>　VAR_OUTPUT Q1 :BOOL;END_VAR;<br>　Q1 :=S1　OR　(NOT R AND Q1);<br>END_FUNCTION_BLOCK |
| 1b | 采用长变量输入名的双稳元素功能块（置位优先）：SR(SET1, RESET, Q1) | | FUNCTION_BLOCK　SR<br>　VAR_INPUT SET1,RESET : BOOL;END_VAR;<br>　VAR_OUTPUT Q1 :BOOL;END_VAR;<br>　Q1 :=SET1　OR　(NOT RESET AND Q1);<br>END_FUNCTION_BLOCK |
| 2a | 双稳元素功能块（复位优先）：RS(S, R1, Q1) | | FUNCTION_BLOCK　RS<br>　VAR_INPUT S,R1 : BOOL;END_VAR;<br>　VAR_OUTPUT Q1:BOOL; END_VAR;<br>　Q1 := NOT R1　AND (S OR Q1);<br>END_FUNCTION_BLOCK |
| 2b | 采用长变量输入名的双稳元素功能块（复位优先）：RS(SET, RESET1, Q1) | | FUNCTION_BLOCK　RS<br>　VAR_INPUT SET,RESET1 : BOOL;END_VAR;<br>　VAR_OUTPUT Q1:BOOL; END_VAR;<br>　Q1 := NOT RESET1　AND (SET OR Q1);<br>END_FUNCTION_BLOCK |

注：输出变量 Q1 的初始状态是布尔变量的正常默认的零值。

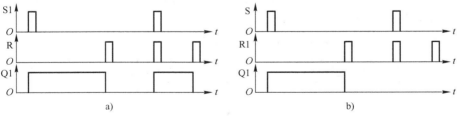

图 1-23　双稳元素功能块的信号时序图

a) 置位优先　b) 复位优先

使用双稳元素功能块时注意下列事项：

96

1）双稳元素功能块有两个输入变量，S 是置位端，R 是复位端。双稳元素功能块类型名中，S 在前表示置位优先，即 SR 表示置位优先双稳元素功能块。R 在前表示复位优先，即 RS 表示复位优先双稳元素功能块。同样，输入变量名中，添加 1 表示该变量是优先的。因此，S1 表示置位优先的 S 端，R1 表示复位优先的 R 端。IEC 61131-3 第三版提供了长变量输入名，则 S 写为 SET，R 写为 RESET。双稳元素功能块输出变量均为 Q1。

2）当两个输入变量都为 1 时，双稳元素功能块的输出 Q1 为 1，称为置位优先。当两个输入变量都为 1 时，双稳元素功能块的输出 Q1 为 0，称为复位优先。

3）与常规的梯形图程序比较。双稳元素功能块的两个输入变量都是常开触点，常规梯形图程序的启动信号是常开触点，停止信号是常闭触点。双稳元素功能块对应的梯形图程序如图 1-24 所示。

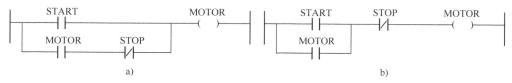

图 1-24　双稳元素功能块对应的梯形图程序

a）SR 功能块对应的梯形图程序　b）RS 功能块对应的梯形图程序

4）双稳元素功能块具有记忆功能。例如，对 RS 功能块，当输入变量 S 从 1 变到 0 后，输出能够对功能块的状态记忆，其输出 Q1 变到 1，并能够保持到输入变量 R1 为 1，一旦 R1 从 1 变回到 0，输出 Q1 仍能够保持其输出为 0。

5）根据标准规定，双稳元素功能块输入变量和输出变量的数据类型是布尔数据类型，只能用于单台电动机等设备的起保停控制。当用于多个电动机等设备控制时，需要编写用户功能块。梯形图程序可方便地将输入和输出变量设置为字节、字等数据类型，实现多台设备的控制，简化程序。

（2）边沿检测功能块

标准的上升沿边沿和下降沿边沿检测（Edge detection）功能块的图形表示见表 1-59。

表 1-59　标准边沿检测功能块的图形格式和文本格式

| 序号 | 描述/图形格式 | 功能块本体 | 定义（ST 编程语言） |
| --- | --- | --- | --- |
| 1 | 上升沿边沿检测：R_TRIG(CLK, Q)　 BOOL —CLK〔R_TRIG〕Q— BOOL | CLK —〔& 〕Q　M —o　CLK —〔:=〕M | FUNCTION_BLOCK R_TRIG　VAR_INPUT CLK: BOOL; END_VAR　VAR_OUTPUT Q: BOOL; END_VAR　VAR M: BOOL; END_VAR　Q:= CLK AND NOT M;　M:= CLK;　END_FUNCTION_BLOCK |
| 2 | 下降沿边沿检测：F_TRIG(CLK, Q)　 BOOL —CLK〔R_TRIG〕Q— BOOL | CLK —o〔& 〕Q　M —o　CLK —o〔:=〕M | FUNCTION_BLOCK F_TRIG　VAR_INPUT CLK: BOOL; END_VAR　VAR_OUTPUT Q: BOOL; END_VAR　VAR M: BOOL; END_VAR　Q:= NOT CLK AND NOT M;　M:= CLK;　END_FUNCTION_BLOCK |

注：在第一次执行"冷启动"后，当 R_TRIG 类型的实例输入 CLK 被连接到 BOOL#1，它的输出 Q 将保持在 BOOL#1，当其所有后续的顺序执行中，Q 保持在 BOOL#0。这同样适用于 F_TRIG 实例，在它的 CLK 输入被连接或断开连接到 FALSE 时。

使用边沿检测功能块时应注意下列事项：

1）边沿检测功能块对输入变量的变化灵敏，因此，常用于检测输入变量的跳变。

2）上升沿边沿检测 R_TRIG 功能块的输出 Q 应随 CLK 输入从 0 到 1 的转换，在功能块的这次执行到下一次执行期间保持布尔值为 1，在下一次执行时返回到 0。

3）下降沿边沿检测 F_TRIG 功能块的 Q 输出应随 CLK 输入从 1 到 0 的转换，在功能块的这次执行到下一次执行期间保持布尔值为 1，在下一次执行时返回到 0。

边沿检测功能块输出脉冲信号的持续时间是一个扫描周期。图 1-25 是边沿检测功能块的信号波形。

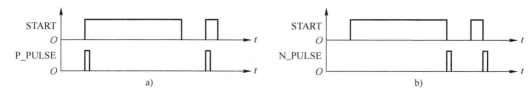

图 1-25　边沿检测功能块的信号时序图

a) R_TRIG 功能块信号波形　b) F_TRIG 功能块信号波形

4）边沿检测功能块也可设置输入变量的边沿检测属性实现，见表 1-54 序号 13。

5）冷启动的第一次执行时，如果 R_TRIG 实例的 CLK 输入信号为 1 或 F_TRIG 实例的 CLK 输入信号为 0 时，则对 CLK 输入信号的边沿进行检测。

（3）计数器功能块

计数器（Counter）功能块用于对输入信号脉冲进行计数。根据计数的方向分为加计数器、减计数器和加减计数器等三类。计数器有五个要素，即计数脉冲输入 CU 或 CD、计数设定值 PV、复位信号 R 或 LD、当前计数值 CV 和计数到的输出信号 Q（或 QU 和 QD）。IEC 61131-3 第三版取消长输入变量名 LOAD 和 RESET。

标准计数器功能块的图形格式和文本格式见表 1-60。

表 1-60　标准计数器功能块的图形格式和文本格式

| 序号 | 功能块 | 图形格式 | 文本格式 |
|---|---|---|---|
| 加计数器 CTU | | | |
| 1a | 标准型 | CTU<br>BOOL —>CU　Q— BOOL<br>BOOL —R<br>INT —PV　CV— INT | FUNCTION_BLOCK CTU　/*其他型根据设定值数据类型 */<br>　VAR_INPUT<br>　　CU: BOOL R_EDGE;<br>　　// 根据 R_EDGE 数据类型在内部求值<br>　　R: BOOL；<br>　　PV：INT；// PV 根据过载属性改变<br>　END_VAR<br>　VAR_OUTPUT |
| 1b | 双整数型 | CTU_DINT<br>BOOL —>CU　Q— BOOL<br>BOOL —R<br>DINT —PV　CV— DINT | 　　Q: BOOL;<br>　　CV：INT；　　// CV 根据过载属性改变<br>　END_VAR<br>　VAR |
| 1c | 长整数型 | CTU_LINT<br>BOOL —>CU　Q— BOOL<br>BOOL —R<br>LINT —PV　CV— LINT | 　　PVmax：INT；// PVmax 根据过载属性改变<br>　END_VAR<br>　IF RTHEN CV:= 0;<br>　　ELSIF CU AND (CV < PVmax)<br>　　THEN CV:=CV+1; |

| 序号 | 功能块 | 图形格式 | 文本格式 |
|---|---|---|---|
| 1d | 无符号双整数型 | CTU_UDINT<br>BOOL — >CU   Q — BOOL<br>BOOL — R<br>UDINT — PV   CV — UDINT | END_IF;<br>Q:= (CV >= PV);<br>END_FUNCTION_BLOCK<br>// 根据不同过载属性，改变 PV、CV 和 PVmax 的数据类型<br>// 标准型包括 CTU 或 CTU_INT |
| 1e | 无符号长整数型 | CTU_ULINT<br>BOOL — >CU   Q — BOOL<br>BOOL — R<br>ULINT — PV   CV — ULINT | |
| 减计数器 CTD | | | |
| 2a | 标准型 | CTD<br>BOOL — >CD   Q — BOOL<br>BOOL — LD<br>INT — PV   CV — INT | FUNCTION_BLOCK CTD     /*其他型根据设定值数据类型 */<br>　VAR_INPUT<br>　　CD : BOOL R_EDGE;<br>　　// 根据 R_EDGE 数据类型在内部求值<br>　　LD: BOOL ;<br>　　PV : INT ;   // PV 根据过载属性改变<br>　END_VAR |
| 2b | 双整数型 | CTD_DINT<br>BOOL — >CD   Q — BOOL<br>BOOL — LD<br>DINT — PV   CV — DINT | 　VAR_OUTPUT<br>　　Q: BOOL;<br>　　CV : INT ;          // CV 根据过载属性改变<br>　END_VAR<br>　VAR<br>　　PVmin : INT;   // PVmin 根据过载属性改变 |
| 2c | 长整数型 | CTD_LINT<br>BOOL — >CD   Q — BOOL<br>BOOL — LD<br>LINT — PV   CV — LINT | 　END_VAR<br>　IF LD THEN CV :=PV;<br>　　ELSIF CD AND (CV > PVmin)<br>　　THEN CV := CV −1; |
| 2d | 无符号双整数型 | CTD_UDINT<br>BOOL — >CD   Q — BOOL<br>BOOL — LD<br>UDINT — PV   CV — UDINT | 　END_IF;<br>　Q := (CV <= 0) ;<br>END_FUNCTION_BLOCK<br>// 根据不同过载属性，改变 PV、CV 和 PVmin 的数据类型 |
| 2e | 无符号长整数型 | CTD_ULINT<br>BOOL — >CD   Q — BOOL<br>BOOL — LD<br>ULINT — PV   CV — ULINT | // 标准型包括 CTD 或 CTD_INT |
| 加减计数器 CTUD | | | |
| 3a | 标准型 | CTUD<br>BOOL — >CU   QU — BOOL<br>BOOL — >CD   QD — BOOL<br>BOOL — R<br>BOOL — LD<br>INT — PV   CV — INT | FUNCTION_BLOCK CTUD     /*其他型根据设定值数据类型 */<br>　VAR_INPUT<br>　　CU : BOOL R_EDGE;<br>　　// 根据 R_EDGE 数据类型在内部求值<br>　　CD : BOOL R_EDGE;<br>　　// 边沿检测根据 R_EDGE 数据类型在内部求值<br>　　R, LD: BOOL ;<br>　　PV : INT ;   // PV 根据过载属性改变<br>　END_VAR |
| 3b | 双整数型 | CTUD_DINT<br>BOOL — >CU   QU — BOOL<br>BOOL — >CD   QD — BOOL<br>BOOL — R<br>BOOL — LD<br>DINT — PV   CV — DINT | 　VAR_OUTPUT<br>　　QU, QD: BOOL;<br>　　CV : INT ;                    // CV 根据过载属性改变<br>　END_VAR<br>　VAR<br>　　PVmax, PVmin : INT;<br>　　// PVmax 和 PVmin 根据过载属性改变 |
| 3c | 长整数型 | CTUD_LINT<br>BOOL — >CU   QU — BOOL<br>BOOL — >CD   QD — BOOL<br>BOOL — R<br>BOOL — LD<br>LINT — PV   CV — LINT | 　END_VAR<br>　IF R THEN CV :=0;   ELSIF LD THEN CV :=PV;<br>　　ELSIF NOT (CU AND CD) THEN<br>　　IF CU AND (CV < PVmax) THEN CV :=CV+1;<br>　　　ELSIF CD AND (CV>PVmin) THEN CV :=CV−1;<br>　　END_IF;<br>　END_IF; |

（续）

| 序号 | 功能块 | 图形格式 | 文本格式 |
|---|---|---|---|
| 3d | 无符号双整数型 | CTUD_UDINT<br>BOOL—>CU   QU—BOOL<br>BOOL—>CD   QD—BOOL<br>BOOL—R<br>BOOL—LD<br>DLINT—PV   CV—DLINT | QU := (CV >= PV) ;<br>QD := (CV <= 0) ;<br>END_FUNCTION_BLOCK<br>/*根据不同过载属性，改变 PV、CV 和 PVmin、PVmin 的数据类型*/<br>// 标准型包括 CTUD 或 CTUD_INT |
| 3e | 无符号长整数型 | CTUD_ULINT<br>BOOL—>CU   QU—BOOL<br>BOOL—>CD   QD—BOOL<br>BOOL—R<br>BOOL—LD<br>ULINT—PV   CV—ULINT | |

图 1-26 是计数器的信号时序图。需指出，图中的 CV 信号是阶梯信号线，不是直线。

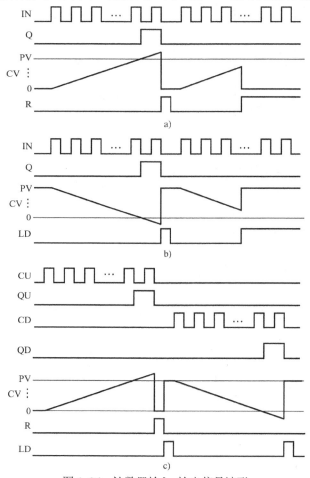

图 1-26  计数器输入-输出信号波形

a) 加计数器的输入-输出信号时序图   b) 减计数器输入-输出信号时序图   c) 加减计数器输入-输出信号时序图

　　加计数器有三个输入变量和两个输出变量。输入变量 CU 是上升沿触发的计数脉冲，它是边沿触发的脉冲信号，图形格式表示中，可在矩形框该形式参数 CU 旁用"＞"表示是上升沿触发脉冲信号。复位输入 R 用于将加计数器的计数值恢复到零。加计数器的计数设定值由输入变量 PV 送入。每次计数脉冲上升沿，加计数器将计数值加 1，当计数值 CV 大于或等于

*100*

设定值 PV 时，加计数器输出 Q 被置 1。加计数器的当前计数值由 CV 输出。

减计数器的工作原理与加计数器类似，三个输入变量中，输入变量 CD 是上升沿触发的计数脉冲信号，计数器的设定值由 PV 输入变量送入。复位输入 LD 用于将减计数器的当前计数值恢复到计数设定值 PV。每次计数脉冲上升沿，减计数器将当前计数值 CV 减 1，当 CV 小于或等于零时，减计数器的输出 Q 被置 1。减计数器的当前计数值由 CV 输出。

加减计数器有 5 个输入变量和 3 个输出变量。输入变量 CU 是加计数的脉冲信号，输入变量 CD 是减计数的脉冲信号。复位变量 R 用于将加减计数器的当前计数值 CV 置为 0，复位变量 LD 用于将加减计数器的当前计数值 CV 置为 PV。每次 CU 计数脉冲的上升沿使 CV 加 1，每次 CD 计数脉冲的上升沿使 CV 减 1。如果计数值 CV 大于或等于 PV，则输出变量 QU 被置 1；如果计数值 CV 小于或等于零，则输出变量 QD 被置 1。

使用计数器功能块时应注意下列事项：

1）计数器功能块的过载属性是对标准型计数器计数设定值 PV 数据类型的扩展。当 PV 变量数据类型是 DINT，且当前计数值的数据类型是 DINT 时，该计数器扩展成为双整数 DINT，相应的计数器功能块应在原计数器功能块名后添加 "_DINT"。计数器功能块的过载属性可使计数器计数范围大大扩展，并简化程序。CV 和 PV 有相同的数据类型。

2）计数器触发的脉冲信号都是上升沿触发脉冲。上升沿触发脉冲信号变量的附加属性是 R_EDGE，在变量声明段应予声明。例如，标准型加计数器的输入变量应声明如下：

```
VAR_INPUT
    CU :BOOL    R_EDGE;
    R :BOOL;
    PV: INT;
END_VAR;
```

3）加计数器、减计数器和加减计数器的当前计数值都是输出变量 CV。设定的计数值都是 PV 输入。

4）计数器功能块的文本格式中，PVmax 和 PVmin 的值是实施者规定的。实际应用时，通常，PVmax 大于设定值 PV，PVmin 小于 0。

（4）定时器功能块

标准定时器（Timers）功能块的图形格式见表 1-61。

表 1-61　标准定时器功能块的图形格式

| 序号 | | 描述 | ***用符号 | 图形格式 |
|---|---|---|---|---|
| 1a | TP | 脉冲定时器，过载 | TP | |
| 1b | | 脉冲定时器，用 TIME 数据类型作为设定 | TP_TIME | |
| 1c | | 脉冲定时器，用 LTIME 数据类型作为设定 | TP_LTIME | |
| 2a | TON | 接通延时定时器，过载 | TON | |
| 2b | | 接通延时定时器，用 TIME 数据类型作为设定 | TON_TIME | |
| 2c | | 接通延时定时器，用 LTIME 数据类型作为设定 | TON_LTIME | |
| 2d[①] | | 接通延时定时器，过载（图形） | T---0 | |
| 3a | TOF | 断开延时定时器，过载 | TOF | |
| 3b | | 断开延时定时器，用 TIME 数据类型作为设定 | TOF_TIME | |
| 3c | | 断开延时定时器，用 LTIME 数据类型作为设定 | TOF_LTIME | |
| 3d[①] | | 断开延时定时器，过载（图形） | 0---T | |

图形格式说明：
```
            * * *
BOOL ── IN      Q ── BOOL
TIME ── PT     ET ── TIME
```
IN：输入（启动）
PT[②]：预设时间，根据其过载属性确定其数据类型
Q：输出
ET：已计时间

① 在文本编程语言中，性能 2d 和 3d 不能使用。

② 在定时操作过程中，PT 输入值的改变，例如，PT 设置到 T#0S 用于对一个 TP 实例复位操作所造成的影响，是实施者规定的。

IEC 61131-3 第三版规定标准定时器功能块可用 TIME 或 LTIME 实现过载，或在标准定时器的基本数据类型规定为 TIME 或 LTIME 实现过载。

1）接通延迟定时器 TON 输入-输出信号的时序图如图 1-27 所示。ET 是当前的计时时间。

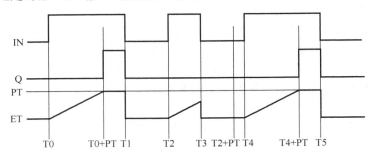

图 1-27　接通延迟定时器的时序图

接通延迟定时器的工作过程如下：当输入变量 IN 为 1，定时器开始计时，当前计时值 ET 作为定时器功能块的输出。当前计时时间 ET 等于由输入变量 PT 输入的计时设定值时，定时器功能块才有输出 Q 为 1。当 IN 为 0 时，输出 Q 也回到 0。如果在计时过程中（未达到计时设定值 PT）输入 IN 回到 0，则当前计时值 ET 也回到 0。

2）断开延迟定时器 TOF 输入-输出信号的时序图如图 1-28 所示。

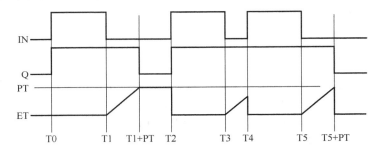

图 1-28　断开延迟定时器的时序图

断开延迟定时器的工作过程如下：当输入变量 IN 为 1，定时器输出 Q 立刻为 1，当输入变量 IN 回到 0，定时器开始计时，当前计时时间 ET 作为定时器功能块的输出。当计时时间 ET 等于由输入变量 PT 输入的计时设定值时，定时器功能块才使输出 Q 为 0。如在计时过程中（未到计时设定值 PT）输入 IN 变到 1，则当前计时值 ET 回 0。

3）定时脉冲定时器 TP 输入-输出信号的时序图如图 1-29 所示。

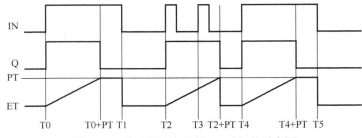

图 1-29　定时脉冲定时器 TP 功能的时序图

定时脉冲定时器的工作过程如下：当输入 IN 变为 1 时，定时器输出立刻为 1，同时，定时器开始计时，当前计时时间 ET 等于设定时间 PT 时，定时器输出回到 0，即定时器输出 Q 的脉冲宽度等于设定时间 PT。如果计时过程中输入 IN 回 0，或输入 IN 又为 1，不影响计时过程的进行，即计时过程仍继续（如图中的 T3），直到计时时间到后，输出 Q 才回 0。

使用定时器功能块时应注意下列事项：

1）定时器的当前计时值由输出 ET 输出。ET 和 PT 有相同的数据类型。

2）定时器计时过程中，改变计时设定值 PT，定时器行为由实施者规定。

3）定时器的计时开始时间是输入 IN 的上升沿，但不是脉冲，因此，图形格式中，IN 前没有 ">" 符号。

### 7. 用户定义的功能块

用户定义的功能块也称为派生功能块或衍生功能块。它是用户根据应用项目的要求，用标准功能块和标准函数组合或调用导出的功能块。也可以用派生函数和派生功能块编写新的派生功能块。

与标准功能块比较，派生功能块可以不具有记忆功能，即相同输入变量可以有相同输出。它相当于多个函数的组合。

编写派生功能块时应注意下列事项：

1）派生功能块变量声明中变量的数据类型不允许采用一般数据类型。

2）派生功能块输入-输出变量（形参）的数据类型和实际连接的实参数据类型应一致。

3）派生功能块中的输出可以根据应用要求不连接有关变量。

4）派生功能块中变量的排列次序与变量声明时的先后次序相同。

【例 1-43】 建立派生功能块 PID，用于作为过程控制器。

在控制系统中，常采用 PID 控制算法实现控制规律。理想 PID 控制器输出为

$$u(k) = K_p \left( e(k) + \frac{1}{T_i} \sum_i^k e(i)T_s + T_d \frac{e(k) - e(k-1)}{T_s} \right) + u(0) \qquad (1-3)$$

式中，$e$ 是偏差；$T_s$ 是采样周期；$K_p$ 是增益；$T_i$ 是积分时间；$T_d$ 是微分时间；$u$ 是控制输出。

理想微分输出是脉冲信号，本示例采用理想微分。

PID 功能块仅表示 PID 控制运算，没有对积分饱和和手自动无扰动切换提供相应手段。可以看到，功能块调用有关函数的计算，例如逻辑比较、选择和类型转换等函数。PID 功能块声明如下：

```
FUNCTION_BLOCK   PID
VAR_INPUT
    AUTO : BOOL;        // 0：手动，1：自动
    PV : REAL;          // 过程变量
    SP : REAL;          // 设定
    X0 : REAL;          // 手动输出
    KP : REAL;          // 控制器比例增益
    TI : REAL;          // 控制器积分时间
    TD : REAL;          // 控制器微分时间
    TS : TIME;          // 采样周期
END_VAR
```

```
VAR_OUTPUT
    OUT : REAL;            // 控制器输出
END_VAR
VAR
    X1,X2,X3: REAL;       // 最近的三个偏差
    ERR : REAL;           // 偏差
    OUTI : REAL;          // 积分控制输出
    OUTD : REAL;          // 微分控制输出
    TSR ： REAL;          // 采样周期的实数表示
END_VAR
//  PID 功能块的本体程序见图 1-30
END_FUNCTION_BLOCK
```

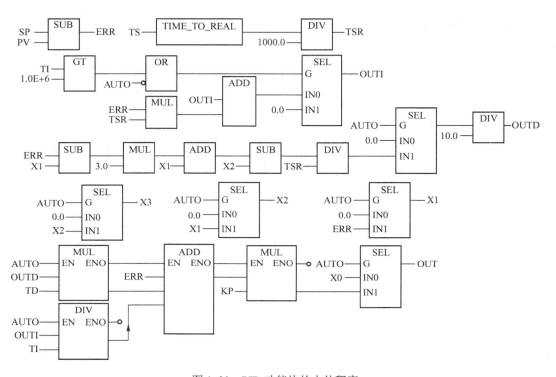

图 1-30  PID 功能块的本体程序

功能块变量包括手动和自动开关 AUTO、过程测量信号 PV、设定信号 SP、手动输出 X0、控制器功能块增益 KP、积分时间 TI、微分时间 TD 和采样时间 TS。其中，积分和微分时间是用实数表示的以毫秒为单位的时间值。采样时间 TS 采用时间数据类型，应根据被控过程的时间常数设置。ERR 是控制器功能块偏差信号，等于设定 SP 减去测量 PV。OUTI 和 OUTD 分别是偏差积分控制输出和偏差微分控制输出。

功能块体中，用 X1 表示上一采样时刻的偏差 ERR，并用简单差分项近似其微分。

PID 功能块控制算法规则如下：

① 在手动模式时，如果积分时间大于 $10^6$，认为没有积分作用，因此，积分输出 OUTI 被设置为零，控制器输出等于手动输出 X0。

② 自动模式时，积分输出为偏差的积分。其中，偏差 ERR=SP-PV。积分输出用增量式表示为

$$OUTI=OUTI+ERR*TSR \qquad (1-4)$$

式中，采样周期 TS 用实数数据类型 TSR，需将采样周期时间数据类型转换为实数数据类型，因此，程序中用 TIME_TO_REAL 转换函数。一些软件不提供直接的转换函数，也可用间接转换，例如，用 TIME_TO_DINT 函数和 DINT_TO_REAL 函数串联连接。示例中将采样周期的实数值存放在 TSR 变量内。由于时间数据类型转换为实数数据类型时，以毫秒为基准，因此，转换后，将实数数据除以 1000.0，转换为秒。

③ 自动模式时，微分输出为偏差的微分。因此，程序中用下式计算：

$$OUTD=(3.0*(ERR-X3)+X1-X2)/10.0/TSR \qquad (1-5)$$

式中，X1、X2 和 X3 是前几次的偏差值。因此，微分输出 OUTD 计算后，需将 X2 作为上次的偏差 X3，X1 作为上次的 X2，而当前偏差值作为上次的偏差值赋给 X1，用于下次微分计算。

④ 自动模式下，PID 功能块的输出 OUT 可按下式计算：

$$OUT=KP*(ERR+OUTI/TI+OUTD*TD) \qquad (1-6)$$

建立的派生功能块 PID 可用于生产过程的控制。例如，图 1-31 是用于温度控制系统时的程序。其中，TIC_121 是该 PID 功能块的实例名。它的测量信号来自 TI_121，即来自 PLC 的模拟量输入模块的输出信号（实数数据类型）。其输出信号送 TV_121，即作为 PLC 模拟量输出模块的输入信号。其他变量的数据，例如比例增益 KP、积分时间 TI 和微分时间 TD、采样周期 TS 等来自人机界面有关数据库。

PID 功能块本体程序中，有反馈变量 OUTI，第一次运算时，应取其初始值，即系统的默认初始值 0.0。

图 1-32 是 PID 控制器在阶跃偏差信号输入下的输出响应曲线。

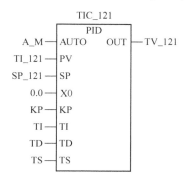

图 1-31　PID 功能块的调用

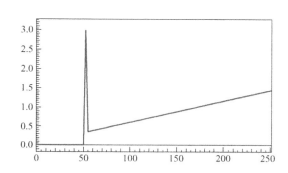

图 1-32　派生功能块 PID 在阶跃偏差下的输出响应曲线

## 1.4.8　程序

根据 IEC 61131-1，程序（Program）被定义为"所有可编程语言元素和结构的一个逻辑组合，它们对于由 PLC 系统控制机器或过程所要求的信号处理是必需的"。函数和功能块用于构成用户子程序，程序用于构成用户主程序，因此，程序被认为是全局的。

## 1. 程序声明

程序的声明和使用方法是与功能块基本相同，但有表 1-62 所示的附加性能和下列的差别。

表 1-62  程序的声明

| 序号 | 描述 | | 示例 |
|---|---|---|---|
| 1 | 程序声明 | PROGRAM ... END_PROGRAM | PROGRAM myPrg ... END_PROGRAM |
| 2a | 输入变量声明 | VAR_INPUT ... END_VAR | VAR_INPUT IN: BOOL; T1: TIME; END_VAR |
| 2b | 输出变量声明 | VAR_OUTPUT ... END_VAR | VAR_OUTPUT OUT: BOOL; ET_OFF: TIME; END_VAR |
| 2c | 输入-输出变量声明 | VAR_IN_OUT ... END_VAR | VAR_IN_OUT A: INT; END_VAR |
| 2d | 暂存变量声明 | VAR_TEMP ... END_VAR | VAR_TEMP I: INT; END_VAR |
| 2e | 静态变量声明 | VAR ... END_VAR | VAR B: REAL; END_VAR |
| 2f | 外部变量声明 | VAR_EXTERNAL ... END_VAR | VAR_EXTERNAL B: REAL; END_VAR 对应于 VAR_GLOBAL B: REAL |
| 2g | 外部常量声明 | VAR_EXTERNAL CONSTANT ... END_VAR | VAR_EXTERNAL CONSTANT B: REAL; END_VAR 对应于 VAR_GLOBAL B: REAL |
| 3a | 输入变量初始化 | | VAR_INPUT MN: INT:= 0; END_VAR |
| 3b | 输出变量初始化 | | VAR_OUTPUT RES: INT:= 1; END_VAR |
| 3c | 静态变量初始化 | | VAR B: REAL:= 12.1; END_VAR |
| 3d | 暂存变量初始化 | | VAR_TEMP I: INT:= 1; END_VAR |
| 4a | RETAIN 限定符在输入变量的声明 | | VAR_INPUT RETAIN X: REAL; END_VAR |
| 4b | RETAIN 限定符在输出变量的声明 | | VAR_OUTPUT RETAIN X: REAL; END_VAR |
| 4c | NON_RETAIN 限定符在输入变量的声明 | | VAR_INPUT NON_RETAIN X: REAL; END_VAR |
| 4d | NON_RETAIN 限定符在输出变量的声明 | | VAR_OUTPUT NON_RETAIN X: REAL; END_VAR |
| 4e | RETAIN 限定符在内部（静态）变量的声明 | | VAR RETAIN X: REAL; END_VAR |
| 4f | NON_RETAIN 限定符在内部（静态）变量的声明 | | VAR NON_RETAIN X: REAL; END_VAR |
| 5a | RETAIN 限定符在就地功能块实例的声明 | | VAR RETAIN TMR1: TON; END_VAR |
| 5b | NON_RETAIN 限定符在就地功能块实例的声明 | | VAR NON_RETAIN TMR1: TON; END_VAR |
| 6a | 上升沿边沿输入的文本声明 | | PROGRAM AND_EDGE<br>  VAR_INPUT<br>    X: BOOL R_EDGE;<br>    Y: BOOL F_EDGE;<br>  END_VAR |
| 6b | 下降沿边沿输入的文本声明 | | VAR_OUTPUT Z: BOOL; END_VAR<br>Z:= X AND Y; /* ST 编程语言示例 */<br>END_PROGRAM |
| 7a | 上升沿边沿输入（>）的图形声明 | | PROGRAM<br>(* 外部界面 *)<br> |
| 7b | 下降沿边沿输入（<）的图形声明 | | (* 程序本体 *)<br><br>END_PROGRAM |

106

| 序号 | 描　述 | | 示　例 |
|---|---|---|---|
| | | | |
| 8a | 程序内全局变量的声明 | VAR_GLOBAL...END_VAR | VAR_GLOBAL z1: BYTE; END_VAR |
| 8b | 程序内全局常量的声明 | VAR_GLOBAL CONSTANT...END_VAR | VAR_GLOBAL CONSTANT z2: BYTE; END_VAR |
| 9 | 程序内存取路径的声明 | VAR_ACCESS...END_VAR | VAR_ACCESS<br>　　ABLE: STATION_1.%IX1.1: BOOL READ_ONLY;<br>　　BAKER: STATION_1.P1.x2: UINT READ_WRITE;<br>END_VAR |

注：性能 2a～7b 等效于表 1-53 功能块的同样性能。

程序声明时的注意事项如下：

1）程序声明段的组成如下：

> **PROGRAM　程序名**
> **　程序变量声明段**　/*对程序中所使用的所有变量进行声明，设置变量的数据类型和用户初始值*/
> **　程序本体程序**
> **END_PROGRAM**

2）上述各种变量类型都允许在程序中使用。

3）程序图形格式与函数或功能块图形格式类似。

**2. 程序性能**

除了具有功能块的性能外，程序还具有下列性能：

1）程序可对 VAR_ACCESS 和 VAR_GLOBAL 变量进行声明及存取。而功能块不能对这些变量进行声明和存取。程序可包含一个 VAR_ACCESS...END_VAR 结构。它提供特定已命名变量的方法，能够经 IEC 61131-5 规定的通信方法进行存取。存取路径与程序内的每个输入、输出或内部变量有关。

2）可对 VAR_GLOBAL 和 VAR_EXTERNAL 变量添加 CONSTANT 属性，将这些变量限定为常量。

3）一个程序可包含地址的配置。允许声明存取 PLC 物理地址的直接表示变量，直接表示的地址配置仅用于程序中内部变量的声明。

4）程序不能由其他 POU 显式调用。但程序可与配置中的一个任务结合，使程序实例化，形成运行期程序，并可由资源调用。

5）程序仅在资源中实例化。程序的实例只需将程序与一个任务结合。而功能块仅能在程序或其他功能块中实例化。

6）程序可以调用函数和功能块，功能块可以调用函数和功能块，函数只能调用函数。表 1-63 是函数、功能块和程序的性能比较。

7）IEC 61131-3 明确规定 POU 不能直接或间接调用其自身，即 POU 不能调用由相同类型和/或相同名称的 POU 实例。这样做可以保护程序，防止造成程序的出错。但在一般计算机编程语言中，这种递归调用是允许的。

表 1-63 函数、功能块和程序的性能比较

| 性能 | 函数 | 功能块 | 程序 |
|---|---|---|---|
| 允许使用 VAR | 是 | 是 | 是 |
| 允许使用 VAR_INPUT | 是 | 是 | 是 |
| 允许使用 VAR_OUTPUT | 是（IEC 61131-3 第三版） | 是 | 是 |
| 允许使用 VAR_IN_OUT | 是（IEC 61131-3 第三版） | 是 | 是 |
| 允许使用 VAR_EXTERNAL | 否 | 是 | 是 |
| 允许使用 VAR_GLOBAL | 否 | 否 | 是 |
| 允许使用 VAR_ACCESS | 否 | 否 | 是 |
| 函数值 | 是 | 否 | 否 |
| 函数调用 | 是 | 是 | 是 |
| 功能块调用 | 否 | 是 | 是 |
| 程序调用 | 否 | 否 | 否 |
| 递归调用 | 否 | 否 | 否 |
| 间接功能块调用 | 否 | 是 | 是 |
| 过载和可扩展性① | 是 | 否 | 否 |
| 边沿检测的可能性 | 否 | 是 | 是 |
| 局部和输出变量的保持功能 | 否 | 是 | 是 |
| 直接表示变量的声明② | 否 | 否 | 是 |
| 局部变量的声明 | 是 | 是 | 是 |
| 功能块实例的声明 | 否 | 是 | 是 |

① 用于标准函数。

② 仅用于具有 VAR_EXTERNAL 的功能块。

## 1.4.9 类

面向对象的编程语言，例如 C#、C++、Java 和 UML 等，采用术语"类"和"对象"。在面向对象的 PLC 可编程语言 IEC 61131-3 第三版中也采用类似的术语。面向对象的类是功能块的特例，功能块从基类继承。

类是用于面向对象编程的 POU。一个类包括基本的变量和方法。一个类在它的方法被调用或它的变量被存取前需要实例化。类的本质是类型，而不是数据，因此，它不存放在内存中，不能被直接操作，只能实例化为对象后才能变得可操作。

类是具有相同属性和行为的一组对象的集合。类是对象的模板，类的实例是对象。它是将不同类型的数据和与这些数据相关的操作封装在一起的集合体。类中的数据具有隐藏性，类还具有封装性。类用于确定一类对象的行为。这些行为是通过类的内部数据结构和相关的操作来确定。行为通过一种操作接口来描述。用户只关心接口的功能（即类的各个成员函数的功能），操作接口是该类对象向其他对象所提供的服务。

类具有下列概念：

1）一个数据结构的定义，它分为公用和内部变量。

2）对该数据结构元素操作的方法。

3）由方法（算法）和数据结构组成。数据结构用于描述类的属性，方法用于描述类的行

为和服务。

4）方法原型和实施界面的接口。

5）接口和类继承。

6）类的实例化。

**1. 类的声明**

（1）类的声明

类的声明格式如下：

> **CLASS** 类名和修饰符
> 类的变量声明和方法的声明。
> **END_CLASS**

【例1-44】 类的声明。

```
CLASS   CCounter              // 类名为 CCounter
    VAR                       // 内部变量声明段
        m_iCurrentValue: INT;   // Default = 0
        m_bCountUp: BOOL:=TRUE;
    END_VAR
    VAR   PUBLIC              // 内部变量声明段，属性为 PUBLIC
        m_iUpperLimit: INT:=+10000;
        m_iLowerLimit: INT:=-10000;
    END_VAR
    METHOD Count             // 类的方法，方法名为 Count，只有方法本体程序，不含变量声明段
        IF (m_bCountUp AND m_iCurrentValue<m_iUpperLimit) THEN
            m_iCurrentValue:= m_iCurrentValue+1;
        END_IF;
        IF (NOT m_bCountUp AND m_iCurrentValue>m_iLowerLimit) THEN
            m_iCurrentValue:= m_iCurrentValue-1;
        END_IF;
    END_METHOD
    METHOD SetDirecion        // 类的方法，方法名为 SetDirecion，含变量声明段
        VAR_INPUT
            bCountUp: BOOL;
        END_VAR
        m_bCountUp:=bCountUp;  // 方法 SetDirection 的本体程序
    END_METHOD
END_CLASS
```

（2）类的变量声明

类变量声明时的注意事项如下：

1）与功能块类似，VAR_EXTERNAL 声明段所声明的变量值可在类的内部修改，而 VAR_EXTERNAL CONSTANT 声明段所声明的变量值不能在类的内部修改。

2）如果需要，用 VAR…END_VAR 声明段来声明类的变量名和类型。类的变量可初始化。

3）RETAIN 和 NON_RETAIN 限定符用于类的内部变量。

4）VAR 声明段声明的静态变量可以具有公用（PUBLIC）属性。在类的外部，一个公用（PUBLIC）属性的变量可用存取功能块输出相同的语法进行存取。

5）变量段声明的变量可具有 PUBLIC、PRIVATE、INTERNAL 或 PROTECTED 存取属性。系统默认的存取属性是 PROTECTED。

6）一个类可支持其他类的继承来扩展一个基本类。一个类可实施一个或多个接口。

7）其他功能块、类和面向对象的功能块的实例能够在 VAR 和 VAR_EXTERNAL 变量段内声明。

8）表 1-20 序号 11 描述的星号"*"可用于一个类的内部变量的声明。

9）一个类内声明的类的实例不能用相同的名称作为（相同命名空间的）函数名，以防止相互混淆。

类与功能块的区别如下：

1）类用 CLASS...END_CLASS 结构声明，功能块用 FUNCTION_BLOCK...END_FUNCTION_BLOCK 结构声明。

2）类的变量只在 VAR 段声明，不允许在 VAR_INPUT、VAR_OUTPUT、VAR_IN_OUT、VAR_TEMP 段声明。

3）类没有本体，一个类可只定义方法。

4）不可能调用一个类的实例，但类的方法可以被调用。

（3）类的性能

表 1-64 显示类的性能。

表 1-64　类的性能

| 序号 | 描述，关键字 | | 说　　明 | |
|---|---|---|---|---|
| | | | 类的声明 | |
| 1 | CLASS ...类名<br>...<br>END_CLASS | | 类声明段结构 | CLASS .CCounter<br>....<br>END_CLASS |
| 1a | FINAL 符号 | | 类不能用于作为基本类 | |
| | | | 变量声明 | |
| 2a | 变量声明 | VAR　　...<br>END_VAR | VAR B: REAL; END_VAR | |
| 2b | 变量初始化 | | VAR B: REAL:= 12.1; END_VAR | |
| 3a | 内部变量的 RETAIN 限定符 | | VAR RETAIN X: REAL; END_VAR | |
| 3b | 内部变量的 NON_RETAIN 限定符 | | VAR NON_RETAIN X: REAL; END_VAR | |
| 4a | 类声明中的外部变量 VAR_EXTERNAL 声明 | | 见表 1-53 序号 2f 的等效示例 | |
| 4b | 类声明中的外部常量 VAR_EXTERNAL CONATSANT 声明 | | 见表 1-53 序号 2g 的等效示例 | |
| | | | 方法和调用属性符号 | |
| 5 | METHOD...方法名<br>...<br>END_METHOD | | 方法声明段结构 | METHOD　Count<br>....<br>END_METHOD |
| 5a | PUBLIC 符号(公有属性) | | 可从任何地方调用方法 | METHOD　PUBLIC　PUB1<br>.... |

| 序号 | 描述，关键字 | 说　明 | |
|---|---|---|---|
| 5b | PRIVATE 符号（私有属性） | 只能从定义 POU 内部调用方法 | METHOD　PRIVATE　PRI1 …. |
| 5c | INTERNAL 符号（内部属性） | 只能从同样的命名空间内部调用方法 | METHOD　INTERNAL　INTE1 |
| 5d | PROTECTED 符号（保护属性）［默认属性］ | 只能从定义 POU 和它派生（默认）内部调用方法 | METHOD　[PROTECTED]　PROT1 …. |
| 5e | FINAL 符号 | 方法不能被覆盖 | METHOD　FINAL　FIN1 …. |
| 继承 | | | |
| 6 | EXTENDS | 从类继承的类（注意：不能从功能块继承） | CLASS C1 EXTENDS CBASE …. |
| 7 | OVERRIDE | 方法覆盖基本方法，见动态域名绑定 | METHOD OVERRIDE M2 |
| 8 | ABSTRACT | 抽象类：至少一种方法是抽象的 抽象方法：这种方法是抽象的 | CLASS ABSTRACT A1…. METHOD PUBLIC ABSTRACT M1…. |
| 存取调用 | | | |
| 9a | THIS | 引用自己类实例的方法 | DAYTIME := THIS.UP(); |
| 9b | SUPER | 存取引用基本类实例中的方法 | SUPER.NIGHTTIME(); |
| 变量存取符号 | | | |
| 10a | PUBLIC 符号 | 可从任何地方存取变量 | VAR PUBLIC　MV1:INT; END_VAR |
| 10b | PRIVATE 符号 | 只能从定义 POU 内部存取变量 | VAR PRIVATE　MV2:INT; END_VAR |
| 10c | INTERNAL 符号 | 只能从同样的命名空间内部存取变量 | VAR INTERNAL MV3:INT; END_VAR |
| 10d | PROTECTED 符号 | 只能从定义 POU 和其派生（默认）的内部存取变量 | VAR PROTECTED MV4:INT; END_VAR |
| 多态性 | | | |
| 11a | 与 VAR_IN_OUT 的多态性 | 基本类的输入-输出变量可赋值到派生类实例 | VAR_IN_OUT　C1:C; END_VAR |
| 11b | 与引用的多态性 | 引用到基本类，可赋值到一个派生类实例的地址 | VAR_INPUT RM: REF_TO LIGHTROOM; END_VAR |

（4）类实例的声明

类实例的声明可用定义结构变量的类似方式来声明。

一个类的实例被声明时，类实例声明中公有变量初始值可在括号内的初始化列表中赋值，它跟在一个赋值符后，如表 1-65 序号 2 所示，在类标识符后面。初始化列表没有赋值的元素有类声明的初始值。

**表 1-65　类实例的声明**

| 序号 | 描　述 | 示　例 |
|---|---|---|
| 1 | 带默认初始化的类实例的声明 | VAR<br>　MyCounter1: CCounter;　/* MyCounter1 是类名 CCounter 的实例名 */<br>END_VAR |
| 2 | 带它的公有变量的初始化的类实例的声明 | VAR<br>　MyCounter2: CCounter:=　/* MyCounter2 是类名 CCounter 的实例名 */<br>　(m_iUpperLimit:=20000;　/* 带公有变量 m_iUpperLimit 初始值 */<br>　m_iLowerLimit:=-20000);　/* 带公有变量 m_iLowerLimit 初始值 */<br>END_VAR |

## 2. 类的方法

面向对象编程语言中，方法用于在类的定义中定义可选语言元素的集合。在类中，方法用于定义类实例中数据执行的操作和服务。

（1）签名

签名（Signature）是用于用显式方式标识方法的参数接口的信息集。方法包括方法名称、类型和所有它的参数（即输入变量、输出变量和返回值结果的数据类型）的序列。一个签名由下列部分组成：

1）方法名。

2）返回值（结果）的数据类型。

3）方法的访问权限（存取属性）、可选的修饰符（附加属性）。

4）变量名、数据类型和所有它的变量，即输入、输出和输入-输出变量的序列。

内部变量（即就地变量）不是签名的一部分。VAR_EXTERNAL 变量和常量也与签名无关。此外，公有 PUBLIC 或私有 PRIVATE 的存取规定也与签名无关。两个方法的签名不一致表示两个方法是不同的方法。

（2）方法的声明

一个类可以有一组方法。方法的声明应遵循下列规则：

1）方法在类的范围内声明。方法的声明可用本标准规定的任何一种编程语言定义。

2）方法对实例数据的操作有不同的存取属性，即 PUBLIC（公有）、PRIVATE（私有）、INTERNAL（内部）和 PROTECTED（保护）。若没有给出存取声明符的方法，具有默认的 PROTECTED 存取属性。

3）方法声明中可以声明它自己的变量，包括 VAR_INPUT、VAR、VAR_TEMP、VAR_OUTPUT、VAR_IN_OUT 和一个方法的返回值结果。方法的声明列写在类的变量声明段后面。

4）方法可选用附加属性。它们是 OVERRIDE（覆盖）或 ABSTRACT（抽象）。但方法的覆盖属性不在 IEC 61131-3 的本部分范围中。

与函数的声明类似，方法的声明应包含下列内容：

1）方法名。它用于标识方法。

2）方法的返回值数据类型。与函数类似，方法可有返回值和没有返回值。如果有返回值，则应声明其数据类型。

3）参数列表。在方法中采用的各参数（形式参数）列表。每个参数应有其变量名，数据类型和（如果用户约定，可设置的）初始值。方法参数用逗号分隔，在一个圆括号内列出。空括号表示没有方法参数。

4）方法的本体，即方法需要执行的操作。

（3）方法的执行

方法的执行应遵循下列规则：

1）方法被执行时，一个方法可以读它的输入和用它的暂存变量来计算它的输出和它的返回值结果。

2）与函数类似，方法的返回值赋值给方法名。IEC 61131-3 第三版规定函数可以没有返回值，同样，方法也可以没有返回值。例如，C1.method1(inm1:= A, outm1 => Y);调用类 C1

的方法 method1，没有返回值，但方法的输出送 Y。

3）与函数类似，方法的所有变量和返回值都是暂存的，即其值在方法的本次执行到下一次执行之间是不被存储的。因此，方法输出变量的求值只能在方法调用的时刻进行，在前后两次调用之间保持其值。

4）每个方法和类的变量名应是唯一的。但由于就地变量不存储，因此不同方法的就地变量名可相同。

5）所有方法可对在类内声明的静态和外部变量进行读和写的存取。

6）所有变量和返回值结果可以是多值的，即可以是一个数组或一个结构变量。与函数类似，方法的返回值结果可作为表达式的一个操作数。

7）方法执行时，方法可调用在该类内定义的其他方法。该类实例的方法用 THIS 关键字调用。

【例 1-45】 方法的执行。

1）定义类名 name。

该类 name 定义两个方法 name_1 和 name_i。

```
CLASS name                              // 类声明段开始，类名为 name
    VAR vars; END_VAR                   // 内部变量 vars 的声明段
    VAR_EXTERNAL externals; END_VAR     // 外部变量 externals 的声明段
    METHOD name_1           // 方法声明段开始，方法名为 name_1，存取属性为 PROTECTED
        VAR_INPUT inputs; END_VAR       // 方法 name_1 中的输入变量 inputs 的声明段
        VAR_OUTPUT outputs; END_VAR     // 方法 name_1 中的输出变量 outputs 的声明段
    END_METHOD                          // 方法声明段结束
    METHOD name_i           // 方法声明段开始，方法名为 name_i，存取属性为 PROTECTED
        VAR_INPUT inputs; END_VAR       // 方法 name_i 中输入变量 inputs 声明段，不同方法内
                                        // 变量名可相同
        VAR_OUTPUT outputs; END_VAR     // 方法 name_i 中输出变量 outputs 声明段，不同方法
                                        // 内变量名可相同
    END_METHOD                          // 方法声明段结束
END_CLASS                               // 类声明段结束
```

2）方法的图形格式描述。

图 1-33 是方法的图形格式描述。图中 name_C 是类 name 的实例名。name.name_1 和 name.name_i 是类 name_C 的方法名。

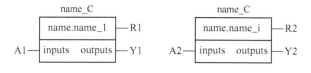

图 1-33 方法的图形格式描述

inputs 和 outputs 是两个方法的输入和输出变量名，因在不同的方法中，因此，可以采用相同的变量名。在执行时，用实际参数 A1 和 A2 替代输入，用实际参数 Y1 和 Y2 替代输出。R1 和 R2 是用于存放方法的返回值结果的变量。

（4）调用同一类实例中的一个方法

这种方法调用时，在被调用方法前加 THIS 关键字，并用英文句号"."将它与方法名分隔。

从方法所在类实例内的方法调用格式如下：

**THIS.被调用方法名(参数列表);**

关键字 THIS 不能用于不同类的实例，例如，不允许表达式：myInstance.THIS。

【例 1-46】 同一类实例中对本类内的一个方法的调用。

```
CLASS COUNTER              // 类名为 COUNTER
    VAR
        CV: UINT;
        Max: UINT:= 1000;
    END_VAR
    METHOD PUBLIC UP: UINT  // 具有公有存取属性的方法，方法名为 UP，返回值数据类型是 UINT
        VAR_INPUT INC: UINT; END_VAR    // 方法的输入变量 INC 的数据类型是 UINT
        VAR_OUTPUT QU: BOOL; END_VAR   // 方法的输出变量 QU 的数据类型是 BOOL
        IF CV <= Max - INC
        THEN CV:= CV + INC;            // 当前计数值
        QU:= FALSE;
        ELSE QU:= TRUE;                // 超上限 Max 时输出 QU 为 BOOL#1
        END_IF
        UP:= CV;                       // 方法的返回值结果
    END_METHOD
    METHOD PUBLIC UP5: UINT   // 方法 UP5 表示计数值 INC=5，调用本类的方法，即内部调用
        VAR_OUTPUT QU: BOOL; END_VAR   // 输出变量
        UP5:= THIS.UP(INC:= 5, QU => QU);  // 本类实例内部调用 UP，并设置 INC=5，输出送 QU
    END_METHOD
END_CLASS
```

类 COUNTER 中有两个方法 UP 和 UP5。UP5 调用 UP 时用 UP5:= THIS.UP(INC:= 5, QU => QU); 实现本类的实例内方法 UP 的调用。

从方法所在类实例内的方法调用采用关键字 THIS。THIS 可以传递一个接口类型的变量。

【例 1-47】 用 THIS 实现接口类型变量的传递。

```
INTERFACE   ROOM                       // 接口名为 ROOM
    METHOD DAYTIME END_METHOD          // 方法 DAYTIME 用于白天的调用
    METHOD NIGHTTIME END_METHOD        // 方法 NIGHTTIME 用于晚上的调用
END_INTERFACE
FUNCTION_BLOCK   ROOM_CTRL             // 功能块 ROOM_CTRL
    VAR_INPUT
        RM: ROOM;                      // 接口 ROOM 作为输入变量 RM 声明
    END_VAR
    VAR_EXTERNAL
        Actual_TOD: TOD;               // 外部变量 Actual_TOD 作为系统一天中的时间
    END_VAR
```

```
            …
            IF Actual_TOD >= TOD#20:00 OR Actual_TOD <= TOD#6:00   /* 实际时间在 6 点前或 20 点后*/
            THEN RM.NIGHTTIME();        /* 则调用接口 RM 实例的 NIGHTTIME 方法，表示是晚上*/
            ELSE RM.DAYTIME();           /* 否则调用接口 RM 实例的 DAYTIME 方法，表示是白天*/
            END_IF;
        END_FUNCTION_BLOCK
        CLASS   DARKROOM   IMPLEMENTS   ROOM        /* 类 DARKROOM 继承接口 ROOM*/
            VAR_EXTERNAL
                Ext_Room_Ctrl: ROOM_CTRL;        /* 外部变量 Ext_Room_Ctrl 是功能块 ROOM_CTRL 的
实例名*/
            END_VAR
            METHOD PUBLIC DAYTIME; END_METHOD      // 方法 DAYTIME
            METHOD PUBLIC NIGHTTIME; END_METHOD    // 方法 NIGHTTIME
            METHOD PUBLIC EXT_1                     // 方法 EXT_1
                Ext_Room_Ctrl(RM:= THIS);    /* 用本类的实例调用 Ext_Room_Ctrl，实现变量传递*/
            END_METHOD
        END_CLASS
```

（5）调用方法所在类实例的基类实例中的方法

调用方法所在类实例的基类实例中的方法采用 SUPER 关键字。需指出，这种方法调用在程序执行前已经确定，因此，是静态绑定。

关键字 SUPER 不能用于另一个类实例，例如，不允许用表达式：my_Room.SUPER. DAYTIME()。它也不能用于进一步的外部调用，例如，不支持用 SUPER.SUPER.DAYTIME()。

有效的基类实例的一个方法可用 SUPER 从其子类的方法来调用。

调用基类实例的方法的格式如下：

**SUPER.被调用方法名(参数列表);**

例如，SUPER.DAYTIME()。

【例 1-48】 用 SUPER 实现基类的方法调用。

```
        INTERFACE ROOM                          // 接口名为 ROOM
            METHOD DAYTIME END_METHOD           // 方法 DAYTIME 用于白天的调用
            METHOD NIGHTTIME END_METHOD         // 方法 NIGHTTIME 用于晚上的调用
        END_INTERFACE                           // 接口部分声明结束
        CLASS LIGHTROOM IMPLEMENTS ROOM         // 类 LIGHTROOM 继承接口 ROOM
            VAR LIGHT: BOOL; END_VAR            // 变量 LIGHT 灯
            METHOD PUBLIC DAYTIME               // 方法 DAYTIME
                LIGHT:= FALSE;                  // 白天将灯 LIGHT 关闭
            END_METHOD
            METHOD PUBLIC NIGHTTIME             // 方法 NIGHT
                LIGHT:= TRUE;                   // 晚上将灯 LIGHT 点亮
            END_METHOD
        END_CLASS                               // 类声明部分结束
        FUNCTION_BLOCK   ROOM_CTRL              // 功能块 ROOM_CTRL
            VAR_INPUT
```

```
        RM: ROOM;                   /* 接口 ROOM 作为输入变量 RM 声明*/
    END_VAR
    VAR_EXTERNAL
        Actual_TOD: TOD;            /* 外部变量 Actual_TOD 作为系统一天中的时间*/
    END_VAR
    …
    IF Actual_TOD >= TOD#20:00 OR Actual_TOD <= TOD#6:00    /* 实际时间在 6 点前或 20 点后*/
    THEN RM.NIGHTTIME();            /* 则调用接口 RM 实例的 NIGHTTIME 方法，表示是晚上*/
    ELSE RM.DAYTIME();              /* 否则调用接口 RM 实例的 DAYTIME 方法，表示是白天*/
        END_IF;
    END_FUNCTION_BLOCK
    CLASS LIGHT2ROOM EXTENDS LIGHTROOM    /* 类LIGHT2ROOM继承类LIGHTROOM*/
        VAR LIGHT2: BOOL; END_VAR          /* 定义灯 LIGHT2*/
        METHOD PUBLIC OVERRIDE DAYTIME    /* 覆盖被继承的方法 DAYTIME*/
            SUPER.DAYTIME();              /* 调用基类 LIGHTROOM 的方法 DAYTIME*/
            LIGHT2:= TRUE;               /* 将 LIGHT2 灯点亮*/
        END_METHOD
        METHOD PUBLIC OVERRIDE NIGHTTIME       /* 覆盖被继承的方法 NIGHTTIME*/
            SUPER.NIGHTTIME()            /* 调用基类 LIGHTROOM 的方法 NIGHTTIME*/
            LIGHT2:=FALSE ;              /* 将 LIGHT2 灯关闭*/
        END_METHOD
    END_CLASS
```

示例说明如何调用基类的方法和如何覆盖基类的方法。

示例中，LIGHT2ROOM 类继承 LIGHTROOM，因此，LIGHTROOM 是基类。当 LIGHT2ROOM 中的方法调用基类 LIGHTROOM 的方法 DAYTIME 和 NIGHTTIME 时，可采用 SUPER 关键字。这里，用覆盖基类方法来调用基类的方法。覆盖的有关概念见下述。

（6）外部调用不同类实例的方法

这是另一个类的一个实例对不是该类实例的一个方法的调用，也称为外部调用。调用时，先列出被调用类的类实例名，"."和该被调用方法名及参数列表。外部调用可在实例声明时，由功能块本体或一个方法来发布。

调用格式如下：

**被调用类的类实例名.被调用方法名(参数列表);**

【例 1-49】 不同类的方法调用。

```
    CLASS COUNTER              // 类名为 COUNTER
        VAR
            CV: UINT;
            Max: UINT:= 1000;
        END_VAR
        METHOD PUBLIC UP: UINT   //具有公用存取属性的方法，方法名 UP，返回值数据类型 UINT
            VAR_INPUT INC: UINT; END_VAR      // 方法的输入变量 INC 的数据类型是 UINT
            VAR_OUTPUT QU: BOOL; END_VAR      // 方法的输出变量 QU 的数据类型是 BOOL
            IF CV <= Max - INC
```

```
                THEN CV:= CV + INC;        // 当前计数值
                QU:= FALSE;
                ELSE QU:= TRUE;            // 超上限 Max 时输出 QU 为 BOOL#1
                END_IF
                UP:= CV;                   // 方法的返回值结果
            END_METHOD
        END_CLASS
    CLASS COUNTER5                         // 类名为 COUNTER5，与 COUNTER 没有继承关系
        VAR
            CV: UINT;
            Max: UINT:= 1000;
            CNT_1:COUNTER;                 // CNT_1 是类 COUNTER 的实例名
        END_VAR
        METHOD PUBLIC UP5: UINT            // 方法 UP5 表示计数值 INC=5
            VAR_OUTPUT C :BOOL; END_VAR    // 输出变量 C 声明段
            UP5:= CNT_1.UP(INC:= 5, QU => QU); // 外部调用 UP，并设置 INC=5，输出送 QU
        END_METHOD
    END_CLASS
```

CNT_1 是 COUNTER 类的实例名，而 COUNTER5 与 COUNTER 是不同的类，因此，从类 COUNTER5 调用 COUNTER 类实例 CNT_1 的方法 UP 是方法的外部调用。

调用基类实例的方法和不同类实例的方法的外部调用有下列区别：

1）调用基类实例的方法的类与所在类是有继承关系的，即从子类的方法调用父类的方法，用 SUPER.方法名()调用。

2）外部调用的类与所在类没有继承关系。因此，需要所在类声明外部的类的实例名（作为变量声明），并用该实例名.方法名()调用。

方法调用与函数调用的区别如下：

1）函数可直接用函数名调用。例如，A:=SQRT(6.3)。图形格式调用时，函数矩形框外部没有标注，矩形框内只标注函数名。

2）方法的调用分为本类实例内部调用、基类实例的方法调用和不同类实例的外部方法调用。必须在被调用的方法前声明。图形格式描述时，矩形框内上部标注类名、"."和方法名。文本格式调用时，应注意下列事项：

① 如果是内部调用，则加关键字 THIS，例如，UP5:= THIS.UP(INC:= 5, QU => C)。图形格式描述时，在该方法的矩形框外上部必须标注 THIS。矩形框内上部标注类名、"."和方法名。

② 如果是外部调用，则加外部类实例名，例如，UP5:= CNT_1.UP(INC:= 5, QU => C)。外部类的实例应包含该被调用的方法。图形格式描述时，在该方法的矩形框外上部必须标注类的实例名。矩形框内上部标注类名、"."和方法名。

方法的调用可采用文本格式描述，也可用图形格式描述。与函数的格式和非格式调用类似，方法也有格式化调用和非格式化调用两种。表 1-66 是方法格式调用和非格式调用的示例。

表 1-66 方法的格式调用和非格式调用（仅文本编程语言）

| 序号 | 描述 | 文本格式描述 | 图形格式描述 |
|------|------|--------------|--------------|
| 1a | 完整的格式调用（仅文本）<br>用于必需使用 EN/ENO 时的调用 | A:= CNT_1.UP(EN:= TRUE, INC:= B, START:= 1, ENO=> %MX1, QU => C); | 外部调用示例<br><br>COUNTER5_1<br>CNT_1.UP<br>TRUE—EN    ENO—%MX1<br>B—INC    QU—C<br>BOOL#1—START |
| 1b | 不完整的格式调用（仅文本）<br>用于不需要 EN/ENO 时的调用 | A:= CNT_1.UP(INC:= B, QU => C);<br>START 变量应有默认值 0 | |
| 2 | 非格式调用（仅文本）<br>（参数具有固定顺序和必须完整） | A:= CNT_1.UP(B, 1, C);<br>本调用等效于 1a，但没有 EN/ENO | |

与函数的变量和返回值不具有存储功能一样，方法的变量和返回值也不具有存储功能。因此，不能直接用方法的输出，而需要将其先存储在一个变量。例如，需要调用"VALUE:= CT.UP (INC:= 5, QU => LIMIT);"，而不能直接用"VALUE:= CT.UP"。

**3. 类的继承**

类是具有相同属性和操作的一组对象的集合。继承是指一般类的属性和操作传递给另一类。与函数和功能块类似，引入继承的目的是为代码的复用提供有效手段。因此，继承是一个类的定义可基于另一个已经存在的类，即子类基于父类，实现父类代码的复用。

（1）基类和派生类

如果一个类 A 继承自另一个类 B，则称 A 类为"B 的子类"，而把 B 类称为"A 的父类"。继承可使子类具有父类的各种属性和方法，而不需要再次编写相同的代码。而子类继承父类的同时，可以重新定义某些属性，并重写某些方法，即覆盖父类的原有属性和方法，使其获得与父类不同的功能。

"基类"表示所有的祖先，即它们的父类和它们父类的父类等。

从一个已经存在的类（基类）用关键字 EXTENDS 扩展（派生）的类称为派生类。派生的类自动具有现有类的全部属性和特性，同时，它可添加原有类所没有的新的属性和特性，因此，派生类是原有类的扩展。

Class Children Extends Father;表示类 Children 是从类 Father 扩展而来。因此，Father 是父类，Children 是派生类，即子类。从一个基类派生的继承称为单继承，从多个基类派生的继承称为多继承。

派生类继承方式有公有、私有、内部和保护继承等。本标准在建立派生类时应遵循下列规则：

1）派生类继承不需要再声明来自它的基类声明中已经声明的所有方法（如果有的话），但有下列例外：

① 不能私有（PRIVATE）继承，即派生类不能访问基类的具有私有属性的方法。

② 在命名空间外部，不能内部（INTERNAL）继承。

2）由于派生类自动具有现有类的全部属性和特性，因此，派生类继承不需要再声明来自它的基类声明中已经声明的所有变量（如果有的话）。

3）本标准不支持多继承。因此，派生类只能继承一个基类。

4）为实现多继承，采用关键字 IMPLEMENTS，用接口来实现。即继承只继承一个类，但可实现一个或多个接口。例如，Class A Extends B Implements C,D,E 表示类 A 是从类 B 扩展，它有三个接口 C、D、E。

5）派生类可扩展基类，即它可以使用基类的各种属性和方法，同时，也可以定义自己的属性和方法，并创建新的功能。

6）类继承具有传递性，即作为基类的类本身可以是一个派生类。这样的扩展可重复。

7）当基类的定义改变时，所有它所派生的类（和它们的子类）也改变它们的功能。

（2）覆盖方法

子类可继承父类中的方法，而不需要重新编写相同的方法。如果子类不想原封不动地继承父类的方法，而需做一定修改，这就需要采用方法的重写，也称为覆盖方法。子类中的新方法与父类中的某一方法具有相同的方法名、返回类型和参数表，则新方法将覆盖原有的方法。

多态性是面向对象程序设计的核心概念。多态指不同类对象收到同一消息可产生完全不同的响应效果，即同一消息在不同接收对象有不同的调用方法。覆盖父类的方法是实现多态性的一种方式。

覆盖基类的方法应遵循下列规则：

1）三同原则：即子类的新方法和父类的方法有相同的方法名、相同的返回值数据类型和相同的参数列表。

2）覆盖基类的方法不能缩小父类方法的存取访问级别。

3）需要调用父类的原有方法，可使用 SUPER()关键字。

4）派生类可访问同一命名空间的具有公有（PUBLIC）、保护（PROTECTED）或内部（INTERNAL）属性的基类的方法。

5）覆盖后的方法应有相同的存取属性，但对一个覆盖的方法，可使用 FINAL 的存取属性，表示该新的方法不能再被继承类的方法覆盖。由于 FINAL 属性表示最终功能，因此，具有 FINAL 属性的方法不能被覆盖。例如，METHOD FINAL MM 表示该子类的 MM 方法具有 FINAL 属性，因此，由该子类扩展的子类不能对其方法 MM 进行覆盖。

方法的覆盖用下列格式：

**METHOD OVERRIDE 方法名**

格式中的方法名是父类中的方法名。

【例 1-50】 覆盖方法。

```
CLASS CIRCLE                            // 类 CIRCLE 是父类
    METHOD PUBLIC PI: LREAL             // 方法 PI 定义较低精度的圆周率
        PI:= 3.14;
    END_METHOD
    …
END_CLASS
CLASS CIRCLE2 EXTENDS CIRCLE            // 子类 CIRCLE2 是从父类 CIRCLE 扩展
    METHOD PUBLIC OVERRIDE PI: LREAL    // 子类的方法 PI 覆盖父类的方法 PI
        PI:= 3.1415926535898;          // 该子类的方法采用更高精度的圆周率
    END_METHOD
```

END_CLASS

示例说明类 CIRCLE2 继承类 CIRCLE，但它的方法 PI 覆盖被继承的方法 PI。

图 1-34 说明类的继承和方法的覆盖。

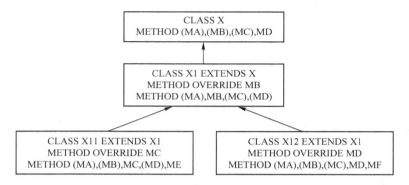

图 1-34　类的继承和方法的覆盖

图中，类 X 含方法 MA、MB、MC，它们继承其父类，用圆括号表示，MD 是类 X 自己的方法。类 X1 继承类 X，箭头指向父类。因此，类 X1 继承了父类 X 的所有方法，即 MA、MB、MC 和 MD，但覆盖方法 MB，因此，在图中，没有用圆括号表示。类似地，类 X11 继承类 X1，并覆盖方法 MC，增加了自己的方法 ME。类 X12 也继承类 X1，覆盖方法 MD，增加方法 MF。

（3）类和方法的 FINAL 修饰

带 FINAL 修饰符的方法不能覆盖。一个带 FINAL 修饰符的类不能是基类。METHOD FINAL MB;表示方法 MB 不能被覆盖。类似地，CLASS FINAL C1;表示类 C1 是从父类继承的子类，它不是基类，但它不能再派生出其子类。

**4. 动态名绑定和多继承**

（1）动态名绑定

绑定是计算机访问的方式，用于确定用什么方式对子类调用或属性被子类访问、函数调用和函数本身之间的关联、成员访问与变量内存地址之间的关系等。方法绑定指一个方法的调用与方法所在的类（方法主体）的关联。

方法（名）的绑定是与方法实现的方法名有关的。方法绑定是该方法被调用时该方法关联其方法本体的过程。程序执行前的方法名绑定（例如用编译器）被称为"静态绑定"或"前期绑定"，即程序运行前已经加载到内存。程序已经执行后实现的方法名绑定称为"动态绑定"或"后期绑定"，它是程序运行时将方法与其方法本体的绑定。动态绑定是将方法名与类实例的实际类型的一种方法建立联系。动态绑定的优点是在运行前可进行多种选择绑定，但动态名绑定需要在执行过程中进行绑定对象和编译，因此，执行效率要低些。

【例 1-51】 动态名绑定。

```
CLASS CIRCLE                        // 类名为 CIRCLE
    METHOD PUBLIC PI: LREAL         // 方法名为 PI
        PI:= 3.1416;                // 方法本体，对 PI 返回值赋值低精度圆周率
    END_METHOD
```

```
        METHOD PUBLIC CL: LREAL                    // 方法名为 CL
            VAR_INPUT RADIUS: LREAL; END_VAR        // 输入变量圆的半径 RADIUS
            CL:= THIS.PI() * RADIUS* 2.0;           // 内部调用 PI，并计算圆周长 CL
        END_METHOD                                  // 这里，PI 的关联对象需要动态绑定
    END_CLASS
    CLASS CIRCLE2 EXTENDS CIRCLE                     // 类 CIRCLE2 继承 CIRCLE
        METHOD PUBLIC OVERRIDE PI: LREAL            // 覆盖被继承的方法 PI
            PI:= 3.1415926535898;                   // 方法本体，对 PI 返回值赋值高精度圆周率
        END_METHOD                                  // 由于 CIRCLE2 继承 CIRCLE，因此也继承了方法 CL
    END_CLASS
    PROGRAM TEST                                     // 程序 TEST
        VAR
            CIR1: CIRCLE;                            // CIR1 是类 CIRCLE 的实例名
            CIR2: CIRCLE2;                           // CIR2 是类 CIRCLE2 的实例名
            CUMF1: LREAL;                            // CUMF1 用于存储调用方法的结果
            CUMF2: LREAL;                            // CUMF2 用于存储调用方法的结果
            DYNAMIC: BOOL;                           // 动态绑定标志
        END_VAR
        CUMF1:= CIR1.CL(1.0);                        // 调用 CIR1，实参 1.0 代入，并用低精度圆周率
        CUMF2:= CIR2.CL(1.0);                        // 调用 CIR2，实参 1.0 代入，并用低精度圆周率
        DYNAMIC:= CUMF1 <> CUMF2;
            // 由于两个方法调用结果不同，说明动态绑定 DYNAMIC 有效 TRUE
    END_PROGRAM
```

从程序可见，当调用 CIRCLE 的类实例 CIR1 中的方法 CL 时，需要关联该类实例 CIR1 的方法 PI，即调用低精度圆周率。而调用 CIRCLE2 的类实例 CIR2 中的方法 CL 时，需要关联该类实例 CIR2 的方法 PI，即调用高精度圆周率。因此，这种调用是在程序执行过程中将方法与有关方法本体建立联系的，因此，称为动态绑定。

IEC 61131 标准采用接口实现多继承。

【例 1-52】 多态性和动态绑定的实现。

有关程序如例 1-51，再编写程序如下：

```
    PROGRAM C
        VAR
            MyRoom1: LIGHTROOM;    // 如上述，用 MyRoom1 作为 LIGHTROOM 类实例名
            MyRoom2: LIGHT2ROOM;   // 如上述，用 MyRoom2 作为 LIGHT2ROOM 类实例名
            My_Room_Ctrl: ROOM_CTRL;       /*如上述，用 My_Room_Ctrl 作为 ROOM_CTRL 功能
块实例名*/
        END_VAR
        My_Room_Ctrl(RM:= MyRoom1);        /*调用 LIGHTROOM 类的 My_Room_Ctrl，用动态绑
定 MyRoom1*/
        My_Room_Ctrl(RM:= MyRoom2);        /*调用 LIGHT2ROOM 类的 My_Room_Ctrl，用动态绑
定 MyRoom2*/
    END_PROGRAM
```

可以看到，调用 My_Room_Ctrl 实例时，根据 RM 的赋值，实现了不同的实现。在方法调用时，才确定方法所关联的类实例，因此，是动态绑定。

（2）多继承

本标准采用单继承，因此，多继承用接口实现。

**【例1-53】** 多态性和动态绑定的实现。

有关程序如例1-48，再编写程序如下：

```
PROGRAM C
    VAR
        MyRoom1: LIGHTROOM;       /* 如上述，用 MyRoom1 作为 LIGHTROOM 类实例名*/
        MyRoom2: LIGHT2ROOM;      /* 如上述，用 MyRoom2 作为 LIGHT2ROOM 类实例名*/
        My_Room_Ctrl: ROOM_CTRL;  /* 如上述，用 My_Room_Ctrl 作为 ROOM_CTRL 功
能块实例名*/
    END_VAR
    My_Room_Ctrl(RM:= MyRoom1);   /* 调用 LIGHTROOM 类的 My_Room_Ctrl, 用动态绑
定 MyRoom1 */
    My_Room_Ctrl(RM:= MyRoom2);   /* 调用 LIGHT2ROOM 类的 My_Room_Ctrl, 用动态
绑定 MyRoom2*/
    END_PROGRAM
```

可以看到，调用 My_Room_Ctrl 实例时，根据 RM 的赋值，实现了不同的实现。由于在方法调用时，才确定方法所关联的类实例，因此，是动态绑定。

**5. 抽象类和抽象方法**

一个类如果不与具体对象相联系，而只表达一个抽象概念，仅作为其派生类的一个基类，则这个类称为抽象类。抽象类用 ABSTRACT 限定。在抽象类中用 ABSTRACT 声明的方法称为抽象方法。

（1）抽象类

用 ABSTRACT 限定的类是抽象类。例如，CLASS ABSTRACT ROOM 表示 ROOM 是抽象类。如果一个类中没有包含足够信息来描述一个具体的对象，这种类就是抽象类。

抽象类具有下列性能：

1）抽象类不能直接被实例化。因为抽象类没有包含具体实现的方法，因此，不能直接实例化。

2）抽象类必须作为派生其他类的基类使用，不能直接创建类实例。它可为派生类提供接口规范。

3）抽象类至少包含一个抽象方法，非抽象类不能包含抽象方法。

4）抽象类可用于作为输入或输入-输出变量类型。

5）从抽象类派生的非抽象类应包含所有继承的抽象方法的实际实现。

6）从抽象类派生的子类，可通过覆盖父类的抽象方法，来实现或不实现抽象方法。如果方法不能实现，则子类仍是抽象类，必须用 ABSTRACT 声明。如果对父类的所有抽象方法都有具体实现，则该子类才成为非抽象类。

7）抽象类的用途是让其派生类来继承其特性。它为多个派生类提供可共享的基类定义的公用特性。抽象类不能创建对象。

（2）抽象方法

用 ABSTRACT 限定的方法是抽象方法。例如，METHOD PUBLIC ABSTRACT M1

表示 M1 是公有的抽象方法。抽象方法是只有方法声明，没有具体方法实现的一类方法。这表示抽象方法只有返回值的数据类型、方法名和它的参数，并不需要方法的实现。为实现抽象方法，必须建立子类，并将该方法覆盖，在覆盖时建立它的实现。

抽象方法具有下列性能：

1）抽象方法必须在抽象类中声明，必须用关键字 ABSTRACT 限定。

2）抽象方法不提供实现。因此，抽象方法没有方法本体。

3）抽象方法必须用子类的方法覆盖，将该抽象方法修正为包含方法本体，然后才能实现。

4）抽象方法的用途是为子类对该方法覆盖，并完成其方法的实现。只有子类可以实现父类的所有抽象方法。

### 6. 可访问权限

（1）方法的可访问性

对每个方法，应规定方法调用的范围，即方法的可访问性或存取属性。方法可访问权限用存取符号 PUBLIC（公有）、PRIVATE（私有）、PROTECTED（保护）和 INTERNAL（内部）界定。如果没有规定权限，系统默认可访问权限是 PROTECTED。图 1-35 显示四种可访问权限的调用。

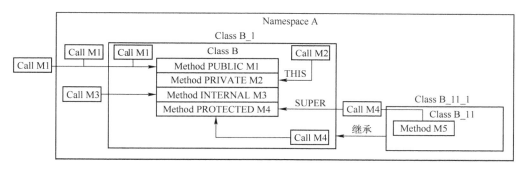

图 1-35　方法的可访问权限调用

1）PUBLIC："公有"可访问权限指该方法对所有该类被应用的任何地方都可访问。例如，可从类外调用 M1。具有 PUBLIC 可访问权限的方法可被所有该类所应用的地方进行访问。例如，从该方法所在的命名空间外、命名空间内和该类的内部进行访问。方法原型的访问通常是隐含的 PUBLIC。因此，方法原型没有使用存取符。

2）PRIVATE："私有"可访问权限指只在其定义类的内部可以访问该方法。即在方法定义的类内的其他属性和操作都可以对该方法进行访问，例如，调用 M2。具有 PRIVATE 可访问权限的方法只能由该方法所在类的内部进行访问。

3）INTERNAL："内部"可访问权限指只能从被声明的类的命名空间内可访问的方法。例如，调用 M3。具有 INTERNAL 可访问权限的方法只能在该方法所在命名空间内部进行访问。

4）PROTECTED："保护"可访问权限指唯一能够在类的内部和从所有它的派生类可访问的方法。但对于外部其他类，该方法则具有私有属性，例如，调用 M4。具有 PROTECTED 可访问权限的方法只能从该方法所在类内部和它的派生类进行访问。

（2）变量的可访问性

在面向对象的编程语言中，变量应在变量声明段声明变量的可访问属性或存取属性。变量的可访问属性用可访问权限符号 PUBLIC（公有）、PRIVATE（私有）、PROTECTED（保护）和 INTERNAL（内部）限定。变量的可访问属性与变量的附加属性可以任意顺序组合。例如，VAR PUBLIC RETAIN 表示在该变量段声明的变量具有 PUBLIC 可访问权限和掉电保持属性。

1）PUBLIC："公有"可访问权限指它们是在该类被应用的任何地方都可访问的变量。

2）PRIVATE："私有"可访问权限指它们是只在该类内部可访问的变量。没有实现继承时，默认属性为"私有"可访问权限，并且可省略。

3）INTERNAL：如果实现命名空间，则适用存取符 INTERNAL。"内部"可访问权限指它们是只能从类声明的命名空间内可访问的变量。

4）PROTECTED：如果实现继承，则适用存取符 PROTECTED。"保护"可访问权限指它们是唯一的能在类内部和从所有派生类访问的变量。系统默认的变量可访问性是PROTECTED。如果实现继承，但没有使用，则"保护"可访问权限和"私有"可访问权限有相同的影响。

### 1.4.10  接口

IEC 61131-3 标准采用单继承，因此，用接口实现多继承的功能。接口与抽象类配合，可提供方法、属性和事件的抽象。可认为接口是只包含抽象方法的抽象类，每个接口方法都表示一个服务契约，即能够提供什么服务，而不包含与实现有关的任何因素。

**1. 接口的声明**

（1）接口的声明

接口声明的格式如下：

```
INTERFACE   接口名
       接口本体;
END_INTERFACE
```

表 1-67 是接口的性能。

表 1-67  接口的性能

| 序号 | 描述/关键字 | 说明 | 示例 |
|---|---|---|---|
| 接口定义 | | | |
| 1 | INTERFACE ...<br>END_INTERFACE | 接口声明段 | INTERFACE . ROOM...<br>END_INTERFACE |
| 方法和修饰符 | | | |
| 2 | METHOD...<br>END_METHOD | 方法声明段 | METHOD DAYTIME...<br>END_METHOD |
| 继承 | | | |
| 3 | EXTENDS | 从接口继承的接口 | INTERFACE ROOM1 EXTENDS ROOM |
| 接口用法 | | | |
| 4a | IMPLEMENTS 接口 | 在类声明中一个接口的实现 | CLASS  LIGHTROOM  IMPLEMENTS  ROOM |
| 4b | IMPLEMENTS 多接口 | 在类声明中多于一个接口的实现 | CLASS  LIGHTROOM  IMPLEMENTS  ROOM,<br>ROOM1 |
| 4c | 作为一个变量类型的接口 | 引用一个接口实现（功能块实例） | VAR_INPUT      RM:ROOM;    END_VAR |

接口本体可包含一组（隐式公有的）方法原型。方法原型是一个接口使用的受限制的一个方法的声明。方法原型的格式如下：

**METHOD** 方法名
　　变量声明
**END_METHOD**

方法原型（Method prototype）不包含任何算法（代码）和暂存变量，即它不包括实现。方法原型的存取符是默认的 PUBLIC。因此，不需要再定义其存取符和返回值的数据类型。方法原型的变量声明包括 VAR_INPUT、VAR_OUTPUT 和 VAR_IN_OUT 变量的声明。

【例1-54】 接口的声明。

```
INTERFACE DRIVE_INTERFACE                          // 接口名为 DRIVE_INTERFACE
    METHOD START                                   // 方法名为 START,不包含结果的数据类型
        VAR_INPUT A,B,C: BOOL; END_VAR             // 输入变量声明段
        VAR_OUTPUT RUN_A, RUN_B,RUN_C : BOOL; END_VAR;    // 输出变量声明段
        //方法原型的声明段不包含方法的实现
    END_METHOD                                     // 方法 START 声明段结束
    METHOD STOP                                    // 方法名 STOP,不包含结果的数据类型
        VAR_INPUT SA,SB,SC :BOOL; END_VAR          // 输入变量声明段
    END_METHOD                                     // 方法 STOP 声明段结束
END_INTERFACE                                      // 接口声明段结束
```

（2）接口声明段的注意事项

接口声明段的注意事项如下：

1）接口方法不能是静态的，也不能使用任何存取符来限定，它的存取权限规定为 PUBLIC。

2）接口定义的方法是抽象方法，因此，需要用继承（EXTENDS）来实现（IMPLEMENTS）有关方法。

3）接口给出没有实现代码的方法，具体应用时要再定义其接口的方法所需的服务内容。

接口和抽象类的主要区别是：

1）抽象类可包含非抽象的方法，即可以方法实现，而接口不包含非抽象方法，因此，没有方法实现。

2）抽象类要被子类继承，接口要被类的实例实现。

3）抽象类和接口都是引用数据类型，其变量就被赋值为子类或实现接口类的对象。

4）接口和抽象类都不能直接实例化。因为，它们都没有可实现的方法。

5）抽象类主要用于关系密切的多个子类对象。接口主要用于为多个不相关的子类提供通用功能。

6）抽象类的实现必须由其子类继承，并经覆盖所继承的方法来实现。而接口规定的方法的类可具有该接口的类型。因此，一个类可有多个接口，也就具有多个接口所具有的类型。

7）使用抽象类是为了代码复用，使用接口是为了实现多继承。

**2. 接口的继承**

与类的继承一样，接口可以用 EXTENDS 来继承。IEC 61131 标准规定类只能单继承，而接口可以多继承。

**【例 1-55】** 接口的继承。

```
INTERFACE DRIVE_INTERFACE                        // 接口名为 DRIVE_INTERFACE
    METHOD START ;... END_METHOD                 // 包含方法 START 原型的声明段
END_INTERFACE                                    // 接口声明段结束
INTERFACE DRIVE_A EXTENDS DRIVE_INTERFACE        /* 接口名为 DRIVE_A，继承接口
DRIVE_ INTERFACE*/
        METHOD A1 ;... END_METHOD                /* 继承的方法原型不用再定义和定
义该接口自己方法 A1*/
    END_INTERFACE                                // 接口声明段结束
    INTERFACE DRIVE_B EXTENDS DRIVE_INTERFACE    /* 接口名为 DRIVE_B，继承接口
DRIVE_ INTERFACE*/
        METHOD B1 ;... END_METHOD                /* 继承的方法原型不用再定义和定
义该接口自己方法 B1*/
    END_INTERFACE                                // 接口声明段结束
```

接口的继承应遵循下列规则：

1）派生（子）接口继承不需要从它的基（父）接口进一步声明所有方法原型。例如，例 1-55 中，不需要再在继承的接口声明父类接口的方法原型。

2）如果基接口改变它的定义，所有派生接口（和它们的子接口）也改变其功能。

3）派生的接口可扩展一组原型方法，例如，除了基接口，它还有方法的原型和创建的新功能。

4）用关键字 EXTENDS，一个接口可从一个或多个已经存在的接口（基接口）派生，即可实现多继承。

5）用于作为基接口的接口，其本身可以是一个派生接口。这样，它就可将继承的方法原型和它的接口一起继承到它的派生接口。

6）接口不允许递归。即其派生接口继承基接口，而基接口又继承派生接口。

接口继承和类继承的区别如下：

1）类继承不仅声明其父类，也声明其实现继承。接口继承只声明继承。这表示派生类可继承其父类的方法实现。而派生接口只继承父接口的方法原型，并没有继承父接口的实现。

2）类继承是单继承，接口继承是多继承。多个接口之间用逗号分隔。

3）接口不允许用 OVERRIDE 进行覆盖，类允许用 OVERRIDE 进行覆盖。

图 1-36 是例 1-55 接口继承的图形描述。接口 DRIVE_A 继承接口 DRIVE_INTERFACE，它的方法 START 也同时被继承，此外，它也建立新方法 A1。接口 DRIVE_B 继承接口 DRIVE_A，它除继承其方法 START 和 A1 外，还建立新方法 B1。

**3. 接口的实现**

（1）在类的声明中接口的实现

类的声明中可实现单接口和多接口。例如，CLASS BB IMPLEMENTS A1,A2;表示类 BB 实现两个接口 A1 和 A2。图 1-37 是例 1-56 接口实现的部分图形描述。

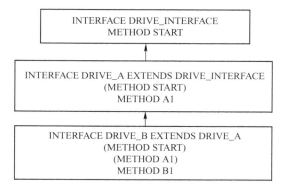

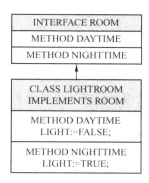

图 1-36　接口继承的图形说明　　　　　图 1-37　类的接口实现的部分图形描述

【例 1-56】　类的声明中接口的实现和外部方法调用。

| | |
|---|---|
| INTERFACE ROOM | // 接口 ROOM |
| 　METHOD DAYTIME END_METHOD | // 方法 DAYTIME 用于白天的调用 |
| 　METHOD NIGHTTIME END_METHOD | // 方法 NIGHTTIME 用于晚上的调用 |
| END_INTERFACE | // 接口声明段结束 |
| CLASS LIGHTROOM IMPLEMENTS ROOM | // 类 LIGHTROOM 单接口 ROOM 的实现 |
| 　VAR LIGHT: BOOL; END_VAR | // 变量 LIGHT 灯 |
| 　METHOD PUBLIC DAYTIME | // 方法 DAYTIME |
| 　　LIGHT:= FALSE; | // 白天将灯 LIGHT 关闭 |
| 　END_METHOD | |
| 　METHOD PUBLIC NIGHTTIME | // 方法 NIGHT |
| 　　LIGHT:= TRUE; | // 晚上将灯 LIGHT 点亮 |
| 　END_METHOD | |
| END_CLASS | // 类声明段结束 |
| PROGRAM A | // 程序 A 开始 |
| 　VAR MyRoom: LIGHTROOM; END_VAR; | 用 MyRoom 作为类 LIGHTROOM 的实例名 |
| 　VAR_EXTERNAL Actual_TOD: TOD; END_VAR; | // 定义外部变量 |
| 　IF Actual_TOD >= TOD#20:00 OR Actual_TOD <= TOD#6:00 | // 程序本体，判别当前时间 |
| 　　THEN MyRoom.NIGHTTIME(); | // 外部调用类和它的方法 NIGHTTIME() |
| 　　ELSE MyRoom.DAYTIME(); | // 外部调用类和它的方法 DAYTIME() |
| 　END_IF; | // 程序本体结束 |
| END_PROGRAM | // 程序 A 结束 |

　　程序 A 根据当前时间，执行类 LIGHTROOM 的实例 MyRoom 的方法 NIGHTTIME()或 DAYTIME()。这说明接口 ROOM 在类 LIGHTROOM 中声明，在程序 A 中，提供调用类 LIGHTROOM 的实例 MyRoom，实现其方法。

　　图 1-38 显示继承和接口实现的关系。

　　（2）接口作为一个变量的类型

　　接口可作为一个变量类型，然后，该变量被引用到一个实现该接口的类的实例。该接口被使用前，它先被赋值到一个类的实例。对变量可使用的地方都可用该方法将接口作为一个变量类型。其格式如下：

图 1-38　继承和接口实现的关系

变量名：接口名；

下列数值可被赋值到一个接口类型的变量：

1）一个实现该接口的类的实例。

2）一个从实现该接口的类派生的类的实例。

3）从该接口或该接口派生的接口的另一个变量。

4）NULL 特定一个无效的引用。如果没有初始化，它也是变量的初始值。

一个接口类型的变量可以与同样的接口类型的变量进行比较，如果比较结果为 TRUE，表示这些变量引用同一个类的实例或者这两个变量都是 NULL。

【例 1-57】 接口作为变量类型的实现。

```
INTERFACE ROOM                          // 接口 ROOM
    METHOD DAYTIME END_METHOD            // 方法 DAYTIME 用于白天的调用
    METHOD NIGHTTIME END_METHOD          // 方法 NIGHTTIME 用于晚上的调用
END_INTERFACE                           // 接口部分声明结束
CLASS LIGHTROOM IMPLEMENTS ROOM         // 类 LIGHTROOM 单接口 ROOM 的实现
    VAR LIGHT: BOOL; END_VAR             // 变量 LIGHT 灯
    METHOD PUBLIC DAYTIME                // 方法 DAYTIME
        LIGHT:= FALSE;                   // 本体：白天将灯 LIGHT 关闭
    END_METHOD
    METHOD PUBLIC NIGHTTIME              // 方法 NIGHT
        LIGHT:= TRUE;                    // 本体：晚上将灯 LIGHT 点亮
    END_METHOD
END_CLASS                               // 类声明部分结束
FUNCTION_BLOCK ROOM_CTRL                 // 功能块 ROOM_CTRL
    VAR_INPUT RM: ROOM; END_VAR          // 接口 ROOM 作为输入变量类型声明
    VAR_EXTERNAL
    Actual_TOD: TOD; END_VAR             // 定义外部变量当前时间
    IF (RM = NULL)                       // 重要：用于检查接口引用的有效性
    THEN RETURN;
    END_IF;
    IF Actual_TOD >= TOD#20:00 OR    Actual_TOD <= TOD#06:00
    THEN RM.NIGHTTIME();                 // 调用接口 RM 的方法 NIGHTTIME()
    ELSE RM.DAYTIME();                   // 调用接口 RM 的方法 DAYTIME()
    END_IF;
END_FUNCTION_BLOCK
```

例 1-57 中，功能块 ROOM_CTRL 声明一个接口类型的变量 RM 作为输入变量，功能块程序中用 RM=NULL 的比较来判别接口是否是无效的引用。如果是，则返回。因此，接口作为一个变量类型时，必须先进行判别是否无效。

例 1-57 中，接口 ROOM 有两个方法 DAYTIME 和 NIGHTTIME。类 LIGHTROOM 实现单接口 ROOM。功能块 ROOM_CTRL 声明输入变量 RM 是接口类型的变量，调用该功能块时，将实现该接口的类的实例传送到该变量。该类中调用的方法就采用传送来的类的实例的方法。因此，采用这种方法，就可以传送实现不同接口的类的实例。

包含接口实现的类实例也可作为变量类型。格式如下：

变量名: 类实例名;

**【例 1-58】** 接口作为变量类型的调用。

如例 1-57，应用程序如下:

```
PROGRAM B
    VAR                                 // 变量声明段开始
        My_Room: LIGHTROOM;             // 变量 My_Room 是 LIGHTROOM 类的实例名
        My_Room_Ctrl: ROOM_CTRL;        // 变量My_Room_Ctrl是ROOM_CTRL功能块的实例名
    END_VAR
    My_Room_Ctrl(RM:= My_Room);         // 调用功能块时，将类的实例赋值给功能块的形参 RM
END_PROGRAM
```

程序 B 用 My_Room 和 My_Room_Ctrl 实例化类 My_ROOM 和功能块 My_ROOM_Ctrl，并调用功能块 My_ROOM_Ctrl，调用时，它先传送类的实例 My_ROOM 到接口 ROOM 的输入变量 RM。

图 1-39 说明了上面例 1-58 的层次关系。

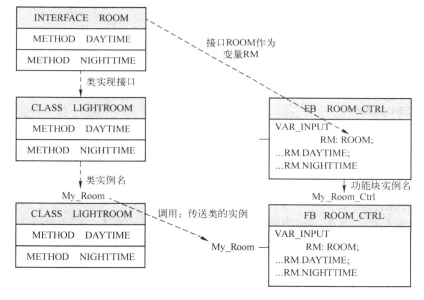

图 1-39　接口、类和接口实现的关系

（3）接口和类的继承

1）接口继承: 使用关键字 EXTENDS。它是三个继承/实施层的第一层，例如，INTERFACE A1 EXTENDS A。

2）类的接口实现: 使用关键字 IMPLEMENTS，例如，CLASS B IMPLEMENTS A1, A2。

3）类的继承: 使用关键字 EXTENDS，例如，CLASS X EXTENDS B。

**4. 赋值尝试**

赋值尝试用于检查类或功能块实例是否实现给定的接口。如果引用的实例是实现接口的类或功能块实例，则赋值尝试结果表示该实例是有效的引用，否则结果为 NULL。因此，应检查赋值尝试的结果，使用前，其值应不等于NULL。

为安全的目的，赋值尝试分为接口引用到类（或功能块类型）的实例（向上转换）和从基类引用到派生类引用的一个引用（向下转换）两种。基类引用指派生类实例化后使用实例化后的对象来将实例化前所定义的基类转化为基类，然后输出的过程。

结构化文本编程语言中，用于接口的赋值尝试和用于引用的赋值尝试都使用"?="符。

赋值尝试表示如果没有被赋值或不是有效引用，则将等号右侧的值赋值给其左侧的变量。

（1）接口的赋值尝试

接口的赋值尝试检查赋值尝试符号右侧的接口是否已经被赋值，如果没有被赋值，将右侧接口值赋值给左侧变量；如果已经被赋值，则将NULL赋值给左侧变量。

【例1-59】 接口的赋值尝试。

```
CLASS   C   IMPLEMENTS   ITF1, ITF2      // 类 C 实现接口 ITF1 和 ITF2
END_CLASS
```

使用接口的赋值尝试程序：

```
PROGRAM A                    // 程序 A
    VAR
        inst: C;             // 变量 inst 是 C 引用类型
        interf1: ITF1;       // 接口 ITF1 作为变量 interf1
        interf2: ITF2;       // 接口 ITF2 作为变量 interf2
        interf3: ITF3;       // 接口 ITF3 作为变量 interf3
    END_VAR
    interf1:= inst;          // 赋值后，interf1 包含一个有效的引用 C
    interf2 ?= interf1;      // 尝试赋值后，interf2 包含一个有效的引用 C
    interf3 ?= interf1;      // 尝试赋值后，由于 interf3 已经被赋值，因此，其值为 NULL
END_PROGRAM
```

（2）引用的赋值尝试

与接口的赋值尝试类似，引用的赋值尝试检查赋值尝试符号右侧的引用是否是有效的引用。如果不是有效引用，将右侧引用值（例如类实例名）赋值给左侧变量；如果是有效引用，则将NULL赋值给左侧变量。

【例1-60】 引用的赋值尝试。

```
CLASS   C1Base   IMPLEMENTS   ITF1, ITF2   // 类 C1Base 实现接口 ITF1 和 ITF2
END_CLASS
CLASS   C1Derived   EXTENDS   C1Base       // 派生类 C1Derived 继承 C1base
END_CLASS
```

使用引用的赋值尝试程序：

```
PROGRAM B                                       // 程序 B
    VAR
        instbase: ClBase;                       // ClBase 类的实例名是 instbase
        instderived:ClDerived;                  // ClDerived 类的实例名是 instderived
        rinstBase1, pinstBase2: REF_TO ClBase;  // rinstBase1, pinstBase2 引用 ClBase
```

```
                   rinstDerived1, rinstDerived2: REF_TO C1Derived;   // rinstDerived1, rinstDerived2 引用 C1Derived
                   rinstDerived3, rinstDerived4: REF_TO C1Derived;   // rinstDerived3, rinstDerived4 引用 C1Derived
                   interf1: ITF1;                              // 接口 ITF1 作为变量 interf1
                   interf2: ITF2;                              // 接口 ITF2 作为变量 interf2
                   interf3: ITF3;                              // 接口 ITF3 作为变量 interf3
               END_VAR
               rinstBase1:= REF(instBase);   // rinstbase1 引用基类 instBase
               rinstBase2:= REF(instDerived); // rinstbase2 引用派生类 instDerived
               rinstDerived1 ?= rinstBase1;   // 由于 rinstBase1 不是有效引用，尝试赋值后，rinstDerived1=NULL
               rinstDerived2 ?= rinstBase2;   // rinstBase2 是有效引用，尝试赋值后，rinstDerived2 被赋值引用
               interf1:= instbase;            // interf1 是基类 instbase 的实例名
               interf2:= instderived;         // interf2 是派生类 instderived 的实例名
               rinstDerived3 ?= interf1;      // 由于 interf1 不是有效引用，尝试赋值后，rinstDerived3=NULL
               rinstDerived4 ?= interf2;      // interf2 是有效引用，尝试赋值后，rinstDerived4 被赋值引用
           END_PROGRAM
```

示例说明，当引用基类的实例名或引用基类实例时，由于不是有效引用，因此，引用的赋值尝试结果被赋值 NULL。

（3）赋值尝试的表达方式

1）指令表编程语言中，用"ST?"操作符表示赋值尝试。

【例 1-61】 指令表编程语言的赋值尝试。

```
LD interface2    // 读 interface2
ST? interface1   /* 进行赋值尝试，如果 interface2 是有效接口或引用，则赋值给 interface1，否则
为 NULL*/
```

2）结构化文本编程语言中，用"?="赋值尝试符表示赋值尝试操作。

【例 1-62】 结构化文本编程语言的赋值尝试。

```
interface1 ?= interface2;    /* 如果 interface2 是有效接口或引用，则赋值给 interface1，否则 interface1
被赋值 NULL*/
```

3）图形编程语言中，用"?="赋值尝试函数表示赋值尝试。

【例 1-63】 图形编程语言的赋值尝试。

如图 1-40 所示，用赋值尝试函数表示赋值尝试。

图 1-40　图形编程语言中赋值尝试的表达

## 1.4.11　面向对象的功能块的性能

IEC 61131-3 第三版对 IEC 61131-3:2003 的功能块概念进行如下扩展，以支持使用类的概念的面向对象范式。

1）添加用于功能块的方法。

2）添加用于功能块的接口实现。

3）添加用于功能块的继承。

表 1-68 是面向对象的功能块的性能。它是表 1-53 的扩展。

表 1-68 面向对象的功能块的性能

| 序号 | 描述/关键字 | | 说明 | |
|---|---|---|---|---|
| 1 | 面向对象的功能块 | FUNCTION_BLOCK ... END_FUNCTION_BLOCK | 面向对象的功能块概念的扩展 | |
| 1a | FINAL 修饰符 | | 功能块不能被用于作为基功能块 | |
| 方法和修饰符（添加方法和对方法的访问属性） | | | | |
| 5 | METHOD... END_METHOD | | 方法的声明 | |
| 5a | PUBLIC 修饰符 | | 可从任何地方调用方法 | METHOD PUBLIC M1 ... END_METHOD |
| 5b | PRIVATE 修饰符 | | 只能从定义的 POU 内部调用方法 | METHOD PRIVATE M2 ... END_METHOD |
| 5c | INTERNAL 修饰符 | | 只能从命名空间内部调用方法 | METHOD INTERNAL M3 ... END_METHOD |
| 5d | PROTECTED 修饰符 | | 只能从定义的 POU 和它的派生*（默认）的内部调用方法 | METHOD PROTECTED M4 ... END_METHOD |
| 5e | FINAL 修饰符 | | 不能被覆盖的方法 | |
| 接口用法（添加接口和接口的实现）INTERFACE INTF1 END_INTERFACE; INTERFACE INTF2 END_INTERFACE; | | | | |
| 6a | IMPLEMENTS 接口 | | 在一个功能块声明内实现单接口 | FUNCTION_BLOCK IMPLEMENTS INTF1; ... END_FUNCTION_BLOCK |
| 6b | IMPLEMENTS 多接口 | | 在一个功能块声明内实现多接口 | FUNCTION_BLOCK IMPLEMENTS INTF1, INTF2; ... END_FUNCTION_BLOCK |
| 6c | 接口作为变量的类型 | | 引用接口的实现（功能块实例） | VAR A1:INTF; END_VAR; |
| 继承（添加继承、覆盖和抽象）FUNCTION_BLOCK FB ... END_FUNCTION_BLOCK; CLASS C ...END_CLASS; | | | | |
| 7a | EXTENDS | | 从基功能块继承的功能块 | FUNCTION_BLOCK FB1 EXTEND FB |
| 7b | EXTENDS | | 从基类继承的功能块 | FUNCTION_BLOCK FB EXTEND C |
| 8 | OVERRIDE | | 覆盖基方法的方法见 1.4.9 节中动态名绑定的内容 | METHOD M1 OVERRIDE M: REAL;... END_METHOD; |
| 9 | ABSTRACT | | 抽象功能块：至少一个方法是抽象的 | FUNCTION_BLOCK ABSTRACT FB;... END_FUNCTION_BLOCK |
| | | | 抽象类：该方法是抽象的 | CLASS ABSTRACT CLS;... END_CLASS; |
| 存取引用（添加引用） | | | | |
| 10a | THIS | | 引用本功能块的方法 | THIS.UP(); |
| 10b | SUPER | | 在基功能块的方法的存取引用 | SUPER.DAYTIME(); |
| 10c | SUPER() | | 在基功能块的本体的存取引用 | SUPER(); |
| 变量存取修饰符（添加变量的存取属性） | | | | |
| 11a | PUBLIC 修饰符 | | 可从任何地方存取的变量 | VAR PUBLIC VA1:BOOL;... END_VAR; |
| 11b | PRIVATE 修饰符 | | 只能从定义的 POU 内部存取的变量 | VAR PRIVATE VA2:UINT;... END_VAR; |

| 序号 | 描述/关键字 | | 说　明 |
|------|------------|------|--------|
| 11c | INTERNAL 修饰符 | 只能从相同的命名空间内部存取的变量 | VAR INTERNAL<br>　　VA3:REAL; …<br>END_VAR; |
| 11d | PROTECTED 修饰符 | 只能从定义的 POU 和它的派生（默认）内部存取的变量 | VAR PROTECTED<br>　　VA4:INT;…<br>END_VAR |
| 多态性（添加多态性） | | | |
| 12a | 包含 VAR_IN_OUT，与相同的签名 | 一个基功能块的 VAR_IN_OUT 可被配置为一个派生功能块的实例而不需要额外的 VAR_IN_OUT、VAR_INPUT 或 VAR_OUTPUT 变量 | |
| 12b | 包含 VAR_IN_OUT，与完整的签名 | 一个基功能块的 VAR_IN_OUT 可被配置为一个派生功能块的实例而不需要额外的 VAR_IN_OUT 变量 | |
| 12c | 包含引用，与相同的签名 | 一个基功能块的引用可被配置为一个派生的而不需要额外 VAR_IN_OUT、VAR_INPUT 或 VAR_OUTPUT 变量的功能块实例的地址 | |
| 12d | 包含引用，与完整的签名 | 一个基功能块的引用可被配置为一个派生的而不需要额外 VAR_IN_OUT 变量的功能块实例的地址 | |

### 1. 附加的用于功能块的方法

面向对象的功能块中，可以添加方法。方法是一组可选的语言元素，用于定义在功能块实例数据执行的操作。

面向对象的功能块可有一个功能块本体和附加的一组方法。根据附加方法的有无，功能块有三种变形。

（1）只有功能块本体的功能块

这种功能块就是 1.4.7 节介绍的功能块。功能块不含可实现的方法。表 1-69 显示该功能块元素和功能块的调用。

功能块的输入和输出变量可直接从外部进行写和读的操作。但对功能块的输入-输出变量，不允许从外部直接读取，只允许在调用功能块时读取。

表 1-69　只有功能块本体的功能块的调用

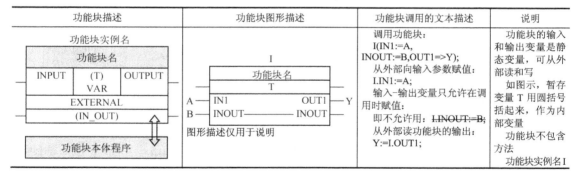

（2）只有方法的功能块

只有方法的功能块没有功能块本体程序。由于方法的输入变量、输出变量、内部变量和返回值都是暂存变量，不是静态变量，因此，只能在调用时存取。表 1-70 显示该类功能块元素和功能块的调用。

功能块可包含多个方法。这些方法的输入变量和输出变量只在调用该方法时才与外部进行信息交换。外部变量可直接读取方法的返回值。

表 1-70　只有方法的功能块的调用

| 功能块描述 | 功能块图形描述 | 功能块调用的文本描述 | 说明 |
|---|---|---|---|
| 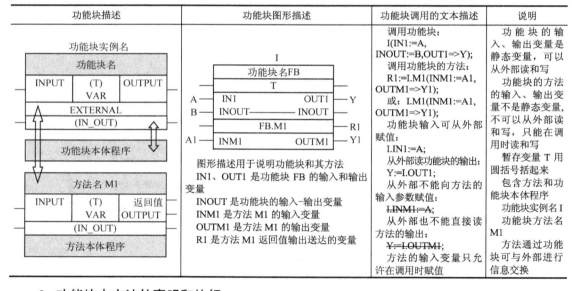 功能块名<br>INPUT　(T) VAR　OUTPUT<br>EXTERNAL (IN_OUT)<br>方法名 M1<br>INPUT　(T) VAR　返回值 OUTPUT<br>(IN_OUT)<br>方法本体程序 | I<br>功能块名 FB<br>FB.M1<br>A —— INM1　OUTM1 —— Y<br>—— R1<br>图形描述仅用于说明功能块中的方法<br>INM1 是方法 M1 的输入变量<br>OUTM1 是方法 M1 的输出变量<br>R1 是方法 M1 返回值输出送达的变量<br>FB 是功能块名<br>FB.M1 是功能块 FB 包含的方法 M1 | 调用功能块的方法：<br>R1:=I.M1(INM1:=A,<br>OUTM1=>Y);<br>或：I.M1(INM1:=A,<br>OUTM1=>Y);<br>从外部不能向输入参数赋值：<br>I.INM1:=A;<br>方法的输入变量只允许在调用时赋值<br>从外部也不能直接读方法的输出：<br>Y:=I.OUTM1;<br>方法的输出只允许在调用时向输出变量赋值 | 功能块的方法的输入、输出变量不是静态变量，不可以从外部读和写，只能在调用时读和写<br>暂存变量 T 用圆括号括起来<br>功能块包含方法 M1<br>功能块实例名 I<br>方法通过功能块可与外部进行信息交换 |

（3）包含方法和功能块本体的功能块

包含方法和功能块本体程序的功能块是上述两种功能块的组合。功能块本体的输入变量、输出变量可直接与外部进行信息交换，而其方法的输入变量、输出变量，功能块的输入-输出变量只能在调用时进行信息交换。

表 1-71 是包含方法和功能块本体程序的面向对象的功能块元素和功能块调用方法。

表 1-71　包含方法和功能块本体程序的面向对象的功能块元素和功能块调用方法

| 功能块描述 | 功能块图形描述 | 功能块调用的文本描述 | 说明 |
|---|---|---|---|
| 功能块实例名<br>功能块名<br>INPUT　(T) VAR　OUTPUT<br>EXTERNAL (IN_OUT)<br>功能块本体程序<br>方法名 M1<br>INPUT　(T) VAR　返回值 OUTPUT<br>(IN_OUT)<br>方法本体程序 | I<br>功能块名 FB<br>T<br>A —— IN1　OUT1 —— Y<br>B —— INOUT　INOUT ——<br>FB.M1<br>—— R1<br>A1 —— INM1　OUTM1 —— Y1<br>图形描述用于说明功能块和其方法<br>IN1、OUT1 是功能块 FB 的输入和输出变量<br>INOUT 是功能块的输入-输出变量<br>INM1 是方法 M1 的输入变量<br>OUTM1 是方法 M1 的输出变量<br>R1 是方法 M1 返回值输出送达的变量 | 调用功能块：<br>I(IN1:=A,<br>INOUT:=B,OUT1=>Y);<br>调用功能块的方法：<br>R1:=I.M1(INM1:=A1,<br>OUTM1=>Y1);<br>或：I.M1(INM1:=A1,<br>OUTM1=>Y1);<br>功能块输入可从外部赋值：<br>I.IN1:=A;<br>从外部读功能块的输出：<br>Y:=I.OUT1;<br>从外部不能向方法的输入参数赋值：<br>I.INM1:=A;<br>从外部也不能直接读方法的输出：<br>Y:=I.OUTM1;<br>方法的输入变量只允许在调用时赋值 | 功能块的输入、输出变量是静态变量，可以从外部读和写<br>功能块的方法的输入、输出变量不是静态变量，不可以从外部读和写，只能在调用时读和写<br>暂存变量 T 用圆括号括起来<br>包含方法和功能块本体程序<br>功能块实例名 I 功能块方法名 M1<br>方法通过功能块可与外部进行信息交换 |

## 2. 功能块中方法的声明和执行

（1）功能块中方法的声明

功能块中方法的声明与方法在类中方法的声明类似，遵循下列规则：

1）功能块中方法的声明段位于功能块变量声明段与功能块本体程序之间。

2）功能块中方法的声明段应在功能块类型的范围内声明。

3）方法的声明可用 IEC 61131 标准规定的任何一种编程语言定义。

4）方法对实例数据的操作有不同的存取属性，即 PUBLIC（公有）、PRIVATE（私有）、INTERNAL（内部）和 PROTECTED（保护）。没有给出存取声明符的方法，具有默认的 PROTECTED 存取属性。

5）方法声明中可以声明它自己的变量，包括 VAR_INPUT、VAR、VAR_TEMP、VAR_OUTPUT、VAR_IN_OUT 和一个方法的返回值结果。

6）方法可选用附加属性。它们是 OVERRIDE（覆盖）或 ABSTRACT（抽象）。但方法的覆盖属性不在 IEC 61131-3 的本部分范围。

与函数类似，方法的声明段应包含下列内容：

1）方法名。它用于标识方法。

2）方法的返回值数据类型。与函数类似，方法可有返回值和没有返回值。如果有返回值，则应声明其数据类型。

3）参数列表。在方法中采用的各参数（形式参数）列表。每个参数应有其变量名，数据类型和（如果用户约定，可设置的）初始值。方法参数用逗号分隔，在一个圆括号内列出。空括号表示没有方法参数。

4）方法的本体，即方法需要执行的操作。

【例1-64】 包含方法的功能块的声明。可参见例1-46，便于比较。

```
FUNCTION_BLOCK   COUNTER                // 功能块名为 COUNTER
    VAR
        CV: UINT;                       // 内部变量 CV，数据类型为 UINT
        Max: UINT:= 1000;               // 内部变量 Max，数据类型为 UINT，初始值 1000
    END_VAR                             // 变量声明段结束
    // 方法的声明段在功能块变量声明段结束后开始
    METHOD PUBLIC UP: UINT              // 方法 UP，数据类型为 UINT，访问权限 PUBLIC
        VAR_INPUT INC: UINT; END_VAR    / 方法的输入变量 INC，数据类型为 UINT
        VAR_OUTPUT QU: BOOL; END_VAR    // 方法的输出变量 QU，数据类型为 BOOL
        IF CV <= Max – INC              // 方法本体程序，如果 CV 小于或等于 Max-INC
            THEN CV:= CV + INC;         // 则加计数
            QU:= FALSE;                 // QU 输出为 FALSE
            ELSE QU:= TRUE;             // 否则，QU 输出为 TRUE
        END_IF
        UP:= CV;                        // 将 CV 赋值给方法的返回值
    END_METHOD
    // 功能块本体程序
END_FUNCTION_BLOCK
```

（2）功能块中方法的执行

与方法在类中的执行方法类似，功能块中方法的执行遵循下列规则：

1）方法被执行时，一个方法可以读它的输入和用它的暂存变量来计算它的输出和它的返回值结果。

2）方法的返回值赋值给方法名。

3）方法的所有变量和返回值都是暂存的，即其值在方法的本次执行到下一次执行之间是不被存储的。因此，方法执行的输出变量求值只能在方法调用时直接的结果。

4）每个方法和类的变量名应是唯一的。但因内部变量表存储，因此，不同方法的内部变量名可相同。

5）对在功能块内声明的输入、输出、静态变量和外部变量，所有方法具有进行读和写操作的功能。但功能块内声明的暂存功能块变量 VAR_TEMP 和 VAR_IN_OUT 变量不具有存取功能。

6）所有变量和返回值结果可以是多值的，即可以是一个数组或一个结构变量。与函数类似，方法的返回值结果可作为表达式的一个操作数。

7）方法执行时，方法可使用 THIS 调用在该功能块内定义的其他方法。其他调用见下述。

8）方法的变量不能用功能块本体（算法）存取。

（3）功能块中方法和变量的存取属性

功能块中的方法和变量都有它们的可访问属性。功能块中的方法可以设置其存取属性，即方法有 PUBLIC（公有）、PRIVATE（私有）、INTERNAL（内部）和 PROTECTED（保护）属性。变量也有 PUBLIC（公有）、PRIVATE（私有）、INTERNAL（内部）和 PROTECTED（保护）属性。调用时，根据方法的存取属性在其允许的范围进行存取访问的操作。功能块中的方法具有其自己的变量存取属性。

在 VAR 变量段，它必须从该变量段变量允许被存取的地方被定义。

通常，变量的存取属性如下：

1）输入和输出变量的存取属性是隐式的 PUBLIC。因此，在输入和输出变量段声明的变量不使用存取符。

2）输出变量是隐式只读属性（READ ONLY）。

3）输入-输出变量只能用于功能块本体和在调用语句时赋值，不允许从外部直接赋值给输入-输出变量。

4）外部变量 VAR_EXTERNAL 段的变量存取是隐式的 PROTECTED，因此，在外部变量声明段的变量也不使用存取符。

**3. 功能块的继承**

与类的继承类似，面向对象的功能块可以继承。一个或多个功能块类型可以被派生，派生的功能块可以继续派生出它的子功能块。

（1）功能块的继承

功能块可从基功能块继承，也可从基类继承，都采用关键字 EXTENDS。

【例 1-65】 功能块的继承。

```
CLASS   C1                              // 基类，类名为 C
…                                       // 类的声明和本体程序
END_CLASS
FUNCTION_BLOCK BASE                     // 基功能块，功能块名为 BASE
    VAR_INPUT IN1 : INT; END_VAR;       // 输入变量 IN1 的声明
    VAR_OUTPUT OUT1 : INT; END_VAR;     // 输出变量 OUT1 的声明
    OUT1:=IN1*2;                        // 功能块本体程序
END_FUNCTION_BLOCK
FUNCTION_BLOCK   BASE_1   EXTENDS BASE  // 功能块 BASE_1 从基功能块 BASE 继承
    VAR_INPUT IN11 : INT; END_VAR;      // 除了基功能块的输入-输出变量外，增加输入变量
```

IN11
      SUPER()                            // 调用基功能块的本体程序
      …                                  // 执行派生功能块自己的本体程序
 END_FUNCTION_BLOCK
 FUNCTION_BLOCK   BASE_2   EXTENDS C    // 功能块 BASE_2 从基类 C 继承
 …                                       // 继承功能块的变量声明
      SUPER()                            // 调用基功能块的本体程序
      …                                  // 执行派生功能块自己的本体程序
 END_CLASS

不管是从基功能块继承，还是从基类继承，派生的功能块具有其父功能块或父类的所有输入、输出等变量和有关的方法。此外，派生的功能块还可自己声明其输入、输出等变量等和其功能块本体。

（2）派生功能块本体程序的调用

基功能块的本体程序不能通过功能块的继承，自动传递到派生功能块。派生功能块有它自己的本体程序，默认为空，为将基功能块的本体程序继承到派生功能块，可采用 SUPER()调用。

SUPER()调用的规则如下：

1）当调用基功能块时，派生功能块的本体（如果有的话）被执行。

2）调用 SUPER()实现在派生功能块内附加的基功能块本体程序的执行。调用 SUPER()不需要设置参数。

3）调用 SUPER()将在基功能块本体执行一次，而不是循环执行。

4）在基功能块或基类和派生功能块中变量名应是唯一的。

5）SUPER()只在功能块本体被调用，它不在功能块的方法内被调用。

6）功能块的调用是动态绑定的。

① 派生功能块用于基功能块或基类所定义使用的范围内。

② SUPER()只在功能块本体调用，不能在功能块的方法内调用。

【例 1-66】 功能块继承中 SUPER()的作用。

```
FUNCTION_BLOCK FB_BASE
    VAR_INPUT   A:INT; END_VAR        // 输入变量 A 是 INT 数据类型
    VAR OUTPUT   X:INT; END_VAR       // 输出变量 X 是 INT 数据类型
    X:= A+1;                          // 功能块本体程序
END_FUNCTION_BLOCK

FUNCTION_BLOCK FB_BASE1 EXTENDS FB_BASE   // FB_BASE1 继承 FB_BASE
    // 该功能块继承基功能块的所有变量，即 A 和 X
    VAR_INPUT   B:INT; END_VAR        // 输入变量 B 是 INT 数据类型
    SUPER();        // 调用基功能块的本体程序，即 X:= A+1;
    X:=2*X+B;       // 还可执行其本体程序
END_FUNCTION_BLOCK
```

示例说明，采用 SUPER()可调用基功能块程序，而本体程序也可执行。因此，上述功能块 FB_BASE1 既继承基功能块的变量，也可用 SUPER()调用基功能块的本体程序，并增加它所需的本体程序。它也可表示为：

```
FUNCTION_BLOCK FB_BASE1
    VAR_INPUT   A:INT; END_VAR          /* 基功能块输入变量 A*/
    VAR_INPUT   B:INT; END_VAR          /* 本功能块输入变量 B*/
    VAR OUTPUT   X:INT; END_VAR         /* 基功能块输出变量 X*/
    X:= A+1;                            /* 基功能块的本体程序 */
    X:=2*X+B;                           /* 本功能块的本体程序 */
END_FUNCTION_BLOCK
```

（3）派生功能块中方法的覆盖

派生功能块继承父功能块的方法或父类的方法。如果派生功能块不想原封不动地继承父功能块或父类中的方法，而需做修改，则可采用方法的覆盖。与类中方法的覆盖类似，功能块中方法覆盖时，派生功能块中的方法与父功能块或父类中某一方法应具有相同的方法名、返回数据类型和参数表（也称三同），则新方法将覆盖原有的方法。

【例 1-67】 派生功能块中覆盖方法。

```
FUNCTION_BLOCK CIRCLE                    // 功能块 CIRCLE 是父功能块
    METHOD PUBLIC PI: LREAL              // 方法 PI 用于定义较低精度的圆周率
        PI:= 3.14;
    END_METHOD
    …
END_FUNCTION_BLOCK
FUNCTION_BLOCK CIRCLE2 EXTENDS CIRCLE
    // 子功能块 CIRCLE2 从父功能块 CIRCLE 扩展
    METHOD PUBLIC OVERRIDE PI: LREAL
    // 子功能块的方法 PI 覆盖父功能块的方法 PI
        PI:= 3.1415926535898;
    // 该子功能块的方法采用更高精度的圆周率
    END_METHOD
END_FUNCTION_BLOCK
```

覆盖后的方法应有相同的存取属性。需注意，具有 FINAL 属性的方法不能被覆盖。具有 FINAL 属性的功能块不能再继承。因此，FINAL 属性的功能块不能被用于成为基功能块。

（4）动态名绑定

方法名的绑定与方法实现的方法名有关。功能块的动态名绑定是将方法名关联到功能块实例的实际类型的一种方法实现。与类中方法的动态绑定类似，在功能块中方法的动态绑定是将该方法名与功能块实例的实际类型进行关联。

动态名绑定的优点是在运行前可进行多种选择绑定，但绑定是在程序执行时进行，因此执行效率低。

**4. 功能块中方法的调用**

方法的调用分为从方法所在功能块实例内的调用和从方法所在基功能块实例的方法调用两种。调用格式与类实例的方法调用类似。

（1）用 THIS 实现功能块实例内方法调用

与类实例内方法的调用类似，THIS 关键字用于调用本功能块实例的方法。这是方法的动态绑定。

【例 1-68】 本功能块实例内方法的调用，可参见例 1-46。

```
FUNCTION_BLOCK   COUNTER        // 功能块名为 COUNTER
    VAR
        CV: UINT;
        Max: UINT:= 1000;
    END_VAR
    METHOD PUBLIC UP: UINT // 具有公有存取属性的方法,方法名为 UP,返回值数据类型是 UINT
        VAR_INPUT INC: UINT; END_VAR      // 方法的输入变量 INC 的数据类型是 UINT
        VAR_OUTPUT QU: BOOL; END_VAR      // 方法的输出变量 QU 的数据类型是 BOOL
        IF CV <= Max – INC
        THEN CV:= CV + INC;               // 当前计数值 CV
        QU:= FALSE;
        ELSE QU:= TRUE;                   // 超上限 Max 时输出为 BOOL#1
        END_IF
        UP:= CV;                          // 方法的返回值结果
    END_METHOD
    METHOD PUBLIC UP5: UINT               // 方法 UP5 表示计数值 INC=5
        VAR_OUTPUT QU: BOOL; END_VAR      // 输出变量
        UP5:= THIS.UP(INC:= 5, QU => QU); // 内部调用方法 UP,并设置 INC=5,输出送 QU
    END_METHOD
END_FUNCTION_BLOCK
```

（2）用 SUPER 实现功能块实例外的方法调用

类似地，可用 SUPER 实现对基功能块实例的方法调用。注意，这是方法的静态绑定。

【例 1-69】 基功能块实例的方法调用，可参见例 1-48。

```
FUNCTION_BLOCK   LIGHTROOM              // 功能块名为 LIGHTROOM
    VAR LIGHT: BOOL; END_VAR            // 变量 LIGHT 灯
    METHOD PUBLIC DAYTIME               // 方法 DAYTIME
        LIGHT:= FALSE;                  // 白天将灯 LIGHT 关闭
    END_METHOD
    METHOD PUBLIC NIGHTTIME             // 方法 NIGHT
        LIGHT:= TRUE;                   // 晚上将灯 LIGHT 点亮
    END_METHOD
END_FUNCTION_BLOCK                      // 功能块声明部分结束
FUNCTION_BLOCK LIGHT2ROOM EXTENDS LIGHTROOM   /* 功能块 LIGHT2ROOM 继承
LIGHTROOM*/
    VAR LIGHT2: BOOL; END_VAR           // 定义灯 LIGHT2
    METHOD PUBLIC OVERRIDE DAYTIME      // 覆盖被继承的方法 DAYTIME
        SUPER.DAYTIME();                // 调用基功能块 LIGHTROOM 的方法 DAYTIME
        LIGHT2:= TRUE;                  // 将 LIGHT2 灯点亮
    END_METHOD
    METHOD PUBLIC OVERRIDE NIGHTTIME        // 覆盖被继承的方法 NIGHTTIME
        SUPER.NIGHTTIME()               // 调用基功能块 LIGHTROOM 的方法 NIGHTTIME
        LIGHT2:=FALSE ;                 // 将 LIGHT2 灯关闭
    END_METHOD
END_FINCTION_BLOCK
```

### 1.4.12　多态性

面向对象的功能块的多态性指对同一功能块，由于继承、覆盖和引用的不同而有不同的响应或行为。例如，功能块通过覆盖方法，获得新的方法，这些不同的覆盖方法能使执行的结果不同，这就是多态性。面向对象的功能块的多态性，其特点是动态名绑定，即根据程序运行期不同执行情况有不同结果。面向对象的功能块具有下列四种多态性。

**1. 接口的多态性**

接口的多态性指面向对象的功能块可用多接口实现不同的行为。

接口不能实例化，只有派生功能块或派生类可以赋值给一个接口引用。因此，经接口引用的一个方法的任意调用是动态绑定的。

通过接口，功能块可实现多接口，功能块也可实现多接口，即接口的多态性。

**2. 输入-输出变量的多态性**

输入-输出变量的多态性指对同样的功能块，由于输入-输出变量的不同而有不同的功能块输出结果。

（1）有 VAR_IN_OUT 变量和相同的方法签名

如果派生功能块没有附加的 VAR_IN_OUT 变量，相同类型的 VAR_IN_OUT 变量可赋值给一个派生功能块的实例。派生功能块是否有 VAR_INPUT 或 VAR_OUTPUT 变量被赋值由实施者规定。

（2）有 VAR_IN_OUT 变量和兼容的方法签名

一个（基）功能块的 VAR_IN_OUT 变量可赋值给一个派生功能块的实例，而没有附加的 VAR_IN_OUT 变量。

因此，用 VAR_IN_OUT 变量的功能块和功能块的方法调用是动态绑定的。

【例 1-70】　输入-输出变量的多态性（见图 1-41）。

1）定义基功能块和派生功能块。

```
FUNCTION_BLOCK    BASE
    VAR_INPUT     A: INT; END_VAR;
    VAR_OUTPUT    X: INT; END_VAR;
    X:=A+1;
    NIGHTTIME;
END_FUNCTION_BLOCK
FUNCTION_BLOCK    DERIVED_1    EXTENDS    BASE
    VAR_INPUT     B: INT; END_VAR;
    SUPER();
    X:=3*X+B;
END_FUNCTION_BLOCK
FUNCTION_BLOCK    DERIVED_2    EXTENDS    DERIVED_1
    VAR_IN_OUT    C: INT; END_VAR;
    SUPER();
    C:=X/C;
END_FUNCTION_BLOCK
```

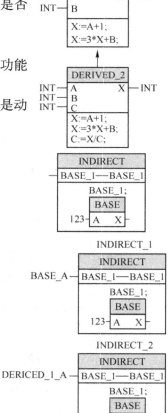

图 1-41　例 1-70 图

2）输入-输出变量的多态性。

```
FUNCTION_BLOCK   INDIRECT
    VAR
    BASE_A :BASE;
    DERIVED_2_A: DERIVED_2;
    END_VAR;
    VAR_IN_OUT: BASE_1: BASE; END_VAR
    BASE_1(A:=123);
END_FUNCTION_BLOCK
FUNCTION_BLOCK   INDIRECT_1
    VAR
    BASE_A :BASE;
    DERIVED_2_A: DERIVED_2;
    END_VAR;
    VAR_IN_OUT: BASE_1: BASE; END_VAR
    BASE_1(A:=BASE_A);                  // 动态绑定
END_FUNCTION_BLOCK
FUNCTION_BLOCK   INDIRECT_2
    VAR
    BASE_A :BASE;
    DERIVED_2_A: DERIVED_2;
    END_VAR;
    VAR_IN_OUT: BASE_1: BASE; END_VAR
    BASE_1(A:=DERIVED_1_A);             // 动态绑定
END_FUNCTION_BLOCK
```

**3. 引用的多态性**

引用的多态性指对同一个功能块，由于引用的不同而有不同的功能块输出结果。

派生类实例可将一个引用赋值到一个基类。

（1）相同方法签名的引用

相同类型的一个变量可赋值到派生功能块类型的引用，而不需要附加的 VAR_IN_OUT 变量、VAR_INPUT 或 VAR_OUTPUT 变量。（基）功能块的引用可赋值给派生功能块实例的地址而不需要附加的 VAR_IN_OUT 变量、VAR_INPUT 或 VAR_OUTPUT 变量。到派生功能块的引用是否有 VAR_INPUT 或 VAR_OUTPUT 变量被赋值由实施者规定。

因此，采用解引用的功能块和功能块的方法调用是动态绑定的。

（2）兼容方法签名的引用

（基）功能块的引用可赋值给派生功能块实例的地址而不需要附加的 VAR_IN_OUT 变量。

【例1-71】 引用的多态性。

1）定义基类和派生类。

```
CLASS   LIGHTROOM
    VAR LIGHT: BOOL; END_VAR
    METHOD PUBLIC SET_DAYTIME
        VAR_INPUT: DAYTIME: BOOL; END_VAR
        LIGHT:= NOT(DAYTIME);           // 第一个灯
```

```
            END_METHOD
        END_CLASS
        CLASS LIGHT2ROOM EXTENDS LIGHTROOM
            VAR LIGHT2: BOOL; END_VAR                   // 第二个灯
            METHOD PUBLIC OVERRIDE SET_DAYTIME
                VAR_INPUT: DAYTIME: BOOL; END_VAR
                SUPER.SET_DAYTIME(DAYTIME);      // 调用 LIGHTROOM.SET_DAYTIME
                LIGHT2:= NOT(DAYTIME);
            END_METHOD
        END_CLASS
```

2）定义功能块。

```
        FUNCTION_BLOCK ROOM_CTRL
            VAR_IN_OUT RM: LIGHTROOM; END_VAR
            VAR_EXTERNAL Actual_TOD: TOD; END_VAR        // 外部变量
                // 类的方法在调用时是动态绑定的。RM 引用到派生类
            RM.SET_DAYTIME(DAYTIME:= (Actual_TOD <= TOD#20:00) AND (Actual_TOD >= TOD# 6:00));
        END_FUNCTION_BLOCK
```

3）引用的多态性。

```
        PROGRAM    D
        VAR
            MyRoom1: LIGHTROOM;
            MyRoom2: LIGHT2ROOM;
            My_Room_Ctrl: ROOM_CTRL;
        END_VAR
            My_Room_Ctrl(RM:= MyRoom1);     // 引用 LIGHTROOM，点亮第一个灯
            My_Room_Ctrl(RM:= MyRoom2);     // 引用 LIGHT2ROOM，点亮第二个灯
        END_PROGRAM;
```

（3）引用和调用

引用是一个变量的别名，因此，调用一个引用时，只将指向的对象地址传递给用户，然后用户根据地址做有关操作。

调用是一个操作，它是对象和对象之间交互时相互做的动作。调用是将本类或其他类内的对象、方法或属性调过来使用。

引用的调用用于函数的参数传递，使用引用的调用，可在子函数中对形式参数所做的更改对主函数中的实际参数有效。

声明一个引用时，必须同时对引用进行初始化，使它指向已存在的对象。一旦引用被初始化，就不能改为指向其他对象，即引用是一个变量的别名，而且该别名不能改变。

引用作为形式参数时，形式参数的初始化不在类型声明时进行，而在执行主调函数的调用表达式时，才为形参分配内存空间，同时用实参来初始化形参。这样引用类型的形参就通过形实结合，成为实参的一个别名，对形参的任何操作也就会直接作用于实参。

**4. THIS 的多态性**

在运行期，THIS 可支持一个引用到当前的功能块类型或它的所有派生的功能块类型。因

此，采用 THIS 的一个功能块方法的任何调用都是动态绑定的。

对于功能块类型或方法是 FINAL 属性，或如果没有输入-输出变量的派生功能块的特殊情况，在编译时确定是一个引用或 THIS 调用。这时，不必动态绑定。

## 1.4.13　命名空间

命名空间（Namespace）是用于组织和重用代码的编译单元，也称为名称空间或名空间。为使相同的名称可以在上下文中使用而不发生错误，可将相同的名称分别放置在不同的命名空间（即局部命名空间），从而使相同的名称局部化（本地化），防止名称的冲突。因此，声明在命名空间的语言元素的同一名称，也可被用在其他命名空间。命名空间是一个将其他语言元素组合到一个组合实体的语言元素。

命名空间和没有封闭的命名空间的类型是全局命名空间的成员。全局命名空间包括全局范围内声明的名称。所有标准函数和标准功能块是全局命名空间的元素。命名空间和在一个命名空间内的类型是该命名空间的成员。命名空间的成员在命名空间的局部范围内。命名空间可以嵌套。

**1. 命名空间的声明**

命名空间声明的格式如下：

> **NAMESPACE**　可选的存取说明符 **INTERNAL**　命名空间名
> 　　命名空间的本体
> **END_NAMESPACE**

存取说明符 INTERNAL 是可选的，它表示该命名空间只能在其本身内部进行访问。如果没有该存取说明符，则表示该命名空间的语言元素是来自该命名空间外部的存取，即命名空间默认访问属性为 PUBLIC。

存取说明符用于下列语言元素的声明：用关键字 TYPE 类型化的用户定义的数据类型；函数；程序；功能块类型和它们的变量和方法；类和它们的变量和方法；接口；命名空间。

【例 1-72】　命名空间的声明。

```
NAMESPACE Timers                        // 命名空间声明段开始,命名空间名称为 Timers
    FUNCTION INTERNAL TimeTick: DWORD   // 内部函数 TimeTick 的数据类型是 DWORD
        ...                             // 函数的变量声明和函数本体程序
    END_FUNCTION
        ...                             // 其他命名空间的语言元素，默认为 PUBLIC
    TYPE                                // 类型化
        LOCAL_TIME: STRUCT             // 结构变量 LOCAL_TIME
            TIMEZONE: STRING [40];
            DST: BOOL;                  // DST 是 Daylight Saving Time 缩写
            TOD: TOD;                   // TOD 是时间数据类型
            END_STRUCT;
    END_TYPE;
    ...                                 // 其他命名空间的语言元素，默认为 PUBLIC
    FUNCTION_BLOCK TON                  // 功能块 TON
        ...                             // 功能块的变量声明和功能块本体程序
    END_FUNCTION_BLOCK
```

```
            ...                              // 该命名空间内的其他成员的声明
    END_NAMESPACE                            // 命名空间声明结束
```

命名空间声明时注意事项如下：

1）命名空间名可以是单一的标识符或包括一个命名空间标识符的序列用圆点（"."）分隔的名称，例如，Standard 或 Standard.Timers。后者相当于命名空间的混合词法嵌套结构。

【例 1-73】 混合词法嵌套的命名空间声明。

```
    NAMESPACE Standard.Timers
            ...
    END_NAMESPACE
```

相当于下列命名空间的声明：

```
    NAMESPACE Standard
        NAMESPACE Timers
            ...
        END_NAMESPACE
    END_NAMESPACE
```

2）命名空间的声明在编译单元作为最高级别声明时，该命名空间是全局命名空间。

3）命名空间的性能见表 1-72。

表 1-72　命名空间的性能

| 序号 | 描　　述 | 示　　例 |
|---|---|---|
| 1a | 公用命名空间（没有存取属性符），（默认公用） | NAMESPACE name<br>　　declaration(s)<br>　　declaration(s)<br>END_NAMESPACE<br>所有命名空间包含的元素是根据它们的存取属性符的规定进行存取 |
| 1b | 内部命名空间（有 INTERNAL 属性符） | NAMESPACE INTERNAL name<br>　　declaration(s)<br>　　declaration(s)<br>END_NAMESPACE<br>没有任何存取属性符或存取属性符 PUBLIC 的所有包含的元素在该命名空间的内部可存取 |
| 2 | 嵌套命名空间 | 见例 1-74 |
| 3 | 变量存取属性符，见例 1-74 | CLASS C1<br>　　VAR INTERNAL myInternalVar: INT; END_VAR<br>　　VAR PUBLIC myPublicVar: INT; END_VAR<br>END_CLASS |
| 4 | 方法存取属性符，见例 1-74 | CLASS C2<br>　　METHOD INTERNAL myInternalMethod: INT; ... END_METHOD<br>　　METHOD PUBLIC myPublicMethod: INT; ... END_METHOD<br>END_CLASS |
| 5 | ● 带存取属性符 INTERNAL 的语言元素<br>● 用户定义的数据类型-用关键字 TYPE<br>● 函数<br>● 功能块类型<br>● 类<br>● 接口 | CLASS INTERNAL<br>　　METHOD INTERNAL myInternalMethod: INT; ... END_METHOD<br>　　METHOD PUBLIC myPublicMethod: INT; ... END_METHOD<br>END_CLASS<br>CLASS<br>　　METHOD INTERNAL myInternalMethod: INT; ... END_METHOD<br>　　METHOD PUBLIC myPublicMethod: INT; ... END_METHOD<br>END_CLASS |

4）命名空间可以在另一个命名空间内作为其成员进行声明，这是命名空间的嵌套。内部

的命名空间是外部命名空间的成员。

【例 1-74】 嵌套的命名空间和方法存取属性的声明。

```
NAMESPACE Standard                         // 命名空间，默认为 PUBLIC
    NAMESPACE Timers                       // 内部的命名空间，默认为 PUBLIC
        FUNCTION INTERNAL TimeTick: DWORD   // 内部函数 TimeTick，数据类型是 DWORD
            ...                            // 函数的变量声明和函数本体程序
        END_FUNCTION
        ...                                // 其他命名空间的语言元素，默认为 PUBLIC
        TYPE                               // 用户定义数据类型
            LOCAL_TIME: STRUCT             // 结构变量 LOCAL_TIME
                TIMEZONE: STRING [40];     // TIMEZONE 是字符串，长度为 40 个字符
                DST: BOOL;                 // DST 是 Daylight Saving Time 的缩写
                TOD: TOD;                  // TOD 是 TOD 时间数据类型
            END_STRUCT;
        END_TYPE;
        ...                                // 其他命名空间的语言元素，默认为 PUBLIC
        FUNCTION_BLOCK TON                 // 功能块 TON
            ...                            // 功能块的变量声明和功能块本体程序
        END_FUNCTION_BLOCK
        ...                                // 该命名空间内的其他成员的声明
        CLASS A                            // 类 A 的声明
            METHOD INTERNAL M1             // 方法 M1，访问属性是 INTERNAL
                ...                        // 方法 M1 的本体
            END_METHOD
            METHOD PUBLIC M2               // 方法 M2，默认为 PROTECTED，本方法为 PUBLIC
                ...                        // 方法 M2 的本体
            END_METHOD
        END_CLASS
        CLASS INTERNAL B                   // 类 B 的声明，访问属性是 INTERNAL
            METHOD INTERNAL M1             /* 方法 M1，访问属性是 INTERNAL，不同类，方法
名可相同 */
                ...                        // 类 B 的方法 M1 的本体
            END_METHOD
        END_CLASS
    END_NAMESPACE                          // 命名空间 Timers 的声明结束
    NAMESPACE Counters
    // Standard 命名空间的另一个嵌套命名空间 Counters，默认为 PUBLIC
        FUNCTION_BLOCK CUP                 // 功能块 CUP
            ...                            // 功能块变量声明和本体
        END_FUNCTION_BLOCK
        ...                                // 其他命名空间的语言元素，默认为 PUBLIC
    END_NAMESPACE                          // 命名空间 Counters 的声明结束
END_NAMESPACE                              // 命名空间 Standard 的声明结束
```

5）命名空间内部和外部的命名空间元素、方法和功能块变量的可访问性取决于变量的可访问属性及它在命名空间声明的可访问属性和语言元素，见表 1-73。

表 1-73　可访问性规则

| 命名空间可访问符 | PUBLIC（默认，没有说明符） | | INTERNAL | | | |
| --- | --- | --- | --- | --- | --- | --- |
| 语言元素、变量或方法的访问符 | 从命名空间外部的访问 | 从命名空间内部但在 POU 的外部的访问 | 从命名空间外部的访问 | | 从命名空间内部但在 POU 的外部的访问 |
| | | | 除了父命名空间外的所有命名空间 | 父命名空间 | |
| PRIVATE | 不允许 | 不允许 | 不允许 | 不允许 | 不允许 |
| PROTECTED | 不允许 | 不允许 | 不允许 | 不允许 | 不允许 |
| INTERNAL | 不允许 | 允许 | 不允许 | 不允许 | 允许 |
| PUBLIC | 允许 | 允许 | 不允许 | 允许 | 允许 |

6）命名空间具有分层结构。外部（上层）命名空间不允许访问其内部（下层）命名空间的内部实体。

【例 1-75】 命名空间变量的可访问性。

```
NAMESPACE pN1                              // 最外部的命名空间 pN1，PUBLIC 访问
    NAMESPACE pN11                         // 嵌套的命名空间 pN11，PUBLIC 访问
        FUNCTION    pF1 ... END_FUNCTION          // 函数 pF1 可在任何位置被访问
        FUNCTION  INTERNAL  iF2 ... END_FUNCTION  // 函数 iF2 只能在 pN11 内部被访问
        FUNCTION_BLOCK  pFB1                      // 功能块 pFB1 可在任何位置被访问
            VAR  PUBLIC  pVar1: REAL ... END_VAR  // 变量 pVar1 可在任何位置被访问
            VAR  INTERNAL  iVar2: REAL ... END_VAR  // 变量 iVar2 只能在 pN11 内部被访问
            ...
        END_FUNCTION_BLOCK
        FUNCTION_BLOCK  INTERNAL  iFB2    // 功能块 iFB2 只能在 pN11 内部被访问
            VAR  PUBLIC      pVar3: REAL... END_VAR   /* 由于功能块，因此 pVar3 也在 pN11 内
部被访问*/
            VAR  INTERNAL  iVar4: REAL ... END_VAR    // 变量 iVar4 只能在 pN11 内部被访问
            ...
        END_FUNCTION_BLOCK
        CLASS pC1                         // 因类 pC1 可在 pN1 和 pN11 任何位置被访问
            VAR  PUBLIC      pVar5: REAL ... END_VAR  // 变量 pVar5 可在任何位置被访问
            VAR  INTERNAL  iVar6: REAL ... END_VAR    // 变量 iVar6 只能在 pN11 内部被访问
            METHOD  pM1 ... END_METHOD         // 方法 pM1 可在任何位置被访问
            METHOD  INTERNAL  iM2 ... END_METHOD  // 方法 iM2 只能在 pN11 内部被访问
        END_CLASS
        CLASS  INTERNAL  iC2              // 因类 iC1 只能在 pN11 内部被访问
            VAR  PUBLIC  pVar7: REAL ... END_VAR  // 类内的变量 pVar7 只能在 pN11 内部被访问
            VAR  INTERNAL  iVar8: REAL ... END_VAR  // 变量 iVar8 只能在 pN11 内部被访问
            METHOD  pM3 ... END_METHOD         // 类内的方法 pM3 只能在 pN11 内部被访问
            METHOD  INTERNAL  iM4 ... END_METHOD  // 方法 iM4 只能在 pN11 内部被访问
        END_CLASS
    END_NAMESPACE
    NAMESPACE  INTERNAL  iN12             // 另一嵌套的命名空间，INTERNAL 属性
        FUNCTION  pF1 ... END_FUNCTION    //pF1 具有 PUBLIC，能在 pN1 内部被访问
        FUNCTION  INTERNAL  iF2 ... END_FUNCTION    //iF2 只能在 iN12 内部被访问
        FUNCTION_BLOCK  pFB1              //pFB1 具有 PUBLIC，能在 pN1 内部被访问
```

```
              VAR   PUBLIC      pVar1: REAL ... END_VAR        /* pVar1 具有 PUBLIC，能在 pN1 内部
被访问*/

              VAR   INTERNAL   iVar2: REAL ... END_VAR         //iVar2 只能在 iN12 内部被访问
              ...
       END_FUNCTION_BLOCK
       FUNCTION_BLOCK   INTERNAL   iFB2         //iFB2 只能在 iN12 内部被访问
              VAR   PUBLIC      pVar3: REAL ... END_VAR // 由于 iFB2，pVar3 只能在 iN12 内部被访问
              VAR   INTERNAL   iVar4: REAL ... END_VAR        //iVar4 只能在 iN12 内部被访问
              ...
       END_FUNCTION_BLOCK
       CLASS   pC1                                    // 类 pC1 可在 pN1 任何位置被访问
              VAR   PUBLIC      pVar5: REAL ... END_VAR       //pVar5 可在 pN1 任何位置被访问
              VAR   INTERNAL   iVar6: REAL ... END_VAR        //iVar6 只能在 iN12 内部被访问
              METHOD   pM1 ... END_METHOD                //pM1 可在 pN1 任何位置被访问
              METHOD   INTERNAL   iM2 ... END_METHOD        //iM2 只能在 iN12 内部被访问
       END_CLASS
       CLASS   INTERNAL   iC2                                // 类 iC2 只能在 iN12 内部被访问
              VAR   PUBLIC      pVar7: REAL ... END_VAR       // 类内的 pVar7 只能在 iN12 内部被访问
              VAR   INTERNAL      iVar8: REAL ... END_VAR     // 类内的 iVar8 只能在 iN12 内部被访问
              METHOD   pM3 ... END_METHOD                // 类内的 pM3 只能在 iN12 内部被访问
              METHOD   INTERNAL iM4 ... END_METHOD        // 类内的 iM4 只能在 iN12 内部被访问
       END_CLASS
    END_NAMESPACE
 END_NAMESPACE
```

7）用多个带 NAMESPACE 关键字文本嵌套的命名空间的声明来声明词法嵌套命名空间。表 1-74 是嵌套命名空间声明的可选项。

表 1-74　嵌套命名空间声明的可选项

| 序号 | 描　　述 | 示　　例 |
|---|---|---|
| 1 | 词法嵌套命名空间的声明，等效于表 1-72 的序号 2，见例 1-74 | NAMESPACE  Standard<br>　NAMESPACE  Timers<br>　　NAMESPACE  HighResolution<br>　　　FUNCTION  PUBLIC   TimeTick: DWORD<br>　　　.../ 功能块的变量声明和本体<br>　　　END_FUNCTION<br>　　END_NAMESPACE  (*HighResolution*)<br>　END_NAMESPACE  (*Timers*)<br>END_NAMESPACE   (*Standard*) |
| 2 | 用完全合格名称的嵌套命名空间的声明，见例 1-73 | NAMESPACE  Standard.Timers.HighResolution<br>FUNCTION  PUBLIC TimeResolution: DWORD<br>.../ 功能块的变量声明和本体<br>END_FUNCTION<br>END_NAMESPACE   (*Standard.Timers.HighResolution*) |
| 3 | 混合词法嵌套命名空间和用完全合格名称的嵌套命名空间 | NAMESPACE  Standard.Timers<br>　NAMESPACE  HighResolution<br>　　FUNCTION   PUBLIC   TimeLimit: DWORD<br>　　.../ 功能块的变量声明和本体<br>　　END_FUNCTION<br>　END_NAMESPACE  (*HighResolution*)<br>END_NAMESPACE   (*Standard.Timers*) |

注：多命名空间的声明采用相同的完全限定名用于同一命名空间。本表的示例 TimeTick.TimeResolution 和 TimeLimit 是同一命名空间 Standard.Timers.HighResolution 的成员，不管它们定义在不同的命名空间声明段，例如，在不同的结构化文本程序文件中。

8) 命名空间和类型的名称必须唯一，由表示其逻辑层次结构的完全限定名描述，它们应在每个实体后面用完全限定名称进行注释。

**【例 1-76】** 完全限定名注释。

```
NAMESPACE   pN1.pN11                              // pN1.pN11
    FUNCTION     pF1 ... END_FUNCTION             // pN1.pF1
    FUNCTION_BLOCK   pFB1   ... END_FUNCTION_BLOCK  // pN1.pFB1
END_NAMESPACE
    ...
NAMESPACE   INTERNAL iN12
    FUNCTION   pF1 ... END_FUNCTION               // iN12.pF1
    CLASS   pC1... END_CLASS                       // iN12.pC1
END_NAMESPACE
```

示例中，pN1 是全局命名空间的完全限定名称，pN11 是 pN1 命名空间的成员，其完全限定名称是 pN1.pN11。类似地，pN1.pF1 是函数 pF1 在命名空间 pN1 的完全限定名称。

**2. 命名空间的用法**

**（1）基本用法**

命名空间的用法遵循下列规则：

1）命名空间外部的访问：用命名空间名加 "." 及命名空间的元素来访问该命名空间的元素。例如，pN1.pF1 表示访问 pN1 命名空间的 pF1 函数。

**【例 1-77】** 命名空间外部的访问。

```
FUNCTION_BLOCK Uses_Timer        // 命名空间 Standard 和 Timers 的声明见例 1-73
    VAR
        Ton1: Standard.Timers.TON;   /* Ton1 是 Standard 命名空间的 Timers 定时器功能块 TON
的实例名，TON 是上升沿启动定时器、下降沿停止定时器的功能块*/
        Ton2: PUBLIC.TON;            // Ton2 是公用定时器功能块 TON 的实例名
        bTest: BOOL;                 // bTest 是定时器启动条件
    END_VAR
    Ton1(In:= bTest, PT:= t#5s);     // 在 TON 功能块命名空间外部调用 Ton1
    Ton2(In:= bTest, PT:= t#15s);    // 在 TON 功能块命名空间外部调用 Ton2
END_FUNCTION_BLOCK
```

2）命名空间内部的访问：可直接访问，也可用类似从外部访问的格式访问。

3）嵌套命名空间内的元素可用命名所有父命名空间来存取，见例 1-77。

4）除了它自己的命名空间外，用 INTERNAL 存取说明符声明的语言元素不能从命名空间外部存取。

5）当用户定义的命名空间完全限定名称过长时，可采用 USING 关键字。

**（2）USING 的用法**

命名空间指令 USING 可依次给出下列命名空间名，一个 POU，一个函数或一个方法的名和返回值的声明。USING 用法遵循下列规则：

1）USING 指令被用在一个功能块、类或结构变量时，它应紧跟在类型名后面声明。

【例1-78】 USING 紧跟在功能块类型名后面声明。

```
NAMESPACE   Standard.Timers          // 声明词法嵌套的命名空间 Standard.Timers
    FUNCTION_BLOCK   TON             // 声明功能块 TON
        ...                          // 功能块 TON 的变量声明和本体
    END_FUNCTION_BLOCK
END_NAMESPACE                        // 命名空间 Standard.Timers 声明结束
NAMESPACE   Counters                 // 声明命名空间 Counters
    FUNCTION_BLOCK   CUP             // 声明功能块 CUP
        ...                          // 功能块 CUP 的变量声明和本体
    END_FUNCTION_BLOCK
END_NAMESPACE                        // 命名空间 Counters 声明结束
NAMESPACE Infeed                     // 声明命名空间 Infeed
    FUNCTION_BLOCK Uses_Std          // 声明功能块 User_Std
        USING   Standard.Timers;     // 用 USING 指令声明可访问的命名空间 Standard.Timers
        VAR
            Ton1: TON;               // Ton1 是 Standard.Timers 命名空间的 TON 功能块实例名
            Cnt1: Counters.CUP;      // Cnt1 是 Counters 命名空间的 CUP 功能块实例名
            bTest: BOOL;             // bTest 是定时器启动条件
        END_VAR
        Ton1(In:= bTest, PT:= t#5s); // 调用 Standard.Timers 命名空间的 TON 功能块
    END_FUNCTION_BLOCK
END_NAMESPACE
```

2）USING 指令被用在一个函数或一个方法时，它应紧跟函数或方法的返回值数据类型后面声明。

3）USING 指令格式如下：

**USING 完全限定名称的命名空间名或命名空间列表;**

例如，"USING   Standard.Timers.HighResolution；"。

4）用 USING 指令开始时，紧跟其后的应是完全限定名称的命名空间名或命名空间名的列表。命名空间名的列表之间用逗号分隔，例如，USING Standard.Timers, Counters;等。

5）USING 命名空间指令使跟随其后的命名空间访问使能，对该命名空间的嵌套命名空间不具有访问属性（不能使嵌套的命名空间使能）。

【例1-79】 不允许对嵌套命名空间的访问。

```
NAMESPACE   Standard.Timers          // 声明词法嵌套的命名空间 Standard.Timers
    FUNCTION_BLOCK   TON             // 声明功能块 TON
        ...                          // 功能块的变量声明和本体
    END_FUNCTION_BLOCK
END_NAMESPACE                        // 命名空间 Standard.Timers 声明结束
NAMESPACE Infeed                     // 声明命名空间 Infeed
    USING   Standard;                // 用 USING 指令声明可访问的命名空间 Standard
    // 但不能访问 Standard.Timers，因此，下面变量声明出错
```

```
FUNCTION_BLOCK    Uses_Timer
    VAR
        Ton1: Timers.TON;            // 出错，因嵌套的命名空间并未被 USING 使能
        bTest: BOOL;                 // bTest 是定时器启动条件
    END_VAR
    Ton1(In:= bTest, PT:= t#5s);     // 因未使能，因此，不能访问调用
END_FUNCTION_BLOCK
END_NAMESPACE
```

例 1-79 中，功能块 User_Timer 用 USING Standard 指令，使它可以在 Standard 命名空间内使能，但在其嵌套的命名空间并未使能，因此，引用 Timers.TON 造成出错。

表 1-75 显示命名空间指令 USING 定义的性能。

表 1-75　命名空间指令 USING 定义的性能

| 序号 | 描述 | 示例 | |
|---|---|---|---|
| 1 | 在全局命名空间的 USING | `USING Standard.Timers;`<br>`FUNCTION PUBLIC TimeTick: DWORD`<br>`  VAR`<br>`    Ton1: TON;`<br>`  END_VAR`<br>`  ...`<br>`END_FUNCTION` | `// 嵌套命名空间 Standard.Timers`<br><br><br>`// 在本命名空间可直接使用，不需要 USING`<br><br>`// 功能块的变量声明和本体` |
| 2 | 在其他命名空间的 USING | `NAMESPACE Standard.Timers.HighResolution`<br>`  USING Counters;`<br>`  FUNCTION PUBLIC TimeResolution: DWORD`<br>`    ...`<br>`  END_FUNCTION`<br>`END_NAMESPACE` | `// 嵌套命名空间 Standard.Timers.HighResolution`<br>`// 使用本命名空间外的命名空间 Counters`<br><br>`// 功能块的变量声明和本体` |
| 3 | 在 POU 内使用 USING<br>● 函数<br>● 功能块类型<br>● 类<br>● 方法<br>● 接口 | `FUNCTION_BLOCK Uses_Std`<br>`  USING Standard.Timers, Counters;`<br>`  VAR`<br>`    Ton1: TON;`<br>`    Cnt1: CUP;`<br>`    bTest: BOOL;`<br>`  END_VAR`<br>`  Ton1(In:= bTest, PT:= t#5s);`<br>`END_FUNCTION_BLOCK` | `// 功能块 Uses_Std`<br>`// 使用本命名空间外的命名空间 Standard.Timers 和 Counters`<br><br>`// Ton1 是命名空间 Standard.Timers 的 TON 功能块的实例名`<br>`// Cnt1 是命名空间 Counters 的 CUP 功能块的实例名` |
| | | `FUNCTION myFun: INT`<br>`  USING  Lib1, Lib2;`<br>`  USING  Lib3;`<br>`  VAR`<br>`  ...`<br>`END_FUNCTION` | `// 函数 myFun`<br>`// 使用本命名空间外的命名空间 Lib1 和 Lib2`<br>`// 使用本命名空间外的命名空间 Lib3`<br><br>`// 函数声明的变量段和本体` |
| | | `CLASS C1`<br>`  USING   Standard.Timers`<br>`  USING   Counters`<br>`  VAR`<br>` `<br>`END_CLASS`<br>`  METHOD M1`<br>`    USING Lib`<br>`    VAR`<br>`    ...`<br>`  END_METHOD` | `// 类 C1`<br>`// 使用本命名空间外的命名空间 Standard.Timers`<br>`// 使用本命名空间外的命名空间 Counters`<br><br>`// 类的变量声明段和本体`<br><br>`// 方法 M1`<br>`// 使用本命名空间外的命名空间 Lib1`<br><br>`// 方法的变量声明和本体` |

## 1.5 软件、通信、功能和 OPC UA 模型

### 1.5.1 软件模型

IEC 61131-3 标准给出 PLC 系统的软件模型用分层结构表示。每一层隐含其下层的许多特性，从而构成优于传统 PLC 软件的理论基础。图 1-42 是 IEC 61131-3 的软件模型。

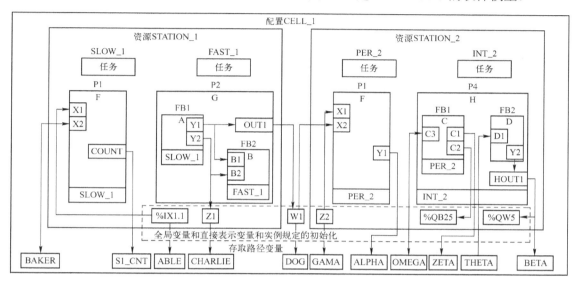

图 1-42 IEC 61131-3 的软件模型

软件模型描述基本的高级软件元素及其相互关系。该模型由标准定义的编程语言可以编程的软件元素组成。它们包括：程序和功能块；组态元素，即配置、资源和任务；全局变量；存取路径和实例特定的初始化。它是现代 PLC 的软件基础。

软件模型从理论上描述了将一个复杂程序如何分解为若干小的不同的可管理部分，并在各分解部分之间有清晰和规范的接口方法。软件模型描述一台 PLC 如何实现多个独立程序的同时装载和运行，如何实现对程序执行的完全控制等。

按照标准，一个 PLC 系统的软件模型大致可分为三个部分：配置部分、控制序列部分及实例相关初始化部分。配置部分由配置、资源、任务、全局变量和存取路径组成。控制序列部分包括采用标准所规范的编程语言编写的程序和功能块等。实例相关的初始化部分承担将编写好的 PLC 控制程序下装到 PLC 系统中，供其运行。

**1. 配置和资源**

（1）配置

一个配置由资源、任务（在资源内定义的）、全局变量、存取路径和实例相关的初始化组成。这些元素的每种在本节详细定义。

配置（Configuration）是语言元素或结构元素。它相当于 IEC 61131-1 所定义的 PLC 系统。

配置位于软件模型的最上层，它等同于一个 PLC 软件。在一个复杂的由多台 PLC 组成的自动化生产线上，每台 PLC 中的软件是一个独立的配置。一个配置可以与其他 IEC 配置通过

通信接口实现通信。因此，可将配置认为是一个特定类型的控制系统，它包括硬件装置、处理资源、I/O 通道的存储地址和系统能力，即等同于一个 PLC 的应用程序。由多台 PLC 构成的一个控制系统中，每一台 PLC 的应用程序都是一个独立配置。

配置声明段的格式如下：

```
CONFIGURATION 配置名称
    配置的声明;
END_CONFIGURATION
```

配置声明包括通过限定定位的对象名或初始化完整层次的串联连接的实例名。定义该配置内资源名（如果有的话），然后是程序实例名和功能块实例名（如果有的话），定位或初始化的变量名在该链的最后连接，其后是结构的组件名（如果是结构变量）。串联连接的所有名称用圆点"."分隔。位置的配置或初始值的复制遵循语法和语义。

图 1-42 所示的配置可用例 1-80 的文本格式描述。

【例 1-80】 配置和资源声明的文本格式。

程序代码如下：

| | 对应的表 1-76 的性能序号 |
|---|---|
| CONFIGURATION CELL_1 | 1 |
| VAR_GLOBAL W1: UINT; END_VAR | 2 |
| RESOURCE STATION_1 ON PROCESSOR_TYPE_1 | 3 |
|     VAR_GLOBAL Z1: BYTE; END_VAR | 4 |
|     TASK SLOW_1(INTERVAL:= T#20ms, PRIORITY:= 2); | 5a |
|     TASK FAST_1(INTERVAL:=T#10ms, PRIORITY:= 1); | 5a |
|     PROGRAM P1 WITH SLOW_1: | 6a |
|         F(X1:= %IX1.1); | 8a |
|     PROGRAM P2: G(OUT1 => W1, | 9b |
|     FB1 WITH SLOW_1, | 6b |
|     FB2 WITH FAST_1); | 6b |
| END_RESOURCE | 3 |
| RESOURCE STATION_2 ON PROCESSOR_TYPE_2 | 3 |
|     VAR_GLOBAL Z2 : BOOL; | 4 |
|         AT %QW5: INT ; | 7 |
|     END_VAR | 4 |
| TASK INT_2(INTERVAL:=T#50ms, PRIORITY:= 2); | 5a |
| TASK PER_2(SINGLE:= Z2, PRIORITY:= 1); | 5b |
| PROGRAM P1 WITH PER_2: | 6a |
|         F(X1:= Z2, X2:= W1); | 8b |
| PROGRAM P4 WITH INT_2: | 6a |
|         H(HOUT1 => %QW5, | 9a |
|         FB1 WITH PER_2); | 6b |
| END_RESOURCE | 3 |
| VAR_ACCESS | 10a |

```
        ABLE : STATION_1.%IX1.1 : BOOL READ_ONLY;              10b
        BAKER : STATION_1.P1.X2 : UINT READ_WRITE;             10c
            CHARLIE : STATION_1.Z1 : BYTE;                     10d
            DOG : W1 : UINT READ_ONLY;                         10e
            ALPHA : STATION_2.P1.Y1 : BYTE READ_ONLY;          10f
            BETA : STATION_2.P4.HOUT1 : INT READ_ONLY;         10f
            GAMA : STATION_2.Z2 : BOOL READ_WRITE;             10d
            S1_COUNT : STATION_1.P1.CNT : INT;                 10g
            OMEGA : STATION_2.P4.FB1.C3 : INT READ_WRITE;      10h
            ZETA : STATION_2.P4.FB1.C1 : BOOL READ_ONLY;       10h
            THETA : STATION_2.P4.FB2.D1 : BOOL READ_WRITE;     10i
        END_VAR                                                10a
        VAR_CONFIG                                             11
            STATION_1.P1.CNT: INT:= 1;                         11a
            STATION_2.P1.CNT: INT:= 100;                       11a
            STATION_1.P1.TIME1: TON:= (PT:= T#2.5s);           11b
            STATION_2.P1.TIME1: TON:= (PT:= T#4.5s);           11b
            STATION_2.P4.FB1.C2 AT %QB25: BYTE;                11b
        END_VAR                                                11
    END_CONFIGURATION                                          1
```

表 1-76 是配置和资源声明的性能。

**表 1-76　配置和资源声明**

| 序号 | 描　述 | 示　例 | 说　明 |
|---|---|---|---|
| 1 | CONFIGURATION...<br>END_CONFIGURATION | CONFIGURATION. CELL_1 ...<br>END_CONFIGURATION | 配置声明段 |
| 2 | 在配置段全局变量<br>VAR_GLOBAL...END_VAR | VAR_GLOBAL<br>　W1: UINT;<br>END_VAR | 配置段的全局变量声明 |
| 3 | RESOURCE...ON ...<br>END_RESOURCE | RESOURCE STATION_2 ON PROCESSOR_TYPE_2<br>END_RESOURCE | 资源声明段 |
| 4 | 在资源段全局变量<br>VAR_GLOBAL...END_VAR | VAR_GLOBAL<br>　Z2 : BOOL;<br>END_VAR | 资源段的全局变量声明 |
| 5a | TASK 任务名 (INTERVAL:= T#10ms) | TASK SLOW_1(INTERVAL:=T#20ms, PRIORITY:= 2); | 周期性任务 |
| 5b | TASK 任务名(SINGLE:= Z2); | TASK PER_2(SINGLE:= Z2, PRIORITY:= 1); | 非周期性任务 |
| 6a | PROGRAM 程序名 WITH 任务名 | PROGRAM P1 WITH PER_2 | 与任务结合的程序 |
| 6b | 功能块名 WITH 任务名 | FB1 WITH SLOW_1 | 与任务结合的功能块 |
| 6c | PROGRAM 程序名 | PROGRAM P2 | 没有任务结合的程序 |
| 7 | AT 直接表示变量地址:数据类型 | AT %QW5: INT | 直接表示变量用于作为全局变量 |
| 8a | 程序输入变量:= 直接表示变量 | X1:= %IX1.1 | 直接表示变量连接到程序的输入 |
| 8b | 程序输入变量:= 全局变量 | X1:= Z2 | 全局变量连接到程序的输入 |
| 9a | 程序输出变量=>直接表示变量 | HOUT1 => %QW5 | 连接程序输出到直接表示变量 |

| 序号 | 描 述 | 示 例 | 说 明 |
|---|---|---|---|
| 9b | 程序输出变量 => 全局变量 | OUT1 => W1 | 连接程序输出到全局变量 |
| 10a | VAR_ACCESS...END_VAR | VAR_ACCESS ... END_VAR; | 存取路径声明段 |
| 10b | 存取路径变量: 存取路径.直接表示变量:数据类型和读写属性 | ABLE : STATION_1.%IX1.1 : BOOL READ_ONLY; | 存取路径到直接表示变量 |
| 10c | 存取路径变量:存取路径.程序名.输入变量名:数据类型和读写属性 | BAKER : STATION_1.P1.X2 : UINT READ_WRITE; | 存取路径到程序输入 |
| 10d | 存取路径变量: 存取路径.资源的全局变量名:数据类型和读写属性 | CHARLIE : STATION_1.Z1 : BYTE; | 存取路径到资源中的全局变量 |
| 10e | 存取路径变量: 存取路径.配置的全局变量名:数据类型和读写属性 | DOG : W1 : UINT READ_ONLY; | 存取路径到配置中的全局变量 |
| 10f | 存取路径变量:存取路径.程序输出变量名:数据类型和读写属性 | ALPHA : STATION_2.P1.Y1 : BYTE READ_ONLY | 存取路径到程序输出 |
| 10g | 存取路径变量: 存取路径.程序内部变量名:数据类型和读写属性 | S1_COUNT : STATION_1.P1.CNT : INT | 存取路径到程序内部变量 |
| 10h | 存取路径变量: 存取路径.程序.功能块输入变量名:数据类型和读写属性 | OMEGA: STATION_2.P4.FB1.C3: INT READ_WRITE | 存取路径到功能块输入 |
| 10i | 存取路径变量: 存取路径.程序.功能块输出变量名: 数据类型和读写属性 | THETA: STATION_2.P4.FB2.D1: BOOL READ_WRITE; | 存取路径到功能块输出 |
| 11a | 对变量：VAR_CONFIG...END_VAR<br>当支持在表1-20用星号"*"部分定义的性能时,支持本性能 | VAR_CONFIG<br>  STATION_1.P1.CNT: INT:= 1;<br>END_VAR | 配置变量声明段 |
| 11b | 对结构组件：VAR_CONFIG...END_VAR | VAR_CONFIG<br>  STATION_1.P1.TIME1: TON:= (PT:= T#2.5s);<br>END_VAR | 配置变量声明段（结构组件） |
| 12a | 在资源段： VAR_GLOBAL CONSTANT | VAR_GLOBAL CONSTANT<br>  PI: REAL :=3.1416;<br>END_VAR | 资源内的全局常量当全局变量在资源内声明时 |
| 12b | 在配置段： VAR_GLOBAL CONSTANT | VAR_GLOBAL CONSTANT<br>  PI: REAL :=3.1416;<br>END_VAR | 配置内的全局常量当全局变量在配置内声明时 |
| 13a | 在资源段: VAR_EXTERNAL | VAR_EXTERNAL<br>  A:INT;<br>END_VAR | 资源内的外部变量当外部变量在资源内声明时 |
| 13b | 在资源段： VAR_EXTERNAL CONSTANT | VAR_EXTERNAL CONSTANT<br>  PI:REAL :=3.1416;<br>END_VAR | 资源内的外部常量当外部常量在资源内声明时 |

（2）资源

资源（Resource）位于软件模型分层结构的第二层。资源为运行程序提供支持系统，是能执行 IEC 程序的处理手段。它反映 PLC 的物理结构，资源为程序和 PLC 的物理输入-输出通道之间提供一个接口。资源具有 IEC 61131-1 定义的一个"信号处理功能"及其"人机接口"和"传感器和执行器接口"功能。一个 IEC 程序只有装入资源后才能执行。资源有资源名称，它被赋予一个 PLC 中的 CPU。因此，可将资源理解为一个 PLC 中的微处理器单元。

资源内定义的全局变量在该资源内部是有效的。资源可调用具有输入、输出参数的运行期（Run-Time）程序、给一个资源分配任务和程序、并声明直接表示变量。

资源声明段的格式如下：

**RESOURCE 资源名 ON 处理器类型**
　　资源声明部分

**END_RESOURCE**

资源名是一个符号名，它用于说明 PLC 系统中的一个微处理器。编程系统提供 PLC 系统内该资源（即每个 CPU 的命名）的类型和数量，并检验这些资源类型和数量，使系统能够正确地使用这些资源。例如，资源名为 STATION_1。

在资源声明段中，ON 关键字用于限定"处理功能"类型、"人机接口"和"传感器执行器接口"功能。例如，PROCESSOR_TYPE_1 限定 STATION_1 处理器类型的功能。资源声明部分包括在该资源内的全局变量、任务和程序声明等。

图 1-42 所示配置 CELL_1 有两个资源。资源名 STATION_1 有一个数据类型是字节的全局变量 Z1。该资源中有两个任务，任务名为 SLOW_1 和 FAST_1；还有两个程序，程序名是 P1 和 P2。资源名 STATION_2 也有一个数据类型是布尔量的全局变量 Z2。该资源中有两个任务，任务名为 PER_2 和 INT_2；还有两个程序，程序名是 P1 和 P4。需指出，资源 STATION_1 中的全局变量 Z1 的数据只能从资源 STATION_1 中存取，不能从资源 STATION_2 存取，反之亦然。如果希望从资源 STATION_2 也能存取，则必须在配置中作为全局变量进行声明。

**2. 任务**

（1）任务

任务（Task）位于软件模型分层结构的第三层。任务用于规定 POU 在运行期的特性。任务是一个执行控制元素，它具有调用能力。

标准规定一个任务是一个具有被调用能力的执行控制元素，它既可以周期执行，也可根据特定布尔变量上升沿触发执行。一组 POU 的执行可以包括程序和它的实例在程序声明中规定的功能块。

一个资源中可以有多个任务。一旦任务被设置，它就可控制一系列 POU 周期地执行，或者根据一个特定的事件触发来执行。

每个资源中任务的最大个数和任务的间隔分辨率是实施者规定的。

任务声明的文本格式如下：

**TASK 任务名(任务参数列表);**

例如，TASK SLOW_1(INTERVAL:= t#20ms, PRIORITY:=2); 表示任务名为 SLOW_1 的任务是周期执行的任务，周期间隔时间为 20ms，优先级为 2 等。

表 1-77 是任务的性能。

表 1-77　任务的性能

| 序号 | 描　　述 | 示　　例 |
|------|----------|----------|
| 1a | 周期任务的文本声明 | 表 1-76 的性能 5a |
| 1b | 非周期任务的文本声明 | 表 1-76 的性能 5b |
|  | TASK 的图形表示（一般格式） | TASKNAME<br>TASK<br>BOOL—SINGLE<br>TIME—INTERVAL<br>UINT—PRIORITY |

| 序号 | 描 述 | 示 例 |
|---|---|---|
| 2a | 周期任务的图形表示 | SLOW_1 / FAST_1 的 TASK 图形：T#20ms—INTERVAL, 2—PRIORITY, —SINGLE（SLOW_1）；T#10ms—INTERVAL, 1—PRIORITY, —SINGLE（FAST_1） |
| 2b | 非周期任务的图形表示 | INT_2 的 TASK 图形：z2—SINGLE, —INTERVAL, 1—PRIORITY |
| 3a | 文本表示与程序的结合 | 表 1-76 的性能 6a |
| 3b | 文本表示与功能块的结合 | 表 1-76 的性能 6b |
| 4a | 任务与程序结合的图形表示 | RESOURCE STATION_2：P1（F, PER_2），P4（H, INT_2）；END_RESOURCE |
| 4b | 任务与功能块结合的图形表示 | P2：G；FB1（A, SLOW_1），FB2（B, FAST_1） |
| 5a | 非优先调度 | 见表 1-78 和图 1-43 |
| 5b | 优先调度 | 见表 1-78 和图 1-43 |

注：RESOURCE 和 PROGRAM 声明的细节未显示。

（2）任务的参数

任务可用图形符号表示。表 1-77 性能 2a 和 2b 是周期性任务 SLOW_1、FAST_1 和非周期性任务 INT_2 的图形描述。

任务有三个参数，即 SIGNAL、INTERVAL 和 PRIORITY 属性。

1）SIGNAL：单任务输入端。在该事件触发信号的上升沿，触发与任务相结合的 POU 执行一次。如表 1-76 序号 5b 中，任务 PER_2 的 Z2 是单任务输入端的触发信号。

2）INTERVAL：周期执行时的时间间隔。当其值不为零并且 SIGNAL 信号保持为零，则表示该任务的有关 POU 被周期执行，周期执行的时间间隔由该端输入的数据确定，如任务 INT_2。当其值为零，表示该任务是由事件触发执行的。

3）PRIORITY：任务的优先级。当多个任务同时运行时，对任务设置的优先级。0 表示最高优先级，优先级越低，数值越高。有关任务的优先级能用于优先级和无优先级的执行。

① 无优先级（Non-preemptive scheduling）执行。当一个 POU 或操作系统功能的执行完成时，资源上的供电电源有效，则具有最高执行优先级（数值最小）的 POU 开始执行。如果多于一个的 POU 在最高执行优先级等待，则在最高执行优先级的 POU 中等待时间最长的 POU 先执行。

② 优先级（Preemptive scheduling）执行。当一个 POU 执行时，它能够中断同一资源中较低优先级 POU 的执行，即较低优先级 POU 的执行被延缓，直到高优先级 POU 的执行完成。一个 POU 不能中断具有同样优先级或较高优先级的其他单元的执行。

（3）任务的使能

任务作为在配置中的资源的一部分。一个任务是被隐式使能，或根据任务机制由关联的资源禁止。POU 控制任务的使能应符合下列规则：

1）任务用于说明与其结合的 POU 的执行控制状态。因此，与任务处于同一层的还有与其结合的 POU。用下列格式表示与任务结合的 POU。

**PROGRAM　程序名　WITH　任务名；**

在程序中的功能块实例用下列格式：

**功能块实例名　WITH　任务名；**

例如，PROGRAM P1 WITH SLOW_1；表示程序 P1 与任务 SLOW_1 结合，即程序 P1 根据任务的有关属性执行，任务 SLOW_1 是周期执行的任务，周期间隔时间为 20ms，优先级为 2 等。因此，程序 P1 按具有优先级为 2 的周期间隔时间 20ms 被执行。例如，FB1 WITH SLOW_1；表示功能块实例 FB1 与任务 SLOW_1 结合，即根据该任务的参数执行该功能块实例。

2）单任务输入 SIGNAL 不为零，表示与该任务结合的 POU 在 SIGNAL 上升沿时触发执行一次，因此，是事件触发的单任务。

3）INTERVAL 不为零，SIGNAL 保持为零（约定值为零），则与该任务结合的 POU 周期执行，执行周期由 INTERVAL 数据确定。

4）当多个任务执行时，有两种解决冲突的方法：

① 立刻中断正在执行的任务，使优先级高的任务先被执行，即 PRIORITY 数值小的任务先被执行。这称为优先调度。具有相同优先级的多个任务中，与任务结合的等待时间长的 POU 先被执行。

② 不中断正在执行的任务，直到该任务执行完成，然后，执行在等待队列中优先级最高的任务。这称为非优先调度。

【例 1-81】 任务的执行。

```
TASK T_QUICK( INTERNAL := T#10ms , PRIORITY := 1);
    PROGRAM   MOTION1   WITH   T_QUICK: PROGM1 ( REGPAR := %MW1, R_VAL => ERR );
TASK T_INTERRUPT ( SINGLE := TRIGGER , PRIORITY :=1 );
    PROGRAM   LUBE   WITH   T_ INTERRUPT : PROGM2 ;
```

例 1-81 定义两个任务 T_QUICK 和 T_INTERRUPT，前者是具有 10ms 循环周期的循环任务，后者是具有高优先级的中断任务。当正常运行时，每隔 10ms 执行一次任务 T_QUICK，如果与该任务结合的程序 MOTION1 的执行时间大于 10ms，则 PLC 会发送一个运行期故障的报告。由于程序 LUBE 与 MOTION1 有相同的优先级，因此，如果在执行任务 T_QUICK 时，TRIGGER 信号变为 1，因具有相同的优先级，系统仍需在执行完这次 T_QUICK 任务后，才能执行 T_INTERRUPT 任务一次。为使 T_INTERRUPT 任务能够中断正在执行的任务立即执行，可将 T_INTERRUPT 任务的优先级设置为 0。

5）没有任务结合的程序具有最低的优先级。因此，这样的程序在资源开始执行前执行，并在执行终止后立刻重新执行。

6）与任务没有直接结合的功能块实例根据正常规则执行，即根据其内部功能块实例被说明的 POU 中语言元素的求值次序执行。与任务结合的功能块实例是在任务的排他性控制下执行。它与其内部功能块实例被说明的 POU 的求值规则无关。

7）为确保数据的同步，程序中功能块的执行根据下列规则获得同步：

① 如果功能块接收来自其他功能块的输入信号多于一个，则当该功能块执行时，来自其他功能块的所有输入采用同样的求值结果。

② 如果同一功能块的输出送到两个或多个功能块，并且如果目的功能块是全部与任务有显式或隐式的结合，则到所有这样的目的功能块的输入信号在它们的求值时间内，应与源功能块有同样的求值结果。

8）对每个任务需要配置一个 WDT，用于对任务的监视。

9）IEC 61131-3 第三版规定，类的实例不能与任务结合。功能块的方法或类的方法在它们被调用的 POU 内执行，即根据被调用的 POU 所结合的任务参数执行。

（4）非优先和优先调度

图 1-43 显示非优化调度和优先调度时任务的执行情况。

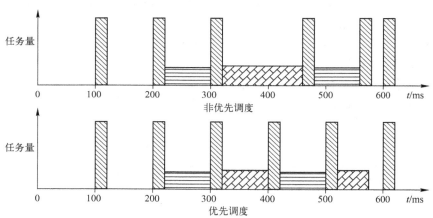

图 1-43　任务的非优先级调度和优先级调度

图中，任务 A 有最高优先级，每隔 100ms 执行一次；任务 B 优先级次之，每隔 200ms 执行一次；任务 C 优先级最低，每隔 300ms 执行一次。无优先调度时，由于任务 C 的执行时间长，而使任务 A 和 B 被延缓（在 500ms 后）。

优先调度时，任务 A 每隔 100ms 执行，任务 B 每隔 200ms 执行，任务 C 被中断，用于允许任务 A 和 B 的执行。

结合示例 1-80，表 1-78 说明非优先和优先调度时任务的执行情况。

表 1-78　非优先和优先调度时任务的执行

| 1 非优先调度 | | |
|---|---|---|

RESOURCE STATION_1 见例 1-80 的组态
执行时间 P1=2ms，P2=8ms；P2.FB1 = P2.FB2 = 2 ms[①]；STATION_1 从 $t$=0 开始

调度（每 40ms 重复）

| $t$/ms | 执行 | 等待 |
|---|---|---|
| 0 | P2.FB2@1 （见注 3，下同） | P1@2，P2.FB1@2，P2 |
| 2 | P1@2 | P2.FB1@2，P2 |
| 4 | P2.FB1@2 | P2 |
| 6 | P2 | |
| 10 | P2 | P2.FB2@1 |
| 14 | P2.FB2@1 | P2 |
| 16 | P2 | P2 重启动 |
| 20 | P2 | P2.FB2@1，P1@2，P2.FB1@2 |
| 24 | P2.FB2@1 | P1@2，P2.FB1@2，P2 |
| 26 | P1@2 | P2.FB1@2，P2 |
| 28 | P2.FB2@1 | P2 |
| 30 | P2.FB2@1 | P2 |
| 32 | P2 | |
| 40 | P2.FB2@1 | P1@2，P2.FB1@2，P2 |

RESOURCE STATION_2 见例 1-80 的组态
执行时间 P1=30ms，P4=5ms；P4.FB1 = 10 ms；INT_2 在 25、50、90…ms 翻转，STATION_2 从 $t$=0 开始

调度（每 40ms 重复执行）

| $t$/ms | 执行 | 等待 |
|---|---|---|
| 0 | P1@2 | P4.FB1@2[②] |
| 25 | P1@2 | P4.FB1@2，P4@1 |
| 30 | P4@1 | P4.FB1@2 |
| 35 | P4.FB1@2 | |
| 50 | P4@1 | P1@2，P4.FB1@2 |
| 55 | P1@2 | P4.FB1@2 |
| 85 | P4.FB1@2 | |
| 90 | P4.FB1@2 | P4@1 |
| 95 | P4@1 | |
| 100 | P1@2 | P4.FB1@2 |

| 2 优先调度 | 见表 1-76 性能序号 5b |
|---|---|

RESOURCE STATION_1 见例 1-80 的组态
执行时间 P1=2ms，P2=8ms；P2.FB1 = P2.FB2 = 2 ms；STATION_1 从 $t$=0 开始

调度

| $t$/ms | 执行 | 等待 |
|---|---|---|
| 0 | P2.FB2@1 | P1@2，P2.FB1@2，，P2 |
| 2 | P1@2 | P2.FB1@2，，P2 |
| 4 | P2.FB1@2 | P2 |

| $t$/ms | 执行 | 等待 |
|---|---|---|
| 6 | P2 | |
| 10 | P2.FB2@1 | P2 |
| 16 | P2 | P2 重启动 |
| 20 | P2.FB2@1 | P1@2，P2.FB1@2，P2 |

RESOURCE STATION_2 见例 1-80 的组态

执行时间 P1=30ms，P4=5ms；P4.FB1 = 10 ms；INT_2 在 25、50、90...ms 翻转，STATION_2 从 $t$=0 开始

调度（每 40ms 重复执行）

| $t$/ms | 执行 | 等待 |
|---|---|---|
| 0 | P1@2 | P4.FB1@2 |
| 25 | P4@1 | P1@2，P4.FB1@2 |
| 30 | P1@2 | P4.FB1@2 |
| 35 | P4.FB1@2 | |
| 50 | P4@1 | P1@2，P4.FB1@2 |
| 55 | P1@2 | P4.FB1@2 |
| 85 | P4.FB1@2 | |
| 90 | P4@1 | P4.FB1@2 |
| 95 | P4.FB1@2 | |
| 100 | P1@2 | P4.FB1@2 |

① P2.FB1 和 P2.FB2 的执行时间不包括 P2 的执行时间。

② P4.FB1 的执行时间不包括 P4 的执行时间。

注：符号 X@Y 表示该 POU X 被调度或正以优先级 Y 执行。

### 3. 全局变量

标准允许变量在不同的语言元素内被声明。变量声明的范围确定其在哪个 POU 中是可用的。范围可能是局部的和全局的。每个变量的范围由它被声明的位置和声明所使用的变量关键字所定义。

在配置中声明的全局变量可在整个配置范围内使用，在资源中声明的全局变量只能在该资源范围内使用。在一个程序内声明的全局变量可以存取在该程序内部的功能块和函数。

全局变量能够用于整个工程项目。全局变量声明的格式如下：

> **VAR_GLOBAL**
> 　　全局变量的声明
> **END_VAR**

全局变量的声明部分与变量的声明相同，即

> **全局变量名 ：数据类型 (:=用户设置的初始值)；**

括号内的部分是用户可选项。

由于全局变量能与其他网络进行数据交换，因此，一个系统中不能有相同名称的两个全局变量。需要使用该全局变量的 POU 中，需用 **VAR_EXTERNAL** 来声明该全局变量。

全局变量提供了在两个不同位置的程序和功能块之间交换数据的非常灵活的方法。示例中配置的全局变量 W1 可用于整个配置，而资源 STATION_1 的全局变量 Z1 只能用于该资源

内的程序和功能块等。

全局变量被定义在配置、资源或程序层内部。全局变量提供了在两个不同程序和功能块之间非常灵活的交换数据的方法。

**4. 存取路径变量**

存取路径用于将全局变量、直接表示变量和功能块的输入、输出和内部变量联系起来，实现信息的存取。它提供在不同配置之间交换数据和信息的方法。每一配置内的许多指定名称的变量可通过其他远程配置来存取。

（1）存取路径变量的存取方法

路径变量有两种存取方法：读写（READ_WRITE）方式表示通信服务能够改变变量的值；只读（READ_ONLY）方式表示能够读取变量的值但不能改变变量的值。当不规定存取路径方式时，默认约定的存取方式是只读方式。

例 1-80 中，CHARLIE 变量没有声明其读写属性，表示该存取路径变量具有只读属性。图形表示时，具有只读属性的变量有可读取的箭头。读写属性的变量还有可写入其他变量的箭头（即有双向箭头）。

（2）存取路径变量的表示方法

存取路径变量声明的结构如下：

> VAR_ACCESS
> 　　存取路径变量名 ：外部存取路径变量 ：存取路径的数据类型和读写属性；
> END_VAR

例 1-80 中，ABLE 是存取路径变量名，外部存取路径变量是 STATION_1.%IX1.1，即从外部资源 STATION_1 的直接表示变量%IX1.1 存取数据。存取路径的数据类型是布尔量（BOOL），存取方式是只读 READ_ONLY（也可不列出），表示从%IX1.1 读取布尔型数据。

外部存取路径采用串联方式表示。外部存取路径的变量格式如下：

> 资源名.程序实例名.功能块实例名.变量名

中间没有的名称可省略。例 1-80 中的存取变量 ABLE 是从外部读取的，因此，外部存取路径变量从资源 STATION_1 中直接表示变量%IX1.1 获取。而 BAKER 从资源 STATION_1 中程序 P1 的变量 X2 获得，由于该变量是读写变量，因此，既可由 X2 写入 BAKER 的值，也可用 BAKER 来读取 X2 的值。

存取路径变量声明的图形表示如图 1-42 所示。

当变量是结构数据类型变量或数组数据类型变量时，一个存取路径变量只能存取一个结构数据类型变量的一个单项或数组数据类型变量的一个元素。

不能定义存取路径变量到在 VAR_TEMP、VAR_EXTERNAL 或 VAR_IN_OUT 段声明的变量。

需注意，在存取路径变量的数据类型声明时，该变量的数据类型应与其他地方对该变量声明的数据类型一致，否则会造成数据类型不匹配的错误。

读写属性有只读（READ ONLY）和读写（READWRITE）两种，它表示通信服务可以读和修改变量的值（读写）或读但不能修改值（只读）。系统约定属性是只读属性。

存取到声明为 CONSTANT 的变量或外部连接到其他变量的功能块输入时只能是只读。

（3）存取路径变量特性

存取路径变量的特性见表 1-79。

表 1-79　存取路径变量的特性

| 序号 | 特性描述 | 示例 |
|---|---|---|
| 1 | 在 CONFIGURATION 内的 VAR_ACCESS…END_VAR 结构 | 例 1-80 中的 ABLE 等变量 |
| 2 | 在 CONFIGURATION 内对 GLOBAL 变量的存取 | 例 1-80 中的 W1 变量 |
| 3 | 在 PROGRAM 内对 GLOBAL 变量的存取 | 例 1-80 中资源 STATION_1 中程序 P2 对 W1 的写入 |
| 4 | 在 PROGRAM 内对变量的存取 | 例 1-80 中资源 STATION_2 中程序 P1 对 W1 的读取 |
| 5 | 在 FUNCTION BLOCK 内对变量的存取 | 例 1-80 中资源 STATION_1 中功能块 FB2 对 Z1 的读写 |

**5. 配置变量**

配置变量用于对变量命名或给符号表示变量赋初始值。配置变量的声明格式如下：

**VAR_CONFIG**
**实例特定地址符号表示变量 ：数据类型(:=用户初始值);**
**END_VAR**

例如，例 1-80 中，STATION_1.P1.CNT: INT:= 1;表示将资源 STATION_1 的程序 P1 中的 CNT 变量设置为整数类型，并赋初始值为 1。声明格式中的括号项是可选项，用于用户设置该变量的初始值。与外部存取路径变量的命名类似，实例特定地址符号表示变量采用串联方式表示。实例特定地址符号表示变量格式如下：

**资源名.程序实例名.功能块实例名.需定位或需初始化赋值的对象名**

应用时需注意，由 VAR_CONFIG…END_VAR 结构提供的实例特定初始值通常超过该数据类型规定的初始约定值。此外，这里定义实例特定初始值的方法不能用于在 VAR_TEMP、VAR_EXTERNAL、VAR_CONSTANT 或 VAR_IN_OUT 结构中声明的变量。

**6. 软件模型的特点**

IEC 61131-3 软件模型的分层结构如图 1-44 所示。软件模型的特点如下：

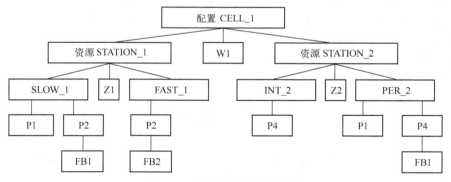

图 1-44　软件模型的分层结构

1) 完善的结构化。IEC 61131-3 软件模型能够灵活地用于宽范围的不同的 PLC 体系结构。它是符合国际标准的软件模型，它并不针对某一具体的 PLC 系统，因此，具有很强的适用性，能够应用于不同制造商的 PLC 产品，方便程序"自上而下"或"自下而上"的开发。

2）在一台 PLC 中可同时装载、启动和执行多个独立程序。IEC 61131-3 标准允许一个配置内有多个资源，每个资源可支持多个程序。因此，在一台 PLC 中可以同时装载、启动和执行多个独立程序。而传统的 PLC 程序只能同时运行一个程序。

3）针对编程应用，提供选择编程语言灵活性，既能适合小规模系统，也能适合大型分散系统。

4）增强分级设计的分解。一个复杂程序软件可以通过分层分解，最终分解为可管理的 POU。程序可被定义为一个功能模块和函数的网络。

5）软件模型的可复用性是 IEC 61131-3 软件模型的重要优点。软件能够被设计成可重复使用的 POU，即程序、功能模块和函数，提供用于设计应用程序之间通信的必要功能，便于在不同环境下软件的重复使用。

6）实现对程序执行的完全控制能力。IEC 61131-3 标准采用"任务"机制，保证 PLC 系统对程序执行的完全控制能力。传统 PLC 程序顺序扫描和执行程序，对某一段程序不能按用户实际要求定时执行，而 IEC 61131-3 程序允许程序的不同部分、在不同的时间、以不同的比率并行执行，扩大了 PLC 应用范围。

7）可经通信网络提供交换信息的工具。

## 1.5.2 通信模型

IEC 61131 的通信模型由 IEC 61131-5 提供。PLC 的通信模型示于图 1-45。通信模型规定任何设备如何与作为服务器的 PLC 进行通信及 PLC 如何与任何设备进行通信，即规定 PLC 为其他设备提供服务和 PLC 应用程序能从其他设备请求服务时 PLC 的行为特征。

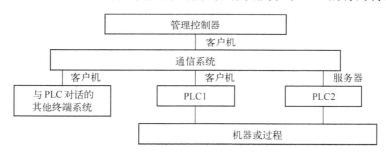

图 1-45  PLC 的通信模型

图中，对 PLC 通信服务器而言，管理控制器、与 PLC 对话的其他终端系统具有相同的行为特性，它们都向 PLC2 提出请求。

**1. PLC 的通信方式**

根据 IEC 61131-5 的规定，PLC 有三种通信方式。

（1）同一程序内变量的通信

程序之间直接用一个程序元素的输出连接到另一个程序元素输入的通信。图 1-46 显示程序 A 中功能块 1 和功能块 2 之间的通信。功能块 1 中的变量 a 直接连接到功能块 2 的变量 b，实现数据通信。

【例 1-82】 同一程序内变量之间的通信。

图 1-47 是同一程序内变量的通信示例。图中，XOR 函数的输入变量来自功能块 TON_1 实例的输出 Q，而 XOR 的另一个输入信号来自其返回值 LAMP，这是反馈变量。该程序用于产生方波信号。

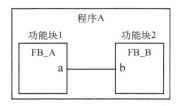

图 1-46　变量直接连接实现通信

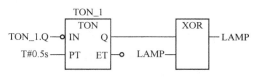

图 1-47　同一程序内的变量通信

（2）同一配置下变量的通信

变量的值在同一配置下不同程序之间的通信可通过该配置下的全局变量实现。图 1-48 显示变量 a 是经过配置中的全局变量 X，将变量的值传送到另一程序的变量 b。

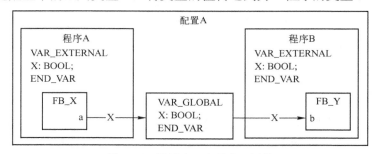

图 1-48　通过全局变量实现通信

【例 1-83】　同一资源内变量之间的通信。

在同一资源下建立两个任务，分别编写下列程序。

Tx2 中的程序如图 1-49a 所示，Tx21 中的程序如图 1-49b 所示。变量声明如图 1-48 所示，在资源中，X 变量是全局变量 GLOBAL 类型，两个程序中的变量 X 是外部变量 EXTERNAL 类型。

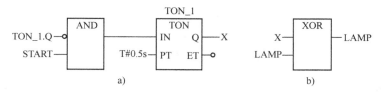

图 1-49　同一资源下两个程序中变量的通信
a) Tx2 中的程序　b) Tx21 中的程序

与例 1-82 不同的是，例 1-83 的两个程序在不同任务下，Tx2 程序中增加一个 START 启动开关，当 START 闭合时，通过全局变量 X 的通信，在程序 Tx21 中的输出灯 LAMP 会闪烁点亮。

（3）不同配置下变量的通信

实现不同配置下变量的通信可采用两种方法，即图 1-50 所示的通过通信功能块的方法和图 1-51 所示的通过存取路径变量的方法。

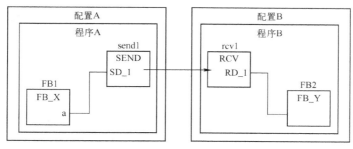

图 1-50  通过通信功能块实现通信

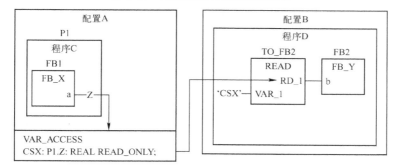

图 1-51  通过存取路径变量实现通信

IEC 61131-5 定义了通信功能块系列，可以通过选用合适的通信功能块实现不同配置下变量的通信。

通过存取路径变量实现通信是另一种不同配置下变量的通信方法。

通过通信功能块可以读写远程配置中的存取路径 ACCESS 变量。

**2. 通信功能块**

通信功能块详见 IEC 61131-5 定义。这些功能块提供 PLC 的通信功能，诸如远程变量寻址、设备检验、轮询数据的采集、编程数据采集、参数控制、互锁控制、编程报警报告及连接管理和保护等。需注意，除远程寻址函数外，其余都是功能块。

IEC 61131-5 通信标准规定 PLC 的通信范围。从 PLC 角度，规定任何设备与作为服务器的 PLC 如何通信、PLC 如何与任何设备进行通信。

（1）应用功能

PLC 利用通信子系统提供给控制系统的应用功能见表 1-80。

**表 1-80  通过通信子系统提供给控制系统的功能**

| PLC 通信功能 | PLC 作为请求方 | PLC 作为响应方 | 功能块可用 |
|---|---|---|---|
| 设备检验 | 是 | 是 | 是 |
| 数据采集 | 是 | 是 | 是 |
| 参数和互锁控制 | 是 | 是 | 是 |
| 用户应用程序间的同步 | 是 | 是 | 是 |
| 报警报告 | 是 | 否 | 是 |
| 程序执行和 I/O 控制 | 否 | 是 | 否 |
| 应用程序传送 | 否 | 是 | 否 |
| 连接管理 | 是 | 是 | 是 |

编程过程是基于逐条指令或逐个功能块的方法建立 PLC 应用程序的过程。

程序的测试和修改过程是在一个已有应用程序中寻找存在问题并通过更改来纠正错误（调试）的过程。

程序的检验功能是测试 PLC 应用程序以检验它能否在过程环境中执行设计所需功能的能力。

PLC 具有使用操作员接口设备的能力。因此，操作员能够用操作员接口设备来监视和/或修改被控过程。客户机也能够应用操作员接口与操作员进行通信。

（2）PLC 通信服务

IEC 61131-5 规定 PLC 通过通信子系统向控制系统提供的服务。相应地，可将 PLC 应用程序设计成使用通信子系统与其他设备进行交互作用。

1）PLC 子系统及其状态。PLC 系统提供的状态数据包括状态信息和故障指示。某些 PLC 子系统见表 1-81。

表 1-81　PLC 子系统提供的表述状态的实体

| 序号 | 表述状态的实体 |
|---|---|
| 1 | PLC（作为整体） |
| 2 | I/O 子系统（包括输入和输出模块及其他智能 I/O 设备） |
| 3 | 处理单元 |
| 4 | 电源子系统 |
| 5 | 存储器子系统 |
| 6 | 通信子系统 |
| 7 | 实施者特指的子系统 |

标准使用与状态有关的概念是 health 和 state。状态也可附加实施者规定的出错诊断、运行状态、本地关键状态（例如，要求自动再启动）等属性。

PLC 及其子系统的 health 状态由返回的三种可能值之一个且仅一个值确定。health 状态见表 1-82。

表 1-82　health 状态的语义

| 序号 | 状　态 | 语　义 |
|---|---|---|
| 1 | GOOD（正常） | 其值为真表示 PLC 或特定子系统未检测到能禁止其运行预期功能的任何问题 |
| 2 | WARNING（警告） | 其值为真表示 PLC 或特定子系统未检测到能禁止其运行预期功能的任何问题，但至少检测到某一问题，使 PLC 或特定子系统在某些功能上出现一些时间或性能等方面的限制 |
| 3 | BAD（异常） | 其值为真表示 PLC 或特定子系统已经检测到禁止其运行预期功能的至少一个问题 |

表中，根据序号的增加，health 状态下降。

PLC 的 state 状态由一个属性表指示。属性值可以是 TRUE 或 FALSE。这些属性中可能有零个、一个或多个属性同时为 TRUE。每个状态信息也可包含实施者特定的属性，例如，附加的出错诊断（如超过 EEPROM 的写周期）、附加的运行状态（如启用自动标定）或本地关键状态（如要求自动再启动）等。

PLC 状态包括 PLC 摘要状态、I/O 子系统状态、处理单元状态、电源子系统状态、存储器子系统状态和通信子系统状态等。

2) PLC 摘要状态。PLC 摘要状态信息的表达采用变量形式，存取路径为 P_PLCSTATE，数据类型为 WORD。它是其通信服务的组成部分。表 1-83 是 PLC 摘要状态。

表 1-83　PLC 摘要状态

| 序号 | 项目 | | 描述 |
|---|---|---|---|
| 1 | health | GOOD | PLC 所有子系统都指示 GOOD 的 health 状态 |
| 2 | | WARNING | 至少有一个子系统指示有一个 WARNING 的 health 状态，没有一个子系统指示有一个 BAD 的 health 状态 |
| 3 | | BAD | 至少有一个子系统指示有一个 BAD 的 health 状态 |
| 4 | running | | 如为 TRUE，该属性指示已装载至少一部分用户应用程序，且部分在 PLC 控制下 |
| 5 | local control | | 如为 TRUE，该属性指示本地越权控制是否激活。如是，则从网络控制 PLC 及子系统的能力受限，如可能，紧紧绑定一个本地键开关的使用 |
| 6 | no outputs disabled | | 如为 TRUE，该属性指示作为执行应用程序或其他方法的结果。PLC 能改变其所有输出的物理状态。如为 FALSE，则某些输出物理状态不受 PLC 影响（可能影响逻辑状态）。典型地，用于 PLC 中的应用程序测试和修改 |
| 7 | no inputs disabled | | 如为 TRUE，该属性指示作为执行应用程序或其他方法的结果。PLC 能存取其所有输入的物理状态。如为 FALSE，则不能存取某些输入物理状态（可能仿真获得的输入）。典型地，用于 PLC 中的应用程序测试和修改 |
| 8 | forced | | 如为 TRUE，该属性指示至少一个 PLC 的 I/O 点已被强制。当输入点被强制时，应用程序接收由 PADT 所指定的值以替代实际值。当输出点被强制时，机器或过程将接收由 PADT 所指定的值以替代由执行应用程序而生成的值。当变量被强制时，则应用程序将使用由 PADT 所指定的值以替代由执行正常程序而生成的值 |
| 9 | user application present | | 如为 TRUE，该属性指示处理单元至少在处理一个用户的应用程序 |
| 10 | I/O subsystem | | 如为 TRUE，该属性指示 "WARNING" 或 "BAD" 是由一个 I/O 子系统所引起 |
| 11 | processing unit subsystem | | 如为 TRUE，该属性指示 "WARNING" 或 "BAD" 是由一个处理单元子系统所引起 |
| 12 | power supply subsystem | | 如为 TRUE，该属性指示 "WARNING" 或 "BAD" 是由一个电源子系统所引起 |
| 13 | memory subsystem | | 如为 TRUE，该属性指示 "WARNING" 或 "BAD" 是由一个存储器子系统所引起 |
| 14 | communication subsystem | | 如为 TRUE，该属性指示 "WARNING" 或 "BAD" 是由一个通信子系统所引起 |
| 15 | implementer specified subsystem | | 如为 TRUE，该属性指示 "WARNING" 或 "BAD" 是由一个实施者特定子系统所引起 |

I/O 子系统状态、处理单元子系统状态、电源子系统状态、存储器子系统状态和通信子系统状态等的内容与 PLC 摘要状态属性类似，不再多述。

3) 状态的描述。PLC 状态用一个变量表示时，该变量在存取路径 P_PLCSTATUS 的结构类型如下：

```
ARRAY    [0.. P_NOS] OF
STRUCT
    SUBSYSTEM :(SUMMARY.IO, PU, POWER, MEMORY, COMMUNICATION, IMPLEMENTER);
    NAME : SYSTEM [ 最大名称的长度];
    STATE: ARRAY [0..15]   OF   BOOL;
    SPECIFIC :ARRAY [0.. P_BIT]   OF   BOOL;
END_STRUCT;
```

表 1-84 是状态信息表达为远程通信伙伴直接表达式的变量。

表 1-84　状态信息的表达

| 序号 | 状态信息的表达 |
|---|---|
| 1 | PLC 摘要状态信息是带预定义的存取路径 P_PLCSTATE 的变量 |
| 2 | PLC 摘要状态信息是带直接表达式%S 的变量（WORD） |
| 3 | PLC 摘要状态信息和所有子系统的状态是带预定义存取路径 P_PLCSTATUS 的变量 |
| 4 | 每个子系统的状态信息是带直接表达式%SC\<n\>的一个变量集 |
| 5 | 每个子系统的状态信息是带直接表达式%SU\<n\>的一个变量集 |
| 6 | 每个子系统的状态信息是带直接表达式%SN\<n\>的一个变量集 |
| 7 | 每个子系统的状态信息是带直接表达式%SS\<n\>的一个变量集 |
| 8 | 每个系统的实施者特指的状态是带直接表达式%SI\<n\>的一个变量集 |

表中，SC 为带直接表达式子系统；SU 为子元素子系统；SN 为子元素名称；SS 为子元素状态；SI 为子元素特定；\<n\>是 0（表示 PLC 摘要状态）和子系统数目 P_NOS 数值间的一个数值。

（3）通信功能块

通信功能块的公用输入/输出语义见表 1-85。

表 1-85　通信功能块的公用输入/输出语义

| 参数名 | 参数的数据类型 | 注释 |
|---|---|---|
| EN_R | BOOL | 启用接收数据 |
| REQ/RESP | BOOL | 在上升沿执行功能 |
| ID | COMM_CHANNEL | 通信信道标识 |
| R_ID | STRING | 通道内远程功能块的标识 |
| SD_i | ANY | 要发送的用户数据 |
| VAR_i | STRING 或远程变量寻址函数输出的数据类型 REMOTE_VAR | 远程通信伙伴的变量标识 |
| DONE | BOOL | 请求的功能被执行（良好且有效） |
| NDR | BOOL | 接收到新用户数据（良好且有效） |
| ERROR | BOOL | 接收到新非零状态 |
| STATUS | INT | 上次探测到的状态（错误或良好） |
| RD_i | ANY | 上次接收到的用户数据 |

参数 ID 的 COMM_CHANNEL 数据类型由用户定义。VAR_i 可有一个用户定义的远程寻址的 REMOTE_VAR 数据类型。标准 IEC 61131-5 定义的通信功能块见表 1-86。

表 1-86　通信功能块

| 序号 | 功能块名称 | | 描　述 |
|---|---|---|---|
| 1 | 远程变量寻址 REMOTE_VAR | | 用于为远程变量产生存取信息的函数 |
| 2 | 设备检验 | STATUS | 为获得设备确认信息，对远程设备进行轮询，PLC 周期检查远程设备的状态，以保证远程 PLC 的正常运行 |
| 3 | | USTATUS | 允许 PLC 接收远程设备的确认信息，包括其物理状态和逻辑属性。一旦发生改变，远程设备必须具有发送其设备确认信息的功能 |
| 4 | 参数控制 WRITE | | 将一个或多个值写入远程设备的一个或多个变量，以控制 PLC 的运行。为识别远程设备中的变量，可规定一个变量名表，经 CONNECT 功能块获得 R_ID 变量来选择远程设备 |

| 序号 | 功能块名称 | | 描　述 |
|---|---|---|---|
| 5 | 编程数据采集 | USEND | 向远程应用程序的 URCV 功能块发送一个或多个变量的值。远程应用程序可使用经正常方式向 URCV 功能块传输的变量值。R_ID 变量保证本地 USEND 功能块向远程设备中正确的 URCV 功能块发送变量值 |
| 6 | | URCV | 从相关的 USEND 功能块接收一个或多个变量的值 |
| 7 | | BSEND | 向远程应用程序的 BRCV 功能块发送数据缓存器中一个或多个变量的值。数据缓存器的字节长度由输入 LEN 规定 |
| 8 | | BRCV | 从相关的 BSEND 功能块数据缓存器中一个或多个变量的值 |
| 9 | 轮询数据采集 READ | | 为获得一个或多个变量的值，对远程设备进行轮询。可指定一个变量作为功能块输入，经短暂延迟后，远程变量的值从功能块输出 RD_i 送出。它不提供控制轮询速率的输入变量，应用程序应重新触发功能块以开始新的轮询 |
| 10 | 互锁控制 | SEND | 提供与远程设备中 RCV 功能块之间的互锁的数据交换。SEND 功能块向远程 RCV 功能块发送一个或多个变量值。RCV 功能块对应于 CONNECT 功能块和 R_ID 变量的通道 ID。接收到变量值时，作为响应，远程 PLC 应用程序装载一组值，然后这些值被返回到 SEND 功能块。该功能块用于有互锁要求及本地程序与远程程序之间有数据交换要求的应用场合 |
| 11 | | RCV | 从相关的 SEND 功能块接收一个或多个变量的值 |
| 12 | 编程报警报告 | ALARM | 检测到事件发生时，向由提到 ID 和事件标识符标识的远程设备发送一个或多个变量的值。报警按严重程度为特征分级。该功能块需要远程设备确认接收到报警 |
| 13 | | NOTIFY | 与 ALARM 功能块类似，但不需要远程设备的接收确认 |
| 14 | 连接管理 CONNECT | | 提供用于与远程设备进行通信的本地"通道 ID"。远程设备有唯一名称。本功能块提供的通道 ID 可用于其他通信功能块用于识别远程设备 |

（4）通信功能块状态信号的传送

每个通信功能块都隐含如图 1-52 所示的状态信号发送的结构，它们没有显示在这些通信功能块的状态图中。系统初始化时，将功能块实例的输出置零（FALSE）。当功能块实例在下次调用时，功能块实例的输出 NDR、DONE 和 ERROR 才会变为 TRUE。

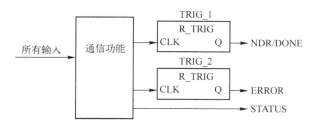

图 1-52　状态信号发送原理

当系统检测到一个通信故障，该通信功能块实例的输出 ERROR 和 STATUS 会置位，在实例的两次调用期间，ERROR 输出保持为 TRUE，如图 1-53 所示。

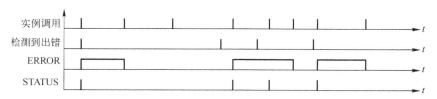

图 1-53　ERROR 和 STATUS 输出的时序图

由图 1-53 可见，只有通信功能块实例调用的同步点，NDR、DONE（图中未画出）和 ERROR、STATUS 输出才能被设置为新值，调用实例期间，它们的值不变化。表 1-87 是 STATUS

输出中出错代码的含义。

在一对多或一对全部的通信情况下，接收到的错误可来自一个或多个通信伙伴，STATUS 显示接收到的第一个错误代码。

表 1-87　STATUS 输出代码和含义

| 代码 | 含　　义 | 代码 | 含　　义 |
|---|---|---|---|
| 0 | 无错误 | 8 | 对远程通信伙伴存取失败 |
| 1 | 低层错误，无通信可能 | 9 | 接收器超过接收限度（新用户数据） |
| 2 | 来自远程通信伙伴的其他否定响应 | 10 | 存取本地对象被拒绝 |
| 3 | 通信通道中不存在 R_ID | 11 | 请求的服务超出本地资源 |
| 4 | 数据类型不匹配 | 12～20 | 保留 |
| 5 | 接收到复位 | −1 | 实例忙，不能提供额外服务 |
| 6 | 接收器没有启动 | <−1 | 用户定义的代码 |
| 7 | 远程通信伙伴处于错误状态 | >20 | |

通信功能块需初始化。功能块实例在第一次调用返回前，至少保留包含在所有状态图内的初始化状态 INIT，在初始化状态应执行全部动作来启动通信。当没有显性地编程连接管理功能块时，应先连接到远程通信伙伴的通信通道。

**3. 通信功能块应用示例**

（1）建立通信通道

两台 PLC 间建立一个通信通道，它们既可实现客户机功能，也可实现服务器功能。假设数据类型 COMM_CHANNEL 用于通信通道的句柄（Handle）或索引（Index）。采用结构化文本编程语言编写的程序如下：

1）1#PLC 应用程序：

```
VAR
    TO_PLC2 : COMM_CHANNEL ;       /* TO_PLC2 是由 CONNECT 设置的变量 */
    CO1 : CONNECT ;                /* 设置程序 1 的 CONNECT 实例名为 CO1 */
    ALM1 : BOOL ;                  /* 设置通信通道连接故障的报警布尔量 ALM1 */
END_VAR
```

程序本体：

```
CO1( EN_C :=1; PARTNER := 'PLC2') ;    /* 调用 CONNECT 实例 CO1，设置有关参数 */
/* 建立与 PLC2 的通信通道 */
IF CO1.ERROR THEN ALM1;  END_IF;       /* 如果通信通道没有建立，则 ALM1 置 1 */
IF CO1.VALUE THEN TO_PLC2 := CO1.ID ; END_IF;   /* 存储引用的通信通道 ID */
```

2）2#PLC 应用程序：

```
VAR
    TO_PLC1 : COMM_CHANNEL ;       /* TO_PLC1 是由 CONNECT 设置的变量 */
    CO2 : CONNECT ;                /* 设置程序 2 的 CONNECT 实例名为 CO2 */
    ALM2 : BOOL ;                  /* 设置通信通道连接故障的报警布尔量 ALM2 */
END_VAR
```

程序本体：

```
CO2( EN_C :=1; PARTNER := 'PLC1') ;              /* 调用 CONNECT 实例 CO2，设置有关参数 */
/* 建立与 PLC1 的通信通道 */
IF CO2.ERROR THEN ALM2;   END_IF;               /* 如果通信通道没有建立，则 ALM2 置 1 */
IF CO2.VALUE THEN TO_PLC1 := CO2.ID ;   END_IF;    /* 存储引用的通信通道 ID */
```

（2）传送数据

建立了通信通道的两个 PLC 可采用 USEND 和 URCV 功能块实现数据传送。下面程序仅说明数据的传送，并没有列出数据的来源。

1）1#PLC 应用程序（发送数据，用 USEND 功能块）：

```
VAR
    SENDREQ : BOOL ;                        /* 请求发送的标志是布尔数据 */
    TO_PLC2 : COMM_CHANNEL ;                /* 允许使用到 PLC2 通信通道的变量是 TO_PLC2 */
    SDATA1 : ARRAY [ 0 .. 20 ] OF BYTE ;    /* 发送数据采用数组表示，数据类型是字节 */
    SDATA2 : REAL ;                         /* 发送的 SDATA2 是实数类型数据 */
    USEND1 : USEND ;                        /* 设置 USEND 功能块的实例名是 USEND1 */
    ALM11 : BOOL ;                          /* 设置 ALM11 是发送数据故障的报警布尔量 */
END_VAR
```

程序本体：

```
USEND1( REQ :=SENDREQ , ID := TO_PLC2 , R_ID := 'PACK1' , SD_1 := SDATA1 , SD_2 := SDATA2 );
/* 调用 USEND1 实例，当 SENDREQ 上升沿发送数据 */
IF USEND1.ERROR THEN ALM11 ; END_IF;         /* 如果发送数据时出错，则 ALM11 置 1 */
```

2）2#PLC 应用程序（接收数据，用 URCV 功能块）：

```
VAR
    TO_PLC1 : COMM_CHANNEL ;                 /* 允许使用到 PLC1 通信通道的变量是 TO_PLC1 */
    RDATA1 : ARRAY [ 0 .. 20 ] OF BYTE ;     /* 接收数据采用数组表示，数据类型是字节 */
    RDATA2 : REAL ;                          /* 接收的 RDATA2 是实数类型数据 */
    URCV1 : URCV ;                           /* 设置 URCV 功能块的实例名是 URCV1 */
    RD1 : ARRAY [ 0 .. 20 ] OF BYTE ;        /* 设置 RD1 是数组，数据类型是字节 */
    RD2 : REAL ;                             /* 设置 RD 为一个实数 */
    ALM21 : BOOL ;                           /* 设置 ALM21 是接收数据故障的报警布尔量 */
END_VAR
```

程序本体：

```
URCV1( EN_R :=1 , ID := TO_PLC1 , R_ID := 'PACK1' , RD_1 := RDATA1 , RD_2 := RDATA2 );
/* 调用 URCV1 实例，接收来自 PLC1 的数据 */
IF URCV1.NDR THEN RD1 := RD_1 ; RD2 := RD_2 ; END_IF;   /* 接收数据赋值给 RD1 和 RD2 */
IF URCV1.ERROR THEN ALM21; END_IF;             /* 如果接收数据时出错，则 ALM21 置 1 */
```

（3）通信请求超时报警

一台 PLC 向另一台 PLC 发送请求，使用 SEND 功能块，并等待其回应，如果在 5s 内不能响应，则复位该请求。采用 SEND 功能块实例向第二台 PLC 发送请求：

```
VAR
    SENDREQ : BOOL ;                    /* 请求发送的标志是布尔数据 */
    FCT : INT ;                         /* 要请求的功能码 */
    DAT1 : REAL ;                       /* 功能的第一参数 */
    RDAT1 : INT ;                       /* 响应参数 */
    SR1 : SEND ;                        /* 设置 SEND 功能块的实例名是 SR1 */
    M1 : RS;                            /* 设置 RS 功能块的实例名为 M1 */
    TON1 : TON ;                        /* 设置 TON 功能块的实例名为 TON1 */
    ALM1: BOOL;                         /* 报警信号 */
END_VAR
```

程序本体：

```
SR1( REQ := SENDREQ ,                  /*当 SENDREQ 上升沿发送数据 */
     R := TON1.Q ;                     /* 定时器 TON1 计时到，就复位 */
     ID := TO_PLC2 , R_ID := 'ORD1' ;  /* 设置远程通信伙伴 */
     SD_1 := FCT1, SD_2 := DAT1,       /* 发送用于处理的数据 */
     RD_1 := RDAT1 );                  /* 用于结构的变量 */
M1( S := SENDREQ , R1 := TON1.Q OR SR1.NDR OR SR1.ERROR );  /* 调用 RS 功能块实例*/
          /* TON1 计时到，或 SR1 发送数据正确或发送数据出错都复位 M1 */
TON1( IN := M1.Q1, PT := T#5s );       /* 调用 TON1 实例，如果计时到 5s 则输出 */
ALM1:=TON1.Q1;                         /* 输出报警信号 */
```

## 1.5.3  功能模型

　　PLC 的功能模型也称为编程模型。功能模型用于描述库元素如何产生衍生元素。即描述 PLC 系统所具有的功能。这些功能包括信号处理功能、传感器和执行器接口功能、通信功能、人机接口功能、编程、调试和测试功能及电源功能等。图 1-54 显示功能模型。

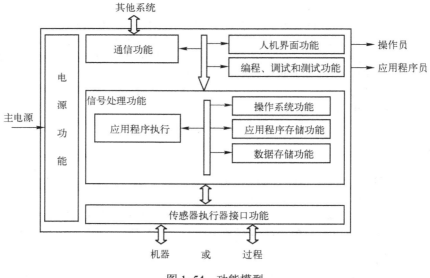

图 1-54  功能模型

## 1. 可编程序功能

（1）信号处理功能

信号处理功能由应用程序寄存器功能、操作系统功能、数据寄存器功能、应用程序执行功能等组成。它根据应用程序，处理从传感器及内部数据寄存器获得的信号，处理后输出信号送执行器及内部数据寄存器。

1）应用程序寄存器：为寄存一系列指令提供存储器单元，指令的执行是周期或事件驱动的。

2）应用数据寄存器：为应用程序执行所需的输入-输出映像表和数据提供存储器单元。

3）存储器类型、容量和利用。存储器有 RAM、ROM、PROM、EEPROM 等。存储器容量与存储器单元数有关，它包括可用的最小配置容量和最大配置容量。应用程序所需存储器容量与 PLC 所需功能和类型有关。应用数据寄存器的存储容量与被寄存的数据类型和数量有关。表 1-88 是可编程序功能。

表 1-88　可编程序功能

| 功能组别 | | 示例 | 功能组别 | | 示例 |
|---|---|---|---|---|---|
| 逻辑控制 | 逻辑 | 与、或、非、异或、触发 | 数据处理 | 人机接口 | 显示、命令 |
| | 定时器 | 接通延迟、断开延迟、定时脉冲 | | 打印机 | 信息、报表 |
| | 计数器 | 脉冲信号加和减 | | 大容量存储器 | 记录 |
| | 顺序控制 | 顺序功能表图 | | 执行控制 | 周期执行、事件驱动执行 |
| 数据处理 | 数据处理 | 选择、传送、格式、传送、组织 | 运算 | 系统配置 | 状态校验 |
| | 模拟数据 | PID、积分、微分、滤波 | | 基本运算 | 加、减、乘、除、模除 |
| | 接口 | 模拟和数字信号的输入、输出 | | 扩展运算 | 平方、开方、三角函数 |
| | 其他系统 | 通信协议 | | 比较 | 大于、小于、等于 |
| | 输入-输出 | BCD 转换 | | | |

4）操作系统：负责对 PLC 系统内部相互关联的功能进行管理。

5）应用程序执行：应用程序的总响应时间是信号从现场输入端，经 PLC 处理，最后到现场输出端所需各局部时间之和。

（2）传感器执行器接口功能

将来自机器或过程的输入信号或数据转换为合适的信号电平，将信号处理功能的输出信号和/或数据转换为合适的电平信号，传送到执行器或显示器。通常，它包括输入-输出信号类型及其输入-输出系统特性的确定等。

1）输入-输出信号类型。来自机械或过程的状态信息和数据以二进制信号、数字信号、增量信号或模拟信号形式被传送到输入-输出系统。合适的二进制信号、数字信号、增量信号或模拟信号把 PLC 系统处理后的结果传送给机械或过程。为此，应有宽范围的输入-输出信号，来适应这种类型的传感器和执行机构。

2）输入-输出系统特性。输入-输出系统应使用各种信号处理、转换和隔离方法。为适应系统扩展需要，应能够扩展到最大配置。输入-输出系统应可安装到紧靠信号处理功能的位置，也可远离信号处理功能而靠近执行机构的位置安装。

（3）通信功能

提供与其他系统，例如，其他 PLC 系统、机器人控制器、计算机等装置的通信，用于实现程序传输、数据文件传输、监视、诊断等。程序和数据的传输通常采用符合国际标准的硬件接口（如 RS232、RS485）和通信协议（如 X.25）等。

（4）人机界面功能

人机界面功能也称为人机接口功能。它为操作员提供与信号处理、机器或过程之间信息相互作用的平台，主要包括为操作员提供机器或过程运行所需的信息，允许操作员干预 PLC 系统及应用程序，例如，进行超限判别和对参数调整等。

（5）编程、调试和测试功能

它可作为 PLC 的整体，也可作为 PLC 的独立部分来实现。它为应用程序员提供应用程序生成、装载、监视、检测、调试、修改及应用程序文件编制和存档的操作平台。

1）应用程序写入，包括应用程序生成、应用程序显示等。应用程序的写入可采用字母、数字或符号键、也可应用菜单、下拉式菜单和鼠标、球标等光标定位装置。应用程序输入时应保证程序和数据的有效性和一致性。应用程序的显示是在应用程序写入时，将所有指令能逐句或逐段立即显示。

2）系统自动启动，包括应用程序的装载、存储器访问、PLC 系统的适应性、系统自动状态显示、应用程序的调试和应用程序的修改等。PLC 系统的适应性是系统适应机械或过程的功能，包括对连接到系统的传感器和执行机构进行检查的测试功能、对程序序列运行进行检查的测试功能和常数置位和复位功能等。

3）文件，应包括硬件配置及与设计有关的注释的描述、应用程序文件、维修手册等。应用程序文件应包括程序清单、信号和数据处理的助记符、所有数据处理用的交叉参考表（输入/输出、内部储存数据、定时器、计数器等内部功能）、注释、用户说明等。

4）应用程序存档。为提高维修速度和减少停机时间，应将应用程序存储在非易失性的存储介质中，并且应保证所存储的程序与原程序的一致性。

（6）电源功能

提供 PLC 系统所需电源，为设备同步起停提供控制信号，提供系统电源与主电源的隔离和转换等，可根据供电电压、功率消耗及不间断工作的要求等使用不同的电源供电。

**2. 操作系统和 PLC 重新启动**

操作系统管理内部 PLC 系统的功能。用户在确定中断操作后，PLC 重新启动有三类方式：

1）冷启动。它是 PLC 系统及其应用程序在所有动态数据（变量如 I/O 映像、内部寄存器、定时器、计数器等和程序上下文）被复位到预定状态后的再起动。冷启动可自动或手动实现。

2）热启动。它是当电源故障后，在允许的最长中断时间内，PLC 系统恢复到如同没有发生电源故障的重新启动。所有 I/O 信息和其他动态数据及应用程序上下文都得到复原或保持不变。热启动功能需要一个独立供电的实时时钟或定时器，以确定自电源故障被检测时所消逝的时间，也需要用户对相关过程的最大允许时间进行编程。

3）暖启动。它是电源故障后，以用户编程预先设置的动态数据集和系统预先确定的程序上下文的重新启动。它由一个状态标志或可指示在运行模式下检测 PLC 系统的电源故障停机的应用程序的等价方法来识别。暖启动时仅主处理单元（MPU）由 UPS 供电。

### 1.5.4　OPC UA 信息模型

OPC UA（Unified Architecture）是 OPC（OLE for Process Control）基金会开发的 OPC 统一体系结构，它是不依赖任何平台的标准。通过确认客户端和服务器的身份和自动抵御攻击实现稳定安全的通信。OPC UA 定义一系列服务器所能提供的服务，特定的服务器需向客户端详细说明它们所支持的服务。信息通过使用标准和宿主程序定义的数据类型进行表达。服务器定义客户端可识别的对象模型，提供查看实时数据和历史数据的接口，通过报警和事件通知客户端的重要变量或事件变化。OPC UA 已作为 IEC 62541 标准发布。

用于 IEC 61131-3 的 OPC UA 信息模型是为标准编程语言的应用而开发的 OPC 统一体系结构。它就是软件模型的 OPC 信息表达。表 1-89 是 OPC UA 信息模型的组成。

表 1-89　OPC UA 信息模型

| 组成 | 内容 | 文件 |
|---|---|---|
| 第一部分 | 概念（Overview and Concepts） | http://www.opcfoundation.org/UA/Part1/ |
| 第二部分 | 安全模型（Security Model） | http://www.opcfoundation.org/UA/Part2/ |
| 第三部分 | 地址空间模型（Address Space Model） | http://www.opcfoundation.org/UA/Part3/ |
| 第四部分 | 服务（Services） | http://www.opcfoundation.org/UA/Part4/ |
| 第五部分 | 信息模型（Information Model） | http://www.opcfoundation.org/UA/Part5/ |
| 第六部分 | 服务映射（Mappings） | http://www.opcfoundation.org/UA/Part6/ |
| 第七部分 | 配置文件（Profiles） | http://www.opcfoundation.org/UA/Part7/ |
| 第八部分 | 数据访问（Data Access） | http://www.opcfoundation.org/UA/Part8/ |
| 第九部分 | 报警和条件（Alarms and Conditions） | http://www.opcfoundation.org/UA/Part9/ |
| 第十部分 | 程序（Programs） | http://www.opcfoundation.org/UA/Part10/ |
| 第十一部分 | 历史访问（Historical Access） | http://www.opcfoundation.org/UA/Part11/ |
| 第十二部分 | 查找（Discovery） | http://www.opcfoundation.org/UA/Part12/ |
| 第十三部分 | 聚合（Aggregates） | http://www.opcfoundation.org/UA/Part13/ |

OPC UA 结合现有标准，采用面向服务的体系结构（Service-Oriented Architecture，SOA），独立于平台的技术允许部署 OPC UA 超出当前的 OPC 应用程序只能用于 Window 的平台，例如，也可运行在基于 Linux/Unix 的企业系统。

代表它潜在制造商的 OPC UA 服务器规定类似的控制器，用基于 IEC 61131-3 的方式为客户端提供类似的服务，例如，可视化和 MES。因此，用于 IEC 61131-3 的 OPC UA 信息模型可为 PLC 的供应商降低成本来发展 OPC UA 的服务器。

**1. 公用元素**

OPC UA 信息模型用于描述服务器地址空间的标准化节点。因此，信息模型定义一个空的 OPC UA 服务器的地址空间。但是，它不是对所有预期的服务器提供所有这些节点。

OPC UA 信息模型除了采用伴随规范设备的模块、设备和参数外，还采用表 1-90 所示的 OPC UA 的术语。

**表 1-90  用于 IEC 61131-3 的 OPC UA 信息模型中的术语**

| 中文名称 | 英文名称 | 说　　明 |
|---|---|---|
| 地址空间 | AddressSpace | OPC UA 服务器为其客户端可视化显示的信息采集 |
| 属性 | Attribute | 一个节点的原始特征。OPC UA 定义所有属性，属性是地址空间允许具有数据值的唯一元素 |
| 事件 | Event | 用于描述在系统或系统组件内某些特定意义事件发生的通用术语 |
| 信息模型 | Information Model | 一个组织框架，定义、特征和涉及一个给定系统或一组系统的信息资源。内核地址空间模型支持地址空间内的信息模型的表达 |
| 方法 | Method | 是一个对象的组件，一个可软件调用的函数 |
| 监视项 | MonitoredItem | 在服务器中由客户端定义的用于监视属性或新值的事件通知或时间发生，及生成通知 |
| 节点 | Node | 地址空间的基本组件 |
| 节点类 | NodeClass | 地址空间的节点的类。节点类定义 OPC UA 对象模型组件的元数据，也定义用于组织地址空间的构架，如视图 |
| 通知 | Notification | 发布一个事件或已改变属性值的检测的数据的通用术语。它在 NotificationMessage 中发送 |
| 对象 | Object | 节点用于表示一个系统的一个物理或抽象元素。对象用 OPC UA 对象模型建模。系统、子系统和设备是对象的示例。一个对象可被定义为一个对象类型的实例 |
| 对象类型 | ObjectType | 表示一个对象类型定义的一个节点 |
| 配置文件 | Profile | 一组特定功能。服务器可要求一致性。每个服务器可要求对多个配置文件符合一致性 |
| 引用 | Reference | 从一个节点到另一个节点的一个显式关系（指针）。节点包含源节点引用和引用的节点是目标节点所有引用由引用类型定义 |
| 引用类型 | ReferenceType | 表示引用类型定义的一个节点。它特定一个引用的语义。引用类型名标识源节点如何与目标节点关联，并一般地反映两者之间的一个操作，例如，A 含 B |
| 服务 | Service | 在 OPC UA 服务器中客户端可调用的操作。服务类似编程语言中的方法调用或 Web 中的网络服务描述语言的操作 |
| 服务集 | ServiceSet | 一组相关的服务 |
| 订阅 | Subscription | 服务器中客户端定义的端点。用于返回通知客户端。描述客户端选择的一组节点的通用术语。服务器周期监视一些条件的存在；和当条件被检测时服务器发送通知给客户端 |
| 变量 | Variable | 包含值的节点 |
| 视图 | View | 客户端感兴趣的地址空间的特定子集 |
| 数据变量 | DataVariable | 表示对象值的变量，既可直接也可间接标识复杂变量。通常目标节点有 HasComponent 引用 |
| 事件类型 | EventType | 标识一个时间的类型定义的对象类型节点 |
| 分层引用 | Hierachical Reference | 用于在地址空间构建分层结构的引用 |
| 实例声明 | InstanceDeclaration | 用于复杂的 TypeDefinitionNode，来暴露其复杂结构的节点，它是一个由类型定义使用的实例 |
| 建模规则 | ModellingRule | 定义如何实例声明被用于实例化的一个实例声明的元数据。它也定义一个实例声明的子类型规则 |
| 优先级 | Property | 用 HasProperty 引用的目标节点的变量，优先级描述节点的特征 |
| 源节点 | SourceNode | 有一个引用到另一个节点的一个节点，例如，引用 A 含 B 中，A 是源节点 |
| 目标节点 | TargetNode | 被另一节点引用的一个节点。例如，引用 A 含 B 中，B 是目标节点 |
| 类型定义节点 | TypeDefinitionNode | 用于定义另一个节点类型的节点。例如，对象类型节点和变量类型节点是类型定义节点 |
| 变量类型 | VariableType | 对一个变量，表示其变量类型定义的节点 |

（1）数据类型

它是信息模型的常用元素。数据类型定义所使用参数的数据类型，防止出现如日期除整数等错误的发生。常用数据类型有布尔、整数、实数、字节和字，也包括日期（Date）、一天中的时间和字符串；可定义衍生数据类型，例如，定义一个模拟通道作为数据类型，并重复使用它。

（2）控制变量

在 OPC UA 信息模型中，通常用控制作为前缀，例如控制变量、控制配置等。控制变量是在控制配置、控制资源或控制程序中仅分配其显式硬件地址的变量。控制变量的应用范围限于被声明的组织单元。例如就地的控制变量。这表示它的名称可用于其他地方而不会发生错误。如果控制变量是全局范围有效的，则应在全局变量声明段声明。控制变量可在声明段设置用户的初始值，用于冷启动和启动时作为初始值。

（3）控制配置、控制资源和控制任务

与标准中的定义类似，这些元素在软件模型中被定义。

控制配置是在控制系统的特定类型定义的，它包括硬件的配置，即处理的资源、用于 I/O 通道的存储器地址和系统的功能等。在控制配置中可定义一个或多个控制资源，控制资源是处理设施，能够执行控制程序。一个控制资源中可定义一个或多个控制任务，控制任务用于控制一组控制程序和/或一组控制功能块的执行。控制任务可以周期执行，也可以由事件触发执行。

控制程序由定义的编程语言的不同软件元素编写的。通常，一个控制程序由控制函数和控制功能块的网络组成。它能够交换数据。控制函数和控制功能块是基本的模块，它包含数据结构和一个算法。

（4）控制程序组织单元

在 IEC 61131-3 标准中，控制函数、控制功能块和控制程序称为控制程序组织单元。

控制函数有标准的控制函数和用户定义的控制函数。标准控制函数是 ADD、ABS 等。用户一旦定义了控制函数和控制功能块，就可以重复使用。

控制功能块用于表示一个专门的控制功能，像集成电路一样，与控制函数不同，它包含数据算法，有一个良好定义的接口和隐含的内部功能，像一个黑箱。例如，PID 控制功能块一旦被定义，它就可用于不同项目的不同控制程序，即它是高度可复用的。用户定义的控制功能块是基于已定义的标准控制功能块、控制函数等。

控制函数和控制功能块的接口用同样方法描述。

控制程序是控制函数、控制功能块的网络。一个控制程序可用任何已定义的可编程语言编写。

标准顺序功能表图（SFC）被定义作为一个结构工具。

（5）编程语言

标准的四种编程语言被定义，它们是指令表（IL）、结构化文本（ST）、梯形图（LD）和功能块图（FBD）编程语言。

**2．OPC UA 模型**

OPC 采用客户端/服务器（C/S）方式进行信息交换。OPC 服务器封装过程信息来源（如设备），使信息可通过它的接口访问。OPC 客户端连接到 OPC 服务器后，可访问和使用它所提供的数据。

根据工业应用不同需求，OPC 制定了三个 OPC 规范，即数据访问（DA）、报警和事件（A&E）和历史数据访问（HAD）。

（1）OPC 数据访问

OPC DA 接口可读写和监测包含当前过程的变量，将 PLC、DCS 和其他控制设备的实时数据迁移到 HMI 和其他显示客户端。它是 OPC 最重要的接口。

OPC DA 客户端明确选择需要从服务器读、写或监测的变量。通过创建一个 OPCServer 对象建立一个服务器的连接。该服务器提供方法通过浏览地址空间分层寻找项目和它们的属性。

（2）OPC 报警和事件

OPC A&E 接口可接收事件通知和报警通知。事件通知是单条地告诉客户端的一个事件的发生。报警通知告诉客户端过程状态的变化超过了规定的要求，报警需要被确认。

OPC A&E 客户端连接服务器，订阅通知，接收在服务器触发的所有根据指定的过滤规则过的通知。与 OPC DA 相反，它没有类似读数据对指定信息的显式请求，客户端可通过设置过滤规则限制事件的数量。

（3）OPC 历史数据访问

OPC 历史数据访问提供对已存储数据的访问，从简单的串行数据记录系统，到复杂的 SCADA，历史数据记录以统一方式被检索。

OPC HAD 客户端通过 HAD 服务器中创建一个 OPCHDAServer 对象，进行连接，该对象提供读取和更新历史数据的所有接口和方法。而 OPCHDABrowser 浏览器对象浏览 HAD 服务器的地址空间。对历史数据提供三种读取方式：从指定时间范围内读取所有原始数据；读取指定变量在指定时间范围内的数据；读取历史数据库中指定变量在指定时间范围内的数据计算聚合值。

（4）OPC 统一体系架构

OPC UA 为应用程序之间提供互操作的、平台独立的、高性能的、可扩展的、安全和可靠的通信。它允许 OPC UA 应用程序运行在智能设备和控制器上，同时也运行在 DCS 和 SCADA 系统上，或运行在 MES 和 ERP 上，从而大大扩展了使用范围。

OPC UA 通过在同一地址空间公开当前数据、事件通知及其历史，使不同的经典 OPC 规范功能得到统一。它采用面向对象的概念，提供了丰富的可扩展的信息模型，允许其他组织定义使用 OPC UA 通信基础设施的标准信息模型，使提供的信息简单，而用一个类型系统来丰富该信息。

OPC UA 的对象是由其他对象、变量和方法组成的。在 OPC UA 服务器中，对象和相关的信息被称为地址空间。OPC UA 对象模型的元素在地址空间用属性描述的节点和引用来内部连接表示。

OPC UA 定义八种节点类，用于表示地址空间的组成。它们包括对象、变量、方法、变量类型、对象类型、数据类型、引用类型和视图等。用于 IEC 61131-3 的 OPC UA 信息模型使用对象和变量节点类型。

对象用于表示 IEC 61131-3 软件模型的组成，例如，控制程序、控制任务、控制资源和控制功能块等。一个对象与对应的对象类型一起定义该对象。

变量用于表示数值，定义了两类变量：属性和数据变量。

属性（Property）是服务器定义的对象、数据变量和其他节点的性能。属性不允许对它们定义其性能。例如，对象属性是控制任务的优先级性能。

数据变量（DataVariable）表示对象的内容。数据变量可以有组成的数据变量，它被用于服务器来暴露数组和结构数据的单一元素。信息模型用数据变量来表示在控制功能块和控制程序中包含的控制变量等数据。

OPC UA 采用表 1-91 所示的图形符号表示节点类和引用。

表 1-91　OPC UA 的图形符号

| 图形符号 | 含义 | 图形符号 | 含义 |
|---|---|---|---|
| Object | 对象类节点 | HasComponent ——————+ | 有组件 |
| Variable | 变量类节点 | —— HasInputVars—+ | 有输入变量 |
| Method | 方法类节点 | HasProperty ——————++ | 有属性 |
| Object Type | 对象类型节点 | HasTypeDefinition ——————▶▶ | 有类型定义 |
| Variable Type | 变量类型节点 | HasSubType ◁◀——— | 有子类型 |
| Data Type | 数据类型节点 | —— Hierachical Reference——▶ | 分层引用 |
| ReferenceType | 引用类型节点 | —— NonHierachical Reference ▶ | 无分层引用 |

## 3. 系统架构和配置文件

（1）系统架构

图 1-55 显示一种可能的基于 OPC UA 规范的系统配置。

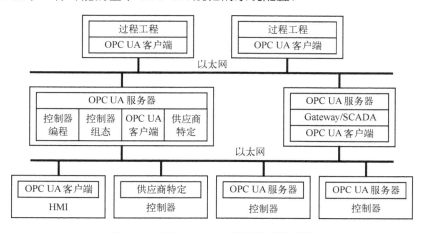

图 1-55　基于 OPC UA 规范的系统配置

1）嵌入式 OPC UA 服务器。直接集成到一个控制器，用于提供控制程序和控制功能块对象。这种服务器允许直接从客户端经 OPC UA 协议在线访问信息。其他嵌入式应用程序，例如 HMI，作为 OPC UA 客户端从控制器而不需要 PC 就可直接访问信息。

2）基于 PC 的 OPC UA 服务器。运行在 PC 平台的 OPC UA 服务器提供多控制器的访问功能。它们为控制资源、控制程序和控制功能块对象提供完整的类型信息。与控制器的通信使用 OPC UA 或专用协议。

3）具有工程功能的基于 PC 的 OPC UA 服务器。该类服务器在基于 PC 的 OPC UA 服务器上添加工程功能。允许访问控制器的工程系统，访问所使用工程和服务的组态等功能。

（2）一致性单位和配置文件

配置文件用一致性单位的分组命名。配置文件与其他配置文件结合，用于定义 OPC UA 服务器或客户端的完整的功能。在 OPC UA 的伴随规范设备（DI）中定义了基本设备服务器的配置文件、嵌入式 UA 服务器配置文件和标准的服务器配置文件。表 1-92 是控制器配置文件。

表 1-92　控制器配置文件

| 一致性单位 | 描述 | 可选/强制 |
|---|---|---|
| 控制器操作服务器 | | |
| Ctrl DeviceSet | 支持 UA DI 定义的设备集对象下具有控制配置、控制资源、控制程序和控制功能块的完整组件 | 强制 |
| Ctrl Configuration | 支持供应商定义的控制配置对象类型和对象实例 | 强制 |
| Ctrl Resource | 支持供应商定义的控制资源对象类型和对象实例 | 强制 |
| Ctrl Program | 支持用户定义的控制程序对象类型和对象实例 | 强制 |
| Ctrl FunctionBlock | 支持用户定义的控制功能块对象类型和对象实例 | 强制 |
| Ctrl Task | 支持控制任务对象 | 可选 |
| Ctrl References | 支持 IEC 61131-3 信息模型的伴随标准规定的引用类型 | 可选 |
| 控制器工程服务器 | | |
| Ctrl Engineering Data | 支持提供规范定义的所有工程数据，例如，描述数据类型的性能 | 强制 |
| Ctrl Engineering Change | 支持经 OPC UA 的工程数据的改变 | 可选 |
| Ctrl Type Creation | 支持经 NodeManagement 服务器创建类型节点来建立控制程序组织单元的声明 | 可选 |
| 控制器工程客户端 | | |
| Ctrl Client Information Model | 符合 IEC 61131-3 信息模型的伴随标准规定的类型的使用对象 | 强制 |
| Ctrl Client Engineering Data | 符合 IEC 61131-3 信息模型的伴随标准规定的使用工程数据，例如，描述数据类型的性能 | 强制 |
| Ctrl Client Engineering Change | 经 OPC UA 的使用的工程数据的改变 | 可选 |
| Ctrl Type Creation | 支持经 NodeManagement 服务器创建的使用类型节点来建立控制程序组织单元的声明 | 可选 |

注：控制器配置文件需要 UA DI 定义的 BaseDevice_Server_Facet 配置文件的支持。

（3）示例

下面示例说明对象类型是控制功能块类型的一个整数加计数器功能块。

在 OPC UA 信息模型中，需要一个控制功能块类型 CTU_INT 的声明。它有三个控制变量输入，即计数输入 CU、复位 R 和设定 PV。一个就地控制变量 PVmax 用于设置最大计数值；有两个控制变量输出，即计数值到 Q 和当前计数值 CV。采用结构化文本编程语言编写控制功能块类型 CTU_INT 程序如下：

```
FUNCTION_BLOCK CTU_INT
    VAR_INPUT
      CU: BOOL;
      R: BOOL;
      PV: INT;
    END_VAR
    VAR
      PVmax: INT := 32767;
    END_VAR
    VAR_OUTPUT
      Q: BOOL;
      CV: INT;
    END_VAR
          // 本体程序如下
    IF R THEN
      CV := 0;
    ELSIF CU AND (CV < PVmax) THEN
      CV := CV + 1;
    END_IF ;
    Q := (CV >= PV);
  END_FUNCTION_BLOCK
```

可用 OPC UA 表示该控制功能块。对象类型 CTU_INT 是对象类型控制功能块类型的子类型，它的组件由实例声明，并使用引用 HasInputVar、HasLocalVar 和 HasOutputVar。图 1-56 显示它在 OPC UA 中的结构。

图中，对象 Object 是对象类型 CTU_INT 的实例，它由 HasTypeDefinition 引用。对象类型 CTU_INT 从对象类型的控制功能块衍生，它由 HasSubType 引用。图中还显示了控制功能块 CTU_INT 的两个实例 MyCounter 和 MyCounter2。它们被用于控制程序 MyTestProgram，即：

```
PROGRAM   MyTestProgram
    VAR_INPUT
        Signal: BOOL; Signal2: BOOL;
    END_VAR
    VAR
        MyCounter: CTU_INT; MyCounter2: CTU_INT;
    END_VAR
    VAR_TEMP
        QTemp: BOOL; CVTemp: INT;
    END_VAR
MyCounter(CU := Signal, R := FALSE, PV := 24); QTemp := MyCounter.Q; CVTemp := MyCounter.CV;
    MyCounter2(CU := Signal2, R := FALSE, PV := 19); QTemp := MyCounter2.Q; CVTemp :=
```

```
    MyCounter2.CV;
         END_PROGRAM
```

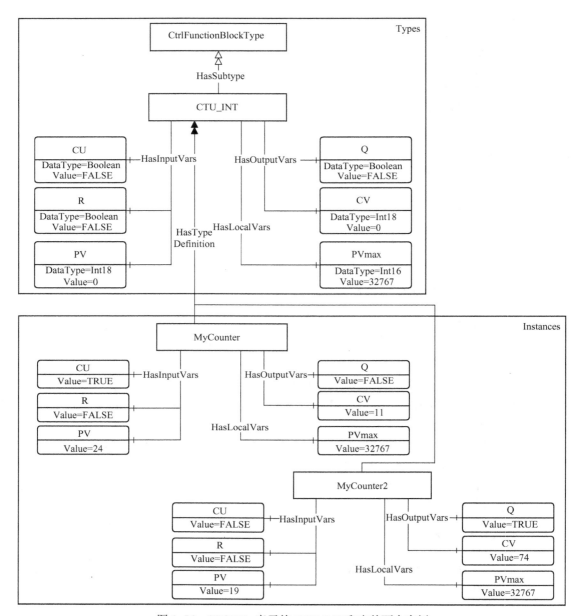

图 1-56　OPC UA 表示的 CTU_INT 和它的两个实例

　　图中没有表示控制程序 MyTestProgram。计数信号分别是 Signal 和 Signal2，计数设定分别是 24 和 19。

# 第2章 文本类编程语言

## 2.1 文本类编程语言的公用元素

### 2.1.1 文本类编程语言概述

IEC 61131-3 标准规定两种文本类编程语言。指令表（Instruction List，IL）编程语言用一系列指令组成程序组织单元本体部分。结构化文本（Stuctured Text，ST）编程语言用一系列语句组成程序组织单元本体部分。指令表编程语言是低层编程语言，结构化文本编程语言是高层编程语言。

指令表编程语言中，通常，一条指令由一个操作符或一个函数，与一定数量的操作数组合，用于实现一定的操作功能。操作符或函数用于说明进行什么操作，操作数用于说明操作的对象。操作符通常只有一个操作数，函数可能有一个或多个（或没有）操作数。对操作符也可带修正符，例如，取反（N）、结果为布尔值1时执行（C）等修正符。

指令表编程语言是类似汇编语言的编程语言，它具有容易记忆、便于操作的特点。

IEC 61131-3 第三版认为，指令表编程语言与汇编语言一样，是过时的编程语言，因此，将不会被包含在本标准的下一个版本。

结构化文本编程语言是高级编程语言，类似于高级计算机编程语言 PASCAL。它由一系列语句，例如，选择语句、循环语句、赋值语句等组成，用于实现一定的功能。它不采用面向机器的操作符，而采用能够描述复杂控制要求的功能性抽象语句，因此，具有清晰的程序结构，利于对程序的分析。它具有强有力的控制命令语句结构，使复杂控制问题变得容易解决，但它的编译时间长，执行速度慢。

### 2.1.2 文本类编程语言的公用元素

IEC 61131-3 标准规定在文本类编程语言（指令表编程语言和结构化文本编程语言）中可使用的公用程序结构元素见表 2-1。

表 2-1 用于文本类编程语言的程序结构元素

| 程序结构元素 | 说 明 | 备 注 |
|---|---|---|
| TYPE…END_TYPE | 数据类型段声明 | |
| VAR…END_VAR | 内部变量段声明 | |
| VAR_INPUT…END_VAR | 输入变量段声明 | |
| VAR_OUTPUT…END_VAR | 输出变量段声明 | |
| VAR_IN_OUT…END_VAR | 输入-输出变量段声明 | |
| VAR_EXTERNAL…END_VAR | 外部变量段声明 | |

| 程序结构元素 | 说　明 | 备　注 |
|---|---|---|
| VAR_TEMP…END_VAR | 暂存变量段声明 | |
| VAR_ACCESS…END_VAR | 存取路径变量段声明 | |
| VAR_GLOBAL…END_VAR | 全局变量段声明 | |
| VAR_CONFIG…END_VAR | 配置变量段声明 | |
| FUNCTION…END_FUNCTION | 函数段声明 | |
| FUNCTION_BLOCK…END_FUNCTION_BLOCK | 功能块段声明 | |
| PROGRAM…END_PROGRAM | 程序段声明 | |
| METHOD…END_METHOD | 方法段声明 | IEC 61131-3 第三版增加 |
| STEP…END_STEP | 步段声明 | 用于 SFC 编程语言 |
| TRANSITION…END_TRANSITION | 转换段声明 | 用于 SFC 编程语言 |
| ACTION…END_ACTION | 动作段声明 | 用于 SFC 编程语言 |
| NAMESPACE…END_NAMESPACE | 命名空间段声明 | IEC 61131-3 第三版增加 |

　　文本类编程语言的程序结构元素用于程序组织单元中的声明部分。当 SFC 编程语言用结构化文本编程语言表示时，上述 SFC 编程语言的公用元素用于程序组织单元中的本体部分。IEC 61131-3 第三版增加方法段的声明和命名空间段的声明。

　　与其他编程语言相同，编程语言用于程序组织单元中本体的编程，它必须与程序组织单元中声明部分相适应。

## 2.2　指令表编程语言

### 2.2.1　指令

　　指令表编程语言以一系列指令作为编程语言。与传统 PLC 的指令表编程语言比较，IEC 61131-3 标准的指令表编程语言更为简单，其原因是采用了修正符、函数和功能块，一些原来用指令执行实现的操作可通过修正符、函数、方法和功能块的调用方便地实现。

　　【例 2-1】　指令的示例。

　　下列程序有四条指令。

| 标号 | 操作符和修正符 | 操作数 | 说明 |
|---|---|---|---|
| START: | LD | %IX1.1 | /* 按下起动按钮 */ |
| | OR | %QX10.1 | /* 自保触点 */ |
| | ANDN | %IX1.2 | /* 按下停车按钮 */ |
| | ST | %QX10.1 | /* 起动设备 */ |

　　示例程序用于对某设备进行起动和停止控制。程序中，标号为 START 的指令读取 PLC 第 1 输入单元第 1 位信号（起动按钮），存放到当前结果存储器。第 2 行是第 2 个指令，用于将当前结果存储器内容和第 10 输出单元第 1 位信号（设备的自保信号）进行或逻辑运算，运算结果仍存放到当前结果存储器。第 3 行指令用于将当前结果存储器内容和第 1 输入单元第 2 位信号（停止按钮）取反后的结果进行与逻辑运算，结果仍存放到当前结果存储器。第 4 行

指令用于将当前结果存储器存放的内容传送到第 10 输出单元的第 1 位存放。

**1. 操作符、修饰符和操作数**

指令表编程语言的指令表由一系列指令序列组成。每个指令表示一个新行的开始。它由操作符（可带修饰符）和操作数组成。多于一个的操作数，可用逗号分隔。

操作数可以是文字、枚举值和变量的任意的数据表示。例如，LD A 表示读取符号变量 A 所对应的数值，并送当前结果存储器。AND %IX1.3 表示将当前结果存储器的内容与输入单元 1 的第 3 位进行与逻辑运算，结果送当前结果存储器。JMP ABC 表示当前结果存储器的计算值为布尔值 1 时，程序跳转到标号 ABC 的位置开始执行。RET 是无操作数的操作符，当执行到该指令时，程序将返回到原断点后的指令处执行。断点是由于函数调用、功能块调用或中断子程序等造成的。

传统 PLC 中对数据存储单元地址的分类与标准的分类有所不同。首先，标准用%表示这些存储单元是直接表示变量的地址；用位置前缀表示输入（I）、输出（Q）和存储器（M）单元；用位（X）、字节（B）、字（W）、双字（D）和长字（L）表示数据存储单元的大小前缀。使用时应注意，传统 PLC 中，不同制造商产品的地址是不同的，例如，可以直接用 0000 表示存储器的位 0000，也可用 I1.0 表示第 1 输入单元的第 0 位等。

可以在指令前面加一个标识符，称为标号，其后需跟一个冒号 ":"。在指令之间可插入空行。

（1）操作符

IEC61131-3 标准对指令表编程语言的操作符进行简化，并规定如表 2-2 所示的操作符和修饰符。

表 2-2　指令表编程语言规定的操作符和修饰符

| 序号 | 描述（操作符）[①] | 修饰符[②] | 说　　明 |
|---|---|---|---|
| 1 | LD | N | 设置当前结果存储器内容等于操作数 |
| 2 | ST | N | 存储当前结果存储器内容到操作数的地址 |
| 3 | S[③]，R[③] | | S：如果当前结果是布尔值 1，设置操作数为 1；R：如果当前结果是布尔值 1，设置操作数为 0 |
| 4 | AND | N，( | 逻辑与运算 |
| 5 | & | N，( | 逻辑与运算 |
| 6 | OR | N，( | 逻辑或运算 |
| 7 | XOR | N，( | 逻辑异或运算 |
| 8 | NOT[④] | | 逻辑取反（1 的补码）运算 |
| 9 | ADD | ( | 加运算 |
| 10 | SUB | ( | 减运算 |
| 11 | MUL | ( | 乘运算 |
| 12 | DIV | ( | 除运算 |
| 13 | MOD | ( | 模除运算 |
| 14 | GT | ( | 比较>运算 |
| 15 | GE | ( | 比较>=运算 |
| 16 | EQ | ( | 比较=运算 |
| 17 | NE | ( | 比较<>运算 |
| 18 | LE | ( | 比较<=运算 |

| 序号 | 描述（操作符）<sup>①</sup> | 修饰符<sup>②</sup> | 说　　明 |
|---|---|---|---|
| 19 | LT | （ | 比较<运算 |
| 20 | JMP<sup>⑤</sup> | C，N | 跳转到标号 |
| 21 | CAL<sup>⑥</sup> | C，N | 调用功能块（见 IEC 61131-3 标准的表 69） |
| 22 | RET<sup>⑦</sup> | C，N | 从调用的函数、功能块或程序返回 |
| 23 | ） | | 推迟求值的操作 |
| 24 | ST? | | 赋值尝试的存储和测试 |

① 除非另有说明，这些操作符应既可过载也可类型化。
② 见本节用于修饰活动解释文字和表达式的求值。
③ 该指令的操作数应是 BOOL 数据。
④ 该操作的结果应是当前结果按位布尔的取反（1 的补码）。
⑤ JMP 指令的操作数必须是一个指令要转移到该处能执行的标号。当 JMP 指令包含 ACTION…END_ACTION 结构时，操作数应是带同样结构的标号。
⑥ 该指令的操作数必须是一个被调用的功能块实例名。
⑦ 该指令没有操作数。

比较类操作符是将当前结果与比较操作的操作数比较，满足比较条件时，比较的结果为布尔值 1。例如，当前结果为 2#0000_0101，则比较指令 GT %IB5 执行时，如果%IB5 字节的内容大于 2#0000_0101，比较后的当前结果为 BOOL#1。反之，比较后的当前结果为 BOOL#0。

（2）当前结果

在指令表编程语言中，指令具有如下格式：

**标号：操作符　操作数**

指令中，操作符用于规定操作的方法，例如，和当前结果存储器进行或逻辑运算，和当前结果存储器进行与逻辑运算等。操作数是操作的对象，它是公用元素中定义的一个文本、一个枚举值或一个变量。

指令执行过程中，数据存取采用的方法是：

**result:= result OP operand（当前结果:=当前结果　操作符　操作数）**

即正在求值的表达式的值用当前结果与操作符对操作数的操作来替代。

因此，在操作符规定的操作下，当前运算结果与操作数进行由操作符规定的操作运算。运算结果作为新的当前运算结果存放回当前结果存储器。

**【例 2-2】** 当前结果的替代。

指令 AND %IX1 被解释为：当前结果:=当前结果　AND %IX1。

指令 GT %IW10 的结果，如果当前结果大于输入字 10 的值，则为 1，否则为 0。

需注意，操作符与操作数之间至少需要有一个空格来分隔。标号与操作符之间是冒号。标号用于一些操作，例如，JMP 操作的操作数表示跳转的目的地址。

（3）修饰符

修饰符用于对操作符进行修饰。

修饰符圆括号"（"表示操作符的运算被延缓直到遇到右面的圆括号"）"。因此，传统PLC 中的程序块操作，主控操作等都可采用该修饰符对实现。表 2-3 显示一个指令的圆括号序列的两个等效格式。

表 2-3　圆括号的两种表达格式

| 序号 | 描　　述 | 示　　例 |
|---|---|---|
| 1 | 用显式操作符开始的括号表达式 | AND(<br>LD %IX1 (NOTE)<br>OR %IX2<br>) |
| 2 | 括号表达式（短格式） | AND( %IX1<br>OR %IX2<br>) |

注：在序号 1 中，LD 操作符可被修饰或 LD 操作可用其他操作或相应的函数调用进行重复。

这两种格式都可解释为：当前结果:=当前结果　AND (%IX1 OR %IX2)。

修饰符 N 表示操作数的按位布尔值取反（1 的补数）。修饰符"C"表示相关指令仅在当前求值结果的值是布尔值 1 时才执行（如果操作符与 N 修饰符结合，则为布尔值 0）。

【例 2-3】　修饰符 N 的示例。

指令 ANDN %IX2 被解释为：当前结果:=当前结果　AND NOT %IX2。

修饰符"C"表示相关指令仅在当前求值结果的值是布尔值 1 时才执行（如果操作符与 N 修饰符结合，则为布尔值 0）。

## 2. 指令

IEC 61131-3 标准的指令表编程语言对传统指令表编程语言进行总结，取长补短，采用函数和功能块，使用数据类型的超载属性等，使编程语言更简单灵活，指令更精简。IEC 61131-3 第三版增加方法的调用，扩展了面向对象的应用领域。

指令表编程语言简化的各类指令见表 2-4。

表 2-4　指令表编程语言的指令

| 指　　令 | 格　　式 | 功　　能 |
|---|---|---|
| 数据存取类指令 | LD 操作数<br>LDN 操作数 | 将操作数规定的数据存储单元中的内容作为当前结果<br>将操作数规定的数据存储单元中的内容取反后作为当前结果 |
| 输出类指令 | ST 操作数<br>STN 操作数 | 将当前结果存储到操作数规定的数据存储单元<br>将当前结果取反后，存储到操作数规定的数据存储单元 |
| 置位和复位类指令 | S 操作数<br>R 操作数 | 当前结果为布尔值 1 时，将操作数对应的数据存储单元内容设置为 1<br>当前结果为布尔值 1 时，将操作数对应的数据存储单元内容设置为 0 |
| 逻辑运算类指令 | AND 操作数<br>ANDN 操作数<br>OR 操作数<br>ORN 操作数<br>XOR 操作数<br>XORN 操作数<br>NOT 操作数 | 逻辑运算操作符　操作数<br>将当前结果存储器内容与操作数对应的数据存储单元内容进行规定的逻辑运算，运算结果为新的当前结果，存放在当前结果存储器内<br>逻辑运算操作符 N　操作数<br>将当前结果存储器内容与操作数对应的数据存储单元内容的取反结果进行规定的逻辑运算，运算结果作为当前结果，存放在当前结果存储器内 |
| 算术运算类指令 | ADD 操作数<br>SUB 操作数<br>MUL 操作数<br>DIV 操作数<br>MOD 操作数 | 当前结果加操作数对应的数据存储单元内容，运算结果存放在当前结果存储器<br>当前结果减操作数对应的数据存储单元内容，运算结果存放在当前结果存储器<br>当前结果乘操作数对应的数据存储单元内容，运算结果存放在当前结果存储器<br>当前结果除以操作数对应的数据存储单元内容，运算结果（商）存放在当前结果存储器<br>当前结果与以操作数对应的数据存储单元内容为模相除，运算结果（余数）存放在当前结果存储器 |
| 比较运算类指令 | GT 操作数<br>GE 操作数<br>EQ 操作数<br>NE 操作数<br>LE 操作数<br>LT 操作数 | 当前结果>操作数对应的数据存储单元内容，运算结果 1 送当前结果存储器<br>当前结果≥操作数对应的数据存储单元内容，运算结果 1 送当前结果存储器<br>当前结果=操作数对应的数据存储单元内容，运算结果 1 送当前结果存储器<br>当前结果≠操作数对应的数据存储单元内容，运算结果 1 送当前结果存储器<br>当前结果≤操作数对应的数据存储单元内容，运算结果 1 送当前结果存储器<br>当前结果<操作数对应的数据存储单元内容，运算结果 1 送当前结果存储器 |

| 指　　令 | 格　　式 | 功　　能 |
|---|---|---|
| 跳转和返回指令 | JMP 标号<br>RET | 跳转到标号的位置继续执行<br>返回到跳转时的断点后继续执行 |
| 调用指令 | CAL 操作数 | 调用操作数表示的函数、功能块或程序，详见 2.2.2 节 |
| 括号指令 | 左圆括号 "（"<br>右圆括号 "）" | 将当前结果存储器内容压入堆栈，并将操作符的操作命令存储，这时，堆栈的其他内容下移一层<br>将堆栈最上层内容弹出，并与当前结果存储器内容进行相应操作，操作结果存放在当前结果存储器。堆栈其他内容上移一层 |
| 赋值尝试指令 | ST? 操作数 | 如果操作数是有效接口或引用，操作数赋值给当前结果存储器，否则，NULL 送当前结果存储器 |

使用时的注意事项如下：

（1）IEC 61131-3 标准与传统 PLC 的指令操作的区别

IEC 61131-3 标准与传统 PLC 的指令操作有如下区别：

1）传统 PLC 有三类存储器。它们是输入输出存储器、当前结果存储器和堆栈。当执行 LD 指令时，CPU 从操作数对应的输入存储器读取数据并存放到当前结果存储器。执行 OUT 输出指令时，将当前结果存储器的内容传送到操作数对应的输出存储器，即传统 PLC 的存储器是位存储器，只能存储位的内容。IEC 61131-3 标准规定的存储器可以存储位、字节、字、双字、长字及字符等各种类型的数据或变量。

2）标准规定存储器存储数据类型可以不同，因此，连续的两个运算之间应注意数据类型的匹配。

3）标准规定当前结果存储器内的数据类型可以改变。标准并没有规定操作符组，不同编程系统可用不同方法实现操作符组。表 2-5 是能够改变当前结果存储器数据类型的操作符组。

表 2-5　能够改变当前结果存储器数据类型或数值的操作符组

| 改变当前结果存储器数据类型的操作符组 | 缩写 | 示　　例 |
|---|---|---|
| Create（建立） | C | LD |
| Process（处理） | P | GT, GE, LT, ADD, SUB, AND, OR |
| Leave unchanged（保持不变） | U | ST, JMPC, CALC, RETC |
| Set to undefined（设置为未定义） | – | CAL 功能块无条件调用 |

4）标准的算术运算类指令可适用于各种不同的数据类型，即具有过载属性。此外，当前结果存储器数据类型成为一般数据类型，因此，能适应各种算术运算需要。传统 PLC 对数据类型有严格规定，例如，单字或双字的加运算等。即双字运算时，需先进行有关高位字节清零等操作，使程序复杂化。

5）标准的 DIV 运算将商作为当前结果，而 MOD 运算将余数作为当前结果。传统 PLC 中，进行除法运算时，商和余数存放在不同数据存储单元地址。

6）传统 PLC 中，用 CMP 等比较类指令，它将比较结果存放在专用存储单元，用户根据该专用存储单元的状态（0 或 1）确定后续程序的执行。此外，只有大于、小于和等于等指令，没有大于或等于和小于或等于等指令，因此，要将有关指令的结果用或逻辑运算后才能实现大于或等于和小于或等于等指令。标准的比较运算类指令适用于对不同数据类型的变量比较，而不局限于单一位的比较，因此，应用范围大大扩展。

（2）S 和 R 指令

S 表示有条件的输出 STC 指令，R 表示有条件输出 STCN。因此，当前结果存储器为 1 时，S 操作数指令执行设置输出操作数为 1（置位）的操作。同样，R 操作数指令执行设置输出操作数为 0（复位）的操作，即置位取反的操作。

（3）跳转指令和跳转返回指令

跳转指令 JMP 是从主程序跳转到子程序的指令。子程序不能用跳转指令跳转到主程序，只能用返回指令 RET 返回。子程序开始标志是标号，子程序结束标志是 RET 指令。程序中标号具有唯一性。在子程序中，标号必须位于其第一行的首位，标号与其分隔号 ":" 之间应有空格。标号应是字母开始的标识符。标号的字符长度与系统有关。SFC 编程语言中，在 ACTION…END_ACTION 结构内使用 JMP 指令时，操作数应是在同一结构中的一个标号。

## 2.2.2  函数、方法和功能块

函数、方法调用和功能块调用的一般规则和性能都可在指令表编程语言使用。

**1. 函数和函数的调用**

指令表编程语言中，函数的调用较简单。它通过在操作符区域用函数名替代来调用，分为格式参数的调用和非格式参数的调用两种。

1）带非形参表的函数或方法调用。编程语言的格式如下：

  函数名    非形参, 非形参, …, 非形参

2）带形参表的函数或方法调用。编程语言的格式如下：

  函数名 (第一形参 := 实参, … , 最后形参 := 实参)

【例 2-4】  非形参的函数调用示例。

```
LD   1          /* 将 1 送当前结果存储器 */
ADD   2,3,4     /* 将 2，3，4 与当前结果存储器内容 1 相加，结果 10 送当前结果存储器 */
ST   A          /* 当前结果存储器内容 10 送变量 A */
```

【例 2-5】  带形参的函数调用示例。

```
INSERT (
IN1 :='ABC',
IN2 :='XYZ',
P :=2
)
```

示例中，调用 INSERT 函数，第一参数是 IN1，用实参'ABC'赋值给 IN1，同样，用实参'XYZ'赋值给 IN2，用实参 2 赋值给 P，调用该函数后，当前结果存储器存放的字符串是'ABXYZC'。需注意，一些软件系统不一定具有带形参的函数调用性能。

表 2-6 是函数调用的格式和示例。表中的序号与 IEC 61131-3 标准中表 69 的序号对应，

下同。

表2-6 函数调用的格式和示例

| 序号 | 描述 | 示例 | |
|------|------|------|------|
| 3a | 带格式参数列表的函数调用 | LIMIT( <br> EN := COND, <br> IN := B, <br> MN := 1.0, <br> MX := 5.0, <br> ENO => TEMPL <br> ) <br> ST A | // 函数名 LIMIT <br> // 增加的 EN 参数表示当布尔变量 COND 为 1 时,才调用该函数 <br> // 函数的第一参数 <br> // 函数的输入 MN 参数由实际值 1.0 代替 <br> // 函数的输入 MX 参数由实际值 5.0 代替 <br> // 增加的 ENO 参数表示当 ENO 的值赋值给 TEMPL <br> <br> // 新的当前结果存放在 A 变量 |
| 3b | 带非格式参数列表的函数调用 | LD 1 <br> LIMIT B, 5.0 <br> ST A | // 当前结果 1 存储在当前结果存储器 <br> // 把 LIMIT B,5 作为函数的输入 <br> // 新的当前结果存放在 A 变量 |

函数调用时的注意事项如下:

1) 非形参表即实参表,是实际应用参数组成的参数表。形参表是函数中定义的参数,在实际应用时必须用实际参数代入。

2) 非形参的函数调用指令中,第一个参数是当前结果存储器存储的结果。因此,在函数调用前,用有关指令将被调用函数的第一参数送当前结果存储器。

3) 函数调用与指令的区别是函数可有多个参数。示例中,ADD 作为函数调用时,可附多个用逗号分隔的参数,程序简单,描述清晰;ADD 作为指令使用时,对上述示例,要用圆括号实现,程序复杂,并且程序所占存储空间大。需注意,函数没有修饰符。

4) 函数调用时,可有返回值结果。如果被调用函数没有一个返回值结果,则当前结果是不确定的。

5) RET 指令的成功执行或执行到 POU 的终点,则 POU 给予的结果作为当前结果。

6) 调用带形参的函数时,应将实参代替形参,可用赋值语言对形参赋值。

7) 可以添加 EN 和 ENO 参数。将函数状态传递到下一个指令。需注意,对 ENO 参数的输出需用赋值语言。一些软件系统不一定具有 EN 和 ENO 的函数调用性能。

**2. 方法和方法的调用**

IEC 61131-3 标准第三版增加面向对象的程序语言,因此,在指令表编程语言中增加方法的调用。

与函数的调用类似,方法可被调用。通过设置的功能块实例名,然后跟一个单一的句号"."和在操作符区域的该方法名来调用方法。

【例2-6】 方法调用的示例。

```
FB.M1 (              // 方法名为 FB.M1
G := A               // 方法 FB.M1 的输入 G 读取 A 变量的值
IN0 :=%IX10          // 方法 FB.M1 的输入 IN0 读取%IX10 的值
IN1 :=%IX11          // 方法 FB.M1 的输入 IN1 读取%IX11 的值
)
ST B                 // 方法的结果送变量 B
```

方法调用分格式调用和非格式调用两种。表2-7是方法调用的示例。

表 2-7　方法调用的示例

| 序号 | 描　述 | 示　例 | |
|------|--------|--------|--|
| 4a | 带格式参数列表的方法调用 | FB_INST.M1(<br>EN := COND,<br>IN := B,<br>MN := 1,<br>MX := 5,<br>ENO => TEMPL<br>)<br>ST A | // 方法名<br>// 方法调用的条件 COND<br>// B 送方法 M1 的 IN<br>// 1 送方法 M1 的 MN<br>// 5 送方法 M1 的 MX<br>// 使能输出送 TEMPL<br><br>// 当前的新结果输出存放到 A 变量 |
| 4b | 带非格式参数列表的方法调用 | LD 1<br>FB_INST.M1 B, 5<br><br>ST A | // 读取 1 送当前结果存储器<br>// 设置参数 B 和 5 分别给 M1 的 IN 和 MN, 并调<br>// 用方法 M1<br>// 当前的新结果输出存放到 A 变量 |

方法调用时的注意事项如下：

1）非形参表即实参表，是实际应用的参数组成的参数表。形参表是方法中定义的参数，在实际应用时必须用实际参数代入。

2）非形参的方法调用指令中，第一个参数是当前结果存储器存储的结果。因此，在方法调用前，用有关指令将被调用方法的第一参数送当前结果存储器。

3）方法调用时，可有返回值结果。如果被调用方法没有一个返回值结果，则当前结果是不确定的。

4）RET 指令的成功执行或执行到 POU 的终点，则 POU 给予的结果作为当前结果。

5）调用带形参的方法时，应将实参代替形参，可用赋值语言对形参赋值。

6）可以添加 EN 和 ENO 参数。将方法状态传递到下一个指令。需注意，对 ENO 参数的输出需用赋值语言。一些软件系统不一定具有 EN 和 ENO 的方法调用性能。

7）非格式化调用时，方法的第一个参数不需包含在参数中，但当前结果应被用于作为方法的第一参数。如果需要的话，其他参数（开始于第二个参数）应在操作符区域给出，并按它们在声明中的次序用逗号分隔。

**3. 功能块和功能块的调用**

通过在操作符区域的关键字 CAL 的替换来调用功能块。功能块的实例名在该操作符区域。功能块可用 EN 操作符实现条件或无条件调用。

指令表编程语言中，功能块调用格式如下：

1）带非形参表的功能块调用。编程语言的格式如下：

　　**CAL　功能块实例名(非形参表)**

2）带形参表的功能块调用。编程语言的格式如下：

　　**CAL　功能块实例名(形参表)**

3）带参数读/存储的功能块调用。编程语言的格式如下：

　　**CAL　功能块实例名**

4）使用功能块输入操作符的功能块调用。编程语言的格式如下：

　　**参数名　功能块实例名**

并非所有软件系统能够实现上述四种编程格式。应根据实际 PLC 系统所提供的编程方法进行编程。表 2-8 是功能块调用的示例。

**表 2-8 功能块调用的示例**

| 序号 | 描 述 | 示 例 |
|---|---|---|
| 1a | 非格式参数列表的功能块调用 | CAL C10(%IX10, FALSE, A, OUT, B)  // 功能块实例名为 C10<br>CAL CMD_TMR(%IX5, T#300ms, OUT, ELAPSED)  //功能块实例名为 CMD_TMR |
| 1b | 格式参数列表的功能块调用 | CAL C10(  // CTU 功能块实例名为 C10<br>CU := %IX10,  // 计数器输入脉冲信号来自%IX10<br>R := FALSE,  // 计数器复位信号设置为 FALSE<br>PV := A,  // 计数器设定由实际参数 A 给出<br>Q => OUT,  // 计数器达到计数值时的输出信号送 OUT 变量<br>CV => B)  // 计数器当前计数值信号送 B 变量<br>CAL CMD_TMR(  // TON 功能块实例名为 CMD_TMR<br>IN := %IX5,  // 定时器输入信号来自%IX5<br>PT := T#300ms,  // 定时器设定时间为 300ms<br>Q => OUT,  // 定时器达到计时值时的输出送 OUT<br>ET => ELAPSED,  // 定时器当前计时时间送 ELAPSED 变量<br>ENO => ERR)  // 功能块执行出错状态传送到 ERR 变量 |
| 2a | 带标准输入参数的 LD/ST 的功能块调用 | LD A  // 读取 A 变量的值,送当前结果存储器<br>ADD 5  // 当前结果存储器内容加 5 后的结果送当前结果存储器<br>ST C10.PV  // 当前结果存储器的值放到功能块实例 C10 的 PV 参数<br>LD %IX10  // 读取%IX10 的值送当前结果存储器<br>ST C10.CU  // 当前结果存储器内容放到功能块实例 C10 的 CU 参数<br>CAL C10  // 调用功能块实例 C10<br>LD C10.CV  // 读取功能块实例 C10 的 CV 参数,送当前结果存储器<br>ST B  // 当前结果存储器内容存放到 B 变量 |
| 2b | 使用功能块输入操作符的功能块调用 | LD  %IX1.1  // 读取%IX1.1,送当前结果存储器<br>IN  CMD_TMR  // 将当前结果存储器内容送功能块实例 CMD_TMR 的 IN 参数<br>LD  T#300ms  // 读取 300ms,送当前结果存储器<br>PT  CMD_TMR  // 当前结果存储器内容送功能块实例 CMD_TMR 的 PV 参数<br>CAL  CMD_TMR  // 调用功能块实例 CMD_TMR |

功能块调用时的注意事项如下：

1）调用功能块时，如果参数不存在，系统自动取初始值或在前面程序中已经设置的最新值。

2）调用操作符与修饰符 C 结合时表示当前结果存储器内容为真时执行调用。一个条件功能块调用时，所有参数表内的参数在条件为真时，仅在调用时一起执行。调用操作符与修饰符 NC 结合时表示当前结果存储器内容为假时执行调用。需注意，N、C 等修饰符与操作符之间不应有空格。

3）使用功能块输入操作符进行功能块调用时（见表 2-8 的序号 2b），只允许对标准功能块进行。表 2-9 是指令表编程语言中标准功能块的操作。

**表 2-9 指令表编程语言中标准功能块的操作**

| 序号 | 功能块 | 输入操作符 | 输出操作符 | 序号 | 功能块 | 输入操作符 | 输出操作符 |
|---|---|---|---|---|---|---|---|
| 1 | SR | S1，R | Q | 6 | CTUD | CU，CD，R，PV | CV，QU，QD，RESET |
| 2 | RS | S，R1 | Q | 7 | TP | IN，PT | CV，Q |
| 3 | R_TRIG, F_TRIG | CLK | Q | 8 | TON | IN，PT | CV，Q |
| 4 | CTU | CU，R，PV | CV，Q，RESET | 9 | TOF | IN，PT | CV，Q |
| 5 | CTD | CD，PV | CV，Q | | | | |

注：LD（load）没有必要作为标准功能块输入的操作符，因为在 PV 内包含 LD 功能。

4）如果一个功能块被调用，则当前结果是不确定的。

## 2.2.3　示例

### 1. 称重显示函数 WEIGH 的示例

称重显示函数的示例用于说明如何建立用户的称重函数 WEIGH，及用函数 WEIGH 来实现称重显示。

（1）称重控制系统的要求

称重装置将物料称重后的毛重数据（BCD 码数据）存储在 PLC 存储器，称重函数将毛重减去皮重，并将净重（毛重减皮重）转换为 BCD 码，用 BCD 码形式显示。

假设：毛重变量：GROSS_WEIGHT；皮重变量：TARE_WEIGHT。

为控制称重信号的执行，需设置手动信号作为称重开始命令，用布尔变量 START1 表示。

数据类型设置为：毛重变量是 BCD 数据，用 WORD 数据类型；皮重变量是实数，用 REAL 数据类型。

（2）称重函数 WEIGH 的编程

1）函数声明：包括对三个输入变量的声明。编程如下：

```
FUNCTION    WEIGH :WORD          /* 用 BCD 编码作为该函数的返回值 */
VAR_INPUT
    GROSS_WEIGHT: WORD;          /* 毛重，用 BCD 编码 */
    START1: BOOL;                /* 手动称重开始信号 */
    TARE_WEIGHT: REAL;           /* 皮重信号，实数 */
END_VAR
    // 函数本体程序，见下述
END_FUNCTION
```

用户函数名是 WEIGH，数据类型为 WORD，有三个输入变量。其中，毛重信号来自称重装置，皮重信号由操作员输入到特定地址，称重开始信号 START1 由操作员输入。为便于控制函数 WEIGH 的执行，设置 EN 和 ENO 信号。

2）函数本体程序：指令表编程语言编制的函数本体程序如下：

```
            LD      START1          /* 读取称重开始信号 */
            JMPC    WEIGHING        /* 需称重时跳转到 WEIGHTING 执行 */
            ST      ENO             /* 跳转条件不满足时，将 ENO 设置为 0 */
            RET                     /* 返回 */
WEIGHING:   LD      GROSS_WEIGHT    /* 读毛重信号，BCD 数据 */
            BCD_TO_REAL             /* 毛重信号转换为实数信号 */
            SUB     TARE_WEIGHT     /* 减去皮重 */
            REAL_TO_BCD             /* 净重信号转换为 BCD 数据 */
            ST      WEIGH           /* 作为函数 WEIGH 的返回值存储 */
```

函数本体中，用标号 WEIGHTING 表示称重过程。当称重开始信号为 1 时，跳转到该标号执行。如果称重开始信号为 0，则 ENO 被置 0，程序返回。

3）函数 WEIGH 的图形表示：图 2-1 是函数 WEIGH 的图形表示。

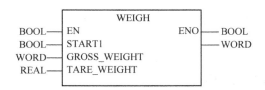

图 2-1    WEIGH 函数的图形符号

**2. 循环计算的示例**

计算 1~10 的累加和及 10 的阶乘的程序可采用 JMPC 指令。
变量声明如下：

```
VAR
    A, SUM, FACTORIAL : DINT;    /* 变量 A、SUM 和 FACTORIAL 是双整长整数数据类型 */
END_VAR
```

累加计算程序如下：

```
        LD      DINT#1          /* 读取双整长 1 ，作为 A 和 FACTORIAL 的初始值 */
        ST      A               /* 置 A 为 1 */
        ST      FACTORIAL       /* 置 FACTORIAL 为 1 */
        LD      DINT#0          /* 读取双整长 0 ，作为 SUM 的初始值 */
        ST      SUM             /* 置 SUM 为 0 */
START:  LD      SUM             /* 循环开始，读取 SUM */
        ADD     A               /* 加 A，进行累加运算 */
        ST      SUM             /* 累加和存放在 SUM */
        LD      FACTORIAL       /* 循环开始，读取 FACTORIAL */
        MUL     A               /* 乘 A，进行阶乘运算 */
        ST      FACTORIAL       /* 阶乘结果存放在 FACTORIAL */
        LD      A               /* 读取 A */
        ADD     DINT#1          /* 加 1 运算 */
        ST      A               /* 存放到 A */
        LE      DINT#10         /* 如果 A 的累加值小于等于 10，则当前值置 1 */
        JMPC    START           /* 当前值为 1，则进行循环，跳转到 START */
        RET                     /* 返回 */
```

上述程序可简单地计算累加和及阶乘，运算结果累加和 55 在 SUM 中存放，10 的阶乘 3628800 在 FACTORIAL 中存放。需注意，当运算结果大于变量设置的数据类型允许范围时，结果被置 0。例如，如果计算 1~50 的累加和及 50 的阶乘时，阶乘的结果超过双整长整数的允许范围，这时，计算结果被置 0。为此，可将变量的数据类型设置为实数。

本程序说明用跳转类指令和比较指令可实现高级编程语言中的条件语句功能。

# 2.3    结构化文本编程语言

## 2.3.1    结构化文本的表示

结构化文本编程语言是高层编程语言，派生于 PASCAL 编程语言。它不采用低层的面向机器的操作符，而是用高度压缩的方式提供大量抽象语句来描述复杂控制系统的功能。

结构化文本编程语言具有下列特点：

1）编程语言采用高度压缩化的表达形式，因此，程序紧凑，结构清楚。

2）强有力的控制命令流的结构，例如选择语句、迭代循环语句等控制命令的执行。

3）程序结构清晰，便于编程人员和操作人员的思想沟通。

4）采用高级程序设计语言，可完成较复杂的控制运算，例如递推运算等。

5）执行效率较低。源程序要编译为机器语言才能执行，因此，编译时间长，执行速度慢。

6）对编程人员的技能要求较高。编程人员需要有一定的高级编程语言知识和编程技巧。

**1. 结构化文本的程序结构**

结构化文本编程语言的程序由语句组成。语句由表达式和关键字等组成。表达式是操作符和操作数的结合。图 2-2 是结构化文本编程语言的程序结构。

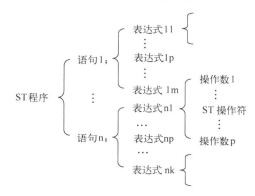

图 2-2　结构化文本编程语言的程序结构

结构化编程语言编写的程序是结构化的，它具有下列特点：

1）在结构化编程语言中，没有跳转语句。它通过条件语句实现程序的分支。

2）结构化编程语言中的语句用分号 ";" 分隔，一个语句结束用一个分号。因此，一个结构化编程语言的语句可以分成几行编写，也可将几个语句编写在同一行，只需在语句结束时用分号分隔即可。分号表示一个语句的结束，换行表示在语句中的一个空格。

3）结构化编程语言的语句可以注释，注释的方法见第 1 章。

4）一个语句中可有多个注释，IEC 61131-3 第三版规定注释符号可以嵌套，即能用（*（*注释内容*）*）。

5）注释可以设置在语句的任何空格位置，其内容部分也可包含空格。

6）结构化编程语言中的基本元素是表达式。

**2. 结构化文本编程语言的表达式**

结构化文本编程语言的表达式由操作符和操作数组成。表达式用于生成处理语句所需的数值。它是一个结构，是由若干变量和/或函数调用的组合来生成数值的各类语句的一部分。

一个操作符可以是一个文本、一个枚举值、一个变量、函数调用的结果、方法调用的结果、功能块实例调用的结果或其他表达式。

结构化文本编程语言的操作符见表 2-10。

表 2-10 结构化文本编程语言的操作符

| 序号 | 描述/操作[①] | 符号 | 示例 | 优先级 |
|---|---|---|---|---|
| 1 | 括号 | （表达式） | (A+B/C)，(A+B)/C，A/(B+C) | 11（最高） |
| 2 | 函数和方法的求值结果（如果结果被声明） | 标识符（参数列表） | LN(A)，MAX(X,Y)，myclass.my_method(x) | 10 |
| 3 | 解引用 | ^ | R^ | 9 |
| 4 | 取反 | – | –A，– A | 8 |
| 5 | 一元加 | + | +B，+ B | 8 |
| 6 | 求补 | NOT | NOT C | 8 |
| 7 | 幂[②] | ** | A**B，A ** B | 7 |
| 8 | 乘 | * | A*B，A * B | 6 |
| 9 | 除 | / | A/B，A / B / D | 6 |
| 10 | 模除 | MOD | A MOD B | 6 |
| 11 | 加 | + | A+B，A + B + C | 5 |
| 12 | 减 | – | A–B，A – B – C | 5 |
| 13 | 比较 | < , > , <= , >= | A<B，A<B<C | 4 |
| 14 | 相等 | = | A=B，A=B & B=C | 4 |
| 15 | 不相等 | <> | A<>B，A <> B | 4 |
| 16a | 布尔与 | & | A&B，A & B，A & B & C | 3 |
| 16b | 布尔与 | AND | A AND B | 3 |
| 17 | 布尔异或 | XOR | A XOR B | 2 |
| 18 | 布尔或 | OR | A OR B | 1（最低） |

① 适用于这些操作符的操作数也同样适用于相应标准函数的输入。

② 表达式 A**B 的求值结果与函数 EXPT(A,B)的求值结果相同。

表达式求值时注意下列事项：

1）结构化文本编程语言中，表达式的执行操作有先后之分。优先级高的操作符对应的操作先被执行，优先级低的操作符对应的操作后被执行。操作符的优先级见表 2-10。

【例 2-7】 优先级高的操作符对应的操作先被执行。

表达式 5*(3+2)-LN(3)中，先执行 3+2，然后执行 LN(3)，接着是 5*(3+2)和-LN(3)的操作。示例中，圆括号内+操作符对应的 3+2 最先进行，其次是函数求值，即计算 LN(3)，随后，才进行*操作符对应的乘操作和-操作符对应的减操作。

2）对具有相同优先级的多个操作符，根据表达式从左到右的次序执行操作。

【例 2-8】 表达式从左到右的次序执行操作。

表达式 60 MOD 24 MOD 10 的求值过程中，两个模除具有相同的优先级，因此，先进行 60 MOD 24 的运算，结果是 12，再进行 12 MOD 10 的求值，结果为 2。如果要先进行后一个模除运算，则表达式应改写为：60 MOD (24 MOD 10)，即后一个模除结果为 4，而最终模除结果为 0。

3）当一个操作符具有多个操作数时，根据从左到右的次序执行操作。

【例 2-9】 多个操作数时，从左到右的次序进行操作。

表达式 SIN(A)*COS(B)中，*操作符两边的操作是先计算 SIN(A)，再计算 COS(B)，最后计算两者之积。

4）多重圆括号的表达式中，求值从最内层的圆括号开始，并根据上述原则对圆括号内的表达式求值，然后，逐层向外，直到获得最后结果。利用圆括号可使运算次序改变，同时，它使程序的可读性增强。

【例 2-10】 多重圆括号的表达式操作。

多重圆括号的表达式 5*(1+3*(7+6)-8)计算时，先计算最内层的 7+6，结果 13 与 3 相乘后得 39，再计算 1+39-8 得 32，最后乘以 5 得 160。

5）对布尔表达式的求值只需要求值到可决定最终结果的程度，这种求值方法可简化程序的执行。

【例 2-11】 布尔表达式的求值。

如果 A>B，则表达式(A>B) OR (C<D)的求值只需计算得(A>B)即可确定结果为 1；表达式(A<B) & (C<D)的求值也只需计算得(A>B)即可确定结果为 0。

6）函数和方法调用时采用函数和方法名，然后是括号列出的参数列表，函数和方法调用作为表达式的元素。函数调用与某些操作符操作具有相同求值结果。但需注意，如表 2-10 所示，符号和函数名标识符的操作优先级不同。

【例 2-12】 函数调用。

INSERT(IN1:='ABC', IN2:= 'XYZ', P:=2)是调用函数 INSERT 的表达式。

SIN(A)*COS(B)是调用 SIN 和 COS 函数的表达式。

【例 2-13】 不同操作次序。

表达式 3+5+ADD(2,4)先调用 ADD 函数进行 2+4 的操作，然后进行 3+5 及+6 的操作。而表达式 3+5+2+4 先进行 3+5，然后进行运算结果+2 及+4 的操作。

7）当表达式中的操作符可表示为过载函数，转换操作符和结果应遵循下列规则。

在操作符执行时的条件应处理为出错：

① 企图除以零。

② 操作符用于操作的是不正确的数据类型。

③ 数值求值结果超出它的数据类型的值的允许范围。

## 2.3.2　语句

结构化文本编程语言中的语句主要有四种类型，即赋值语句、函数和功能块控制语句、选择语句和循环语句，它们以分号作为语句的结束标志。

**1. 赋值语句**

赋值语句（Assignment statement）用于将赋值操作符号右侧表达式计算的值赋予在左侧的单元素或多元素变量。":="表示赋值操作符。赋值语句由位于左侧的变量引用，随后是赋值符":="，随后是被求值的表达式组成。

赋值语句格式如下：

变量 :=表达式；

表 2-11 是赋值语句的类型和示例，表中序号与 IEC 61131-3 标准的表 72 一致，下同。

表 2-11　赋值语句的类型和示例

| 序号 | 描述 | 示例 |
|---|---|---|
| 1 | 赋值分量 := 表达式 | |
| 1a | 变量和基本数据类型的表达式 | A:= B;　 CV:= CV+1;　 C:= SIN(X); |
| 1b | 变量和不同的根据带隐式类型转换的基本数据类型的表达式 | A_Real:= B_Int; |
| 1c | 变量和用户定义的数据类型的表达式 | A_Struct1:= B_Struct1; C_Array1 := D_Array1; |
| 1d | 功能块类型的实例 | A_Instance1:= B_Instance1; |

使用赋值语句时应注意下列事项：

1）注意数据类型的匹配。根据 IEC 61131-3 第三版的规定，如果赋值操作符两侧的数据类型不同，可根据带隐式类型转换的基本数据类型函数进行数据类型的转换。也可用数据类型转换函数进行转换。

2）一行中的语句可以多于一个，例如，示例中，B[1]:=A*3;　 B[2]:=A;可列写在同一行。一个语句也可以延续几行，但最大的允许长度根据实施者规定。

3）变量声明中，可用赋值语句。例如，REAL:=20.2;用于设置实数数据类型变量的初始值。

4）函数体内，赋值语句的执行是强制性的，即它将表达式的求值结果强制赋予函数名。同样，函数的数据类型应与表达式结果的数据类型匹配。

5）如果 A 和 B 是多元素变量，A 和 B 的数据类型应相同，这种情况下，变量 A 的元素获得变量 B 的元素的值。

如果 A 和 B 都是 ANALOG_CHANNEL_CONFIGURATION 类型的，则结构变量 A 的所有元素应采用变量 B 的相应元素的当前值替代。

6）赋值语句通常被用于一个函数、方法或功能块的结果的赋值，如果结果由 POU 定义，至少有一个该 POU 名的赋值被进行。返回值应是最近这样一个赋值的求值结果。

IEC 61131-3 第三版增加了比较语句。比较返回它的结果作为布尔值。一个比较由一个在左侧的变量引用，然后是比较符，然后是右侧的一个变量引用组成。变量可以是单元素或多元素变量。

比较 A=B 用于比较变量 A 的数据值与变量 B 的值是否相等。变量 A 与变量 B 的数据类型应相同，或已经被隐式转换到相同的数据类型。

对多元素的变量，比较语句比较变量 A 与变量 B 的各元素的值。

**2. 函数、方法、功能块的调用控制语句**

IEC 61131-3 第三版将函数、方法、功能块和 RETURN 的调用控制语句列在赋值语句中定义，见该标准的表 72。

函数、方法和功能块控制语句由调用该 POU 的机制和在 POU 物理端前 RETURN 控制到调用实体的机制组成。

（1）函数的调用控制

函数可用一个语句调用，该语句由函数名和一个括号列出的参数列表组成。

1.2.5 节和 1.2.6 节有关函数调用的规则和性能可应用。

函数调用后将返回值作为表达式的值赋值给变量。函数调用的语句格式如下：

　　**变量 := 函数名(参数表);**

参数表可以是形参表或实参表，必要时用赋值语句将实参赋值到形参。

【例 2-14】 函数调用语句示例。

```
A := LIMIT (IN:=%IX0.0, MN := MIN1, MX := MAX1);    /* 调用 LIMIT 函数, 计算结果赋值给 A */
BB:= ADD(2,3);                                        /* 调用 ADD 函数, 计算结果赋值给 BB */
```

（2）方法的调用控制

方法可用一个由实例名、"."、方法名和括号的参数列表组成的语句调用。调用语句格式如下：

**变量 :=实例名.方法名(参数表);**

参数表可以是形参表或实参表，必要时用赋值语句将实参赋值到形参。

【例 2-15】 方法调用语句示例。

```
A :=FB_INST.M1(17);                                  /* 调用 FB_INST.M1 方法, 计算结果赋值给 A */
```

（3）功能块的调用控制和功能块输出

功能块调用语句采用功能块实例名的调用实现。功能块调用语句格式如下：

**功能块实例名 (参数表) ;**

参数表可以是形参表或实参表，必要时用赋值语句将实参赋值到形参。

【例 2-16】 功能块调用语句示例。

```
RS_1(S:= %IX0.0, R1:=%IX0.1);       /* 调用 RS 功能块实例 RS_1 */
RTRIG_1(CLK:=START);                 /* 调用 R_TRIG 功能块实例 RTRIG_1 */
```

功能块返回控制语句是功能块的输出语句，返回控制语句格式如下：

**变量 := 功能块实例名.参数名;**

【例 2-17】 功能块返回控制语句示例。

```
A := TIM_1.Q;   B := RS_1.Q1; C := RTRIG_1.Q;   /* 功能块 TON 实例 TIM_1 输出赋值给 A 等 */
```

（4）RETURN 语句

RETURN 语句用于提供从函数、功能块或程序（例如，作为一个 IF 语句的求值结果）的出口。因此，在执行该语句前，需根据函数名对变量赋值。如果在功能块内没有对功能块的输出变量赋值，则输出变量采用输出变量数据类型的初始值或最新的存储数值进行赋值。RETURN 语句没有操作数。

【例 2-18】 RETURN 语句示例。

加计数器 CTU 的功能块。程序如下：

```
FUNCTION_BLOCK   CTU
    VAR_INPUT
    CU : BOOL   R_TRIG ;
    R : BOOL ;
    PV : INT;
    END_VAR
```

```
    VAR_OUTPUT
        Q : BOOL;
        CV : INT ;
    END_VAR
    IF NOT (CU) THEN
        Q:=FALSE;
        CV :=0;
        RETURN;
    END_IF;
    IF R THEN
        CV:=0;
    ELSIF (CV<PV) THEN
        CV:=CV+1;
    END_IF;
    Q:=(CV>=PV);
END_FUNCTION_BLOCK
```

示例的程序与表 1-60 的程序比较，可以发现，由于采用 RETURN 语句，当没有脉冲信号输入时，将输出 Q 复位，CV 设置回复到零，并终止程序，返回到程序起点，从而缩短程序执行时间。只有当输入脉冲 CU 信号后，程序才执行后续语句，完成 CV 加 1 操作或复位操作。因此，RETURN 语句用于从一个函数、功能块或程序的提前退出。

**3. 选择语句**

选择语句包括 IF 和 CASE 语句。一个选择语句根据规定的条件选择表达式来确定执行它所组成的语句之一（或一组）。表 2-12 列出选择语句的示例。

表 2-12 选择语句的示例

| 序号 | 描述 | 示例 |
|---|---|---|
| 4 | IF<br>...<br>THEN ...<br>ELSIF ...<br>THEN ...<br>ELSE ...<br>END_IF | D:= B*B – 4.0*A*C;<br>IF D < 0.0<br>THEN NROOTS:= 0;<br>    ELSIF D = 0.0   THEN<br>        NROOTS:= 1;<br>        X1:= – B/(2.0*A);<br>    ELSE<br>        NROOTS:= 2;<br>        X1:= (– B + SQRT(D))/(2.0*A);<br>        X2:= (– B – SQRT(D))/(2.0*A);<br>END_IF; |
| 5 | CASE ... OF<br>...<br>ELSE ...<br>END_CASE | TW:= WORD_BCD_TO_INT(THUMBWHEEL);<br>TW_ERROR:= 0;<br>CASE TW OF<br>    1,5: DISPLAY:= OVEN_TEMP;<br>    2: DISPLAY:= MOTOR_SPEED;<br>    3: DISPLAY:= GROSS - TARE;<br>    4,6..10: DISPLAY:= STATUS(TW - 4);<br>ELSE DISPLAY := 0;<br>    TW_ERROR:= 1;<br>END_CASE;<br>QW100:= INT_TO_BCD(DISPLAY); |

（1）IF 选择语句

IF 选择语句中，只有条件表达式的值为布尔 1（TRUE）的一组语句被执行。如果条件为

0（FALSE），则没有语句被执行或者在 ELSE 关键字（或 ELSIF 关键字）所示条件中的一组语句被执行。图 2-3 显示 IF 选择语句的语法结构。

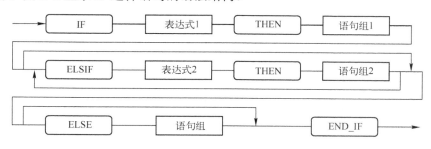

图 2-3  IF 选择语句的语法结构

IF 选择语句执行过程。当表达式 1 为 1（TRUE）时，执行语句组 1；如果为 0（FALSE），则当表达式 2 为 1 时，执行语句组 2，否则执行语句组。

使用 IF 选择语句时应注意下列事项：

1）IF 选择语句至少由一个 IF、一个 THEN 和一个 END_IF 组成。

2）"ELSIF 表达式 2  THEN 语句组 2 " 的语句可重复多次。应注意关键字是 ELSIF，不是 ELSEIF。

3）一些 IF 选择语句中，可以没有 ELSIF 和 ELSE 的语句段，见例 2-19。

【例 2-19】 IF 选择语句的示例。

```
IF   MAN  AND  NOT ALM    THEN
    L102 := MAN_LEVEL;
    BX111 := BI12   OR   BI23 ;
ELSIF  OVER_MODE   THEN
    L102 := MAN_LEVEL;
ELSE
    L102 :=(LV2*100) /SCALE;
END_IF;
IF   OVERFLOW   THEN
    ALM_LEVEL := TRUE;
END_IF;
```

4）表达式用后续的关键字 THEN 判别其是否结束。

5）语句组是一个或多个用分号分隔的语句。语句组结束用关键字 END_IF 判别。

6）可通过整数表达式、数值表和相应的语句组实现多重选择，见例 2-20。

【例 2-20】 多重选择的示例。

```
VAR   A:INT;  END_VAR
…
IF A=1  THEN   DISP('ONE');     END_IF;      /* 如果 A 为 1，显示 "ONE"  */
IF A=2  THEN   DISP('TWO');     END_IF;      /* 如果 A 为 2，显示 "TWO"  */
IF A=3  THEN   DISP('THREE');   END_IF;      /* 如果 A 为 3，显示 "THREE"  */
IF A=4..8 THEN    DISP('MORE');             /* 如果 A 为 4～8 的整数，显示 "MORE"  */
ELSE    DISP('ERROR');                      /* 如果 A 不是上述的数值，显示 "ERROR"  */
```

END_IF;

（2）CASE 选择语句

CASE 选择语句由数据类型为 ANY_INT 或枚举数据类型变量求值的表达式和一组语句列表组成。每个语句组由一个或多个文本、枚举值或子范围标号（如果适用）组成。CASE 选择语句格式如下：

**CASE　表达式　OF**
**数值表元素 1：　语句组 1；**
**…**
**数值表元素 *n*：　语句组 *n*；**
**ELSE　　　语句组 *n*+1；**

CASE 选择语句的语法结构如图 2-4 所示。

CASE 语句中最大允许选个数由实施者规定。

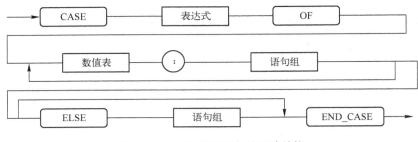

图 2-4　CASE 选择语句的语法结构

【**例 2-21**】　出错代码的 CASE 语句示例。

```
CASE   ERROR_CODE   OF
1:  ERR_MSG :='无法处理变量';          /* 代码是 1 表示无法处理变量 */
2:  ERR_MSG :='函数返回值数据类型失配';  /* 代码是 2 表示函数返回值数据类型失配 */
3:  ERR_MSG :='将 EN 和 ENO 作为变量';  /* 代码是 3 表示将 EN 和 ENO 作为变量 */
4:  ERR_MSG :='非法的直接表示变量';     /* 代码是 4 表示非法直接表示变量 */
…
255: ERR_MSG :='变量的初始值无效';      /* 代码是 255 表示变量的初始值无效 */
ELSE   ERR_MSG :='未知错误';          /* 代码是其他数值，表示未知的出错*/
END_CASE;
```

使用 CASE 选择语句时的注意事项如下：

1）CASE 选择语句中，表达式的值必须是整数。因此，表达式的非整数数据类型的数据需要转换为整数。例如，表 2-12 中将 WORD 数据类型的 THUMBWHEEL 用 WORD_BCD_TO_INT (THUMBWHEEL)转换为整数。

2）可采用连续符号"…"表示连续的多个整数。例如，表 2-12 中，6..10 表示整数 6、7、8、9、10。

3）不同整数数值用逗号","分隔表示时，用于选择执行相同的语句组。例如，表 2-12 中，1,5 表示 TW 是 1 或 5 时都将 DISPLAY 赋值为 OVEN_TEMP。

4）ELSE 选项是可选的。一些程序可只有 CASE … OF … END_CASE 结构。

### 4. 循环语句

循环语句也称为迭代语句、重复语句。IEC 61131-3 第三版增加 CONTINUE 语句，即有 FOR、WHILE、REPEAT、EXIT 和 CONTINUE 五类。

循环语句规定有关的语句组可重复执行。WHILE 和 REPEAT 语句不被用于获得进程的同步，例如，它们被作为带外部确定终止条件的"等待循环"。当 WHILE 和 REPEAT 语句被用在一个算法，其中用于满足回路终止条件或一个 EXIT 语句的执行不能保证时，则出错。

循环次数可事先确定时，应采用 FOR 循环语句；循环次数不能事先确定时，应采用 WHILE 和 REPEAT 语句。

为了在循环执行过程中终止循环，可采用 EXIT 语句，它用于在终止条件满足前终止循环。

CONTINUE 语句用于跳过循环回路的剩余语句，并继续执行。

表 2-13 是循环语句的示例。

表 2-13 循环语句的示例

| 序号 | 描述 | 示例 |
|---|---|---|
| 6 | FOR … TO … BY … DO<br>…<br>END_FOR | J:= 101;<br>FOR I:= 1 TO 100 BY 2 DO<br>　　IF WORDS[I] = 'KEY' THEN<br>　　　　J:= I;<br>　　　　EXIT;<br>　　END_IF;<br>END_FOR; |
| 7 | WHILE … DO<br>…<br>END_WHILE | J:= 1;<br>WHILE J <= 100 & WORDS[J] <> 'KEY' DO<br>　　J:= J+2;<br>END_WHILE; |
| 8 | REPEAT …<br>UNTIL …<br>END_REPEAT | J:= -1;<br>REPEAT<br>　　J:= J+2;<br>　　UNTIL J = 101 OR WORDS[J] = 'KEY'<br>END_REPEAT; |
| 9 | CONTINUE | J:= 1;<br>WHILE (J <= 100 AND WORDS[J] <> 'KEY') DO<br>　　IF (J MOD 3 = 0) THEN<br>　　　　CONTINUE;<br>　　END_IF;<br>　　　(* if j=1,2,4,5,7,8, … then this statement*);<br>…<br>END_WHILE; |
| 10 | EXIT | EXIT;（见 FOR 循环语句） |

（1）FOR 循环语句

循环次数可以事先确定时，采用 FOR 循环语句实现语句组的循环执行。FOR 循环语句的格式如下：

```
FOR   控制变量: =初值表达式   TO   终值表达式   BY   增量表达式   DO
    语句组;
END_FOR;
```

FOR 循环语句格式中，控制变量是在循环执行过程中不断变化的变量，在每次循环执行后，该变量的值增加增量表达式所计算的值，即控制变量 :=控制变量+增量表达式。因此，如果增量表达式的值是负数，表示每次循环执行后，控制变量的值减小。FOR 循环语句的结构如图 2-5 所示。

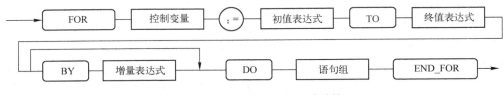

图 2-5    FOR 循环语句的语法结构

初值表达式是控制变量起始值，终值表达式是控制变量终止值，增量表达式是控制变量的每次增量。每次循环执行后控制变量的值变化，即当前控制变量值加增量，如果其值没有超过终止值，则循环执行继续。反之，如果超过终止值，或执行过程中执行到 EXIT 语句，则循环执行过程终止。语句组是需要循环执行的语句集合。

【例 2-22】  FOR 循环语句示例。

```
SUM: =0;
FACTORIAL:=1;
FOR  I: =1  TO  100  BY  1  DO
    SUM: =SUM+I;
    FACTORIAL : = FACTORIAL*I;
END_FOR;
```

示例中，计算从 1～100 的累加和结果 SUM 和 100 的阶乘结果 FACTORIAL。

使用 FOR 循环语句时的注意事项如下：

1）控制变量起始值、终止值和增量的数据类型应一致，必须是相同的整数类型。它不会因任何重复语句而改变。

2）控制变量起始值和增量的约定值都为 1，因此，如果程序没有设置相应表达式，系统自动设置它们的值为 1。BY 关键字是可选的，当增量表达式的值为 1 时，可省略 BY。

3）终止条件的测试在每次循环开始前进行，如果控制变量当前值超过终止值时，循环语句中的语句组不被执行。每次循环执行后进行赋值运算，即控制变量 :=控制变量+增量表达式，并更新控制变量值。控制变量当前值超过终止值表示控制变量已经不在由起始值和终止值组成的循环范围内。当控制变量当前值等于终止值时，执行最后一次循环操作。

4）控制变量起始值、终止值和增量的表达式在执行过程中只计算一次。与其他循环语句不同，它们不允许被任何循环语句内的语句所改变。

5）FOR 循环语句执行后，控制变量的值与具体的实现有关，应根据不同制造商的产品说明书确定。

（2）WHILE 循环语句

WHILE 循环语句根据表达式条件是否为真（满足）确定是否执行有关循环语句。因此，循环次数在循环语句执行前是不确定的。WHILE 循环语句的格式如下：

**WHILE**    表达式    **DO**
     语句组；

END_ WHILE;

WHILE 循环语句格式中的表达式是一个布尔表达式，其值为真时，循环语句组被执行，反之，则不被执行。图 2-6 显示 WHILE 循环语句的语法结构。

图 2-6　WHILE 循环语句的语法结构

【例 2-23】　WHILE 循环语句示例。

    J: =0;
    SUM: =0;
    FACTORIAL: =1;
    WHILE 　 J < 100 　 DO
        J: =J+1;
        SUM : =SUM+J;
        FACTORIAL : =FACTORIAL*J;
    END_WHILE;

本示例同样用于计算 1～100 的累加和 SUM 和 100 的阶乘 FACTORIAL。与例 2-22 比较，执行 WHILE 循环语句中的语句组时，用于判别循环语句执行与否的表达式值不断变化。因此，每次循环过程开始，该循环语句先判别表达式是否为真，一旦条件满足（示例中，表达式中变量 J 的值大于或等于 100）则结束循环语句的执行。

使用 WHILE 循环语句时的注意事项如下：

1）WHILE 循环语句的循环次数事先不确定。循环语句执行过程中，表达式值变化。

2）WHILE 循环语句中的表达式是布尔表达式。

3）WHILE 循环语句中，对表达式的判别运算在循环执行前进行。

4）实际应用时，需注意循环语句中语句先后次序对运算结果的影响。例如，例 2-23 中，如果，J:=J+1; 语句放在语句组的最后，则循环判别表达应改为：J<=100。同时，J:=0 的初始赋值语句改为 J:=1。

5）WHILE 循环语句不能用于获得内部过程间的同步（例如，用外部确定的终止条件来作为一个"等待循环"），但可用 SFC 元素实现过程间的同步。

6）该语句循环执行直到有关布尔表达式是 FALSE。如果初始时表达式为 FALSE，则语句组不执行。

（3）REPEAT 循环语句

REPEAT 循环语句根据表达式的条件是否为真（满足）确定是否执行有关的循环语句。循环次数在 REPEAT 循环语句执行前是不确定的。REPEAT 循环语句的格式如下：

    REPEAT
        语句组 ;
    UNTIL 　 表达式
    END_ REPEAT ;

REPEAT 循环语句执行语句组，然后对表达式进行判别，当表达式值为假（FALSE）时，循环不被执行。图 2-7 显示 REPEAT 循环语句的语法结构。

图 2-7　REPEAT 循环语句的语法结构

REPEAT 循环语句使用注意事项与 WHILE 循环语句类似,两种循环语句的主要区别是对表达式判别的先后。WHILE 循环语句先判别表达式的值,再执行循环语句组;而 REPEAT 循环语句先执行循环语句组,然后判别表达式的值。因此,当初始表达式为假时,REPEAT 循环语句执行一次语句组,而 WHILE 循环语句则不执行该语句组。图 2-8 显示两种循环语句的区别。

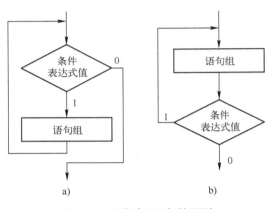

图 2-8　两种循环语句的区别

a) WHILE 语句　b) REPEAT 语句

【例 2-24】　REPAET 循环语句示例。

```
J : =0;
SUM : =0;
FACTORIAL : =1;
REPEAT
    J : =J+1;
    SUM : =SUM+J;
    FACTORIAL : =FACTORIAL*J;
UNTIL    J=100
END_REPEAT;
```

例 2-24 同样用于计算 1～100 的累加和 SUM 和 100 的阶乘 FACTORIAL。

（4）EXIT 语句

EXIT 语句用于循环语句执行过程中中断循环过程的执行,而不管循环的终止条件是否满足。

当 EXIT 语句位于嵌套循环语句内时,EXIT 语句退出循环发生在 EXIT 语句所在循环的最内环,即在 EXIT 语句所在循环回路终止关键字（END_FOR, END_WHILE, END_REPEAT）后面的语句。

【例 2-25】 EXIT 语句示例。

```
SUM : =0;
FOR I : =1  TO  3  DO
    FOR  J : =1  TO  2  DO
        IF  FLAG  THEN
            EXIT;                    /* 标志 FLAG 为 1，则结束循环 */
        END_IF;
    SUM : =SUM + J;                   /* 表 2-14 中用 SUM1 表示 */
    END_FOR ;
SUM : =SUM + I;                       /* 表 2-14 中用 SUM2 表示 */
END_FOR;
```

示例中，当标志 FLAG 的值为假（0）时，选择语句不被执行，因此，SUM 的结果为 15。如果 FLAG 的值为真（1），则执行 IF 选择语句时执行 EXIT 语句，循环将退出到控制变量 I 层，使 SUM 的结果为 6。表 2-14 显示各循环执行过程中 SUM 值的变化。

表 2-14  各循环执行过程中 SUM 值的变化

| FLAG | 0 | | | | | | 1 | | | | | |
|------|---|---|---|---|---|---|---|---|---|---|---|---|
| I | 1 | | 2 | | 3 | | 1 | | 2 | | 3 | |
| J | 1 | 2 | 1 | 2 | 1 | 2 | 1 | 2 | 1 | 2 | 1 | 2 |
| SUM1 | 1 | 3 | 5 | 7 | 10 | 12 | 0 | 0 | 1 | 1 | 3 | 3 |
| SUM2 | 5 | | 7 | | **SUM=15** | | 1 | | 3 | | **SUM=6** | |

（5）CONTINUE 语句

CONTINUE 语句用于跳过循环回路的剩余语句。循环回路中，CONTINUE 位于回路的最后一句语句的后面，但在回路终止符（END_FOR，END_WHILE 或 END_REPEAT）的前面。

【例 2-26】 CONTINUE 语句示例。

```
SUM:= 0;
FOR I:= 1 TO 3 DO
    FOR J:= 1 TO 2 DO
        SUM:= SUM + 1;
        IF FLAG THEN
            CONTINUE;
        END_IF;
        SUM:= SUM + 1;
    END_FOR;
SUM:= SUM + 1;
END_FOR;
```

与例 2-25 比较，语句执行后，如果布尔变量 FLAG=0，则变量的值 SUM=15；如果 FLAG=1，则 SUM=9。

**5. 空语句**

空语句表示没有语句。它用分号";"表示。这是 IEC 61131-3 第三版增加的语句，用于表示不执行任何操作。

### 2.3.3 示例

**1. 结构化文本编程语言编写函数 WEIGH**

以 2.2.3 节的 WEIGH 函数为例，说明用结构化文本编程语言的编程方法。该函数的变量声明如上述。用结构化文本编程语言编写的函数本体程序如下：

```
IF   START1   THEN
WEIGH : = INT_TO_BCD(BCD_TO_INT(GROSS_WEIGHT) - TARE_WEIGHT);
END_IF;
```

示例显示用 ST 编程语言编写的函数本体程序十分简单。它由选择语句和赋值语句组成。其中，调用标准数据类型转换函数和进行减法运算。IEC 61131-3 第三版更允许用隐式数据类型转换函数，直接编写。

**2. 结构化文本编程语言编写功能块 HYSTERESIS**

功能块 HYSTERESIS 用于滞环过程。图 2-9 所示滞环过程中，输出 Q 为 1 时，只有当输入信号 IN1 小于 IN2-EPS 时，输出才切换到 0；输出 Q 为 0 时，只有当输入信号 IN1 大于 IN2+EPS 时，输出才切换到 1。

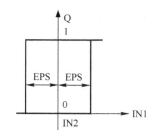

图 2-9 滞环过程

（1）功能块的变量声明

功能块 HYSTERESIS 有三个输入信号，输入信号送 IN1，比较信号送 IN2，滞后值送 EPS。有一个输出变量 Q，用于表示输出信号是否切换。功能块 HYSTERESIS 的变量声明如下：

```
VAR_INPUT
    IN1: REAL;              /* 输入信号，实数数据类型 */
    IN2: REAL;              /* 比较信号，实数数据类型 */
    EPS: REAL ;             /* 滞后值，实数数据类型 */
END_VAR
VAR_OUTPUT
    Q: BOOL: = 0 ;          /* 功能块输出，初始值为 0*/
END_VAR
```

功能块 HYSTERESIS 的图形描述如图 2-10 所示。

208

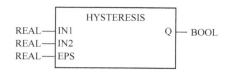

图 2-10　功能块 HYSTERESIS 的图形描述

（2）功能块的本体程序

功能块本体程序用于判别输入信号与 HL 的差，以确定输出。

```
IF   Q   THEN
    IF   IN1 < (IN2-EPS)   THEN
        Q := 0                      /*  IN1 减小  */
    END_IF;
ELSIF   IN1 > (IN2 + EPS )   THEN
    Q : = 1;                        /*  IN1 增加  */
END_IF;
```

（3）功能块的应用

HYSTERESIS 功能块可用于过程的位式控制。其中，IN1 连接过程被控变量 PV，IN2 连接过程设定变量 SP，EPS 连接所需的控制偏差 EPS。

程序 P1 的程序如下：

```
PROGRAM P1
VAR
    PV: REAL;                   /*  过程测量，实数数据类型  */
    SP: REAL;                   /*  过程设定，实数数据类型  */
    EPS: REAL ;                 /*  偏差，实数数据类型  */
    Q: BOOL;                    /*  位式控制器输出  */
    HYS_1 : HYSTERESIS          /*  HYS_1 是 HYSTERESIS 功能块的实例名  */
END_VAR
HYS_1(IN1 := PV, IN2 := SP, EPS := EPS);   /*  调用 HYSTERESIS 功能块  */
Q := HYS_1.Q;                              /*  功能块输出作为位式控制信号  */
END_PROGRAM
```

**3. 结构化文本编程语言编写功能块 DELAY**

时滞功能块 DELAY 与滞后功能块 HYSTERESIS 不同。输出信号在时间上滞后输入信号的时间称为时滞。生产过程的被控对象常用一阶滤波环节加时滞描述，它是时滞功能块与惯性环节功能块的串联。

时滞环节的传递函数是

$$Y(s) = \mathrm{e}^{-s\tau} X(s) \tag{2-1}$$

离散化后，得

$$Y(k) = X(k - N) \tag{2-2}$$

式中，$X$ 是时滞环节的输入信号；$Y$ 是时滞环节的输出信号。设离散化所采用的采样周期是 $T_\mathrm{s}$，则时滞 $\tau$ 与采样周期 $T_\mathrm{s}$ 之比称为滞后拍数 $N$。

（1）功能块的变量声明

采用存储器存储输入信号，存储器各单元的内容存储不同时刻的采样数据，即第一单元存储时刻 $1 \times T_s$ 的采样值，第 $n$ 单元存储时刻 $n \times T_s$ 的采样值。时滞时间 $\tau$ 与采样周期 $T_s$ 之比的整数值是 $N$。因此，如果某时刻，输入信号存储在第 $N$ 单元，则经时滞的输出信号应从第 1 存储单元输出。

时滞功能块 DELAY 的变量声明如下：

```
VAR_INPUT
    XIN : REAL;              /* XIN 是输入信号 */
    AUTO : BOOL ;           /* 自动手动标志 */
    TS : TIME ;             /* 采样周期 */
    DT1 : TIME;             /* 时滞时间 */
END_VAR
VAR_OUTPUT
    XOUT : REAL;            /* 经滞后环节处理后的输出 */
END_VAR
VAR
    N :XIN INT;                             /* 滞后拍数 */
    X1 : ARRAY [0.. 2047]  OF   REAL :=0 ;  /* 先进先出的堆栈 */
    IXIN : INT ;                            /* X 数组的下标，用于输入 */
    IXOUT : INT;                            /* X 数组的下标，用于输出 */
    R_TRIG_1 : R_TRIG ;                     /* 将自动信号转换为脉冲 */
    TON_1:TON;                              /* TON_1 是 TON 功能块的实例名 */
END_VAR
```

（2）功能块本体程序

用结构化文本编程语言编写的功能块本体程序如下：

```
N:= TIME_TO_INT(DT1)/ TIME_TO_INT(TS);  /* 计算滞后拍数 N */
R_TRIG_1(CLK:=AUTO);    /* 调用上升沿边沿检测功能块，将自动开关信号转换为脉冲信号 */
IF   R_TRIG_1.Q  THEN
    IXIN:=N; IXOUT:=0;          /* 自动时设置输入和输出的初始值 */
END_IF;
TON_1(IN:=NOT TON_1.Q,PT:=TS);      /* 调用采样时刻 */
IF   TON_1.Q  AND  AUTO  THEN       /* 在自动和采样时刻 */
    IXIN:=(IXIN+1) MOD 2000;        /* 输入信号的下标计算 */
    X1[IXIN]:=XIN;                  /* 输入信号采样 */
    IXOUT:=(IXOUT+1) MOD 2000;      /* 输出信号的下标计算 */
    XOUT:=X1[IXOUT];                /* 输出信号输出 */
END_IF;
```

功能块本体采用两个下标窗口来管理输入和输出信号的存取和输出。输入信号数据存放在数组 X 的 IXIN 下标地址，初始值等于滞后拍数。输出信号在数组 X 的 IXOUT 下标地址，输出初始值等于 0。采用模除的方法确定每次的存放和输出的地址，并在每次执行操作后，将原地址加 1。保证下次执行操作时，存放该次的输入数据和将前 $N$ 次输入信号作为该次输出。

存储器单元的数量与时滞大小和采样周期有关。当时滞越大，采样周期越小时，所需的存储器单元越多。一般可根据应用的大小使滞后拍数 $N$ 大于存储器单元总数即可。

示例中，要求滞后拍数 $N$ 小于 2000（存储单元有 2048 个）。此外，数组的存储器单元从 0 地址开始，实际应用从地址 0 开始。图 2-11 显示输入窗口和输出窗口的关系。

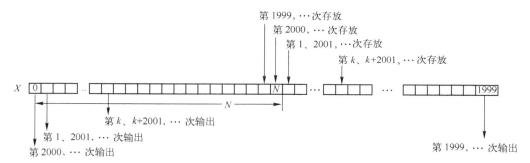

图 2-11 输入窗口和输出窗口的关系

使用该功能块程序时的注意事项如下：

1）该功能块图程序使用数组数据类型，应在具有数组数据类型的软件系统中实现。

2）滞后拍数 $N$ 与时滞、采样周期有关，程序中用运行状态切换到自动状态的信号作为初始值设定的脉冲信号。

3）由于采用高级编程语句（例如，选择和循环语句等），通常，结构化文本编程语言编写的程序较难转换为低级的编程语言，例如梯形图和指令表编程语言。

4）该功能块可与一阶滤波（惯性）环节组合，用于模拟生产过程，进行控制系统仿真研究。此外，应采用周期性的任务实现。

# 第3章 图形类编程语言

## 3.1 图形类编程语言的公用元素

### 3.1.1 线、模块和流向

IEC 61131-3 标准规定两种图形类编程语言。其中，梯形图（Ladder Diagram，LD）编程语言用一系列梯级组成梯形图，表示工业控制逻辑系统中各变量之间的关系；功能块图（Function Block Diagram，FBD）编程语言用一系列功能块的连接表示程序组织单元的本体部分。

**1. 线和模块的表示**

图形类编程语言（梯形图编程语言和功能块图编程语言）中，IEC 61131-3 规定可使用表 3-1 所示的线和模块等图形或半图形元素来表示公用元素。

表 3-1　线和模块等图形或半图形元素

| 特　性 | 示　例 | 特　性 | 示　例 |
|---|---|---|---|
| 水平线<br>ISO/IEC 10646-1 的"负"字符<br>图形或半图形 | —— | 连接和不连接的角<br>ISO/IEC 10646-1 的字符<br>图形或半图形 | |
| 垂直线<br>ISO/IEC 10646-1 的"垂直线"字符<br>图形或半图形 | \| | 有连接线的块<br>ISO/IEC 10646-1 的字符<br>图形或半图形 | |
| 水平垂直连接<br>ISO/IEC 10646-1 的"加"字符<br>图形或半图形 | + | 用 ISO/IEC 10646-1 的字符连接<br>连接<br>连接线的继续<br>图形或半图形连接 | ——>OTTO><br>>OTTO>—— |
| 线的交叉，不连接<br>ISO/IEC 10646-1 的字符<br>图形或半图形 | | | |

线可用表 3-1 所示的连接元素进行扩展，数据存储或数据元素的结合不能与连接元素组合使用。

本节介绍的图形类编程语言公用元素适用于图形类编程语言，也适用于顺序功能表图编程语言。图形类编程语言中的文字元素应根据国家标准 GB/T 1988—1998《信息技术　信息交换用七位编码字符集》的"基本代码表"和 GB 2312—1980 的《信息交换用汉字编码字符集—基本集》表示。

**2. 流向**

在图形编程语言中，为表示概念量的流动，采用"流向"的概念。

（1）能流

能流（Power flow）类似电磁继电器系统中的电能流动。能流用于继电器逻辑控制系统的梯形图。能流也称为功率流或电源流。能流的流向是从左到右。

（2）信号流

信号流（Signal flow）类似信号处理系统中元素之间的信号流动。信号流用于图形编程语言的功能块图。信号流的流向是从一个功能块的输出（右侧）流向被连接的另一个函数或功能块的输入（左侧）。

（3）活动流

活动流（Activity flow）类似一个生产过程中的各工序之间或一个电机顺序器中各步之间控制的流动。活动流用于顺序功能表图编程语言。活动流从步的底部，经合适的转换流到相应后级步的顶部。

SFC 元素之间的活动流从步的底部通过合适的转换到相应后级步的顶部。

**3．变量和实例的表示**

像操作符或参数一样，在图形类编程语言中，可访问所有支持的数据类型。也可访问所有支持的实例声明。但表达式作为参数或作为数组的下标的用法超出 IEC 61131 标准本部分的范围。

（1）类型化和变量声明

在图形类编程语言中，可定义变量的类型化，并对变量声明。

【例 3-1】 变量的类型化和变量声明的示例。

```
TYPE                              // 变量类型化的声明
    SType: STRUCT                 // 结构变量名 SType 的声明开始
    x: BOOL;                      // 其中变量 x 声明为 BOOL 数据类型
    a: INT;                       // 其中变量 a 声明为 INT 数据类型
    t: TON;                       // 其中实例名 t 声明为 TON 功能块的实例
    END_STRUCT;                   // 结构变量名 SType 的声明结束
END_TYPE;
VAR
    x: BOOL;                      // 内部变量 x 声明为 BOOL 数据类型
    i: INT;                       // 内部变量 i 声明为 INT 数据类型
    Xs: ARRAY [1..10] OF BOOL;    // Xs 是一维的 1×10 的 BOOL 数据类型的数组变量
    S: SType;                     // S 是 SType 结构化变量的实例名
    Ss: ARRAY [0..3] OF SType;    // Ss 是结构变量组成的 1×3 数组变量
    t: TON;                       // 实例名 t 声明为 TON 功能块的实例
    Ts: ARRAY [0..20] OF TON;     // Ts 是 TON 功能块的 1×20 的数组变量
END_VAR
```

（2）操作符的表示

操作符可作为一个基本数据类型的变量、一个有恒定子范围或可变子范围的数据元素，也可作为一个结构化数据元素和结构化数组元素。表 3-2 是操作符的表示。

表 3-2  操作符的表示

| 图 形 符 号 | 说　　　明 |
|---|---|
| x ─┤├─ MyFct IN | 用操作符作为一个基本数据类型的变量 |
| Xs[3] ─┤├─ MyFct IN | 用操作符作为一个有恒定子范围的数组元素 |
| Xs[i] ─┤├─ MyFct IN | 用操作符作为一个有可变子范围的数组元素 |

| 图 形 符 号 | 说　　明 |
|---|---|
| S.x —\|\|— [ MyFct / IN ] | 用操作符作为一个结构元素 |
| S.x —\|\|— [ MyFct / IN ] | 用操作符作为一个结构数组元素 |

（3）实例作为参数的表示

实例可作为一个普通实例的参数、一个有恒定子范围或可变子范围的数组元素的参数、也可作为一个结构化数据元素和结构化数组元素的参数。表 3-3 是实例作为参数的表示。

**表 3-3　实例作为参数的表示**

| 图 形 符 号 | 说　　明 |
|---|---|
| t.Q —\|\|— [ MyFct1 / aTON ] | 用实例作为一个基本数据类型的参数 |
| Ts[5].Q —\|\|— [ MyFct1 / aTON ] | 用实例作为一个有恒定子范围的数组元素的参数 |
| Ts[i].Q —\|\|— [ MyFct1 / aTON ] | 用实例作为一个有可变子范围的数组元素的参数 |
| S.t —\|\|— [ MyFct1 / aTON ] | 用实例作为一个结构元素的参数 |
| Ss[5].t —\|\|— [ MyFct1 / aTON ] | 用实例作为一个结构数组元素的参数 |

（4）实例调用的表示

实例可作为一个普通实例、一个有恒定子范围或可变子范围的数组元素的调用、也可作为一个结构化数据元素和结构化数组元素的实例。表 3-4 是实例调用的表示。

**表 3-4　实例调用的表示**

| 图 形 符 号 | 说　　明 |
|---|---|
| t 　 x —\|\|— [ TON / IN　Q / PT　ET ] | 用实例作为一个基本数据类型的参数 |
| Ts[11] 　 x —\|\|— [ TON / IN　Q / PT　ET ] | 用实例作为一个有恒定子范围的数组元素的参数 |
| Ts[i] 　 x —\|\|— [ TON / IN　Q / PT　ET ] | 用实例作为一个有可变子范围的数组元素的参数 |
| S.t 　 x —\|\|— [ TON / IN　Q / PT　ET ] | 用实例作为一个结构元素的参数 |
| Ss[i].t 　 x —\|\|— [ TON / IN　Q / PT　ET ] | 用实例作为一个结构数组元素的参数 |

## 3.1.2 网络和执行控制元素

图形类编程语言采用"网络"概念。网络是内部连接的图形元素的最大集合。每个网络有一个网络标号。网络标号用冒号":"定界。网络标号可以是一个标识符或无符号十进制整数。例如,"Network_Label1:,001:"等都可表示为网络标号。使用网络标号,使系统能够方便地从一个网络通过跳转进入另一个网络。

通常,编程系统对网络进行自动连续标号。当编程过程中,插入或删除一个网络时,所有网络的自动标号被自动更新。

IEC 61131-3 标准没有规定网络标号和网络图之间可插入注释。但为说明网络范围,可插入注释,注释表示方法与文本类编程语言相同,例如,/* 网络 1 */,见表 1-6。IEC 61131-3 第三版规定注释允许嵌套。

**1. 网络的求值**

网络和它的元素被求值的次序不必相同,因为次序是它们被标号或显示的顺序。在给出网络重复求值前没有必要对所有网络进行求值。

一个 POU 的本体由一个或多个网络组成时,在所述本体内网络求值的结果将遵守下列规则:

1)网络中的所有输入的状态已经被求值以后,才可进行一个网络的元素求值。

2)直到对网络的所有输出状态完成求值后,才算完成对网络元素的求值。

3)直到网络所有元素的输出求值完成后,才算完成对网络的求值,即使该网络包含执行控制元素。

4)网络中求值的次序应符合梯形图编程语言和功能块图编程语言的规定。

**2. 反馈路径**

当函数或功能块的输出被用于作为该网络内前面的函数或功能块的输入时,称网络存在反馈路径。相关的变量称为反馈变量。当反馈路径不明显画出时,称为隐式回路,反之则是显式反馈路径。

在图形编程语言中使用反馈路径时,应服从下列规则:

1)功能块图编程语言中,使用显式表示反馈路径,如图 3-1a 粗线所示。

2)用户可根据显式反馈路径,使用与执行有关的方法来确定该显式回路中网络求值的次序。例如,如图 3-1b 所示用反馈变量 RUN 来组成一个隐式回路。

3)第一次网络求值时使用反馈变量的初始值,例如,它可采用该数据类型的约定初始值,其后,反馈变量的值根据反馈信号确定。在网络元素的下一次求值前,反馈变量的新值能够被作为该网络的输入使用。图 3-1c 是用梯形图(LD)编程语言表示的反馈路径。

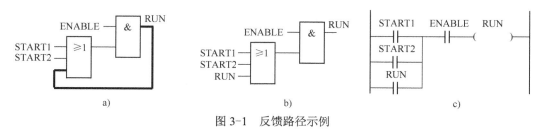

图 3-1 反馈路径示例

a) 显式回路 b) 隐式回路 c) LD 编程语言等价的梯形图

4）一旦带有反馈变量的元素作为输出已经被求值，则反馈变量的新值应保持到在该反馈变量下一次求值前。

5）显式回路仅在功能块图编程语言中描述，如图 3-1a 所示。

**3．执行控制元素**

在梯形图编程语言和功能块图编程语言中，可采用表 3-5 所示的方法表示执行控制元素。

表 3-5　图形类编程语言的执行控制元素

| 执行控制类型 | | 执行控制元素的图形符号 | 示例 | 说明 |
|---|---|---|---|---|
| 无条件跳转 | FBD语言 | 1 ──⟹ LABELA | 1 ──⟹ LI_101 | 它是 X=1 的条件跳转的特例 |
| | LD语言 | ├──⟹ LABELA | ├──⟹ LI_101 | 直接连接到左电源轨线 |
| 条件跳转 | FBD语言 | X ──⟹ LABELB<br><br>当 X 条件满足时跳转到标号为 LABELB 处执行 | X ──⟹ LABELB<br><br>BVAR0 ─┐&┌─ ⟹ NEXT<br>BVAR50 ─┘ └<br><br>NEXT:<br>BVAR5 ─┐≥1┌─ BOUT0<br>BVAR60 ─┘ └ | 当 X 为 1 时，跳转到 LABELB<br><br>当 BVAR0 和 BVAR50 都为 1 时跳转到 NEXT<br><br>跳转目标为标号 NEXT 开始的程序 |
| | LD语言 | ─┤X├── ⟹ LABELB<br><br>当 X 条件满足时跳转到标号为 LABELB 处执行 | X<br>─┤├── ⟹ LABELB<br>BVAR0 BVAR50<br>─┤├─┤├── ⟹ NEXT<br><br>NEXT: BVAR5 BOUT0<br>─┤├──( )─<br>BVAR60<br>─┤├─ | 当 X 为 1 时，跳转到 LABELB<br><br>当 BVAR0 和 BVAR50 都为 1 时跳转到 NEXT<br><br>跳转目标为标号 NEXT 开始的程序 |
| 无条件返回 | FBD语言 | X ──⟨RETURN⟩ | %IX2.3 ──⟨RETURN⟩ | 当 %IX2.3 为 1 时条件跳转返回 |
| | LD语言 | ─┤X├──⟨RETURN⟩ | %IX2.3<br>─┤├──⟨RETURN⟩ | 当 %IX2.3 为 1 时条件跳转返回 |
| 条件返回 | LD语言 | ├──⟨RETURN⟩ | ├──⟨RETURN⟩ | 执行到该位置直接跳转返回 |

（1）跳转执行控制元素

跳转（Jump）执行控制元素用终止于双箭头的布尔信号线表示。跳转信号线开始于一个布尔变量、一个函数或功能块的布尔输出或梯形图的能流线。

跳转分无条件跳转和条件跳转两类。

程序控制到目标网络的标号的转换在信号线的布尔值为 1（TRUE）时发生。

当跳转信号线开始于一个布尔变量、函数或功能块输出时，该跳转是条件跳转。只有程序控制执行到特定网络标号的跳转信号线，而其布尔值为 1（True）时才发生跳转。

跳转信号线始于梯形图的左电源轨线时，该跳转是无条件的。功能块图编程语言中，如果跳转信号线始于布尔常数 1，则该跳转是无条件的。无条件跳转是条件跳转的特例，即跳转条件恒为 1 的条件跳转。

（2）跳转目标

跳转目标（Target）是发生跳转的该程序组织单元内的一个网络标号。它表示跳转发生后，

216

程序将从该目标开始执行。例如，表 3-5 中的 NEXT 是一个跳转目标。

如果在一个 ACTION…END_ACTION 结构内发生跳转，则跳转的目标应在同一结构内。

（3）跳转返回

跳转返回（Return）分条件跳转返回和无条件跳转返回两类。

条件跳转返回适用于从函数、功能块的条件返回，当条件跳转返回的布尔输入为真（1）时，程序执行将跳转返回到调用的实体。当布尔输入为假（0）时，程序执行将继续在正常方式进行。

在梯形图编程语言中，将 RETURN 语句直接连接到左轨线表示无条件返回。无条件跳转返回由函数或功能块的物理结束来提供，即 END_FUNCTION 或 END_FUNCTION_BLOCK。

当 RETURN 结构的布尔输入为 1（TRUE）时，程序执行转回到调用的实体，并以布尔输入为 0（FALSE）时的正常方式继续。

【例 3-2】 跳转语句的示例。

电动机控制中，输出电动机起动信号为 A，如果，发送输出起动信号 A 后 2s 内，电动机没有起动，即电动机起动的反馈信号 B 为 0，应跳转报警程序（跳转目标为 C）。变量声明如下。

```
VAR_INPUT
    A, B: BOOL;
END_VAR
VAR
    TMR1: TON;
END_VAR
```

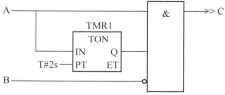

图 3-2 报警跳转示例的 FBD 程序

图 3-2 显示该报警跳转示例的 FBD 程序。示例中，采用定时器功能块、与运算函数及非运算函数。如果 2s 计时到，电动机起动的反馈信号 B 为 0，则经非运算和与运算，使跳转条件满足，因此，程序跳转到标号 C 的报警程序。这里，C 是标号，不是输出变量。因此，在变量声明段中不需要声明。

# 3.2 梯形图编程语言

## 3.2.1 梯形图的组成元素

梯形图编程语言使用标准化图形符号表示程序执行时各元素状态的传递过程。这些图形符号类似于继电器梯形逻辑图的梯级表示的形式描述各组成元素。梯形图编程语言是历史最久远的一种编程语言。梯形图源于电气系统的逻辑控制图，逻辑图采用继电器、触点、线圈和逻辑关系图等表示它们的逻辑关系。

梯形图采用的图形元素有电源轨线、连接元素、触点、线圈、函数和功能块等。

**1. 电源轨线**

梯形图电源轨线（Power rail）的图形元素是位于梯形图左侧和右侧的两条垂直线，也称为母线。位于左侧的垂直线称为左电源轨线，或左母线；位于右侧的垂直线称为右电源轨线，或右母线。梯形图中必须绘制左电源轨线，但右电源轨线可隐含而不画出。

图 3-3 表示左电源轨线、右电源轨线和附加的水平连接线。

梯形图中，能流从左电源轨线开始，向右流动，经连接元素和其他连接在该梯级的图形元素后到达右电源轨线。采用图形元素的状态表示能流的流动状态。

**2．连接元素和状态**

梯形图中，各图形符号用连接元素（Link element）连接。连接元素的图形符号用水平线和垂直线表示。图 3-4 是水平和垂直连接元素的图形表示。

左电源轨线　　　　　　右电源轨线　　　　　　　　　　　a)　　　　　　　b)
（有附加的水平连线）　（有附加的水平连线）

图 3-3　电源轨线的图形表示　　　　　　图 3-4　连接元素的图形表示

a) 水平连接元素　b) 垂直连接元素（带连接的水平连接）

连接元素的状态是一个布尔量。连接元素将最靠近该元素左侧图形符号的状态传递到该元素的右侧图形元素。因此，某一连接元素的状态为 1，表示最靠近该元素左侧图形符号的图形元素状态为 1，或表示能流已经流过左侧图形符号表示的图形元素。反之，如果某一连接元素的状态为 0，表示最靠近该连接元素左侧图形符号的图形元素状态为 0，或能流不能流过左侧图形符号表示的图形元素。

连接到左电源轨线的连接元素，其状态在任何时刻为 1，它表示左电源轨线是能流的起点。右电源轨线类似于电气图中的零电位，因此，对右电源轨线不定义其状态。

水平连接元素将直接连接在它左面元素的状态传送到直接连接在它右面的元素。垂直连接元素的状态表示连接在它的左侧的水平连接的状态 ON 的线或，即垂直连接元素的状态由下列规则确定：

1）所有连接到它的左面的附加的水平连接元素的状态都为 OFF，则该垂直连接元素的状态为 OFF。

2）如果至少有一个连接到它左面的附加水平连接元素的状态为 ON，则该垂直连接元素的状态为 ON。

3）垂直连接元素的状态可复制到所有附加到与它右面连接的水平连接元素。垂直连接元素的状态不能复制到在它左面连接的所有附加的水平连接元素。

**【例 3-3】** 连接元素及状态传递的示例。

图 3-5 是连接元素及其状态的示例。连接元素 1 与左电源轨线连接，其状态为 1；连接元素 2 与连接元素 1 连接，其状态从连接元素 1 传递，因此，其状态为 1；连接元素 3 是垂直连接元素，它与水平连接元素 1 连接，由于连接元素 1 的状态为 1，

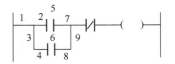

图 3-5　连接元素及状态的示例

因此，连接元素 3 的状态为 1；同样，连接元素 3 的状态传递给连接元素 4，使连接元素 4 的状态为 1。连接元素 2 和 4 将其状态 1 传递给图形元素 5 和 6，由于图形元素 5 和 6 为常开触点，因此，连接元素 7 和 8 的状态经图形元素的传递而成为 0；由于连接元素 9 的左侧所有水平连接元素的状态为 0，因此，连接元素 9 的状态也为 0。

如果图形符号 5 的状态为 1，即闭合状态，则连接元素 7 的状态为 1，从而使连接元素 9 的状态为 1。同样，如果图形符号 6 的状态为 1，即闭合状态，则连接元素 8 的状态为 1，它

也使连接元素 9 的状态为 1。

4）连接元素的输入和输出数据类型必须相同。标准中，触点和线圈等图形元素的数据类型并不局限于位，因此，连接元素的输入、输出数据类型相同才能保证状态正确传递。

**3．触点**

触点是梯形图图形元素。梯形图的触点（Contact）沿用电气逻辑图的触点术语，用于表示布尔变量状态的变化。触点是向其右侧水平连接元素传递一个状态的梯形图元素。该状态是触点左侧水平连接元素状态与相关变量和直接地址状态进行布尔与运算的结果。触点不改变相关变量和直接地址的值。

按静态特性分类，触点分为常开（Normally Open，NO）触点和常闭（Normally Closed，NC）触点。常开触点指在正常工况下，触点断开，其状态为 0。常闭触点指在正常工况下，触点闭合，其状态为 1。

按动态特性分类，触点分为正跳变触发触点（Positive Transition-sensing Contact，也称上升沿触发触点）和负跳变触发触点（Negative Transition-sensing Contact，也称下降沿触发触点）。表 3-6 是触点图形元素的图形符号表示。

IEC 61131-3 第三版增加了比较触点。触点不修改相关布尔变量的值。

**表 3-6　梯形图编程语言使用的触点图形符号**

| 序号 | 描　述 | 说　　明 | 符　　号 |
|---|---|---|---|
| 静态触点（Static Contact） | | | |
| 1 | 常开（NO）触点 | 如果关联的布尔变量（用***表示）是 ON，左面连接元素的状态被复制到右侧，否则，右侧连接元素的状态为 OFF | ***<br>—\| \|— |
| 2 | 常闭（NC）触点 | 如果关联的布尔变量（用***表示）是 OFF，左面连接元素的状态被复制到右侧，否则，右侧连接元素的状态为 OFF | ***<br>—\|/\|— |
| 跳变触点（Transition-sensing Contact） | | | |
| 3 | 正跳变触发触点（Positive Transition-sensing Contact） | 该元素从一次求值到下一次，当关联变量的转换从 OFF 到 ON 被左侧连接元素状态为 ON 同时检测到，则右侧连接元素的状态为 ON。右侧连接元素状态在其他时间是 OFF | ***<br>—\|P\|— |
| 4 | 负跳变触发触点（Negative Transition-sensing Contact） | 该元素从一次求值到下一次，当关联变量的转换从 ON 到 OFF 被左侧连接元素状态为 ON 同时检测到，则右侧连接元素的状态为 ON。右侧连接元素状态在其他时间是 OFF | ***<br>—\|N\|— |
| 5 | 比较触点（类型化）（Compare contact (typed)) | 该元素从一次求值到下一次，若左侧连接元素状态为 ON，且操作数 1 和 2 的比较<cmp>结果为 TRUE，则右侧连接元素的状态为 ON，否则，右侧连接元素的状态为 OFF。比较<cmp>用于替代比较函数之一，通常适合给出的数据类型<br>DT 是两个操作数的数据类型<br>示例：若左侧连接元素的状态为 ON，且 intvalue1 >intvalue2，则右侧连接元素的状态切换到 ON，intvalue1 和 intvalue2 是 INT 数据类型 | &lt;operand 1&gt;<br>\|&lt;cmp&gt;\|<br>DT<br>&lt;operand 2&gt;<br>value1<br>—\|  >  \|—<br>value2 |
| 5b | 比较触点（重载）（Compare contact (overrided)) | 该元素从一次求值到下一次，若左侧连接元素为 ON，且操作数 1 和 2 的比较<cmp>结果为 TRUE，则右侧连接元素的状态为 ON，否则，右侧连接元素的状态为 OFF。比较<cmp>用于替代比较函数之一，通常适合给出的数据类型<br>示例：若左侧连接元素的状态为 ON，且 intvalue1 <>intvalue2，则右侧连接元素的状态切换到 ON | &lt;operand 1&gt;<br>\|&lt;cmp&gt;\|<br>&lt;operand 2&gt;<br>value1<br>—\| <> \|—<br>value2 |

触点的状态传递规则如下：

1）静态触点的左侧图形元素状态为 1 时，才能将其状态传递到触点的右侧图形元素。如果触点状态为 1，则该触点右侧图形元素的状态为 1；如果触点状态为 0，则该触点右侧图形元素的状态为 0。

2）静态触点的左侧图形元素状态为 0 时，不管触点的状态如何，都不能将其状态传递到触点的右侧图形元素，即其右侧图形元素的状态为 0。

3）正跳变触发触点在触点左侧图形元素状态为 1 的同时，其有关变量从 0 转变为 1，则该触点的右侧图形元素状态从 0 跳变到 1，并保持一个求值周期，然后自动跳变到 0。其他时间该触点右侧图形元素状态为 0。这称为上升沿触发。

4）负跳变触发触点在触点左侧图形元素状态为 1 的同时，其有关变量从 1 转变为 0，则该触点的右侧图形元素状态从 0 跳变到 1。并保持一个求值周期，然后自动跳变到 0。其他时间该触点右侧图形元素状态为 0。这称为下降沿触发。

5）比较触点用于替代比较函数。比较触点从一次求值到下一次，当左侧连接元素状态为 ON，及操作数 1 和 2 的比较<cmp>结果为 TRUE，则右侧连接元素的状态为 ON；否则，右侧连接元素的状态为 OFF。比较的数据类型可以列出或根据操作数的数据类型。

#### 4．线圈

线圈是梯形图的图形元素。梯形图中的线圈（Coil）沿用电气逻辑图的线圈术语，用于表示布尔变量状态的变化。线圈是将其左侧水平连接元素状态毫无改变地传递到其右侧水平连接元素的梯形图元素。在传递过程中，将左侧连接的有关变量和直接地址的状态存储到合适的布尔变量中。

表 3-7 是梯形图编程语言使用的线圈图形符号。

表 3-7　梯形图编程语言使用的线圈图形符号

| 序号 | 描　述 | 说　明 | 符　号 |
|---|---|---|---|
| 瞬时线圈（Momentary coil） | | | |
| 1 | 线圈（Coil） | 左侧连接的状态复制到相应布尔变量和它的右侧连接 | ***<br>—（ ）— |
| 2 | 取反线圈（Negated coil） | 左侧连接的状态复制到它的右侧连接，左侧连接状态取反被复制到相应布尔变量，即如果左侧连接状态为 OFF，则相应变量的状态为 ON，反之亦然 | ***<br>—（ / ）— |
| 锁存线圈（Latched coil） | | | |
| 3 | 置位线圈（Set (latch) coil） | 当左侧状态在 ON 状态，则相应布尔变量被设置为 ON 状态，并保持设置直到由 RESET 线圈被复位 | ***<br>—（ S ）— |
| 4 | 复位线圈（Reset (unlatch) coil） | 当左侧状态在 ON 状态，则相应布尔变量被复位为 OFF 状态，并保持设置直到由 SET 线圈被置位 | ***<br>—（ R ）— |
| 跳变触发线圈（Transition-sensing coil） | | | |
| 8 | 正跳变（Positive）触发线圈 | 从该元素的一次求值到下一次，和当左侧连接的跳变转换从 OFF 到 ON 被检测到，则相应布尔变量的状态在 ON，左侧连接的状态通常复制到右侧的连接 | ***<br>—（ P ）— |
| 9 | 负跳变（Negative）触发线圈 | 从该元素的一次求值到下一次，和当左侧连接的跳变转换从 ON 到 OFF 被检测到，则相应布尔变量的状态在 ON，左侧连接的状态通常复制到右侧的连接 | ***<br>—（ N ）— |

注：线圈图形符号也可用圆或椭圆表示。***表示线圈的布尔变量名称。线圈的状态是该布尔变量的值。

#### 5．函数、方法和功能块

梯形图编程语言支持函数、方法和功能块的调用。梯形图中，函数、方法和功能块用一个矩形框的模块表示。函数可以有多个输入参数和一个返回参数。功能块可以有多个输入和多个输出参数。输入列于矩形框的左侧，输出列于矩形框的右侧。函数和功能块名称显示在框内的上中部，函数和功能块的实例名列于框外的上中部。用函数和功能块的实例名作为其在项目中的唯一识别。但需要注意下列事项：

1）可选择显示实际变量的连接，可以直接将实际参数值或变量填写在该内部形参变量名的模块外部的连接线附近。

2）为便于表示能流流过该模块，至少应在每个模块显示一个布尔输入和一个布尔输出。

3）输入或输出变量的取反可用 NOT 函数或直接在连接线处绘制圆。实际应用时，可选中相应的参数，并从弹出对话框选中选择取反函数，其图形显示通常为圆。

4）函数和方法调用时，如果有 EN 和 ENO 的专用输入-输出参数对其进行控制，则当 EN 左侧连接元素的状态为 1 时，该函数被执行，同时 ENO 被置 1，它将状态传递到函数和方法右侧的连接元素；当 EN 左侧连接元素的状态为 0 时，该函数不被执行，所有输出保持原值，ENO 被置 0，通常，该状态被作为报警或事件的触发信号。

5）如果没有 EN 和 ENO 专用输入-输出参数，则函数、方法和功能块自动执行，并将允许的状态传递到下游。功能块调用时，至少应有一个输入和输出参数是布尔数据类型。这些变量必须有一个与左电源轨线和右电源轨线进行直接或间接的连接。

## 3.2.2 梯形图程序的执行

梯形图的执行过程根据从上到下、从左到右的顺序进行。

**1. 梯形图程序的执行过程**

梯形图程序采用网络结构。一个梯形图程序的网络以左电源轨线和右电源轨线为界。

梯级是梯形图网络结构的最小单位。一个梯级包含输入指令和输出指令。

输入指令在梯级中执行比较、测试操作，并根据操作结果设置梯级的状态。例如，测试梯级内连接的图形元素状态的结果为 1，输入状态就被置 1。输入指令通常执行一些逻辑运算操作、数据比较操作等。

输出指令检测输入指令的结果，并执行有关操作和功能，例如，使某线圈励磁等。通常，输入指令与左电源轨线连接，输出指令与右电源轨线连接。

梯形图程序执行时，从最上层梯级开始执行，从左到右确定各图形元素的状态，并确定其右侧连接元素的状态，逐个向右执行，操作执行的结果由执行控制元素输出，直到右电源轨线。然后，进行下一个梯级的执行过程。图 3-6 显示梯形图程序的执行过程。

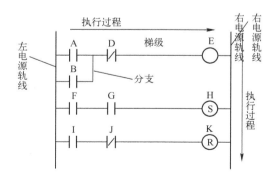

图 3-6　梯形图程序的执行过程

当梯级中有分支出现时，同样依据从上到下、从左到右的执行顺序分析各图形元素的状态，对垂直连接元素根据上述有关规则确定其右侧连接元素的状态，从而逐个从左向右、从上向下执行求值过程。

**2．梯形图程序的执行控制**

为了使控制梯形图的执行按非常规的执行过程进行，可采用执行控制的有关图形元素。

（1）跳转和跳转返回

梯形图网络结构中，用跳转和跳转返回等图形符号表示跳转的目标、跳转的返回及跳转的条件等。

图 3-7 显示跳转指令的执行过程。图中，当跳转条件满足时，程序跳转到 LABEL 标号的梯级开始执行，直到该部分程序执行到 RETURN 时，程序返回到原断点后的一个梯级，并继续执行。

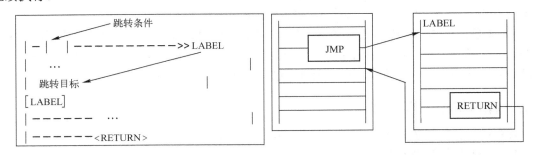

图 3-7 跳转和跳转返回指令的执行过程

（2）反馈

反馈变量只有在其值能够唯一确定时才是正确的表示。调用函数和功能块时，如果上游函数或功能块输入是其下游函数或功能块的输出，由于在求值过程中，并不知道下游函数或功能块的输出值，因此，图 3-8a 所示连接是不正确的，图 3-8b 的连接是正确的。

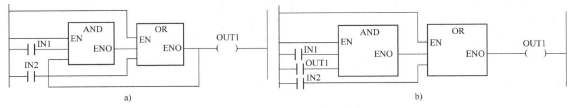

图 3-8 反馈变量的编程方法

a) 不允许的显式编程 b) 允许的隐式编程

在图 3-8b 中，AND 函数的输入信号是 OUT1，它在第一次求值执行过程时，采用其初始值，它可以是该输出变量的约定初始值，也可以是该输出变量数据类型的约定初始值，因此，求值过程可以进行。当进行下次求值执行过程时，由于 AND 函数已有上次的 OR 函数输出，因此，可使用该输出值作为本次求值的数据。在编程时，应注意反馈变量在初次求值执行过程中是否有值，如果有数值，则该程序是可执行的。反之，如图 3-8a 所示程序，第一次求值时 AND 函数没有 OUT1 的初始值，不能够执行求值过程，因此，这种连接错误。

222

（3）梯形图程序的执行方式

梯形图程序按该程序先后次序用扫描方式执行。电气逻辑图的各元件是并行执行的。下面是示例。

【例3-4】 采用扫描方式执行梯形图程序的示例。

图3-9是一个示例程序，用于说明梯形图程序的扫描执行过程。

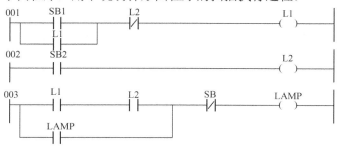

图3-9 扫描方式执行梯形图程序的示例

该程序有两个按钮信号 SB1 和 SB2，一个停止按钮 SB，一个输出信号灯 LAMP，中间变量是 L1 和 L2。程序执行时，按 SB1，则 L1 状态为 1，并经自保使其继续保持 L1 状态为 1。它使 003 梯级的 L1 的状态为 1。

按下 SB2，则 L2 状态变为 1，根据程序顺序扫描原则，它先扫描 003 梯级，因 L1 已经为 1，当 L2 为 1 时，使 LAMP 的状态变为 1，并经自保，使 LAMP 继续保持在 1 的状态，因此，信号灯 LAMP 点亮，并保持。

用电气逻辑图表示上述梯形图，如图3-10所示。

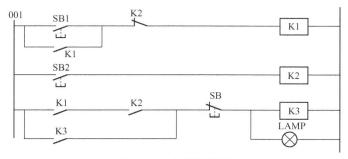

图3-10 电气逻辑图

当按下按钮 SB1 后，K1 继电器激励，其触点 K1 闭合，除自保外，还使第三行触点 K1 闭合。当按下按钮 SB2 时，K2 继电器激励，其常闭触点先断开，使 L1 继电器失励，并使常开触点 K2 闭合，但因 K1 失励，因此，第三行 K1 触点已经断开，K3 继电器不能被激励，信号灯 LAMP 也不能点亮。

此外，如果在图3-9所示的梯形图程序中，将 001 梯级与 002 梯级的位置上下互换，则按下 SB2 时，根据程序扫描顺序，将使 L2 常闭触点状态变为 0，最终不能点亮信号灯。示例说明下列两点。

1）电气逻辑图与梯形图的执行顺序不同，电气逻辑图采用并行执行方式，梯形图程序采用顺序扫描方式。

2）梯形图程序采用顺序扫描方式执行程序。程序执行的先后关系到程序的执行结果。示例说明因执行程序顺序不同，一些程序可从能够实现某种逻辑运算变为不能实现。

### 3.2.3 示例

#### 1. 闪烁信号灯

可用一个定时器 TON 实例 TON_1 和函数 XOR 组成闪烁信号灯线路。它采用第 6 章介绍的方波信号发生器实现，如图 3-11 所示的梯形图程序。

该程序采用两个串联连接的线圈 LAMP1 和 LAMP，这在传统 PLC 程序中是不允许的。但梯形图程序采用状态传递机制，因此，允许采用这种方式。它实现 LAMP1 和 LAMP 的交替点亮和熄灭。

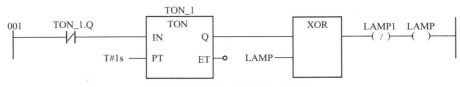

图 3-11　闪烁信号灯的梯形图程序

#### 2. DIVRMBK 功能块的梯形图程序

DIVRMBK 功能块有两个输入，即 DIVIDEND 变量表示被除数，DIVISOR 变量表示除数，它们都是整数数据类型；有三个输出，即 QUOTIENT 变量表示商，DIVREM 变量表示余数，它们是整数数据类型。DIVERR 变量表示除数为零的出错标志，数据类型是布尔量。变量声明段如下：

```
VAR_INPUT
    DIVIDEND: INT;    /* 被除数，整数数据类型 */
    DIVISOR: INT;     /* 除数，整数数据类型 */
END_VAR
VAR_OUTPUT
    QUOTIENT: INT;    /* 商，整数数据类型 */
    DIVREM: INT;      /* 余数，整数数据类型 */
    DIVERR: BOOL;     /* 除数为零标志，布尔数据类型 */
END_VAR
```

用梯形图编程语言编写本体程序如图 3-12 所示。

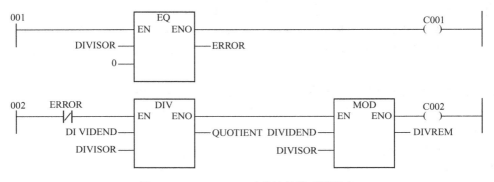

图 3-12　DIVRMBK 功能块的梯形图程序

程序采用 EN 和 ENO 属性，第一梯级判别除数是否为零，第二梯级计算没有出错时的商和余数。出错情况下，本程序只提供出错 ERROR 信息，不显示其他有关信息。

## 3.3 功能块图编程语言

### 3.3.1 功能块图编程语言的图形符号和功能块组合

功能块图编程语言源于信号处理领域。

**1. 函数、方法和功能块**

函数、方法和功能块是功能块图编程语言的基本图形元素。

函数图形符号是一个矩形框，矩形框内有函数名和函数参数。函数与外部连接是将函数参数用外部实参代入实现的。函数没有输出参数，但有返回值。函数的输入参数相同时，其返回值是相同的，因此，函数不具有记忆功能。通常认为返回值是函数的输出。

函数可设置 EN 和 ENO 参数连接。当 EN 为 1 时，该函数才被执行求值，它使返回值更新，并使 ENO 置为 1；当 EN 为 0 时，该函数不被执行求值，因此，返回值保持原值，同时，ENO 自动被设置为 0，它常常被用于作为出错报警的信号。

方法图形符号是一个矩形框，矩形框内有实例名和方法名和方法参数。与函数类似，方法有返回值作为其结果，它被赋值给方法名。方法支持 EN 和 ENO 的参数连接。输入参数连接到方法矩形框的左面，输出参数连接到方法矩形框的右面。与函数不同，方法有内部调用和外部调用。

图 3-13a 是方法的内部调用，图 3-13b 是方法的外部调用。

图中，THIS 表示在自己实例的一个方法的调用，而 ABC 是另一类的一个实例名，因此，是外部调用。

功能块图形符号也是一个矩形框。与函数和方法的不同点是功能块具有记忆功能。因此，当输入参数相同时，输出参数可能不同。例如，RS 功能块当输入参数都为 0 时，输出参数 Q 可以是 1（如果以前的输入参数 S 曾为 1 时），或 0（如果以前的输入参数 R1 曾为 1，或以前的输入参数 S 和 R1 都为 0 时）。功能块也可以设置 EN 和 ENO 参数。

图 3-13　方法的调用

a) 方法的内部调用　b) 方法的外部调用

函数、方法和功能块连接时，应遵循下列原则：

1）上游函数、方法或功能块的输出连接到下游函数、方法或功能块的输入。

2）函数、方法返回值或功能块的输出可连接多个下游函数、方法或功能块的输入。

3）输入信号的唯一性，即函数、方法或功能块的某个输入只能连接一个变量或函数、方法或功能块的输出。

4）当多个函数、方法或功能块的输出要同时传递数据到一个函数、方法或功能块时，表示这些函数、方法或功能块的输出是经过一个或运算函数输出。

5）在功能块图编程语言中，反馈回路宜采用隐式显示表示，虽然，IEC 61131-3 标准规定功能块图编程语言也可采用显式形式。

6）输入或输出不连接有关变量或函数、方法或功能块时，表示输入变量取其数据类型的约定初始值，输出变量不被存储。

7）输入或输出信号取反，可采用 NOT 函数连接，也可对相应的变量进行取反操作，即绘制一个圆，表示取反操作。

8）功能块中输入信号的上升沿触发和下降沿触发信号，可在功能块的矩形框内部用">"图形符号表示上升沿触发，用"<"图形符号表示下降沿触发。

**2．网络结构**

功能块图编程语言中，函数、方法、功能块、执行控制元素、连接元素和连接组成网络。其中，函数、方法和功能块用矩形框图形符号表示。连接元素的图形符号是水平或垂直的连接线。连接线用于将函数、方法或功能块的输入和输出连接起来，也用于将变量与函数、方法或功能块的输入、输出连接起来。连接的图形符号是一个圆点，位于连接线的汇合或分离处。当连接线交叉，没有连接的圆点符号时，表示这些连接线没有相互的影响，即它们是相互独立的连接。执行控制元素用于控制程序的执行次序，执行控制元素与标号应相互呼应，需注意没有标号的现象。

功能块图中不允许有多个输出连接线汇合，当发生这种情况时，可添加一个或（OR 或 ≥1）函数（称为线或（Wire OR））来进行连接，如图 3-14 所示。

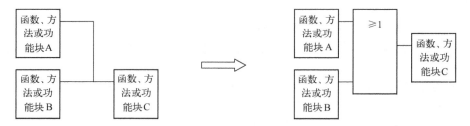

图 3-14　多个输出线连接的转换

函数、方法和功能块输入和输出的显示位置并不影响其连接。

## 3.3.2　功能块图程序的编程和执行

功能块编程语言中，程序的编写与单元组合仪表的集成类似，它将控制要求分解为各自独立的函数、方法或功能块，并用连接元素和连接将它们连接起来，实现所需控制功能。

**1．网络求值顺序**

功能块编程语言编制的程序组成网络。对网络求值的原则如下：

1）网络中某一函数、方法或功能块的求值只有在它的所有输入已经求值后才能进行。

2）网络中函数或功能块的求值次序可由系统设置，也可手动设置，根据上述求值原则设置网络中各函数或功能块的求值次序。

3）连接反馈变量的函数、方法或功能块，初始求值时，可对该反馈变量设置初始值，或使用该变量数据类型的约定初始值。以后的求值可用上次该反馈变量的值。由于该求值过程与迭代计算过程相同，因此，采用反馈变量的程序也被用于进行迭代计算。

4）EN 和 ENO 信号将影响网络中函数、方法或功能块的求值顺序。求值过程会因为 EN 信号为 0 而不被执行。

5）执行控制元素的介入将影响程序的求值顺序。如果跳转条件满足，网络的求值顺序就会根据跳转的目标而变化。此外，返回也会改变求值执行的顺序。

6）制造商应提供包含多个网络的程序组织单元求值顺序的规定，采用它，用户可确定网络执行的顺序。

**2．执行控制**

功能块图编程语言中的执行控制元素有跳转、返回和反馈等类型。跳转和返回分为条件跳转或返回及无条件跳转或返回，因此，程序的执行将受到这些执行控制元素介入的影响。

反馈虽然不影响执行控制的流向，但它影响下次求值中的输入（反馈）变量的值。

在网络中，标号是唯一的，标号不能作为网络中的变量。

当网络较大时，因受显示屏幕的限制，显示屏的一个行内不能显示多个有连接的函数或功能块，这时，可采用连接符连接，连接符与标号不同，它仅用于说明网络的接续关系。一些编程系统采用滚屏方式显示，不使用连接符。

### 3.3.3 示例

**1．信号灯顺序点亮控制**

（1）控制要求

本示例的信号灯顺序点亮控制系统有 5 个信号灯，当闭合 START 开关后，每隔 1s 点亮一个信号灯，最后一个信号灯点亮后隔 1s 全部信号灯熄灭。重复上述过程，直到 START 开关断开。信号灯运行波形图如图 3-15 所示。

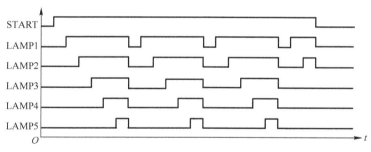

图 3-15　信号灯顺序点亮控制系统的信号波形图

（2）变量声明

该控制系统有一个输入变量 START，假设其地址为%IX0.0。有 5 个信号灯，作为输出变量，假设其地址分别为%QX0.0～%QX0.4。设置 6 个定时器，用于延时。设置一个与函数用于循环。变量声明如下：

```
VAR_INPUT
    START   AT   %IX0.0 :BOOL;
END_VAR
VAR_OUTPUT
```

```
        LAMP1    AT    %QX0.0: BOOL;
        LAMP2    AT    %QX0.1: BOOL;
        LAMP3    AT    %QX0.2: BOOL;
        LAMP4    AT    %QX0.3: BOOL;
        LAMP5    AT    %QX0.4: BOOL;
    END_VAR
    VAR
        FB1_1, FB1_2, FB1_3, FB1_4, FB1_5, FB1_6: TON;
        AGAIN: BOOL;
    END_VAR
```

变量声明中，定时器功能块都采用延时闭合功能块 TON。

（3）功能块图程序

信号灯顺序点亮控制系统的功能块图程序如图 3-16 所示。

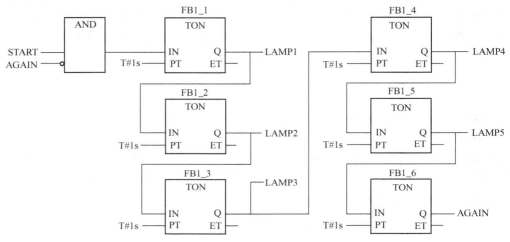

图 3-16　信号灯点亮控制系统的功能块图程序

功能块图程序中，采用 AGAIN 反馈变量，它用于信号灯的循环点亮。程序执行过程如下：
开关 START 闭合时，因 AGAIN 反馈变量为 0，经非运算后的信号为 1，因此，经与函数，返回值为 1，它被送 FB1_1 定时器功能块，延时时间 1s 到后点亮 LAMP1 地址连接的信号灯，并保持点亮，该信号同时经定时器 FB1_2 延时 1s 后点亮 LAMP2，依次点亮 LAMP3、LAMP4 和 LAMP5 地址连接的信号灯。然后，再延时 1s 后使 AGAIN 反馈变量为 1，从而使 FB1_1 与函数的返回值变为 0。它将使各信号灯熄灭。一旦信号灯熄灭，AGAIN 又变为 0，从而开始新一轮信号灯的点亮和熄灭过程。当 START 开关断开时，各信号灯熄灭，整个过程结束后，等待下一次 START 开关的闭合。

**2. 一阶滤波环节功能块**

工业生产过程中被控对象测量值需要滤波处理。对被控对象仿真时，也常采用一阶滤波环节和时滞环节组成被控对象。

常用一阶滤波环节数学模型描述为

$$X_{\text{OUT}}(s) = \frac{1}{T_1 s + 1} X_{\text{IN}}(s) \tag{3-1}$$

（1）一阶滤波环节的离散数学模型

一阶滤波环节传递函数中，用差分近似微分，得离散化算式：

$$X_{OUT}(k+1) = M * X_{IN}(k) + (1-M)X_{OUT}(k) \qquad (3-2)$$

式中，平滑系数 $M$ 由 $M = \dfrac{T_s}{T_s + T_1}$ 确定；$k$ 表示第 $k$ 次采样时刻的值。

根据式（3-2），采用反馈变量 $X_{OUT}$ 获得下一次求值的输入。

平滑系数的计算需要先将时间类型的数据 $T_s$ 和 $T_1$ 转换为实数数据类型，并进行相除运算。式（3-2）的计算需要用乘、加和减函数实现。

（2）LAG1 功能块

LAG1 功能块用于输入信号的一阶滤波处理，在控制系统仿真时，该功能块可作为被控对象的数学模型，也可作为扰动通道对象的数学模型。该功能块实例可串联连接，组成多个一阶滤波环节的串联系统。变量声明如下：

```
VAR_INPUT
    XIN : REAL;          /* XIN 是输入信号 */
    T1 : TIME;           /* T1 是一阶滤波环节的时间常数 */
    TS : TIME;           /* 采样时间间隔 */
END_VAR
VAR_OUTPUT
    XOUT : REAL;         /* 一阶滤波输出 */
END_VAR
VAR
    M: REAL;             /* 一阶滤波环节平滑系数 */
END_VAR
```

根据式（3-2），图 3-17 显示用功能块编程语言编写的功能块本体程序。

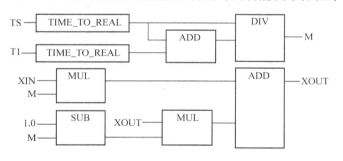

图 3-17　用功能块编程语言编写的程序

（3）一阶滤波环节功能块的应用

用三个一阶滤波环节串联作为被控对象，可进行被控对象在阶跃输入信号的输出响应曲线测试。

先建立一阶滤波环节功能块 LAG1，如上述。程序的变量声明如下：

```
VAR_INPUT
    START : BOOL;        /* START 是输入信号 */
```

```
END_VAR
VAR_OUTPUT
    OUT1, OUT2, OUT3 : REAL;              /*  各环节的输出  */
END_VAR
VAR
    LAG1_1, LAG1_2,LAG1_3 : LAG1;         /*  一阶滤波环节功能块实例  */
END_VAR
```

功能块图编程语言编写的程序如图 3-18 所示。

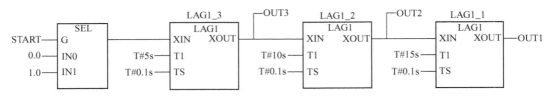

图 3-18　确定三阶环节单位阶跃响应曲线的程序

用 SEL 函数实现单位阶跃信号的输入，当 START 为 1 时，SEL 函数输出一个单位阶跃信号，它被送到 LAG1_3 实例，经滤波后的输出 OUT3 被送 LAG1_2 实例，其输出 OUT2 被送实例 LAG_1，三阶惯性环节的输出为 OUT1。

图 3-19 显示各环节输出的响应曲线。

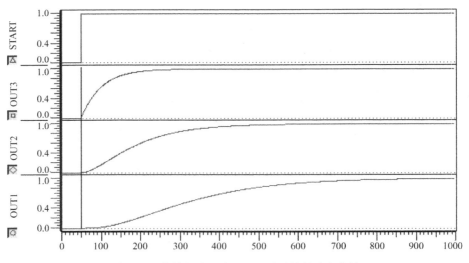

图 3-19　在单位阶跃输入下三阶系统的响应曲线

图中，横坐标是采样次数，各环节的采样周期都是 0.1s，将采样次数乘以采样周期可转换为时间。例如，阶跃响应输入时的采样次数是 50，表示记录开始时间是第 5 秒。

为提高仿真精度，应减小采样周期 TS，通常，采样周期约为最小时间常数的 1/10 左右。示例中，为提高仿真精度，采用的采样周期是 0.1s，因此，从 OUT3 响应曲线的 0.632 处测得时间为 5s，它等于该环节的时间常数。

230

# 第4章 顺序功能表图编程语言

## 4.1 顺序功能表图的三要素

### 4.1.1 基本概念

IEC 61131-3 标准中，顺序功能表图（Sequential Function Chart，SFC）是作为编程语言的公用元素定义的。它是采用文字叙述和图形符号相结合的方法描述顺序控制系统的过程、功能和特性的一种编程方法。它既可作为文本类编程语言，也可作为图形类编程语言，但通常将它归为图形类编程语言。因此，通常讲 IEC 61131-3 有三种图形类编程语言。

顺序功能表图最早由法国国家自动化促进会（ADEPA，法文为 GRADCET：Graphe de Commande Etape-Transistion）提出。它是针对顺序控制系统的控制条件和过程，提出的一套表示逻辑控制功能的方法。由于该方法精确严密，简单易学，有利于设计人员和其他专业人员设计意图的沟通和交流，因此，该方法公布不久，就被许多国家和国际电工委员会所接受，并制定了相应的国家标准和国际标准。IEC 60848《用于顺序功能表图的 GRAFCET 规范语言》、GB/T 21654—2008《顺序功能表图用 GRAFCET 规范语言》的颁布为我国应用顺序功能表图编程语言提供了坚实理论基础。

绘制一个控制系统功能表图的基础是要确定该控制系统的边界和顺序功能表图的范围。通常，把一个控制系统分为施控系统和被控系统两个相互依赖的部分。图 4-1 表示施控系统和被控系统之间的关系。

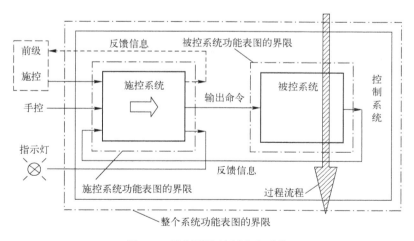

图 4-1 控制系统的划分和功能

施控系统接受来自操作员、过程等信息，并向被控系统发出操作命令。

被控系统包括执行实际过程的操作设备，它接受来自施控系统的命令，并为施控系统提供反馈信息。图 4-1 中表示了这些系统顺序功能表图的界限。

施控系统的输入是操作员和可能的前级施控系统的命令及被控系统的反馈信息，它的输出包括送到操作员的反馈信息，前级施控系统的输出命令和送到被控系统的命令。

被控系统的输入是施控系统的输出命令和输入过程流程的参数，它的输出包括反馈到施控系统的信息、过程流程中执行的动作，它使该流程具有所需的特性。

施控系统的顺序功能表图描述控制设备的功能，由设计人员根据其对过程的了解来绘制，并作为详细设计控制设备的基础。

被控系统的顺序功能表图描述操作设备的功能，由工程设计人员绘制，作为操作设备工程设计的基础，它也用于绘制施控系统顺序功能表图。

顺序功能表图只提供描述系统功能的原则和方法，不涉及系统所采用的具体技术，因此，用顺序功能表图可以描述控制系统的控制工程、功能和特性，可描述控制系统组成部分的技术特性而不必考虑具体的执行过程。它适用于绘制电气控制系统的顺序功能表图，也适用于绘制非电气控制系统（如气动、液动和机械的）的顺序功能表图。

【例 4-1】 被控系统和施控系统的示例。

图 4-2 显示了数控机床的被控系统和施控系统。图中，被控系统是机床，施控系统是数控装置。控制系统用于将材料进行加工成为零件。

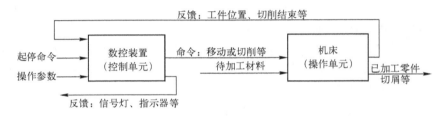

图 4-2　数控机床的被控和施控系统

表 4-1 是顺序功能表图编程语言的有关术语。

表 4-1　顺序功能表图编程语言的术语

| 术　语 | 英 文 名 称 | 说　明 |
| --- | --- | --- |
| 表图 | Chart | 用图形方式描述系统的行为，例如，两个或更多变量、操作或状态之间的关系 |
| 步 | Step | 定义系统顺序部分状态的 GRAFCT 语言元素，步分为活动步和非活动步 |
| 转换 | Transition | GRAFCT 语言元素，指示在两个步或多步之间活动的可能进展 |
| 有向连线 | Directed Link | 表示步之间进展的 GRAFCT 语言元素，将步连接到转换，并将转换连接到步 |
| 动作 | Action | 表示输出变量所进行活动的与步有关的 GRAFCT 语言元素 |
| 状态 | Situation | 在给定时刻由 GRAFCT 描述，并由活动步表征的系统状态的名称 |
| 转换条件 | Transition Condition | 用布尔表达式结果表示的与转换有关的 GRAFCT 语言元素，是与每个转换有关的逻辑表达式 |

### 4.1.2　步

顺序功能表图编程语言把一个过程循环分解成若干个清晰连续的阶段，称为"步"（Step）。步与步之间由"转换"分隔。当两步之间的转换条件得到满足时，转换得以实现，即上一步的活动结束而下一步的活动开始，因此，不会出现步的重叠。一个步可以是动作的开始、持续或结束。一个过程循环分解的步越多，过程的描述也越精确。

**1. 步的表示**

过程控制仅接收前一级的过程信息，这些信息产生过程控制的稳定状态。为了描述各种稳定状态，在顺序功能表图中采用"步"的概念。

（1）步的图形符号

用一个带步名的矩形框表示步，见表 4-2。在逻辑图上，步的图形符号用存储元件图形符号描述。采用矩形框图形符号表示步时，框内应有标识符表示的步名。

表 4-2　步的图形描述和文本描述

| 序号 | 说　　明 | 描　　述 |
|------|---------|---------|
| 1a | 步：带有向连线的图形格式，表中的***表示步名 | ***（带连线矩形框） |
| 1b[①] | 初始步：带有向连线的图形格式，表中的***表示步名 | ***（带连线双线矩形框） |
| 2a | 步：没有有向连线的文本格式，表中的***表示步名 | STEP ***<br>/* Step body */<br>END_STEP |
| 2b | 初始步：没有有向连线的文本格式，表中的***表示步名 | INITIAL_STEP ***<br>/* Step body */<br>END_STEP |
| 3a[②] | 步标志：一般格式：当***是活动步，***.X=BOOL#1，否则，***.X=BOOL#0 | ***.X，表中的***表示步名 |
| 3b[②] | 步标志：布尔变量***.X 直接连接到步的右侧，表中的***表示步名 | ***（矩形框右侧连线） |
| 4a[②] | 步消逝时间：一般格式：***.T=TIME 类型的变量 | ***.T，表中的***表示步名 |

① 如果没有前级步，连接到一个初始步的上面的有向连线不存在。

② 当支持 3a、3b 或 4a 时，如果用户程序企图修改有关变量时将出错，例如，S4 是步名，则在 ST 语言中下列语句将出错：S4.X:=1; /* 出错 */　　S4.T:= T#100ms; /* 出错 */

（2）步的文本表示

用 STEP...END_STEP 结构表示步。步的结构文本格式如下：

```
STEP  XXX:          /*  XXX 是步名  */
    /* 步本体 */
END_STEP
```

其中，XXX 是步名，例如，STEP_1、COOLING 等。步本体是与该步连接的动作控制功能块。

（3）初始步

控制过程开始阶段的活动步与初始状态相对应，称为"初始步"，它表征施控系统的初始动作。在顺序功能表图中，初始步用带步编号的双线矩形框表示。

每个功能表图至少应有一个初始步。为了说明某步是初始步，在文本结构说明中，用 INITIAL_STEP...END_STEP 结构表示初始步。初始步的结构文本格式如下：

```
INITIAL_STEP  XXX:          /*  XXX 是初始步名  */
    /* 步本体 */
```

END_STEP

## 2．步状态和步消逝时间

（1）步状态

步有两种状态：活动状态和非活动状态。控制过程进展某一给定时刻，一个步可以处于活动状态也可以处于非活动状态。当步处于活动状态时，该步称为活动步；当步处于非活动状态时，该步称为非活动步。

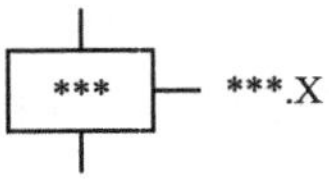

用布尔结构元素\*\*\*.X 的逻辑值表示步名为\*\*\*步的状态，也称为步标志（Step flag）。因此，当步名为\*\*\*的步是活动步时，其布尔值为 1，即\*\*\*.X=BOOL#1。步标志可用布尔变量\*\*\*.X 直接连接到\*\*\*步的右面，如图 4-3 所示，即在步的右边图形连接该变量的状态。

图 4-3　步标志

从网络角度看，活动步是取得令牌（Token）的步，它可以执行相应的命令或动作。非活动步是未取得令牌的步，它不能执行相应的命令或动作。因此，某一步处于活动状态意味着与该步相连接的命令或动作被执行。

为便于分析，当某步是活动步时，可在表示步的图形符号中添加一个小圆或一个星号表示该步处于活动状态。

（2）步消逝时间

步从开始成为活动步到成为非活动步的时间称为步消逝时间（Elapsed time），或称步运行时间、步时间等，用\*\*\*.T 表示，它有 TIME 数据类型的数值。

当步成为非活动步时，步消逝时间的值保持在步失活时所具有的值。当步激活（成为活动步）时，步消逝时间的值被复位到 T#0s，并开始计时。

系统初始化时，步约定的持续时间是 T#0s，各原始步约定的步初始状态是 BOOL#0，而初始步的约定状态是 BOOL#1。因此，系统从初始步开始演变。

当一个功能块实例程序被声明具有保持（RETAIN）属性时，在程序或功能块中的所有步状态和消逝时间应保持系统的初始化值。

每个 SFC 的步的最大步数和步消逝时间的精度由实施者规定。

（3）应用步时的注意事项

应用步时的注意事项如下：

1）程序组织单元的状态由活动步的置位和它的内部和输出变量的值定义。

2）步所出现的程序组织单元中，步名、步标志和步消逝时间是局部变量。它们是写保护的，因此，用户不能直接改变步名、步标志和步消逝时间。

3）程序组织单元的初始状态用它的内部变量和输出变量的初始值，以及初始步的设置（即初始为活动的步）表示。程序组织单元的行为特性相对于其输入和输出遵守一套由步的相关动作定义的规则。

4）每个 SFC 网络都有一个初始步。整个网络从初始步开始进行演变。

5）实际应用时，一些软件系统并未提供步消逝时间，这时，可在该步对应的动作功能块中设置定时器，其输入 IN 是该步的激活条件或步标志，其输出 ET 是该步的消逝时间。

## 3．步与动作的连接

在活动步阶段，与活动步相连接的命令或动作被执行。在顺序功能表图中，命令或动作用矩形框内的文字或符号语句表示，该矩形框与相连接的步图形符号连接。

施控系统输出一个或数个命令，被控系统执行一个或数个动作。表 4-3 表示命令或动作与步之间的关系。

每个步都会与一个或多个动作或命令有联系。一个步如果没有连接动作或命令称为空步。它表示该步处于等待状态，即等待后级转换条件成为真。

表 4-3　命令或动作与步的关系

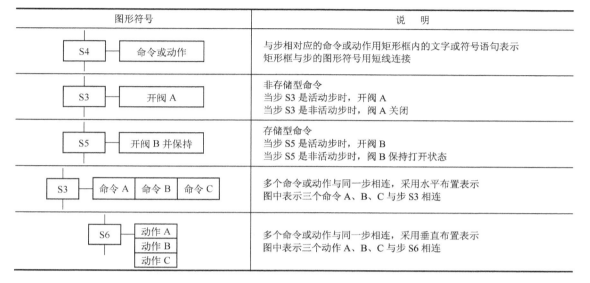

| 图形符号 | 说　明 |
| --- | --- |
| S4 — 命令或动作 | 与步相对应的命令或动作用矩形框内的文字或符号语句表示<br>矩形框与步的图形符号用短线连接 |
| S3 — 开阀 A | 非存储型命令<br>当步 S3 是活动步时，开阀 A<br>当步 S3 是非活动步时，阀 A 关闭 |
| S5 — 开阀 B 并保持 | 存储型命令<br>当步 S5 是活动步时，开阀 B<br>当步 S5 是非活动步时，阀 B 保持打开状态 |
| S3 — 命令 A 命令 B 命令 C | 多个命令或动作与同一步相连，采用水平布置表示<br>图中表示三个命令 A、B、C 与步 S3 相连 |
| S6 — 动作 A 动作 B 动作 C | 多个命令或动作与同一步相连，采用垂直布置表示<br>图中表示三个动作 A、B、C 与步 S6 相连 |

## 4.1.3　转换

顺序功能表图中，步活动状态的进展按有向连线规定的路线进行。进展由一个或多个转换的实现来完成，并与控制过程的发展相对应。

转换（Transition）表示从一个或多个前级步沿有向连线变换到后级步所依据的控制条件。转换的图形符号是垂直于有向连线的水平线。通过有向连线，转换与有关步的图形符号相连。转换也称为变迁或过渡。每个转换有一个相对应的转换条件。步的进展规则如下：

1）步经过有向连线连接到转换。

2）转换经过有向连线连接到步。

**1. 使能转换和实现转换**

转换分为使能转换和非使能转换两类。如果通过有向连线连接到转换符号的所有前级步都是活动步，该转换称为"使能转换"，否则该转换称为"非使能转换"。

如果转换是使能转换，同时该转换相对应的转换条件满足，则该转换称为"实现转换"或"触发"（Firing）。因此，实现转换需要两个条件：①该转换是使能转换；②相对应的转换条件满足，即转换条件为真。

实现转换产生两个结果：①与该转换相连的所有前级步成为非活动步，即转换的清除；②与该转换相连的所有后级步成为活动步。转换的实现使过程得以进展。

只有当某步的所有前级步都是活动步时，该步才有可能通过转换的实现成为活动步。

## 2．转换条件

每个转换有相应的转换条件，它是一个单布尔表达式的求值的结果。如果转换条件是真，可表示为符号 1 或关键字 TRUE；反之，如果转换条件为假，则该逻辑变量的值为 0 或关键字为 FALSE。因此，转换条件是一个单布尔表达式求值的结果。

转换条件有多种表示方法。例如，直接将转换条件写在转换符号附近、采用连接符、采用文本声明转换条件或采用转换名等。表 4-4 列出转换和转换条件的表示方法。

表 4-4 转换和转换条件的表示

| 序号 | 示　例 | 描　述 |
|------|--------|--------|
| 1[①] | | 前级步 STEP7<br>用 ST 语言时，转换条件物理或逻辑地靠近转换<br>后级步 STEP8 |
| 2[①] | | 前级步 STEP7<br>用 LD 语言时，转换条件物理或逻辑地靠近转换<br>后级步 STEP8 |
| 3[①] | | 前级步 STEP7<br>用 FBD 语言时，转换条件物理或逻辑地靠近转换<br>后级步 STEP8 |
| 4[①] | | 用连接符：<br>前级步 STEP7<br>转换连接符<br>后级步 STEP8 |
| 5[①]/6[①] | | 用 LD 语言表示转换条件（用连接符）<br><br>用 FBD 语言表示转换条件（用连接符） |
| 7[②] | STEP STEP7：　END_STEP<br>TRANSITION FROM STEP7 TO STEP8<br>　：=BVAR1 & BVAR2;<br>END_TRANSITION<br>SETP STEP8：　END_STEP | 用 ST 语言表示序号 1 的特性 |
| 8[②] | STEP STEP7:　END_STEP<br>TRANSITION FROM STEP7 TO STEP8:<br>　LD　BVAR1<br>　AND　BVAR2<br>END_TRANSITION<br>SETP STEP8:　END_STEP | 用 IL 语言表示序号 1 的特性 |
| 9[①] | | 使用转换名<br>前级步 STEP7<br>转换名（示例为 TRAN78）<br>后级步 STEP8 |

| 序号 | 示　例 | 描　述 |
|---|---|---|
| 10① | TRANSITION TRAN78 FROM STEP7 TO STEP8:<br>　　BVAR1　BVAR2　　　TRAN78<br>　　├─┤├──┤├──（　）─┤<br>END_TRANSITION | 用 LD 语言表示转换条件<br>转换名为 TRAN78 |
| 11① | TRANSITION TRAN78 FROM STEP7 TO STEP8:<br>　BVAR1 ─┐<br>　　　　　│ & ├─ TRAN78<br>　BVAR2 ─┘<br>END_TRANSITION | 用 FBD 语言表示转换条件<br>转换名为 TRAN78 |
| 12② | TRANSITION TRAN78 FROM STEP7 TO STEP8:<br>　　LD　BVAR1<br>　　AND　BVAR2<br>END_TRANSITION | 用 IL 语言表示转换条件<br>转换名为 TRAN78 |
| 13② | TRANSITION TRAN78 FROM STEP7 TO STEP8:<br>　　: =BVAR1　&　BVAR2 ;<br>END_TRANSITION | 用 ST 语言表示转换条件<br>转换名为 TRAN78 |

① 如果支持表 4-3 的序号 1 的性能，则也应支持本表序号 1、2、3、4、5、6、9、10 或 11 的性能。
② 如果支持表 4-3 的序号 2 的性能，则也应支持本表序号 7、8、12 或 13 的性能。

（1）转换条件直接写在转换附近

转换条件直接写在转换附近时，不同编程语言有下列不同表示方法：

1）ST 编程语言表示的转换条件设置在垂直有向连线的附近，它用布尔表达式描述，见表 4-4 的序号 1。

2）LD 编程语言表示的转换条件设置在垂直有向连线的附近，它是一个梯形图网络，见表 4-4 的序号 2。

3）用 FBD 编程语言表示的转换条件设置在垂直有向连线的附近，它是一个 FBD 网络，见表 4-4 的序号 3。

（2）使用连接符

转换条件可用连接符表示在转换附近，见表 4-4 的序号 4。对 LD 或 FBD 的网络，转换条件输出用一个连接符与垂直有向连线相交叉，见表 4-4 的序号 5 或 6。

（3）采用文本声明

ST 和 IL 编程语言中，用文本声明表示转换条件。

1）用 ST 编程语言的 TRANSITION…END_TRANSITION 结构描述转换条件，见表 4-4 的序号 7。转换条件应包括下列内容：

① 关键字 TRANSITION　FROM 和其后的前级（Predecessor）步（如果有多于一个的前级步，用前级步的一个括号表，例如，（S_1，S_2）表示两个前级步）的步名。

② 关键字 TO 和其后的后级（successor）步（如果有多于一个的后级步，用后级步的一个括号表）的步名。

③ 赋值操作符（:=），和其后用 ST 编程语言表示的一个布尔表达式描述的转换条件。

④ 终止关键字 END_TRANSITION。

2）用 IL 编程语言的 TRANSITION…END_TRANSITION 结构描述转换条件，见表 4-4 的序号 8。转换条件应包括下列内容：

① 关键字 TRANSITION　FROM 和其后的前级步（如果有多于一个的前级步，用前级步的一个括号表）的步名。

② 关键字 TO、其后的后级步（如果有多于一个的后级步，用后级步的一个括号表）的步名及冒号（:）。

③ 从一个单独的行开始，用 IL 编程语言编制的一个指令表，它的计算结果即在累加器的最终结果确定转换条件。

④ 用一个独立的行表示的终止关键字 END_TRANSITION。

（4）采用转换名

通过有向连线右面的一个标识符形式的转换名，见表 4-4 的序号 9，转换名标识符被列写在 TRANSITION…转换名　END_TRANSITION 结构中，其求值将导致布尔值赋值到由转换名标记的变量。

1）使用 LD 编程语言中的网络，见表 4-4 的序号 10。

2）使用 FBD 编程语言中的网络，见表 4-4 的序号 11。

3）使用 IL 编程语言中的指令表，见表 4-4 的序号 12。

4）使用 ST 编程语言中的布尔表达式的赋值，见表 4-4 的序号 13。

转换名的范围对转换所在的程序组织单元是局部变量。注意，列写转换条件时应避免所有冲突的发生。例如，两个使能转换以同一步为条件时，应确保与这两个转换相连的转换条件是不相容的，即不会同时为真。

## 4.1.4 有向连线

在顺序功能表图中，步之间的进展按有向连线规定的路线进行。有向连线也称为弧（Arc）或连接。

**1. 有向连线的表示**

有向连线图形符号是水平或垂直的直线。为使画面更清晰，有时也可用斜线。通常，连接到步的有向连线表示为连接到步顶部的垂直线。从步引出的有向连线表示为连接到步底部的垂直线。

有向连线的文本描述用 TRANSITION…END_TRANSITION 结构。

SFC 元素提供 PLC 程序组织单元的划分方法，它是一组步、通过有向连线内部连接的转换的划分方法。与步有关的是一组动作，而与转换有关的是一个转换条件。步、转换和有向连线之间的关系描述为：步经有向连线连接到转换，转换经有向连线连接到步。

因此，两个步之间永远不应被有向连线直接连接；有向连线应仅将步连接到转换或将转换连接到步。

**2. 有向连线的连接**

通常，步的进展方向总是从上到下或从左到右，因此，有向连线的方向也从上到下或从左到右。如果不遵守上述习惯，必须对有向连线添加箭头。

步激活状态的进展由于一个或几个转换的实现引起，并沿着有向连线的方向进行。实现转换的同时使有向连线连接到相应转换符号的所有前级步立刻成为非活动（或复位）步，这是转换的清除（Clear），同时导致所有后续步的激活，这是转换的实现。

如果垂直有向连线与水平有向连线之间没有内在联系，允许它们交叉，但当有向连线与同一进展相关时不允许交叉。

在复杂的图中或在几张图中表示而使有向连线必须中断时，应在中断点处指出下一步的步名称和该步所在的页号或来自上一步的步名称和所在步的页号。

## 4.1.5 程序结构

步的进展由下列基本程序结构组成。表 4-5 是各种程序结构的图形描述。

当转换的实现导致同时有几个步激活时，这些步的序列被称为同步序列（Simultaneous sequence）或并行序列。当它们被同步激活时，这些序列的每个进展都是独立的。为了强调这类序列结构的特殊性，同步序列的分支和合并常用一个水平双线的图形符号表示。

**表 4-5　程序结构的图形符号**

| 序号 | 描述 | 说明 | 示例 | 示例图形 |
|---|---|---|---|---|
| 1 | 单序列 | 步-转换交替重复串联连接 | 当步 S3 是活动状态且转换条件 c 为 TRUE 时，才发生步 S3 到步 S4 的进展 | |
| 2a | 带从左到右优先级的序列的分支 | 多个顺序列之间的选择是通过仅可能多的转换符号表示在水平线下面，因为有不同的可能进展，星号 "*" 表示转换进展的优先级从左到右 | 如果 S5 是活动步，且转换条件 e 为 TRUE（与 f 的值无关），则发生从 S5 到 S6 的进展。如果 S5 是活动步，f 为 TRUE，e 为 FASLE，则发生从 S5 到 S8 的进展 | |
| 2b | 带数字编号的序列分支 | 星号 "*" 与数字分支表示用户定义转换进展的优先级，最小数字编号的分支具有最高优先级 | 如果 S5 是活动步，转换条件 f 为 TRUE（与 e 的值无关），则发生从 S5 到 S8 的进展。当 S5 是活动步，e 为 TRUE，f 为 FALSE，发生从 S5 到 S6 的进展 | |
| 2c | 带互斥的序列分支 | 分支的连接 "+" 表示用户确保转换条件是互斥的 | 如果 S5 是活动步，转换条件 e 为 TRUE，f 为 FALSE，发生从 S5 到 S6 的进展。如果 S5 是活动步，e 为 FALSE，f 是 TRUE，则发生从 S5 到 S8 的进展 转换条件 e 和 f 不能同时为真 | |
| 3 | 序列的合并 | 序列选择的结束是用若干转换符号表示在水平线的上面，表示有多个结束的选择路径 | 如果 S7 是活动步，转换条件 h 为 TRUE，则发生从 S7 到 S10 的进展。如果 S9 是活动步，j 为 TRUE，则发生从 S9 到 S10 的进展 | |
| 4a | 单转换后的并行分支 | 一个单转换条件在同步的双水平线上面 | 如果 S11 是活动步和与公用转换关联的条件 b 为 TRUE，从 S11 到 S12，S14，…的进展发生 S12，S14，…等的同步激活后，每个序列的进展是独立进行的 | |
| 4b | 在转换后的并行分支 | 同步双水平线上面是序列选择的合并 | 如果 S2 是活动步，转换条件 T2 为 TRUE 或 S5 为活动步，转换条件 T6 为 TRUE，则发生 S2 或 S5 到 S3、S6 和 S7 的进展 | |

| 序号 | 描述 | 说明 | 示例 | 示例图形 |
|------|------|------|------|----------|
| 4c | 在一个转换前的并行序列的合并 | 并行序列合并的双水平线的下面跟一个单一的转换 | 仅当所有双水平线上的所有步是活动步和公用转换关联的，转换条件 d 为 TRUE 时，才发生从 S13，S15，…到 S16 的进展 | |
| 4d | 在一个序列选择前的并行序列的合并 | 并行序列合并的双水平线下面跟一个序列选择的分支 | 仅当连接到双水平线的所有上面的步为活动步，转换条件 T2、T5 或 T6 相应地为 TRUE 时，才发生 S5、S4 和 S3 到 S6、S7 或 S8 的进展 | |
| 5a,5b,5c | 序列的跳过（跳变） | "序列的跳过"是序列选择的特例（序号2），这里，分支的一个或几个不包含步。序号 5a、5b 和 5c 相应地表示在序号 2a、2b 和 2c 给出的可选项。 | （显示序号 5a）<br>如果 S30 为活动步，a 为 FALSE；d 为 TRUE，则发生从 S30 到 S33 的进展，这表示序列 S31 和 S32 被跳过（漏过） | |
| 6a,6b,6c | 序列的重复（循环） | "序列的循环"是序列选择的特殊情况（序号2），这里，一个或多个分支被返回到前面的步。序号 6a、6b 和 6c 相应地表示在序号 2a、2b 和 2c 给出的可选项。 | （显示序号 6a）<br>如果 S32 为活动步，c 为 FALSE，d 为 TRUE，则发生从 S32 到 S31 的进展，因此，序列 S31 和 S32 被重复（循环）执行 | |
| 7 | 方向箭头 | 为清楚起见，必要时用定义在第 1 章的小于（<）符号表示从右到左的控制流，用大于（>）符号表示从左到右的控制流 | 表示 S32 步经有向连线连接到转换 d，转换 d 经有向连线连接到 S31 步 | |

## 1. 单序列结构

单序列结构由一系列相继激活的步组成。该结构中，每个步后面仅连接一个转换，而每个转换由一个步使能，该转换的实现只使一个后续步激活，见表 4-5 的序号 1。

## 2. 选择序列结构

（1）选择序列的开始：分支

在几个序列中进行选择时，用与进展相同数量的转换表示。转换的图形符号只允许绘制在选择序列开始的水平（双）线下面。需注意，如果只选择一个序列，则在同一时刻与若干个序列相关的转换条件中只能有一个为真，应用时需要防止所有的冲突发生。对序列进行选择的优先次序可在注明转换条件时规定，见表 4-5 的序号 2a、2b 和 2c。

（2）选择序列的结束：合并

几个序列合并到一个公用序列时，用与需要重新组合的序列相同数量的转换表示。转换的图形符号只允许绘制在选择序列结束的水平（双）线上面，见表 4-5 的序号 3。

除上述结构外，还有序列跳过（Sequence Skip）、序列重复（Sequence Loop）等。它们是选择序列的特例，分别对应表 4-5 的序号 5a、5b、5c 和 6a、6b、6c。

## 3. 并行序列结构

（1）并行序列的开始：分支

当转换的实现导致几个序列同时激活时，这些序列称为并行序列或同步序列。它们同时被激活后，其每个序列活动步的进展是独立的，只允许在并行序列开始的水平（双）线上面绘制一个转换的图形符号，见表 4-5 的序号 4a 和 4b。

（2）并行序列的结束：合并

为了使几个序列同时同步停止，采用并行序列合并的结构。只允许在并行序列结束的水平（双）线下面绘制一个转换的图形符号。并行序列的活动或非活动可以分成一段或几段实现。并行序列中转换的完整符号包括转换符号和水平（双）线，见表 4-5 的序号 4c 和 4d。

选择序列与并行序列结构的区别是转换条件是用选择的还是公用的，在功能表图中，可看转换符号是在水平双线的下面还是上面。

## 4. 不安全序列和不可达序列的结构

在编程时应注意防止出现不安全序列（Unsafe SFC）和不可达序列（Unreachable SFC）结构。不安全序列结构中，会在同步序列外出现不可控制和不能协调的步的激活。不可达序列结构中，可能包含始终不能激活的步。因此，在编程时应避免出现这样的序列结构。

图 4-4 是不安全序列和不可达序列的程序结构。

图 4-4a 中，如果转换 t1 的转换条件满足，则步 B 和步 C 成为活动步；如果转换 t4 的转换条件为假，则步 B 会保持在活动步状态。但如果转换 t3 的转换条件满足，在步 E 成为活动步后，转换 t5 的转换条件满足，并经步 G，在转换 t7 的转换条件满足后仍使步 A 成为活动步，并在转换 t1 的转换条件满足时，使步 B 成为活动步。如果这时，步 B 由于转换 t4 的转换条件没有满足而仍处于活动步状态，即图 4-3a 设计的 SFC 会造成对步 B 的不可控制。因此，这样的 SFC 网络是不安全的。

图 4-4b 中，如果转换 t1 的转换条件满足，则步 B 和步 C 成为活动步。当转换 t3 的转换条件满足时，使步 E 成为活动步，并在转换 t5 的转换条件满足时，使步 G 成为活动步。由于当步 E 成为活动步时，步 C 成为非活动步，这时，步 D 不能成为活动步，这表明步 D 是不可达的步。同样，由于步 D 不可达，则转换 t4 也不能成为使能转换，从而步 F 也成为不可达。这样的 SFC 网络是不可达的 SFC 网络。

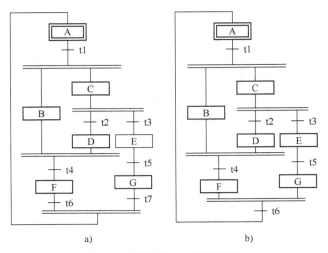

图 4-4 错误的 SFC 程序结构

a) 不安全 SFC 序列  b) 不可达 SFC 序列

为防止出现不安全和不可达序列结构，需要保证在同步序列之外没有序列的跳过。

## 4.2 顺序功能表图编程语言

### 4.2.1 动作

动作可以是一个布尔变量，IL 语言的一个指令集，ST 语言的一个语句集，LD 语言中的一个梯级集，FBD 语言的一个网络集或 SFC。

动作通过文本的步本体或图形的动作块与步建立联系。动作的控制用动作限定符来表示。

动作控制功能块不仅包括一个动作名还包括动作执行条件等，如图 4-5 所示。

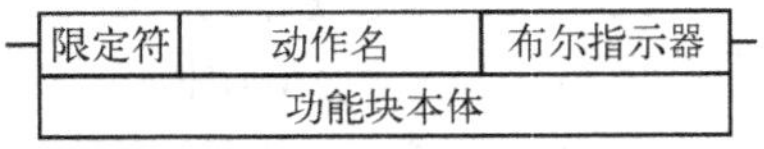

| 限定符 | 动作名 | 布尔指示器 |
|---|---|---|
| | 功能块本体 | |

图 4-5  动作控制功能块

**1. 动作的声明**

一个步如果与零个动作有关，可认为具有"等待"功能，即等待一个后续级的一个成功的转换实现来使它变成 TRUE。表 4-6 是动作的声明。

表 4-6  动作的声明

| 序号 | 描述①② | 示　例 |
|---|---|---|
| 1① | 在 VAR 或 VAR_OUTPUT 或它们图形等效中声明的任何布尔变量都可以是一个动作 | |
| 21 | LD 语言的图形声明 | 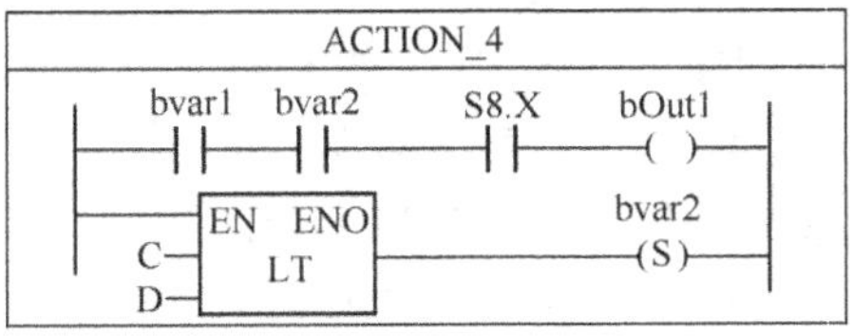 ACTION_4<br>bvar1  bvar2    S8.X    bOut1<br>EN ENO<br>C — LT<br>D<br>bvar2 (S) |

242

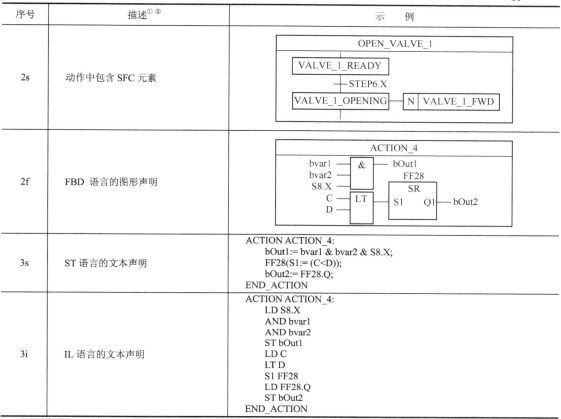

| 序号 | 描述①② | 示　例 |
|---|---|---|
| 2s | 动作中包含 SFC 元素 | |
| 2f | FBD 语言的图形声明 | |
| 3s | ST 语言的文本声明 | ACTION ACTION_4:<br>　bOut1:= bvar1 & bvar2 & S8.X;<br>　FF28(S1:= (C<D));<br>　bOut2:= FF28.Q;<br>END_ACTION |
| 3i | IL 语言的文本声明 | ACTION ACTION_4:<br>　LD S8.X<br>　AND bvar1<br>　AND bvar2<br>　ST bOut1<br>　LD C<br>　LT D<br>　S1 FF28<br>　LD FF28.Q<br>　ST bOut2<br>END_ACTION |

注：步标志 S8.X 被用于这些示例中，用于获得所需结果，这样，当 S8 是非活动时，bOut2:=0。
① 如果支持表 4-2 序号 1a、1b 的性能，则应支持本表的一个或多个序号的性能或表 4-7 序号 4 的性能。
② 如果支持表 4-2 序号 2a、2b 的性能，则应支持本表序号 1、3s 或 3i 的性能。

**2. 动作与步的关联**

表 4-7 是与步关联的动作的表示。每步的动作块可关联的步的最大个数由实施者规定。

步与动作的连接（Action association with step）可采用文本形式，也可用图形形式，见表 4-7。

**表 4-7　步与动作的连接形式**

| 序号 | 示　例 | 特　性 |
|---|---|---|
| 1 | S8 — L T#10s ACTION_1 DN1 ; DN1 | 动作控制功能块物理或逻辑地靠近步的图形符号 |
| 2 | S8 — L T#10s ACTION_1 DN1; P ACTION_2; N ACTION_3; DN1 | 动作控制功能块物理或逻辑地靠近步的图形符号<br>动作 ACTION_1、ACTION_2、ACTION_3 与同一步 S8 相连，采用垂直布置 |

243

| 序号 | 示　　例 | 特　　性 |
|---|---|---|
| 3 | STEP　S8：<br>　　ACTION_1 (L, T#10s, DN1) ;<br>　　ACTION_2 (P) ;<br>　　ACTION_3 (N) ;<br>END_STEP | 步本体的文本描述，示例表示有三个动作控制功能块与步 S8 连接 |
| 4 | <table><tr><td>N</td><td>ACTION_4</td></tr></table>%QX15：=%IX1 & %MX3 & S8.X ;<br>FF28 ( S1：= (C < D)) ;<br>%MX10：= FF28.Q ; | 动作控制功能块的动作本体域<br>需注意，使用本形式时，对应的动作名不能用于任何其他动作控制功能块 |

每步可连接的最大动作控制功能块的数量与实际使用的产品有关。不同产品最大可连接动作控制功能块的数量不同。

**3. 动作限定符**

一个动作块的每个步与动作的连接或每次出现应是一个动作限定符。动作限定符定义不同输入和输出 Q 之间的关系。应根据限定符确定步标志变量与动作之间的逻辑关系。表 4-8 是动作限定符的符号和描述。

限定符 L、D、SD、DS 和 SL 还有一个以 TIME 类型表示的相关持续时间。

表 4-8　动作限定符

| 序号 | 描　　述 | 限定符 | 序号 | 描　　述 | 限定符 |
|---|---|---|---|---|---|
| 1 | 非存储（NULL 限定符） | 空 | 7 | 脉冲 | P |
| 2 | 非存储 | N | 8 | 存储和延迟 | SD |
| 3 | 占先复位，优先复位 | R | 9 | 延迟和存储 | DS |
| 4 | 置位（存储） | S | 10 | 存储和时限 | SL |
| 5 | 时限，时间限定 | L | 11 | 脉冲（上升沿）（当进入步时） | P1 |
| 6 | 延迟，时间延迟 | D | 12 | 脉冲（下降沿）（当脱离步时） | P0 |

表 4-9 说明动作限定符的时序图和功能。

表 4-9　顺序功能表图中说明动作限定符的时序图和功能说明

| 序号 | 功能表图限定符 | 时　序　图 | 功　能　说　明 |
|---|---|---|---|
| 1,2 | | | 非存储型（空或 N）<br>当步 S2 成为活动步时，阀 A 打开<br>当步 S2 成为非活动步时，阀 A 关闭 |
| 3,4 | | | 存储型（S 和 R）<br>当步 S3 是活动步时，阀 B 打开，并保持在打开的状态<br>当步 S6 是活动步时，阀 B 关闭，并保持在关闭的状态 |

| 序号 | 功能表图限定符 | 时 序 图 | 功 能 说 明 |
|---|---|---|---|
| 5 | S5 / L T#1s 开阀D / —e | 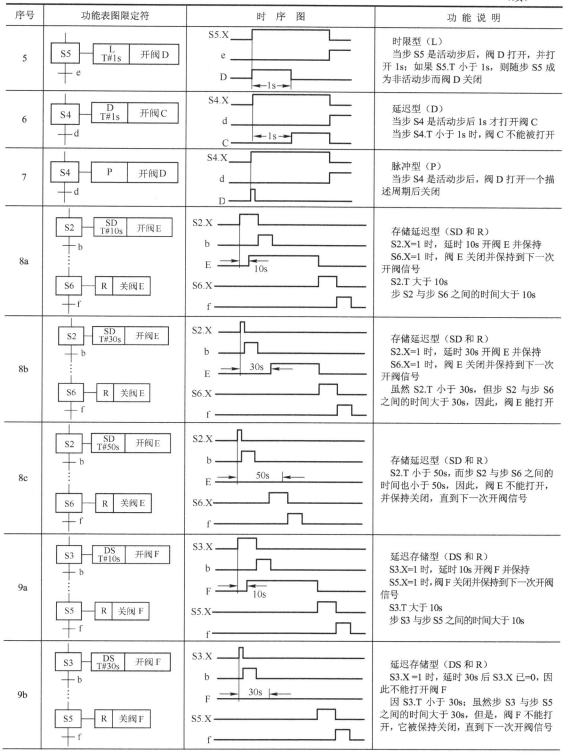 | 时限型（L）<br>当步 S5 是活动步后，阀 D 打开，并打开 1s；如果 S5.T 小于 1s，则随步 S5 成为非活动步而阀 D 关闭 |
| 6 | S4 / D T#1s 开阀C / —d | | 延迟型（D）<br>当步 S4 是活动步后 1s 才打开阀 C<br>当步 S4.T 小于 1s 时，阀 C 不能被打开 |
| 7 | S4 / P 开阀D / —d | | 脉冲型（P）<br>当步 S4 是活动步后，阀 D 打开一个描述周期后关闭 |
| 8a | S2 / SD T#10s 开阀E / —b … S6 / R 关阀E / —f | | 存储延迟型（SD 和 R）<br>S2.X=1 时，延时 10s 开阀 E 并保持<br>S6.X=1 时，阀 E 关闭并保持到下一次开阀信号<br>S2.T 大于 10s<br>步 S2 与步 S6 之间的时间大于 10s |
| 8b | S2 / SD T#30s 开阀E / —b … S6 / R 关阀E / —f | | 存储延迟型（SD 和 R）<br>S2.X=1 时，延时 30s 开阀 E 并保持<br>S6.X=1 时，阀 E 关闭并保持到下一次开阀信号<br>虽然 S2.T 小于 30s，但步 S2 与步 S6 之间的时间大于 30s，因此，阀 E 能打开 |
| 8c | S2 / SD T#50s 开阀E / —b … S6 / R 关阀E / —f | | 存储延迟型（SD 和 R）<br>S2.T 小于 50s，而步 S2 与步 S6 之间的时间也小于 50s，因此，阀 E 不能打开，并保持关闭，直到下一次开阀信号 |
| 9a | S3 / DS T#10s 开阀F / —b … S5 / R 关阀F / —f | | 延迟存储型（DS 和 R）<br>S3.X=1 时，延时 10s 开阀 F 并保持<br>S5.X=1 时，阀 F 关闭并保持到下一次开阀信号<br>S3.T 大于 10s<br>步 S3 与步 S5 之间的时间大于 10s |
| 9b | S3 / DS T#30s 开阀F / —b … S5 / R 关阀F / —f | | 延迟存储型（DS 和 R）<br>S3.X=1 时，延时 30s 后 S3.X 已=0，因此不能打开阀 F<br>因 S3.T 小于 30s；虽然步 S3 与步 S5 之间的时间大于 30s，但是，阀 F 不能打开，它被保持关闭，直到下一次开阀信号 |

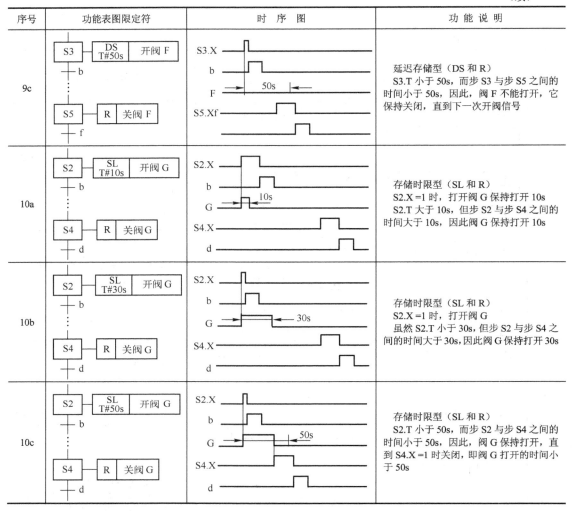

| 序号 | 功能表图限定符 | 时 序 图 | 功 能 说 明 |
|---|---|---|---|
| 9c | | | 延迟存储型（DS 和 R）<br>S3.T 小于 50s，而步 S3 与步 S5 之间的时间小于 50s，因此，阀 F 不能打开，它保持关闭，直到下一次开阀信号 |
| 10a | | | 存储时限型（SL 和 R）<br>S2.X =1 时，打开阀 G 保持打开 10s<br>S2.T 大于 10s，但步 S2 与步 S4 之间的时间大于 10s，因此阀 G 保持打开 10s |
| 10b | | | 存储时限型（SL 和 R）<br>S2.X =1 时，打开阀 G<br>虽然 S2.T 小于 30s，但步 S2 与步 S4 之间的时间大于 30s，因此阀 G 保持打开 30s |
| 10c | | | 存储时限型（SL 和 R）<br>S2.T 小于 50s，而步 S2 与步 S4 之间的时间小于 50s，因此，阀 G 保持打开，直到 S4.X =1 时关闭，即阀 G 打开的时间小于 50s |

　　1）置位（S）限定符用于存储动作或命令。当步成为非活动步时，被存储的动作或命令仍被执行。

　　2）复位（R）限定符用于对具有存储（S）限定符的动作控制功能块进行复位。当某动作控制功能块的限定符为 R 时，该动作被复位。同样，与存储限定符类似，该限定符具有记忆功能，即步成为非活动步时，被存储的动作或命令被复位。S、SD、DS、SL 限定符所定义的动作控制功能块要用 R 限定符的动作控制功能块来复位。

　　3）时限（L）限定符用于说明动作或命令执行时间的长短。例如，动作蒸汽控制阀打开 40s，表示蒸汽阀打开的时间是 40s。

　　4）延迟（D）限定符用于说明动作或命令在获得执行信号到执行操作之间的时间延滞，即所谓的时滞时间。例如，冷水泵运转后 10s 才打开泵下游的控制阀。这里，10s 是延迟时间。

　　5）脉冲（P）限定符用于提供一个脉冲触发，即当步成为活动步时，动作被执行到下一扫描周期。

6）存储延迟（SD）和延时存储（DS）是不同的两种限定关系。图 4-6 显示了 SD 和 DS 限定符在逻辑关系上的区别。图 4-6a 中，在步 S2 设置限定符 SD，在步 S6 设置限定符 R。当步 S2 是活动步时，经 SR 功能块存储，并经 TON 功能块延时 T 后输出 F。因此，在步 S2 成为活动步后，只要步 S2 与步 S6 成为活动步的时间间隔大于 T，就不必考虑步 S2 的持续时间 S2.T 是否大于 T，系统就有输出 F，即动作 F 被执行。图 4-6b 中，步 S2 设置限定符 DS，步 S6 设置限定符 R。当步 S2 是活动步时，经 TON 功能块延时 T 后的信号才送 SR 功能块，因此，如果步 S2 的持续时间 S2.T 小于 T，就不会有动作 F 被执行。

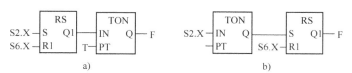

图 4-6　SD 和 DS 限定符在逻辑关系上的区别

a) SD 限定符　　b) DS 限定符

7）带最后扫描逻辑的动作控制功能块和不带最后扫描逻辑的动作控制功能块中，脉冲 P0 和 P1 限定符的功能是不同的。不带最后扫描逻辑的动作控制功能块中，P1 限定符的功能与 P 限定符具有相同的脉冲输出功能。它们都在步成为活动步（上升沿触发）的瞬时输出一个脉冲信号。P0 限定符则在步从活动步成为非活动步时（下降沿触发）的瞬时输出一个脉冲信号。带最后扫描逻辑的动作控制功能块中，P0 和 P1 限定符用于控制动作控制功能块的输出 A，它不用于控制输出 Q。

**4. 动作控制**

动作的控制遵循下列规则：

1）与动作关联是指对动作控制功能块进行限定时，动作控制功能块的输入连接到有关的步标志变量，或称与动作功能块结合。与步结合的步是活动步或者与功能块结合的输入有值为 1 时，称该结合是活动的。

2）如果动作被声明为一个布尔变量，该块的输出 Q 是该布尔变量的状态。如果动作被声明为网络或语句的集合，则该集合应连续执行而动作控制功能块的输出 A（激励）应置 BOOL#1。这种情况，输出 Q 的状态（称为动作标志）可在动作时用一个只读的布尔变量来存取。只有在一个动作调用 P1 或 P0 限定符的一个执行时，A 值为 TRUE。对其他限定符，在 Q 下降沿后 A 值将有一个额外执行为 TRUE，即带最后扫描逻辑的动作控制功能块的动作，如图 4-7 所示。

3）也可用简单的方法实现，即如果动作被声明为一个语句或网络集合，则该集合将被连续执行，而动作控制功能块的输出 Q 保持在 BOOL#1。

4）对应限定符（N、R、S、L、D、P、P0、P1、SD、DS 或 SL），一个动作的动作控制功能块的布尔输入被称为与一个步或一个动作块相结合。如果结合的步是活动或如果结合的动作块输入有 BOOL#1 值，则该结合被称为激励，一个激励的动作的结合等效于它的动作控制功能块的所有激励动作的输入置位。动作控制功能块输入 T 是一个 TIME 类型数据，仅当使用 L、D、SD、DS 和 SL 限定符时，才需要输入与动作持续时间有关的数据 T。

5）如果一个或多个下列条件存在，则出错：

① 一个动作有多于一个的动作关联的时间相关的限定符（L、D、SD、DS 或 SL）。

② 当一个动作控制功能块的 SL_FF 功能块有输出 Q1，SD 输入有 BOOL#1。

③ 当一个动作控制功能块的 SD_FF 功能块有输出 Q1，SL 输入有 BOOL#1。

动作控制功能块本身实现并不是必要的。根据是否有带最终扫描逻辑，可将动作控制功能块分为两种，如图 4-7 所示。

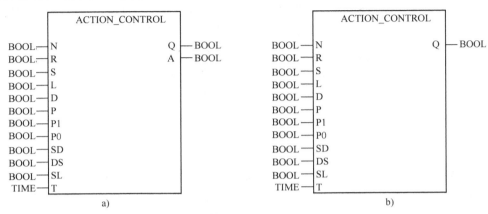

图 4-7    动作控制功能块的图形描述（用户不可见）

a) 带最终扫描逻辑（见图 4-8a）    b) 不带最终扫描逻辑（见图 4-8b）

图 4-7 中，动作控制功能块的外部接口连接的数据类型，除了 T 是 TIME 数据类型外，其余都是 BOOL 数据类型。输出 Q 称为动作标志，其值用功能块输出的表示方法表示，输出 A 称为激励（Activation）。

当动作被定义为一个布尔变量时，动作控制功能块的输出 Q 是该布尔变量的状态。当动作被定义为一组语句、指令或网络时，则当动作控制功能块的输出 A 保持在 1 时，这些动作将被继续执行。这时，输出 Q 的状态可以通过在动作执行期间对只读布尔变量的读取来存取。

输出 Q 为 0（False），表示动作的执行过程已经到达最终时间，即该动作将不再被执行。因此，Q 被用于确定该动作执行时间是否已经结束。

图 4-8 显示两种动作控制功能块的功能块图程序。

从图 4-8a 可见，由限定符 P0 和 P1 调用的动作执行期间，动作控制功能块的输出 Q 应在 0。这时，才能够根据步的上升沿（P0）或下降沿（P1）确定输出 A 的脉冲信号。其他限定符的场合，输出 A 将根据输出 Q 或输出 Q 的下降沿信号确定其布尔值。当 Q 为 1 或在 Q 的下降沿时，输出 A 为 1。

对不同编程系统的产品，动作控制功能块的输出 A 和 Q 是与具体实现有关的。因此，在将 SFC 程序从一个系统移植到另一个系统时，需检查所支持的动作控制功能块的性能是否一致。

**5. 求值规则**

顺序功能表图编程语言中，步的进展和动作执行、转换实现有关。步的演变（进展）规则如下：

1）初始状态是由包含网络的程序或功能块的初始化在激活状态的初始步确定的。

2）当该转换的所有前级步都是活动步时该转换是使能转换。当使能转换的转换条件为真时，发生转换的实现，从而实现步的进展。

3）实现转换使连接到该转换的前级步成为非活动步，并使所有连接该转换的后续步成为活动步。

4）同时使多个步成为活动步的序列称为同步序列。它们的每个求值是独立的，为此，常用水平双线表示同步序列的分支和合并。

5）步、转换和有向连线之间的关系是：

① 两个步不能直接连接，它们用一个转换分隔。

② 两个转换不能直接连接，它们用一个步分隔。

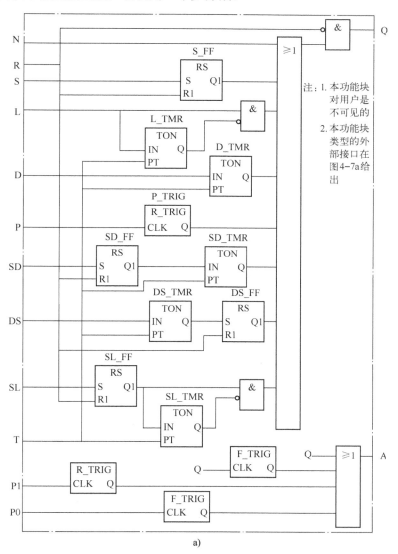

图 4-8  动作控制功能块的功能块图程序

a) 带最终扫描逻辑的动作控制功能块

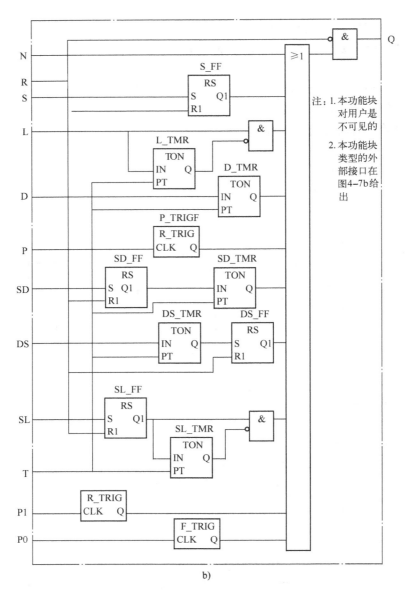

图 4-8　动作控制功能块的功能块图程序（续）

b) 不带最终扫描逻辑的 ACTION_CONTROL 功能块

6）步的演变（进展）从初始步开始。因此，初始步在程序执行开始应是活动步。

7）与步连接的动作控制功能块只有在步是活动步时才被执行，动作的执行根据动作控制功能块的输出 Q 确定，当 Q 为 1 时，这些动作被执行；当 Q 为 0 时，这些动作不被执行。

8）在动作的执行过程中，对后续转换进行求值，当转换条件满足时，发生转换的实现，并实现步的进展，从而使步根据 SFC 的程序不断演变（进展）。

9）选择序列的分支，有多个转换条件，它们是有优先级的。当不设置优先级时，转换条件的判别是从左到右进行的。当设置优先级时，用数字表示优先的等级，数字越小优先级越高。

10）步的激活需要一定时间，同样，转换的实现也需要一定时间。不同 PLC 产品所需的时间不同。因此，当活动步连接的动作具有延时限定功能时，可能出现在活动步要启动动作时，发生了实现转换的过程，从而出现不活动的步中还有正在执行的动作这种现象，在设计时应考虑。

## 4.2.2 顺序功能表图的兼容

顺序功能表图编程语言既具有图形编程语言的特点，也具有文本编程语言的特点，因此，在 IEC 61131-3 标准中，它被作为公用元素定义。通常，由于它的图形功能强，常将它归为图形编程语言。顺序功能表图的兼容是指它可用图形编程语言的方式进行编程，也可用文本编程语言的方式进行编程。

例如，步既可用带步名的矩形框表示，也可用 STEP...END_STEP 结构的文本方式描述。表 4-4 的转换和转换条件既可在 ST、IL 编程语言中用文本形式表示，也可在 LD、FBD 编程语言中用图形形式表示。对动作和动作控制功能块等都具有这种兼容性。

## 4.2.3 示例

用交通信号控制系统作为 SFC 编程语言的一个综合性应用示例。示例中，转换条件可用 LD、ST、IL 或 FBD 编程语言表示。同样，动作也可用 LD、ST、IL 或 FBD 编程语言表示。由于这些动作中没有顺序功能表，因此，没有用 SFC 编程语言编程。

### 1. 控制要求

交警上班后，将启动开关 START 切到自动（START=1）。交通信号灯根据下列控制要求自动切换：

1）南北红灯点亮 13s，同时，东西绿灯点亮 8s，然后，东西绿灯闪烁 3s，东西黄灯点亮 2s。

2）自动切换，东西红灯点亮 15s，南北绿灯点亮 10s，南北绿灯闪烁 3s，然后，南北黄灯点亮 2s。图 4-9 显示交通信号灯的控制时序。

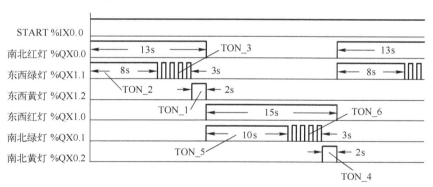

图 4-9　交通信号灯的控制时序图

交通信号控制系统有一个输入信号 START，地址为 %IX0.0，有 6 个输出信号，即东西和南北向的红、绿和黄灯。示例用于说明如何用 SFC 编程语言编程，因此，对信号灯系统做了简化，例如，没有设置行人的交通信号灯控制程序，也没有设置在交警下班后的黄灯交替点亮的程序等。

**2．交通信号控制系统的 SFC 编程**

SFC 编程语言的编程工作分下列步骤。

（1）确定 SFC

根据控制系统的控制要求确定 SFC，包括设置步名、转换名、动作名或动作控制功能块实例名及有向连线的走向，完成步与转换、转换与步之间的连接等。图 4-10 是交通信号控制系统的 SFC。

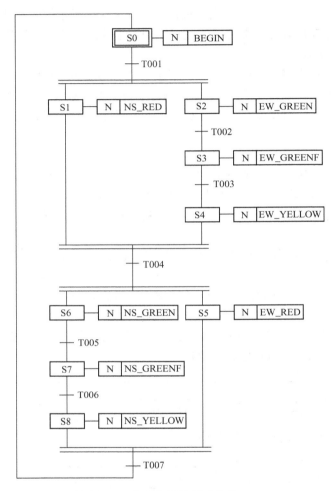

图 4-10　交通信号控制系统的 SFC

图中，用 S0 表示初始步，它用双线矩形框表示。S1～S8 分别是操作步，它与相应的动作连接。交通信号控制系统是简单控制系统，因此，各连接动作的限定符都设置为 N，表示不存储。连接的动作名分别是 BEGIN、NS_RED、EW_GREEN、EW_GREENF、EW_YELLOW、EW_RED、NS_GREEN、NS_GREENF、NS_YELLOW，用于表示东西、南北各信号灯的点亮和闪烁的控制要求。各步之间的转换名 T001～T007 表示各转换条件。

（2）转换条件的编程

转换条件编程时，可设置有关变量，并对转换条件进行编程，编程语言可采用 LD、ST、

IL 或 FBD 等编程语言。如图 4-10 所示，共有 7 个转换条件，编程如下。

1）T001。该转换条件是启动开关信号 START。因此，用 ST 编程语言编程如下：

    T001:=START;

2）T002。该转换条件用于计时，当步 S2 的消逝时间达到 8s 时，T002 置 1。因此，用定时器 TON_2 实现消逝时间的计时。如果软件系统有消逝时间，也可直接使用，即 S2.T。用 IL 编程语言编程如下：

```
LD   S2.X        /* 读取步 S2 的步标志 S2.X */
ST   TON_2.IN /* 数据送定时器 TON_2 输入 IN */
LD   T#8s        /* 设置定时器 TON_2 的设定时间为 8s */
ST   TON_2.PT /* 数据送定时器 TON_2 输入 PT */
CAL TON_2        /* 调用定时器 TON_2 */
LD   TON_2.Q    /* 取定时器 TON_2 输出 Q */
ST   T002        /* 结果送转换条件的转换名 T002 */
```

3）T003。该转换条件用于计时，当步 S3 的消逝时间达到 3s 时，T003 置 1。因此，用定时器 TON_3 实现消逝时间的计时。用 ST 编程语言编程如下：

```
TON_3(IN :=S3.X, PT :=T#3s);    /* 调用 TON_3 */
T003:=TON_3.Q;                   /* 定时器输出送转换条件 */
```

4）T004。该转换条件用于计时，即对步 S4 的消逝时间进行计时。当消逝时间达到 2s 时，转换条件 T004 置 1。因此，用定时器 TON_1 实现消逝时间的计时。用 FBD 编程语言编程的图形如图 4-11 所示。

T004 转换条件也可用步 S1 的消逝时间进行计时。这时的消逝时间为 8s+3s+2s=13s。

5）T005、T006 和 T007。T005、T006 和 T007 转换条件的编程与 T002、T003 和 T004 转换条件的编程类似。为便于学习，用 LD 编程语言编程的 T005 转换条件图形如图 4-12 所示。用 ST 编程语言编程的 T006 转换条件如下：

```
TON_6(IN:=S7.X, PT:=T#3s);    /* 调用 TON_6 */
T006:=TON_6.Q;                 /* 定时器输出送转换条件 */
```

T007 转换条件采用对步 S5 的消逝时间计时。因此，定时器设定值应为 10s+3s+2s=15s。用 ST 编程语言编程如下：

```
TON_4(IN:=S5.X, PT:=T#15s);    /* 调用 TON_4 */
T007:=TON_4.Q;                  /* 定时器输出送转换条件 */
```

注意，程序中的定时器 TON_4 与图 4-11 的有区别，因为，图 4-11 中的 TON_1 对步 S4 的消逝时间计时，而上述程序对步 S5 的消逝时间进行计时。

图 4-11　T004 转换条件　　　　　　　　图 4-12　T005 转换条件

（3）动作或动作控制功能块编程

动作或动作控制功能块的编程时，可设置有关变量，并对动作或动作控制功能块进行编程，可采用 LD、ST、IL 或 FBD 等编程语言。如图 4-10 所示，共有 9 个动作控制功能块需编程。

输出信号灯变量名称见表 4-10。

表 4-10  输出信号灯变量名称

| 变量描述 | 南北红灯 | 南北绿灯 | 南北黄灯 | 东西红灯 | 东西绿灯 | 东西黄灯 |
|---|---|---|---|---|---|---|
| 变量名 | NS_R | NS_G | NS_Y | EW_R | EW_G | EW_Y |
| 变量地址 | %QX0.0 | %QX0.1 | %QX0.2 | %QX1.0 | %QX1.1 | %QX1.2 |

1）BEGIN。BEGIN 是启动前的初始动作。在 SFC 程序中，通常在初始步设置一些初始值等。本示例不需要设置初始值，因此，该动作是一个空操作，程序中也可删除该块。

2）NS_RED。该动作控制功能块用于点亮南北方向的红色信号灯。用 LD 编程语言编程，如图 4-13 所示。该动作采用 N 限定符，是非存储型。因此，当步 S1 成为非活动步时，动作 NS_RED 不再执行。为此，程序中用转换条件作为南北红灯的熄灭条件。可以看到，当步 S1 是活动步时，南北红灯 NS_R 点亮，当转换条件 T004 满足时，T004 常闭触点断开，S1 步成为非活动步，南北红灯 NS_R 熄灭。

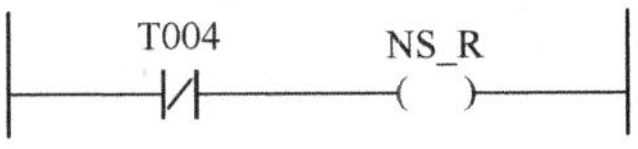

3）EW_GREEN。该动作控制功能块用于点亮东西方向的绿色信号灯。用 IL 编程语言编程如下：

图 4-13  南北红灯动作程序图

```
LD   S2.X          /* 读取步状态 S2.X */
ST   EW_G          /* 存 EW_GREEN */
```

与 NS_RED 的动作类似，但用步 S2 的状态 S2.X 来确定东西向绿灯的点亮。当状态 S2.X 满足时，表示步 S2 是活动步，因此，东西向绿灯 EW_G 点亮。当计时器 TON_2 的计时时间到，T002 为真，实现转换，并使其常闭触点断开，EW_G 东西向绿灯熄灭。

4）EW_GREENF。该动作控制功能块用于东西方向的绿色信号灯的闪烁，为此采用振荡信号发生器线路，例如，采用 6.1.1 节介绍的振荡信号发生器。图 4-14 是用 LD 编程语言编写的功能块体程序，它包含绿灯的闪烁线路。

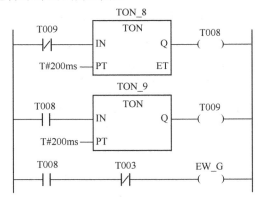

图 4-14  东西绿灯闪烁动作控制功能块图

254

由于步 S3 成为活动步后，步 2 成为非活动步，因此，与步 2 连接的动作块（采用限定符 N）不被存储，即东西向绿灯熄灭。为此，本动作控制功能块用于控制东西向绿灯闪烁。图 4-14 中，TON_8 和 TON_9 是两个定时器功能块实例，采用相同计时设定值 200ms。转换条件 T003 计时到，使步 S3 成为非活动步，同时，使闪烁的绿灯熄灭。

5）EW_YELLOW。该动作控制功能块用于点亮东西方向的黄色信号灯。用 ST 编程语言编写的功能块如下：

    EW_Y:= NOT T004;        /* 用赋值语句将转换条件 T004 取反后送 EW_Y */

6）EW_RED、NS_GREEN、NS_GREENF、NS_YELLOW。这些动作控制功能块的编程方法与上述编程方法类似，此处不再多述。

**3．注意事项**

编制 SFC 程序时应注意下列事项：

1）防止出现不安全和不可达序列的结构。

2）各转换名、动作控制功能块名是唯一的，应避免发生与变量名同名的现象。

3）各转换条件、动作控制功能块内的本体程序可采用 IL、LD、ST、SFC 和 FBD 编程语言编写，编程人员可根据对编程语言的熟悉程度选用。

4）变量的数据类型应匹配，防止因数据类型选择不当而出错。

5）根据 IEC6 1131-3 标准，可使用步的状态标志和步的消逝时间。当一些软件产品不提供消逝时间时，可在该步添加定时器，用于对该步进行计时。

6）可采用各种限定符对动作控制进行限定。例如，可用存储 S、复位 R 等限定符使某一步中的动作延续到另一步成为活动步时才终止。

# 第5章　由 IEC 61131-3 标准扩展的其他功能块

## 1. 支撑智能制造的 PLCopen 技术

PLCopen 国际组织在构筑工控编程环境开放性的同时，还孜孜不倦地为提高工业自动化的工作效率进行最基础性的规范工作。最主要的成果之一就是构筑工控编程软件包的开发环境；同时，还在这些编程系统的基础上进一步发展为统一工程平台，做了许多基础性的开创工作。其中，与智能制造紧密相关的主要有：

1）运动控制规范。在 IEC 模块化的开发环境里加入了运动控制技术，将 PLC 和运动控制的功能组合中控制软件的编制中。

2）机械安全规范。和德国 TÜV 公司合作规定了 IEC 61131-3 框架内的安全功能及其应用。

3）IEC 61131-3 的 XML 格式规范。为实现 IEC 61131-3 编程能在不同的软件开发环境之间交换其程序、函数/功能块库和工程项目，规范了这些数据交换的接口。

4）IEC 61131-3 的 OPC 信息模型。将 OPC UA 技术和 IEC 61131-3 组合成一个独立于制造厂商的信息和通信架构的平台，为实现自动化结构提供了一种全新的选择。

## 2. PLCopen 与许多标准化组织合作开发规范

长期以来，PLCopen 国际组织注重于许多国际标准化组织和基金会（譬如 ISA、OPC 基金会等）的合作，开发了图 5-1 所示的基础性规范。这些工作都为智能制造和工业 4.0 的应用和发展，做了好些先导性的探索和准备，从而打下了坚实的基础。

图 5-1　合作开发的基础性规范

PLC 作为设备和装置的控制器，要承担工业 4.0 和智能制造赋予的任务，首先应该满足以下要求：

1）越来越多的传感器被用来监控环境、设备的健康状态和生产过程的各类参数，这些工业大数据的有效采集，迫使 PLC 的 I/O 由集中安装在机架上，必须转型为分布式 I/O。

2）全面执行智能制造的控制任务，必须把运动控制列入 PLC 的常规功能。

3）各类智能部件普遍采用嵌入式 PLC 或者微小型 PLC，尽可能地就在现场完成越来越复杂的控制任务。

4）编程的自动化和智能化。

5）无缝连通能力大幅提升，相关的控制参数和设备的状态可直接传输至上位的各个系统和应用软件，甚至送往云端。

## 5.1 运动控制功能块

运动控制技术是装备领域和制造行业的核心技术。这是因为机械装备的制造加工功能一般是通过其相关部件的运动来实现的。尽管制造加工的原理常常有很大的差异，但是都离不开机械部件的运动。从这个意义上说，运动是机械装备的本质特征。

运动控制泛指通过某种驱动部件（诸如液压泵、直线驱动器，或电动机——通常是伺服电动机）对机械设备或其部件的位置、速度、加速度和加速度变化率进行控制。由此可见，运动控制系统是确保数控机床、机器人及各种先进装备高效运行的关键环节。而机器人和数控机床的运动控制要求更高，其运动轨迹和运动形态远较若干专用的机械装置（如包装机械、印刷机械、纺织机械、装配线、半导体生产设备）复杂。

长期以来，用户可在很大范围内选择实现运动控制的硬件。不过，每种硬件都要求独自而无法兼容的开发软件。即使所要求的功能完全相同，在更换另一种硬件时，也需要重新编写软件。这一困扰运动控制用户的问题，其实质就是如何实现运动控制软件的标准化问题。

PLCopen 组织考虑到用户存在运动控制软件标准化的需求，从 1996 年就建立了运动控制规范工作组，历时十多年完成了这一具有挑战性的工作。

PLCopen 开发运动控制规范目的在于：在 IEC 61131-3 为基础的编程环境下，在开发、安装和维护运动控制软件等各个阶段，协调不同的编程开发平台，使它们都能满足运动控制功能块的标准化要求。换句话说，PLCopen 在运动控制标准化方面所采取的技术路线是，在 IEC 61131-3 为基础的编程环境下，建立标准的运动控制应用功能块库。这样较容易做到：让运动控制软件的开发平台独立于运动控制的硬件；让运动控制的软件具有良好的可复用性；让运动控制软件在开发、安装和维护等各个阶段，都能满足运动控制功能块的标准化要求。总而言之，IEC 61131-3 为机械部件的运动控制提供一种良好的架构。

PLCopen 为运动控制提供功能块库，最显著的特点是：极大增强了运动控制应用软件的可复用性，从而减少了开发、培训和技术支持的成本；只要采用不同的控制解决方案，就可按照实际要求实现运动控制应用的可扩可缩；功能块库的方式保证了数据的封装和隐藏，进而使之能适应不同的控制系统架构，譬如说，集中的运动控制架构、分布式的运动控制架构，或者既有集中又有分散的集成运动控制架构；更值得注意的是，它不但服务于当前的运动控制技术，而且也能适应今后的或正在开发的运动控制技术。

所以说，IEC 61131-3 与 PLCopen 的运动控制规范的紧密结合，提供了理想的机电一体化的解决方案。

运动控制系统已经广泛应用于机械制造、冶金、交通运输、石油化工、航空航天、国防科技、生物工程、医疗卫生和民用工业等。作为自动化的主要子系统，它正发挥越来越重要的作用。工业 4.0 和中国制造 2025 更加速了运动控制系统的发展。

运动控制技术是装备领域和制造行业的核心技术。虽然设备种类众多，设备功能各异，表现形式和对运动形式的需求多种多样，但从总体看，运动控制分为两大类型：

第一类运动控制问题。其特征是被控对象空间位置或轨迹随运动的变化而改变。它研究被控对象的运动轨迹，分析运动路径、速度、加速度与时间的关系，分析各类运动轨迹的特征点。

第二类运动控制问题。其特征是因某类物理量，例如，温度、压力、流量等变化，迫使电机转速随负载变化而变化，以满足温度、压力、流量等被控变量恒定或按一定规律变化。它可归纳为单轴运动控制的周期式旋转控制问题。

## 5.1.1　概述

运动控制是涉及机器位置、速度、力或压力的由气动、液动、电动或机械装置组成的控制。运动控制系统是控制某些机器的位置、速度、力或压力的随动控制系统。图 5-2 是运动控制系统的组成。

图 5-2　运动控制系统的组成

1）被控机械。它是运动控制系统的最终控制对象，例如，一维或多维机械平台、机械臂、机器人等。

2）传动机构。用于实现增减速、输出力矩放大或缩小、旋转运动和直线运动转换等的装置，例如，减速箱、丝杠、带轮等。

3）执行元件。将电能转换为机械能的各种元件。例如，液压油缸、液压马达、气缸、各种电动机、伺服电机等。

4）驱动/放大器。实现弱电信号放大和输出强电驱动信号的装置。例如，电力电子器件及控制电路、保护电路组成的伺服驱动器等。有时，将驱动/放大器和执行元件一起称为执行器。

5）运动控制器。实现各种插补运算、运动轨迹规划、复杂控制策略等运算功能的控制装置。

6）反馈检测。将被控机械的运动状态反馈给运动控制器，实现闭环控制的检测装置，例如，位置、速度、加速度检测传感器、力和力矩检测传感器等。没有反馈检测装置的系统是开环系统，具有反馈检测的系统是闭环系统。

7）主控制器。用于实现人与机器信息交互的装置，主要负责运动控制的调度、运动状态显示、数据存储、数据通信和协调等功能。

运动控制系统的任务是保证坐标轴实际运动与插补产生的命令值的一致。

**1. 基本概念**

运动学（Kinematics）模型是描述机构运动中坐标变化的一组方程，处理运动几何学及与时间有关的量，而不考虑引起运动的力。动力学（Dynamics）研究机构动态方程的建立，是描述机构运动和驱动力之间动态关系的一组数学方程。

（1）坐标系统

运动控制系统有三个坐标系统（或称坐标系），即 ACS、MCS 和 PCS。

1）ACS（Axes Coordinate System）即轴坐标系，它是固定于物理轴（如伺服电动机、液压缸等）上的，构成单一驱动器的物理电机或单轴运动相关的坐标系。它可以是笛卡儿坐标系，也可以是极坐标系或其他坐标系。

每个轴有自己的坐标系。每个轴既可安装在机器机座上，也可安装在另一个轴上。这意味机器基座或相应的轴组成基础。一个轴的轴坐标系（ACS）是固定在该轴的安装点的。

2）MCS（Machine Coordinate System）即机械坐标系，它是相对于机械装置的坐标系统。通常是笛卡儿直角坐标系，其原点在固定的机械位置（原点在机械安装时定义）。因此，被称为基准坐标系。

对笛卡儿坐标系的机械装置，MCS 是直角坐标系，它可以等同于 ACS，或经简单的坐标变换或映射获得。由物理多轴 ACS 的坐标系可通过运动变换（向前和向后的转换）变换为 MCS。MCS 可表示多达六维的抽象空间。

简言之，MCS 表示一个抽象的坐标系，所有其他坐标系与该坐标系关联。

3）PCS（Product Coordinate System）即产品坐标系，也称程序坐标系（Program Coordinate System）。它是基于 MCS 的系统，通常可通过移位或旋转实现。PCS 的零点是相对于产品的，它在程序运行期间可改变。实际的工件必须相对 MCS 有一个旋转或移位，或者甚至可相对移动到 MCS 的坐标系。

另有简称 PCS（Part program Coordinate System）的即部件程序坐标系，用于德国工业标准 DIN 66025 编程语言的几何描述中。在部件程序中的数据组成程序坐标。其例外是直接轴坐标的 G 函数。

在 PCS，通过规定的轨迹，就可独立地描述机械姿态的轨迹。为了在这两个坐标之间（由 MCS 到 PCS，或由 PCS 到 MCS）进行映射，通常可采用直角坐标变换或柱坐标变换。

工件坐标系（Workpiece Coordinate System，WCS）是与工件的固定点绑定的。通过坐标信息的工件描述与该系统关联。

工具坐标系（Tool Coordinate System）以工具的夹紧点为原点。工具的几何信息与该坐标系有关联。因此，在工具坐标系中规定长度补偿。在笛卡儿坐标系的机器中，$Z$ 轴可以配合长度补偿。

（2）坐标变换

在特定空间中的一个点或方位，其位置必须相对于坐标系。通过坐标变换，可将该位置变换到另一个坐标系。为便于编程人员的日常使用，这些变换通过功能块内部的程序实现。图 5-3 表示一个二维工件如何在 PCS、MCS 和 ACS 之间进行坐标变换的。

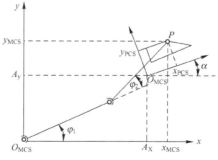

图 5-3　坐标系统中 $P$ 点的描述

图中，动点 $P$ 的位置在 PCS 坐标系统中表示为 $P_{PCS}=(x_{PCS}, y_{PCS})$。相对于 MCS，它可等效地表示为 $P_{MCS}=(x_{MCS}, y_{MCS})$。作为 SCARA 机器人的两个旋转轴，$P$ 点可用轴的转角表示为 $P_{ACS} = (\varphi_1, \varphi_2)$。

$$\begin{pmatrix} \varphi_1 \\ \varphi_2 \end{pmatrix} \overset{\text{正向运动变换}}{\underset{\text{反向运动变换}}{\overset{\rightarrow}{\leftarrow}}} \begin{pmatrix} x_{MCS} \\ y_{MCS} \end{pmatrix} \overset{\text{直角/柱变换}}{\Longleftrightarrow} \begin{pmatrix} x_{PCS} \\ y_{PCS} \end{pmatrix}$$

1）平移的坐标变换。设手坐标系 $H$ 与基坐标系 $B$ 具有相同姿态（方位），但两者坐标原点不重合。矢量 $r_0$ 描述 $H$ 坐标系相对基坐标系 $B$ 的位置，称为 $H$ 系相对 $B$ 系的平移矢量。点 $P$ 在 $H$ 系中的位置为 $r$，它相对于 $B$ 系的矢量为 $r_P$，根据矢量相加求得坐标平移变换方程为

$$r_P = r_0 + r \tag{5-1}$$

2）旋转的坐标变换。设 $H$ 系是从 $B$ 系相重合位置绕 $B$ 系的坐标轴 $z$ 旋转 $\theta_z$ 角，则 $H$ 系的三个单位矢量在 $B$ 系中表示为

$$H_x = \begin{bmatrix} \cos\theta_z \\ \sin\theta_z \\ 0 \end{bmatrix}; \quad H_y = \begin{pmatrix} -\sin\theta_z \\ \cos\theta_z \\ 0 \end{pmatrix}; \quad H_z = \begin{pmatrix} 0 \\ 0 \\ 1 \end{pmatrix} \tag{5-2}$$

用转动矩阵 $R_z$ 表示为

$$R_z = \begin{pmatrix} \cos\theta_z & -\sin\theta_z & 0 \\ \sin\theta_z & \cos\theta_z & 0 \\ 0 & 0 & 1 \end{pmatrix} \tag{5-3}$$

同理，对于绕 $x$ 轴旋转 $\theta_x$ 角的转动矩阵 $R_x$ 和绕 $y$ 轴旋转 $\theta_y$ 角的转动矩阵 $R_y$ 分别是

$$R_x = \begin{pmatrix} 1 & 0 & 0 \\ 0 & \cos\theta_x & -\sin\theta_x \\ 0 & \sin\theta_x & \cos\theta_x \end{pmatrix}; \quad R_y = \begin{pmatrix} \cos\theta_y & 0 & \sin\theta_y \\ 0 & 1 & 0 \\ -\sin\theta_y & 0 & \cos\theta_y \end{pmatrix} \tag{5-4}$$

3）复合运动的坐标变换。对任意点 $P$ 在 $B$ 和 $H$ 系的描述可表示为

$$\begin{pmatrix} r_P \\ 1 \end{pmatrix} = \begin{pmatrix} R & r_0 \\ 0 & 1 \end{pmatrix} \begin{pmatrix} r \\ 1 \end{pmatrix} \tag{5-5}$$

用 $x, y, z$ 表示 $B$ 系的三个坐标，用 $u, v, w$ 表示 $H$ 系的三个坐标。式（5-5）可表示为

$$\begin{pmatrix} x \\ y \\ z \\ 1 \end{pmatrix} = \begin{pmatrix} & & & a \\ & R & & b \\ & & & c \\ 0 & 0 & 0 & 1 \end{pmatrix} \begin{pmatrix} u \\ v \\ w \\ 1 \end{pmatrix} = A \begin{pmatrix} u \\ v \\ w \\ 1 \end{pmatrix} \tag{5-6}$$

式中，$A$ 矩阵称为齐次矩阵；$a, b, c$ 为 $H$ 系在 $B$ 系三坐标的平移量。

4）坐标变换的规则。齐次坐标变换的过程可分为两种情况：

① 用描述平移和/或旋转的变换 $C$，左乘一个坐标系的变换 $T$，则产生的平移和/或旋转是相对于静止坐标系进行的。

② 用描述平移和/或旋转的变换 $C$，右乘一个坐标系的变换 $T$，则产生的平移和/或旋转是相对于运动坐标系进行的。

因此，坐标变换的顺序与左乘或右乘齐次变换矩阵有关。

③ 如果相对于基坐标系 $B$ 的运动，其相应的齐次变换矩阵 $A$ 左乘原齐次变换矩阵 $T$。

④ 如果相对于手坐标系 $H$ 的运动，其相应的齐次变换矩阵 $A$ 右乘原齐次变换矩阵 $T$。

【例 5-1】 手转动的齐次矩阵 $A$。

手转动可表示为在 $x$ 轴的侧摆转动（$\theta_x$），在 $y$ 轴的俯仰转动（$\theta_y$）和在 $z$ 轴的横滚转动（$\theta_z$），即

$$A = \begin{pmatrix} \cos\theta_z & -\sin\theta_z & 0 & 0 \\ \sin\theta_z & \cos\theta_z & 0 & 0 \\ 0 & 0 & 1 & 0 \\ 0 & 0 & 0 & 1 \end{pmatrix} \begin{pmatrix} \cos\theta_y & 0 & \sin\theta_y & 0 \\ 0 & 1 & 0 & 0 \\ -\sin\theta_y & 0 & \cos\theta_y & 0 \\ 0 & 0 & 0 & 1 \end{pmatrix} \begin{pmatrix} 1 & 0 & 0 & 0 \\ 0 & \cos\theta_x & -\sin\theta_x & 0 \\ 0 & \sin\theta_x & \cos\theta_x & 0 \\ 0 & 0 & 0 & 1 \end{pmatrix} \tag{5-7}$$

【例 5-2】 平面坐标变换的示例。

设 $P$ 点在 MCS 中的坐标为 $P_{\mathrm{MCS}}=(x_{\mathrm{MCS}}, y_{\mathrm{MCS}})$。当坐标系转换至 PCS 时，坐标为 $P_{\mathrm{PCS}}=(x_{\mathrm{PCS}}, y_{\mathrm{PCS}})$。两者之间的关系可表示为

$$x_{\mathrm{MCS}} = x_{\mathrm{PCS}}\cos\alpha - y_{\mathrm{PCS}}\sin\alpha + A_x ; \quad y_{\mathrm{MCS}} = x_{\mathrm{PCS}}\sin\alpha + y_{\mathrm{PCS}}\cos\alpha + A_y \tag{5-8}$$

用矩阵形式表示为

$$\begin{pmatrix} x_{\mathrm{MCS}} \\ y_{\mathrm{MCS}} \\ 1 \end{pmatrix} = \begin{pmatrix} \cos\alpha & -\sin\alpha & A_x \\ \sin\alpha & \cos\alpha & A_y \\ 0 & 0 & 1 \end{pmatrix} \begin{pmatrix} x_{\mathrm{PCS}} \\ y_{\mathrm{PCS}} \\ 1 \end{pmatrix} \tag{5-9}$$

式中，$\alpha$ 为坐标系的旋转角；$A_x$，$A_y$ 为平移量。

（3）配置文件

运动控制中，位置（距离）$s$、速度 $v$、加速度 $a$、加速度变化率（加加速度）$J$ 和负荷 $L$ 等都是时间的函数，因此，需要用配置文件描述它们与时间的关系。下列公式是它们关系的描述：

$$\frac{\mathrm{d}s}{\mathrm{d}t} = v ; \quad \frac{\mathrm{d}v}{\mathrm{d}t} = a ; \quad \frac{\mathrm{d}a}{\mathrm{d}t} = J ; \quad L = f(t) \tag{5-10}$$

各类配置文件中数据类型的声明相似。下面是位置配置文件中数据类型的声明：

● TYPE  MC_TP

```
    STRUCT
        Delta_time  :TIME;  Position  :REAL;
    END_STRUCT
  END_TYPE
```

● TYPE  MC_TP_REF

```
    STRUCT
        Numberofpairs  : WORD;    IsAbsolute  :BOOL;
```

```
        MC_TP_Array    :ARRAY[ 1..Numberofpairs]  of  MC_TP;
        END_STRUCT
    END_TYPE
```

图 5-4 是时间-位置配置曲线。它在位置配置文件用 MC_TP_REF 描述。MC_TV_REF 和 MC_TA_REF 数据类型的声明和曲线与上述类似。图 5-5 是 MC_TL_REF 的时间-负荷配置曲线。

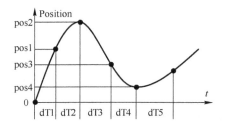

时间-位置配置表

| Delta_Time | Position |
| --- | --- |
| dT1 | Pos1 |
| dT2 | Pos2 |
| dT3 | Pos3 |
| dT4 | Pos4 |

图 5-4　时间-位置配置曲线

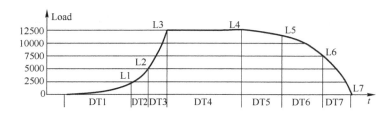

时间-负荷配置表

| Delta_Time | Load | Delta_Time | Load |
| --- | --- | --- | --- |
| dT1 | Ll | dT5 | L5 |
| dT2 | L2 | dT6 | L6 |
| dT3 | L3 | dT7 | L7 |

图 5-5　时间-负荷配置曲线

（4）位置运动学

位置运动学研究运动的几何学，不考虑运动的时间。速度运动学则研究运动几何学和运动时间的关系。位置运动学分为运动学正问题和运动学逆问题。

1）运动学正问题。实现从机器人的 $H$ 系到固定 $B$ 系的坐标变换称为机器人运动学的正问题。

2）运动学逆问题。实现从固定 $B$ 系到机器人的 $H$ 系的坐标变换称为机器人运动学的逆问题。

（5）动力学方程

1）牛顿-欧拉方程。牛顿-欧拉方程用于研究一定空间各个参数的变化，可分为平移和旋转两类。

① 平移。设运动物体质量 $m$(kg)；运动物体线加速度 $a$(m/s$^2$)，则根据牛顿-欧拉方程，运动力 $f$(N)为

$$f = ma \tag{5-11}$$

② 旋转。设运动物体转动惯量 $J_c$(kg·m$^2$)；运动物体角速度为 $\omega$(rad/s$^2$)，则根据牛顿-欧拉方程，运动力矩 $\tau$(N·m)为

$$\tau = J_c \dot{\omega} + \omega(J_c \omega) \tag{5-12}$$

2）拉格朗日力学方程。拉格朗日力学方程用于通过形位空间描述力学系统的运动，适用于研究受约束质点系的运动。

为用 $s$ 个独立变量描述完整系统的动力学关系，可用下列微分方程形式：

$$\frac{\mathrm{d}}{\mathrm{d}t}\left(\frac{\partial T}{\partial \dot{q}_i}\right)\frac{\partial T}{\partial q_i}=F_i \qquad (i=1,\ 2,\ \cdots,\ n) \qquad (5\text{-}13)$$

式中，$q_i(i=1,\ 2,\ \cdots,\ n)$ 是力学系统体系的广义坐标，例如，运动的线位移或角位移变量；$\dot{q}_i$ 是广义速度；$F_i(i=1,\ 2,\ \cdots,\ n)$ 是对应广义坐标的广义力；$n$ 是完整系统约束方程个数。

$T$ 是用广义坐标和广义速度表示的总动能，即 $T=\sum\limits_{i=1}^{n}T_i$。

对非保守系统，它同时受到保守力和耗散力作用，由 $n$ 个关节部件组成的机械系统可描述为

$$\frac{\mathrm{d}}{\mathrm{d}t}\left(\frac{\partial T}{\partial \dot{q}_i}\right)-\frac{\partial T}{\partial q_i}+\frac{\partial V}{\partial q_i}+\frac{\partial D}{\partial \dot{q}_i}=F_i \qquad (5\text{-}14)$$

式中，$V$ 和 $D$ 分别是系统的总势能和总耗散能，$V=\sum\limits_{i=1}^{n}V_i$，$D=\sum\limits_{i=1}^{n}D_i$。

拉格朗日函数 $L$ 表示为

$$L=T-V \qquad (5\text{-}15)$$

当操作机构的执行元件控制某平移的变量 $r$ 时，施加在运动方向 $r$ 的力表示为

$$F_r=\frac{\mathrm{d}}{\mathrm{d}t}\left(\frac{\partial L}{\partial \dot{r}}\right)-\frac{\partial L}{\partial r} \qquad (5\text{-}16)$$

当操作机构的执行元件控制某转动的变量 $\theta$ 时，执行元件的总力矩表示为

$$\tau_\theta=\frac{\mathrm{d}}{\mathrm{d}t}\left(\frac{\partial L}{\partial \dot{\theta}}\right)-\frac{\partial L}{\partial \theta} \qquad (5\text{-}17)$$

**2. 插补技术**

（1）速度轮廓曲线

运动控制系统的控制性能有多种要求。最基本要求是时间最优，即要求在两点之间运动的时间最短。它也可表示为运动控制的快速性。已经证明，加速度越大，快速性越好。换言之，运动轨迹设计时应尽可能有最大速度和加速度。

运动控制的另一个重要要求是能量消耗最小，即在运动控制过程中驱动电动机的功率消耗最少。在电动机最小功率消耗时的最优速度轮廓是一条抛物线。从实用性和简单性出发，常用的运动轨迹曲线如下。

1）梯形速度轮廓曲线。最佳梯形速度轮廓曲线是其加速度、匀速和减速度具有相等的各为 1/3 运动时间的曲线，如图 5-6 所示。它采用线性加速，因此，其加速度曲线是矩形，控制过程存在不连续的跳跃，此外，其加加速度（即加速度变化率）是尖脉冲信号。

2）三角形速度轮廓曲线。图 5-7 是三角形速度轮廓曲线。该曲线是加速度和减速度具有相等的各为 1/2 的运动时间的曲线。由于加速度曲线是矩形曲线，因此，使控制过程仍具有不连续的跳跃。

3）S 形速度轮廓曲线。图 5-8 是 S 形速度轮廓曲线，它采用二次曲线实现加速和减速。图中运动过程分为 7 个相等时间段，即加加速段、匀加速段、减加速段、匀速段、加减速段、匀减速段和减减速段。由于其加速度曲线是连续的，因此，运动系统运行较平稳。但因加速度变化率曲线仍是矩形，因此，它的加加速度是不连续的，在运动过程中它无法消除其余振。

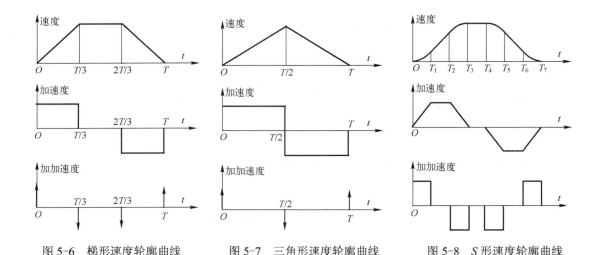

图 5-6　梯形速度轮廓曲线　　　　图 5-7　三角形速度轮廓曲线　　　　图 5-8　S 形速度轮廓曲线

4）其他 S 形速度轮廓曲线。为使运动速度、加速度和加加速度都是连续的，可采用一些三角函数。例如，$v(t)=1-\cos(\pi t)$，则 $a=\pi\sin(\pi t)$，$J=\pi^2\sin(\pi t)$（$0\leqslant t\leqslant 1$）。这表明，其速度、加速度和加加速度都是连续的。此外，也可用高阶多项式插值方法获得连续的速度、加速度和加加速度。当知道点到点运动的起点、终点位置和运动时间，并有起点处的加速度和加加速度为零，就可唯一确定一个 5 次多项式。

例如，运动时间为 1，起点位置为 0，终点位置为 1，则因起点和终点的速度和加速度都为 0，可用下列多项式确定其位置 $s$、速度 $v$、加速度 $a$ 和加加速度 $J$：

$s(t)=6t^5-15t^4+10t^3$；$v(t)=30t^4-60t^3+30t^2$；$a(t)=120t^3-180t^2+60t$；$J(t)=360t^2-360t+60$（$0\leqslant t\leqslant 1$）。

其位置 $s$、速度 $v$、加速度 $a$ 和加加速度 $J$ 的轮廓曲线如图 5-9 所示。

（2）插补技术算法

插补技术是运动控制器中的一种算法。它是在一条已知起点和终点的曲线之间进行数据密集化的算法。按数学模型，可分为一次（直线）插补、二次（圆弧、抛物线、椭圆、双曲线、二次样条）插补和高次（样条）插补等；按插补方法，可分为脉冲增量插补和数字增量插补。

脉冲增量插补是控制单个脉冲输出规律的插补方法。每输出一个脉冲，移动部件相应移动一定距离（称为脉冲当量）。因此，它也称为行程标量插补。常用的有逐点比较法、数字积分法等。

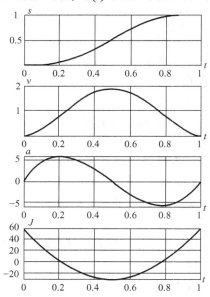

图 5-9　位置、速度、加速度和加加速度的轮廓曲线

数字增量插补是规定时间（称为插补时间）内，计算各坐标方向的增量等数据，伺服系统在下一插补时间内走完插补计算给出的行程。它也称为时间标量插补。

1）直线插补。如图 5-10 所示方法是逐点比较的直线插补法。在起点 $P_s(x_s, y_s)$ 和终点 $P_e(x_e, y_e)$ 之间连接直线 $P_s P_e$，确定直线上某点 $P$ 的坐标 $(x, y)$。其中，$x \in (x_0, x_1)$。直线插补计算公式如下：

$$y = y_s + \frac{(x - x_s)}{(x_e - x_s)}(y_e - y_s) \tag{5-18}$$

通常，直线插补步骤分为三步：

① 偏差函数构造：一般采用相对位置表示偏差函数。根据相似关系，有

$$\frac{(y - y_s)}{(x - x_s)} = \frac{(y_e - y_s)}{(x_e - x_s)} \tag{5-19}$$

用相对坐标表示，有起点 $P_s(x_s, y_s) = (0, 0)$，终点 $P_e(x_e, y_e)$。如果某点的斜率等于终点处的斜率，表示该点在直线插补的直线上。如果某点 $(x_i, y_i)$ 的斜率大于终点处的斜率，表示该点在插补直线的上面，反之，如果某点的斜率小于终点处的斜率，表示该点在插补直线的下面。因此，构造偏差函数 $F_i$ 如下：

$$F_i = y_i x_e - y_e x_i \tag{5-20}$$

如果 $F_i = 0$，表示在插补的直线上；如果 $F_i > 0$，表示在插补直线上面；如果 $F_i < 0$，表示在插补直线下面。

② 偏差函数递推计算：它是从当前点向下一点运动时，如何计算下一点位置的算法。

如果 $F_i \geqslant 0$，规定向 $x+$ 方向前进一步，即计算公式如下：

$$x_{i+1} = x_i + 1; \quad y_{i+1} = y_i; \quad F_{i+1} = x_e y_i - y_e (x_i + 1) = F_i - y_e \tag{5-21}$$

如果 $F_i < 0$，规定向 $y+$ 方向前进一步，即计算公式如下：

$$x_{i+1} = x_i; \quad y_{i+1} = y_i + 1; \quad F_{i+1} = x_e (y_i + 1) - y_e x_i = F_i + x_e \tag{5-22}$$

③ 终点判别：有三种方法进行终点判别，即插补总步数、分别判别各子坐标插补步数和仅判别插补步数多的那一个坐标轴。

2）圆弧插补。图 5-11 所示的方法是逐点比较的圆弧插补法。圆弧插补针对多轴运动，其实质是用弦进给代替弧进给。它分为顺（时针）圆弧插补和逆（时针）圆弧插补。

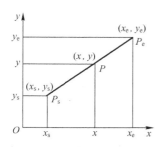

图 5-10　直线插补原理

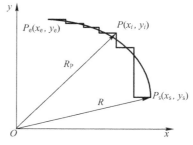

图 5-11　圆弧插补原理

以第一象限逆时钟圆弧 $\overset{\frown}{AB}$ 为例，圆弧的圆心在原点，圆弧半径为 $R$，起点为 $P_s(x_s, y_s)$，对圆弧上任一加工点 $P(x_i, y_i)$，它与圆心的距离 $R_P$ 满足

$$R_P^2 = x_i^2 + y_i^2 \tag{5-23}$$

如果 $P$ 点正好在圆弧上，则有

$$R_P^2 = x_i^2 + y_i^2 = x_s^2 + y_s^2 = R^2 \tag{5-24}$$

与直线插补类似，圆弧插补步骤也分为三步：

① 偏差函数构造：构造偏差函数 $F_i$ 如下：

$$F_i = (x_i^2 - x_s^2) + (y_i^2 - y_s^2) \tag{5-25}$$

② 偏差函数递推计算：对逆圆弧插补，偏差函数递推计算如下：

如果 $F_i \geqslant 0$，规定向 $x-$ 方向前进一步，即计算公式如下：

$$x_{i+1} = x_i - 1; \quad y_{i+1} = y_i; \quad F_{i+1} = (x_i - 1)^2 + y_i^2 - R^2 = F_i - 2x_i + 1 \tag{5-26}$$

如果 $F_i < 0$，规定向 $y+$ 方向前进一步，即计算公式如下：

$$x_{i+1} = x_i; \quad y_{i+1} = y_i + 1; \quad F_{i+1} = x_i^2 + (y_i + 1)^2 - R^2 = F_i + 2y_i + 1 \tag{5-27}$$

对顺圆弧插补，偏差函数递推计算如下：

如果 $F_i \geqslant 0$，规定向 $y-$ 方向前进一步。即计算公式如下：

$$x_{i+1} = x_i; \quad y_{i+1} = y_i - 1; \quad F_{i+1} = x_i^2 + (y_i - 1)^2 - R^2 = F_i - 2y_i + 1 \tag{5-28}$$

如果 $F_i < 0$，规定向 $x+$ 方向前进一步。即计算公式如下：

$$x_{i+1} = x_i + 1; \quad y_{i+1} = y_i; \quad F_{i+1} = (x_i + 1)^2 + y_i^2 - R^2 = F_i + 2x_i + 1 \tag{5-29}$$

③ 终点判别：圆弧插补的终点判别有两种方法。

判别插补总步数：插补总步数计算公式如下：

$$\Sigma = |x_e - x_s| + |y_e - y_s| \tag{5-30}$$

分别判别各坐标轴的插补步数：计算公式如下：

$$\Sigma_x = |x_e - x_s|; \quad \Sigma_y = |y_e - y_s| \tag{5-31}$$

3）椭圆插补。如图 5-12 所示，设被插补椭圆长半轴为 $A$，短半轴为 $B$，中心为原点 $O$，椭圆弧起点为 $P_s(x_s, y_s)$，椭圆弧终点为 $P_e(x_e, y_e)$，则位于椭圆插补点 $P_i(x_i, y_i)$ 的坐标可计算如下：

$$x_i = A\cos\theta_i; \quad y_i = B\sin\theta_i \tag{5-32}$$

式中，$\theta_i$ 是插补点的位置角，即直线 $OP_i$ 与坐标轴 $x$ 的夹角。根据进给速度、进给方向和精度要求，可控制位置角的增减，实现顺时针或逆时针的椭圆插补。

实施时，为使计算的插补点位于椭圆命令轨迹上，可采用下列措施：

① 速度控制：根据进给速度 $F_i$，计算插补直线段长度 $\Delta L_i$：

$$\Delta L_i = \frac{F_i \Delta T}{60000} \tag{5-33}$$

式中，$\Delta L_i$ 是插补直线段长度（mm）；$F_i$ 是进给速度（mm/min）；$\Delta T$ 是插补周期（ms）。

插补点位置角可计算如下：

$$\theta_i = \theta_{i-1} + \Delta\theta_i \tag{5-34}$$

在步距角 $\Delta\theta_i$ 很小时，插补直线段长度 $\Delta L_i$ 与步距角 $\Delta\theta_i$ 之间可用下式近似：

$$\Delta L_i \approx \Delta\theta_i \frac{\mathrm{d}s}{\mathrm{d}\theta} = \Delta\theta_i \sqrt{A^2 \sin^2\theta + B^2 \cos^2\theta} \tag{5-35}$$

上述计算可方便地在 PLC 实现。

② 误差控制：由于用弦长代替弧长，因此，最大插补误差发生在椭圆最小曲率半径处，即长轴两端点处，为保证插补误差不超过规定的允许值 $\delta$，可计算最大弦长 $\Delta L_{\max}$ 为

$$\Delta L_{\max} = 2\frac{B}{A}\sqrt{\delta(2A - \delta)} \tag{5-36}$$

计算时，如果计算的 $\Delta L_i < \Delta L_{\max}$，则按计算插补长度，否则，用 $\Delta L_{\max}$ 作为插补长度。

③ 自动加减速控制：可按加减速曲线自动调整每个插补周期中插补直线段的长度。以加速过程为例说明如下：

图 5-13 所示的加速曲线，其加速过程进给速度总改变量为 $f_d$，所需时间为 $t_d$。开始加速时刻实际进给速度为 $F_1$，加速过程结束希望进给速度 $F_2$，从加速开始到当前时刻经过采样周期个数 $n$，则查表时间 $t_n$ 计算如下：

$$t_n = \frac{nf_d}{F_2 - F_1}\Delta T \tag{5-37}$$

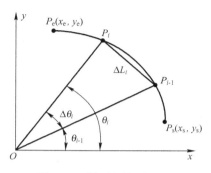

图 5-12　椭圆插补原理

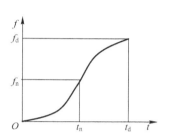

图 5-13　自动加速曲线

对应的样板速度增量 $f_n$，经 $n$ 个插补周期后的实际进给速度为

$$F_i = F_1 + \frac{F_2 - F_1}{f_d}f_n \tag{5-38}$$

因此，根据式（5-33），可计算出实际插补直线段长度 $\Delta L_i$，并据此进行轨迹计算，实现满足图 5-12 所希望加速过程的自动加速控制。

类似地，可用于自动减速控制，但减速前需预测减速点，并确定减速距离 $s$：

$$s = \left(\frac{F_2 - F_1}{f_d}\right)^2 s_d + \frac{F_2 - F_1}{f_d}t_d F_2 \tag{5-39}$$

式中，$s_d$ 是样板减速距离。可离线计算如下：

$$s_d = \int_0^{t_d} f(t)dt \approx \sum_{i=1}^{m} f_i \Delta t \tag{5-40}$$

式中，$f_i$ 是样板减速曲线 $f(t)$ 的离散取值；$m$ 是样板减速曲线离散点总数；$\Delta t$ 是数值积分时间增量。

4）样条插补。除了直线和圆弧插补外，常用的其他样条函数有多项式函数等。目前，为用于复杂曲面的加工，常用三次 B 样条曲线和三次非均匀有理 B 样条曲线（NURBS 曲线）。

当参变量 $u$ 在其取值区间连续变化时，曲线上动点的位置矢量 $C(u)$ 可按下列公式计算：

① 三次 B 样条曲线：其运动轨迹的计算公式如下：

$$C(u) = A_3 u^3 + A_2 u^2 + A_1 u + A_0 \tag{5-41}$$

式中，$A_3$、$A_2$、$A_1$ 和 $A_0$ 是系数矢量。

② 三次非均匀有理 B 样条曲线：其运动轨迹的计算公式如下：

$$C(u) = \frac{\boldsymbol{B}_3 u^3 + \boldsymbol{B}_2 u^2 + \boldsymbol{B}_1 u + \boldsymbol{B}_0}{b_3 u^3 + b_2 u^2 + b_1 u + b_0} \qquad (5\text{-}42)$$

式中，$\boldsymbol{B}_3$、$\boldsymbol{B}_2$、$\boldsymbol{B}_1$ 和 $\boldsymbol{B}_0$ 是分子系数矢量；$b_3$、$b_2$、$b_1$ 和 $b_0$ 是分母系数。

上述计算公式中各项系数矢量和系数随插补点位置的改变而不同，因此，样条曲线插补是变系数三次曲线插补。

插补一般用软件实现。常用的插补是直线插补和圆弧插补。直线插补算法简单，误差容易控制，通常采用曲率圆弧近似估计误差的方法计算符合精度要求的插补直线段参数变量。但直线插补生成的逼近曲线不连续，精度要求高时插补点数多，因此，数据存储和传输负担大。圆弧插补可生成一阶几何连续的逼近曲线，生成的插补圆弧段数少，但计算圆弧插补的误差计算较复杂，难以解析求解出目标曲线和逼近曲线之间的距离。

（3）距离、速度、加速度和加速度变化率与时间的关系

运动控制中距离、速度、加速度和加速度变化率（加加速度）是时间的函数，可用式（5-10）描述。下面以缓冲模式中的运动控制功能块实例 FB1 为例，说明它们的关系，及如何确定时间。

运动控制功能块中，距离或位置的技术单位用 u（微米）表示，也可用毫米（mm）或度（°）等。时间的技术单位用 s（秒）表示。因此，速度、加速度和加加速度的技术单位分别是 u/s、$\text{u/s}^2$、$\text{u/s}^3$。

图 5-14 是功能块实例 FB1 的距离、速度、加速度的时序图。该功能块设置的距离 $s=1000\text{u}$、速度 $v=100\text{u/s}$、加速度 $a=100\text{u/s}^2$、减速度 $a=-100\text{u/s}^2$。

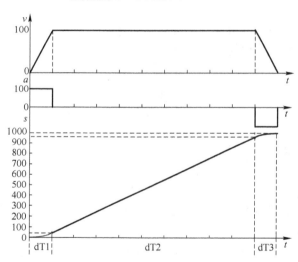

图 5-14　速度、加速度和距离与时间的关系

根据式（5-10），可确定在加速和减速段，有下列公式：

$$v_\text{e}=v_0+at; \quad s=v_0t+at^2/2 \qquad (5\text{-}43)$$

在恒速段，有下列公式：

$$s=vt \qquad (5\text{-}44)$$

式中，$v_\text{e}$ 是加速后的速度；$v_0$ 是加速前的速度；$a$ 可以是加速度或减速度；$v$ 是恒速值；$s_0$ 是

初始位置；$s$ 是终止位置。

如图 5-14 所示，在加速段，$v_0=0$；$v_e=100$；$a=100$；$s_0=0$；根据式（5-43），dT1=1，$s=50t^2$，因此，距离曲线是一根抛物线。当 dT1=1 时，$s=50$。在减速段，$v_0=100$，$v_e=0$，$a=-100$，$s=100t-50t^2$，距离曲线仍是一根抛物线。根据式（5-43），dT3=1；当 dT3=1 时，$s=50$。

根据设置的距离 $s=1000$，除去加速和减速段的距离，得到恒速段的距离 $s=900$。根据式（5-44），$v=100$；因此，dT2=9。图 5-14 显示了距离与时间的关系曲线，可见在加速段，距离缓慢增加；在减速段，距离缓慢减少，从而使被控制的轴能够平稳起动和平稳停止。当到达设置距离时，速度减得很小，有利于定位精度的提高。

对其他混成（blending）模式，时间的确定可根据上述方法计算。因此，运动控制实质是时间控制。通常，为便于绘制曲线，距离（位置）与时间的关系曲线用一条直线近似表示。

为了使速度的变化率减小，可将加速度和减速度按上述的速度变化曲线改变，使速度曲线类似上述距离曲线改变，为此，将加加速度设置为常数。类似分析如上述。

（4）运动控制原理

运动轴 $X$、$Y$、$Z$、$A$、$B$、$C$ 是沿固定方向导向的导轨。多轴运动控制通过控制多个驱动轴联动实现机械运动部件所需的方位和速度。多轴联动一般进行的不是点对点（PTP）的运动，而是连续轨迹（CP）运动，其轨迹的规划除了要求末端执行部件到达终点外，还要求沿规定的路径在一定精度范围内移动，因此，有速度和加速度等要求。

为获得满意运动控制的要求，需综合考虑所有驱动轴的联动控制，不仅要有位置控制、速度控制等，还要有各驱动轴的动态负荷控制。其中，精度与机构学的运动传递精度（位置和速度正反解）、运动部件的运动传递精度（间隙和误差）、末端执行部件姿态（方位）检测精度（检测方法和误差）等有关。速度则涉及相关数据采集的实时性（采样频率）、运动控制算法复杂性（算法的复杂程度）、运动部件的运动传递速度（电动机与滚珠丝杠的运动速度极限）、运动控制系统运算速度（微机主频和内存，操作系统）等。由于精度和速度相互制约，因此，需要进行协调和平衡。

运动控制包括动作规划级的控制和驱动机构的执行级控制。动作规划级的任务是综合末端执行部件姿态（方位）和位置来确定各驱动轴的动作命令。执行级控制的任务是根据各驱动轴的命令，快速准确完成驱动机构的伺服控制，实现机械运动部件的进给运动。

在运动控制中运动的混成是一个必须面对的问题。一般来说运动的规划路径不外乎是一根直线、一段圆弧获样条曲线的集合。在速度或加速度等高阶的空间来看，所规划路径的连接并不能保证是连续的或者是光滑平顺的。于是在这些路径的连接处，不可避免会对机器造成冲击，从而造成影响加工精度、加速磨损、缩短机械寿命等不良后果。为此在实际应用中，往往要对相邻的运动进行一定程度的混成，以达到下述的目的，诸如：

1）平滑运动，降低对机器的冲击。

2）使工具中心点（Tool Center Point，TCP）恒速运动（如焊接、喷涂、喷胶等）。

3）按工艺要求适当延长生产处理周期（如搬运、上下料等）。

由于在实际应用中运动控制分为主轴/从轴的运动控制和多轴协调运动，因此由 PLCopen 定义的运动控制规范，针对这两类运动控制给出了有所不同的运动混成定义。在上述运动控制规范的第一/第二部分，针对主轴/从轴的运动控制，运动轴总是能够运动到目标位置，只是在轴到达目标位置后，轴的速度要根据预定的输入参数有所改变（通过定义缓冲模式的输入参数）。但在运动控制规范的第四部分，为满足多轴协调运动的需求，必须引入新的缓冲模式类型。由 3 个相应的参数（缓冲模式、过渡模式和过渡参数）功能块来控制运动混成。

**3. 运动控制功能块类型**

运动控制功能块是 PLCopen 为运动控制定义的标准功能块，它以"MC_"作为运动控制功能块的标志，例如 MC_Power、MC_Home、MC_MoveAbsolute 等。

（1）基本概念

1）数据类型的扩展。运动控制功能块扩展了适用于运动控制的数据类型。表 5-1 和表 5-2 是运动控制功能块定义的数据类型。

表 5-1　运动控制功能块定义的结构数据类型

| 定义的数据类型 | 数据类型说明 | 适用的运动控制功能块 |
|---|---|---|
| AXIS_REF | 对所有的运动控制功能块，制造商提供定义轴的有关信息的结构数据类型 | 所有运动控制功能块 |
| AXES_GROUP_REF | 用于几乎所有运动控制功能块，制造商提供定义轴组的结构数据类型 | 几乎所有轴组运动控制功能块 |
| MC_TP_REF | 制造商提供的数据类型，用于时间和位置配置文件的数据对 | MC_PositionProfile |
| MC_TV_REF | 制造商提供的数据类型，用于时间和速度配置文件的数据对 | MC_VelocityProfile |
| MC_TA_REF | 制造商提供的数据类型，用于时间和加速度配置文件的数据对 | MC_AccelerationProfile |
| MC_TL_REF | 制造商提供的数据类型，用于时间和负载配置文件的数据对 | MC_LoadProfile |
| MC_TRIGGER_REF | 制造商提供的数据类型，包含翻转的有关信息，例如，触发源的位置，附加的检测模式信息（正、反、正与反、边沿、水平、模式识别等） | MC_TouchProbe<br>MC_AbortTrigger |
| MC_INPUT_REF | 制造商提供的数据类型，包括一个到特定输入集合的引用，它可以是虚拟的，即意味其在声明部分之外 | MC_ReadDigitalInput |
| MC_OUTPUT_REF | 制造商提供的特定结构的数据类型，表示连接到物理的输出 | MC_DigitalCamSwitch<br>MC_ReadDigitalOutput<br>MC_WriteDigitalOutput |
| MC_CAM_REF | 制造商提供的数据类型，用于 CAM 描述的引用 | MC_CamTableSelect |
| MC_CAMSWITCH_REF | 制造商提供的模式数据的特定引用，如引用到一个轴的电子凸轮控制的开关等，包括跟踪号、开关 On 时的上限和下限位置、轴方向、电子凸轮开关模式（基于位置或时间）和时间偏差 | MC_DigitalCamSwitch |
| MC_TRACK_REF | 制造商提供的结构数据类型，包括跟踪信息，跟踪是一组与一个输出有关的开关，包括每次跟踪时 ON 和 OFF 的补偿时间死区距离等 | MC_DigitalCamSwitch |
| IDENT_IN_GROUP_REF | 经引用，为轴组添加轴的顺序，可耦合到运动模型名称，例如，足、肩等，是轴组中轴的标识 | MC_AddAxisToGroup<br>MC_RemoveAxisFromGroup<br>MC_GroupReadConfiguration |
| MC_KIN_REF | 制造商提供的数据类型，用于引用包含参数的运动模型 | MC_SetKinTransform<br>MC_ReadKinTransform |
| MC_COORD_REF | 制造商提供的数据类型，用于引用包含参数的从 MCS 到 PCS 的坐标变换 | MC_SetCoordinateTransform |
| MC_PATH_DATA_REF | 制造商提供的数据类型，用于作为结果路径数据描述的引用 | MC_PathSelect<br>MC_MovePath |
| MC_PATH_REF | 制造商提供的数据类型，用于引用路径的描述 | |
| MC_REF_SIGNAL_REF | 包含相关数据的引用开关的引用 | MC_StepAbsoluteSwitch<br>MC_StepReferencePulse<br>MC_StepReferenceFlyingSwitch<br>MC_StepReferenceFlyingRefPulse |

## 表 5-2　运动控制功能块定义的枚举数据类型

| 定义的数据类型 | 数据类型说明 | 运动控制功能块 |
|---|---|---|
| MC_BUFFER_MODE | 运动控制的缓冲模式数据类型，用于定义轴的行为。有六种可选模式：中止（mcAborting）、已缓冲（mcBuffered）、混成至最低速（mcBlendingLow）、混成至前接功能块的速度（mcBlendingPrevious）、混成至后接功能块的速度（mcBlendingNext）、混成至最高速（mcBlendingHigh）等 | 所有有缓冲的运动控制功能块 |
| MC_DIRECTION | 方向数据类型用于声明轴的运动方向。有四种可选模式：正方向（mcPositive_direction）、最短（快）路径（mcShortest_way）、反方向（mcNegative_direction）和当前方向（mcCurrent_direction） | MC_MoveAbsolute<br>MC_MoveVelocity<br>MC_LoadControl<br>MC_LimitLoad<br>MC_LimitMotion<br>MC_TorqueControl |
| MC_HOMINGMODE | 回原点模式，有 MC_AbsSwitch、MC_LimitSwitch、MC_RefPulse、MC_Direct、MC_Absolute、MC_Block 等选项 | MC_Home |
| MC_START_MODE | 用于 MC_CAMIn 功能块的开始模式。有三种模式可选：绝对（mcAbsolute）、相对（mcRelative）和斜坡（mcRamp-in）。主轴和从轴之间的关系可以是绝对位置或相对位置。斜坡输入是制造商规定的开始模式，表示以斜坡输入跟踪 CAM 轮廓曲线 | MC_CAMIn<br>MC_CamTableSelect |
| MC_EXECUTION_MODE | 提供管理功能块行为的信息。有三种模式可选：立刻（mcImmediately）、延迟（mcDelayed）和排队（mcQueued） | MC_SetKinTransform<br>MC_SetCartesianTransform<br>MC_SetCoordinateTransform<br>MC_SetPosition<br>MC_WriteParameter<br>MC_WriteBoolParameter<br>MC_WriteDigitalOutput<br>MC_CamTableSelect |
| MC_TRANSITION_MODE | 制造商提供的过渡模式。有不过渡（mcTMNone）、以启动的速度过渡（mcTMStartVelocity）、用给定的恒速过渡（mcTMConstantVelocity）、用给定的转角距离过渡（mcTMCornerDistance）、用给定最大转角偏差过渡（mcTMMaxCornerDiviation）五种模式可选，以及 PLCopen 保留的 5 种模式和制造商特定模式 1 种，共 11 个选项 | MC_MoveLinearAbsolute<br>MC_MoveLinearRelative<br>MC_MoveCircularAbsolute<br>MC_MoveCircularRelative<br>MC_MoveDirectAbsolute<br>MC_MoveDirectRelative<br>MC_MovePath |
| MC_SOURCE | 轴值的资源选项<br>mcCommandedValue：已经命令的值<br>mcSetValue：主轴的设定值<br>mcActualValue：主轴的实际值 | MC_ReadMotionState<br>MC_CamIn<br>MC_GearIn<br>MC_GearInPos<br>MC_CombineAxes<br>MC_DigitalCamSwitch |
| MC_SYNC_MODE | 同步方式选项：有最快（mcShortest）、追赶（mcCatchUp）和减速（mcSlowDown）三种选项，区别是依次为同步的能量从大到小 | MC_GearInPos |
| MC_COMBINE_MODE | 适用于 AxisOut 的组合类型选项<br>mcAddAxes：2 个输入轴位置的相加<br>mcSubAxes：2 个输入轴位置的相减 | MC_CombineAxes |
| MC_GROUP_BUFFER_MODE | 与 MC_BufferMode 类似，是用于轴组的缓冲模式。定义相对前接功能块的本功能块的时间顺序，也有六种模式：中止（mcAborting）、已缓冲（mcBuffered）、混成至最低速（mcBlendingLow）、混成至前接功能块的速度（mcBlendingPrevious）、混成至后接功能块的速度（mcBlendingNext）、混成至最高速（mcBlendingHigh）等 | MC_MoveLinearAbsolute<br>MC_MoveCircularAbsolute<br>MC_MoveCircularRelative<br>MC_SetDynCoodTransform<br>MC_TrackConveyorBelt<br>MC_TrackRotaryTable |
| MC_CIRC_PATHCHOICE | 转角轨迹的路径选项。有顺时针（mcClockwise）和逆时针（mcCounterclockwise）两种选项 | MC_MoveCircularAbsolute<br>MC_MoveCircularRelative |
| MC_HOME_DIRECTION | 规定回原点运动的运动方向和对应的需搜索的限位开关，有正方向（mcPositionDirection）、反方向（mcNegativeDirection）、开关 off 时正方向（mcSwitchPositive）和开关 off 时反方向（mcSwitchNegative）四种选项。部分功能块只有前两个选项 | MC_StepAbsoluteSwitch<br>MC_StepLimitSwitch<br>MC_StepBlock<br>MC_StepReferencePulse<br>MC_StepDistanceCoded |

| 定义的数据类型 | 数据类型说明 | 运动控制功能块 |
|---|---|---|
| MC_SWITCH_MODE | 功能块传感器条件，有传感器 On（mcOn）、传感器 Off（mcOff）、传感器上升沿触发（mcRisingEdge）、传感器下降沿触发（mcFallingEdge）、正方向搜索（mcEdgeSwitchPositive）和反方向搜索（mcEdgeSwitchNegative）六个选项 | MC_StepAbsoluteSwitch<br>MC_StepLimitSwitch<br>MC_StepReferenceFlyingSwitch |
| MC_CAM_ID | 制造商规定的数据类型。用 CAM 表格形式声明主轴和从轴的数据。制造商规定其结构和内容 | MC_CamTableSelect<br>MC_CamIn |

2）功能块名称的长度和缩写名称。采用缩写名称有利于支持采用规定有限数量字符的 PLC 制造商。表 5-3 是缩写名称列表。

表 5-3　运动控制功能块的缩写名称列表

| 名称 | 缩写名称 | 名称 | 缩写名称 | 名称 | 缩写名称 | 名称 | 缩写名称 |
|---|---|---|---|---|---|---|---|
| Absolute | Abs | Conveyor | Conv | Group | Grp | Reference | Ref |
| Acceleration | Acc | Coordinate | Coord | Kinematic | Kin | Relative | Rel |
| Actual | Act | Deceleration | Decel | Limit | Lim | Remove | Rem |
| Additive | Add | Direct | Dir | Linear | Lin | Superimposed | SupImp |
| Cartesian | Cart | Distance | Dist | Negative | Neg | Synchronized | Sync |
| Circular | Circ | Dynamic | Dyn | Parameter | Par | Transformation | Trans |
| Command | Cmd | Flying | Fly | Passive | Ps | Velocity | Vel |
| Configuration | Cfg | GearRatioDeno minatorM1 | RatioDenM1 | Position | Pos | | |
| Continuous | Cont | GearRatioNume ratorM1 | RatioNumM1 | Positive | Pos | | |

表 5-4 是采用缩写表示的标准运动控制功能块和名称示例。

表 5-4　采用缩写表示的标准运动控制功能块和名称示例

| 标准运动控制功能块和名称示例 | | | | |
|---|---|---|---|---|
| MC_AbortPsHoming | MC_GrpReadActAcc | MC_MoveCircRel | MC_ReadKinTrans | MC_StepBlock |
| MC_AddAxisToGrp | MC_GrpReadActPos | MC_MoveContRel | MC_ReadPar | MC_StepDistCoded |
| MC_HomeAbs | MC_GrpReadActVel | MC_MoveDirAbs | MC_RefFlyPluse | MC_StepLimSwitch |
| MC_HomeDir | MC_GrpReadCfg | MC_MoveDirRel | MC_RefFlySwitch | MC_StepRefPluse |
| MC_GrpContinue | MC_GrpReadError | MC_MoveLinAbs | MC_RemAxisFromGrp | MC_SyncAxisToGrp |
| MC_GrpDisable | MC_GrpReadStatus | MC_MoveLinRel | MC_SetCartTrans | MC_SyncGrpToAxis |
| MC_GrpEnable | MC_GrpReset | MC_MovePath | MC_SetCoordTrans | MC_TrackConvBelt |
| MC_GrpHalt | MC_GrpSetOverride | MC_PathSelect | MC_SetDynCoordTrans | MC_TrackRotaryTable |
| MC_GrpHome | MC_GrpStop | MC_ReadCartTrans | MC_SetKinTrans | MC_UngroupAllAxes |
| MC_GrpInterrupt | MC_MoveCircAbs | MC_ReadCoordTrans | MC_StepAbsSwitch | CmdAborted |

（2）运动控制功能块的类型

运动控制功能块是标准运动控制功能块。制造商提供产品是否符合标准运动控制功能块的声明文件。

根据运动控制功能块的功能，可分为管理组和运动组两类；根据运动轴的数量，可分为单轴和多轴运动控制功能块；根据轴和轴组的协调状态，可分为协调和同步运动控制功能块。

PLCopen 定义标准运动控制功能块的层次是特定的层次，面向运动的路径既可用于特定的面向编程语言的机器人，也可用于 CNC 领域使用的 G 代码（例如 DIN 66025）。PLCopen

建议将 CNC 和机器人的功能转换至 PLC 可执行的功能。为此，PLCopen 定义了附加部分，用于协调轴组和实现转换。表 5-5 是单轴和多轴的运动控制功能块，共 50 个。液压扩展功能块 5 个（管理类的 MC_LimitLoad、MC_LimitMotion；运动类的 MC_LoadControl、MC_LoadSuperImposed 和 MC_LoadProfile）未在表中列出。表 5-6 是协调和同步的运动控制功能块，共 38 个。

表 5-5　单轴和多轴的运动控制功能块

| 管理组（单轴） | | 运动组（单轴） | | 管理组（多轴）1 | 运动组（多轴） |
|---|---|---|---|---|---|
| MC_Power | MC_ReadActualTorque | MC_Home | MC_VelocityProfile | MC_CamTableSelect | MC_CamIn |
| MC_ReadStatus | MC_ReadAxisInfo | MC_Stop | MC_AccelerationProfile | | MC_CamOut |
| MC_ReadAxisError | MC_ReadMotionState | MC_Halt | MC_LoadControl | | MC_GearIn |
| MC_ReadParameter | MC_SetPosition | MC_MoveAbsolute | MC_LoadSuperImposed | | MC_GearOut |
| MC_ReadBoolParameter | MC_SetOverride | MC_MoveRelative | MC_LoadProfile | | MC_GearInPos |
| MC_WriteParameter | MC_TouchProbe | MC_MoveAdditive | | | MC_PhasingAbsolute |
| MC_WriteBoolParameter | MC_DigitalCamSwitch | MC_MoveSupperimposed | | | MC_PhasingRelative |
| MC_ReadDigitalInput | MC_Reset | MC_MoveVelocity | | | MC_CombineAxis |
| MC_ReadDigitalOutput | MC_AbortTrigger | MC_MoveContiAbsolute | | | |
| MC_WriteDigitalOutput | MC_HaltSuperimposed | MC_MoveContiRelative | | | |
| MC_ReadActualPosition | MC_LimitLoad | MC_TorqueControl | | | |
| MC_ReadActualVelocity | MC_LimitMotion | MC_PositionProfile | | | |

表 5-6　协调和同步的运动控制功能块

| 管理组（协调） | | 运动组（协调） | 运动组（同步） |
|---|---|---|---|
| MC_AddAxisToGroup | MC_GroupSetPosition | MC_GroupHome | MC_SyncAxisToGroup |
| MC_RemoveAxisFromGroup | MC_GroupReadActualPosition | MC_GroupStop | MC_SyncGroupToAxis |
| MC_UngroupAllAxes | MC_GroupReadActualVelocity | MC_GroupHalt | MC_TrackConveyorBelt |
| MC_GroupReadConfiguration | MC_GroupReadActualAcceleration | MC_GroupInterrupt | MC_TrackRotaryTable |
| MC_GroupEnable | MC_GroupReadStatus | MC_GroupContinue | |
| MC_GroupDisable | MC_GroupReadError | MC_MoveLinearAbsolute | |
| MC_SetKinTransform | MC_GroupReset | MC_MoveLinearRelative | |
| MC_SetCartesianTransform | MC_PathSelect | MC_MoveCircularAbsolute | |
| MC_SetCoordinateTransform | MC_GroupSetOverride | MC_MoveCircularRelative | |
| MC_ReadKinTransform | MC_SetDynCoordTransform | MC_MoveDirectAbsolute | |
| MC_ReadCartesianTransform | | MC_MoveDirectRelative | |
| MC_ReadCoordinateTransform | | MC_MovePath | |

### 4. 状态图和出错处理

（1）状态图

上面已经介绍了 PLCopen 运动控制规范，定义了主轴/从轴和多轴协调运动控制的功能块。在规范中启动单个运动轴的行为方式，其基本规则是按顺序给出运动控制命令（即使 PLC 具有实时并行处理能力，也是按顺序执行运动控制命令），并且按照状态图作用于运动轴。运动轴始终都处于状态图中定义的某种状态，任何导致状态转移的运动命令，都会改变运动轴所处的状态，而且因此改变轴的输出。

状态图是专门为运动控制中控制轴的目的而设计的。为把一个轴的所有行为和功能封装到一个功能块是不合理的，因此，需要采用一组面向命令的功能块，它有一个参考轴，例如，抽象数据类型"AXIS_REF"。

1）单轴状态图。图 5-15 是单轴运动控制状态图。

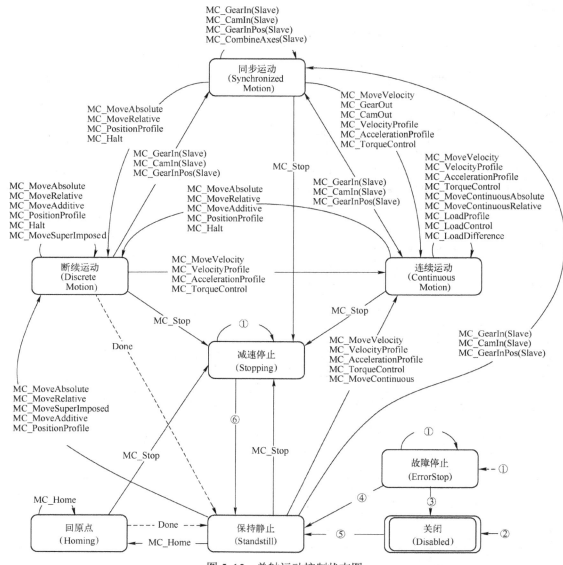

图 5-15　单轴运动控制状态图

注：图中，连续线箭头表示通过命令的转换。虚线箭头表示自动的转换，它表示当一个轴的命令结束或一个相关系统发生转换（例如，发生相关的出错）时发生状态的转换。

① 任何状态转至故障停止状态或减速停止的转换条件是：轴上有一个故障发生。

② 任何状态转至关闭状态的转换条件是：MC_Power 的输入 Enable=FALSE 和轴上没有故障。

③ MC_Reset=FALSE 和 MC_Power.Status=FALSE。

④ MC_Reset=TRUE 和 MC_Power.Status=TRUE 和 MC_Power.Enable=TRUE。

⑤ MC_Power.Enable=TRUE 和 MC_Power.Status=TRUE。

⑥ MC_Stop.Done=TRUE 和 MC_Stop.Execute=FALSE。

图 5-15 所示状态图用于定义多个运动控制功能块同时激活时的高等级轴的行为。虽然，PLC 具有真正的并行处理能力，但基本规则仍是按顺序执行运动命令，因此，这些命令被用于轴的状态图。将轴转换至相应运动状态的运动命令在状态图中列出。当轴已经在相应的运动状态时，这些运动命令也可发布。

单轴的状态图由 8 个状态组成，分别是同步运动（Synchronized Motion）、连续运动（Continuous Motion）、断续运动（Discrete Motion）、减速停止（Stopping）、故障停止（Errorstop）、回原点（Homing）、保持静止（StandStill）和关闭（Disabled）。

单轴状态图专注于单轴。但从状态图角度看，组成多轴功能块，MC_CamIn、MC_GearIn 和 MC_Phasing 的单轴都处于其特定的状态。例如，CAM 主轴可在"连续运动"状态，对应的从轴在"同步运动"状态，从轴连接到主轴不影响主轴的状态。

没有列入状态图的功能块不影响轴的状态，即它们的调用不改变其状态。这些功能块见表 5-7。

状态图中有关状态的说明见表 5-8。有关命令的说明见表 5-9。

**表 5-7 未列入状态图的运动控制功能块**

| 功　能　块　名 | | | | |
|---|---|---|---|---|
| MC_AbortTrigger | MC_PhasingRelative | MC_ReadAxisInfo | MC_ReadParameter | MC_WriteBoolParameter |
| MC_CamTableSelect | MC_ReadActualPosition | MC_ReadBoolParameter | MC_ReadStatus | MC_WriteDigitalOutput |
| MC_DigitalCamSwitch | MC_ReadActualVelocity | MC_ReadDigitalInput | MC_SetPosition | MC_WriteParameter |
| MC_HaltSuperimposed | MC_ReadActualTorque | MC_ReadDigitalOutput | MC_SetOverride | |
| MC_PhasingAbsolute | MC_ReadAxisError | MC_ReadMotionState | MC_TouchProbe | |

**表 5-8 单轴状态图中的有关状态**

| 状　态　名　称 | 说　　明 |
|---|---|
| 关闭（Disabled） | 轴的初始状态，用双线框表示，如图 5-15 所示。当 MC_Power 的输入 Enable=TRUE，则轴从"关闭"状态转换至"保持静止"状态。在该状态，轴的运动不受运动控制功能块的影响，电源关闭不会使轴出错<br>当 MC_Power 功能块被调用时，MC_Power 的输入 Enable =TRUE，如果轴状态在"关闭"，则状态将转换至"保持静止"。轴的反馈在进入"保持静止"状态前被使用<br>当 MC_Power 功能块被调用时，MC_Power 的输入 Enable =FALSE，除了在"故障停止"状态外的其余状态，都将轴的状态转换至"关闭"，不管是直接或经任何其他状态。在轴上的任何正在运行的运动命令被中止 |
| 故障停止（ErrorStop） | "故障停止"状态是在发生一个故障时具有最高优先级的有效状态。轴既可以是在其上电后处于使能，也可以是被关闭。并可经 MC_Power 改变。然而，只要该故障存在，其状态就保持在"故障停止"状态<br>"故障停止"状态的意图是如果可能，轴进入保持静止状态。除了来自"故障停止"的"复位"命令外，不会执行任何进一步的运动命令<br>转换至"故障停止"状态是因为来自轴和轴控制的故障，而不是来自功能块实例。这些轴的故障也可在功能块实例出错"FB instances error"的输出予以表现 |
| 保持静止（StandStill） | 供电电源切断，轴没有出错，则状态是"保持静止"，这时在轴上没有任何激活的运动命令 |

**表 5-9 有关命令的说明**

| 命　　令 | 说　　明 |
|---|---|
| MC_Stop | 调用在"保持静止"状态下的功能块 MC_Stop 命令，将改变其状态到"减速停止"状态，当功能块的输入 Execute=FALSE 时，其状态返回到"保持静止"状态<br>在功能块的输入 Execute=TRUE 之前，将保持在"减速停止"状态。当停止减速斜坡完成时，功能块的 Done 输出被置位（TRUE） |
| MC_MoveSuperImposed | 在"保持静止"状态下执行 MC_MoveSuperImposed，使轴进入"断续运动"状态。在任何其他状态下发布该命令，不会改变轴的状态 |
| MC_GearOut,<br>MC_CamOut | 轴的状态由"同步运动"转换至"连续运动"。在任何其他状态下发布这些功能块命令中的任一个，都将发生出错 |

2）轴组状态图。轴组的状态图用于描述轴组命令的状态。轴组的状态有：轴组关闭（GroupDisabled）、轴组回原点（GroupHoming）、轴组在运动（GroupMoving）、轴组停止中（GroupStopping）、轴组故障停止（GroupErrorStop）和轴组待机（GroupStandby）六种。图 5-16 是轴组的状态图。

轴组的状态图用于描述轴组命令的状态。它位于单轴状态图的顶部，而轴是在轴组的状态，单轴的状态图也激活每个轴。因此，在这两类状态图之间存在相互的依存关系。

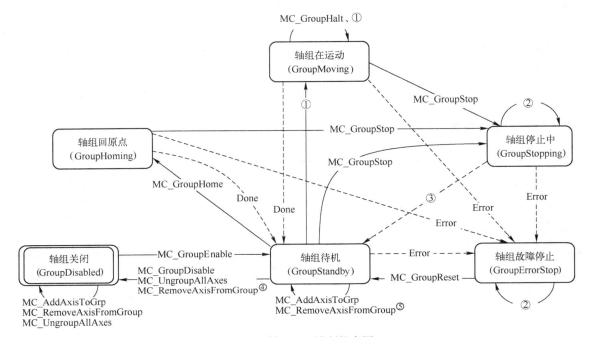

图 5-16　轴组运动控制状态图

注：在所有状态下都可发出 MC_GroupDisable 和 MC_UngroupAllAxes，这时，将转换其状态至 GroupDisabled 状态。
① 适用于所有非管理类（即运动控制类）的功能块。
② 在 GroupErrorStop 或 GroupStopping 状态中，所有功能块均可被调用，虽然它们不被执行（除了在 GroupErrorStop 状态中会执行 MC_GroupReset 和正在产生任何其他错误）。GroupErrorStop 或 GroupStopping 将相应地转换至 GroupStandby 或 GroupErrorStop 状态。
③ MC_GroupStop.Done=TRUE 和 MC_GroupStop.EXECUTE=FALSE。
④ 如果最后的轴从轴组中被删除，转换可用。
⑤ 当轴组非空时，转换是可用的。

图中，连续线表示通过命令的转换，虚线表示自动转换。

轴组的状态图中，"轴组关闭"是上电时的初始状态，因此，用双线框表示。发出 MC_GroupEnable 命令表示离开"轴组关闭"状态，进入"轴组待机"状态。

处于"轴组待机"状态时，没有功能块被用于控制任何一个轴，该轴组被赋能，可通过 MC_GroupHome 使其进入"轴组回原点"状态。

"轴组回原点"状态用于定义轴组的回原点程序。

"轴组停止中"是特定的状态，用 MC_GroupStop 命令实现。一旦 MC_GroupStop.Done=TRUE 和 MC_GroupStop.Execute=FASLE，则自动转换至"轴组待机"状态。

轴组运动命令将导致组成轴组的各个单轴进入"同步运动"状态,从而建立两个状态图的联系。而在"轴组待机"状态时,所有轴组的轴都进入单轴的"保持静止"状态。

"轴组故障停止"状态不会使组成轴组中的每个单轴进入"故障停止"状态。只有当单轴处于"故障停止"状态,且该单轴的故障影响到轴组时,才会使轴组进入"轴组故障停止"状态。

3)单轴和轴组状态图的关系。轴组状态图位于单轴状态图的顶部。当多个单轴组成轴组时,其状态按照轴组的状态图进行转换。此时构成轴组的每一个单轴显然处于轴组的状态。但每一个轴又可视作一个单轴,因而单轴的状态图也描述每个轴的状态。因此,在这两类状态图之间存在相互的依存关系。

多个单轴组成轴组时,向该轴组的某一个轴发布单轴命令(例如 MC_MoveAbsolute),有三种选项:

① 不允许,即发出一个单轴的命令不被接受和执行。它通过设置发出命令的单轴功能块的故障输出予以标志。因此,轴组不受影响,仍继续它们的运动。

② 中止当前轴组的命令及随后的轴组命令,而只继续该单轴的命令。轴组的其他轴通过每个轴隐含的 MC_Halt 进入"保持静止"状态,原来规划的运动轨迹将不会完成。

③ 将单轴命令叠加到轴组命令中。

PLCopen 国际组织所制定的运动控制规范并不强制规定应该采用哪一种选项。一般都是由具体实现这个规范的制造商选择它的系统支持什么选项。

对上述所有三个选项,单轴对轴组影响的一般规则如下:

① 若轴组中至少有一个轴接收到命令在运动,则轴组处于"轴组在运动"状态。

② 若所有轴在"保持静止"状态,则轴组可处于"轴组待机""轴组关闭"或"轴组故障停止"状态。

③ 若轴组中只要有一个轴在"故障停止"状态,则整个轴组在"轴组故障停止"状态。

④ 若有一个单轴接收并执行回原点命令(MC_Home),则轴组在"轴组在运动"状态。

⑤ 若有一个单轴接收并执行停止命令(MC_Stop),则轴组在"轴组在运动"状态。

⑥ 若系统支持,允许禁用轴组中的一个单轴而不影响轴组状态,这对节能或在继续运动时不参与单轴的机械制动的那些应用是有用的。

对上述所有三个选项,轴组对单轴影响的一般规则如下:

① 若由轴组运动命令来命令轴组,则轴组中所有单轴处于"同步运动"状态。

② 若轴组在"轴组待机"状态,则单轴状态不必都在"保持静止"状态。

③ 若轴组在"轴组故障停止"状态,则单轴状态不受影响。

轴组运动命令对单轴状态的影响可用表 5-10 描述。

表 5-10　轴组运动命令对单轴状态的影响

| 命　令 | 轴组状态 | 单轴状态 |
| --- | --- | --- |
| MC_MoveLinearXxx;MC_MoveCircularXxx;MC_MoveDirectXxx;MC_MovePath;MC_GroupHalt;MC_TrackConveyorBelt;MC_TrackRotaryTable | 轴组在运动 | 同步运动 |
| MC_GroupStop | 轴组关闭 / 轴组待机 | 同步运动 / 保持静止 |
| MC_GroupReset | 轴组故障停止 / 轴组待机 | 与单轴状态无关 |
| MC_GroupHome | 轴组回原点 | 同步运动 |

当正在执行轴组的停止命令时，每个单轴都同步执行轴组停止运动，没有一个单轴会单独执行单轴的停止命令。

（2）出错处理

在 PLCopen 的运动控制规范中，都是通过运动控制功能块来实现运动控制中的所有存取。因此，运动控制功能块对其输入数据有基本出错的检测功能（例如，输入数据是否超出规定的限值等）。准确地说，如何处理往往与具体的实现有关。譬如对出错的处理可以是当超出限值时提供基本的出错报告，也可以是将超限的数据存储在就地设备中，功能块只产生一个就地设备出错的报告。例如，如果把驱动器的 MaxVelocity 参数设置为 6000，而输入到功能块的最大速度却被设置为 10000，就会产生一个基本的出错报告。如果采用智能驱动器通过网络与系统链接，MaxVelocity 参数可能存储在驱动器，这时，功能块必须注意处理由驱动器内部产生的出错。如果 MaxVelocity 参数存储在驱动器内，这时，功能块生成驱动器出错的报告。

1）出错标志。出错标志和出错类型详见表 5-12 中"出错处理行为"的相关说明。

功能块实例出错通常不造成轴的出错，它将轴状态转换至"故障停止"状态。

相关功能块的 Error 输出在功能块的 Execute 和 Enable 信号的下降沿复位（FALSE）。此外，采用 Enable 的功能块，它的 Error 输出在运行期间可被复位，而不需通过 Enable 来完成复位，见下述。

2）出错处理。出错的处理有两种方式。

① 集中出错处理。集中出错处理用于简化功能块的编程。其出错响应同样独立于出错功能块实例。图 5-17 是集中出错处理的示例。出错信息集中反映在 MC_ReadAxisError 功能块。

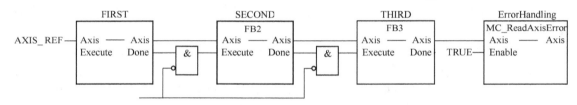

图 5-17　功能块出错的集中处理

② 分散出错处理。分散出错处理可根据发生出错的功能块进行不同的出错处理，而且，可加速出错处理的响应。图 5-18 是分散出错处理的示例。当任意一个功能块出错时，对应的出错处理功能块被激活。

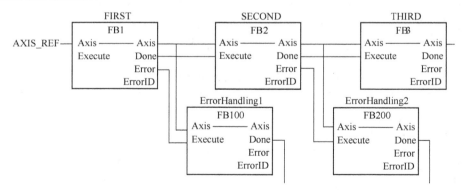

图 5-18　功能块出错的分散处理

## 5. 功能块接口

（1）运动控制功能块的术语

表 5-11 是运动控制功能块的有关术语。

**表 5-11 运动控制功能块的有关术语**

| 名称（缩写） | 英 文 名 | 解 释 |
|---|---|---|
| 轴坐标系（ACS） | Axes Coordinate System | 固定于物理轴（如伺服电动机、液压缸）上的构成单一驱动器的物理电机或单轴<br>相对于物理电机和由单个驱动器形成的单向运动的坐标系 |
| 混成 | Blending | 一种连贯功能块的方法，使得从第一功能块能协调地转换至下一个功能块 |
| 轮廓曲线 | Contour curve | 修改原来路径的插入曲线，它是混成后获得的曲线 |
| 坐标系 | Coordinate system | 描述坐标或路径的参考系 |
| 角偏差 | Corner deviation | 编程的角点与轮廓曲线的最短距离 |
| 角距离 | Corner distance | 轮廓曲线开始点到编程目标点的距离 |
| 方向 | Direction | 空间矢量的方位分量（注：这与 MC_Direction 输入不同） |
| 驱动 | Drive | 通过对其线圈流过的电流和时间控制电动机的单元 |
| 功能块组 | Group-FB | 工作于轴组的功能块组合 |
| 机械坐标系（MCS） | Machine Coordinate System | 相对于机械装置的坐标系。对于机械装置来讲，这是一个原点为固定位置的直角坐标系，而原点则在机械装置安装时予以定义。通过前向和后向的运动学变换，可将多个单轴的坐标系（ACS）与 MCS 连接起来<br>对采用笛卡儿坐标系的机械装置，MCS 是直角坐标系，它与 ACS 等同，或经简单的坐标变换或映射获得<br>MCS 可表示多达 6 维的抽象空间 |
| 电动机 | Motor | 将电能转换为力或力矩的专用于运动的执行器 |
| 方位 | Orientation | 空间中矢量的旋转分量 |
| 路径，轨迹 | Path | 在多维空间中设置的连续位置和方位的信息。轴组的刀具中心点（TCP）沿着其运动的空间曲线的几何描述 |
| 路径数据 | PathData | 包括附加的（诸如速度和加速度）信息的路径描述 |
| 产品坐标系（PCS） | Product Coordinate System<br>Program Coordinate System<br>Programmers Coordinate System | 在 CNC 中常称为程序坐标系（或程序员坐标系）。通常情况下，PCS 建立在 MCS 的基础上，即通过 MCS 平移或旋转来建立 PCS。PCS 的零点是相对于产品的，在运行期间可用程序来改变零点。通过在 PCS 指定一个轨迹就能描述该轨迹，而与机械装置无关。通常进行直角或柱面变换，就可以将 PCS 映射为 MCS，或者将 MCS 映射为 PCS |
| 位置 | Position | 位置指用不同坐标描述的空间的点。根据用户的系统和转换，它可以由高达 6 维（坐标）组成，表示空间的三个直角坐标和三个方位坐标<br>在 ACS，甚至可超过 6 维坐标。如果同一位置在不同坐标系统描述，则在坐标中的值不同 |
| 水平关节机器人 | Scara | 一种特定运动的机器人或处理应用程序 |
| 速度 | Speed | 速度 Speed 是指没有方向的速度的绝对值 |
| 同步 | Synchronization | 为了执行从轴或从轴组对其主轴路径进给的同步，将一个从轴或一个从轴组与主轴组合。这表示主轴和从轴（或从轴组）连接到一个一维的同步源 |
| 刀具中心点（TCP） | Tool Centre Point | TCP 是机械装置上执行运动命令的那一点，典型的就是位于刀具的头部或中心点，即刀尖。在不同的坐标系中都可以对其进行描述 |

| 名称（缩写） | 英 文 名 | 解　释 |
|---|---|---|
| 跟踪 | Tracking | 一组轴组跟随另一个轴组运动而运动的特性 |
| 轨迹 | Trajectory | 一个轴组沿着其刀具中心点（TCP）路径移动的与时间有关的描述。除了空间曲线几何描述外，还要附加制定随时间变化的状态变量，例如，速度、加速度、加速度变化率、力等的规定 |
| 速度 | Velocity | 对于轴组，在 ACS 中速度 Velocity 表示不同轴的速度；在 MCS 和 PCS 中，速度 Velocity 表示刀工具中心点（TCP）的速度 |

（2）功能块接口的一般规则

表 5-12 是功能块接口的一般规则。

**表 5-12　功能块接口的一般规则**

| | |
|---|---|
| 输入参数 | 用 Execute 不用 ContinuousUpdate：在 Execute 输入的上升沿，输入参数被使用。为了修改任何参数，必须先改变输入参数，并再次触发 Execute 输入。由于没有 ContinuousUpdate，因此，输入参数不会被连续更新<br>组合用 Execute 和 ContinuousUpdate：在 Execute 输入的上升沿，输入参数被使用。只要 Continuous Update 在置位状态，参数就可以连续地被修改<br>用 Enable：在 Enable 输入的上升沿，输入参数被使用，并能连续地修改该参数<br>在执行的上升沿时，使用这些参数 |
| 输入参数超过应用程序限制 | 如果命令功能块以超过输入参数绝对上下限的参数值执行，则输入被系统所限制，或由功能块实例生成一个出错。对于这根轴来说，该出错的后果是由应用规定的，因此，由应用程序进行处理（例如，警告和报警） |
| 输入参数丢失 | 根据 IEC 61131-3，如果功能块的任何输入参数丢失（断开），则采用该实例的上次调用的值。第一次调用时则采用输入参数的初始值 |
| 加速度、减速度和加速度变化率输入参数 | 如果加速度、减速度或加速度变化率被设置为 0，其结果是与具体实现有关。有几种可能实现的方式：一种方式是进入出错状态；一种方式是标志为警告（通过制造商规定的输出）；一种方式是在编辑器被禁止；一种方式是按 AXIS_REF 设定取值或按驱动器自身的设定取值，或取最大值<br>即使系统能够接受 0 输入，考虑到兼容性目标时，尤其需要谨慎使用 |
| 输出参数的排他性 | 用 Execute：输出参数 Busy、Done、Error 和 CommandAborted 是相互排斥的。在一个功能块中，这些输出参数只能有一个为 True。如果 Execute 为 True，则这些输出参数中的一个也必须为 True<br>除了功能块 MC_Stop，Active 和 Done 可同时被置位外，其他功能块的输出 Active、Error、Done 和 CommandAborted 都不允许同时置位<br>用 Enable：输出 Valid 和 Error 是相互排斥的，在一个功能块中，它们只能有一个是 TRUE |
| 输出状态 | 用 Execute：在 Execute 的下降沿，输出 Done、InGear、InSync、InVelocity、Error、ErrorID 和 CommandAborted 被复位，而 Execute 的下降沿不停止功能块的执行，或影响实际功能块的执行。如果发生功能块执行的停止或影响了功能块的执行，则必须保证相应的输出至少在一个周期内是置位的，即使在功能块完成前执行已经复位<br>如果功能块实例在它完成前接收到一个新的执行（由于对同一实例有一系列指令），功能块不会为前一个动作输出任何反馈信息，如 Done 或 CommandAborted<br>用 Enable：在 Enable 的下降沿，尽可能快地复位输出 Valid、Enabled、Busy、Error 和 ErrorID |
| 出错处理行为 | 所有功能块有两个输出，描述执行功能块时发生的错误，这些输出定义如下<br>● 出错（Error）：Error 信息的上升沿表示执行功能块时发生出错<br>● 出错标识号（ErrorID）：出错代码<br>Done、InVelocity、InGear、InTorque 和 InSync 表示执行成功完成，因此，这些信号在逻辑上与 Error 是排他性的。出错类型有三类：<br>● 功能块出错（参数超出范围，企图违反状态机，顺序控制故障等）<br>● 通信<br>● 驱动<br>实例出错并不总会导致轴的出错（使轴进入"保持静止"）。在执行的下降沿相应功能块的出错输出被复位<br>相关功能块的 Error 输出在 Execute 和 Enable 的下降沿被复位。带 Enable 的功能块的 Error 输出在运行期间被复位（不需要对 Enable 复位） |

| 功能块命名 | 当一个系统内有多个库的情况下（即支持多个驱动器/运动控制系统），对功能块的命名可改为"MC_FBname_SupplierID" |
|---|---|
| 命名约定的枚举类型 | 由于 IEC 标准对变量名唯一性的命名限制，PLCopen 运动控制命名空间引用"mc"用于枚举数据类型<br>例如，由于把 Positive 和 Negative 分别命名为 mcPositive 和 mcNegative，就可避免与整个项目的其他部分使用这些枚举数据变量的实例发生冲突 |
| Done（执行完成）输出的行为 | 在功能块命令动作已经成功完成时，"Done"输出被置位。例如当功能块 InGear、InSync 成功执行，其 Done 输出被置位<br>当多个功能块在同一轴上顺序工作时，使用下列规则：当轴的一个运动功能块被同一轴的另一个运动功能块所中断，而未达到最终目标时，则第一个功能块的 Done 输出不会被置位 |
| Busy（忙碌）输出的行为 | 用 Execute：每个功能块都有一个 Busy 输出，反映该功能块执行还未完成，预期会有一个新的输出。在 Execute 的上升沿，Busy 被置位，在 Done、Aborted 或 Error 中的任一个被置位时，Busy 被复位<br>用 Enable：每个功能块都有一个 Busy 输出，反映该功能块正在工作，预期会有一个新的输出。在 Enable 的上升沿，Busy 被置位并保持，直到该功能块执行任何动作<br>推荐在应用程序的动作回路中，该功能块至少保持 Busy 置位 TRUE，这是因为考虑到输出仍有可能改变 |
| InVelocity、InGear、InTorque 和 Insync 输出的行为 | 输出 InVelocity、InGear、InTorque 和 Insync（以下称 Inxxx）与 Done 输出的行为不同。<br>只要功能块激活，当设置的值等于命令值时，Inxxx 被置位；当稍后时间，设置值与命令值不等时，Inxxx 被复位。例如，当设置的速度等于命令的速度值时，InVelocity 被置位，在可应用的功能块中，InGear、InTorque 和 Insync 也类似<br>即使 Execute 是低电平，只要功能块已对轴进行控制（即 Active 和 Busy 被置位），则 Inxxx 就被刷新<br>在 Execute 再次被置位后，而 Inxxx 的条件已经满足，则 Inxxx 的行为取决于制造商的实现规定<br>Inxxx 定义并非参照轴的实际值，但必须参照内部的瞬时设置值 |
| 输出"Active（激活）" | 对缓冲类功能块，要求有 Active 输出。该输出是在功能块对相应轴的运动采取控制的时刻被置位。对无缓冲模式的功能块，输出 Active 和 Busy 有相同的值<br>对于一个轴来说，几个功能块可以同时 Busy，但是在一个时间只能有一个功能块是激活（Active）的<br>例外情况是这些功能块在并行工作，例如，MC_MoveSuperimposed、MC_PhasingAbsolute 和 MC_PhasingRelative，它们有与轴相关的多于一个功能块处在激活状态 |
| CommandAborted（指令中止）输出的行为 | 当请求的运动被另一个运动命令中断时，CommandAborted 被置位<br>CommandAborted 的复位行为与 Done 类似，即当发生 CommandAborted 时，其他输出信号，例如，InVelocity 被复位 |
| Enable 和 Valid | Enable 输入对应于输出 Valid。Enable 是层级检测，而 Valid 显示功能块中一组有效的输出是可用的<br>如果一个有效输出值可用、且 Enable 输入为 TRUE，则 Valid 输出为 TRUE。只要 Enable 输入为真，相应的输入值就可被参照。如果一个功能块出错，其输出就不有效（Valid 被设置为 FALSE）。当出错条件消失，其值就重新显示，Valid 输出被再次置位 |
| 位置和距离 | Position 是在直角坐标系定义的一个值，Distance 是有工程单位的相对度量。它是两个位置之间的差 |
| 符号规则 | Acceleration、Deceleration 和 Jerk 通常是正值，Velocity、Position 和 Distance 可正或负值。但 Velocity 有时只为正值 |

1）带 Execute（执行）和 Done 的功能块的行为。其行为可用图 5-19 描述。

可以看到，三个示例中，当 Execute 信号在上升沿时，Busy 被置位。示例 1 中，功能块的还在执行中，但另一功能块的中止命令使该功能块中断执行，由此，CommandAborted 被置位，同时，它使 Busy 复位。示例 2 中，由于功能块出错，因此，在 Error 信号的上升沿触发下，使 Busy 复位。示例 3 中，虽然，Execute 信号已经复位，但整个功能块没有出错，因此，功能块能够成功完成执行任务，Done 信号置位的同时使 Busy 复位。可见，不同情况下，Busy 的复位原因是不同的。

2）带 Execute 和 Inxxx 的功能块的行为。其行为可用图 5-20 描述。

图 5-20 说明 Inxxx 与 Done 输出的不同行为。只有在功能块的 Active 激活后，同时，Inxxx 的设置值与命令值相等时才被置位。示例 1 中，当程序中针对某个轴的几个功能块中，有一个功能块的中止命令中断了正在执行中的一个功能块时，Inxxx 复位。示例 2 中，由于功能块出错，因此，输出 Error 信号置位的同时，使 Inxxx 复位。示例 3 中，虽然 Execute 已经复位，但由于功能块运行正常，因此，Inxxx 被激活后，可保持其在置位的状态。

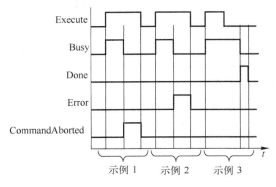

图 5-19 带 Execute 和 Done 功能块的行为

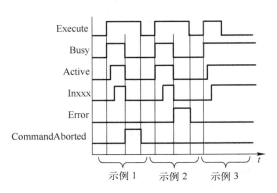

图 5-20 带 Execute 和 Inxxx 功能块的行为

3）Enable（使能）输入的出错处理行为。其行为可用图 5-21 描述。

图 5-21 中，功能块需要 Enable 信号的上升沿触发才能继续。示例 1 是正常运行情况。在 Enable 信号上升沿时，功能块的 Busy 被置位，当功能块正常运行结束后，Busy 被复位，Valid 也被复位。示例 2 是出现出错信号，Valid 和 Busy 立即复位，但在出错信号被复位后，由于此时 Enable 已经被复位，因此，Valid 和 Busy 均被复位。示例 3 是当运行期间，功能块出错时，Error 被置位，根据排他性规则，Valid 被复位。由于功能块的 Busy 仍在高电平，因此，当出错信号被复位后，Valid 同时被置位。

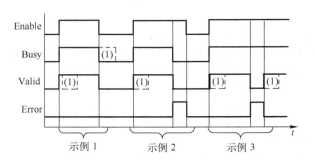

图 5-21 带 Enable 功能块的出错处理行为

图 5-21 中的（1）表示需要一定等待时间后，Valid 信号才能置位；以及需要一定时间后，Busy 信号才能复位。等待时间与操作程序的重新存储过程的时间有关。

**6. 中止和缓冲模式**

对于有些具有缓冲模式输入的功能块，它可以在非缓冲和缓冲两种模式下运行。非缓冲模式是默认行为模式。当功能块被激活时，即使它正被另一个运动所中断，非缓冲模式表示命令立刻被执行。缓冲模式下，命令需要等待，直到当前功能块的 Done（或 InPosition、InVelocity 等）输出被置位才被执行。

（1）缓冲模式

缓冲模式有多个选项，它们是用 MC_BUFFER_MODE 枚举数据类型的输入信号来确定的。该数据类型可声明如下：

TYPE

       MC_BUFFER_MODE( mcAborting, mcBuffered, mcBlendingLow, mcBlendingPrevious, mcBlendingNext, mcBlendingHigh);

       END_TYPE

如果功能块有出错（例如设置的参数错误），则输出 Error 被置位，其行为取决于应用程序。例如，有两个功能块，第一个功能块的实例 FB1 执行一个轴上的任何运动命令，同一轴上第二个功能块在缓冲模式下开始新的命令，该命令被缓冲直到 FB1 执行完成。在第一功能块实例 FB1 已经完成它的命令以前，会发生下列情况中的一种：

1）轴的状态进入"ErrorStop"状态（例如，由于下列出错或过热）。FB1 的 Error 被置位，FB2（即该轴上的有缓冲模式的功能块实例会等待去执行）的 Error 被置位，并显示其 ErrorID 输出，因为轴在"出错停止"状态，不允许它执行其任务，所有的缓冲命令被清除。当轴的出错由 MC_Reset 复位后，才能再执行命令。

2）FB1 的 Error 输出被置位（例如无效的参数），FB2 被激活（Active），并随即执行给出的命令，应用程序将处理该出错情况。

一些运动控制功能块有一个称为"BufferMode"的输入端，用该输入，功能块既可工作在非缓冲模式（默认约定），也可以工作在缓冲模式。这两种模式的区别是当它们开始其激活动作时：

1）非缓冲模式：即使它会中断另一个运动，非缓冲模式的命令会立即执行。缓冲区被清除。

2）缓冲模式：缓冲模式的命令会等待，直到当前功能块的输出 Done（或 Inxxx）被置位（执行完成）。

① 中止模式（mcAborting）。它是没有缓冲的约定默认模式。当应用轴的状态转换至"ErrorStop"时，所有有缓冲模式的运动控制功能块会进入"中止"模式。这时，中止模式的功能块输出 Error 被置位。其后续的命令因输出 Error 被置位而不允许被激活，即拒绝执行。

下一个功能块中止正在进行的轴的运动，因此，该模式立刻影响正在运动的轴。缓冲区被清除。

② 已缓冲模式（mcBuffered）。后一个功能块在前一个功能块完成后，才能够影响轴的

模式。

已缓冲模式是后一个功能块的 BufferMode 输入设置为 mcBuffered。

在已缓冲模式，后一个功能块不能中断前一个功能块的运动，只有在前一个功能块完成其任务，其输出 Done 被置位后，才进入后一个功能块的运动。

③ 混成模式。混成模式表示由于前后功能块设置的速度不同，当后一个功能块的 Execute 输入被置位时，系统将根据后一个功能块设置的 BufferMode 参数，确定这时应采用什么速度对轴进行控制。

混成模式分为混成低速模式（mcBlendingLow）、混成前模块的速度模式（mcBlending Previous）、混成后模块的速度模式（mcBlendingNext）和混成高速模式（mcBlendingHigh）四种，即根据混成后的速度可以选择为：取两功能块中的低速、前一功能块的速度、后一功能块的速度和取两功能块中的高速四种。

当后一个功能块的缓冲模式设置为混成低速模式时，表示后一功能块在前一功能块还未完成时不会中断前一功能块的工作，只有在前一个功能块的速度降低到前后两个功能块设置的低速时，后一功能块才能继续控制轴的运动。

a. 混成低速模式是按前后两功能块设置速度的低者运动。前一功能块将在混成速度的控制下完成后续运动，直到达到设置的位置，并由后续功能块继续控制该轴。

b. 混成前模块的速度模式是按前一个功能块的速度完成后续运动。前一功能块将在混成速度的控制下完成后续运动，直到达到设置的位置，并由后续功能块继续控制该轴。

c. 混成后模块速度模式是按后一个功能块的速度完成后续运动，直到达到设置的位置，并由后续功能块继续控制该轴。

d. 混成高速模式是按前后两功能块设置速度的高者运动。前一功能块将在混成速度的控制下完成后续运动，直到达到设置的位置，并由后续功能块继续控制该轴。

（2）缓冲模式的影响

表 5-13 是缓冲模式对运动控制功能块的影响。

表 5-13　缓冲模式对运动控制功能块的影响

| 功　能　块 | 可否被指定为一个<br>缓冲命令 | 可否在其后跟随一个<br>缓冲命令 | 激活下一缓冲功能块的相关信号 |
|---|---|---|---|
| MC_Power | 否 | 是 | Status |
| MC_Home | 是 | 是 | Done |
| MC_Stop | 否 | 是 | Done 与 NOT Execute |
| MC_MoveAbsolute | 是 | 是 | Done |
| MC_MoveRelative | 是 | 是 | Done |
| MC_MoveAdditive | 是 | 是 | Done |
| MC_MoveSupperimposed | 否 | 否 | — |
| MC_HaltSuperimposed | 否 | 否 | — |
| MC_MoveVelocity | 是 | 是 | InVelocity |

| 功 能 块 | 可否被指定为一个缓冲命令 | 可否在其后跟随一个缓冲命令 | 激活下一缓冲功能块的相关信号 |
|---|---|---|---|
| MC_MoveContinuousAbsolute | 是 | 是 | InEndVelocity |
| MC_MoveContinuousRelative | 是 | 是 | InEndVelocity |
| MC_TorqueControl | 是 | 是 | InTorque |
| MC_PositionProfile | 是 | 是 | Done |
| MC_VelocityProfile | 是 | 是 | Done |
| MC_AccelerationProfile | 是 | 是 | Done |
| MC_CamIn | 是 | 是（但在单轴模式） | EndOfProfile |
| MC_CamOut | 否 | 是 | Done |
| MC_GearIn | 是 | 是 | InGear |
| MC_GearOut | 否 | 是 | Done |
| MC_GearInPos | 是 | 是 | InSync |
| MC_PhasingRelative | 是 | 否 | — |
| MC_PhasingAbsolute | 是 | 否 | — |
| MC_CombineAxes | 是 | 是 | InSync |

管理类运动控制功能块基本上没有缓冲，或能跟随一个有缓冲的功能块。因此，没有在表中列出。但是，制造商可选择支持各种缓冲/混成模式。

如果一个正在进行的运动被另一个运动中止，则可因减速的限制而制动距离不足。

对旋转轴，可增加一个模数（modulo）来确定绝对位置。有模数的轴可进入所指定绝对位置的最早定位搜索期，这时，旋转轴不改变其方向，且回动至目标位置。

对直线运动系统，可通过反向微动来解决过调的结果。由于每个位置是唯一的，因而没有必要增加一个模数来达到正确的位置。

**7. 协调运动**

（1）概述

1）运动。用功能块对机械装置实施运动控制使得刀具中心点（TCP）运动到新的命令点。到达新目标位置所用的特定路径是由功能块的应用规定的。要注意的是，被指定的新命令位置所在的坐标系，不会对路径造成影响。

基本上需要区分两类运动：

① 点到点的运动（Point to Point movements，PTP）：也称为连接插补运动。本质上，点对点运动是为了尽可能快地到达命令所要求的位置。完成此运动可在每个轴方向上移动最短的路程，从而从起始点到达目标点。通常这类运动是到达新目标点的最快方式，因为在任意时刻在某个轴方向是以其动态极限的速度在运动。此时刀具中心点（TCP）运动的路径和路径速度都不是要关注的。重要的是同一时间点所有轴能够达到命令的位置，即同步运动。这类运动控制功能块有 MC_MoveDirectAbsolute、MC_Move DirectRelative。此类运动主要用于维护、修改再加工等手工操作和那些 TCP 路径不是关键的场合。

② 直角坐标的轨迹运动（Cartesian Path movements，CP）：又称为连续路径运动。这类运动使 TCP 沿直角坐标空间规定的轨迹运动。轨迹可以是一组或一根直线、圆弧或样条函数。这时，达到新命令位置的路径是重要的，TCP 的路径速度可直接被控制。与连接插补运动相反，每个轴位置的处理过程由所期望路径和逆运动变换确定。这类运动控制功能块有 MC_MoveLinearAbsolute、MC_MoveLinearRelative、MC_Move CircularAbsolute、MC_Move CircularRelative 和 MC_MovePath。

2）插补运动控制。插补型运动控制的基本部分是对轴组实施一连串连续且具有缓冲的运动命令的混成。如果没有混成，轴组的 TCP 会向前运动至命令所要求的位置，减速并精准地停在该位置不动，接下去的缓冲减速运动命令不会被激活。显然，这时轴组必须再加速。

在许多应用中，会要求 TCP 具有不同的行为特性，要求连续不断地运动。这是因为：

① 减少加工处理的循环时间（例如抓取和放置）。

② 为了减少机械应力，要生成平滑的运动。

③ 有些应用要求 TCP 进行恒速运动（如喷涂、焊接、胶合等）。

所有这些要求都可以用不同类型的运动混成加以满足。所有这些类型的运动混成有一个共同点，就是修正原始的路径，从而得到平滑且没有拐角的轨迹。

插补运动控制的运动命令的混成不同于单轴的运动命令混成。在单轴情况下，命令所指定的位置总是达到的。可通过设置 BufferMode 缓冲模式的输入参数，使命令位置到达或通过的时刻速度发生改变。在多轴情况下，需要考虑各轴之间的协调，使轴组的轮廓曲线和速度曲线等符合命令要求。为此，需要引入新的缓冲模式。

缓冲模式的输入参数由具体的实现者规定，可根据插补方法改变。

（2）轴组的缓冲模式和过渡模式

1）轴组的缓冲模式。与单轴的缓冲模式类似，同样的缓冲模式也可应用于轴组。

① 轮廓线（Contour curve）。图 5-22 是轴运动的轮廓线。它是插入的曲线，图中用 E1'-S2' 表示，用于修改原来的路径（E1'-E1/S2-S2'）。

② 前块（Pre-block）：轮廓线前面的运动块（S1-E1 块）。

③ 后块（Post-block）：轮廓线后面的运动块（S2-E2 块）。

④ 角距离（Corner distance）：轮廓线开始点（E1'）到编程目标点（E1）的距离 $d$。

⑤ 角偏差（Corner deviation）：编程角点（E1/S2）与轮廓线之间的最短距离 $e$。

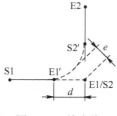

图 5-22　轮廓线

2）缓冲模式。表 5-14 是轴组的缓冲模式。

表 5-14　轴组的缓冲模式

| 模式类型 | 中止（mcAborting） | 已缓冲（mcBuffered） | 混成低速（mcBlendingLow） | 混成前块速度（mcBlendingPrevious） | 混成后块速度（mcBlendingNext） | 混成高速（mcBlendingHigh） |
|---|---|---|---|---|---|---|
| 描述 | 前块运动立刻停止，并启动后块 | 当前运动结束后启动后块 | 混成后以前后块中的低速运动 | 混成后以前块的速度运动 | 混成后以后块的速度运动 | 混成后以前后块中的高速运动 |
| 轮廓线 | | | | 假设前块设置速度高于后块速度 | | |
| 速度曲线 | | | | | | |
| 说明 | FB2 中止，使 FB1 停止到轮廓线 S1-E1 的某点 E1′/S2，然后开始 FB2 的运动 | FB2 缓冲，FB1 将执行完其运动，到 E1，然后开始 FB2 的运动 | 混成后的速度是 FB1 和 FB2 中的低速，并以低速达到 FB1 期望的位置 | 混成后的速度是前块（FB1）的速度，并以前块速度达到 FB1 期望的位置 | 混成后的速度是后块（FB2）的速度，并以后块速度达到 FB1 期望位置 | 混成后的速度是 FB1 和 FB2 中的高速，并以高速达到 FB1 期望的位置 |

3）过渡模式。过渡模式由枚举数据类型 **MC_TRANSITION_MODE** 确定。其数据类型的声明如下：

TYPE

　　　　MC_TRANSITION_MODE( TMNone,TMStartVelocity,TMConstantVelocity,TMCornerDistance, TMCornerDeviation, TMMaxCornerDeviation);

　　　　END_TYPE

标准还提供 PLCopen 可扩展的可选项和制造商可规定的可选项，在上述声明段没有列出。

过渡模式与缓冲模式组合用于表示在缓冲模式下，轮廓线是如何过渡的，即是否要插入过渡曲线、如何确定过渡曲线的速度等。

① **TMNone**（不插入过渡曲线模式）。这是系统约定的默认模式，也是缓冲模式"Buffered"仅有的可能的过渡模式。混成缓冲模式如果采用不插入过渡曲线的过渡模式，其结果与缓冲模式"Buffered"的过渡模式的运行结果一样。

不插入过渡曲线的轮廓线和速度曲线与表 5-14 中轴组的缓冲模式的曲线相同。如果用其他缓冲模式，例如，中止模式，则其过渡曲线的轮廓线和速度曲线与表 5-14 的中止缓冲模式的曲线相同。

② **TMStartVelocity**（用给定最大速度过渡）、**TMConstantVelocity**（用给定恒速过渡）、**TMCornerDistance**（用给定的角距离过渡）、**TMMaxCornerDeviation**（用给定的最大角偏差过渡）。采用轮廓线时，轮廓线角距离由轮廓线开始前块的编程速度 TPStartVelocity 的特定最大百分数表示。

表 5-15 是上述四种过渡模式的比较。

表 5-15　四种过渡模式的比较

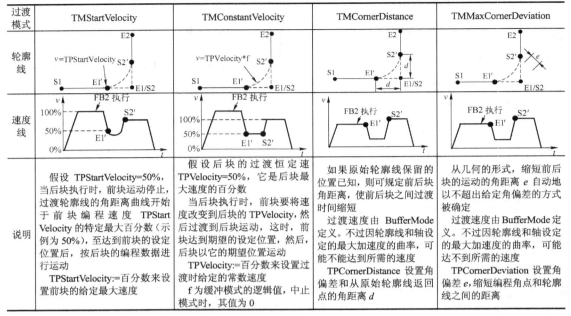

| 过渡模式 | TMStartVelocity | TMConstantVelocity | TMCornerDistance | TMMaxCornerDeviation |
|---|---|---|---|---|
| 轮廓线 | v=TPStartVelocity | v=TPVelocity*f | | e |
| 速度线 | FB2 执行 | FB2 执行 | FB2 执行 | FB2 执行 |
| 说明 | 假设 TPStartVelocity=50%，当后块执行时，前块运动停止，过渡轮廓线的角距离曲线开始于前块编程速度 TPStartVelocity 的特定最大百分数（示例为 50%），至达到前块的设定位置后，按后块的编程数据进行运动 TPStartVelocity:=百分数来设置前块的给定最大速度 | 假设后块的过渡恒定速度 TPVelocity=50%，它是后块最大速度的百分数 当后块执行时，前块要将速度改变到后块的 TPVelocity，然后以它的期望设定位置运动，然后，后块以它的期望位置运动 TPVelocity:=百分数来设置过渡时给定的常数速度 f 为缓冲模式的逻辑值，中止模式时，其值为 0 | 如果原始轮廓线保留的位置已知，则可规定前后块角距离，使前后块之间过渡时间缩短 过渡速度由 BufferMode 定义。不过因轮廓线和轴设定的最大加速度的曲率，可能不能达到所需的速度 TPCornerDistance 设置角偏差和从原始轮廓线返回点的角距离 d | 从几何的形式，缩短前后块的运动的角距离 e 自动地以不超出给定角偏差的方式被确定 过渡速度由 BufferMode 定义。不过因轮廓线和轴设定的最大加速度的曲率，可能达不到所需的速度 TPCornerDeviation 设置角偏差 e，缩短编程角点和轮廓线之间的距离 |

表 5-16 是不同缓冲模式时可使用的过渡模式。

表 5-16　可使用的过渡模式

| 过渡模式（Transition Mode） | 缓冲模式（Buffered Mode） | | | | | |
|---|---|---|---|---|---|---|
| | mcAborting | mcBuffered | mcBlengingLow | mcBlendingPrevious | mcBlendingNext | mcBlendingHigh |
| TMNone | 可用 | 可用 | 不可用 | 不可用 | 不可用 | 不可用 |
| TMMaxVelocity | 混成模式非必要 | 混成模式非必要 | 混成模式非必要 | 混成模式非必要 | 混成模式非必要 | 混成模式非必要 |
| TMdefineVelocity | 可用 | 不可用 | 可用 | 可用 | 可用 | 可用 |
| TMCornerDistance | 不可用 | 不可用 | 可用 | 可用 | 可用 | 可用 |
| TMMaxCornerDiviation | 不可用 | 不可用 | 可用 | 可用 | 可用 | 可用 |

（3）协调运动

1）输入执行模式（MC_EXECUTION_MODE）。输入参数 MC_EXECUTION_MODE 是一个枚举数据类型，用于提供运动控制管理功能块行为的信息。其数据类型的声明如下：

```
TYPE
    MC_EXECUTION_MODE( Immediately, Delayed, Queued);
END_TYPE
```

① Immediately（立刻）。其功能立刻生效，它可能会影响正在运行的轴的运动，但不影响其状态。

② Delayed（延迟）。当正在运行的运动命令设置输出参数 Done、Aborted 或 Error 之一时，其功能立刻生效。它也意味输出参数 Busy 被设置到 False（复位）。

③ Queued（排队）。当所有前面的运动命令设置输出参数 Done、Aborted 或 Error 之一时，该新功能生效。它也意味输出参数 Busy 被设置到 False（复位）。

2）辅助点和圆方向。在圆弧插补中，从起始点到终止点之间可增加辅助点（AuxPoint）。辅助点和终止点（EndPoint）用数组定义。它们表示在协调系统中点的绝对位置。辅助点的定义不同，组成运动轨线的圆不同，从起始点到终止点的圆上的运动可有顺时针或逆时针方向，因此，设置两个参数。圆方向（CircDirection）参数是枚举数据类型 MC_CIRC_PATHCHOICE 表示的参数。圆模式（CircMode）也是枚举数据类型，有 Border、Center 和 Radius 三种选项，用于设置运动的轨迹。不同圆弧插补模式的设置组成的轨迹圆不同。表 5-17 是不同的圆弧插补模式。

表 5-17　三种圆弧插补模式

| 模式 | 边界（CircMode=Border） | 圆心（CircMode=Center） | 半径（CircMode=Radius） |
| --- | --- | --- | --- |
| 功能 | 它把辅助点、起始点和终止点组成的圆作为运动的轨迹圆 | 它把辅助点定义为运动轨迹圆的圆心，因此，辅助点应在起始点和终止点连线的中垂线上 | 根据右手法则，定义终止点和与圆平面垂直的矢量，矢量的长度对应于圆半径。矢量的矢箭点是在绝对坐标表示的辅助点的位置，即参照协调系统规定的坐标系的原点。根据右手法则，半径为正，用短圆弧；半径为负，用长圆弧 |
| 说明 | | | |
| 特点 | ● 单命令时限制其角度<2π | ● 单命令时限制其角度<2π<br>● 圆方程的多元确定<br>● 由于障碍造成冲突，不能达到圆心 | ● 单命令时限制其角度<2π<br>● 圆方程的多元确定<br>● 必须计算垂直圆平面的矢量 |

3）轴组的协调运动。单轴和轴组之间的主/从关系和协调系统中单轴和轴组之间的主/从关系可分下列两大类：同步和跟踪。同步运动分六类：

① 单轴同步于轴组，线性同步。
② 单轴同步于轴组，非线性同步（采用 MC_CamIn）。
③ 轴组同步于单轴，线性同步。
④ 轴组同步于单轴，非线性同步（采用 MC_CamIn）。
⑤ 轴组同步于轴组，线性同步。
⑥ 轴组同步于轴组，非线性同步（采用 MC_CamIn）。

同步运动关系可分为下列三种情况：

① 同步运动的各轴设置为相同的速度，这也称为狭义同步运动，或简单的同步控制。
② 同步运动各轴的速度按一定的比例关系。这种比例关系可根据系统实际工况进行调整。在运动控制功能块中用 RatioNumerator 和 RatioDenominator 表示。这被称为广义同步运动。
③ 各轴速度之间保持一定的速度差。它也作为同步运动的特例。

表 5-18 是轴和轴组的六种同步关系。

表 5-18　轴和轴组的同步关系

| 同步关系 | 单轴同步于轴组，线性同步 | 轴组同步于单轴，线性同步 | 轴组同步于轴组，线性同步 |
|---|---|---|---|
| 图形描述 | 从轴 1-Axis 多轴功能块<br>MC_SyncAxisToGroup<br>Axis Group 主轴 轴组同步运动 | 主轴 1-Axis 多轴功能块<br>MC_SyncGroupToAxis<br>从轴 Axis Group 轴组同步运动 | 1-Axis 虚拟从轴/主轴<br>MC_SyncGroupToAxis<br>MC_SyncAxisToGroup<br>Axis Group 主轴　Axis Group 从轴 |
| 同步关系 | 单轴同步于轴组，非线性同步 | 轴组同步于单轴，非线性同步 | 轴组同步于轴组，非线性同步 |
| 图形描述 | 1-Axis MC_CamIn 1-Axis<br>虚拟从轴/主轴　从轴<br>MC_SyncAxisToGroup<br>Axis Group 主轴 | 1-Axis MC_CamIn 1-Axis<br>虚拟从轴/主轴　主轴<br>MC_SyncGroupToAxis<br>Axis Group 从轴 | 1-Axis MC_CamIn 1-Axis<br>虚拟从轴/主轴　虚拟从轴/主轴<br>MC_SyncAxisToGroup MC_SyncGroupToAxis<br>Axis Group 主轴　Axis Group 从轴 |

跟踪是指一个轴组（A）的运动跟随一个单轴或另一个轴组（B）。在协调运动的跟踪模式，轴组 A 执行的运动是相对于轴组 B 的运动。所跟踪的数据是一个多维的数据源，它包括位置和方向。解决方案可包括一个移动的坐标系或一个多维齿轮功能。

虽然跟踪的两个运动是独立的，但仍可将跟踪认为是两个运动的叠加。首先，它是产品坐标系（PCS）的运动。其次，如果产品在准备状态，其位置已经被 PCS 定义，则它描述 TCP 将被执行的路径。PCS 的位置，也是 PCS 相对于 MCS 的运动可以被描述为 MCS 到 PCS 的坐标变换。在运动控制功能块中，可采用 MC_SetDynCoordTransform 作为一般的跟踪应用，采用 MC_TrackConveyorBelt 和 MC_TrackRotaryTable 作为特殊跟踪应用。

**8. 电子凸轮**

（1）概述

电子凸轮是模拟机械凸轮的一种智能控制器。它通过位置传感器（例如编码器或旋转变压器）检测位置信号，并送 CPU，经 CPU 的解码、运算，按要求的位置将电平信号输出。

电子凸轮属于多轴同步运动，其运动是基于主轴和一个或多个从轴系统，主轴可以是物理轴，也可以是虚拟轴。

电子凸轮的优点是可方便地确定加工轨迹，不需要烦琐地更换机械凸轮；加工机械凸轮的成本高，难度大，而电子凸轮只需要改变凸轮表数据即可；机械凸轮有机械噪声，并因磨损而降低加工精度，电子凸轮没有机械噪声，加工精度可保证。

电子凸轮的实现方式分三部分：设定主轴和从轴；设定电子凸轮的轮廓线；实现电子凸轮的运动。

1）电子凸轮精度、绝对编码器分辨率的关系。电子凸轮精度 $\Delta$ 是电子凸轮可识别的最小角度单位，例如，$1°$、$0.5°$、$0.1°$等。对应地，电子凸轮的有效状态 $N=360°/\Delta$。例如，$\Delta=0.5°$，则电子凸轮的有效状态 $N=720$。

绝对编码器分辨率 $M$ 与采用的编码器中 BCD 输出位数 $p$ 有关，$M=360°/2^p$。例如，输出

10 位 BCD 码的绝对编码器分辨率 $M=360°/2^{10}=0.35°$。

2）电子凸轮数据文件。电子凸轮的数据文件是凸轮转角与位移的关系文件。与位置、速度、加速度和力矩配置文件类似，但位置、速度、加速度和力矩配置文件建立的是位置、速度、加速度和力矩与时间的关系文件。电子凸轮数据文件示例如图 5-23 所示。

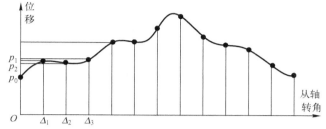

| 转角 | 0 | $\Delta_1$ | $\Delta_2$ | $\Delta_3$ | ... |
|------|---|-----------|-----------|-----------|-----|
| 位移 | $p_0$ | $p_1$ | $p_2$ | $p_3$ | ... |

图 5-23　电子凸轮数据文件示例

3）电子凸轮运动的实现。电子凸轮的运动有两种运动模式。

① 周期模式：不管数据文件是否与模板匹配，都以连续方式重复执行 Cam 文件。例如，一个模板轴有 360° 转角，而 Cam 数据文件对应 90° 转角，则在一个周期中，该 Cam 文件被执行 4 次。当模板反转时，Cam 文件也反向执行。

② 非周期模式（单次运行）：Cam 数据文件只执行一次。如果主轴位置位于 Cam 数据文件外，则从轴保持同步运动，并保持在最终的位置。当模板反转时，在达到 EndOfProfile 位置后，Cam 文件将不执行。上述的 90° 转角示例也只能执行一次。

Cam 文件可用一个或两个表表示，用于表示主轴和从轴的位置关系。表格是严格单调上升或单调下降表示的。对主轴，从轴位置可以表示为正或反的方向。表格中的数据可以在线修改。用 MC_CamIn 功能块将数据传送至电子凸轮。

4）电子凸轮曲线的选择。选择原则如下：

① 加速度和速度曲线必须连续。

② 高速轻载时，尽量选用最大加速度和最大加加速度（加速度变化率）较小的曲线；低速重载时，尽量选用最大速度和最大速度与加速度之积较小的曲线。

③ 运动中有停留的凸轮，为提高停留精度和没有残留振动，应选加速范围小而减速范围大的非对称曲线。

④ 如果没有限制，可选用修正的正弦曲线。

（2）电子凸轮特点

1）电子凸轮的特点。电子凸轮与机械凸轮的比较见表 5-19。

表 5-19　电子凸轮和机械凸轮的比较

| 性　能 | 机 械 凸 轮 | 电 子 凸 轮 |
|--------|-----------|-----------|
| 凸轮结构 | 凸轮旋转一周，回到原来的起点位置 | 旋转一周后，可以不回到原来位置，例如，可以呈现螺旋形 |
| 凸轮平滑度 | 根据机械加工精度确定 | 两点之间通过插补算法计算 |
| 位置准确性 | 准确 | 命令准确，位置准确 |
| 使用性 | 制造和修改凸轮曲线困难，更换不方便 | 只需要改变轮廓曲线的数据 |

| 性　能 | 机　械　凸　轮 | 电　子　凸　轮 |
|---|---|---|
| 输出功率 | 由于存在较大接触应力，因此，不能传递大功率 | 没有接触应力，可传递大的输出功率 |
| 维护性 | 有机械磨损，必须保养，机械修复一般较多 | 数据输入正确，可保证长期应用，不需要保养，电子系统的修复少 |
| 使用空间 | 占用空间大 | 节省空间，没有可动部件 |
| 长行程特点 | 从轴行程越长，凸轮越大。因此，行程不能很大 | 没有空间限制，行程不受影响 |
| 加速度限制 | 机械元件物理特性确定，一般都应限制加速度，防止冲击 | 伺服系统和电动机能力确定。一般都应限制加速度，防止冲击 |
| 缩放功能 | 通过齿轮比改变，因此，不同齿轮比要用不同的齿轮 | 只需要改变齿轮比的分子和分母数值就可方便在线修改齿轮比 |
| 能源要求 | 耗能，机械噪声大 | 节能环保，没有机械噪声 |
| 安全性 | 安全性较差，事故容易被扩大 | 保护机制完善，软件检测速度快，一般事故的影响小 |
| 主轴要求 | 必须要有主轴驱动 | 主轴的等速运动可计算产生，可采用虚拟轴 |

2）电子齿轮比。电子凸轮的齿轮比不仅可改变主轴和从轴的速度比，而且齿轮比可设置为负值，使轮廓线翻转。电子凸轮的齿轮比可在线修改，下载或在线改变其齿轮比，因此，调整方便。

为实现主轴和从轴的同步运动，可采用相位差补偿技术。

3）定长剪切。电子凸轮在机械行业的主要应用是材料的定长剪切，例如，定长切断钢管、木材，对钢卷、铝带等金属带材进行定长裁剪等。电子凸轮应用中的飞剪、旋切、追剪、停剪及排料等称为轮切，或横切。它是指在物料运送方向上对物料进行垂直切割。

① 旋切。辊筒上安装一把或多把剪切刀，运动中辊筒带动剪切刀旋转，旋转一周对材料剪切一次。

② 飞剪。类似旋切，但采用偏心安装方式，使剪切刀绕固定刀座做回转运动。

③ 追剪。在设定同步区，牵引剪切部件的速度和送料速度一致，因此，在同步区完成剪切运动。不同的剪切长度是通过调节非同步区的速度进行补偿。追剪是往复运动，旋切和飞剪是旋转运动。

④ 停剪。停剪控制送料轴，在剪切刀切断抬起时间内迅速送料，并停下来剪断。因此停剪是间歇送料，工作效率最低。

## 5.1.2　运动控制功能块

运动控制功能块按是否使轴运动，可分为管理和运动两类；按轴的数量，可分为单轴和多轴两类。

**1. 单轴运动控制功能块**

（1）管理类运动控制功能块

管理类运动控制功能块是用于管理的功能块，因此，它不会引起轴的运动。表5-20是单轴的管理类运动控制功能块（大多数是使能类功能块）的功能说明。表5-21是某公司规定的轴的部分参数性能。

表 5-20　单轴的管理类运动控制功能块

| 功 能 块 | 名　称 | 类型 | 功 能 说 明 |
|---|---|---|---|
| MC_Power | 上电功能块 | Enable | 控制供电电源的状态。一个轴只需要一个 MC_Power 控制供电 |
| MC_ReadStatus | 读轴状态信息功能块 | Enable | 读轴状态的信息，对应的单轴状态输出被置位 |
| MC_ReadAxisError | 读取轴出错信息功能块 | Enable | 读轴出错识别标志 AxisErrorID |
| MC_ReadParameter | 读取轴参数功能块 | Enable | 根据轴参数编号（ParameterNumber）读取该参数的值（Value） |
| MC_ReadBoolParameter | 读取轴布尔参数功能块 | Enable | 根据轴参数编号（ParameterNumber）读取该参数的值（布尔数据类型） |
| MC_WriteParameter | 写入轴的参数功能块 | Enable | 根据轴参数编号（ParameterNumber）写入参数 |
| MC_WriteBoolParameter | 写入轴布尔参数功能块 | Enable | 根据轴参数编号（ParameterNumber）写入布尔数据 |
| MC_ReadDigitalInput | 读取数字输入功能块 | Enable | 根据输入号（InputNumber）读取数字输入信号的值 |
| MC_ReadDigitOutput | 读取数字输出功能块 | Enable | 根据输出号（OutputNumber）读取数字输出信号的值 |
| MC_WriteDigitalOutput | 写入数字输出功能块 | Execute | 根据输出号（OutputNumber）将该输出号确定的值写入到轴的输出 |
| MC_ReadActualPosition | 读取轴实际位置功能块 | Enable | 连续读取轴的实际绝对位置（在 Position 输出） |
| MC_ReadActualVelocity | 读取轴实际速度功能块 | Enable | 连续读取轴的实际速度（在 Velocity 输出），可正或负 |
| MC_ReadActualTorque | 读取轴实际转矩功能块 | Enable | 连续读取轴的实际转矩（在 Torque 输出），可正或负 |
| MC_ReadMotionState | 读取运动轴状态功能快 | Enable | 读取轴的恒速度、速度的绝对增量、减量和位置增加和减少的信号 |
| MC_ReadAxisInfo | 读取轴信息功能块 | Enable | 读取轴的信号，例如，轴模式、网络通信、驱动器供电、绝对原点等 |
| MC_Reset | 复位功能块 | Enable | 刷新轴的有关出错，将轴状态从 ErrorStop 过渡到 StandStill 或 Disabled |
| MC_DigitalCamSwitch | 电子凸轮开关功能块 | Enable | 也称为可编程限位开关功能块。设置连接到轴上的被控电子凸轮 |
| MC_TouchProbe | 触发探针功能块 | Execute | 记录轴被触发时的开始和停止的位置 |
| MC_AbortTrigger | 中止触发探针功能块 | Execute | 中止连接到触发事件的 MC_TouchProbe 运行 |
| MC_SetPosition | 设置位置功能块 | Execute | 根据 Position、Relative 参数移动轴坐标到绝对或相对的位置 |
| MC_SetOverride | 设置倍率功能块 | Enable | 用设置的倍率覆盖轴的所有值，例如速度、加速度等（不能应用于从轴） |
| MC_HaltSuperimposed | 暂停所有叠加运动功能块 | Execute | 类似 MC_Halt，暂停轴上的所有叠加运动，底层运动不受影响 |
| MC_LimitLoad | 限制负荷功能块 | Enable | 激活轴提供的负荷限制。负荷指力、转矩、压力或差压。负荷控制和运动控制的切换由轴的外部负荷条件确定 |
| MC_LimitMotion | 运动限值功能块 | Enable | 激活轴的运动限值，运动限值可以是位置、速度、加速度、减速度和加加速度。运动负荷和运动控制的切换取决于轴的外部负荷条件 |

表 5-21　某公司规定的轴的部分参数性能

| 参数英文名称 | 中文名称 | 数据类型 | 基本 B/可扩展 E | 读 R/写 W | 说　明 |
|---|---|---|---|---|---|
| CommandedPosition | 已命令位置 | REAL | B | R | 已命令的位置 |
| SWLimitPos | 正向限位开关 | REAL | E | R/W | 正向软件限位开关位置 |
| SWLimitNeg | 负向限位开关 | REAL | E | R/W | 负向软件限位开关位置 |
| EnableLimitPos | 正向限位开关使能 | BOOL | E | R/W | 正向软件限位开关使能 |
| EnableLimitNeg | 负向限位开关使能 | BOOL | E | R/W | 负向软件限位开关使能 |
| EnablePosLagMonitoring | 位置延迟监视使能 | BOOL | E | R/W | 位置延迟监视使能 |
| MaxPositionLag | 最大位置延迟 | REAL | E | R/W | 最大位置延迟 |
| MaxVelocitySystem | 最大速度系统 | REAL | E | R | 运动系统中，轴的最大允许速度 |
| MaxVelocityAppl | 最大应用速度 | REAL | B | R/W | 应用时，轴的最大允许速度 |

| 参数英文名称 | 中文名称 | 数据类型 | 基本 B/可扩展 E | 读 R/写 W | 说　明 |
|---|---|---|---|---|---|
| ActualVelocity | 实际速度 | REAL | B | R | 轴的实际速度 |
| CommandedVelocity | 命令速度 | REAL | B | R | 命令的速度 |
| MaxAccelerationSystem | 最大加速度系统 | REAL | E | R | 运动系统中轴的最大允许加速度 |
| MaxAccelerationAppl | 最大应用加速度 | REAL | E | R/W | 应用时，轴的最大允许加速度 |
| MaxDecelerationSystem | 最大减速度系统 | REAL | E | R | 运动系统中，轴的最大允许减速度 |
| MaxDecelerationAppl | 最大应用减速度 | REAL | E | R/W | 应用时，轴的最大允许减速度 |
| MaxJerkSystem | 最大加速度变化率系统 | REAL | E | R | 运动系统中，轴的最大允许加速度 |
| MaxJerkAppl | 最大应用加加速度 | REAL | E | R/W | 应用时，轴的最大允许加速度 |

注：B 表示输入/输出变量是强制的；E 表示输入/输出变量是可选的；只读（R）参数在初始化时是可写的；最常用参数未在此列出。

（2）运动类运动控制功能块

表 5-22 是单轴的运动类运动控制功能块。它们都是执行类（Execute）功能块。

表 5-22　单轴的运动类运动控制功能块

| 功　能　块 | 名　　称 | 功　能　说　明 |
|---|---|---|
| MC_Home | 回原点功能块 | 功能块执行制造商规定的回原点搜索顺序 |
| MC_Stop | 停止功能块 | 命令被控的运动停止，轴进入状态 Stopping。中止正在运行功能块的执行 |
| MC_Halt | 暂停功能块 | 用于正常工况下将被控运动进入暂停状态 |
| MC_MoveAbsolute | 绝对定位功能块 | 根据指定的速度、加速度和加速度变化率等，将轴运动到指定的绝对位置 |
| MC_MoveRelative | 相对定位功能块 | 根据指定的速度、加速度和加速度变化率等，将轴运动到指定的相对位置 |
| MC_MoveAdditive | 添加距离功能块 | 添加附加的距离 Distance 到断续运动允许状态的轴的最近命令的位置 |
| MC_MoveSupperimposed | 添加叠加运动功能块 | 将规定的相对距离、叠加的速度差等叠加到现有运动的距离和速度 |
| MC_HaltSuperimposed | 暂停叠加运动功能块 | 暂时中止被控轴的所有添加叠加运动的功能块，但不中断其底层运动 |
| MC_MoveVelocity | 速度控制功能块 | 命令轴按规定的速度、加速度、减速度等参数和方位运动 |
| MC_MoveContiAbsolute | 绝对定位定速功能块 | 命令轴按规定的速度、终速、加速度、减速度等参数运动到规定的绝对位置（Position） |
| MC_MoveContiRelative | 相对定位定速功能块 | 命令轴按规定的速度、终速、加速度、减速度等参数运动到规定的相对距离（Distance） |
| MC_TorqueControl | 转矩控制功能块 | 连续施加规定幅度的转矩或力到伺服轴，用规定斜坡（TorqueRamp）达到规定的幅度 |
| MC_PositionProfile | 位置轮廓线功能块 | 规定位置和时间的轮廓线，它可在不同位置轮廓线之间切换 |
| MC_VelocityProfile | 速度轮廓线功能块 | 规定速度和时间的轮廓线，它可在不同速度轮廓线之间切换 |
| MC_AccelerationProfile | 加速度轮廓线功能块 | 规定加速度和时间的轮廓线，它可在不同加速度轮廓线之间切换 |
| MC_LoadControl | 负载控制功能块 | 连续施加指定幅度的转矩、力或压力到轴 |
| MC_LoadSuperimposed | 添加负载功能块 | 用于增加或减小一个规定的相对负载，现有负载控制的操作不中断，而附加负载被叠加 |
| MC_LoadProfile | 负载轮廓线功能块 | 规定负载和时间的轮廓线，它可在不同负载轮廓线之间切换 |

**2. 多轴运动控制功能块**

（1）多轴的管理类运动控制功能块

CAM 功能块是多轴的运动控制功能块。多轴功能块存在同步关系。同步可以与时间或位置有关，通常是在主轴与一个或多个从动轴之间建立这种关系。主轴可以是一个实际轴，也可以是一个虚拟轴。从状态图看，CAM 的多轴功能块和传动装置可锁定在主轴的一个状态（例如，MC_MoveContinuous），而从轴在特定的同步状态，称为同步运动。表 5-23 是管理类的多轴运动控制功能块。它是执行类（Execute）功能块。

表 5-23　管理类的多轴运动控制功能块

| 功能块 | 名称 | 功能说明 |
| --- | --- | --- |
| MC_CamTableSelect | 选择电子凸轮表功能块 | 用于连接存放在 MC_CAM_REF 的电子凸轮表来设置电子凸轮的轮廓线 |

MC_CAM_REF 是制造商规定的结构数据类型。例如，可定义为：

```
TYPE   MC_CAM_REF:
    STRUCT
        PHASE : ARRAY[0..365]   OF   REAL;        /* 设置主轴的相位角 */
        DISTANCE:   ARRAY[0..365]   OF   REAL;   /* 设置从轴的对应位置 */
        …
    END_STRUCT
END_TYPE
```

（2）多轴的运动类运动控制功能块

表 5-24 是多轴的运动类运动控制功能块。它们都是执行类（Execute）功能块。

表 5-24　多轴的运动类运动控制功能块

| 功能块 | 名称 | 功能说明 |
| --- | --- | --- |
| MC_CamIn | 接入电子凸轮功能块 | 根据输入参数，连接电子凸轮 |
| MC_CamOut | 停止电子凸轮功能块 | 跟随另一个功能块，例如，MC_Stop、MC_GearIn 或其他功能块，发布不激活从轴命令 |
| MC_GearIn | 启动齿轮功能块 | 用于设置主、从轴的速度比，执行后，锁定特定系统中一个轴的位置和速度的同步关系 |
| MC_GearOut | 停止齿轮功能块 | 用于停止从轴对主轴同步运动，本功能块发布不激活从轴命令 |
| MC_GearInPos | 位置的齿速比功能块 | 设置根据同步点开始的主轴和从轴间的齿速比 |
| MC_PhasingAbsolute | 绝对相位移功能块 | 相对于实际物理系统，主轴位置（相位移）发生偏移。它类似于将主轴离合器断开一段时间，使主轴延迟，因此，从轴超前主轴。相位移是由从轴侧观测的 |
| MC_PhasingRelative | 相对相位移功能块 | 建立一个从轴相对于已经存在相位移的主轴的位移。主轴位移相对于实际物理系统。它类似于主轴与从轴的联动，用于让从轴相对于主轴的运动产生延迟或提前。相位移由从轴设定 |
| MC_CombineAxes | 组合轴功能块 | 将两个轴的运动组合到第三个轴，组合方法由 MC_COMBINR_MODE 设置 |

**3. 协调运动控制功能块**

（1）协调运动的管理类运动控制功能块

表 5-25 是协调运动的管理类运动控制功能块。

表 5-25 协调运动的管理类运动控制功能块

| 功能块 | 名 称 | 类型 | 功 能 说 明 |
|---|---|---|---|
| MC_AddAxisToGroup | 轴组中增加轴的功能块 | Execute | 将轴 Axis 加到轴组 AxesGroup。命令不被缓冲。轴不发生运动 |
| MC_RemoveAxisFromGroup | 轴组中删除轴的功能块 | Execute | 从轴组 AxesGroup 中删除由 IdentInGroup 标志顺序号的轴 |
| MC_UngroupAllAxes | 删除轴组所有轴功能块 | Execute | 从轴组 AxesGroup 中删除所有轴 |
| MC_GrpReadConfiguration | 读取当前轴组状态功能块 | Enable | 根据给定的 IdentInGroup，读取轴的 AXIS_REF 数据 |
| MC_GrpEnable | 轴组使能功能块 | Execute | 使轴组状态从 GroupDisabled 切换至 GroupStandby |
| MC_GrpDisable | 禁用轴组功能块 | Execute | 使轴组状态切换至 GroupDisabled，不影响轴组中任何一个轴的供电状态 |
| MC_SetKinTransform | ACS 到 MCS 的变换功能块 | Execute | 激活预定义的 AxesGroup，实现 ACS 到 MCS 的运动变换 |
| MC_SetCartesianTransform | MCS 到 PCS 的直角坐标变换功能块 | Execute | 实现 PCS 到 MCS 的直角坐标变换，可同时对同一轴组的轴进行多于一个的直角坐标变换 |
| MC_SetCoordinateTransform | MCS 到 PCS 的坐标变换功能块 | Execute | 实现 PCS 到 MCS 的坐标变换 |
| MC_ReadKinTransform | 读取 ACS 到 MCS 间已激活运动变换参数的功能块 | Enable | 连续读取经 ACS 到 MCS 变换后的轴组参数的实际运动变换参数 |
| MC_ReadCartesianTransform | 读取 MCS 到 PCS 间已激活直角坐标变换参数功能块 | Enable | 连续读取 MCS 到 PCS 间轴组参数的已激活实际直角坐标变换的参数 |
| MC_ReadCoordinateTransform | 读取 MCS 到 PCS 间已激活的坐标变换参数功能块 | Enable | 连续读取 MCS 到 PCS 间轴组参数的已激活实际坐标变换的参数 |
| MC_GrpSetPosition | 设置轴组的轴位置功能块 | Execute | 为轴组的各轴设置由 Position 输入的位置 |
| MC_GrpReadActPos | 读取轴组各轴实际位置的功能块 | Enable | 返回被选轴组在被选坐标系中各轴的位置 |
| MC_GrpReadActVel | 读取轴组各轴实际速度的功能块 | Enable | 返回被选轴组在被选坐标系中各轴的速度，当前 TCP 的路径速度 |
| MC_GrpReadActAcceleration | 读取轴组各轴实际加速度的功能块 | Enable | 返回被选轴组在被选坐标系中各轴的加速度，当前 TCP 的路径加速度 |
| MC_GrpReadStatus | 读取当前已激活轴组状态的功能块 | Enable | 返回已经激活轴组的状态。其状态由输出的该项被置位标记 |
| MC_GrpReadError | 轴组出错功能块 | Enable | 表示轴组出错，如软件限位开关超出或 GrpStandby 状态时单轴出错等 |
| MC_GrpReset | 轴组复位功能块 | Execute | 用重新设置内部轴组的有关参数实现轴组状态从 GroupErrorStop 切换到 GroupStandby |
| MC_PathSelect | 设置路径参数功能块 | Execute | 作为下载路径文件的起始点，用路径参数 PathData 表达，并参照路径描述 PathDescription。开始生成路径文件 |
| MC_GrpSetOverride | 设置轴组协调运动覆盖参数的功能块 | Enable | 设置用于与轴组功能块命令的速度、加、减速度和加加速度相乘的超驰参数，不用于主、从轴组的同步运动 |
| MC_SetDynCoordTransform | 动态坐标变换功能块 | Execute | 用一个动态坐标连接耦合两个轴组。坐标系变换的输入为主轴组 MasterAxesGroup，变换的结果映射至 AxesGroup，这意味着轴组的 AxesGroup 坐标系以及变换跟随 MasterAxesGroup 进行动态连接 |

（2）协调运动的运动类运动控制功能块

表 5-26 是协调运动的运动类运动控制功能块。它们都是执行类（Execute）功能块。

表 5-26　协调运动的运动类运动控制功能块

| 功　能　块 | 名　称 | 功　能　说　明 |
|---|---|---|
| MC_GroupHome | 轴组回原位功能块 | 执行轴组搜索回原位程序,执行后轴组状态为 GroupStandby |
| MC_GroupStop | 轴组停止功能块 | 使轴组减速停止,中止任何正在执行的功能块,轴组状态为 GroupStopping |
| MC_GroupHalt | 轴组暂停功能块 | 使正在运动的功能块中止,轴组状态进入 GroupMoving,当轴组速度达 0 时,Done 输出位置,状态进入 GroupStandby |
| MC_GroupInterrupt | 轴组中断功能块 | 只停止该轴组的运动,但不中止已经中断的运动,所有路径信息和轨迹信息被存储,轴组仍停留在原来状态 |
| MC_GroupContinue | 中断返回功能块 | 用于将程序从中断返回。采用中断时存储的数据。轴组被中断的功能块恢复其运动 |
| MC_MoveLinearAbsolute | 轴组直线插补绝对位置运动功能块 | 功能块执行直线插补运动,将 TCP 实际位置移动到特定 CoordSystem 规定的绝对位置。缓冲模式、过渡模式和过渡参数都是为了实现相邻运动的平滑而规定的参数 |
| MC_MoveLinearRelative | 轴组直线插补相对位置运动功能块 | 执行直线插补运动,将 TCP 实际位置移动到特定 CoordSystem 规定的相对位置。缓冲模式、过渡模式和过渡参数都是为了实现相邻运动的平滑而规定的参数 |
| MC_MoveCircularAbsolute | 轴组圆弧插补绝对位置运动功能块 | 根据 AuxPoint、EndPoint 和 CircMode 规定的圆弧进行插补,轴组按该圆弧运动到绝对位置 EndPoint。圆弧运动方向由 PathChoice 确定 |
| MC_MoveCircularRelative | 轴组圆弧插补相对位置运动功能块 | 根据 AuxPoint、EndPoint 和 CircMode 规定的圆弧进行插补,轴组按该圆弧运动到相对位置 EndPoint。圆弧运动方向由 PathChoice 确定 |
| MC_MoveDirectAbsolute | 轴组直接移动到绝对位置功能块 | 将轴组移动到特定坐标系规定的绝对位置,移动时各轴的性能不发生改变 |
| MC_MoveDirectRelative | 轴组直接移动到相对位置功能块 | 将轴组移动到特定坐标系规定的相对位置,移动时各轴的性能不发生改变 |
| MC_MovePath | 按规定路径移动轴组功能块 | 按 PathData 规定的路径将轴组移动 |

（3）同步运动类运动控制功能块

表 5-27 是协调运动类运动控制功能块中的同步功能块。它们都是执行类功能块。

表 5-27　同步运动类运动控制功能块

| 功能块 | 名称 | 功能说明 |
|---|---|---|
| MC_SyncAxisToGroup | 单轴对轴组同步的功能块 | 从轴同步轴组,从轴以斜坡方式升速到输入的路径速比,并在到达同步时锁定其路径速度 |
| MC_SyncGroupToAxis | 轴组对主轴同步的功能块 | 在应用坐标系中,本命令使一个轴组进行插补轨迹 PathData 的运动,实现多轴运动与主轴的同步 |
| MC_TrackConveyorBelt | 跟踪传送带的功能块 | 本命令为传送带提供一个抽象层,协助用户跟踪在空间的直线上移动的对象,并激活由 MCS 变换到所选轴组坐标系 PCS 的坐标变换动态计算 |
| MC_TrackRotaryTable | 跟踪旋转平台的功能块 | 本命令为旋转平台提供一个抽象层,协助用户跟踪在空间的圆周上移动的对象,并激活由 MCS 到所选轴组坐标系 PCS 的坐标变换动态计算 |

**4. 回原点控制功能块**

（1）回原点程序

最初,回原点的功能被认为是机器或轴在开始阶段的一个单独的顺序,即一个轴的顺序是:上电、回原点、运动。因此,回原点程序是用户隐含的。但一些用户需要更多的控制回原点功能,并将它们添加到运动控制功能块库中。

为此,回原点程序都与特定的轴位置结合,根据不同的编码器类型(绝对编码器或相对编码器),回原点程序也不同。在执行回原点程序期间绝对编码器不需要移动,它直接传输的是系统的确切位置。而相对编码器或其他类型的编码器,必须在回原点程序执行期间发生移动,因为,它们是相对位置。

图 5-24 显示简单回原点搜索程序。包含三步：搜索一个"信号"（如图 5-24 的限位开关负）；搜索另一个"信号"（如图中的绝对开关）；移动轴到限位开关之间（操作区域）一个预定的位置。

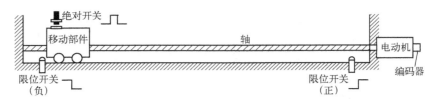

图 5-24　简单的回原点搜索程序

表 5-28 是回原点程序及其功能。

表 5-28　回原点程序及其功能

| 回原点程序名称 | 功　能 |
| --- | --- |
| HomeAbsoluteSwitch | 参照绝对开关和限位开关的回原点 |
| HomeLimitSwitch | 参照限位开关的回原点 |
| HomeBlock | 参照制动硬件块的回原点 |
| HomeReferencePulse | 用编码器的脉冲"Zero Mark"回原点 |
| HomeReferencePulseSet | 用编码器组的脉冲"Zero Mark"回原点 |
| HomeDistanceCoded | 用直线距离编码的标志回原点 |
| HomeDirect | 从一个用户参照点位置强制到一个静态位置的回原点 |
| HomeAbsolute | 从一个绝对编码器中的位置强制到一个静态位置的回原点 |

（2）回原点步进功能块

回原点步进功能块（Homing step function block）与回原点程序一起，用于改变轴的状态到 Homing 状态。到达原点后轴状态不再改变，这表明轴已停留在 Homing 状态。表 5-29 显示用 SFC 描述的回原点程序结构。

表 5-29　回原点程序结构

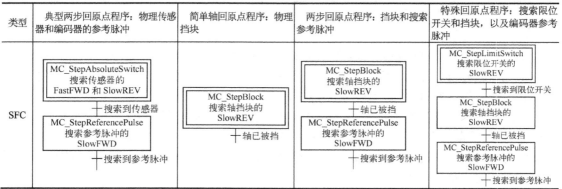

298

表 5-30 是回原点运动控制功能块。它们都是执行类的运动控制功能块。

表 5-30 回原点运动控制功能块

| 功能块名称和功能 | 图形描述 | 说　明 |
|---|---|---|
| MC_StepAbsoluteSwitch | 回原点绝对限位开关功能块 | 用一个绝对位置的限位开关检测移动部件是否回到原点特定区域位置 |
| MC_StepLimitSwitch | 回原点限位开关功能块 | 用一个限位开关检测运动部件是否回到原点位置，状态为 Homing |
| MC_StepBlock | 回原点挡块功能块 | 采用机械挡块限制运动。回原点需要足够转矩限制 TorqueLimit，防止机械损坏 |
| MC_StepReferencePulse | 回原点参考脉冲功能块 | 对参考脉冲进行检测，根据脉冲信号确定移动方向，直到回到原点 |
| MC_StepDistanceCoded | 回原点距离编码功能块 | 通过规定的方向运动直到发现几个距离编码的参考标记，并经计算后设置实际位置 |
| MC_HomeDirect | 直接回原点功能块 | 执行静态回原点程序，通过 SetPosition 输入直接设置实际位置 |
| MC_HomeAbsolute | 绝对回原点功能块 | 读取绝对编码器的位置（经 AXIS_REF），执行静态回原点程序，使实际位置等于绝对编码器的读数 |
| MC_FinishHoming | 回原点完成功能块 | 将轴状态从 Homing 切换到 StandStill，并完成回原点程序 |
| MC_StepRefFlySwitch | 回原点飞剪开关功能块 | 飞剪时作为 MC_TouchProbe 的特定功能块，用于等待特定开关条件发生。轴状态不改 |
| MC_StepRefFlyRefPulse | 回原点飞剪参考脉冲功能块 | 进行飞剪时用于旋转轴，与回原点飞剪开关功能块不同的是采用来自编码器的参考脉冲 |
| MC_AbortPosHoming | 中止回原点操作功能块 | 中止被动回原点功能块，也不改变轴状态和不发生移动 |

1）MC_SWITCH_MODE 和 MC_HOME_DIRECTION：它们用于确定搜索的开关模式和运动方向。

2）SetPosition：表示实际位置。SetPosition 输入不连接，功能块不修改实际的位置；SetPosition 输入连接，当回原点条件满足时，功能块修改实际位置到 SetPosition 的数值。

3）TimeLimit 和 DistanceLimit：时间限制和距离限制。当超出限制范围，则出错。

## 5.1.3 运动控制应用示例

### 1. 贴标机的应用

图 5-25 说明标签同步粘贴到产品的生产过程。整个运动控制系统由两个驱动轴组成：一个轴带动产品传送带，用于传送产品；另一个轴带动贴标机传送带，用于传送标签。贴标签的过程由产品检测装置触发，产品与标签之间存在检测距离的延迟，它取决于传送带的传送速度和检测传感装置安装位置和产品粘贴标签的位置。

标签检测装置检测到标签后，停止贴标机传送带的运转。当产品检测装置检测到产品后，根据检测距离 $L$ 和传送带的线速度，计算出延时时间。当延时时间到，就起动贴标机传送带运转，使标签正好贴到产品的规定位置。当下一标签到达检测位置时，贴标机传送带停转，重复上述过程。

开始时，用起动按钮 START 启动过程，整个过程结束由操作人员按下 STOP 按钮结束。

变量声明如下：

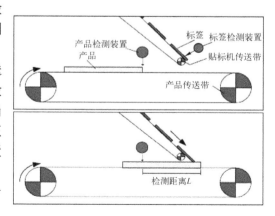

图 5-25 贴标机操作原理

```
VAR_INPUT
    Start, Stop, Product_detection, Label_detection:bool;
    Velocity, Sensor_distance: real;
END_VAR
VAR
    Run, Run_label:bool;
    RS_1, RS_2:RS; TON_1:TON;
    Label_Power, Conveyor_Power: MC_Power;
    MC_MoveRel_1: MC_MoveRelative;
    MC_MoveVel_1: MC_MoveVelocity;
END_VAR;
VAR_IN_OUT
    AXIS_Label,AXIS_Conveyor:AXIS_REF;
END_VAR;
VAR_OUTPUT
    Error_1,Error_2:bool;
END_VAR
```

贴标机的 FBD 程序如图 5-26 所示。

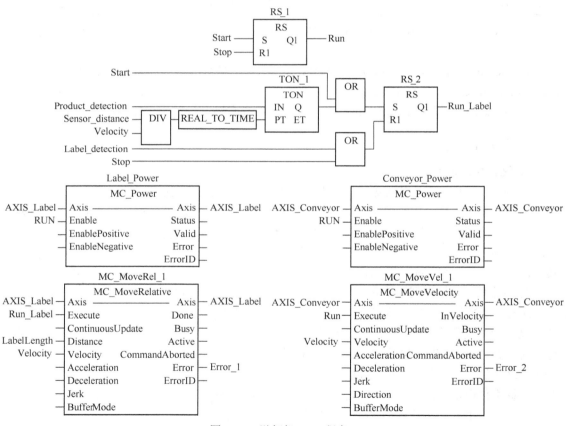

图 5-26　贴标机 FBD 程序

Start 和 Stop 按钮经 RS 实例 RS_1 产生 Run 信号，用于对 Label_Power 和 Conveyor_Power

上电。Start 同时控制 Run_Label 使其激励。当标签到位，即标签检测装置检测到标签后，Run_Label 失励，停止贴标机传送带的运转。当产品检测装置检测到产品后，根据传送带线速度 Velocity 和检测距离 Sensor_distance，计算延时时间，作为产品移动的时间，使产品到达所需位置时重新起动贴标机传送带运转，将标签贴到产品上。

由于检测距离 Sensor_distance 除以线速度 Velocity 的结果是实数，因此，用 REAL_TO_TIME 函数，实现数据类型的转换。需注意，一些 PLC 厂商提供的定时器设定时间单位是毫秒，则程序中需要串接 MUL 函数，其另一输入的乘数是 1000.0，用于将计算结果的秒转换至毫秒。

产品和标签同步移动，实现粘贴操作。该过程结束后，贴标机仍转动到标签检测位置到达处才停止运转，而产品传送带一直运转，直到产品检测装置检测到产品到达，并开始延时。

当需要停止整个过程时，操作人员按下 Stop 按钮，Label_Power 和 Conveyor_Power 断电，同时，经 RS_1，使 Run 和 Run_Label 失励，从而停止 MC_MoveRel_1 和 MC_MoveVel_1。

当 Label_Power 或 Conveyor_Power 功能块出错时，相应的 Error_1 和 Error_2 输出，可用于报警。

**2. 仓储的应用**

物流过程中，通常有货物取出和存入的操作过程。本示例是移动叉车的三个坐标轴来取出货物托盘。

X 轴沿地面移动；Y 轴沿所需的高度移动；Z 轴移动叉车进入来取出托盘。操作过程为：顺序移动 X 轴和 Y 轴到所需的位置，一旦两个轴到达该位置，Z 轴移动进入托盘下的搁板。然后，Y 轴提升托盘规定的距离，从搁板上举起托盘，并移动 Z 轴退出到其原点，然后，将 X 轴和 Y 轴移动到各自原点或规定位置。

（1）简单方法

简单方法不采用协调运动控制功能块，使用运动控制规范第一部分规定的运动控制功能块实现。

图 5-27 是 FBD 编程语言编写的程序。

图中，AXIS_X、AXIS_Y 和 AXIS_Z 分别是三个轴参数，整个程序只使用 MC_MoveAbsolute 和 MC_MoveRelative 两种运动控制功能块，与其他运动控制的编程语言比较，其程序变得极其简单，十分有利于应用人员的培训和学习。

当 START 信号为真时，功能块实例 MOVE_TO_X 和 MOVE_TO_Y 分别以 Velocity_X1 和 Velocity_Y1 移动货叉到所需的位置 POS_X 和 POS_Y，达到规定位置后，各自的 Done 输出为 1，经"与"逻辑运算，使 MOVE_TO_Z 实例执行货叉插入托盘的操作。达到其相对位置 POS_Z 后，用 LIFT_Y 实例将托盘提升规定的相对距离 POS_Y3。然后，经 QUIT_Z 功能块实例的执行，将载有货物的托盘退出，使 Z 轴达到其绝对位置（原点）0.0。最后，同时启动 X_TO_ORIGIN 和 Y_TO_ORIGIN 功能块实例，使货叉带着载有货物的托盘回复到各自的原点。如果需要到其他规定的绝对位置，只需要设置各自对应的 Position 即可。图中，加、减速度是恒定值，加加速度是零，程序中未列出，下同。

图 5-28 是程序中各信号的时序图。

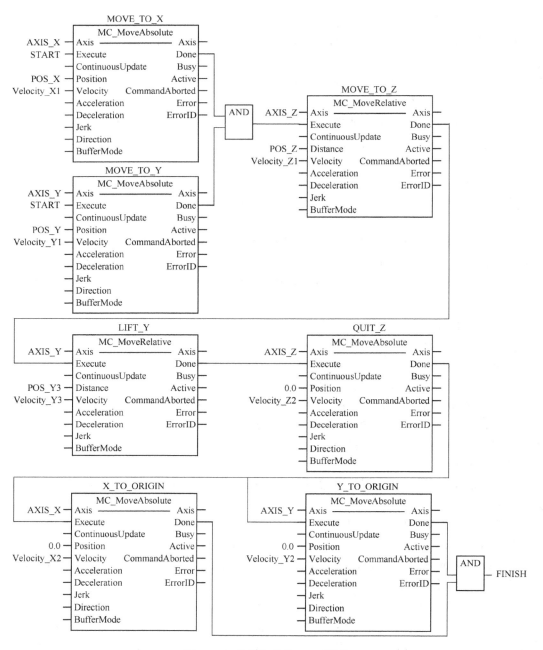

图 5-27 货架取货的 FBD 程序

实际应用中，Velocity_X1 和 Velocity_Y1 可用最大速度，当货叉有货物时，Velocity_X2 和 Velocity_Y2 可选较小的速度，由于 POS_Z 距离较小，因此，Velocity_Z1 和 Velocity_Z2 的值可较小。POS_Y3 是相对距离，应根据托盘下部高度和货叉插入位置等确定，例如，可取 100.0mm。

（2）协调运动的方法

协调运动控制是将 X、Y、Z 轴组成一个轴组 XYZGroup，同时，可在 X、Y 轴还未到达规定位置时就起动 Z 轴的运动，这可采用协调运动的过渡模式 TMCornerDistance，并假设货叉与货架之间的距离是 Distance_1，并用前面的功能块触发缓冲移动的使能端 Execute。

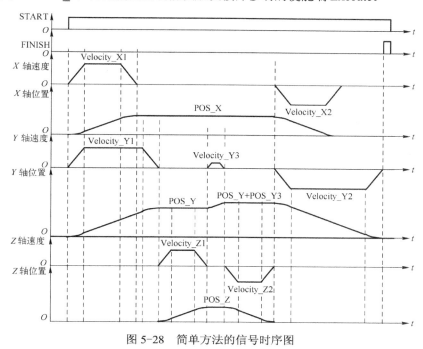

图 5-28　简单方法的信号时序图

图 5-29 是用协调运动控制功能块实现上述控制要求的时序图。图 5-30 是 FBD 程序。

协调运动控制的优点是 $Z$ 轴可在 $X$ 和 $Y$ 轴还没有到达规定位置时可根据过渡模式移动。但混成模式有改变。

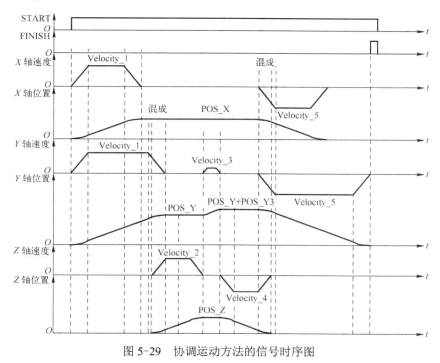

图 5-29　协调运动方法的信号时序图

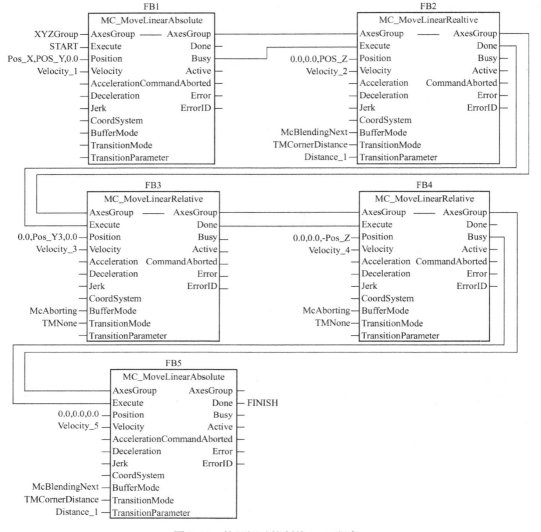

图 5-30  协调运动控制的 FBD 程序

## 5.2  安全相关功能块

GB/T 20438.1～7—2006（IEC 61508）针对由电气或电子和可编程电子部件构成、起安全功能的电气/电子/可编程电子系统（E/E/PES）的整体安全生命周期，提出一个通用的方法。其目的是为以电子为基础的安全相关系统提出一致合理的技术方针，促进应用领域标准的制定。

GB/T 21109.1～3—2007（IEC 61511）是针对过程领域的实现制定的安全仪表系统的规范，它给出了过程工业领域安全仪表系统的功能安全的标准，包括规范、设计、安装、运行和维护的要求等。

PLCopen 国际组织在 IEC 61131-3 开发环境内定义了安全相关的内容，将逻辑、运动和安全集成在一个软件开发环境。在开发周期的开始，就将安全相关的功能集成在它们的系统中，而不像一些开发平台将安全相关的部分和应用功能的部分分离，因此，较好地解决了工业领域的安全相关和应用功能的结合。在一个开发环境中，逻辑、运动和安全的结合为用户提供了一个统一开发环境下总体应用的解决方案。与逻辑控制、运动控制、安全控制分别进行开发的实现相比，它是有效的跨平台环境的解决方案。

## 5.2.1 概述

机器制造商对安全应用的通用基本需求如下：

1）区别安全功能与非安全功能。

2）使用适合的可编程语言与语言子集。

3）使用经实证的软件功能块。

4）使用适合的可编程语言的应用指南。

5）使用公认的降低故障措施的安全相关性软件的生命周期。

用户采用标准化解决方案，可降低对安全相关性方面的要求。功能块的标准化和集成及来自软件工具的支持，可使编程人员能够将安全性集成在他们的应用中。为此，PLCopen 做了下列工作：

1）安全功能块的外观和感觉的标准化。

2）标准程序集成的开发环境。

**1. 安全功能块的外观和感觉的标准化**

安全功能块的标准化应满足用户的使用感觉，即通过安全功能块的外观和感觉的标准化，使用户认识到安全功能已被独立地应用，而不需要再创建专用的安全功能性。

对认证单位来讲，规范和检查安全软件变得更容易，因此，规范和检查更快，风险降低和成本降低。

更高层面提供的功能块使它们更少依赖于底层硬件架构。不论是基于安全输入和输出模块的系统，还是基于网络的系统，尽管它们的硬件架构不同，但都支持同样的安全功能块。此外，更高层次解决方案的实现细节可对用户隐藏，使安全相关性软件的实现成为更容易和成本更低。这也使用户的舒适感觉得以改善。

**2. 标准程序集成的开发环境**

一旦功能被结合在功能块内，则需要将它们组合在安全相关性程序中。在安全环境的层次下，软件工具引入新的布尔数据类型，使安全相关性的布尔变量和非安全相关性的布尔变量有所区别。这是开发工具识别关键安全程序的基础，它指导用户进行安全标准允许的连接，防止不正确的连接。通过这种方式，实现对各种安全标准的不同层的支持。

为此，首选的编程语言是功能块图和梯形图编程语言。因为，这些编程语言更容易创建和检查。对检验和使用安全相关功能，这是重要的，它可消除一些机器制造业目前存在的障碍，以及上述的障碍。

图 5-31 显示 PLCopen 安全功能和实时安全、IEC 61508、IEC 61511 等的关系。PLCopen 的安全标准使相关软件的安全相关需求与 IEC 61508 标准和其他安全标准，例如，IEC 62061（GB 28526—2012），IEC 61511 的基本标准一致。为实施人员使用安全相关功能块的软件安全功能需求规范提供了基础，并为功能块的开发人员/实施人员和功能块的用户，在软件设计和编程提供指导。标准的功能需求适用于 SIL1、SIL2 和 SIL3 安全完整性等级需要的应用。

图中，FVL 是全可变语言，它是组件制造商为实施安全固件、操作系统或开发工具使用的独立于应用的语言，例如，C、C++、汇编语言等。LVL 是有限可变语言，它是 PLCopen 为实施安全规范，简化软件开发和审批、规范的编程语言，它作为符合 IEC 61131-3 标准的功能块，是用于创建安全应用的功能块。

GB/T 20438.1～7—2006（等效 IEC 61508）针对由电气/电子/可编程电子部件构成的、起安全作用的电气/电子/可编程电子系统（E/E/PE）的整体安全生命周期，建立了一个基础的评价方法。目的是要针对以电子为基础的安全系统提出一个一致的、合理的技术方案，统筹考虑单独系统（如传感器、通信系统、控制装置、执行器等）中元件与安全系统组合的问题。

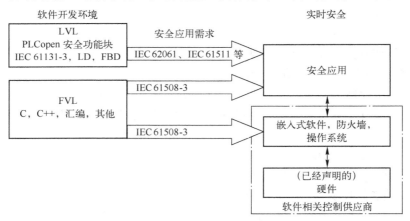

图 5-31　安全功能和实时安全的关系

### 3. 与安全相关的术语

表 5-31 是与安全相关的术语。

表 5-31　与安全相关的术语

| 术语和定义 | 英　文 | 描　述 |
| --- | --- | --- |
| AOPD | Active Opto-electronic Protective Device | 有源光电保护装置 |
| 基本级（BL） | Basic Level | 安全编程等级中，供安全应用编程人员使用、且经认证（或实证）的功能块 |
| 分类 | Categories/Cat. | 根据 EN954，为安全相关性系统的安全功能的安全完整性需求规定的离散等级 |
| 通道 | Channel | 独立执行一个功能的一个或一组元素，通道元素可能包括 I/O 模块、逻辑系统、传感器和执行元件 |
| 差异时间监视 | Discrepancy time monitoring | 两个输入可能有不同状态而功能块没有检测出有出错的最大时间。差异时间监视开始于一个输入状态改变，一旦差异时间监视时间已到，两个输入仍没有同样状态，功能块检测其出错。输入必须对称切换，即监视开的过程和关的过程 |
| 电气/电子/可编程电子 | E/E/PE | 基于电气和/或电子和/或可编程电子的技术。E/E/PE 装置包括电机装置（电气）、使用晶体管的非可编程电子装置（电子）和以计算机技术为基础的电子装置（可编程电子） |
| 扩展级（EL） | Extended Level | 安全编程等级中，在基本级功能块以外由用户自行扩展的功能块和程序，并经认证或实证 |
| 外部设备监视信号（EDM） | External Device Monitoring signal | 它反映一个执行器的状态变换 |
| 电敏感防护设备（ESPE） | Electro-Sensitive Protective Equipment | 由最小单元的敏感器件、控制/监控装置和输出信号开关电器组成，用于防护脱扣或感知为目的的一组协同工作的元件/或器件的组合 |

| 术语和定义 | 英　　文 | 描　　述 |
|---|---|---|
| 受控设备（EUC） | Equipment Under Control | 用于制造、加工、运输、制药或其他活动的设备、机器、器械或成套装置 |
| 外部风险降低设施 | External risk reduction facility | 不使用 E/E/PE 安全相关系统或其他技术安全相关系统，且与上述系统分开并不同的降低或减轻风险的手段。例如，排放系统、防火墙和堤都是外部风险降低设施 |
| EUC 控制系统 | EUC control system | 响应来自过程/操作员的输入信号，产生能使 EUC 按要求方式工作的输出信号的系统 |
| 故障 | Fault | 可能引起功能单元执行要求功能的能力降低或丧失其能力的异常情况 |
| FBD,LD,SFC,ST,IL | FBD,LD,SFC,ST,IL | IEC 61131-3 的编程语言，即功能块图、梯形图、顺序功能表图、结构化文本和指令表 |
| 功能块（FB） | Function Block | 根据 IEC 61131-3，指功能块类型的实例 |
| 功能应用软件 | Functional application software | 应用软件的一般部分，它不直接与安全概念相关 |
| 功能安全 | Functional safety | 与 EUC 和 EUC 控制系统有关的整体安全组成部分，取决于 E/E/PE 安全相关系统、其他技术安全相关系统和外部风险降低设施功能的正确实施 |
| 全可变语言（FVL） | Full Variability Language | 根据 IEC 62061，全可变语言是一类语言，它提供各种功能和应用实施的能力 |
| 有限可变语言（LVL） | Limited Variability Language | 根据 IEC 62061，有限可变语言是提供预定义应用规定的库功能来实施安全要求规范的一类语言，是能力范围局限于应用的，用于工商业可编程电子控制器的，文本的或图形的软件编程语言 |
| 运动控制相关功能 | MC-realted function | 与运动控制有关的功能。与 PLCopen 标准"用于运动控制的功能块"集合相关 |
| 操作模式 | Mode of operation | 低要求模式:对安全相关系统提出操作要求的频率≤每年一次和≤2 倍检验测试频率。高要求模式:对安全相关系统提出操作要求的频率>每年一次和>2 倍检验测试频率 |
| 从 N 中取 M | MooN | N 个独立通道构成的安全仪表系统或其部分，其中 M 个通道连接足以执行仪表安全功能 |
| 静默 | Muting | 静默是安全功能的有意抑制，例如，当传送材料进入危险区域时实行静默是必要的 |
| 常闭（NC） | Normally Closed | 断开触点，当继电器得电时，常闭触点断开电路；当继电器失电时，电路接通 |
| 常开（NO） | Normally Open | 闭合触点，当继电器得电时，常开触点接通电路；当继电器失电时，电路断开 |
| 输出信号切换装置（OSSD） | Output Signal Switching Device | 当敏感器件在正常动作时，连接到机械控制系统的电敏感防护装置（ESPE）元件断开，以此状态响应 |
| 其他技术安全相关系统 | Other technology safety-related system | 基于电气/电子/可编程电子技术以外的安全相关系统，例如，安全阀 |
| 性能级（PL） | Performance Level | 根据 ISO 13849-1，为安全相关性系统的安全功能的安全完整性需求规定的离散等级。PL e 为最高安全完整性等级，PL a 为最低安全完整性等级 |
| 可编程电子（PE） | Programmable Electronic | 以计算机技术为基础，可由硬件、软件及其输入和/或输出单元组成。例如，微处理器、微控制器、可编程序控制器、专用集成电路（ASIC）、可编程序逻辑控制器等 |
| 可编程电子系统（PES） | Programmable Electronic System | 基于一个或多个可编程电子装置的控制、防护或监视系统，包括系统中所有元素，诸如电源、传感器和其他输入装置，数据高速总线和其他通信路径及执行器和其他输出装置 |
| PFD | Probability of Failure to perform design function on Demand | 根据 IEC 61508-1，执行所需求的设计功能的故障率 |
| PFH | Probability of a dangerous Failure per Hour | 根据 IEC 61508-1，每小时危险失效的概率 |
| PLC | Programmable Logic Controller | 可编程序逻辑控制器 |
| 程序组织单元（POU） | Program Organization Unit | 如 IEC 61131-3 定义的程序、函数和功能块 |
| 过程控制 | Process Control | 控制信号来自过程控制的功能应用 |

| 术语和定义 | 英　　文 | 描　　述 |
|---|---|---|
| 冗余 | Redundancy | 使用多个元器件或系统执行同一种功能。冗余可使用同种元器件或不同种元器件实现 |
| 安全布尔变量 | SAFEBOOL | 标识安全相关布尔信号的数据类型 |
| 安全信号数据类型 | SAFExxxx | 标识类型为 xxxx 的安全相关信号类型的数据类型（例如SAFEINT） |
| 安全 | Safety | 不存在不可接受的风险[IEC 61508-4：3.1.8/ISO/IEC 指南 51 第 2 版（1998 年版]] |
| 安全应用软件 | Safety application software | 一个安全相关系统中，用于实施安全相关控制功能的应用软件部分 |
| 安全需求 | Safety demand | 安全相关功能块设置输出信号到安全状态（FALSE）的需求 |
| 安全失效 | Safety failure | 不会使安全仪表系统处于潜在危险状态或功能故障状态的失效 |
| 安全功能 | Safety function | 针对特定危险事件，为达到或保持 EUC 的安全状态，由 E/E/PE 安全相关系统、其他技术安全相关系统或外部风险降低设施实现的功能 |
| 安全仪表功能（SIF） | Safety Instrument Function | 具有特定 SIL，用于达到功能安全的安全功能，它既可是安全仪表防护功能，也可是安全仪表控制功能 |
| 安全仪表系统（SIS） | Safety Instrument System | 用于实现一个或几个仪表安全功能的仪表系统，由传感器、逻辑解算器和终端执行元件组合 |
| 安全完整性 | Safety Integrity | 在规定条件和规定时间内，安全相关系统成功实现所要求安全功能的概率 |
| 安全完整性等级（SIL） | Safety Integrity Level | 根据 IEC 61508-4，安全相关性系统的安全功能的安全完整性需求所规定的离散等级 |
| 安全生命周期 | Safety lifecycle | 安全相关系统实现过程中所必需的生命周期所进行的所有活动，这些活动发生在从一个项目的概念阶段，直到所有 E/E/PE 安全相关系统、其他技术安全相关系统及外部风险降低设施停止使用为止的时间段内 |
| 安全相关系统 | Safety-related system | 必须能实现要求的安全功能，以达到或保持 EUC 的安全状态，并且自身或与其他 E/E/PE 安全相关系统、其他技术安全相关系统或外部风险降低系统一起，能达到要求的安全功能所需的安全完整性 |
| 系统级（SL） | System Level | 特定的编程等级，用于制造商规定的功能块的实施。在标准中该等级不做进一步解释 |

## 5.2.2　安全模型

### 1. 软件架构模型

软件架构模型用于描述在机器控制系统中规定功能块的典型定位。软件架构模型应尽可能通用，它能够覆盖现有和将来推出的安全控制系统。该软件模型覆盖任何安全控制的硬件架构。

PLCopen 将开发环境的功能和一个完整的安全部分结合在一个开发环境，图 5-32 显示了安全的软件架构模型。

模型的输入包括安全输入和标准应用输入，模型的输出包括安全输出和标准应用输出，应用和安全的结合是在中间部分，它们是分开的，安全应用程序读取安全的输入和全局变量（图中用左面的向下箭头表示）。非安全的输入信号被用于安全应用，控制程序的流向，它不能被直接连接到安全的输出（如图中右侧红色箭头和 AND 函数所表示）。

两个应用程序之间用虚线表示它们的数据交换。

模型由安全应用程序内的几层组成，如图 5-33 所示。它由安全输入层、输入层、输入处理层、用户接口层、输出处理层、输出层和安全输出层组成。

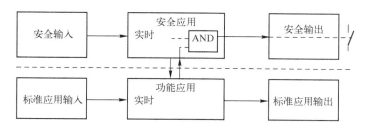

图 5-32 安全的软件架构模型

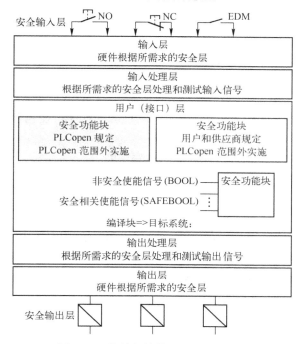

图 5-33 软件架构模型中的层

为清楚区分安全相关信号和标准应用信号,标准规定安全数据类型 SAFEBOOL 用于标识安全信号,它包括软件内的输入和输出信号。

**2. 安全数据类型**

安全数据类型(Safe Data Type)是在安全相关环境中使用的数据类型。为便于验证和认证,安全数据类型用于区分安全信号和非安全信号,用关键字 SAFEBOOL 表示。SAFEBOOL 在安全相关性环境中表示一个较高的安全完整性等级。

编程人员可识别这个信号,知道该信号是与安全相关的,因此,在编程时会特别小心地处理。由于该数据链接的识别是自动进行的,因此,可以发现任何不允许的标准应用信号与安全相关信号之间的连接。

虽然,安全数据类型 SAFEBOOL 不能保证信号的状态是安全的(例如外部不正确的接线),但是,它是一个组织工具,可最大限度地降低应用程序的出错。当发布应用程序时,可清晰地确认安全相关信号,因此,可简化和缩短信号流的验证。

SAFEBOOL 的安全数值必须是 FALSE。当该数据类型被设置为 FALSE 时,应用设计人员必须确保所有 SAFEBOOL 变量导致的结果是安全的行为。在初始化和任何故障后,

SAFEBOOL 变量被设置为 FALSE。

控制系统保证在系统范围内的安全完整性等级。SAFExx 变量表示"单通道"，而不管内部结构是 1oo1、1oo2D、2oo2 或 2oo3 等。因此，执行带 SAFExx 输入和输出的功能块的控制系统一定要经过认证，尤其是对 SAFExx 信号的生成，认证必不可少。

在应用层，至少有两种获得 SAFEBOOL 的方法：

1）提供的数据被作为设备的一个安全数据，不管是设备本身或由操作系统或固件提供。它可包括一个安全网络。

2）提供的数据被用于应用本身（例如两个安全信号通道输入）与安全输入结合。

使用安全相关程序时的注意事项如下：

1）由设备本身或由操作系统或固件提供的数据是安全数据类型的设备，它可包括一个安全的网络。

2）结合安全输入提供的数据是应用程序本身（例如两个安全的单通道输入）。

3）安全应用程序只能作为单任务运行。功能应用程序可在包含几个任务的单一处理器或设备执行。

4）安全应用程序不能被标准功能应用程序中断。

5）从安全应用程序周期开始，所有相关的输入数据在周期内是最新和稳定的数据。

6）标准功能应用程序不能单独改变安全相关输出。

7）为获得高水平的出错预防，推荐安全应用程序采用本标准认证的安全功能块。

8）应使用 IEC 61131-3 标准的功能块图和梯形图编程语言。功能块的程序内容可用任何一种编程语言（例如 IEC 61131-3 的 ST、C），甚至是在固件或硬件内实施。

9）安全应用程序中的每个程序组织单元/功能块可存取如下的信息：作者、创建日期、发布日期、版本、版本历史和功能描述（包括输入、输出参数）。这些信息是可视的，可用于最低水平的认证、程序设计和程序修改。根据使用的类型，存取这些信息可以变化，例如，可以是功能块的部分或是被引用到另一个资源（例如 Web）。

10）软件工具应提供对用户定义功能块的报头信息的支持。

11）安全相关系统是基于负逻辑的，例如，物理的紧急停车开关通常选常闭，这样，运行正常时电流可流过电路。当发生安全故障开关被激活时，触点断开，使电流停止。

**3. 安全完整性等级**

IEC 61508 规定的安全完整性等级见表 5-32。

表 5-32　安全完整性等级

| 安全完整性等级 | SIL4 | SIL3 | SIL2 | SIL1 |
|---|---|---|---|---|
| 要求时的失效率 $PFD_{avg}$ | $10^{-5} \sim 10^{-4}$ | $10^{-4} \sim 10^{-3}$ | $10^{-3} \sim 10^{-2}$ | $10^{-2} \sim 10^{-1}$ |
| 风险降低因数 | $10^4 \sim 10^5$ | $10^3 \sim 10^4$ | $10^2 \sim 10^3$ | $10^1 \sim 10^2$ |

表中，PFD 是原本用于防止事故发生的系统在需要时不能起作用的概率。风险降低因数包括降低事故发生概率或降低发生事故的严重性等。

**4. 开发环境的精减**

（1）用户编程等级

1）基本级（Basic Level）：安全编程等级中，供安全应用编程人员使用且经认证（或实证）的功能块。这些功能块的安全功能曾经用分离元件硬接线连接实现，现在则用软件予以实现。

2）扩展级（Extended Level）：安全编程等级中，在基本级功能块以外由用户自行扩展的功能块和程序，并经认证或实证。

3）系统级（System Level）：特定的编程等级，用于制造商规定的功能块的实施。

定义的三个用户编程等级和它们之间的区别如下：

使用基本级的方法编制的安全程序，只包含经认证功能块。这些功能块与另一个功能块在图形上可容易地连接。此外，如果连接类型有限制，会生成一个适合现代技术的视图，它类似于安全组件的离散连接。基本级的安全应用程序有清晰的结构，可读性强，由于组成程序的功能块是预先认证的，因此有助于缩短程序开发时间。

当所开发的项目，发现当前已认证功能块还不能满足要求，需要用户自行创建一些新的安全功能块（甚至程序）予以扩展。扩展级提供扩展安全功能块的范围。但这些扩展功能块和程序的认证可能相当复杂，因此，认证过程更费时。一旦这些功能块和程序被认证或实证，则它们就可用于具有上述基本级中。

系统级由安全控制制造商提供。系统级也是使能的，例如，实现制造商规定的编程语言。但是，系统级不是 PLCopen 安全标准的内容。系统级的编程可用任何语言。

图 5-34 是用户编程等级的关系。

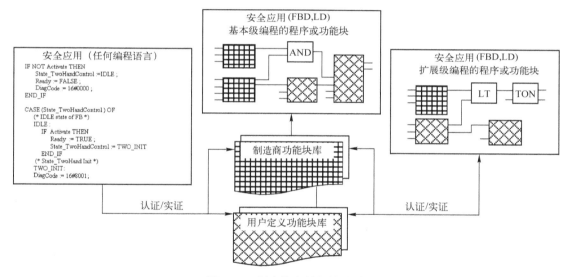

图 5-34　用户编程等级的关系

根据 IEC 61508-7 的推荐，用功能块图和梯形图编程语言作为安全相关软件的编程语言，它们被定义为图形编程语言的两个子集。图形编程语言提供清晰的安全程序本身的概貌，安全编程软件工具制造商能够实施更高水平的用户支持和指导，这是安全相关程序简化调试的基础。

PLCopen 安全标准提供用于基本级和扩展级的语言、函数的数据类型等性能的精减。

（2）编程语言集的精减

1）数据类型的精减。表 5-33 是基本级和扩展级中数据类型的精减。表 5-33～表 5-37

中，X 表示该项是允许的，"-" 表示该项是不允许的。除了 SAFEBOOL 外，其他数据类型也有安全（safe）属性，例如，为安全数据能够自动跟踪的 SAFEINT。

表 5-33　基本级和扩展级数据类型的精减

| 描述 | 基本级 | 扩展级 | 注　释 |
|---|---|---|---|
| SAFEBOOL | X | X | 强烈推荐的新的与安全相关的数据类型，仅用于二进制安全信号（当不能用这类数据类型实施时，允许使用 BOOL，但是，这时不可能用编译器对数据类型检查。用户或工具确认安全和非安全信号的响应不能混合，它可能导致安全功能的安全完整性等级的降低） |
| BOOL | X | X | 对非安全信号，仅用于功能应用程序的数据交换，例如，操作人员界面的出错标志 |
| INT, DINT | X | X | 基本级：仅作为一个恒定的输入参数送功能块，或由已认证的扩展级或系统级的功能块驱动，不允许算术函数<br>扩展级：用于作为允许的变量，允许算术函数 |
| REAL | X | X | 与 INT、DINT 同 |
| WORD | X | X | 仅作为诊断用途的一个输出；对扩展级，允许用于作为内部变量 |
| TIME | X | X | 仅作为一个常数功能块输入参数；对扩展级，允许用于作为内部变量 |

注：其他 ANY_BIT、ANY_INT、ANY_REAL、ANY_DATE、STRING 都不允许具有安全属性（-）。

2）变量声明关键字的精减。表 5-34 是基本级和扩展级中变量声明关键字的精减。

表 5-34　基本级和扩展级中变量声明关键字的精减

| 描　述 | 基本级 | 扩展级 | 注　释 |
|---|---|---|---|
| VAR | X | X | 仅经符号声明是允许的 |
| VAR_INPUT/OUTPUT | X | X | |
| VAR_GLOBAL/EXTERNAL | - | - | 在功能块层：全局变量的使用将导致不利影响，并使数据流的分析变得复杂 |
| | - | X | 在单任务的程序层：允许在扩展级有限制地使用，使用全局变量可改善数据流的分析 |
| CONSTANT | X | X | |

注：其他 VAR_IN_OUT、VAR_ACCESS、RETURN 都不允许。

3）函数和功能块的精减。表 5-35 是基本级和扩展级中标准函数的精减。表 5-36 是基本级和扩展级中标准功能块的精减。

表 5-35　标准函数的精减

| 描述 | 基本级 | 扩展级 | 注　释 |
|---|---|---|---|
| AND | X | X | BOOL 和 SAFEBOOL 的操作都可在两个级使用，三种函数类型可使用：①仅 SAFEBOOL 输入和一个 SAFEBOOL 输出；②仅 BOOL 输入和一个 BOOL 输出；③前两种类型使能函数的混合：至少 SAFEBOOL 输入和至少一个 BOOL 输入和一个 SAFEBOOL 输出 |
| OR | X | X | 基本级：仅允许 SAFEBOOL 的操作，即仅允许 SAFEBOOL 输入和一个 SAFEBOOL 输出<br>扩展级：允许 BOOL 和 SAFEBOOL 的操作，但不允许混合使用<br>两类应允许：①仅 SAFEBOOL 输入和 SAFEBOOL 输出；②仅 BOOL 输入和一个 BOOL 输出 |
| XOR, NOT | - | X | |
| 加减乘除 | - | X | 不包括 MOD、EXPT 和 MOVE 函数 |
| 字串移位 | - | - | 移位函数不需要，作为二进制信息，不允许串联连接成为字节或字 |
| 比较，选择 | - | X | |
| 类型转换 | X | X | 基本级：仅允许 SAFEBOOL 到 BOOL 的转换；扩展级：支持数据的类型转换 |
| 字串函数 | - | - | 没有字符串函数可应用 |
| 时间函数 | - | X | 仅允许时间操作符的 ADD、SUB、MUL 和 DIV |
| 非实数函数 | - | - | 例如，三角函数、开方、对数函数等 |

表 5-36 标准功能块的精减

表 5-36 标准功能块的精减

| 描　述 | 基本级 | 扩展级 | 注　释 |
|---|---|---|---|
| TON，TOF，TP | X | X | 补充增加定时器功能块 |
| CTU、CTD、CTUD | X | X | 补充增加计数器功能块 |
| SR，RS | – | X | 没有允许的信号量（SEMA） |
| 边沿检测 | – | X | |

4）其他精减。表 5-37 是其他精减。

表 5-37 其他精减

| 描述 | 基本级 | 扩展级 | 注　释 |
|---|---|---|---|
| 功能块定义 | X | X | 基本级：允许模块化目的的用户衍生功能块，但只能用基本级子集的编码 |
| 直接表示变量 | – | – | |
| 结构变量和数组变量 | – | – | |
| 梯形图 | X | X | 见基本级限制的编程语言集的减少：仅允许电源轨线、常开触点和（常）非负瞬时线圈 |
| 功能块图 | X | X | 见基本级限制的编程语言集的减少：仅允许非负输入或输出 |
| ST，IL，SFC | – | – | 仅允许在系统级，符合 IEC 62061 |
| 其他，C，C++等 | – | – | 仅允许在系统级 |
| 梯形图的 EN/ENO | – | – | |
| 同一功能块实例的多次调用 | – | – | 在每个周期，每个实例只能仅被处理一次 |
| 同一网络的反馈回路 | – | X | 功能块处理顺序必须是唯一和透明的 |
| 多次或条件返回 | – | X | 在出错事件中，需要和允许附加的返回 |
| 跳转，条件跳转 | – | X | 为实现状态图 |
| 功能块声明的性能 | – | – | 见本书的表 1-53 |

## 5.2.3 安全相关功能块的通用规则

### 1. 通用规则

表 5-38 是安全相关功能块的通用规则。

表 5-38 安全相关功能块的通用规则

| 默认信号 | 所有安全相关的布尔输入/输出信号有约定的安全条件 FALSE |
|---|---|
| 信号层（Signal Level） | SAFEBOOL 的值仅可如下用于：<br>=0：对应作为系统输出定义的安全<br>=1：系统的安全部分正在正确进行，例如，可能在正常运行<br>这是 IEC 61131-3 环境的功能反映的表现，例如，作为一个默认规则，所有开关在出错事件时应切到 0 |
| 输出（Output） | 必须在每个周期指定每个输出 |
| 输入输出参数丢失（Missing input/output parameters） | 参数丢失时允许使用约定的数值。约定数值应在任何情况下不会导致至一个非安全的状态。约定数值在相关功能块内规定，包括它们的属性（变量或常数） |
| 梯形图中的 EN/ENO | 指定的功能块至少有一个二进制输入[ACTIVATE（激活）]和一个二进制输出[READY（就绪）]。因此，EN/ENO 并非严格需要 |
| 开始行为（Start behavior） | 初始化时，输出被设置为约定值。在第一次调用该功能块后，使输出生效，有一个恒定的开始行为，确保在冷启动、暖启动和热启动时，开始行为没有区别 |
| 时序图（Timing diagram） | 如在功能块所显示，时序图仅用于解释。它们不表示确切的时间行为。实际时间行为取决于实现（IF 与 CASE） |
| 出错处理和诊断（Error handling and diagnostics） | 所有安全相关功能有两个出错相关的输出：Error（出错）和 DiagCode（诊断代码）。在用户应用层，它们被用于诊断用途，但不用于诊断系统/硬件层。安全相关环境的规则是安全相关功能的切换有最高的优先级，允许为诊断进行切换，不管是在应用程序还是在操作界面 |

## 2. 通用参数

表 5-39 是安全相关功能块通用输入参数的规定。表 5-40 是安全相关功能块通用输出参数的规定。

表 5-39　安全相关功能块通用输入参数的规定

| 名　称 | 类　型 | 描　述 |
|---|---|---|
| Activate 激活 | BOOL | 变量或常数。功能块的激活，初始值为 FALSE<br>该参数能连接到变量，表示相关安全设备的状态（激活或未激活）。当设备被禁止时，它确保不生成无关的诊断信息<br>如果值是 FALSE，则所有输出变量被设置到初始值。如果没有设备连接，必须设置静态 TRUE 信号 |
| S_<安全相关输入名> | SAFExxxx | 每个 SAFExxxx 类型的输入都用 S_开始。只有变量可以被设置 |
| S_StartReset | SAFEBOOL | 变量或常数<br>FALSE（=初始值）：表示当 PES 开始（暖或冷启动）时手动复位<br>TRUE：表示当 PES 开始（暖或冷启动）时自动复位<br>仅当在 PES 启动时确认没有危险发生，该功能才被激活。因此，使用功能块的自动复位需要实现其他系统或应用测量，确保没有发生意外（或无意）的启动<br>在功能块手册中需注意，当使用 SAFEBOOL 变量时，应用程序的附加验证是必要的 |
| S_AutoReset | SAFEBOOL | 变量或常数<br>FALSE（=初始值）：表示当紧急停车按钮释放时手动复位<br>TRUE：表示当紧急停车按钮释放时自动复位。该功能仅在 PES 启动时，确认没有危险发生时才激活。因此，功能块的自动复位需要其他系统或应用测量的实施来确保没有发生意外（或无意）的启动<br>在功能块手册中，应注意使用 SAFEBOOL 变量时，应用程序的额外实证是必要的 |
| Reset | BOOL | 变量。初始值为 FASLE<br>取决于功能，该输入用于不同用途<br>① 当造成的出错被移除时，重置状态机以及 DiagCode 显示的对应出错和状态信号。该重置复位行为被设计为一个出错的复位<br>② 重启联锁的操作员手动复位（见 EN954-1）。该重置复位行为被设计为功能的复位<br>③ 附加的功能块复位功能<br>该功能仅在信号从 FALSE 改变到 TRUE 时激活。静态 TRUE 信号不引起进一步的激活，但在一些功能块作为出错被检测<br>必须在每个功能块描述其合适的意义<br>注意，在功能块手册，根据安全需要，一个 SAFEBOOL 必须连接到一个 BOOL 实例 |

表 5-40　安全相关功能块通用输出参数的规定

| 名称 | 类型 | 描　述 |
|---|---|---|
| Ready 就绪 | BOOL | TRUE 表示功能块已激活，输出结果已实证（与安全继电器的电源灯相同）。FALSE 表示功能块未激活，程序没有被执行。在调试或激活/失活附加功能时有用，例如，为进一步在程序中进行处理 |
| S_<安全相关输出名> | SAFExxxx | 每个 SAFExxxx 类型的输出都用 S_开始 |
| Error 出错 | BOOL | 出错标志（例如，安全继电器的发光二极管）。其值为 TRUE，表示出错已发生，功能块在出错状态，相关的出错状态在 DiagCode 输出显示；其值为 FALSE，表示没有出错，功能块在其他状态。它也同样用 DiagCode 显示（当状态改变时，DiagCode 必须被设置在同一周期）<br>在调试模式有用，例如，为进一步在程序中进行处理 |
| DiagCode 诊断码 | WORD | 诊断寄存器。它表示功能块所有状态（激活、失活和出错）。为表示多于 16 个代码，该信息用十六进制格式编码。同一时间只能由一个固定代码表示。多个出错事件时，DiagCode 输出显示第一个被检测出错<br>额外的信息见诊断代码表（表 5-41、表 5-42）<br>在调试模式有用，例如，为进一步在程序中进行处理 |

## 3. 诊断代码

安全相关功能块采用透明和唯一的诊断代码,用 DiagCode 表示的二进制代码显示功能块内部和外部的出错信息。根据不同出错采用不同复位输入来重置。表 5-41 是安全相关功能块诊断代码列表。表 5-42 是安全相关功能块的通用功能块诊断代码列表。

**表 5-41　安全相关功能块诊断代码**

| 诊断代码（二进制） | 描　　述 |
|---|---|
| 通用诊断代码范围 | |
| 0000_0000_0000_0000 | 功能块未激活或安全 CPU 暂停 |
| 10xx_xxxx_xxxx_xxxx | 表示已激活功能块在无出错操作状态。x 是功能块规定的代码 |
| 11xx_xxxx_xxxx_xxxx | 16#Cxxx~16#Fxxx 表示已激活功能块在出错操作状态。x 是功能块规定的代码 |
| 系统或特定设备代码 | |
| 0xxx_xxxx_xxxx_xxxx | 该信息包括系统或设备的诊断信息，直接映射到 DiagCode 输出（0000 被保留）。x 表示系统或特定设备信息 |
| 通用诊断代码 | |
| 0000_0000_0000_0000<br>16#0000 | 功能块未激活或空闲状态。作为通用示例，输入/输出的设置可以是：Activate = FALSE；S_In = FALSE 或 TRUE；Ready = FALSE；Error = FALSE；S_Out= FALSE |
| 10xx_xxxx_xxxx_xxxx<br>16#8000 | 表示功能块在没有出错状态或任何其他安全输出设置为 FALSE 的条件下已激活。而 S_Out= TRUE 是约定的操作状态<br>作为通用示例，输入/输出的设置可以是：Activate = TRUE；S_In = TRUE；Ready = TRUE；Error = FALSE；S_Out= TRUE |
| 10xx_xxxx_xxxx_xxx1<br>16#8001 | 检测到功能块目前已被激活。但 S_Out 被设置为 FALSE。该代码表示操作模式的初始状态。作为通用示例，输入/输出的设置可以是：Activate = TRUE；S_In = FALSE 或 TRUE；　Ready = TRUE；Error = FALSE；S_Out= FALSE |
| 10xx_xxxx_xxxx_xx10<br>16#8002 | 已激活的功能块被检测到一个安全需求。例如，S_In = FALSE，安全输出为禁止，这是 S_Out= FALSE 的操作状态。作为通用示例，输入/输出的设置可以是：Activate = TRUE；S_In = FALSE；　Ready = TRUE；Error = FALSE；S_Out= FALSE |
| 10xx_xxxx_xxxx_xx11<br>16#8003 | 已激活的功能块安全输出由于安全需求被禁止。安全需求现需撤消，但安全输出仍在 FALSE，直到复位条件被检测。这是安全输出 S_Out= FALSE 的操作状态。作为通用示例，输入/输出的设置可以是：Activate = TRUE；S_In = FALSE => TRUE（并继续保持在静态 TRUE）；　Ready = TRUE；Error = FALSE；S_Out= FALSE |

**表 5-42　安全相关功能块的通用功能块诊断代码**

| 诊断代码 | 状　态　名 | 状态描述和输出设置 |
|---|---|---|
| 功能块规定的出错码 | | |
| 16#Cxxx | 出错 | Ready = TRUE；S_Out= FALSE；Error = TRUE |
| 功能块规定未出错的状态代码 | | |
| 16#0000 | 空闲 | Ready = FALSE；S_Out= FALSE；Error = FALSE |
| 16#8001 | 操作模式的初始化状态 | Ready = TRUE；S_Out= FALSE；Error = FALSE |
| 16#8xxx | 安全输出为 FALSE 的操作模式的所有状态 S_Out = FALSE | Ready = TRUE；S_Out= FALSE；Error = FALSE |
| 16#8000 | 安全输出为 TRUE 的操作模式的所有状态 S_Out = TRUE | Ready = TRUE；S_Out= TRUE；Error = FALSE |

### 4. 通用状态图

图 5-35 说明安全相关功能块的状态和转换的关系。

图中分为三个区域。上部的 Ready=FALSE，表示功能块未激活，并在安全状态。中部的

Ready=TRUE，但 S_Out=FALSE，表示功能块在激活状态，并在安全状态。底部的 S_Out=TRUE，表示功能块在正常状态，安全输出为 TRUE。

状态图中，位于上部的水平点画线表示从未激活功能块到激活功能块的转换；位于下部的水平点画线表示功能块从非安全状态到安全状态的转换。功能块的初始状态为空闲，经初始化后状态转换为操作状态。

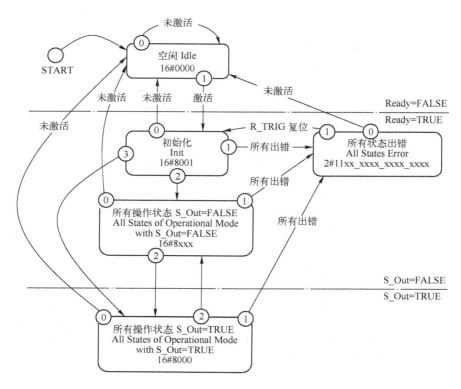

图 5-35　安全相关功能块的通用状态图

状态图中圆内的数字表示并行转换时的优先级，数字越小优先级越高，因此，0 表示最高优先级。

当功能块的 Activate=FALSE 时，功能块将从现在的状态转换至空闲状态。为清楚起见，这些转换未在每个功能块相关的状态图显示，但被作为每个状态图的注脚提及。

状态图中状态代码用二进制或十六进制表示。例如，空闲状态代码是 16#0000。表 5-42 是安全相关功能块功能块诊断代码。

### 5.2.4　安全相关功能块

IEC 61131-6 安全功能技术规范第一部分 1.0 版本定义 20 个标准安全相关功能块。第三部分 1.0 版本增加 6 个标准安全相关功能块。表 5-43 是安全相关功能块基本信息。它们以 SF_ 开头，附相关功能块名。

表 5-43　安全相关功能块

| 安全相关功能块 | 功能块名 | 功能描述 |
| --- | --- | --- |
| SF_Equivalent | 等价功能块（相同等效） | 将两个等价的 SAFEBOOL 输入在差异时间监视内转换为一个 SAFEBOOL 输出，本功能块不能独立使用，因没有重启互锁，它需要将输出连接到其他安全相关系统 |
| SF_Antivalent | 不等价功能块（相反等效） | 将两个不等价的 SAFEBOOL 输入在差异时间监视内转换为一个 SAFEBOOL 输出。本功能块不能独立使用，因没有重启互锁，它需要将输出连接到其他安全相关系统 |
| SF_ModeSelector | 模式选择器功能块（模式选择） | 用于选择系统的操作模式，例如，手动、自动、半自动等操作模式 |
| SF_EmergencyStop | 紧急停车功能块（紧急停车） | 紧急停车是安全相关功能块，用于监视一个急停按钮。用于紧急切换断开功能（停止分类 0）或附加外围设备支持，作为紧急停机（停止分类 1 或 2） |
| SF_ESPE | 电敏防护设备功能块（ESPE） | 用于监视电敏感防护设备的一个安全相关功能块 |
| SF_SafeStop1 | 安全停车 1 功能块 | 根据 IEC 60204-1 的分类 1，用于对一个电气驱动器的控制停机进行初始化 |
| SF_SafeStop2 | 安全停车 2 功能块 | 根据 IEC 60204-1 的分类 2，用于对一个电气驱动器的控制停机进行初始化 |
| SF_GuardMonitoring | 安全防护监视功能块（安全守卫监视） | 对关闭安全守卫的时间差（监视时间）内安全守卫的两个开关监视相关安全和守卫 |
| SF_SafelyLimitedSpeed | 安全限速功能块 | 提供接口，实现安全限速运动轴特定的安全功能，它不初始化任何电动机的运动，但在驱动器中激活对安全限制速度的监视 |
| SF_TwoHandControlType II | 双手控制 II 型功能块（两手） | 提供 EN754 第 4 段类型 II 规定的双手控制功能 |
| SF_TwoHandControlType III | 双手控制 II 型功能块 | 提供 EN754 第 4 段类型 III 规定的双手控制功能，固定给定时间差 500ms |
| SF_GuardLocking | 带联锁锁定安全守卫功能块 | 通过带联锁锁定的安全互锁保护，来控制进入危险区域的许可（四态联锁） |
| SF_TestableSafetySensor | 可测试安全传感器功能块 | 用于外部测试安全传感器（电敏感防护设备，例如光束）的检测能力检测传感器单元失去检测能力、响应时间超给定值，及在单通道传感器系统的静态 ON 信号等 |
| SF_MutingSeq | 串行抑制功能块（连续静默） | 安全功能的预期抑制，规定带四个屏蔽传感器的顺序屏蔽功能。静默指有意对安全功能进行抑制（例如光栅） |
| SF_MutingPar | 并行抑制功能块（并行静默） | 安全功能的预期抑制，规定带四个屏蔽传感器的并行屏蔽功能 |
| SF_MutingPar_2Sensor | 带两传感器的并行抑制功能块 | 安全功能的预期抑制，规定带两个屏蔽传感器的并行屏蔽功能 |
| SF_EnableSwitch | 使能开关功能块 | 用于对带三个位置的使能开关信号进行评估 |
| SF_SafetyRequest | 安全请求功能块 | 为通用执行器（例如，安全驱动器或安全阀）提供界面，使执行器处于安全状态 |
| SF_OutControl | 输出控制功能块 | 安全输出的控制，信号来自功能应用和带可选启动抑制的安全信号 |
| SF_EDM | 外部设备监视功能块 | 控制一个安全输出和监视被控的执行器（例如，后续的接触器），实现对外部设备的监视 |
| SF_GuardLocking_2 | 带联锁锁定安全保护功能块（第二版） | 通过带联锁锁定的安全互锁的控制，保护进入危险区域（四态联锁），扩展诊断功能 |
| SF_GuardLockingSerial | 带串联触点开关的安全保护联锁功能块 | 通过带联锁锁定的安全互锁的控制，保护进入危险区域（四态联锁），如果安全门被解锁，但未打开或未解锁被打开时，被用的开关不能区分，因此，只能用 S_GuardMonitoring 与 SF_GuardLocking、SF_GuardLocking_2 进行比较 |
| SF_PSE | 压敏防护设备功能块 | 监视压敏防护设备，例如安全垫、缓冲器等的安全相关功能块 |
| DIAG_SF_xxxxx | 诊断功能块，xxxxx 是安全功能块名 | 当复位请求和应用时，将诊断代码 DiagCode 转换为二进制信号，如果安全链关闭或未关闭，它的第二输出仅为操作员提供信息 |
| SF_Override | 覆盖功能块 | 当顺序屏蔽由于出错而中止时，用于在生产线移动产品。仅用于一个屏蔽的功能块 |
| SF_EnableSwitch_2 | 使能开关功能块（不带危险位置的检测） | 用于两个或三个位置的使能开关信号的评估。当功能块外的相关操作模式被选和被激活，则使能开关可支持安全保护的暂停 |

### 5.2.5 安全控制应用示例

**1. 获取 SAFEBOOL 信号**

为实现安全功能，PLCopen 功能块和外围设备的连接需经故障检测等设备，以获取 SAFEBOOL 信号。

输入的触点可以是请求和具有保护、故障检测能力的安全输入的常开或常闭触点输出的组合，必须执行附加的故障检测，可在信号处理功能块内，也可通过分离的 SF_Equivalent 或 SF_Antvialent 功能块执行。

安全控制功能块用黄色背景色表示警告和安全功能。

（1）两个常开触点

实施方案有多种。图 5-36 是两个常开触点（1oo1）获取 SAFEBOOL 的连接图。

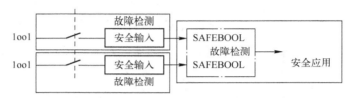

图 5-36　两个常开触点（1oo1）获取 SAFEBOOL 信号

图 5-37 是两个常开触点（1oo2）获取 SAFEBOOL 的连接图。

图 5-37　两个常开触点（1oo2）获取 SAFEBOOL 信号

（2）两个常闭触点

实施方案有多种。图 5-38 是两个常闭触点（1oo1）采用安全功能块 SF_Equivalent 获取 SAFEBOOL 的连接图。

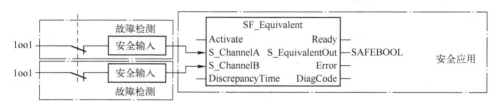

图 5-38　两个常开触点（1oo1）获取 SAFEBOOL 信号

图 5-39 是两个常闭触点（1oo1）采用安全功能块 SF_GuardMonitoring 获取 SAFEBOOL 的连接图。

（3）一个常开触点和一个常闭触点

图 5-40 是一个常开触点和一个常闭触点采用 SF_Antivalent 获取 SAFEBOOL 的连接图。

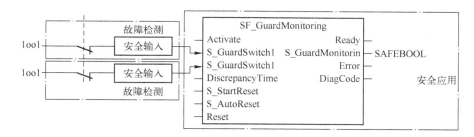

图 5-39　采用安全功能块 SF_GuardMonitoring 获取 SAFEBOOL 信号

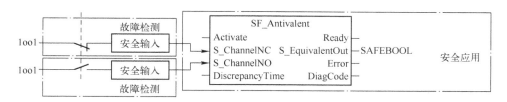

图 5-40　一个常开触点（1oo1）和一个常闭触点（1oo1）获取 SAFEBOOL 信号

## 2. 安全驱动器

安全驱动器是内置安全功能的驱动器。在安全功能没有被激活和安全功能被激活的模式之间，安全驱动器是不同的。此外，在安全模式下，可能有不同的安全功能。在安全功能之间的转换由安全驱动器内部的状态机处理，并有不同的优先级。

实现安全功能的输出可采用下列安全功能块：SF_SafeStop1、SF_SafeStop2 和 SF_SafeLimitedSpeed。对离散输入输出接口可以用 SF_SafeRequest 功能块。

安全停止功能既可采用 SF_SafeStop1，也可采用 SF_SafeStop2；还可采用 SF_SafelyLimitedSpeed 实现合成的安全停止功能。

例如，由于操作员希望进入危险区域去清除材料的堵塞，只得请求安全运行，这时就可执行 SF_SafeStop1 或 SF_SafeStop2。但为了从机器中取出材料，机器运行时，操作员使用使能开关，来激活 SF_SafelyLimitedSpeed 功能，使机器能够以安全限速规定更低的速度运行，以保证安全。这时，安全驱动器将执行故障安全动作，使机器的速度降低。

安全驱动器内部的状态机由制造商规定，用于处理它们的控制和状态信号，它们通过隐含在系统级的接口在安全驱动器和控制系统之间进行信息交换。因此，用户不需要对每个位进行编程，安全功能块提供必要的接口。

隐含在系统级的接口可利用分散的输出设备，但大多数需要用数字的现场总线接口。图 5-41 是安全驱动器隐含的接口和安全功能块实例的执行器之间的关系。

图中，将安全应用与标准的功能应用分离。从安全功能的观点，可见安全和标准变量影响安全相关功能。这里，标准的变量不影响安全，因为，它不会使安全相关功能动作。安全传感器的信号经安全输入，被分类到安全相关功能和指定的安全应用，而不管它们属于功能应用还是安全应用。标准输入被送到功能应用，而用于安全功能的标准信号转换并衍生出符合安全应用要求的安全输入信号，也送到安全应用。

从功能应用和标准输入信号获得的派生变量和不属于规定的安全功能信号，例如 Reset（复位）、Diagnosis（诊断）信号，在两个应用界面之间被简化。

隐含的系统接口信号通过功能块实例在图中表示，它没有用变量表示。

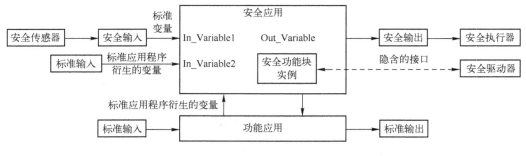

图 5-41　安全功能的结构模型

### 3. 带隐含接口的安全紧急停车

（1）安全功能要求

某安全控制系统由两个电子驱动系统组成的机器组成。操作员要进入驱动系统的工作区域内，进行例如诊断处理，设置或清除堵塞的材料等工作。

操作员在进入危险区域前，要启动带联锁保护锁定的联锁保护系统，以完全停止驱动系统的运行。紧急情况时，操作员应根据 EN60204 停止的分类 1 停止驱动系统的运转。

操作员通过模式选择器选择自动模式或设置模式。安全功能的要求如下：

1）设置模式。

① 进入危险区域的保护门能被打开，驱动系统允许使用使能设备（经 SF_EnableSwitch）来启动安全限速功能（经 SF_SafelyLimitedSpeed）。

② 根据 EN60204 的停止分类 1，紧急停车（经 SF_EmergencyStop）动作叠加到所有其他安全功能和设置驱动系统进入安全停车（经 SF_SafeStop1）。

③ 紧急停车后，机器再起动只能在紧急停车按钮释放后和经 SF_EmergencyStop 给出复位（Reset）信号。

④ 驱动器本身必须保证安全，不得超出安全限速（如果运动控制命令的值大于参数化限制值，驱动系统独立地执行故障安全动作）。

⑤ 如果没有使能信号（经 SF_EnableSwitch），只要选择设置模式，驱动系统就停留在安全停止模式，经 SF_SafelyLimitedSpeed，被监视的速度值为零。这时，根据 EN60204 的停止分类 2，SF_SafelyLimitedSpeed 功能块将驱动器设置在一个安全操作的停止，并像 SF_SafeStop2 功能块一样动作（激活）。

2）自动模式。

机器的正常操作只有在自动模式（经 SF_ModeSelector）、保护门已关闭（经 SF_Guard Monitoring）和锁定（经 SF_GuardLocking）时，机器才能够正常操作。

（2）变量声明

表 5-44 是变量声明和描述。由表 5-44 可见，共有安全输入变量 8 个、标准输入变量 2

个，安全输出变量 1 个、内部的就地安全变量 9 个及用于安全功能块实例名的变量 4 个。

表 5-44　变量声明和描述

| 变 量 名 称 | 数据类型 | 描　　述 | 变 量 名 称 | 数据类型 | 描　　述 |
|---|---|---|---|---|---|
| 输入 | | | 功能块实例向驱动器的隐含接口（制造商规定） | | |
| S1_S_EStopIn | SAFEBOOL | 紧急停车输入 | SF_SafeStop1_1 | 连接驱动轴 1 | |
| S2_S_Mode0 | SAFEBOOL | 自动模式 | SF_SafelyLimitedSpeed_1 | 连接驱动轴 1 | |
| S2_S_Mode1 | SAFEBOOL | 设置模式 | SF_SafeStop1_2 | 连接驱动轴 2 | |
| S4_S_EnableSwitchCh1 | SAFEBOOL | 使能设备 E1+E2 | SF_SafelyLimitedSpeed_2 | 连接驱动轴 2 | |
| S4_S_EnableSwitchCh2 | SAFEBOOL | 使能设备 E3+E4 | 就地变量 | | |
| S5_S_GuardSwitch1 | SAFEBOOL | 保护监视 | S_SafeStopAxis1 | SAFEBOOL | 轴 1 停止 |
| S6_S_GuardSwitch2 | SAFEBOOL | 保护监视 | S_SafeStopAxis2 | SAFEBOOL | 轴 2 停止 |
| S7_S_GuardLock | SAFEBOOL | 保护锁定监视 | S_SafeMoveAxis1 | SAFEBOOL | 轴 1 安全限速 |
| S0_Reset | BOOL | 复位 | S_SafeMoveAxis2 | SAFEBOOL | 轴 2 安全限速 |
| S8_UnlockGuard | BOOL | 解锁保护请求 | S_SafeActive | SAFEBOOL | 所有轴在任何安全模式 |
| 输出 | | | S_ModeAutoActive | SAFEBOOL | 模式自动激活 |
| S_UnlockGuard_K1 | SAFEBOOL | 解锁保护 | S_ModeSetSel | SAFEBOOL | 模式设置被选 |
| | | | S_SLS_Enable | SAFEBOOL | 安全限速使能（安全使能开关输出） |
| | | | S_GuardLocked | SAFEBOOL | 联锁状态指示 |

（3）图形描述

图 5-42 是该示例安全应用的图形描述。

（4）安全应用程序

程序的变量声明如下：

```
VAR_INPUT
    S1_S_EStopIn, S2_S_Mode0, S2_S_Mode1, S4_S_EnableSwitchCh1 : SAFEBOOL;
    S4_S_EnableSwitchCh2, S5_S_GuardSwitch1 , S6_S_GuardSwitch2 : SAFEBOOL;
    S7_S_GuardLock : SAFEBOOL;
    S0_Reset, S8_UnlockGuard : BOOL;
END_VAR;
VAR_OUTPUT
    S_UnlockGuard_K1:SAFEBOOL;
    DiagCode_1, DiagCode_2, DiagCode_3, DiagCode_4: WORD;
    DiagCode_5, DiagCode_6, DiagCode_7, DiagCode_8, DiagCode_9 : WORD;
END_VAR;
VAR
    S_SafeStopAxis1, S_SafeStopAxis2, S_SafeMoveAxis1, S_SafeMoveAxis2 : SAFEBOOL;
```

S_SafeActive, S_ModeAutoActive, S_ModeSetSel, S_SLS_Enable, S_GuardLocked: SAFEBOOL;
SF_EmergencyStop_1: SF_EmergencyStop;
SF_SafeStop1_1: SF_SafeStop1;
SF_SafeStop1_2 : SF_SafeStop2;
SF_ModeSelector_1 : SF_ModeSelector;
SF_GuardMonitoring_1 : SF_GuardMonitoring;
SF_GuardLocking_1: SF_GuardLocking;
SF_EnableSwitch_1 : SF_EnableSwitch;
SF_SafelyLimitedSpeed_1, SF_SafelyLimitedSpeed_2 : SF_SafelyLimitedSpeed;
END_VAR;

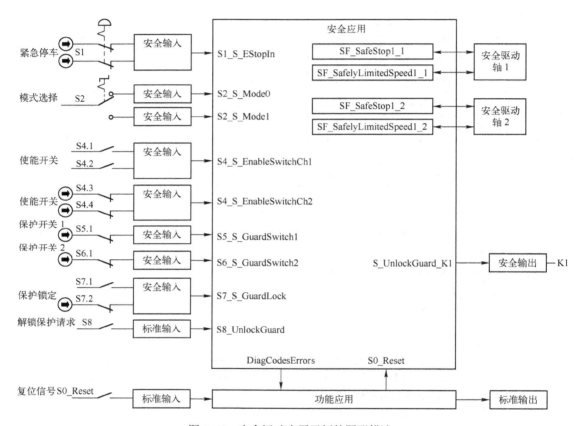

图 5-42 安全运动应用示例的图形描述

用 FBD 编程语言编写的程序本体如图 5-43 所示。图中，SAFEBOOL 变量用带背景色变量表示。

需说明，程序中的激活输入信号都被设置为 TRUE，实际应用时，可用一个变量替代。图中，安全功能块实例名用带背景色变量显示。同样，安全布尔变量 SAFEBOOL 也用带背景色变量显示。

本程序中所用安全功能块的功能见表 5-45。

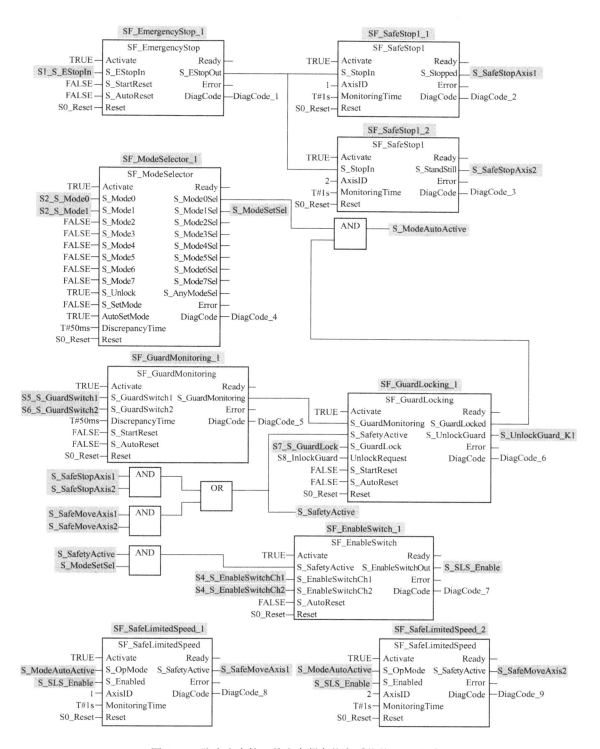

图 5-43 隐含安全接口的安全紧急停车系统的 FBD 程序

表 5-45　本程序有关的安全功能块的功能

| 安全功能块 | 功　能　说　明 |
|---|---|
| SF_EmergencyStop | 一旦 S_EStopIn 输入被按下，则置为 FALSE，输出的使能信号 S_EStopOut 就被复位至 FALSE。S_EStopIn 输入被设置到 TRUE 和复位 S0_Reset 被置位，S_EStopOut 输出信号才被重新设置到 TRUE<br>通常，该功能块的输出不直接与执行器结合，而是跟随一个附加的功能块，例如，根据停止分类 0、1、2 来初始化机器停止<br>在紧急按钮释放和由用户给出 Reset 信号之前，机器不能重新起动 |
| SF_SafeStop1 | 根据 IEC 60204-1 停止分类 1，当输入 S_StopIn 被置位及输入 Activate 被激活时，用于初始化一个电气驱动的受控停止，即安全输出 S_Stopped 被置位。大多数情况下，该功能块跟随在 SF_EmergencyStop 功能块后<br>电源可用于使机器执行器停止，当停止已经达到时，电源再移除<br>驱动系统本身提供安全功能，驱动的减速由运动控制或驱动器本身控制 |
| SF_SafeStop2 | 根据 IEC 60204-2 停止分类 2，当输入 S_StopIn 置位及输入 Activate 被激活时，用于初始化一个电气驱动的受控停止，即安全输出 S_StandStill 被置位。电源可用于机器执行器来达到停止，当停止达到时，电源移除<br>用于机器执行器使用的电源断开时的受控停止。在停车的设定限内和当电动机已经停止时，启动 SOS 功能；或在一个特定的应用时间延迟后起动电动机减速和启动 SOS 功能。大多数情况下，该功能块跟随在 SF_EmergencyStop 功能块后<br>驱动系统本身提供安全功能，驱动的减速由运动控制或驱动器本身控制 |
| SF_ModeSelector | S2_S_Mode0 是自动模式，S2_S_Mode1 是操作模式 |
| SF_GuardMonitoring | 根据保护开关输入 S5_S_GuardSwitch1 和 S6_S_GuardSwitch2 时间差和复位 S0_Reset 的安全保护的保护位置。确定功能块在安全保护已经打开以后如何进行复位。该功能块监视相关联锁保护<br>当两个保护开关输入在规定的时间差内仍不同，则输出 S_GuardMonitoring 保持在 FALSE<br>当在时间差 DiscrepancyTime 内，保护开关输入都切换到 TRUE，此时，输出 S_GuardMonitoring 切换到 TRUE |
| SF_GuardLocking | 通过带锁定的联锁保护来控制进入危险区域的许可（四态联锁）<br>为确保危险区域的安全，可采用围栏。为进入该区域，应装设一个门。该门由一个联锁监视和保护，它可以是一个机械的锁定开关。正常操作时，该门是关闭和锁住的<br>该门（或保护）只在危险区域是安全状态时才解锁和打开。该保护在保护关闭时能够锁定。在保护关闭和保护锁定时机器才能够起动 |
| SF_EnableSwitch | 对三个位置的使能开关信号评估，根据 EN 60204，安全保护的暂停只能在从位置 1 到位置 2 的转换后，用功能块使能。其他转换的方向或位置不能用于安全保护暂停的使能 |
| SF_SafetyLimitedSpeed | 激活驱动的安全限速监视。但不初始化任何电机的运动。当操作模式 S_OpMode 和使能输入 S_Enabled 为 FALSE 时，输入 Activate 被激活，则输出将监视被控轴的速度。在安全操作的停车，使能输入为 TRUE，则速度不超出规定的速度值，其输出 S_SafetyActive 被置位<br>从非安全状态到安全状态的转换由 MonitoringTime 输入监视。规定时间内该转换未完成，则输出出错信号 Error<br>大多数情况，该功能块跟随 SF_EnableSwitch、SF_DoorMonitoring 和 SF_ModeSelector 功能块 |

## 5.3　模糊控制功能块

　　1965 年，查德（Zadeh）创立模糊集理论，为描述、研究和建立模糊性现象提供了新的数学工具。1974 年，曼丹尼（Mamdani）提出模糊控制器概念，把模糊语言逻辑用于蒸汽发动机控制，标志着模糊控制理论的诞生。模糊控制的主要特点如下：

　　1）无须对被控过程建立数学模型。模糊控制是完全模仿操作人员控制经验基础上设计的控制系统，因此，不需要建立数学模型，使一些难于建模的复杂工业过程的自动控制成为可能。只要人工控制下这些过程能够正常运行，并能将人工操作的经验归纳成模糊控制规则，就能设计出模糊控制系统。

　　2）强鲁棒性。对被控过程的参数变化不灵敏，因此，模糊控制系统具有强鲁棒性。

　　3）强实时性。模糊控制规则大多由离线计算获得，因此，在线控制时不需要再进行复杂运算，使系统实时性增强。

4）智能性。模糊控制规则是操作人员对过程控制作用的直观描述和思维逻辑，体现了人工智能，它是人类知识在过程控制领域应用的具体体现。其本身就是简单专家系统。

## 5.3.1　基本概念

### 1. 模糊控制理论基础

（1）模糊控制的有关术语

表 5-46 是模糊控制的有关术语。

**表 5-46　模糊控制的有关术语**

| 中文 | 英文 | 注释 |
|---|---|---|
| 综合 | Accumulation 或 Result aggregation | 把各条控制规则推理的结果汇总出总的推理结果，是推理结果的聚集 |
| 聚集 | Aggregation | 由一条规则的多个子条件的隶属度计算该条规则条件的满足程度，即确定规则的激活程度 |
| 激活 | Activation 或 Composition | 规则条件的满足程度作用于一个输出模糊集的过程 |
| 条件 | Condition 或 Antecedent | 简单或多维模糊条件语言："如果…，则…"中的"如果…"部分，也称为前件（Antecedent） |
| 结论 | Conclusion 或 Consequent | 简单或多维模糊条件语言："如果…，则…"中的"则…"部分，也称为后件（Consequent） |
| 清晰集 | Crisp set | 模糊集的特例。其隶属函数仅取两个值，常规定 0 和 1 |
| 清晰化 | Defuzzification | 将模糊逻辑推理后获得的模糊集转变为用作控制的清晰值的过程 |
| 隶属度 | Degree of membership | 隶属函数的函数值，是指定元素隶属一个模糊集的程度，取值范围为[0, 1] |
| 模糊化 | Fuzzification | 输入量的清晰值转变为可用于模糊推理的模糊集的过程 |
| 模糊控制 | Fuzzy control | 用模糊推理方法，模拟人的操作技能、控制经验和知识的一种控制 |
| 模糊逻辑 | Fuzzy logic | 用模糊集合理论对模糊的概念、判断和推理进行量化处理和分析的一种非经典逻辑 |
| 模糊算子 | Fuzzy operator | 模糊逻辑中采用的算子（运算符），例如 AND、OR、NOT 等 |
| 模糊集 | Fuzzy set | 带有隶属度的事物（物体、对象或概念）的整体 |
| 推理 | Inference | 以已知的模糊命题为前提（含大前提和小前提），提出新的模糊命题作为结论的过程 |
| 语言规则 | Linguistic rule | 类似"如果条件，则结论"的语言，即 IF-THEN 规则。用于表征模糊控制策略的模糊条件语言 |
| 语言项 | Linguistic term | 语言变量的取值，语言项以模糊集来定义。也称为语言值 |
| 语言变量 | Linguistic variable | 以人工或自然语言的词、词组或句子作为值的变量 |
| 隶属函数 | Membership function | 表征论域中每个元素隶属于一个模糊集的程度的函数 |
| 单点集 | Singleton | 隶属函数仅在一点为 1，其他点都为 0 的模糊集 |
| 子条件 | Subcondition | 形式为一个变量或"语言变量 IS 语言项"的基本表达式 |
| 规则库 | Rule base | 为实现某些目标而建立的控制规则的汇总 |
| 加权因子 | Weighting Factor | 描述控制规则的重要程度、可信程度和置信程度的，其值是在 0～1 之间的一个数 |

（2）隶属函数和模糊集

设 $A$ 是论域 $U$ 上的一个集合，对任意的 $u \in E$，令

$$C_A(u) = \begin{cases} 1 & \text{当} u \in A \\ 0 & \text{当} u \notin A \end{cases} \tag{5-45}$$

则称 $C_A(u)$ 是集合 $A$ 的特征函数。

任意一个特征函数都唯一确定一个子集 $A = \{u|\ C_A(u)=1\}$，任意一个集合 $A$ 都有唯一确定的一个特征函数与之对应。因此，集合 $A$ 与其特征函数 $C_A(u)$ 是等价的。

特征函数 $C_A(u)$ 在 $u_0$ 处的值称为 $u_0$ 对集合 $A$ 的隶属程度，简称隶属度。当 $u \in A$ 时，隶属度为 100%（即 1），表示 $u$ 绝对属于集合 $A$；当 $u \in A$ 时，隶属度为 0%（即 0），表示 $u$ 绝对不属于集合 $A$。

经典集合论的特征函数只允许取 $\{0, 1\}$ 两个值，与二值逻辑对应，模糊数学将特征函数推广到可取闭区间[0，1]的无穷多个值的连续值逻辑，即隶属函数 $\mu(x)$ 满足

$$0 \leqslant \mu(x) \leqslant 1 \qquad (5\text{-}46)$$

或表示为：$\mu(x) \in [0, 1]$。

给定论域 $U$ 上的一个模糊子集 $A$，是指对于任意 $u \in U$，都指定了函数 $\mu_A$，$\mu_A(u) \in [0, 1]$ 的一个值。

$$A = \{u\ |\mu_A(u)\} \qquad \forall u \in U \qquad (5\text{-}47)$$

称论域上的一个模糊子集，简称模糊集。其中，$\mu_A$ 是模糊子集 $A$ 的隶属函数（Membership Function）。$\mu_A(u)$ 是 $u$ 对模糊子集的隶属度。当 $\mu_A$ 值域取值[0，1]的两个端点时，$\mu_A$ 就是特征函数，$A$ 就是普通集合，因此，普通集合是模糊集合的特殊情况。常用隶属函数见表 5-47。

表 5-47　常用隶属函数

| 隶属函数名称 | 图形描述 | 公式描述 |
|---|---|---|
| 三角形隶属函数 | | $\text{Triangle}\ (u, [a, b, c]) = \begin{cases} 0 & u \leqslant a,\ u \geqslant c \\ \dfrac{u-a}{b-a} & a \leqslant u \leqslant b \\ \dfrac{c-u}{c-b} & b \leqslant u \leqslant c \end{cases}$ |
| 梯形隶属函数 | | $\text{Trapezoid}\ (u, [a, b, c, d]) = \begin{cases} 0 & u \leqslant a, u \geqslant d \\ \dfrac{u-a}{b-a} & a \leqslant u \leqslant b \\ 1 & b \leqslant u \leqslant c \\ \dfrac{d-u}{d-c} & c \leqslant u \leqslant d \end{cases}$ |
| 高斯型隶属函数 正态型隶属度 函数 | | $\text{gaussian}\ (u, [c, \sigma]) = \exp\left[-0.5\left(\dfrac{u-c}{\sigma}\right)^2\right]$<br>$c$ 是隶属度函数的中心；$\sigma$ 是高斯函数的标准差 |
| 钟形隶属函数 | | $\text{bell}\ (u, [a, b, c]) = \dfrac{1}{1+\left|\dfrac{u-c}{a}\right|^{2b}}$<br>$c$ 是隶属度函数的中心；$a$ 确定隶属度函数的宽度；$b$ 确定钟形上部宽度 |

（3）模糊集运算

模糊集与普通集合一样，可以进行与、或和非逻辑的运算。由于模糊集用隶属函数描述其特征，因此，它们的运算是逐点对隶属度进行相应的运算。

1）与运算：模糊集 $A$ 与模糊集 $B$ 的与运算是它们的交集 $T$。

$T = A \cap B$，其隶属度函数为 $\mu_T(u) = \min[\mu_A(u), \mu_B(u)]$，或表示为 $T(\mu_A(u), \mu_B(u))$。

2）或运算：模糊集 $A$ 与模糊集 $B$ 的或运算是它们的并集 $S$。

$S = A \cup B$，其隶属度函为 $\mu_S(u) = \max[\mu_A(u), \mu_B(u)]$，或表示为 $S(\mu_A(u), \mu_B(u))$。

3）非运算：模糊集 $A$ 的非运算是它的补集 $C$。$C = \overline{A}$，其隶属度函数为 $\mu_C(u) = 1 - \mu_A(u)$。

与、或和非逻辑运算的比较见表 5-48。其他逻辑运算关系有：有界差、有界和、有界积、蕴涵、等价等，可参考有关资料。

表 5-48　与、或和非逻辑运算的比较

| | 与逻辑（AND 算子） | 或逻辑（OR 算子） | 非逻辑（取反算子） |
|---|---|---|---|
| 二值逻辑 | | | |
| 模糊逻辑 | | | |

（4）模糊控制器基本结构

图 5-44 是模糊控制器的结构框图。模糊控制器由模糊化、知识库、模糊推理和解模糊化等部分组成。

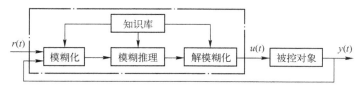

图 5-44　模糊控制系统的基本结构框图

1）模糊化：用于将输入的精确量（包括系统设定、输出、状态输入信号）转化为模糊量。例如，通常将输入的测量信号按偏差和偏差变化率进行模糊化。

2）知识库：由数据库和模糊控制规则库组成，用于存放各语言变量隶属度函数等和一系列控制规则。

3）模糊推理：根据模糊逻辑进行推理。

4）解模糊化：也称为清晰化。它将模糊推理得到的模糊输出量转化为实际的清晰控制量。

**2. 模糊控制语言**

模糊控制语言（Fuzzy Control Language，FCL）是模糊控制编程语言，它用模糊控制功能块实现。

（1）模糊控制功能块

模糊控制功能块的声明格式与一般功能块类似，其格式如下：

```
FUNCTION_BLOCK   模糊控制功能块名
    输入变量声明段;
    输出变量声明段;
    其他变量声明段;
    模糊化声明段;
    清晰化声明段;
    规则块声明段;
    可选参数声明段;
END_FUNCTION_BLOCK
```

（2）模糊化

模糊化用于将输入变量的清晰值转变为模糊量，模糊化声明段的格式如下：

```
FUZZIFY 变量名
    TERM   语言项名 := 隶属度函数;
END_FUZZIFY
```

模糊化时应注意下列事项：

1）变量名是在模糊控制功能块中输入变量声明段已经声明需要模糊化的变量名。

2）语言项名用 TERM 关键字引导，例如，Cold 项、Warm 项等。

3）隶属度函数描述该模糊变量的清晰量的隶属度，通常采用分段线性函数，例如，三角形或梯形隶属度函数。

4）隶属度函数用多个点的列表定义。其隶属度函数格式如下：

    点 1，点 2,…

其中，点 1，点 2 等是一个数对，其间用逗号分隔，每个数对用圆括号括起来，它们按升序排列，例如，(15.0, 0.0), (20.0, 1.0), (25.0, 0.0) 等。相邻两点之间约定为直线。点的个数至少两点，最多个数由相符性等级规定。

5）隶属度函数的基点可通过调整功能块输入变量实现。这些变量必须在功能块输入变量声明段声明。

6）隶属度确定规则如下：

① 小于第一点的全部输入变量值的隶属度与第一点的隶属度值相同。

② 两个点之间的输入变量的隶属度通过相邻隶属度函数点之间的线性插值计算。

③ 大于最后点的全部输入变量值的隶属度与最后点的隶属度值相同。

【例 5-3】 模糊化示例。

```
FUZZIFY Temp
    TERM    Cold := (3.0,1.0) (27.0,0.0);
    TERM    Warm := (3.0,0.0) (27.0,1.0);
END_FUZZIFY
```

图 5-45 是用图形描述的 Temp 变量的隶属度。

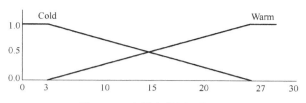

图 5-45　隶属度的图形描述

（3）清晰化

清晰化也称为去模糊化。它是模糊化的逆过程。输出变量的推理结果必须经清晰化转变为清晰值。清晰化声明段的格式如下：

> DEFUZZIFY　变量名
> > RANGE (min .. max);
> > TERM　语言项名 := 隶属度函数;
> > METHOD：清晰化的方法;
> > DEFAULT：约定值;
> END_DEFUZZIFY

清晰化时的注意事项如下：

1）变量名是在模糊控制功能块中输出变量声明段已经声明需要清晰化的变量名。

2）RANGE 表示输出变量隶属函数的范围。min 和 max 是其下限和上限，它们之间用两个点".."分隔。如果未定义其范围，则采用该变量数据类型的约定范围。

3）语言项名与模糊化时的定义方法相同，通常，采用单点集定义输出隶属函数。当采用单点集表示输出时，RANGE 项不起作用。例如，TERM Closed := 0;是单点，只表示输出为 0 时，隶属函数值为 1。

4）清晰化的方法用语言元素 METHOD 定义，有重心法（CoG 或 CoGS）、面积中心法（CoA）、左取大法（LM）和右取大法（RM）四种。例如，METHOD:　CoG;表示用重心法进行清晰化。

表 5-49 是清晰化方法的计算公式。图 5-46 是 LM 和 RM 的区别。

表 5-49　模糊控制的清晰化方法

| 清晰化方法 | 计 算 公 式 | 说　　明 |
|---|---|---|
| 重心法<br>（Centre of Gravity method，COG） | $U = \int_{min}^{max} u\mu(u)\mathrm{d}u \bigg/ \int_{min}^{max} \mu(u)\mathrm{d}u$ | 重心法计算面积的重心，输出变量取隶属穀胝后面积重心对应的横坐标值 |
| 重心法<br>（Centre of Gravity method for Singleton，CoGS） | $U = \sum_{i=1}^{p}[u_i\mu_i] \bigg/ \sum_{i=1}^{p}[\mu_i]$ | 仅用于单点集输出的重心法，计算单点集的重心 |
| 面积中心法<br>（Centre of Area method，CoA） | $U = u' + \int_{min}^{u'} \mu(u)\mathrm{d}u = \int_{u'}^{max} \mu(u)\mathrm{d}u$ | 等分隶属函数面积的垂直线对应的横坐标值，单点集不能用该法 |
| 左取大法<br>（Leftmost Maximum height，LM） | $U = \inf(u') / \mu(u') = \sup_{x \in [min,max]} \mu(x)$ | 对原点非对称，输出变量取输出隶属函数达到最左侧的极大值 |
| 右取大法<br>（Rightmost Maximum height，RM） | $U = \sup(u') / \mu(u') = \sup_{x \in [min,max]} \mu(x)$ | 对原点非对称，输出变量取输出隶属函数达到最右侧的极大值 |

注：$U$ 是清晰化结果；$u$ 是输入变量；$p$ 是单点集的个数；是模糊集综合后的隶属函数；$i$ 是下标；min 和 max 是 RANGE 定义的变量的最小值和最大值，对单点集，min=-，max=+；sup 是最大值，inf 是最小值。

5）约定值项是当输出变量所有语言项的隶属度都为零时，为生成有效的输出，所规定的一个默认值。当输出变量没有规则被激活时，采用约定值项的值。约定值可由用户直接规定，例如，DEFAULT:=0.0;表示约定值为 0.0。也可用约定值 NC 表示保持上一步推理结果的输出。

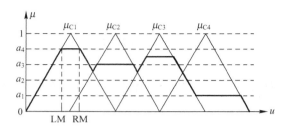

图 5-46　LM 和 RM 的区别

6）隶属度函数可以是单点集，也可以是点。单点集用数值文字或变量名描述。点用数值文字、变量名、逗号和数值文字表示。

（4）规则块

规则块用于存放各语言变量隶属度函数等和一系列控制规则，也称为知识库。规则块声明格式如下：

> RULEBLOCK　　规则块名
> 　　运算符定义;
> 　　　　ACT：可选的激活方法;
> 　　　　ACCU：综合方法;
> 　　　规则号，语言规则;
> END_RULEBLOCK

编写规则块的注意事项如下：

1）运算符（Operator）有 AND 和 OR。根据摩根定律，运算符 AND 和 OR 是对偶的，例如，MIN 用于 AND，则 MAX 用于 OR。表 5-50 是 AND 和 OR 的对偶算法。

表 5-50　AND 和 OR 的对偶算法

| AND 运算符（算子） | | OR 运算符（算子） | |
| --- | --- | --- | --- |
| 算法关键字 | 算法 | 算法关键字 | 算法 |
| MIN（最小） | $\min(\mu_1(x), \mu_2(x))$ | MAX（最大） | $\max(\mu_1(x), \mu_2(x))$ |
| PROD（直积） | $\mu_1(x) * \mu_2(x)$ | ASUM（代数和） | $\mu_1(x) + \mu_2(x) - \mu_1(x) * \mu_2(x)$ |
| BDIF（有界差） | $\max(0, \ \mu_1(x) + \mu_2(x) - 1)$ | BSUM（有界和） | $\min(1, \mu_1(x) + \mu_2(x))$ |

运算符（算子）定义的格式如下：

> 算子: 算法关键字;

例如，AND: PROD 表示采用 AND 运算符，其算法是乘积 PROD。

2）激活方法（Activation method）是可选项。其格式如下：

> ACT: 可选的激活方法;

可选用的激活方法有直积（PROD）和取小（MIN）两种运算，即两个输入变量的直积或最小运算结果作为激活方法。激活方法与是否用单点集输出无关。如果无激活方法，则不列写该声明段。

3）综合方法（Accumulation method）用于定义两个输入变量之间的关系。其声明的格式如下：

ACCU: 综合方法；

表 5-51 是可选的综合方法，共有 MAX、BSUM 和 NSUM 三种。

表 5-51　可选的综合方法

| 名称 | 最大（maximun） | 有界和（Bounded sum） | 归一化代数和（Normalized sum） |
|---|---|---|---|
| 关键字 | MAX | BSUM | NSUM |
| 计算公式 | $\max(\mu_1(x), \mu_2(x))$ | $\min(1, \mu_1(x) + \mu_2(x))$ | $\dfrac{\mu_1(x) + \mu_2(x)}{\max(1, \max_{x' \in x}(\mu_1(x') + \mu_2(x')))}$ |

4）规则号由 RULE 和流水号组成，例如，RULE1 表示规则 1 等。

5）语言规则是以 IF 关键字开始，紧跟条件，条件后是 THEN 关键字和结论，最后是分号表示的规则。条件是用各子条件用运算符 AND、OR、NOT 等逻辑组合的。运算符的优先级，从高到低依次是圆括号、NOT、AND 和 OR。

6）子条件可以是语言变量，或以语言变量开始，后面是关键字 IS、可选的 NOT 和条件中用到的语言变量的一个语言项。例如，TEMP IS WARM 表示温度变量（TEMP）是暖（WARM）的子条件。当 NOT 用于子条件之前时，可用圆括号将该子条件括起来，例如，IF NOT (TEMP IS HOT) THEN…。

7）结论可分为几个子结论和输出变量，各子结论之间用逗号分隔。子结论以语言变量开始，后面是关键字 IS 及该语言变量的一个语言项，例如，VALVE1 IS OPEN，PUMP1 IS RUN 等。

8）加权因子描述控制规则的重要程度、可信程度和置信程度，其值是在 0~1 之间的一个数，用关键字 WITH 后跟加权因子表示。例如，Valve_2 IS Inlet WITH 0.7;表示阀 Valve_2 是 0.7 开度的进口阀。

（5）可选参数

为在不同目标系统实现模糊控制的应用，需要附加信息，以获得不同系统间的最佳转换，可选参数声明段的格式如下：

OPTIONS
　　制造商规定的附加参数；
END_OPTIONS

（6）模糊推理

模糊推理（Fuzzy Inference）是根据模糊推理机制，按规则和所给事实执行推理过程，获得有效结论。

基本模糊推理系统有三类，它们的差别是模糊规则后件不同。

1）Tsukamoto 模糊模型。它将系统的总输出表达为每条规则精确输出的加权平均，而每个规则的精确输出由前件激励程度（用 PROD 和 MIN 算子计算）和后件的隶属度函数确定。

后件的隶属度函数通常是单调函数。

2）Mamdani 模糊模型。系统的总输出通过 MAX 算子将全部规则的有效后件集合而成。即每条规则有效输出由前件激励程度和后件隶属度函数共同确定。清晰化的方法有 CoA、CoG 等。是最常用的模糊推理方法。

3）Takagi-Sugeno 模糊模型。每条规则输出是输入变量的线性组合加常数项，因此，总的输出是每条规则的加权平均。

根据 Mamdani 推理方法，可将推理过程分为三部分：聚集、激活和综合。

1）聚集：用于确定规则中条件的满足程度。从一条规则前件的子条件隶属函数来确定前件条件的满足程度。如果条件只有一个子条件，则条件的满足长度就是该子条件的满足程度。如果条件有几个子条件，则条件的满足程度是各子条件满足程度通过聚集来确定。子条件是 AND 组合的，则满足程度用 AND 算子计算。

2）激活：即匹配，用于确定规则中结论的满足程度。当前件的满足程度（隶属函数的值）大于 1，则该规则被激活。对所有 $n$ 条规则，根据 IF 条件部分的满足程度来激活 THEN 结论部分。各子结论对应输出变量，以通过聚集确定条件的满足程度来确定结论或子结论的隶属度。通常激活用 MIN 算子。当规则有加权因子时，应考虑每条规则的加权因子，需采用 PROD 算子。

3）综合：将各规则的结论汇总获得总的结果。

（7）示例

【例 5-4】 模糊功能块示例。

```
FUNCTION_BLOCK    Fuzzy_example
    VAR_INPUT    Temp ,Pressure: REAL; END_VAR;
    VAR_OUTPUT Valve: REAL; END_VAR;
    FUZZIFY    Temp
        TERM    Cold    := (3.0, 1.0) (27.0,0.0);
        TERM    Warm := (3.0,0.0) (27.0,1.0);
    END_FUZZIFY
    FUZZIFY    Pressure
        TERM    Low    := (55.0, 1.0) (95.0,0.0);
        TERM    High := (55.0,0.0) (95.0,1.0);
    END_FUZZIFY
    DEFUZZIFY    Valve
        TERM    Drainage := −100.0;
        TERM    Closed := 0.0;
        TERM    Inlet := 100.0;
        METHOD : CoGS;
        DEFAULT :=0.0;
    END_DEFUZZIFY
    RULEBLOCK    No1
        AND: MIN;
        ACCU : MAX;
        RULE1: IF    Temp IS Cold AND Pressure IS Low THEN Valve IS Inlet;
        RULE2: IF    Temp IS Warm THEN Valve IS Closed;
```

```
END_RULEBLOCK;
END_FUNCTION_BLOCK
```

### 3. 一致性等级

模糊控制功能块的一致性等级分为三级。

1）基本级（Basic Level）：包括 IEC 61131-3 定义的功能块和数据类型。

2）扩展级（Extension Level）：包括表 5-52 允许的可选性能。

3）开放级（Open Level）：IEC 61131 本部分未定义的附加性能，由制造商列出。

基本级和扩展级语言元素的基本性能见表 5-52。

**表 5-52　基本级和扩展级语言元素的基本性能**

| 相符性等级 | 语言元素 | 关键字 | 说明 |
|---|---|---|---|
| 基本级 | 输入输出变量声明 | VAR_INPUT,VAR_OUTPUT | 只有输入输出变量 |
| | 隶属函数 | TERM 输入变量;TERM 输出变量 | 最多三个常数点（隶属度取值 0 或 1） |
| | 条件聚集 | AND | 算法：MIN |
| | 激活方法 | 无 | 仅用于单点集 |
| | 综合方法 | ACCU | 算法：MAX |
| | 清晰化 | METHOD | 算法：CoGS |
| | 约定值 | DEFAULT | NC，具体值 |
| | 规则块 | RULEBLOCK | 仅有一个规则块 |
| | 条件 | IF　IS | $n$ 个子条件 |
| | 结论 | THEN | 仅有一个结论 |
| 扩展级 | 输入输出变量声明 | VAR | 可包含局部变量（内部变量） |
| | 隶属函数 | TERM 输入变量;TERM 输出变量 | 最多 4 点（隶属度取值 0 或 1） |
| | 条件聚集 | AND | 算法：PROD、BDIF |
| | 条件聚集 | OR | 算法：ASUM、BSUM |
| | 条件聚集 | NOT | 算法：1（变元） |
| | 条件聚集 | （） | （） |
| | 激活方法 | ACT | 算法：MIN、PROD |
| | 综合方法 | ACCU | 算法：BSUM、NSUM |
| | 清晰化范围 | RANGE | 对输出变量范围限定在 min，max 之间 |
| | 清晰化方法 | METHOD | 算法：CoG、CoA、LM、RM |
| | 规则块 | RULEBLOCK | $n$ 个规则 |
| | 条件 | IF | $n$ 个子条件，$n$ 个输入变量 |
| | 结论 | THEN | $n$ 个子结论，$n$ 个输出变量 |
| | 加权因子 | WITH | 常数或输入变量声明段定义变量的值 |

开放级语言元素由制造商规定，例如，可自由定义输入-输出变量的隶属函数，像用高斯函数、指数函数等；隶属函数的点数可多于 4 点；隶属度取值可从 0 到 1；隶属度的值可以是变量等。

## 5.3.2　模糊控制

### 1. 模糊控制类型

PLC 中常采用模糊控制与传统 PID 控制结合，以改善控制系统的控制品质。应用示例如下：

（1）预先控制

预先控制（Pre-Control）的控制方案如图 5-47 所示。图中，模糊控制功能块与常规 PID

控制器组合，由模糊控制功能块提供一个校正信号，补充常规 PID 控制器。

这里，模糊控制器利用偏差和偏差的微分实现模糊控制，并作为前馈信号，组成类似前馈-反馈的控制系统。

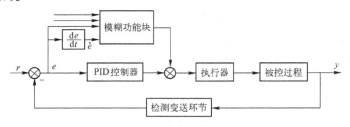

图 5-47　模糊控制用于预先控制

（2）常规 PID 控制器的参数自整定

图 5-48 显示用模糊控制功能块的输出作为常规 PID 控制器的参数自整定的控制方案。

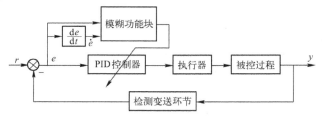

图 5-48　模糊控制用于常规 PID 参数自整定

（3）直接用模糊功能块组成模糊控制器

这类控制系统应用生产过程的经验知识和语言控制策略，组成模糊控制系统，常用于需要操作员干预的许多生产过程的控制。图 5-49 是直接模糊控制框图。采用偏差和偏差微分的控制方案是最常用的直接模糊控制方案。

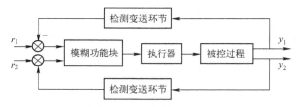

图 5-49　直接模糊控制

**2. 模糊控制应用示例**

工业生产过程中，常采用被控变量液位 LEVEL 的偏差 E1 和偏差的微分 DE1 作为模糊控制器的输入信号，用 VLV 作为模糊控制器的输出。下面是一个示例。

（1）模糊化

可将偏差 E1 和偏差微分 DE1 分为五段。其隶属函数如图 5-50 所示。

根据图 5-50 确定隶属度的方法如下。假设输入 E1 为 4，DE1 为 2，则从图 5-50 可得 E1 为 4 时 PS 隶属度是 8/9，PL 隶属度是 1/3，其他项的隶属度为 0。转化为语言变量的值为{0, 0, 0, 0.89, 0.33}，或表示为"正小，稍偏大"。DE1 为 2 时 PS1 隶属度是 2/3，DE1 为 2 时 ZO1 隶属度是 1/3，其他项的隶属度为 0。转化为语言变量的值为{0, 0, 0.33, 0.67, 0}，或表示为"偏正，接近零"。

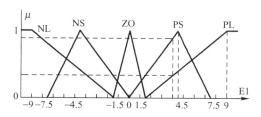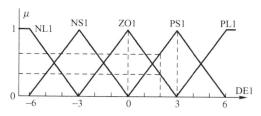

图 5-50 输入变量的隶属度函数

（2）清晰化

输出变量 VLV 也分为五段，其隶属函数如图 5-51 所示。

（3）推理规则

1）聚集：用于确定前件的符合程度。例如，可列出下列规则：

RULE1：E1 = PS　AND　DE1 = ZO1；

RULE2：E1 = PL　AND　DE1 = ZO1；

RULE3：　E1 = PS　AND　DE1 = PS1；

RULE4：　E1 = PL　AND　DE1 = PS1；

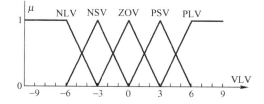

图 5-51　输出变量的隶属度函数

如图 5-51，对 E1=4 及 DE1=2，采用聚集原理，用 MIN 算子，有

RULE1：Min(0.89, 0.33)= 0.33。

RULE2：Min(0.33, 0.33)= 0.33。

RULE3：Min(0.89, 0.67)= 0.67。

RULE4：Min(0.33, 0.67)= 0.33。

2）激活：用于确定结论的满足程度。由于未采用单点集作为输出，因此，该项未用。

3）综合：采用 MAX 算子。如果有两个输入和一个输出，且两个输入变量仅以 AND 结合，则规则库可用矩阵形式，例如，可获得表 5-53 所示输入变量和输出变量之间的模糊关系。需注意，表中输出变量的值与执行器的形式有关。例如，NLV 可表示控制阀全开，PLV 表示控制阀全关等。

表 5-53　输入变量和输出变量之间的模糊关系

| VLV E1<br>DE1 | NL | NS | ZO | PS | PL |
|---|---|---|---|---|---|
| NL1 | NLV | NSV | ZOV | PSV | PSV |
| NS1 | NSV | NSV | PSV | PSV | PLV |
| ZO1 | ZOV | ZOV | PSV | PLV | PLV |
| PS1 | ZOV | ZOV | PSV | PLV | PLV |
| PL1 | ZOV | PSV | PLV | PLV | PLV |

（4）编程

```
FUNCTION_BLOCK LEVEL
    VAR_INPUT   E1, DE1 : REAL; END_VAR;
```

335

```
VAR_OUTPUT    VLV : REAL; END_VAR;
FUZZIFY   E1
      TERM    NL := (−9.0,1.0) (−1.5,0.0);
      TERM    NS := (−7.5,0.0) (−4.5,1.0) (0.0,0.0);
      TERM    ZO := (−1.5,0.0) (0.0,1.0) (1.5,0.0);
      TERM    PS := (0.0,0.0) (4.5,1.0) (7.5,0.0);
      TERM    PL := (1.5,0.0) (9.0,1.0);
END_FUZZIFY
FUZZIFY   DE1
      TERM    NL1 := (−6.0,1.0) (−3.0,0.0);
      TERM    NS1 := (−6.0,0.0) (−3.0,1.0) (0.0,0.0);
      TERM    ZO1 := (−3.0,0.0) (0.0,1.0) (3.0,0.0);
      TERM    PS1 := (0.0,0.0) (3.0,1.0) (6.0,0.0);
      TERM    PL1 := (3.0,0.0) (6.0,1.0);
END_FUZZIFY
DEFUZZIFY   VLV
      TERM    NLV := (−6.0,1.0) (−3.0,0.0);
      TERM    NSV := (−6.0,0.0) (−3.0,1.0) (0.0,0.0);
      TERM    ZOV := (−3.0,0.0) (0.0,1.0) (3.0,0.0);
      TERM    PSV := (0.0,0.0) (3.0,1.0) (6.0,0.0);
      TERM    PLV := (3.0,0.0) (6.0,1.0);
END_DEFUZZIFY
RULEBLOCK   No1
      AND: MIN;
      ACCU: MAX;
      RULE1: IF E1 = NL AND DE1 = NL1    THEN VLV=NLV;
      RULE2: IF (E1 = NL AND DE1 = NS1) OR (E1=NS AND (DE1= NL1 OR   DE1=NS1)
            THEN VAL=NSV;
      RULE3: IF (E1 = ZO AND DE1 = NL1) OR ((E1=NL OR E1=NS)   AND (DE1= ZO1 OR
            DE1=PS1)) THEN VAL=ZOV;
      RULE4: IF (E1=ZO AND (DE1=NS1 OR DE1= ZO1 OR DE1=PS1)) OR
            (E1=PS AND (DE1=PL1 OR DE1=PS1))   OR (E1=NS AND DE1=PL1)    THEN
            VLV=PSV;
      RULE5: IF (E1=PL AND DE1= NOT NL1) OR (E1=PS AND (DE1=ZO1 OR DE1=PS1 OR
            DE1=PL1)) OR (E1=ZO AND DE1=PL1)    THEN    VLV=PLV;
END_RULEBLOCK
END_FUNCTION_BLOCK
```

336

# 第6章 PLC的应用软件设计

## 6.1 PLC编程技巧

### 6.1.1 基本环节

#### 1. 电动机控制的编程

（1）使用两个按钮实现电动机起保停控制

使用两个按钮控制电动机的起保停具有结构简单、易于编程的特点。根据起动优先或停止优先的不同，有两种不同的实现方法。

1）停止优先。采用双稳元素功能块 RS 可实现停止优先的电动机起保停控制，程序如图 6-1a 所示。也可用图 6-1b 所示梯形图程序实现该控制。

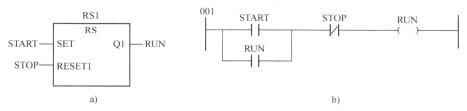

图 6-1 停止优先的起保停控制

a) 用功能块实现  b) 用梯形图实现

用指令表编程语言编写的程序如下：

```
LD      START      // 读取 START 状态
OR      RUN        // 与 RUN 进行或逻辑运算
ANDN    STOP       // 运算结果再与 STOP 取反的信号进行与逻辑运算
ST      RUN        // 最终结果存放在 RUN
```

用结构化文本编程语言编写的程序如下：

```
RUN := RS1(SET := START,   RESET1 := STOP);
```

2）起动优先。一些紧急联锁用的设备，例如，消防水泵、紧急通风机的起保停控制宜采用起动优先的控制方式。功能块图和梯形图编程语言编写的程序如图 6-2 所示。

用指令表编程语言编写的程序如下：

```
LD      RUN        // 读取 RUN 状态
ANDN    STOP       // 与 STOP 取反的信号进行与逻辑运算
OR      START      // 运算结果再与 START 进行或逻辑运算
ST      RUN        // 最终结果存放在 RUN
```

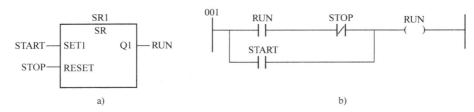

图 6-2  起动优先的起保停控制

a) 用功能块图实现  b) 用梯形图实现

用结构化文本编程语言编写的程序如下：

RUN := SR1(SET1 := START,  RESET := STOP);

3）注意事项。应用上述编程语言编程时需注意下列事项：

① 用功能块图和结构化文本编程语言编程时，START 和 STOP 采用常开触点。用梯形图和指令表编程语言编程时，START 是常开触点，STOP 是常闭触点。

② 标准功能块中，停止优先控制规定用 S 和 R1 端表示置位端和复位端。为清楚表示其特性，一些软件采用 SET 和 RESET1 表示。同样，起动优先控制规定用 S1 和 R 端表示置位端和复位端。为清楚表示其特性，一些软件采用 SET1 和 RESET 表示。

③ 停止优先表示当同时按下起动（置位）和停止（复位）按钮时，输出 RUN 端为 0，即电动机停止。在图形上，输入端用 1 表示优先级高的端子，即 R1 或 RESET1 端的优先级高于 S 或 SET 端。起动优先表示当同时按下起动（置位）和停止（复位）按钮时，输出 RUN 端为 1，即电动机起动。

④ 大多数电动机和运转设备采用停止优先的起保停控制方式来控制其起保停。

（2）使用一个按钮实现电动机起保停控制

使用一个按钮实现电动机起保停控制也称为单按钮起保停控制。常用于 PLC 的输入点数较少，而需要控制起停的设备较多的场合。

单按钮起保停控制的控制要求是当第一次按下起停按钮 START 时，电动机起动并保持；当第二次按下起停按钮 START 时，电动机停止并保持。有多种程序可实现所需控制要求。下面介绍常用程序。

1）上升沿触发的单按钮起保停控制。

① 使用上升边沿检测功能块。图 6-3 是采用上升沿边沿检测功能块实现单按钮的起保停控制梯形图程序。

按下 START 按钮时产生的脉冲信号实现起停控制，称为上升沿触发的单按钮起保停控制。当第一次按下 START 按钮时，经上升沿边沿检测功能块 R1 的检测，输出 L 有一个脉冲信号，在 003 梯级，使电动机 RUN 激励和运转，并自保。当第二次按下 START 按钮时，同样有一个脉冲信号 L 输出，因 RUN 自保，因此，在 002 梯级，使中间变量 S2 激励，从而在 003 梯级使输出 RUN 失励，即电动机停止运转。

② 采用计数器功能块。采用计数器功能块实例 C1 对按钮按动的次数进行计数，也可实现单按钮起保停控制。图 6-4 是采用计数器实现的单按钮起保停控制梯形图程序。

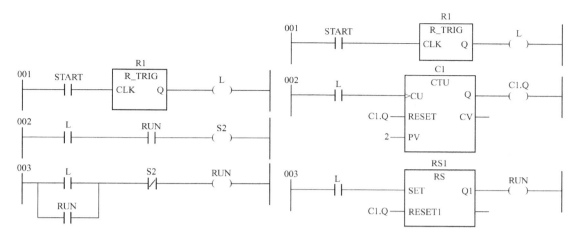

图 6-3 上升沿触发的单按钮起保停控制　　图 6-4 采用计数器实现的单按钮起保停控制梯形图程序

当第一次按下 START 按钮时，经上升沿边沿检测功能块 R1 的检测，输出 L 有一个脉冲信号，它作为计数器的输入脉冲，用于计数，计数设定值 PV 为 2，同时，脉冲信号 L 连接到 RS1 双稳元素功能块的置位端，使其输出 RUN 激励。当第二次按下 START 按钮时，计数器 C1 计数到，它的输出 C1.Q 为 1，使 RS1 的复位端置 1，因此，其输出 RUN 失励，表示电动机停止运转。

2）下降沿触发的单按钮起保停控制。当上述程序的上升沿边沿检测功能块用下降沿边沿检测功能块替代时，可实现下降沿触发的单按钮起停控制。图 6-5 是采用下降沿触发的单按钮起保停控制梯形图程序，是常见的一种梯形图程序。

当第一次按下 START 按钮时，中间变量 C1 激励，并自保，但因串接在 RUN 梯级的是 START 的反相信号，因此，RUN 未激励，同样，C2 也未激励。当按钮释放时，START 取反信号为 1，因此，RUN 激励，电动机运转。第二次按下 START 时，因 START、RUN 的线路仍接通，因此，RUN 保持激励状态，同时，C2 也激励。按钮 START 释放时，才使 RUN 失励，实现停止电动机运转的控制要求。

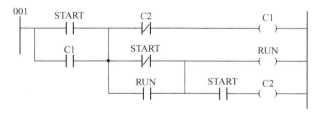

图 6-5 下降沿触发的单按钮起保停控制梯形图程序

（3）电动机的正反转控制

电动机的正反转切换通过更换电动机的一组相线实现。电气控制线路中常用两个接触器 KM1 和 KM2 实现，如图 6-6 所示。图中，SB2 和 SB3 分别是正转和反转的起动按钮，SB1 是停止按钮。

有两种实现电动机正、反转控制的方法：一种方法是电动机正、反转切换不经过停止的过程；另一种方法是电动机先停止，然后根据切换要求切换到所需的运转方式。

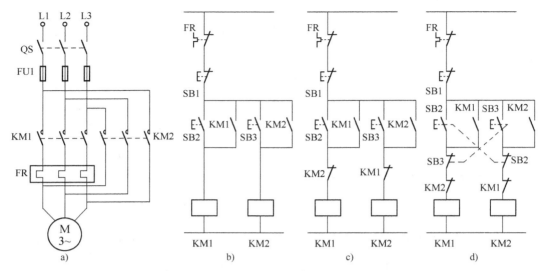

图 6-6 电动机正反转电气控制线路

a) 主电路  b) 无互锁控制电路  c) 正-停-反控制电路  d) 正-反-停控制电路

1）经停止过程的电动机正、反转切换控制。与图 6-6 对应，可采用两个起动按钮 ZQ 和 FQ 用于正转和反转的起动，一个按钮 TZ 用于停止运转。正转和反转的接触器用 ZZ 和 FZ 表示。梯形图程序如图 6-7 所示。

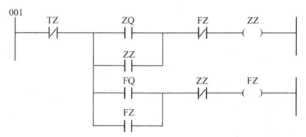

图 6-7  经停止过程的电动机正、反转切换控制程序

电动机在停运状态时，ZZ 和 FZ 都未激励。

当按下 ZQ 正转起动按钮时，输出 ZZ 激励，表示电动机正转。同时，它将反转控制线路切断，防止反转起动。只有按下 TZ 停止按钮，电动机才能停转。

当按下 FQ 反转起动按钮时，输出 FZ 激励，表示电动机反转。同时，它将正转控制线路切断，防止正转起动。只有按下 TZ 停止按钮，电动机才能停转。

2）不经停止过程的电动机正、反转切换控制。与图 6-6 对应，采用两个起动按钮 ZQ 和 FQ 用于正转和反转的起动，一个按钮 TZ 用于停止运转。正转和反转的接触器为 ZZ 和 FZ。不经停止过程的电动机正、反转切换控制梯形图程序如图 6-8 所示。

与历停止过程的电动机正、反转切换控制程序类似，只在各梯级上增加一个如图 6-8 所示的常闭触点，它用于停止电动机的运转。

当按下 ZQ 正转起动按钮时，输出 ZZ 激励，表示电动机正转。同时，它断开反转控制线路，使反转接触器触点断开。

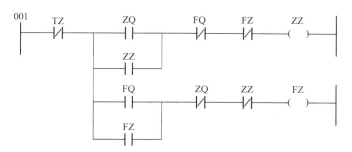

图 6-8　不经停止过程的电动机正、反转切换控制程序

当按下 FQ 反转起动按钮时，输出 FZ 激励，表示电动机反转。同时，它断开正转控制线路，使正转接触器触点断开。

按下 TZ 停止按钮，电动机停转。

为防止因接触器动作延迟可能发生相间短路，程序中除了用接触器触点进行互锁外，还用起动按钮反相触点断开另一控制回路，实现互锁。同时，在外部接线时采用图 6-9 所示互锁接线方式。

有时，也将电动机热继电器的常闭触点串联到各梯级中，当负载过大，热继电器激励时，能够及时使接触器输入信号断开。但实际应用时，常在外部接线时串接接入热继电器触点，用于减少 PLC 的输入点数，如图 6-9 所示。

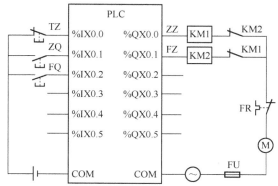

图 6-9　PLC 的外部接线图

3）定时交替的电动机正、反转切换控制。一些应用场合需要电动机正转一定时间后自动切换到反转，反转运转一定时间后自动切换到正转。这种情况可采用定时交替正、反转切换方法来控制电动机的运转。

另一种应用情况是电动机正转一定时间后自动停止，停止一定时间后自动反转，反转一定时间后自动停止，然后停止一定时间后自动正转，如此循环运转和停止，例如，洗衣机的电动机。

① 没有停止过程的电动机交替正、反转控制。图 6-10 是定时交替的电动机正、反转控制程序。

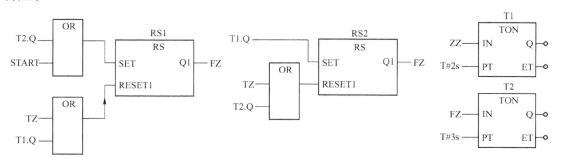

图 6-10　定时交替的电动机正、反转控制程序

程序采用一个按钮 START 作为起动信号，用按钮 TZ 手动停止电动机的运转。采用两个定时器对正、反转的运行时间定时，定时时间在 T1 和 T2 定时器功能块中设置。图 6-10 中，正转时间设定为 2s，反转时间设定为 3s。

程序采用两个 RS 功能块，用两个定时器组成循环过程。由于定时器循环过程中，只有在 T2 定时器计时到才重新更新，因此，对正转 ZZ 的双稳元素功能块可采用置位优先的 SR 功能块。

此外，程序采用起动信号来防止系统一旦上电，就开始运转，同样，停止信号也通过开关获得。

如果采用有正、反转的起动按钮，则起动时可选择先起动正转或起动反转。如果需要有正、反转的起动信号，也可采用图 6-11 所示的程序。

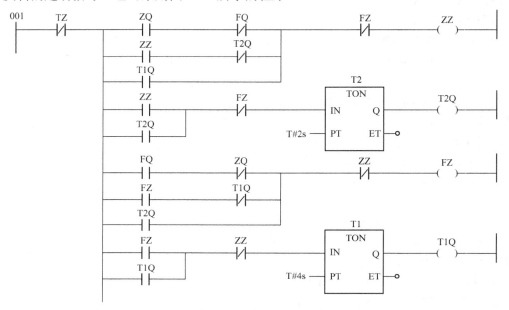

图 6-11　采用正、反转起动按钮的控制程序

② 有停止过程电动机交替正反转控制。图 6-12 是有停止过程电动机正反转控制程序。

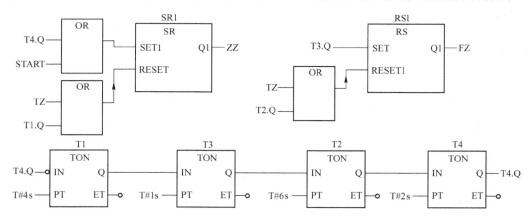

图 6-12　有停止过程定时交替的电动机正、反转控制程序

（4）电动机的星-三角转换控制

电动机的星-三角转换控制用于三相异步电动机的减压起动，即起动电动机时，采用星形联结，电动机运转后自动切换到三角形联结。电动机的星-三角转换控制程序如图6-13所示。

设电动机的三个绕组分别是 AX、BY 和 CZ，则星形联结是将 X、Y 和 Z 连接在一起，A、B 和 C 连接到三相输入端，三角形联结是将 A 与 Z、B 与 X、C 与 Y 连接在一起，并将 A、B 和 C 连接到三相输入端。

当输出接触器 $KM_Y$ 激励，$KM_Y$ 的各触点闭合，组成星形联结；当输出接触器 $KM_\Delta$ 激励，$KM_\Delta$ 的各触点闭合，组成三角形联结。当输出继电器 KM 激励，起动电动机。假设星形联结起动 5s 后自动转换到三角形联结。

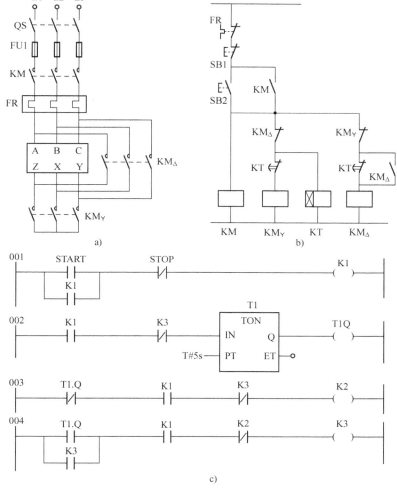

图 6-13　电动机星-三角转换控制电路和程序

a) 主电路　b) 控制电路　c) 梯形图程序

程序转换过程如下：按下起动按钮 START 后，K1 激励并自保，同时使连接的接触器 KM激励，相应触点闭合，003 梯级中，K2 激励，它使连接的接触器 $KM_Y$ 激励，组成星形联结结构,并使电动机在低起动电流下运转,当延时时间 5s 到,定时器 T1 的输出 T1.Q 变为 1,使 K2 失励,K3 激励,它使相应的接触器 KM_Y 失励,接触器 KM_△ 激励,电动机组成三角形联结结构,并用三角形联结运转。按下停止按钮后,K1 失励,电动机停转。

程序中,星形联结和三角形联结的两个输出继电器已实现互锁,为防止转换过程中造成相间短路,硬件接线可用类似图 6-13 的形式实现硬件互锁。

星-三角起动的优点是星形起动电流只有原来三角形起动电流的 1/3,约为电动机额定电流的 2 倍,因此,起动特性好、结构简单、价格低。星形起动的缺点是起动转矩也下降到三角形直接起动转矩的 1/3,因此,其转矩特性差。

考虑到星形联结转换到三角形联结过程中可能造成相间短路,可在星形联结断开后,再延时一段较短时间,例如,0.5s 后才转换到三角形联结。程序如图 6-14 所示。

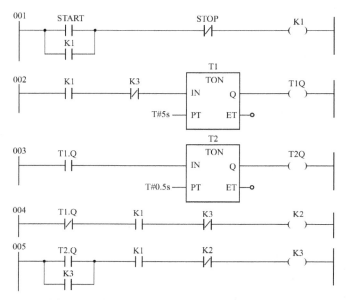

图 6-14　有延时的电动机星形-三角形转换程序

（5）点动和连续运行控制

电动机控制中,有时要求可以连续运转,有时要求点动,例如行车的电动机。电动机的点动采用一个点动按钮 DD,按下点动按钮,电动机运转;释放按钮,电动机停转。电动机的连续运行采用两个按钮,一个起动按钮 QA,一个停止按钮 TA。按下起动按钮后,电动机运行;释放后,电动机保持运行,直到再次按下停止按钮。

PLC 实现上述功能十分方便。程序如图 6-15 所示。

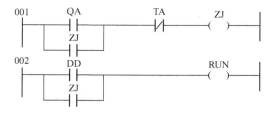

图 6-15　电动机点动、连续控制程序

也可编写如图 6-16 所示的程序实现点动和连续运行控制。

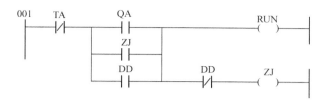

图 6-16　另一个电动机点动、连续控制程序

（6）电动机的顺序控制

在一些应用中，需要电动机的顺序控制。如在开车时，一系列电动机应逆序起动；停车时，一系列电动机要顺序停止。又如，在传送带输送机系统中，一系列传送带输送机的电动机的开车应先开后级电动机，再开前级电动机；当系统停车时，应先停前级电动机，后停后级电动机。这称为逆序起动，顺序停止。这类控制系统的控制程序如图 6-17 所示。示例中有三台电动机。

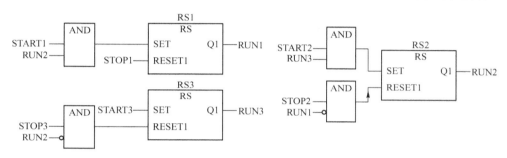

图 6-17　电动机顺序控制系统的程序

当控制的电动机数大于 3 台时，第一台电动机的程序不变，最终电动机的程序与图中第三台程序类似，仅将 STOP3 改接最终一台的停止按钮。中间的电动机与图中第二台电动机程序类似。仅起动条件的与函数连接该台电动机的起动按钮和下一台电动机的运转信号，停止条件的与函数连接该电动机的停止按钮和上一台电动机的运转信号（取反）。

**2. 定时器和计数器的编程**

很多场合需要使用定时器和计数器。例如，电动机的定时运行、延时运行或停止等。

（1）电动机的定时运行

电动机的定时运行包括延时起动、延时停止、运行规定时间停止等。它们都需要采用定时器功能块。

1）电动机延时起动控制。电动机延时起动控制与电动机的停止优先控制类似，但增加定时器用于延时。图 6-18 所示程序中假设延时时间为 2s。

2）电动机延时停止控制。电动机起动后运行规定时间后自动停止的控制程序需要一个脉冲定时器 T1，程序与图 6-18 所示程序类似，只需要将 TON 定时器改为 TP 定时器。

3）电动机延时起动，运行规定时间后停止的控制。将电动机延时起动控制程序和运行规定时间的程序结合，可实现电动机延时起动，运行规定时间停止的控制要求。程序如图 6-19 所示。假设延时时间（由 TON 功能块的设定设置）为 5s，规定运行时间（由 TP 功能块的设定设置）为 15s。

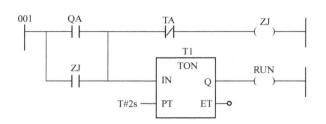

图 6-18　电动机延时起动控制程序

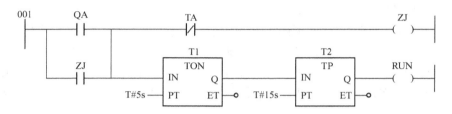

图 6-19　电动机延时起动，运行规定时间后停止的控制程序

4）电动机延时起动、延时停止的控制。将电动机延时起动和电动机延时停止的程序结合，可实现电动机延时起动和延时停止的控制要求。图 6-20 是控制程序。假设延时起动时间为 5s，延时停止时间（由 TOF 功能块的设定设置）是 15s。

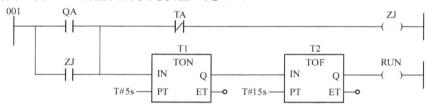

图 6-20　电动机延时起动和停止的控制程序

（2）长定时器的实现

IEC 61131-3 标准没有规定定时器的定时时间的限度。但实际 PLC 受存储器容量限制，不可能实现无限的定时时间。长时间的定时器实现可采用多种程序。

1）多定时器串联。多定时器串联程序可实现长定时。一个定时器计时到其设定值后，启动第二个定时器，然后，启动第三个定时器等。总延时时间是各定时器计时时间之和。

图 6-21 是一个定时器串联的程序示例。PLC 能够提供最长为 8h 的定时器，为实现自动打印日报表，需要每隔 24h 发送一个打印信号。当第一次闭合 START 开关后，图 6-21 所示程序能够每隔 24h 给 PRINT 发送一个打印信号。

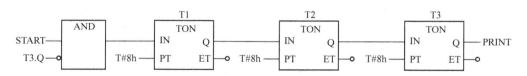

图 6-21　定时器串联程序示例

2）定时器和计数器组合。将定时器和计数器串联，可实现长定时功能。例如，图 6-21 所示程序也可用图 6-22 所示定时器和计数器的串联程序实现。

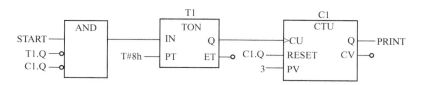

图 6-22　定时器和计数器串联程序示例

（3）周期信号发生器

生产过程中有时需要各种信号，例如脉冲信号、方波信号、正弦信号等。

1）脉冲信号发生器。一些应用场合需要周期的脉冲信号，例如，三相步进电动机转速控制时所需脉冲信号就可用脉冲信号发生器产生的脉冲信号。

图 6-23 所示程序用于产生一个周期为 1s 的脉冲信号。改变定时器的设定时间可改变脉冲周期。

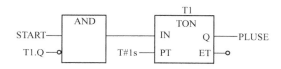

图 6-23　周期脉冲信号发生器程序

2）方波信号发生器。方波信号发生器要求输出信号周期接通和断开。通常，将接通时间和总周期之比称为占空比。在时间比例控制系统中将控制器输出以对应的占空比来接通和断开输出信号，实现连续量信号输入和开关量输出的控制规律。

① 一个延时接通定时器组成方波信号发生器。图 6-24 显示用一个延时接通定时器组成平衡方波信号发生器的程序。信号的周期时间是定时器设定时间的两倍。平衡方波指信号对称，即占空比为 1:2。通常，这种信号发生器称为平衡振荡信号发生器。

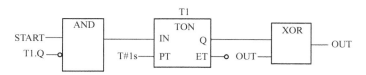

图 6-24　一个延时接通定时器组成平衡方波信号发生器程序

② 两个延时接通定时器组成方波信号发生器。图 6-25 显示用两个延时接通定时器组成平衡方波信号发生器的程序。信号的周期是 T1 和 T2 的设定时间之和。当输出 OUT 连接到定时器输出取反信号（见图 6-25），占空比为 T1 设定时间与总周期之比。START 闭合时，输出 OUT 先闭合后断开。当输出 OUT 连接到定时器输出信号，占空比为 T2 设定时间与总周期之比。START 闭合时，输出先断开后闭合。通常，这种信号发生器称为不平衡振荡信号发生器。当 T2 设定时间与 T1 设定时间相同时，组成平衡振荡信号发生器。

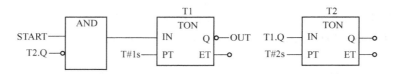

图 6-25　两个延时接通定时器组成平衡方波信号发生器程序

3）锯齿波信号发生器。锯齿波信号发生器用于产生周期锯齿波，它被作为时间比例控制的信号源等。

假设锯齿波的周期为 10s，幅值为 1，起动信号为 START，锯齿波以变量 OUT 输出。采用延时接通定时器实现的程序如图 6-26 所示。信号波形如图 6-27 所示。

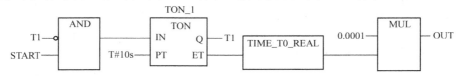

图 6-26　锯齿波信号发生器程序

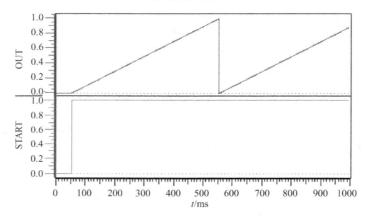

图 6-27　锯齿波信号波形图

需注意，将时间数据类型转换为实数数据类型时，时间数据以 ms 为单位，因此，锯齿波信号周期时间为 10000ms，程序中乘以 0.0001 后，使锯齿波周期时间转换为实数 1.0。如果希望锯齿波的幅值为 $K$，应在乘法函数的乘数用 0.0001 与 $K$ 之积表示。

4）正弦信号发生器。锯齿波信号发生器和正弦函数等三角函数结合，可实现三角函数信号发生器。图 6-28 是正弦波信号发生器程序。正弦信号以 10s 为周期，由于正弦函数输入是用弧度计算的，因此，将乘数 0.0001 改为 0.000628，正弦波信号幅值是输出 OUT 乘以幅值 $K$ 获得。

图 6-28　正弦信号发生器程序

图 6-29 是输入起动信号 START 和输出正弦波信号 OUT 的波形图。

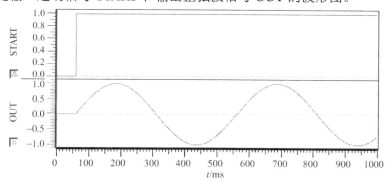

图 6-29　正弦波信号发生器的信号波形图

5）全波整流信号发生器。如果在上述程序中将输出取绝对值，则可获得以 10s 为周期的全波整流输出信号。图 6-30 是输出的全波整流信号波形图。

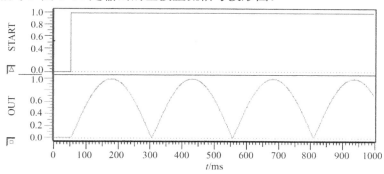

图 6-30　全波整流输出信号波形图

（4）长计数器的实现

IEC 61131-3 标准对计数器的计数值没有规定其限度。但实际 PLC 受存储器容量限制，不可能实现无限计数。因此，对长计数的计数器可采用有关程序实现。

图 6-31 显示用两个加计数器 C1 和 C2 实现长计数功能的程序。START 给出计数脉冲输入信号。C1 计数器功能块计数设定值是 100，C2 计数器功能块计数设定值是 500，当计数值达到 50000 时，C2 计数器功能块输出一个脉冲信号。

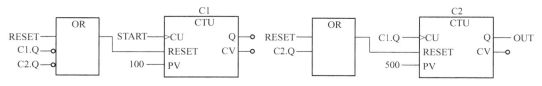

图 6-31　多计数器组成长计数功能的程序

多计数器串联程序可实现长计数。一个计数器计数到其设定值后，起动第二个计数器，然后，起动第三个计数器等。总计数次数是各计数器计数设定值之积。

**3. 反馈变量的应用**

在工程应用中，往往需要迭代运算，例如，在线补偿节流装置的非线性，采用在线计算节流装置在测得差压条件下的流出系数，并实现节流装置的非线性补偿，该运算过程就需要对流出系数进行迭代运算。

根据 IEC 61131-3 标准，在功能块图标准编程语言中引入了反馈变量。标准指出，一个网络的输出参数值返回到同一网络中作为输入参数时，这种连接路径称为反馈路径，相应的变量称为反馈变量。

反馈变量的求值规则如下：

1）当第一次网络求值时，使用反馈变量的初始值，它可以是该数据类型的约定初始值、用户在变量初始化时规定的初始值或当具有掉电保持属性的反馈变量在掉电前的数值。

2）其后，反馈变量的值根据反馈信号确定，即用反馈变量的新值作为该网络的输入值。

由此可见，PLC 编程语言中的反馈变量具有迭代运算功能。其第一次初始值就是迭代初值，以后将用新的计算结果作为下一次迭代值。

（1）高阶方程求解

高阶方程经转换,可表示为 $x=f(x)$,该方程的求解转换为确定以图形表示的两条曲线，即 $y=f(x)$ 和 $y=x$ 的交点。以示例说明。

【例 6-1】 求解方程 $x^3-1.5x^2-x+1=0$。

方程经转换，可表示为 $y=x^3-1.5x^2+1=x$。图 6-32 是其曲线。直线与曲线的交点即方程的根。

假设 $x$ 的初值为 0，则计算 $y=1$，根据 $x=y$，确定 $x$ 的第二次迭代值为 1，计算得到：$y=0.5$。$x$ 的第三次迭代值为 0.75。如此迭代运算，直到 $x=0.64458430$。

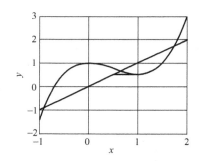

图 6-32　方程求根的迭代过程

PLC 的程序和运算结果如图 6-33 所示。迭代运算过程如图 6-34 所示。

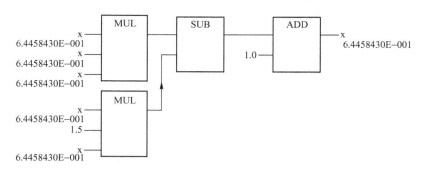

图 6-33　求解方程的 PLC 程序和运算结果

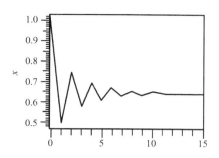

图 6-34　方程求解的迭代过程

（2）整数开方

当选用的 PLC 只有整数运算功能时，节流装置检测的差压 $dp$ 经 AI 转换为整数 $0\sim16000$，需经开方转换为流量 $0\sim16000$，由于没有 SQRT 函数可使用，为此，必须对整数开方用下列迭代公式计算：

$$q = \frac{dp/q + q}{2} \tag{6-1}$$

根据迭代公式编写的程序如图 6-35 所示。其输出 $q$ 是根据输入的差压 $dp$ 计算获得的整数表示的开方值。

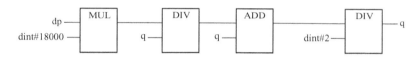

图 6-35　整数开方的 PLC 迭代程序

（3）位力方程计算压缩因子

对非理想气体，用压缩系数描述其与理想气体之间的偏离程度，即

$$Z = \frac{pV}{RT} \tag{6-2}$$

对非理想气体，可用位力方程拟合，可用压力或体积作为因子进行拟合。体积拟合公式为

$$Z = 1 + \frac{B}{V} + \frac{C}{V^2} + \frac{D}{V^3} + \cdots \tag{6-3}$$

统计力学指出，第二位力系数 $B$ 反映两个气体分子间的相互作用对气体 $p$-$V$-$T$ 关系的影响；第三位力系数 $C$ 反映三个气体分子间的相互作用对气体 $p$-$V$-$T$ 关系的影响等。一般用 $B$ 和 $C$ 两个系数就有足够精度。

上述两个方程有两个未知数 $Z$ 和 $V$，由于是非线性方程，因此，只能用迭代计算算法求解。即先假设某一变量的初始值，然后计算其结果，再用该计算结果作为第二次迭代运算的新值，如此循环，直到在网络中该变量的输入与输出相等。

用 PLC 功能块图可方便地实现这种迭代运算。程序如图 6-36 所示。变量声明如下：

```
VAR_INPUT
    Temp , Pressure : REAL;
END_VAR
VAR_OUTPUT
```

```
        Z,V : REAL;
    END_VAR
    VAR
        B,C : REAL;
    END_VAR
```

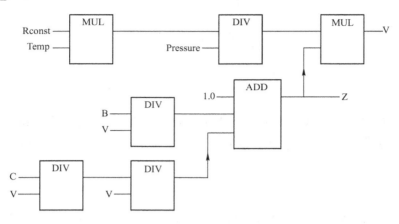

图 6-36　位力方程计算压缩因子的程序

图 6-36 的变量中，Temp 是该气体温度（K）；Pressure 是该气体的压力（bar 1bar=$10^5$Pa）；V 是体积（$cm^3$）；根据上述工程单位，气体常数 Rconst=83.14；B 和 C 是位力系数。

【例 6-2】　根据有关数据，异丙醇的位力系数为：$B$=-388$cm^3 \cdot mol^{-1}$，$C$=-26000$cm^6 \cdot mol^{-2}$。计算 200℃（473.15K）、10bar 异丙醇的压缩系数。

将数据键入图 6-36 所示的程序，下装并运行，图 6-37 是运行结果画面。

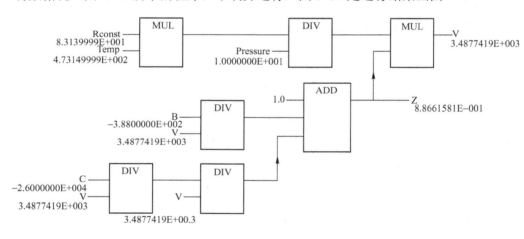

图 6-37　压缩因子计算程序的运行结果

需注意，反馈变量 V 的初始值不能用系统约定的零，因它将造成除以零的出错。为此，在实际应用时，可设置一个 0～1 之间的小值。B 和 C 的数据类型是实数，因此，输入时，应分别是-388.0 和-26000.0。压力数值也用 10.0 输入。由于温度是热力学温度，因此，应选择热力学温度数值 473.15。

由图 6-37 的运行结果可知，在规定的温度和压力下，异丙醇的压缩系数为 0.88661581，计算精度很高。

（4）节流装置流出系数计算

节流装置测量流体流量的基本方程是

$$q = \frac{\pi C d^2 \varepsilon}{4\sqrt{1-\beta^4}} \sqrt{2\Delta p \rho} \tag{6-4}$$

式中，$q$ 是单位时间内流过节流装置的流体质量流量（kg/s）；$d$ 是工况条件下一次装置节流孔直径（m）；$\beta$ 是直径比，指节流孔直径与管道内径之比；$\Delta p$ 是差压（Pa）；$\rho$ 是流体密度（kg/m$^3$）；$\varepsilon$ 是流体可膨胀性系数；$C$ 是流出系数。

根据 GB/T 2624.2-2006 的有关公式，孔板节流装置的流出系数可按下式计算：

$$C = 0.5961 + 0.0261\beta^2 - 0.216\beta^8 + 0.000521\left(\frac{10^6\beta}{Re_D}\right)^{0.7} + (0.0188 + 0.0063A)\beta^{3.5}\left(\frac{10^6\beta}{Re_D}\right)^{0.3} +$$

$$(0.043 + 0.080e^{-10L_1} - 0.123e^{-7L_1}) \times \frac{(1-0.11A)\beta^4}{(1-\beta^4)} - 0.031(M_2' - 0.8M_2'^{1.1})\beta^{1.3} \tag{6-5}$$

当 $D<71.12$mm（2.8in）时，应增加下列项：$+0.011(0.75 - \beta)(2.8 - D/25.4)$

式中，$A = \left(\frac{19000\beta}{Re_D}\right)^{0.3}$；$M_2' = \frac{2L_2'}{1-\beta}$；$L_1 = \frac{l_1}{D}$，是孔板上游端面到上游取压口距离与管道直径之比；$L_2' = \frac{l_2'}{D}$，是孔板下游端面到下游取压口距离与管道直径之比；$L_2 = \frac{l_2}{D}$，是孔板上游端面到下游取压口距离与管道直径之比；

角接取压：$L_1 = L_2' = 0$；

$D$-$D/2$ 取压：$L_1 = 1$；$L_2' = 0.47$；

法兰取压：$L_1 = L_2' = 25.4/D$；$D$ 的单位是 mm。

由于节流装置流出系数 $C$ 与径比 $\beta$、雷诺数 $Re$、取压方式及流体类型等因数有关，用式（6-5）描述。而径比 $\beta$ 又与流体流量 $Q$、节流装置差压值 $\Delta p$、流出系数 $C$、流体物性（密度 $\rho$）有关，用式（6-4）描述。此外，流体的雷诺数 $Re$ 与流体流量 $q$、管道内径 $D$、流体黏度 $\mu$ 等有关，常用下式描述：

$$Re = \frac{4q}{\pi\mu D} \tag{6-6}$$

因此，节流装置流出系数是节流装置径比、流体雷诺数、取压方式等因子的函数，而它们与所选最大流量、最大差压等有关，必须用迭代法求解。由于不同差压下流出系数并非常数，因此，当流量较小时，因流出系数增加，使输出差压偏小。图 6-38 是该程序的主要功能块及其连接图。

程序包含三个功能块，即 Qcal、Ccal 和 Recal，分别用式（6-4）、式（6-5）和式（6-6）计算流量、流出系数和雷诺数。其中，流出系数作为反馈变量，实现迭代运算。图中，element_type 选项可用于选择标准孔板、标准喷嘴等节流装置等（计算流出系数的公式不同），tap 选项用于选择取压方式。

为实现在线补偿，可采用具有反馈变量和反馈路径的功能块编程语言，它的特点是可实现迭代运算。此外，可用周期执行的任务实现定时运算，因此，用 PLC 可方便地实现在线非线性补偿。

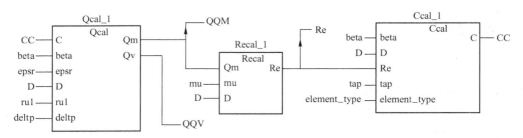

图 6-38　在线非线性补偿的实施方案

图 6-39 是在线非线性补偿的仿真曲线，图中，差压从 1kPa 变化到 100kPa，使流量测量范围度达 10。而流出系数从 0.6052 变化到 0.6112。由于实现非线性补偿，因此，实际流量得到补偿而下降。

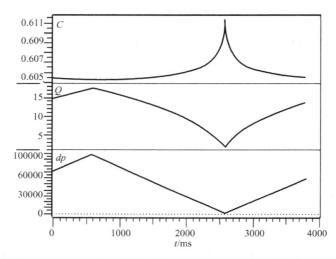

图 6-39　流出系数在线补偿的差压、流量和流出系数的关系

**4. 比较函数的应用**

比较函数可应用于判别等类的逻辑运算。并被广泛应用于工业生产过程。

（1）旋转定位控制

某组合机床的工作台在旋转过程中需要控制其转速，常采用绝对值编码器检测旋转角度。当工作台旋转到规定角度 T1 处需减速，旋转到 T2 处开始制动，旋转到 T3 处停止。停止处角度误差大于规定值 T4 则报警。

1）格雷码转换为二进制码。格雷码是绝对编码，是一种错误最小化的编码方式。其位数和二进位码有相同的位数，因此，被广泛应用于编码器。

在二进制运算中忽略进位、退位，则加减运算就成为异或运算。格雷码在相邻位间转换时，只有一位产生变化，因此，大大降低状态转换时的逻辑混淆。10 位绝对值编码器的格雷码转换为二进制码可用图 6-40 所示程序实现。也可用异或函数实现。

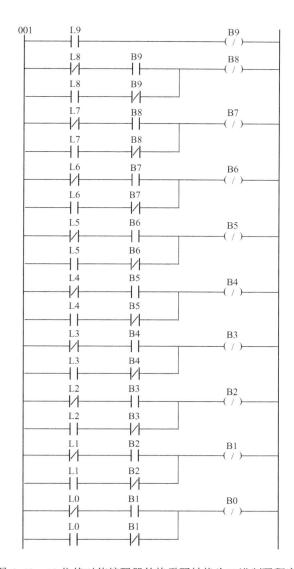

图 6-40　10 位绝对值编码器的格雷码转换为二进制码程序

2）旋转定位控制的量化。10 位绝对值编码器产生数字 0～1023，因此，可用一个字节的 BCD 码表示。将二进制数字转换为 BCD 码数值，可用数据类型转换函数。假设二进制数存放在%IW0，用 W_BCD_TO_INT 函数将编码值转换为整数 ZJ。用 EQ 等于比较函数将该整数 ZJ 与规定的转角 T1 比较，如果相等则减速 JS。如果旋转的角度大于或等于 T2，则用 GE 大于或等于比较函数进行比较，满足条件后开始制动 ZD。如果旋转角度等于 T3，即用 EQ 等于比较函数比较 ZJ 与 T3，满足条件就停止 TZ。如果，停止时旋转角度已超过 T4，即用 GE 大于或等于比较函数进行比较，满足时发送报警信号 ALM。

结构化文本编程语言的程序如下：

ZJ:=W_BCD_TO_INT(%IW0);　　　　// BCD 码转角值转换为整数 ZJ

```
JS := EQ( ZJ,T1);                                    // 如果转角等于 T1, 则减速 JS
ZD := ZJ >= T2;                                       // 如果转角大于或等于 T2, 则制动 ZD
TZ := EQ(ZJ ,T3) ;                                    // 如果转角等于 T3, 则停止 TZ
ALM := (ZJ >= T4) AND NOT RUN;                        // 如已停止及转角大于或等于 T4, 则发报警 ALM
```

测量的旋转角度是模拟量, 要转换为数字量, 这称为量化。

设模拟量为 $y$, 量化后的数字量为 $y*$, 则有

$$y = K_1 q y * + K_2 \tag{6-7}$$

式中, $K_1$ 是变送器输出输入量程范围之比; $K_2$ 是零点压缩; $q$ 是量化单位, $q = \dfrac{M}{2^N}$; $M$ 是模拟量全量程; $N$ 是寄存器位数; $y*$ 是数字量, 只能取整数。对 8 位编码器, 转换精度为 0.5 级; 对 10 位编码器, 转换精度为 0.1 级; 对 12 位编码器, 转换精度可达 0.025 级。

**【例 6-3】** 模拟量量化计算。

假设角度检测采用 10 位绝对值编码器, 角度量程为 0~360°, 求 240° 和 270° 对应的数字量。

模拟量全量程 $M=360-0=360$; $N=10$; 则 $q = \dfrac{M}{2^N} = 360/1024$; $K_1 = \dfrac{360-0}{360-0} = 1$; $K_2 = 0°$; $y=240°$。

因 $y = K_1 q y * + K_2$, 得 $y* = \dfrac{y - K_2}{K_1 q} = \dfrac{240-0}{360/1024} = 683$, 即 16#2AA。

同样, 270° 对应的数字量是 768, 即 16#300。

需注意, 模拟量转换为数字量后是整数, 因此, 采用四舍五入获得整数。

该旋转定位控制系统的 T1 是 240°, 程序中, 对应的数字应填 16#2AA, T2 是 270°, 程序中, 对应的数字应填 16#300, T3 是 360°, 表示旋转一周后停止, 因此, 程序中, 对应的数字应填 16#000。该系统中, 数字 1 表示角度 0.35°, 该旋转定位控制系统设置 T4 为 2, 即 0.7°。如要提高旋转定位的控制精度, 可改用 12 位绝对值编码器, 这时, 数字 1 表示 0.08789°。

程序中, RUN 信号是运转状态信号, 当旋转运行时, 其值为 1。因此, 只有在停止旋转后, 如果超过 T4, 才发送报警信号。

(2) 分度盘工位控制

分度盘每 18° 为一个工位, 旋转一周有 20 个工位可进行控制。系统采用 10 位绝对值编码器检测旋转角度。为此, 需要每隔 18° 有一个输出, 用于作为该工位的操作信号。用等于比较函数实现旋转角度与不同工位对应角度的比较, 并发送输出。此外, 当分度盘到达某工位后, 需发送停止旋转信号, 直到该工位的操作结束。控制系统要求在电源掉电后或紧急停车后能够保持停车前的位置。

根据该控制系统分析, 可采用等于比较函数实现, 功能块编程语言编写的程序如图 6-41 所示。

需注意, 用于检测分度盘角度的变量具有保持属性, 即 RETAIN 属性。可保证在电源掉电时, 该变量的值保持不变, 在恢复电源后, 仍能在掉电前的工位继续操作。

(3) 自动增益控制

自适应控制系统是一类能够适应过程特性或环境条件的变化, 自动调整控制器参数的控制系统。简单自适应控制系统根据过程动态特性和扰动动态特性来调整控制器参数。通常, 该系统仅调整控制器的增益, 因此, 也称增益自适应控制系统。

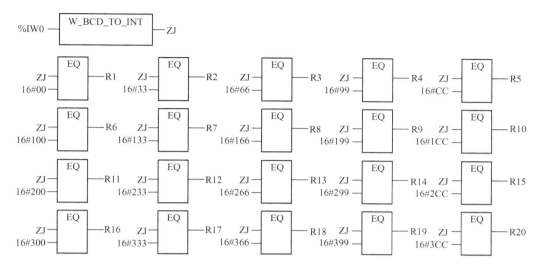

图 6-41 分度盘工位控制程序

依据偏差自动调整控制器增益的控制系统是一种简单自适应控制系统。假设采用 PI 控制算法，即

$$u = k_c ef(e) + \frac{k_c}{T_i} \int ef(e) \mathrm{d}t \qquad (6-8)$$

式中，$f(e)$ 是偏差 $e$ 的函数。一种最简单的算法是 $f(e) = |e|$，这表明，偏差大时控制作用增强，偏差小时控制作用缓和。这种系统在 pH 控制等工业过程控制中获得成功。

在 PLC 中可以设置一些偏差区间，在某一偏差区间，控制器用某一增益，不同的偏差区间有不同的增益，控制器根据偏差大小和对应的增益，计算出在该偏差下的控制器输出。

通常，偏差 $e$ 较小，偏差函数 $f(e)$ 的值较小，控制器输出较小，系统响应较平缓；偏差 $e$ 较大，偏差函数 $f(e)$ 的值较大，控制器输出较大，系统响应较激烈。偏差 $e$ 和偏差函数 $f(e)$ 的关系类似模糊控制，需根据所采用的 A-D 转换卡的转换精度等确定。通常，最大增益与最小增益之比不应大于 4。

采用 8 位输入 A-D 转换卡，测量信号 PV 与设定 SP 的差是偏差 $e$，将偏差的上限和下限存放在 ES1～EX1、ES2～EX2、…、ES16～EX16 等变量中，用大于或等于和小于比较函数将偏差与这些限值比较，如果，偏差在某一偏差区间，则输出为对应的偏差函数值，偏差函数值存放在 K1～K16 中。偏差值存放在 PC 变量内。程序如图 6-42 所示。

采用 SEL 选择函数，当偏差值 PC 在某一偏差区间时，其输出起动对应的 SEL 函数，选择函数返回值为对应的增益值，其他偏差区间的比较输出为 0，对应的选择函数返回值为 0，因此，加法函数的返回值是某一符合偏差区间的增益输出。

由于采用 PI 控制算法，因此，控制系统可消除余差。由于采用变增益，因此，该控制系统具有快速的动态响应和良好的静态性能。

**5. 运算函数的应用**

逻辑运算可直接用 PLC 的逻辑函数和功能块实现。代数运算通常要用运算函数实现，例如，气体流量的温度、压力补偿运算、流量的开方运算、时间比例控制等。

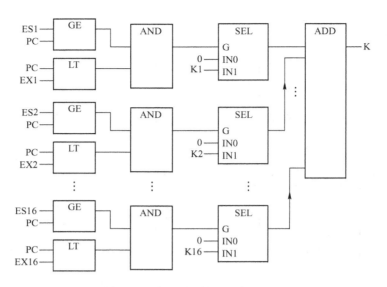

图 6-42　自动增益控制程序

（1）时间比例控制

时间比例控制是将控制器的连续输出转换成与输出成比例的开关量输出的一类控制。例如，在一些精细化工生产过程中常采用时间比例控制。时间比例控制将连续的控制器输出信号转换为占空比与输出成比例的开关量输出。通常，输出的接通时间与连续输出量成比例。因此，称为时间比例控制。接通时间与总周期之比称为占空比。

【例 6-4】　时间比例控制。

8 位模拟量输出对应数字量是 0～256。假设总周期 $T_2$ 是 30s，即在 30s 内开关量有一次接通和断开过程。如果控制器连续输出是 $y$，则接通时间应为

$$T_1 = \frac{30000}{256} \times y \quad (\text{ms}) \tag{6-9}$$

用图 6-25 所示方波信号发生器程序，定时器功能块 T2 的设定即为总周期，本例可输入 T#30s。时间比例控制的程序如图 6-43 所示。

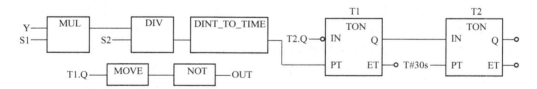

图 6-43　时间比例控制程序

程序中，MUL 函数的输入 S1，初始值设置为 16#7530，即十进制数 30000，变量数据类型是 DINT。同样，DIV 函数的输入 S2，初始值设置为 16#100，即十进制数 256，数据类型也是 DINT。虽然 30000 没有超过整数 INT 的范围 32767，考虑应用的广泛性，仍用长整数数据类型。数据转换为时间的函数也采用长整数转换为时间的 DINT_TO_TIME 函数，转换后的数值以 s 为单位。需注意，控制器输出 Y 也是长整数数据类型。

（2）比例积分微分控制功能块

计算机控制系统中，采用比例积分微分控制算法。其位置算法是

$$u(k) = k_c e(k) + \frac{k_c}{T_i} \sum_{i=0}^{k} e(i) T_s + k_c T_d \frac{e(k) - e(k-1)}{T_s} \qquad (6\text{-}10)$$

增量算法是

$$\Delta u(k) = k_c \Delta e(k) + \frac{k_c}{T_i} e(k) T_s + k_c T_d \frac{e(k) - 2e(k-1) + e(k-2)}{T_s} \qquad (6\text{-}11)$$

① 积分控制功能块。积分控制功能块用于实现积分运算。它可消除控制系统的余差，改善系统静态性能。积分控制功能块的程序如下：

```
FUNCTION_BLOCK   INTEGRAL1            // 功能块名为 INTEGRAL1
    VAR_INPUT                         // 输入变量声明段开始
        RUN : BOOL ;                  // 积分参数，1：积分；0：保持
        R1 : BOOL ;                   // 超驰重定，1：超驰重定；0：积分或保持
        XIN : REAL ;                  // 输入，通常是偏差信号
        X0 : REAL ;                   // 积分初始值
        CYCLE : TIME ;                // 采样周期
    END_VAR                           // 变量声明段结束
    VAR_OUTPUT                        // 输出变量声明段开始
        Q : BOOL ;                    // 超驰状态说明，1：非超驰；0：超驰
        XOUT : REAL ;                 // 积分功能块输出
    END_VAR                           // 变量声明段结束
    Q := NOT R1 ;                     // 功能块本体开始，  Q 等于非 R1
    IF R1 THEN
        XOUT := X0 ;                  // 超驰状态，功能块输出等于积分初始值
    ELSIF RUN THEN
        XOUT := XOUT + XIN * TIME_TO_REAL (CYCLE );
                                      // 积分状态时输出的计算公式
    END_IF;                           // 功能块本体结束
END_FUNCTION_BLOCK                    // 功能块结束
```

程序中，积分控制算法采用累加方法计算积分增量输出。

$$u_I(k) = \sum_{i=0}^{k} e(i) T_s \qquad (6\text{-}12)$$

② 微分控制功能块。微分控制功能块用于实现微分运算，它可以消除高频噪声的影响，改善系统动态性能。微分控制功能块的程序如下：

```
FUNCTION_BLOCK   DERIVATIVE1          // 功能块名为 DERIVATIVE1
    VAR_INPUT                         // 输入变量声明段开始
        RUN : BOOL ;                  // 微分参数，1：加微分；0：不加微分
        XIN : REAL ;                  // 输入，通常是偏差信号
        CYCLE : TIME ;                // 采样周期
    END_VAR                           // 变量声明段结束
    VAR_OUTPUT                        // 输出变量声明段开始
        XOUT : REAL ;                 // 微分功能块输出
```

```
        END_VAR                          // 变量声明段结束
        VAR                              // 变量段声明开始
            X1, X2 : REAL;               // 中间变量，用于存放前两次的偏差
        END_VAR                          // 变量段声明结束
        IF RUN THEN                      // 功能块本体开始
            XOUT:=( XIN+X1-2.0*X2)/ TIME_TO_REAL(CYCLE); // 计算微分功能块输出
            X2:=X1; X1:=XIN;             // 偏差项替换
        END_IF;                          // 功能块本体结束
    END_FUNCTION_BLOCK                   // 功能块结束
```

程序中，微分控制算法采用差分方法计算其增量输出：

$$u_D(k) = \frac{e(k) - 2e(k-1) + e(k-2)}{T_s} \tag{6-13}$$

实际应用时，为抑制高频噪声，采用如下算法：

$$u_D(k) = \frac{e(k) + 3e(k-1) - 3e(k-2) - e(k-3)}{6T_s} \tag{6-14}$$

③ 比例积分微分控制功能块。比例积分微分控制功能块实现比例积分微分运算，比例积分微分控制功能块调用积分功能块和微分功能块，其程序如下：

```
    FUNCTION_BLOCK   PID1                        // 功能块名为 PID1
        VAR_INPUT                                // 输入变量声明段开始
            AUTO : BOOL ;                        // 手动/自动参数，1：自动；0：手动
            PV : REAL ;                          // 过程测量
            SP : REAL ;                          // 过程设定
            X0 : REAL ;                          // 过程输出初值
            KP : REAL ;                          // 控制器放大系数
            TR : REAL ;                          // 控制器积分时间
            TD : REAL ;                          // 控制器微分时间
            CYCLE : TIME ;                       // 采样周期
        END_VAR                                  // 变量声明段结束
        VAR_OUTPUT                               // 输出变量声明段开始
            XOUT : REAL ;                        // PID 功能块输出
        END_VAR                                  // 变量声明段结束
        VAR                                      // 变量段声明开始
            XP, XI, XD : REAL;                   // 比例、积分、微分控制输出
            INT1 : INTRGRAL1 ;                   // 积分功能块实例名为 INT1
            DER1 : DERIVATIVE1 ;                 // 微分功能块实例名为 DER1
            ERR :REAL ;                          // 偏差
        END_VAR                                  // 变量段声明结束
        ERR := PV-SP ;                           // 计算偏差
        INT1(RUN:=AUTO,R1:=NOT AUTO, XIN:=ERR,X0:=TR*(X0-ERR),CYCLE:=CYCLE);
                                                 // 调用积分功能块
        DER1(RUN:=AUTO,XIN:=ERR,CYCLE:=CYCLE); // 调用微分功能块
        XP := KP*ERR ;                           // 计算比例控制输出
        XI := KP*INT1.XOUT ;                     // 计算积分控制输出
        XD := KP*DER1.XOUT*TD ;                  // 计算微分控制输出
```

```
            XOUT := XP+XI+XD ;                        // 计算 PID 功能块输出
        END_FUNCTION_BLOCK                            // 功能块结束
```

④ 应用示例。只需要调用 PID1 的实例。

**【例 6-5】** PID 控制。

```
        PROGRAM EXAMPLE
                VAR
                        KP1: REAL ;
                        XX : REAL ;
                        PIDD : PID1 ;
                END_VAR
                KP1:=0.01;
                PIDD(AUTO:=%IX3.0,   PV:=BYTE_TO_REAL(%IB0),   SP:=BYTE_TO_REAL(%IB1),
        KP:=KP1, TR:=1000.0, TD:=0.1, X0:=0.0, CYCLE:=T#0.5s);
                XX:=PIDD.XOUT;
        END_PROGRAM
```

（3）气体流量测量的温度压力补偿

气体流量测量时，由于气体密度受到气体实际温度和压力的影响，因此，气体流量测量时要进行温度压力补偿。补偿公式如下：

$$F_n = F_1 \cdot \frac{p_1 + 103.1}{p_n + 103.1} \cdot \frac{t_n + 273.15}{t_1 + 273.15} \tag{6-15}$$

式中，下标 $n$ 表示设计状况的数据，下标 1 表示实际工况下的数据；$F$、$p$ 和 $t$ 是气体的流量、表压（kPa）和温度（℃）。

为在 PLC 实现上述补偿运算，需要进行加、乘和除的代数运算。当流量测量采用孔板和差压变送器时，还需要开方运算。

压力测量信号存放在%IW0，温度测量信号存放在%IW2，流量测量信号存放在%IW4，为减少 PLC 的计算工作，可将设计工况气体的表压和温度先转换为绝压和开尔文温度，即将设计工况气体的绝压值和开尔文温度值直接作为被除数或除数。温度压力补偿程序如图 6-44 所示。

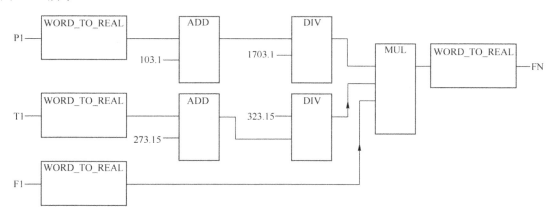

图 6-44　温度压力补偿程序

图示程序中，设计工况的气体表压是 1600kPa，温度是 50℃，因此，直接用数据 1703.1 和 323.15 代入，以减少程序运算工作量。

实际应用时，考虑到输入信号是十位 A-D 转换卡输入，因此，采用两个字节的字（WORD）存放，同样，输出数据也用字存放。

（4）模除函数的应用

我国古代第一部数学专著《九章算术》有盈不足卷，现将线性同余方程问题举例说明。

**【例 6-6】** 模除函数的应用示例。

今有梨一堆，不知其数。以 3 个一组分组，余 1 梨；以 5 个一组分组，余 2 梨；以 7 个一组分组，余 3 梨；以 11 个一组分组，余 4 梨。问梨至少有几个？

设梨数为 X，用 A、B、C、D 分别表示 3、5、7、11，用 AM、BM、CM、DM 分别表示余数 1、2、3、4。输入和输出数据类型可选 DINT。

功能块程序如下，本体程序如图 6-45 所示。

```
FUNCTION_BLOCK CONGRUENCE
    VAR_INPUT    A,B,C,D,AM,BM,CM,DM : UINT; END_VAR;
    VAR_OUTPUT   X : UINT; END_VAR;
    VAR   A1,B1,C1,D1 :BOOL; BA,ABC :UINT; END_VAR;
    // 图 6-45 的 FBD 本体程序
END_FUNCTION_BLOCK
```

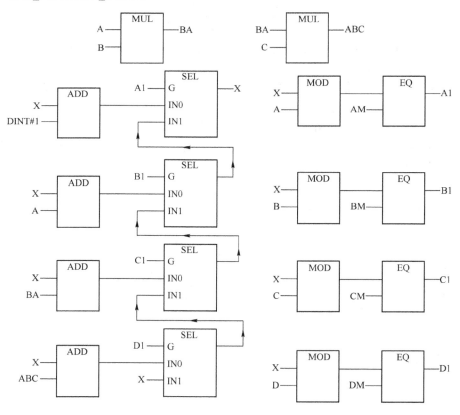

图 6-45　模除函数应用程序

362

将有关数据输入就可获得，总的梨数至少是 367 个。

图 6-46 是 $X$ 输出的变化曲线。

本功能块可用于 4 个整数数据类型的输入变量。如果输入变量小于 4 个，可将不足的数据变量设置为 1，并将其余数设置为 0。当多于 4 个输入变量时，可根据程序的结构扩展。

数据类型与 $X$ 的大小有关，可改变输入和输出数据类型以扩展其应用范围，例如，可以都设置为 ULINT，以适应不同的应用需要。

如果输出数据 $X$ 大于输入 $A$、$B$、$C$、$D$ 之积，则系统无解。为简化，本程序未设置有关的判别条件。

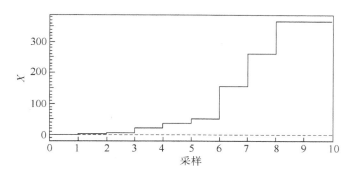

图 6-46　$X$ 输出的变化曲线

### 6. 移位函数的应用

移位函数在时间逻辑控制系统和顺序逻辑控制系统中有大量应用。

（1）操作权限确认控制

【例 6-7】　操作权限确认控制。

采用 4 个按钮作为操作权限确认按钮，其中，3 个按钮 S1、S2 和 S3 用于输入操作权限口令数值，第 4 个按钮 S4 用于确认输入的数值。如果输入的口令数值符合设置的数值，则输出 LS 置 1。程序如图 6-47 所示。

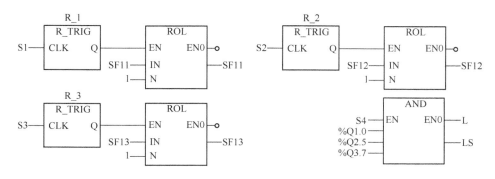

图 6-47　操作权限确认程序

变量声明见表 6-1。

表 6-1　操作权限控制程序的变量表

| 名　称 | 类　型 | 用　法 | 地　址 | 初　值 |
|---|---|---|---|---|
| R_1 | R_TRIG | VAR | | |
| R_2 | R_TRIG | VAR | | |
| R_3 | R_TRIG | VAR | | |
| S1 | BOOL | VAR | %I0.0 | |
| S2 | BOOL | VAR | %I0.1 | |
| S3 | BOOL | VAR | %I0.2 | |
| S4 | BOOL | VAR | %I0.3 | |
| L | BOOL | VAR | | |
| LS | BOOL | VAR | %Q0.0 | |
| SP11 | BYTE | VAR | %QB1 | 16#80 |
| SP12 | BYTE | VAR | %QB2 | 16#80 |
| SP13 | BYTE | VAR | %QB3 | 16#80 |

变量 SF1、SF2 和 SF3 用于移位，它们的数据类型是字节，因此，每个按钮最多可按 8 次，当按的次数超过 8 次，表示重新开始计数。如果采用的数据类型是字，则每个按钮最多按动次数可达 16 次，它使操作权限确认的安全性大大提高。需注意，设置的权限数值由字的某位确定。例如，权限数值是 13、15、8，SF1、SF2 和 SF3 分别是%QW0、%QW2、%QW4，则与逻辑函数的输入地址应设置为%QX1.4、%QX3.6 和%QX5.7。

程序中，与函数的三个输入数值是设置的权限数值，程序中为 1、6、8，即当 S1 按 1 次，S2 按 6 次，S3 按 8 次后，再按 S4 按钮，就能使输出 LS 置 1，并用于操作权限确认，如果按的次数不符合上述数值，则表示操作权限不符合，不能使 LS 置 1。

需注意，用于移位的变量是 SF1、SF2 和 SF3，其初始值需设置为 16#80，使系统起动后，三个移位变量的初始值都是第 8 位为 1。该设置能保证按下的次数等于计数数值，即按第 1 次，计数数值为 1，按第 2 次，计数数值为 2 等。

输出 LS 可用于单按钮起停控制程序，程序不多述。

（2）长循环移位控制

需要移位的步数很大时，需要多个字、双字或长字之间移位。

【例 6-8】　长循环移位的示例。

控制系统要求移位 21 步。为此，可用两个字的移位实现。两个字可最大移位 32 步，程序用计数器计数到 21 步后进行循环。表 6-2 是程序的变量表。图 6-48 是其功能块图程序。

程序用 SHL 实现字为单位的不循环左移。用计数器 C1 对移位步数计数。当计数步数为 1 时，用比较函数将第一个字的低位置 1，从而实现初始值的置位。当计数步数为 17 时，将后续字的低位置 1，实现从上一字到下一字的移位操作。当计数值达到循环设置值 21 时，用计数器 C1 的输出进行自复位，实现循环操作。

上述程序也可用于字和双字的移位。例如，当 SF2 采用双字时，就可实现最大 48 步的循环左移位。此外，前后字之间可以不连续。例如，SF1 的地址是%QW0，SF2 的地址可在%QW6 等。

表 6-2　长循环移位控制程序的变量表

| 名　　称 | 类　　型 | 用　　法 | 地　　址 |
|---|---|---|---|
| S1 | BOOL | VAR | %IX0.0 |
| R_1 | R_TRIG | VAR | |
| SF1 | WORD | VAR | %QW0 |
| SF2 | WORD | VAR | %QW2 |
| S2 | BOOL | VAR | %QX0.0 |
| S3 | BOOL | VAR | %QX2.0 |
| C1 | CTU | VAR | |
| CV1 | INT | VAR | |

类似地，将左移函数改为右移，并对初始值进行更改，可用于长循环的右移。

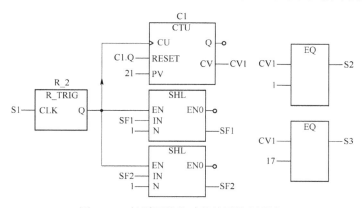

图 6-48　长循环移位功能块图控制程序

S2 和 S3 分别是 SF1 和 SF2 的低位地址。例如，SF1 地址是%QW0，则 S2 的地址是%QX0.0；SF2 的地址是%QW2，则 S3 的地址是%QX4.0。

S1 是移位信号，当上述程序用于时间顺序控制系统时，S1 是各个时间脉冲信号。当上述程序用于顺序功能表图的应用时，S1 是各转换条件信号。

需注意，虽然最后一个移位单元的移位因计数器计数到计数设定值而中止，但其移位仍继续进行，因此，程序中这些位一般不能用于其他应用。例如，本例中，程序不能使用%QX2.5~%QX2.7、%QX3.0~%QX3.7 这些位。

## 6.1.2　程序设计方法

### 1. 时间顺序控制系统的程序设计方法

时间顺序控制系统是一类常用顺序控制系统。它是根据固定时间执行程序的控制系统。每个设备的运行和停止都与时间有关。例如，交通信号灯控制系统中，道路交叉口红、绿、黄信号灯的点亮和熄灭按照一定的时间顺序。因此，这类顺序控制系统的特点是系统中各设备运行时间是事先确定的，一旦顺序执行，将按预定时间执行操作命令。

（1）基本程序结构

时间顺序控制系统的基本程序结构如图 6-49 所示。

时间顺序控制系统中各设备 E 有一个起动条件和一个停止条件。这些条件是有关定时器的输出。例如，图中，TIM1.Q 和 TIM2.Q 分别是定时器 TIM1 和 TIM2 的输出。因此，设备 E 的起动条件是当定时器 TIM1 计时到，停止条件是当定时器 TIM2 计时到。

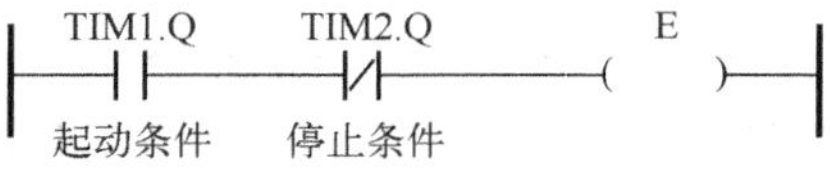

各定时器的输入是另一个定时器的输出，组成串联结构。用功能块图编程语言表示的时间顺序控制程序的基本结构如图 6-50 所示。

图 6-49　时间顺序控制基本程序结构

可见，如果用图中的 L1 作为 E 的起动条件，L2 作为 E 的停止条件，则 E 的运行时间是 1s。如果用 L3 作为 E 的停止条件，则 E 的运行时间是 2s 等。

时间顺序控制系统以执行时间为依据，因此，各设备不需要用双稳元素功能块组成起停控制程序，程序得以简化。

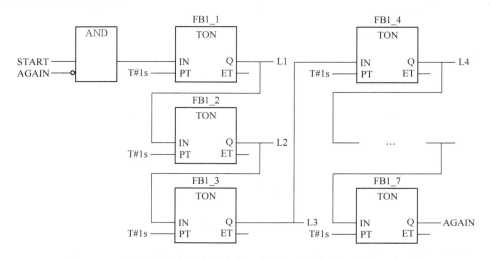

图 6-50　功能块图编程语言程序表示的时间顺序控制程序的基本结构

（2）起保停控制程序设计方法

时间顺序控制系统的起保停控制编程方法以设备的起停条件为依据进行编程。下面以示例说明编程方法。

【例 6-9】　三个信号灯依次点亮和熄灭控制系统的编程。

该控制系统要求三个信号灯按图 6-51 所示点亮和熄灭。当开关 S1 闭合后，信号灯 L1 点亮 10s 并熄灭，然后，信号灯 L2 点亮 20s 并熄灭，最后，信号灯 L3 点亮 30s 并熄灭，该循环过程在 S1 断开时终止。

三个定时器 TIM1、TIM2 和 TIM3 用于对信号灯 L1、L2 和 L3 的定时，设定时间分别是 10s、20s 和 30s。

1）信号灯 L1 的编程。根据图 6-51，信号灯 L1 的起动条件是 S1 为 1，停止条件是 TIM1.Q 为 1。程序如图 6-52a 所示。

2）信号灯 L2 的编程。根据图 6-51，信号灯 L2 的起动条件是 TIM1.Q 为 1，停止条件是 TIM2.Q 为 1。程序如图 6-52b 所示。

3）信号灯 L3 的编程。根据图 6-51，信号灯 L3 的起动条件是 TIM2.Q 为 1 为 1，停止条件是 TIM3.Q 为 1。程序如图 6-52c 所示。

4）定时器的编程。TIM1 的起动条件是 S1 为 1 与周期循环的起动条件 TIM3.Q 为 0，因此，用与逻辑实现，程序如图 6-52d 所示。TIM2 的起动条件是 TIM1.Q 为 0，TIM3 的起动条件是 TIM2.Q 为 0，程序如图 6-52d 所示。

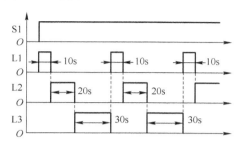

图 6-51　信号灯的控制时序

IEC 61131-3 标准规定，连接到右电源轨线的梯级元素必须是线圈。因此，在用梯形图编程语言编程时需要连接输出线圈。例如，图 6-52d 中定时器输出需连接输出线圈。

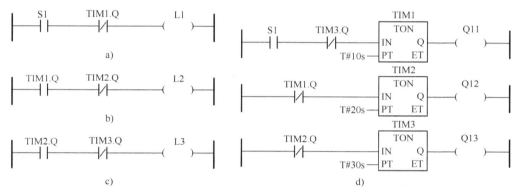

图 6-52　信号灯控制系统的编程

a) 信号灯 L1 的编程　b) 信号灯 L2 的编程　c) 信号灯 L3 的编程　d) 定时器的编程

也可编制循环时间顺序控制功能块 CYCTIME 实现上述控制要求。图 6-53a 是循环时间顺序控制功能块的输入-输出信号关系。

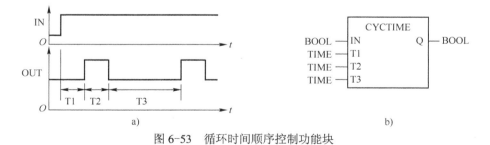

图 6-53　循环时间顺序控制功能块

a) 输入-输出信号关系　b) 循环时间顺序功能块

该控制功能块用于实现如下控制功能：当输入信号 IN 闭合后，输出 OUT 延时时间 T1 后闭合，闭合时间为 T2，然后，断开 T3 时间后，重复闭合和断开。即循环周期为 T2+T3。

为此，建立用户功能块 CYCTIME，如图 6-53b 所示。功能块的梯形图程序如图 6-54 所示。

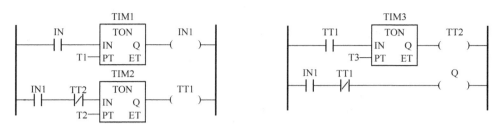

图 6-54    CYCTIME 功能块的梯形图程序

CYCTIME 功能块有四个输入变量（VAR_INPUT），一个输出变量（VAR_OUTPUT）。内部变量（VAR）有 IN1、TT1 和 TT2，采用三个 TON 功能块。变量声明如下：

```
VAR_INPUT
    IN : BOOL;
    T1, T2, T3 : TIME;
END_VAR
VAR_OUTPUT
    Q : BOOL;
END_VAR
VAR
    TT1, TT2, IN1 : BOOL;
    TIM1, TIM2, TIM3 : TON;
END_VAR
```

示例用三个 CYCTIME 功能块实例实现。表 6-3 是 L1~L3 信号灯对应的循环时间顺序控制功能块的时间设置。

表 6-3    循环时间顺序控制功能块的时间设置

|  | IN | T1 | T2 | T3 |
|---|---|---|---|---|
| L1 | S1 | T#0s | T#10s | T#50s |
| L2 | S1 | T#10s | T#20s | T#40s |
| L3 | S1 | T#30s | T#30s | T#30s |

（3）方波信号发生器程序设计方法

该程序设计方法使用方波振荡器实现对设备的起停控制。方波振荡器输出为 1 时，连接的设备起动，方波振荡器输出为 0 时，连接的设备停止。

这种编程方法适用于循环周期运行的控制系统。程序基本结构是图 6-54 所示的不平衡方波振荡器程序。该程序由用户功能块实现，采用该功能块的调用实现有关控制要求。

程序基本结构采用两个定时器 TIM2 和 TIM3 组成方波信号发生器，还设置一个定时器 TIM1，用于方波信号发生器的起动。下面以示例说明编程方法。

【例 6-10】    要求按图 6-55 所示信号灯的控制时序点亮和熄灭信号灯。

信号灯 L1 从 S1 闭合开始就周期闭合和断开，因此，基本结构的第一梯级可不使用，直接用不平衡振荡器程序，其形参用实际参数代替，即 T2 为 20s，T3 为 60s。同样，信号灯 L2 从 S1 闭合后延时 10s 开始周期闭合和断开，因此，用基本结构程序，其形参用实际参数代替，即 T1 为 10s，T2 和 T3 分别是 20s 和 60s。信号灯 L3 从 S1 闭合后延时 40s 开始周期闭合和断开，因此，用基本结构程序，其形参用实际参数代替，即 T1 为 40s，T2 和 T3 分别是 20s 和 60s。实际程序与图 6-54 的程序类似。

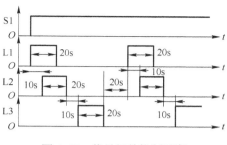

图 6-55　信号灯的控制时序

凡是周期运转的时间顺序控制系统都可采用上述基本结构的程序实现。表 6-4 是调用 CYCTIME 功能块时对应的时间设置。

表 6-4　循环时间顺序控制功能块的时间设置

|  | IN | T1 | T2 | T3 |
|---|---|---|---|---|
| L1 | S1 | T#0s | T#20s | T#60s |
| L2 | S1 | T#10s | T#20s | T#50s |
| L3 | S1 | T#40s | T#20s | T#20s |

图 6-56 是由两组 CYCTME 组成信号灯并联的控制时序图。一组信号的点亮时间 T2 为 20s，熄灭时间 T3 为 50s，起始触发时间 T1 为 10s；另一组信号的点亮时间 T2 为 10s，熄灭时间 T3 为 60s，起始触发时间 T1 为 60s，将两组信号并联就获取图 6-56 的信号灯时序。

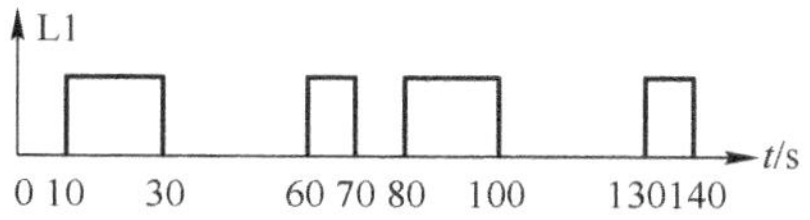

图 6-56　信号灯的控制时序

（4）定时器顺序串联程序设计方法

时间顺序控制系统的定时器顺序串联编程方法将定时器顺序串联，将有关输出作为设备的运行条件。程序的基本结构为串联连接的定时器，如图 6-50 用功能块编程语言编写的程序所示。

【例 6-11】　闭合 START 开关后，每隔 1s 点亮一个信号灯，共有 5 个信号灯，最后一个信号灯点亮后隔 1s，全部信号灯熄灭。重复上述过程，直到 START 开关断开。

定义 6 个定时器，分别用于计时 1s。用功能块图编程语言编写的信号灯顺序点亮控制系统程序如图 6-57 所示。

功能块图程序中，采用 AGAIN 反馈变量，它用于信号灯的循环点亮。程序执行过程说明如下：当开关 START 闭合时，因 AGAIN 反馈变量为 0，因此，经与函数，返回值为 1，它被送 FB1_1 定时器功能块，延时时间为 1s，延时时间到后点亮 LAMP1 地址连接的信号灯，并保持点亮，该信号同时经定时器 FB1_2 延时 1s 后点亮 LAMP2，依次点亮 LAMP3、LAMP4 和 LAMP5 地址连接的信号灯，然后，再延时 1s 后使 AGAIN 反馈变量为 1，从而使与函数的返回值变为 0。它将使各信号灯熄灭。一旦信号灯熄灭，AGAIN 又变为 0，从而开始新的一轮信号灯点亮和熄灭过程。当 START 开关断开时，各信号灯熄灭，整个过程结束，等待下一次 START 开关的闭合。

（5）顺序功能表图程序设计方法

时间顺序控制系统采用顺序功能表图编程时，将时间段作为转换条件，可方便地实现步的进展。基本程序结构根据控制要求可以是单序列，选择序列或并行序列。

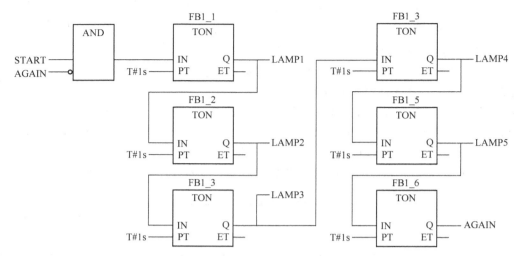

图 6-57　信号灯点亮控制系统的功能块图程序

交通信号灯控制系统就是采用顺序功能表图程序设计方法编写的，详见 4.2.3 节。

（6）时间顺序控制系统程序设计时的注意事项

1）同步性。时间顺序控制系统的时间同步是十分重要的。编程中忽视扫描周期造成时间不同步是经验不足的设计人员经常会发生的问题，应在设计时重视。例如，不平衡振荡器在每个周期中会增加一个扫描周期时间，如果用于多个振荡器输出的重叠时，就可能出现两者的不同步。采用循环时间控制功能块时，两个时间之和（T2+T3）对各功能块应相等，否则不能实现整体的循环运行。

2）可达性和安全性。顺序功能表图编程时，应防止出现程序的不可达性和不安全性的问题。

3）完整性。梯形图编程语言编程时，应注意右电源轨线应连接线圈。当调用功能块时，应将功能块输出连接到线圈及右电源轨线。由于绘制电气原理图时，通常不在功能块（例如定时器、RS 触发器等）的输出连接线圈，从而造成程序的不完整。为此，在编写梯形图程序时，应将右电源轨线画出，并将功能块输出连接到右电源轨线。

4）差异性。应熟悉不同编程语言编程方法的差异性。例如，编写功能块图编程语言的程序时，可直接将功能块输出连接到所需输出信号；编写结构化文本编程语言程序时，可直接用实参代替形参；编写指令表编程语言程序时，功能块参数要用存储指令先将实参存储到形参，然后才能调用功能块，功能块输出也要用读取和存储的方法将输出送出等。

① 功能块图编程语言编程时，应设置反馈变量用于对定时器复位，不宜采用直接连接的方法对反馈变量进行连接。

② 采用方波信号发生器编程时，通常用三个定时器作为一组，用 CYCTIME 实现。应注意设备的起动和停止时间，分别用于 T2 和 T3，并根据循环周期的时间来确定起动和停止时间。

③ 顺序功能表图编程语言编制程序时，转换条件和动作控制功能块的程序可用不同编程语言编写，使编程操作更灵活。

5）正确性。不同软件对功能块的形参名称可以不同，应正确核对。例如，IEC 61131-3 标准规定 RS 功能块的参数是 S、R1，也允许采用 SET 和 RESET1。后缀 1 表示优先的端子，例如，R1 表示复位优先，S1 表示置位优先。

6）连续性。程序中定时器输入信号是开关信号，而不是按钮信号，即闭合后将保持闭合，直到最终一个定时器输出才能对第一个定时器复位。

**2. 逻辑顺序控制系统的程序设计方法**

逻辑顺序控制系统按照逻辑的先后顺序执行操作命令，它与执行的时间无严格关系。例如，下述的物料混合系统中（如图 6-59 所示），液位到达 LA 的时间与物料 A 的储罐内物料量有关，与时间无关；同样，液位到达 LB 和液位下降到 L 的时间是不确定的，但一旦液位上升到LB，系统就应自动关闭进料阀 B 的逻辑关系是不变的。这类顺序控制系统中，执行操作命令的逻辑顺序关系不变，因此，称为逻辑顺序控制系统。在工业生产过程控制中，这类控制系统应用较多。

（1）单一设备的按钮起保停控制的程序设计方法

单一设备的按钮起保停控制编程方法将控制系统的各运转设备分别进行分析，分析其运行和停止的逻辑关系，然后，程序合成。其特点是各设备都采用按钮进行起停控制。程序基本结构如图 6-58 所示。其中，RS 功能块可以用自保线路实现。当只有两个常开触点的应用场合，通常采用 SR 功能块。

图 6-58　逻辑顺序控制系统程序的基本结构

【例 6-12】　物料混合控制系统。生产过程和信号波形如图 6-59 所示。

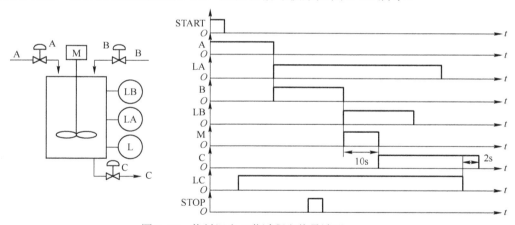

图 6-59　物料混合工艺过程和信号波形

操作过程如下：操作人员检查混合罐液位是否已排空，已排空后由操作人员按下 START 起动按钮，自动开物料 A 的进料阀 A，当液位升到 LA 时，自动关进料阀 A，并自动开物料 B 的进料阀 B。当液位升到 LB 时，关进料阀 B，并起动搅拌电动机 M，搅拌持续 10s 后停止，并开出料阀 C。当液位降到 L 时，表示物料已达下限，再持续 2s 后，物料可全部排空，自动关出料阀 C。整个物料混合和排放过程结束后，进入下次混合过程，如此循环。当按下 STOP 停止按钮时，在排空过程后关闭出料阀 C。

整个顺序控制过程是单序列过程。采用单一设备起停控制编程方法，对每个设备分析其起动和停止条件，然后，用 RS 功能块实现该设备的起停控制。为了解整个混合过程的运行状态，还设置运行状态的 RS 功能块。其起动和停止条件分别连接起动按钮 START 和停止按钮 STOP 信号。

根据上述过程分析，将有关信号地址分配列于表 6-5。表 6-6 是中间信号分配表。

表 6-5　物料混合过程的信号分配表

| 变量名 | START | STOP | A | B | C | M | LA | LB | LC |
|---|---|---|---|---|---|---|---|---|---|
| 地址 | %IX0.0 | %IX0.1 | %QX0.0 | %QX0.1 | %QX0.2 | %QX0.3 | %IX1.0 | %IX1.1 | %IX1.2 |
| 用途 | 起动按钮 | 停止按钮 | 控制阀 A | 控制阀 B | 控制阀 C | 搅拌电动机 M | 液位开关 A | 液位开关 B | 液位开关 C |

表 6-6　中间信号及定时器分配表

| 信号名称 | 运行状态 | 运行脉冲 | 液位 LA 脉冲 | 液位 LB 脉冲 | 搅拌电动机定时器 | 控制阀定时器 |
|---|---|---|---|---|---|---|
| 变量名 | RON | RP | LAP | LBP | TIM_0 | TIM_1 |

中间信号的变量不需要设置地址，方便了用户的编程。

1）运行状态功能块。运行状态功能块用于显示混合过程结束后的状态。其起动条件是 START 为 1，停止条件是 STOP 为 1。用 RS_1 功能块实现，该功能块输出为 RON。

为获得运行的脉冲信号，采用上升沿检测功能块 R_1，该功能块输出为 RP。用梯形图编程语言编写的程序如图 6-60a 所示。

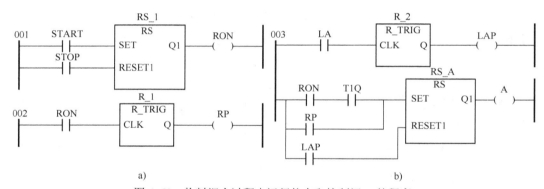

图 6-60　物料混合过程中运行状态和控制阀 A 的程序

a) 运行状态的 RS 功能块和程序　b) 控制阀 A 的 RS 功能块和程序

2）控制阀 A 功能块。起动（打开）控制阀 A 的条件由两部分组成。第一次运行时，由运行状态脉冲信号 RP 触发，循环运行时的运行信号来自控制阀 C 定时器 TIM_1 的计时到信号 T1Q 和需要循环的运行信号 RON。停止（关闭）控制阀 A 的条件是液位达到 LA。用上升沿边沿检测功能块 R_2 将液位信号 LA 转换为脉冲信号 LAP。经转换后，停止条件是 LAP 为 1。根据上述分析，控制阀 A 的程序如图 6-60b 所示。

3）控制阀 B 功能块。起动控制阀 B 的条件是液位达到 LA，即液位脉冲信号 LAP。停止条件是液位到 LB。同样，用上升沿边沿检测功能块 R_3 将液位信号 LB 转换为脉冲信号 LBP。控制阀 B 程序如图 6-61a 所示。

4）搅拌电动机 M 功能块：搅拌电动机 M 的起动条件是控制阀 B 关闭的条件，即 LBP 液位脉冲信号。搅拌电动机 M 的停止条件是定时器 TIM_0 计时时间到，即定时器 TIM_0 输出 T0Q 作为搅拌电动机的停止条件。定时器 TIM_0 的起动条件是搅拌电动机起动，因此，用搅拌电动机 M 作为定时器 TIM_0 的起动条件。搅拌电动机 M 和定时器 TIM_0 的程序如图 6-61b 所示。

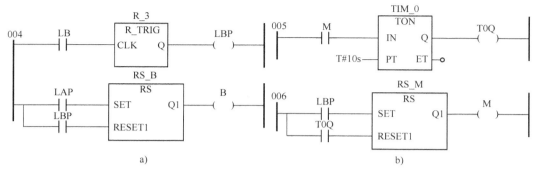

图 6-61　物料混合过程中控制阀 B 和搅拌电动机 M 的程序

a) 控制阀 B 的 RS 功能块和程序　b) 搅拌电动机 M 的 RS 功能块和程序

5）控制阀 C 功能块：控制阀 C 的起动条件是搅拌电动机的停止条件，即定时器 TIM_0 输出 T0Q。停止条件是液位低于 LC 时，仍将控制阀 C 打开 2s，即定时器 TIM_1 输出 T1Q。控制阀 C 和定时器 TIM_1 的程序如图 6-62 所示。

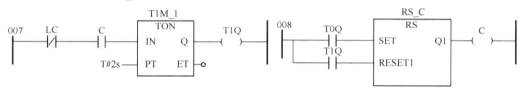

图 6-62　控制阀 C 的 RS 功能块和定时器 TIM_1 程序

上述程序组合在一起，组成物料混合过程的控制程序。

（2）单一设备的开关起保停控制的程序设计方法

单一设备的开关起停控制采用一个开关实现，即开关闭合时设备起动，开关断开时设备停运。因此，基本程序如图 6-63 所示。

图 6-63　单一设备开关起停控制程序的基本结构

这类设备具有当某条件满足时就运行，不满足时就停止的特点，例如，图 6-64 所示的报警信号灯控制程序。

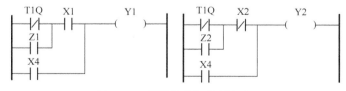

图 6-64　报警信号灯控制程序

程序中，报警触点 X1 是常开触点，X2 是常闭触点，T1Q 是方波信号发生器输出的闪烁信号，Z1 和 Z2 是报警确认信号，当 X1 报警被确认后，Z1 闭合；当 X2 报警被确认后，Z2 闭合。X4 是试验按钮信号，用于试验信号灯和声响装置。当 X1 信号超限时，X1 触点闭合，由于 T1Q 是闪烁信号，因此，报警信号灯 Y1 闪烁，表示该信号有超限。操作人员看到信号灯的闪烁后，按确认按钮，则 Z1 闭合，因 X1 信号的超限没有消除，因此，报警信号灯 Y1 呈现平光，即不再闪烁。操作人员进行 X1 的超限处理，使 X1 不超限，这时，X1 断开，报警信号灯 Y1 熄灭。当按下试验按钮 X4 时，报警信号灯 Y1 点亮，表示该信号灯状态正常，如果没有点亮，则可检查信号灯和相关线路。对常闭触点 X2 可进行类似的讨论和分析。细节见 6.2 节。

（3）根据逻辑图关系的程序设计方法

根据逻辑图关系的编程方法需列出各设备的逻辑图表，根据逻辑图表确定有关设备的起停条件。编程方法如下。

1）唯一性原则。唯一性原则是逻辑图的重要原则。它表示逻辑条件与触点电路输出之间的关系是单值关系，即一种输入对应一种输出。

2）通电表。根据设计要求，按输出时序将被控过程分解为若干步，确定每步输入和输出之间的逻辑关系。

3）相混表。当设计的逻辑关系不唯一时，需消除相混的逻辑关系，为此需增加内部变量。通常，增加内部变量可消除逻辑关系的相混。处理过程在相混表实现。

相混表是原通电表的扩展，它在原通电表右侧绘制。将存在相同逻辑条件的步列出，分为一组，用大写字母表示启动步，与该步相混的步用小写字母表示。同名大写和小写字母的步间绘制垂直实线。由于过程是扫描循环的，因此，第一步是最后步的下一步。

4）处理相混的逻辑关系。增加内部变量来消除相混的逻辑关系。处理方法如下：

① 绘制水平分界线，与垂直相混线相交，分界线是增加的内部变量，分界线前，该内部变量取值为 0（OFF），分界线后取值为 1（ON）；也可在分界线前设置内部变量的值为 1，分界线后为 0。增加内部变量后，可消除有关步间的逻辑相混关系。增加的分界线（内部变量）需检查其逻辑关系是否存在相混关系，如存在，则再增加分界线，直到不存在相混。

② 确定需增加的内部变量，在原通电表右侧补列，检查逻辑关系，直到没有相混逻辑关系存在为止。

③ 为节省内部变量，一个内部变量可建立两个分界线（从 0 到 1 或从 1 到 0）。

5）列出逻辑关系表达式。根据扩展后的通电表，用逻辑代数或卡诺图等方法列出逻辑关系表达式，经简化后，用 PLC 的编程语言实现。

【例 6-13】 信号灯控制程序。

按钮 START 按 4 次后点亮信号灯 L1，再按 2 次后使信号灯 L1 熄灭，并复原。编程方法说明如下：

1）原始通电表。原始通电表见表 6-7。

表 6-7 原始通电表

| 步 | 当前输入 | START | L1 | 步 | 当前输入 | START | L1 |
|---|---|---|---|---|---|---|---|
| 0 | | 0 | 0 | 4 | NOT START | 0 | 1 |
| 1 | START | 1 | 0 | 5 | START | 1 | 1 |
| 2 | NOT START | 0 | 0 | 6 | NOT START | 0 | 0 |
| 3 | START | 1 | 0 | | | | |

2）相混表。从启动条件看，第 4 和第 2 步及第 6 步相混，即输入为 NOT START，输出 L1 可以为 1 或 0。同样，从停止条件看，第 6 步和第 4 步相混。

在第 3 步和第 5 步间建立分界线，可消除逻辑相混，但检查发现第 3 步的分界线建立的条件与第 1 步相混，因此，在第 2 步建立分界线，检查又发现第 2 步分界线与第 0 步之间仍有逻辑相混，因此，在第 1 步建立分界线，最后的相混表见表 6-8。

表 6-8　相混表

| 步 | 当前输入 | START | L1 | | | |
|---|---|---|---|---|---|---|
| 0 | | 0 | 0 | a | B | d |
| 1 | START | 1 | 0 | a | | c |
| 2 | NOT START | 0 | 0 | a | | D |
| 3 | START | 1 | 0 | | | C |
| 4 | NOT START | 0 | 1 | A | b | |
| 5 | START | 1 | 1 | | | |
| 6 | NOT START | 0 | 0 | a | B | |

3）扩展通电表。根据相混表，增加内部变量 Q1 和 Q2，列出扩展通电表见表 6-9。用两个内部变量 Q1 和 Q2 建立四条分界线。内部变量按依次通电，全通电后再依次断电的原则设定其工作状态。

表 6-9　扩展通电表

| 步 | 当前输入 | START | L1 | Q1 | Q2 |
|---|---|---|---|---|---|
| 0 | | 0 | 0 | 0 | 0 |
| 1 | START | 1 | 0 | 1 | 0 |
| 2 | NOT START | 0 | 0 | 1 | 1 |
| 3 | START | 1 | 0 | 0 | 1 |
| 4 | NOT START | 0 | 1 | 0 | 1 |
| 5 | START | 1 | 1 | 0 | 0 |
| 6 | NOT START | 0 | 0 | 0 | 0 |

4）编程。根据扩展通电表，用逻辑代数卡诺图列出各输出与输入之间的逻辑关系。其逻辑关系用结构化文本编程语言表示为：

L1:= (NOT START & NOT Q1 & Q2) OR ((START OR Q2) & L1);
Q1:= (START & NOT Q1 & NOT Q2) OR ((NOT Q2 OR NOT START) & Q1);
Q2:=(NOT START & Q1) OR ((NOT START OR L1) & Q2);

（4）顺序功能表图的程序设计方法

顺序功能表图的程序设计方法是根据顺序的先后编写有关动作和命令，因此，具有十分清楚的阶段和操作内容。这种程序设计方法采用顺序功能表图编程语言编制程序。

（5）注意事项

逻辑顺序控制系统程序设计时的注意事项如下：

1）一般规则。

① 单一设备的按钮起保停控制编程方法一般采用 RS 功能块，置位信号一般采用与逻辑函数输出，复位信号一般采用或逻辑函数输出。

② 常设置系统的运行状态功能块，便于用户了解系统的运行状态。

③ 开关类信号可采用上升沿边沿检测和下降沿边沿检测功能块转换为脉冲信号。

④ 单一设备的开关起保停控制的程序设计方法具有编程简单的特点，起动和停止信号由二进制元件实现。

⑤ 根据逻辑图关系的程序设计方法需要列出输入、输出之间的逻辑关系，使用较复杂，但可对逻辑关系进行简化。逻辑图也可用状态图替代，理解逻辑关系需要一定的理论基础。

⑥ 顺序功能表图的程序设计方法以顺序功能为主线，具有条理清晰、编程简单的特点，但简单 PLC 一般不提供该编程语言。

2）可靠性。为保证设备的可靠运行，可设置一些互锁逻辑。例如，电动机的正、反转运行应设置互锁逻辑，包括外部的硬件互锁等。

3）灵活性。应发挥编程人员的长处，顺序功能表图编程方法可采用不同编程语言编写转换条件和动作控制功能块程序，因此，具有很强的灵活性。

4）合理性。逻辑关系的描述应合理。防止使用不合理的逻辑关系。

5）完整性。对输入、输出逻辑关系的描述应完整，防止遗漏，造成系统的误操作。

6）逻辑关系的简化。可用蕴含项描述各设备的逻辑关系简化对控制问题的分析。

7）一致性。对简单控制系统尽量用一种编程语言编写程序，并保持程序的一致性。

### 3. 条件顺序控制系统的程序设计方法

条件顺序控制系统以执行操作命令的条件是否满足为依据，当条件满足时，相应的操作被执行；条件不满足时，将执行另外的操作。典型的例子是电梯控制系统。电梯的运行根据条件确定，可以向上也可以向下运行，所停的楼层也根据乘客所需而定。

这里仅说明程序设计方法的思路，其设计方法可参考有关资料。

用逻辑关系表实现条件顺序控制系统时，由于楼层多时，会造成阶乘效应，使程序变得极其复杂。为此，常采用标志值判别法。

1）将电梯当前位置用二进制数 L1 表示。例如，用一个字节、字或双字表示，最低层位置用最低位表示，逐层上移。因此，如果第一层用 00000001 表示，则第二层用 00000010 表示，其余类推。该信号来自电梯移动时的位置开关。

2）将各层上行和下行按钮组成二进制数。上行按钮组成二进制数 U1，下行按钮组成二进制数 D1。因此，当第 3 层乘客按下行按钮时，D1 成为 00000100，如果第 4 层乘客又按了下行按钮，则 D1 成为 00001100 等。

3）电梯轿厢内的按钮组成上行和下行两个二进制数 U2 和 D2。当电梯上行时，电梯位置下面的楼层不能被系统响应，因此，其数据为 0。同样，电梯下行时，电梯位置上面的楼层不能被系统响应，因此，电梯轿厢内的按钮组成 U2 和 D2。表示方法同上述。

4）电梯的上行和下行根据最先按下按钮的楼层信号和电梯当前位置的比较给出。当电梯当前位置低于按钮所需的楼层，则电梯上行，反之，电梯当前位置高于按钮所需的楼层，电梯下行。当电梯当前位置等于按钮所需的楼层，则电梯停运，并打开电梯门。

5）电梯上行和下行的状态被存储，并在乘客进入和关闭电梯门，按下需去楼层按钮后继续。例如，电梯上行状态时，电梯将逐层上升，并在每层比较 U1 和 U2 的数据，当比较结果是 1 的层出现时，则停止运行，并接送乘客，直到到达目前在 U1 和 U2 中的最高层。如果在 D1 和 D2 中有比其更高的层，则电梯仍将在接送乘客后上升到该更高的层，如果没有，则根据 D1 和 D2 中数据下降到所需层接送乘客，其余类推。

6）到达所需层后，将数据中该层数据清零，并进行开电梯门、延时和关闭电梯门等顺序操作。如果没有接收到电梯门已经关闭的反馈信号，则重新打开电梯门、重复开、关电梯门的顺序。

7）通过上述步骤，将随机的顺序转换为确定性的电梯上升和下降顺序，以简化程序设计。

8）对于多层系统，可将输入信号转换为十进制数，用十进制数进行比较，确定电梯的运行方向。

**4. 模拟量控制系统的程序设计方法**

模拟量控制系统是包含模拟量的控制系统，模拟量是一类连续变化的物理量，例如，流量、压力、温度、电流等。PLC 是由继电控制发展而来，它主要的控制对象是离散量，例如，电动机的起停、信号灯的点亮和熄灭等。PLC 用于模拟量控制时，要将模拟量转换为数字量，有时，经运算后的数字量信号还需转换为模拟量。

（1）模拟量控制系统的实现

随着 PLC 的广泛应用，PLC 用于离散控制外，还被用于连续量的控制，因此，在一些应用场合，例如，当模拟量控制回路较少，而离散量控制系统较多的应用场合，常采用 PLC 系统实现对模拟量的控制。

为实现模拟量控制系统，PLC 需增加一些转换单元，它们是模拟量输入单元、模拟量输出单元和模拟量控制单元。

1）模拟量输入单元。它包括对输入信号的采样和保持、信号的数字滤波、量程转换、信号限幅和报警等。

① 信号采样和保持。用周期为 $T_s$ 的脉冲信号对输入模拟信号 $y$ 进行采样，得到时间离散的模拟信号 $y*$。

$$y*(t) = y(0)\delta(t-0) + y(T_s)\delta(t-T_s) + \cdots + y(t-nT_s)\delta(t-nT_s) \qquad (6\text{-}16)$$

式中，$\delta(t) = \delta(t-0) + \delta(t-T_s) + \cdots + \delta(t-nT_s)$ 是单位脉冲函数。

单位脉冲函数幅值为

$$\delta(t-nT_s) = \begin{cases} \infty & t = nT_s \\ 0 & t \neq nT_s \end{cases} \qquad (6\text{-}17)$$

单位脉冲函数冲量为

$$\int_{-\infty}^{+\infty} \delta(t)\mathrm{d}t = 1 \qquad (6\text{-}18)$$

为了复现原信号，香农（Shannon）定理规定了采样频率的最低限，即采样频率应不小于原系统最高频率的两倍。实际应用的采样频率通常大于原系统最高频率的 4 倍以上。采样频率也不能很大，采样频率上限受计算机时钟频率的限制及 CPU 处理量的制约。

保持器使离散信号 $y*$ 依照一定方式保持到下一采样时刻，得到保持信号 $y'$。保持器有零阶保持器、一阶保持器和三角保持器等。零阶保持器传递函数是

$$G_h(s) = \frac{1-\mathrm{e}^{-sT_s}}{s} \qquad (6\text{-}19)$$

经零阶保持器后的信号 $y'$ 可表示为

$$y'(t) = \begin{cases} y*(kT_s) & kT_s \leqslant t < kT_s + T_s \\ y*(kT_s + T_s) & t = kT_s + T_s \end{cases} \quad k = 0,1,2,\cdots \quad (6\text{-}20)$$

② 信号量化。输入信号的量化是将模拟量转换为数字量的过程。

假设模拟量为 $y$，量化后的数字量为 $y*$，则有

$$y = K_1 q y* + K_2 \quad (6\text{-}21)$$

式中，$K_1$ 是变送器输出输入量程范围之比；$K_2$ 是零点压缩；$q$ 是量化单位，$q = \dfrac{M}{2^N}$；$M$ 是模拟量全量程，$N$ 是寄存器位数。$y*$ 是数字量，只能取整数。因此，对 8 位寄存器，转换精度为 0.5 级；对 12 位寄存器，转换精度可达 0.025 级。

③ 线性化。模拟量需要进行量化外，一些变送器输出信号与被控变量之间的关系不是线性关系，为此，需进行线性化处理。

线性化处理可直接采用函数关系计算，也可采用迭代公式或采用回归公式。

例如，热电偶的热电动势 $E$ 与温度 $T$ 之间也存在非线性关系，可用下列回归公式计算：

$$T = a_0 + a_1 E + a_2 E^2 + a_3 E^3 + a_4 E^4 \quad (6\text{-}22)$$

镍铬-镍铝热电偶在 400~1000℃ 范围内的系数为

$a_0 = -2.4707112 \times 10$；$a_1 = 2.9465633 \times 10$；$a_2 = -3.1332620 \times 10^{-1}$；$a_3 = 6.5075717 \times 10^{-3}$；$a_4 = -3.9663834 \times 10^{-5}$。

④ 数字滤波。由于需要硬件投资，因此，PLC 常采用软件滤波。常用滤波方法见表 6-10。

表 6-10　数字滤波

| 类型 | 计 算 公 式 | 功 能 描 述 |
|---|---|---|
| 一阶低通滤波 | $\bar{y}(k) = (1-\beta)\bar{y}(k-1) + \beta y(k)$ | 用于去除信号中的高频噪声。$\beta$ 越小，高频衰减越大，通过滤波器信号的上限频率越低，等价于传递函数 $\dfrac{1}{Ts+1}$。$\beta = \dfrac{T_s}{T}$；$T_s$ 是采样周期，$T$ 是滤波器时间常数 |
| 一阶高通滤波 | $\bar{y}(k) = (1-\beta)\bar{y}(k-1) + \beta[y(k) - y(k-1)]$ <br> $\bar{y}(k) = \alpha\,\bar{y}(k-1) + [y(k) - y(k-1)]$ | 用于去除信号中夹带的低频噪声，例如，零漂、直流分量等。分别等价于传递函数 $\dfrac{\bar{Y}(z)}{Y(z)} = \dfrac{\beta(1-z^{-1})}{1-(1-\beta)z^{-1}}$ 和 $\dfrac{\bar{Y}(z)}{Y(z)} = \dfrac{1-z^{-1}}{1-\alpha z^{-1}}$ |
| 递推平均滤波 | $\bar{y}(k) = \bar{y}(k-1) + \dfrac{[y(k) - y(k-m+1)]}{m}$ | 根据越早的信息对输出影响越小的原则，不断剔除老信息，添加新信息 |
| 递推加权平均滤波 | $\bar{y}(k) = \sum_{i=0}^{m-1} c_i y(k-i)$ <br> 其中，$\sum_{i=0}^{m-1} c_i = 1$；$0 \leqslant c_i \leqslant 1$ | $c_i$ 按新信息的加权系数大的原则，即按 $c_0 : c_1 : c_2 : \cdots : c_{m-1} = \dfrac{T}{\tau} : \dfrac{T}{\tau+T_s} : \dfrac{T}{\tau+2T_s} : \cdots : \dfrac{T}{\tau+(m-1)T_s}$ 设置。采样个数 $m$ 根据被测和被控对象的不同选取：流量（$m=11$），液位和压力（$m=3$），温度（$m=1$） |
| 程序判别滤波 | $\begin{cases} \|y(k)-y(k-1)\| \leqslant b & \text{则 } \bar{y}(k) = y(k) \\ \|y(k)-y(k-1)\| > b & \text{则 } \bar{y}(k) = y(k-1) \end{cases}$ | 常用于剔除跳变或尖峰干扰的误码。$b$ 是规定的阈值。当相邻两次采样值之差大于该阈值，表明有尖峰干扰，因此，滤波器输出保持上次的采样值不变。当相邻两次采样值之差小于该阈值，滤波器输出等于输入信号 |

⑤ 数字变换。信号的数字变换也常常被应用于检测变送信号的处理，例如，快速傅里叶变换、小波变换等。除了数字变换外，在计算机控制系统中，经常使用模-数转换和数-模转换。

⑥ 限幅和报警。输入信号超过规定的上、下限时，应提供报警功能，可采用比较函数实

现。输入信号的限幅可直接用标准规定的 LIMIT 函数实现。同样，在模拟量控制系统中如果检测到检测元件处于坏状态时，也需要为操作人员提供相关报警信息。

⑦ 功能安全。为保证检测变送环节的功能安全性，除了选用功能安全的产品外，还需要检测该环节中有关部件的安全性。一旦发生故障，应及时将故障状态记录并传递到下游模块，防止故障扩大。例如，对热电阻的短路、热电偶的断偶等都应设置有关的坏状态信号，并将坏状态的信号传递到下游模块。

2）模拟量输出单元。模拟量输出单元用于将 PLC 运算后的信号转换为输出信号。

模拟量输出是经数-模转换所得，模拟量经电气转换器或直接用电气阀门定位器，可操纵气动控制阀。计算机控制装置采用零阶保持器，在每个采样周期内，使输出信号被保持到下一个输出信号的到来。

脉冲量输出可直接驱动步进电动机，特别适用于增量算法。步进电动机可带动电位器，转换为电流信号，经电气转换驱动气动控制阀。

开关量输出用于控制阀的开关或电动机的起停，常用于顺序逻辑控制和联锁控制系统。

（2）控制算法

模拟量控制系统的常用控制算法是 PID 控制算法。PLC 的 PID 控制器单元用于实现 PID 控制运算。当 PLC 不带可扩展的 PID 控制器单元时，可编写用户 PID 功能块实现，如 6.1.1 节所介绍。

PLC 的 PID 控制算法采用数字控制算法，根据输出变量的不同，有位置算法、增量算法和速度算法等几种。

理想控制算法为

$$u(t) = K_c \left[ e(t) + \frac{1}{T_i} \int_0^t e(t) \mathrm{d}t + T_d \frac{\mathrm{d}e(t)}{\mathrm{d}t} \right] + u_0 \qquad (6-23)$$

采用下列转换公式近似得到数字化的控制算法。

$$\int_0^t e(t)\mathrm{d}t = T_s \sum_{i=0}^k e(i) ; \quad \frac{\mathrm{d}e(t)}{\mathrm{d}t} = \frac{e(k) - e(k-1)}{T_s} ; \qquad (6-24)$$

1）位置算法。直接得到控制器的输出 $u(k)$：

$$u(k) = K_c \left[ e(k) + \frac{T_s}{T_i} \sum_{i=0}^k e(i) + T_d \frac{e(k) - e(k-1)}{T_s} \right] + u_0$$

$$= K_c e(k) + K_I \sum_{i=0}^k e(i) + K_D [e(k) - e(k-1)] + u_0 \qquad (6-25)$$

式中，$K_I = K_c \dfrac{T_s}{T_i}$; $K_D = \dfrac{K_c T_d}{T_s}$。

2）增量算法。$\Delta u(k) = u(k) - u(k-1)$

$$\Delta u(k) = K_c [e(k) - e(k-1)] + K_I e(k) + K_D [e(k) - 2e(k-1) + e(k-2)]$$

$$= K_c \Delta e(k) + K_I e(k) + K_D [e(k) - 2e(k-1) + e(k-2)] \qquad (6-26)$$

3）速度算法。增量算法输出与采样周期之比作为速度算法输出。$v(k) = \dfrac{\Delta u(k)}{T_s}$。

$$v(k) = \frac{K_c}{T_s}\Delta e(k) + \frac{K_c}{T_i}e(k) + \frac{K_c T_d}{T_s^2}[e(k) - 2e(k-1) + e(k-2)] \qquad (6\text{-}27)$$

式中，$\Delta e(k) = e(k) - e(k-1)$。

4）数字控制算法的特点。与模拟控制算法比较，数字控制算法具有下列特点：

① P、I、D 三种控制作用相互独立，没有控制器参数之间的关联。

② 由于不受硬件的制约，因此，数字控制器的参数可以在更大范围内设置。

③ 数字控制器采用采样控制，引入采样周期 $T_s$，即引入一个纯时滞为 $T_s/2$ 的滞后环节，使控制品质变差。

④ 采样周期大小的选择影响数字控制系统的控制品质。为使采样信号能够不失真复现，采样周期应小于工作周期的一半，这是采样周期的选择上限。实际应用中，根据系统的工作周期 $T_p$，选择采样周期 $T_s = (\frac{1}{6} \sim \frac{1}{15})T_p$，通常取 $T_s = 0.1T_p$。

5）数字控制算法的改进。表 6-11 是数字 PID 控制算法的改进。

表 6-11 数字 PID 控制算法的改进

| 方法 | | 改进算式 | 特点 |
|---|---|---|---|
| 积分分离 | 偏差分离 | $\Delta u(k) = \Delta u_P(k) + \Delta u_I(k)[\|e(k)\| < \varepsilon]$ | $\|e(k)\| < \varepsilon$ 时，引入 I 作用，反之，只有 P 作用 |
| | 开关和 PID 分离 | $\Delta u(k) = \{K_c e(k) + K_I \sum_{i=0}^{k} e(i) + K_D[e(k)-e(k-1)] + u_0\} \cdot [\|e(k)\| < \varepsilon] - u_M \cdot [e(k) > \varepsilon] + u_M \cdot [e(k) < \varepsilon]$ | $u_M$ 是开关控制的限值。$\|e(k)\| < \varepsilon$ 时，采用 PID 控制，超出范围时开关控制 |
| | 相位分离 | $u(k) = \begin{cases} u_P + u_I & \text{当 } u_P \text{ 与 } u_I \text{ 同相时} \\ u_P & \text{当 } u_P \text{ 与 } u_I \text{ 不同相时} \end{cases}$ | 比例输出与偏差项同相，积分输出与偏差项有 90°的相位滞后，同相时有 I 输出 |
| 削弱积分 | 梯形积分 | $\Delta u_I(k) = K_I \dfrac{e(k) + e(k-1)}{2}$ | 矩形积分改进为梯形积分削弱噪声对积分增量输出的影响 |
| | 遇限削弱 | $\Delta u_I(k) = K_I\{[u(k-1) \leqslant u_{max}][e(k) > 0] + [u(k-1) > u_{max}][e(k) < 0]\} \cdot e(k)$ | 控制输出进入饱和区时停止积分项 |
| 微分先行 | | $\Delta u_D(k) = K_D[y(k) - 2y(k-1) + y(k-2)]$ | 只对测量信号 $y(k)$ 进行微分，也称为测量微分 |
| 不完全微分 | | 微分环节串联连接一个惯性环节 $\dfrac{1}{\dfrac{T_d}{K_d}s + 1}$ | 一阶惯性环节可串联在输入或输出端，一般串联在输入端 |
| 输入滤波 | | 位置算法：$\dfrac{\Delta \bar{e}(k)}{T_s} = \dfrac{1}{6T_s}[e(k) + 3e(k-1) - 3e(k-2) - e(k-3)]$<br>增量算法：$\dfrac{\Delta \bar{e}(k)}{T_s} = \dfrac{1}{6T_s}[e(k) + 2e(k-1) - 6e(k-2) + 2e(k-3) + e(k-4)]$ | 微分滤波的一种。抑制噪声影响，提高信噪比 |

【例 6-14】 增量 PID 控制器的应用。

编写增量 PID 控制器_Z 功能块本体程序如下：

```
EK:=SP-PV;                                  // 计算控制器偏差
TI:=TIME_TO_ REAL(TIT);                     // 输入的时间值转换为实数
TD:=TIME_TO_ REAL(TDT);                     // 输入的时间值转换为实数
TS:=TIME_TO_ REAL(TST);                     // 输入的时间值转换为实数
IF EK>2.0 THEN                              // 偏差大时，输出限幅
    UK:=9.9;UK1:=0.0;
END_IF;
IF EK<1.8 THEN                             // 偏差小时，加积分
    K:=1.0;
END_IF;
IF EK>=1.8 AND EK<=2.0 THEN                 // 偏差中等时，不加积分
    K:=0.0;
END_IF;
U:=KP*(EK-EK1)+K*KP/TI*TS*EK+KP*TD*(EK-2.0*EK1+EK2)/TS;   // 计算输出的增量
UK:=UK1+U;                                  // 计算输出
IF UK>10.0 THEN                            // 输出上限幅
    UK:=10.0;
END_IF;
IF UK<0.0 THEN                             // 输出下限幅
    UK:=0.0;
END_IF;
UK1:=UK;                                    // 变量替换
EK2:=EK1;                                   // 变量替换
EK1:=EK;                                    // 变量替换
```

　　程序中，SP 是设定；PV 是测量；KP 是比例增益，即放大倍数；TIT、TDT 和 TST 分别是以 TIME 数据类型表示的积分时间、微分时间和采样时间；TI、TD 和 TS 分别是以转换为实数后的积分时间、微分时间和采样时间；UK、UK1 是控制算法的 K 拍和 K-1 拍输出，EK、EK1 和 EK2 是 K 拍、K-1 拍和 K-2 拍的偏差；K 是比例系数。

　　为验证，用 3.3.3 节示例介绍的方法建立一阶惯性环节 LAG，并组成图 6-65 所示的控制回路。

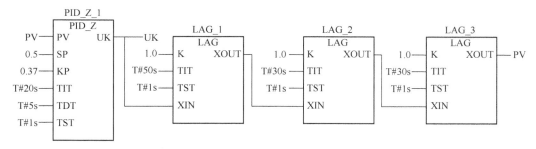

图 6-65　三个一阶环节组成的对象和增量控制器

　　整个控制系统用 PV 作为反馈变量，组成闭环控制系统。采样时间为 1s 时，获得图 6-66 所示的控制器输出响应曲线。改变控制器参数可影响控制系统控制品质。

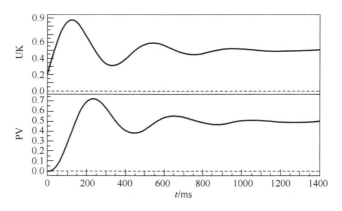

图 6-66　控制系统的输出响应和控制器输出响应曲线

**5. 数据处理系统的程序设计方法**

数据处理就是采用计算机进行数据采集、存储、检索、传输和转换等。PLC 是计算机控制装置，它具有数据处理功能。

（1）数据采集

PLC 的大量操作是数字量采集操作。数据采集包括对数字量、模拟量和脉冲量的数据采集。

1）数字量采集。数字量是简单的逻辑量，只有 0（FALSE）和 1（TRUE）两种数值。数字量采集过程是从指定地址将其状态信息读入到 PLC 对应输入寄存器的过程。

采用不同类型数字量输入传感器时，有不同的外部连接方式，数字量输入信号有源和漏等类型，因此，需根据不同的传感器情况接线，才能保证数字量输入信号的正确性。

数字量信号存在抖动问题。为消除硬件开关动作瞬间的抖动，可采用硬件和软件的消抖动措施。

数字量信号的采样周期根据该数字量信号所驻留任务的设置，可以是周期采集，也可根据事件进行采集等。

数字量信号的状态被存储在输入信号状态寄存器，当 PLC 执行输入、输出过程时，该地址状态寄存器的内容被传送到对应的输入存储器。

2）模拟量采集。模拟量采集是将模拟输入信号转换为 PLC 的数字信号。

经采样后的模拟量信号是脉冲信号，要用保持器将当前采集的脉冲信号保持到下一次采样时刻，通常采用零阶保持器，它将采集的脉冲信号以同样幅值保持到下一次采样时刻。

采样频率的下限受香农定理的限制，只有采样频率高于原系统最高频率的两倍，才能保证原信号的复现。采样频率也不能很大，采样频率的上限受计算机时钟频率的限制及 CPU 处理量的制约。

模拟量量化过程是小数归整过程。根据式（6-21），量化误差是 $\pm 0.5q$。模-数转换的分辨率越高，量化精度越高。根据变量的数据类型，将量化后的数据存储在对应的数据存储区。

模拟量信号要进行信号处理，例如，线性化处理、开方处理等。

根据 GB/T 17966-2000（等价于 IEC 60559）的规定，模拟量用实数表示，如图 6-67 所示。

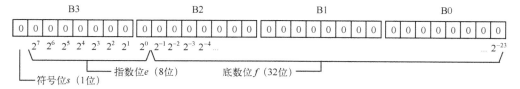

图 6-67　实数格式

实数用 4 字节组成的双字表示，其中，最高位是第 31 位，表示该实数的符号 $s$，1 表示负数，0 表示正数。第 30 位到第 23 位组成的 8 位二进制数表示实数的指数位 $e$。第 22 位到第 0 位组成的 23 位二进制数表示实数的底数位 $f$。该实数 $R$ 可表示为

$$R = \text{sgn}(s)(1.f)2^{(e-127)} \qquad (6\text{-}28)$$

例如，根据实数表示式 0011 1111 0100 0000 0000 0000 0000 0000，可得

$$s = 0;\ f = 0.5;\quad e = 126;\quad R = +1.5 \times 2^{(126-127)} = +0.75。$$

3）脉冲量采集。脉冲量与数字量的区别是脉冲量的采样频率高，脉冲宽度小。因此，对脉冲量的采集应采用专用设备，例如，高速计数器、编码器等。

脉冲量输入有两种工作模式。对数字量计数是脉冲量输入的一种工作模式。在这种工作模式下，PLC 在给定的采样时间内统计输入的脉冲信号个数。另一种工作模式是两输入脉冲间隔时间测量模式。这种工作模式下，测量相邻两个脉冲信号之间的间隔时间。这两种工作模式都采用计数器。

脉冲信号存在抖动问题，可采用类似数字量的硬件和软件消抖动措施。

（2）数据存储和检索

1）数据存储。可直接用 MOVE 赋值语句将数据送有关的存储器。存储条件可以是定周期、事件触发等方式，存储数据的区域可以是固定地址或变地址。数据可进行处理后存储，例如，取平均值、最大值、最小值或冲量后进行压缩处理，数据类型可以先转换后存储，也可在使用取出时转换数据类型。

数据的存储既要保证数据的正确性，也要保证数据的安全性和可靠性。为此，可对数据进行重复采集，对数据进行备份，也可进行加密后存储。

2）数据检索。PLC 中的变量是与数据有对应关系的，因此，检索数据可采用检索对应变量的方法。例如，在程序调试时要知道某一定时器的工作情况，可将该定时器的 ET 端连接到某一变量，观测该变量的变化情况可了解该定时器工作情况。

一些数据也可直接用数据显示形式显示。例如，在控制回路调试时，控制器的输出信号和输入信号可反映控制器的工作情况，便于对控制器参数的调整。

（3）数据显示

PLC 的数据可以直接在人机界面的显示屏显示，但一些并非需要长期显示的数据也可用编程器等设备显示。

数据显示包括数据类型转换的处理，可采用各种数据类型转换函数直接或间接转换。采用 7 段显示码显示数据时，应根据数据显示的数码管类型选择合适的数据类型转换函数，例如，采用 BCD 码显示、采用 ASCII 码显示等。

（4）数据处理

数据处理过程是将采集的数据进行最大、最小、求总和及求平均等处理过程。

1）最大（最小）值处理。在规定的采样数据中，计算其最大（最小）值。

**【例 6-15】** 反应器温度的最大值数据处理示例。

某反应器的反应层有三个温度检测点，控制要求，反应器温度不能高于某限值，为此，对三个温度采样值进行最大值处理。程序如图 6-68 所示。

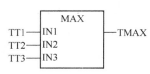

图 6-68　最大值处理程序

对最小值数据处理可直接用 MIN 函数等。

2）总和和平均值处理。总和数据处理可直接用 ADD 函数，并将其返回值除以采样个数获得平均值。

3）报警处理。例如，采用 2.3.3 节的 HYSTERESIS 功能块，增加有关函数实现报警处理。图 6-69 是报警处理程序。

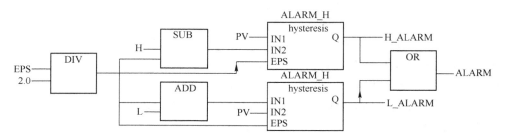

图 6-69　报警处理程序

程序中，PV 是采样数据，H 和 L 是高、低限，EPS 是死区带，H_ALARM 和 L_ALARM 是高、低限报警输出，ALARM 是报警信号。

# 6.2　PLC 的工业应用示例

## 6.2.1　液位控制系统

### 1. 液位控制系统的类型

根据控制要求的不同，液位控制可分为连续的回路控制和离散的开关控制等两大类。

（1）液位的连续控制

液位连续控制是以液位为被控变量，以进料或出料量为操纵变量的控制。

液位连续控制的最简单形式是单回路控制系统。当操纵变量流量的波动较大，例如，受上游压力影响较大时，可选用以液位为主被控变量，以流量为副被控变量的串级控制系统。当要兼顾液位和流量的稳定运行时，可采用均匀控制系统，包括简单均匀控制系统，串级均匀控制系统等。例如，在精馏塔系的控制中，精馏塔前塔的塔釜液位和后续塔进料量组成串级均匀控制系统等。一些有操作软限的控制场合，可组成选择性控制方案。

（2）液位的离散控制

液位离散控制是以液位为被控变量，以流量开关量作为操纵变量的控制。液位信号可以是连续信号或离散的开关信号。操纵变量可以是进料阀（进料泵），也可以是出料阀（出料泵）等。

根据被控变量和操纵变量的不同类型，有下列几种液位的开关控制方案。

1) 滞环开关控制。以液位开关控制出料阀为例说明液位滞环开关控制的特点。

滞环开关控制的输入-输出关系如图 6-70 所示。图中,液位设定值为 $S$,液位的死区为 $D$,当液位检测值 $\geq S+D$ 时,出料控制阀从全关切换到全开并保持,当液位检测值 $\leq S-D$ 时,出料控制阀从全开切换到全关并保持。该控制方案中,被控变量采用液位的两个开关信号 $S-D$ 和 $S+D$,操纵变量是出料控制阀的开关信号。

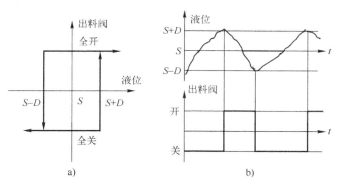

图 6-70    液位滞环开关控制特性和波形

a) 滞环开关控制特性    b) 滞环开关控制波形

实施时应注意下列事项:

① 被控变量的开关信号可以是直接安装的两个液位开关,检测 $S+D$ 和 $S-D$ 信号。也可采用液位检测的模拟量信号,用比较器或显示仪表的限值微动开关等获得开关信号。

② 操纵变量可以是出料控制阀(泵)或进料控制阀(泵)。采用进料控制阀时,滞环曲线和控制阀的波形都与图 6-70 所示的波形相反(垂直翻转)。

③ 控制精度与 $D$ 有关,$D$ 值小,控制精度高,但控制阀开关频度高,使用寿命短。

④ 为实现上述开关控制,图 6-71 显示了用功能块编程语言编写的程序。采用两个液位开关的控制方案,只需要一个 RS 功能块。采用模拟量液位信号时,增加两个比较功能。图中,PV 是液位测量信号,PVG 是 PV $\geq S+D$ 的开关信号,PVS 是 PV $\leq S-D$ 的开关信号,H_LIMIT 和 L_LIMIT 分别是 $S-D$ 和 $S+D$ 的实际信号。

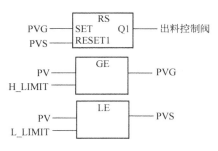

图 6-71    液位控制程序

⑤ 通常,出料阀或进料阀都用 RS 功能块,在起动和停止条件同时满足时,能保证出料阀或进料阀关闭。

2) 时间比例控制。一些控制方案,例如,间歇精馏塔的回流和出料控制、pH 控制等控制方案中，常采用控制器的时间比例输出控制开关阀的开启和关闭时间。

时间比例控制算法与一般控制器的控制算法相同，其区别是时间比例控制器将其输出转换为与时间长短有关的开关量，用于控制控制阀的开启和关闭时间，即开或关的时间长短与控制器输出成比例。

常用占空比表示控制阀开或关时间的长短，占空比定义为控制阀开启时间占总时间的比值。假设控制阀开启和关闭总时间为 100s，则占空比 0.5 表示控制阀打开时间为 50s。

根据总时间是否变化，时间比例控制分为总时间固定和总时间不固定两大类。总时间不固定的类型中又可细分为开启时间固定和关闭时间固定两类。

6.1.1 节介绍了时间比例控制的程序。其输出是总时间固定，开或关时间与控制输出成比例。

3）采用两个液位开关的开关控制。采用两个液位开关的开关控制有两种控制方式。

① 滞环开关控制的变形。它与滞环开关控制的区别是本控制方案的两个液位开关直接安装在液位的高限和低限，而滞环开关控制的液位开关安装在 $S+D$ 和 $S-D$，其控制效果也与滞环开关控制相似。这种控制方案只控制一个出料阀或一个进料阀。

② 液位开关设置在液位高限和低限。控制策略是当液位达到液位高限时，关闭进料阀，同时打开出料阀；液位下降后，液位达到液位低限时，自动关闭出料阀，并打开进料阀。

该控制方案采用进料和出料两个开关式操纵变量。放料一次的物料量基本恒定，即

$$FQ = (HL-LL) \times A \qquad (6-29)$$

式中，FQ 是物料量；HL 和 LL 是液位的高限和低限；A 是计量罐截面积。因此，这种控制方式常用于计量罐的计量控制。

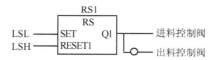

图 6-72　开关式计量控制实施逻辑图

实施两个液位开关的开关控制时，应注意下列事项：

① 采用第一种控制方式时，应合理设置安装位置，兼顾控制精度和控制阀寿命等因素，在满足控制精度的前提下，加大 $D$，延长控制阀的使用寿命。

② 采用第二种控制方式时，可采用 RS 功能块和非逻辑运算函数实施。图 6-72 是液位低于限值时液位开关触点断开的程序。

③ 用于计量控制时，为了满足操作的要求，常需设置手动截止阀或设置手动开关，用于切断物料的加入或流出。

④ 选用 RS 功能块或 SR 功能块，取决于进料阀打开和出料阀打开对过程的影响程度。两个液位开关的条件同时满足时（事故状态），如进料阀不允许打开，则应选 RS 功能块；如出料阀不允许打开，则选 SR 功能块。

4）采用一个液位开关的开关控制。采用一个液位开关的开关控制根据液位开关的位置和操纵变量的不同可分为表 6-12 所示的 4 种不同类型。它们都借助 PLC 的定时器来延时关闭或打开进料或出料控制阀。液位与进料阀、出料阀的时间特性如图 6-73 所示。

表 6-12　控制方案的适用场合和控制策略

| 被控变量 | 操纵变量 | 控制策略 | 应用场合 | 时间特性 |
|---|---|---|---|---|
| 液位高限 | 进料阀 | $L>$LSH，关进料阀。$L\leqslant$LSH 后延时 $T$ 开进料阀 | 进料>出料 | 图 6-73a |
| 液位低限 | 进料阀 | $L<$LSL，开进料阀，$L\geqslant$LSL 后延时 $T$ 关进料阀 | 进料>出料 | 图 6-73b |
| 液位高限 | 出料阀 | $L>$LSH，开出料阀。$L\leqslant$LSH 后延时 $T$ 关出料阀 | 出料>进料 | 图 6-73c |
| 液位低限 | 出料阀 | $L<$LSL，关出料阀，$L\geqslant$LSL 后延时 $T$ 开出料阀 | 出料>进料 | 图 6-73d |

使用该控制方案时应注意下列事项：

① 整个控制过程自动进行，即根据液位高限或低限信号自动开启和停止有关控制阀。因此，为保证控制系统停止运行应设置切断开关。

② 为防止物料溢出或排空，设置该控制系统时，还需设置相应信号报警控制系统，防止因液位检测元件故障造成物料溢出或排空事故发生。

③ 一些应用场合，例如，液位控制搅拌机运转时，液位会受到搅拌机运转影响，使液位开关信号时断时通，为此，可采用液位高于高限后延时一定时间后才起动搅拌机，同样，在液位低于低限后也延时一定时间后才停止搅拌机电动机的运转。

④ 液位开关在正常工况下的状态决定实施程序中的触点是常开或常闭，因此，应注意在正常工况下液位开关触点为常闭情况的处理。

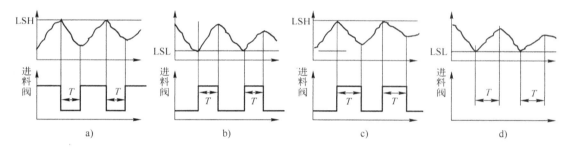

图 6-73　液位与进料阀、出料阀的时间特性

## 2. 液位控制系统的实施

对新建工程，应在设计阶段根据对控制精度的要求、工艺的合理性等设计合适的控制方案，并选购 PLC 来满足所需功能。对已建工程，应根据已有 PLC 的功能和所提供的备用触点等设计合理的控制方案，当不能满足工艺控制要求时才添加或更新有关设备。

从控制精度看，连续控制的精度最高。开关控制中，滞环控制和两个液位开关的开关控制方案实施时，如能合适选择 $D$ 值，也能达到较高控制精度，但要与控制阀等设备的使用寿命综合考虑。时间比例控制常用于控制精度要求较高的场合和一些特殊应用场合。两个液位开关的开关控制常用于计量控制。一个液位开关的开关控制具有简单实用的特点，能自动进行液位的控制，使物料满足工艺所需，得到广泛应用。有时，也采用多个液位开关进行液位控制，例如，在电站中，用多个液位开关控制锅炉液位，有较高控制精度。

从控制系统实施看，连续控制的控制方案所需设备较多，通常需添加模拟量输入、输出单元和 PID 控制单元等。滞环控制和两个液位开关控制的控制方案中，所需设备是两个液位开关或模拟量测量和转换为两个开关信号的软设备。一个液位开关控制的控制方案所需设备是一个液位开关。从控制阀看，连续控制的控制方案需要连续调节的控制阀，开关控制的控制方案只需要开关式控制阀，价格相对比较低廉。

连续控制方案应用可见控制工程有关资料，这里仅对离散控制方案进行讨论。

（1）滞环控制和计量控制的实施

1）开关量输入信号的获得。开关量输入信号可直接从液位开关获得，可用液位信号和比较器结合获得，也可从液位显示仪表的微动开关获得。

2）开关量输出信号的获得。滞环控制和计量控制中，开关量输出信号来自 PLC 输出。

（2）一个液位开关控制液位控制方案的实施

液位开关在超限时的触点状态影响程序中元素的常开或常闭状态。

液位高限开关、液位低限开关、进料阀（泵）和出料阀（泵）可组成 4 种不同的控制方案。

以高液位开关控制进料阀和低液位开关控制出料阀的程序为例说明程序设计方法。

假设液位低于限值时液位开关闭合。LSH 和 LSL 分别是液位高于高限和低于低限的液位开关输出信号。控制进料阀打开的信号是 A，控制出料阀打开的信号是 B。延时时间为 40s。

1）高液位开关控制进料阀。控制要求是当液位高于高限，控制系统先关闭进料阀 A，当液位下降到低于高限后，延时 40s，开启进料阀 A。

进料阀 A 的起动条件是液位下降到低于高限，并延时 40s，即用定时器 TIM0 输出 T0Q，停止条件是液位高于高限。程序如图 6-74a 所示。

2）低液位开关控制出料阀。控制要求是当液位低于低限，控制系统先关闭出料阀 B，当液位上升到高于低限后，延时 40s，开启出料阀 B。

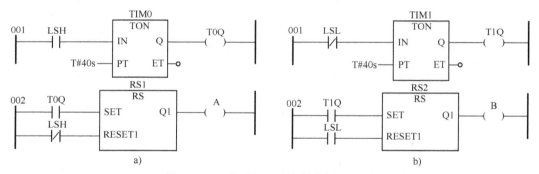

图 6-74　一个液位开关控制液位的程序

a）高液位开关控制进料阀　b）低液位开关控制出料阀

出料阀 B 的起动条件是液位上升到高于低限，并延时 40s，即用定时器 TIM1 输出 T1Q，停止条件是液位低于低限。程序如图 6-74b 所示。

**3. 实施时的注意事项**

液位控制系统的示例也适用于其他被控变量和操纵变量的控制系统，例如，采用温度开关检测恒温箱温度、用加热器的接通或断开控制恒温箱温度等。

这类控制系统实施时应注意下列事项：

1）注意开关信号在正常工况下的触点状态，例如，示例中，在液位低于低限限值时液位液位开关闭合，这表示，当该液位开关用于高限时，在液位低于高限限值时液位开关闭合。

因此，同样的液位开关，在用于高限和低限信号检测和比较时，程序中的信号正好相反。

2）顺序控制系统中常开和常闭触点的处理方法如下：

① 对常开触点，按常开触点的设计方法编写有关控制程序。

② 将正常工况下处于常开的触点按上面设计的编程方法编写程序。

③ 将正常工况下处于常闭的触点按上面设计的编程方法，将相应的常开触点用常闭触点代替，相应的常闭触点用常开触点代替。

④ 完成整个程序的编制。

3）采用单一设备起停控制的程序设计方法需分析各设备起动和停止条件。分析正确，才能使程序正确。

4）为便于手动对有关设备进行维护，应设置有关设备的起动或停止的手动按钮，必要时，可设置紧急停车按钮等。

5）定时器延时时间的设置原则是在最大进料或出料时，保证液位不被排空或溢出。例如，高液位开关控制进料阀的应用中，定时器设定时间应小于或等于在最大出料下液位从高限到低限的时间。

## 6.2.2 信号报警和联锁控制系统

### 1. 信号报警控制系统设计的基本要求

（1）故障信号检出元件选择

故障信号检出元件是信号报警系统的输入元件。通过检出元件触点的闭合或断开，使信号报警系统动作。在选择故障信号检出元件时，应考虑元件的可靠性，必要时应采用冗余元件或冗余系统。

为了在故障时检出元件有信号报警输出，可以采用检出元件在正常时触点断开，事故时触点闭合的方法，这种方法，因正常工况下触点断开，不易造成误动作，但如果元件损坏，一旦发生事故将造成该报警时不能报警的情况。为此，通常在设计时选用检出元件在正常时触点应闭合，事故时触点断开的检出元件。

故障信号检出元件的信号应能够直接来自故障源，而不宜采用间接检出方法获得。例如，检出是否有流量的检出元件，应选用流量开关，而不采用根据泵的起动信号来间接反映是否有流量。

为便于了解故障原因，通常，如果选择故障检出的开关式元件时，宜并接显示仪表，用于显示实际的工况。例如，设计压力开关时并联压力表，设计温度开关时并联温度计等。

（2）信号灯选择

当采用现场显示盘时，信号灯安装在显示盘，信号灯的颜色应与信号报警的等级一致。红色表示最高等级的报警，例如，过程参数已经到上上限或下下限，并已使联锁动作；黄色表示警告，例如，过程参数已经在上限或下限，或用于首发故障信号；绿色表示正常。

采用计算机显示方式时，信号报警形式的颜色可区分更多等级，例如，闪烁表示正在发生，常亮表示已经发生等。对闪烁信号还可根据闪烁周期表示不同等级，快速闪烁表示紧急事件，慢闪烁表示警告事件等。

（3）按钮选择

现场显示盘操作时，可根据现场环境要求选择普通按钮和防爆按钮。通常，确认按钮为黑色，试验按钮为白色。安装位置应便于操作。对重要的场合也可设置双手控制等操作设备。

计算机方式操作时，可采用软键表示确认和试验按钮，一些监控软件提供对信号报警系统的专用确认按钮，可全部确认或对个别信号确认等。

（4）声响装置选择

声响装置可选用蜂鸣器、汽笛、电铃或扬声器。由于现场的噪声环境，因此，宜选用声响较大的声响装置，使其声级大于环境噪声水平，但需要注意声响装置发出声响的频率，不应造成新的噪声。

计算机方式操作时，可采用计算机内置的蜂鸣器或外接声响装置。

对安装在现场的故障检出元件和声响装置，应根据安装现场对设备的防火、防爆和其他环境要求选用相应等级的产品。安装位置应有利于维护人员的维护和操作。

**2. 联锁控制系统的设计**

为保证生产过程正常运行，除了设置信号报警系统外，还需设置联锁控制系统。设置联锁控制系统的目的是系统能够识别事故、危险的情况，及时地在危及人身安全或损害识别前能够消除或阻止危险的发生，或采取措施防止事故进一步扩张。

（1）联锁控制系统的功能

联锁控制系统的基本功能如下：

1）保证正常运转，事故联锁。联锁系统应保证装置和设备的正常开停车和正常运转。当发生异常情况时，联锁系统应能按规定程序，实现紧急操作、自动切换和自动投入备用系统或安全停车、紧急停车。

2）联锁报警。联锁系统动作同时，发送声光报警。它可单独或与信号报警系统合用，但联锁系统报警与一般信号报警应有明显区别，便于操作人员识别。

3）联锁动作和投运显示。联锁系统动作时，应按规定要求使有关执行装置动作，实现紧急操作、紧急切断、紧急开启或自动投入备用系统，或实现安全停车或人工停车。联锁系统应设置该系统运行状态的显示，为操作人员提供投运步骤和相关信息。

为确保联锁系统操作的要求，联锁系统设置一些附加功能。联锁系统的附加功能如下：

1）联锁预报警。由于联锁系统动作引起生产过程的停车，造成经济损失。因此，应尽量在联锁系统动作前采取必要措施，防止联锁系统动作，这就是联锁预报警。联锁预报警的设定值应在联锁系统动作值之前，用于起到预警作用，便于操作人员及时采取措施，防止和减少联锁系统的动作。

2）联锁延时。对过程参数瞬时波动而动作的联锁点，可设置联锁延时功能，即在规定延时范围内，该联锁点不动作，只有超过规定的延时时间才使联锁系统动作。

与能够区别瞬时原因的信号报警系统不同，联锁延时的处理方法也不同。能够区别瞬时原因的信号报警系统是测知工艺的瞬时波动，警告操作人员，便于操作人员寻找原因，采取对策。联锁延时系统是避免这种允许瞬时波动的过程变量造成不必要的联锁停车，它在工艺规定的延时时间内对过程参数的波动不予响应，从而避免联锁系统动作。

3）第一原因事故的区别。为区别引起联锁系统动作的第一原因，联锁系统应设置能区别第一原因事故环节。

4）联锁系统的投入和切除。联锁系统应设置手动投入和切换的转换开关，对重要的联锁系统应设置操作权限。由于装置投运、维修或试车时，对一些联锁点应解除其联锁功能，因此，要设置联锁-非联锁转换开关，用于切除联锁状态。应设置信号灯显示联锁系统的运行状态。

5）分级联锁。大型工厂应对联锁系统设置分级，避免某一局部的事故造成全场范围的停车。

6）手动紧急停车。重要联锁系统应设置手动紧急停车按钮，它应独立于 PLC 系统，即手动紧急停车环节是最低等级的停车措施。对手动紧急停车也可设置分级联锁。

7）联锁复位。重要联锁系统应设置复位装置，即联锁系统动作后，不能由于过程参数恢复而自动运转，必须由操作人员检查有关设备后，用手动对联锁系统复位，防止联锁系统停车后又起动的危险循环，造成更大破坏和损失。

（2）联锁系统的检出元件

对联锁系统检出元件的要求是联锁系统检出元件应单独设置；应能直接反映过程参数的变化；安装位置应能够快速正确反映过程参数的变化；具有比一般信号报警系统故障检出元件更高的可靠性；必要时可冗余配置。

联锁系统故障检出元件的选择：从可靠性和安全运行要求看，应选用正常运行状态触点闭合，事故状态触点断开。从生产装置利用率看，应选用正常运行状态触点断开，事故状态触点闭合。可编程控制器系统组成联锁控制系统时，常采用常闭触点形式，以提高系统安全性。

（3）联锁系统的执行机构

根据联锁系统保护功能，联锁系统执行机构分为两类：

1）联锁系统动作使电动机起动或停止。联锁系统输出触点直接控制这类执行机构。

2）联锁系统动作使电磁阀或其他执行机构动作，切断或开启有关管路。

执行机构动作形式的选择原则是能源中断时，最终位置应保证工艺过程或设备处于安全状态。

1）气动执行机构：根据没有气源时，气动执行机构应处于工艺要求的安全状态的原则选用。

2）电磁阀：在保证电磁阀动作次数和使用寿命前提下，根据联锁系统动作时能够及时动作的原则选用。

3）电动执行机构：根据掉电后，电动执行机构应处于工艺要求的安全状态的原则选用。

（4）联锁系统设计

1）设置联锁点。设置联锁点的基本要求如下：

① 工艺合理性。联锁信号报警点指因过程参数超过该限值时，为保证生产过程安全，用联锁方法使一些设备联锁停止运转或一些设备被自动打开。为减少因联锁系统动作造成频繁停车，应设置预联锁报警，即信号报警点；应与工艺技术人员共同讨论确定信号报警点，既满足工艺操作要求又能区分一般和联锁信号。

② 联锁点数量。信号报警点过少，不能反映过程参数超限时的状态，造成生产操作事故的发生；信号报警点过多，使操作人员无所适从，影响操作、监视和控制，并造成声和光的污染，使操作不能有序进行。

联锁点设置更应慎重，过多造成频繁停车，过少不能起到保护作用。

2）信号报警和联锁系统的设计原则。设计原则如下：

① 发生事故前能及时提供信号报警信息，避免事故发生。

② 发生事故时应能从安全生产的要求出发，使联锁动作用于切除与事故有关设备的运行，尽量减小事故对生产过程的影响。

③ 事故发生时应能提供第一事故原因的信息，以便及时消除事故发生的根源。

④ 事故发生后能提供事故的记录信息，便于事故的分析和采取相应改进措施。

3）紧急停车系统的设计原则。设计原则如下：

① 独立设置原则。联锁控制系统应独立于过程控制系统设置。此外，输入检出元件选用应根据独立设置原则，对紧急停车系统的检出元件单独设置，关键部件采用三取二配置或二取二配置。触点应在正常工况下闭合。执行机构选用应根据独立设置原则，与过程的执行机构独立。执行器线圈应在正常工况下激励。执行机构不应设置现场手动功能，防止因现场切换在手动位置而使紧急停车执行机构不能正常动作

② 结构冗余原则。采用双重化或三重化冗余结构是紧急停车系统设计原则。

③ 故障安全原则。触点和继电器线圈在正常工作时应带电或激励状态。

④ 最少环节原则。尽量减少中间环节，能够不用中间接线端子时尽量不用，能够不用中间继电器的尽量不用等，最大程度降低故障率。

（5）三取二联锁控制系统的设计

连续模拟量信号的三取二联锁控制系统采用三个检出元件同时检测同一过程参数，取三个测量值的中值信号作为该过程参数的测量值。当用于控制系统时，将该测量值作为控制器的测量值组成控制系统。在一些应用场合，采用三个测量值的高值或低值作为控制系统的测量值。

离散开关量信号的三取二联锁控制系统采用三个检出元件检出过程参数，当两个或两个以上检出元件检出的信号发生故障信息时表示该过程参数发生故障，并用该信息控制有关的联锁设备动作。下面介绍离散开关量信号的三取二联锁系统的设计。

1）三取二联锁系统的基本设计。为了在事故时检出元件有信号报警输出，通常，三取二联锁系统中的检出元件在正常时触点应闭合，事故时触点断开。

三取二联锁系统中的执行机构在正常时应带电状态，或处于激励状态。事故时执行机构处于失励状态或不带电状态。

假设三个检出元件为 X1、X2 和 X3，执行机构的驱动线圈为 Y，则根据事故时检出元件的触点应断开，执行机构应失励的设计要求，列写出逻辑关系式为

$$Y=(X1+X2)\times(X1+X3)\times(X2+X3) \tag{6-30}$$

经逻辑运算，式（6-30）也可表达为

$$Y=(X1+X2)+(X1+X3)+(X2+X3)+(X1\times X2\times X3) \tag{6-31}$$

根据上述两个逻辑关系式，可绘制如图 6-75 所示的梯形图。

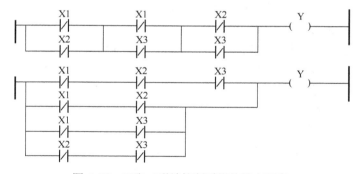

图 6-75　三取二联锁控制系统的基本程序

可见，当任意两个检出元件的触点断开，即事故状态时，执行机构的输出线圈失励，即

执行机构处于事故状态，例如，关闭进料阀等。

2）三取二联锁系统的实用设计。实际应用时，需考虑在开车时，由于生产过程还未进行，检出元件可能处于事故状态，这样就不能正常开车等，即应考虑到联锁系统可以在非联锁条件下运行。为此，应考虑下列内容：

① 设置联锁-非联锁开关 PB：当系统处于非联锁状态（PB=1）时，该开关用于将联锁条件的逻辑屏蔽，处于事故状态的检出元件被屏蔽后，执行机构的输出线圈就被激励，从而保证在开车时，能正常开车，当设备正常运行后，检出元件处于正常操作工况，这时，PB 开关切换到联锁位置，一旦检出元件中有两个或两个以上的状态处于事故状态，使执行机构的输出线圈失励，即联锁系统动作。

② 设置开停车控制。开停车控制与一般电动机的控制相同，它由开车按钮 QA、停车按钮 TA 及自保触点 Y 组成。实施时，上述触点用相应的连接地址代替。

③ 掉电保护。上述程序在系统掉电时，同样能保证系统执行机构失励，联锁动作。

④ 紧急停车。该程序也可按下停车按钮直接使执行机构输出线圈失励，实现紧急停车功能。但实际应用中，为了保证系统能手动停车，通常将停车按钮直接连接在电气线路中，以保证执行机构输出线圈失励。

图 6-76 是三取二联锁系统的实用设计程序。

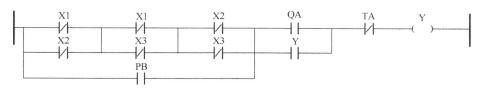

图 6-76　三取二联锁系统的实际设计程序

## 3. 一般闪光报警控制系统的设计

（1）一般闪光信号报警系统的控制要求

当过程参数超限时，该信号对应的信号灯闪光，并发出报警声响，操作员根据信号灯识别报警的过程参数和报警类型，按动确认按钮，使声响报警消除，信号灯成为平光，并及时处理有关事故。当该过程参数恢复到正常工作范围后，平光的信号灯熄灭，信号报警系统恢复到正常待机状态。表 6-13 是一般闪光信号报警系统的控制要求，图 6-77 是其信号波形。其中，一个报警信号用常开触点，一个报警信号用常闭触点。

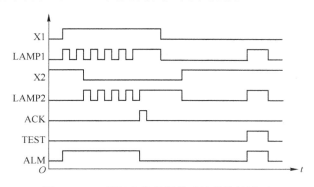

图 6-77　一般闪光信号报警系统的信号波形

表 6-13　一般闪光信号报警系统的控制要求

| 过程参数工作<br>状态 | 正常 | 超限（不正常） | 按确认（消声）按钮 | 恢复正常 | 按试验按钮 |
|---|---|---|---|---|---|
| 信号灯 | 灭 | 闪光 | 平光 | 灭 | 全亮 |
| 声响器 | 不响 | 响 | 不响 | 不响 | 响 |

报警信号系统中的闪光部分可用一般方波信号发生器实现，声响器可用蜂鸣器、电铃或其他声响装置，当声响器和信号灯安装在现场时，其类型和电源电压应根据安装场所的防爆等级等条件确定。

（2）一般闪光信号报警系统的变量设置

一般闪光信号报警系统的变量地址分配见表 6-14。假设，过程参数 X1 采用常开触点，过程参数 X2 采用常闭触点。

表 6-14　一般闪光信号报警系统的变量地址分配

| 变量名 | X1 | X2 | ACK | TEST | LAMP1 | LAMP2 | ALM | ACK1 | ACK2 |
|---|---|---|---|---|---|---|---|---|---|
| 地址 | %IX0.0 | %IX0.1 | %IX0.2 | %IX0.3 | %QX0.0 | %QX0.1 | %QX0.2 | | |
| 用途 | 过程参数 1 | 过程参数 2 | 确认按钮 | 试验按钮 | 信号灯 1 | 信号灯 2 | 声响器 | 确认参数 1 | 确认参数 2 |

闪光信号通过振荡器的输出触点提供。一些应用场合，可采用不同振荡频率的输出对应不同等级的报警信号。

（3）一般闪光信号报警系统的编程

一般闪光信号报警系统是典型的逻辑顺序控制系统，用单一设备起保停控制的编程方法编程，可将程序分解为四部分。

1）闪光信号发生器。为便于采用不同频率表示不同报警类型或等级，采用图 6-25 所示的方波信号发生器。图 6-78 是方波信号发生器程序。

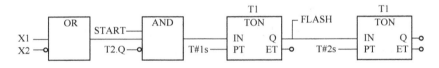

图 6-78　闪光信号发生器程序

与图 6-25 所示程序比较，本程序增加 START 信号，作为供电信号，当 START 开关闭合时，闪光信号报警系统才能正常工作。

需报警的过程参数通过 OR 函数连接到方波信号发生器，作为方波发生器的起动。其中，常开触点按 X1 的连接方式，常闭触点按 X2 的连接方式连接到 OR 函数。当过程参数，例如，X1 或 X2 超过限值时，该过程参数的触点闭合或断开，触发闪光信号发生器工作，产生闪烁信号 FLASH。

2）确认报警信号。操作人员听到报警声并知晓发生报警信号的过程参数后，可按动确认按钮 ACK，实现对该报警信号的确认。图 6-79 是确认报警信号的程序。

图中，ACK 是确认按钮的常开触点。当过程参数超限后，对应该报警信号的存储信号（即图中的 ACK1 和 ACK2）被用于记忆该报警信号。报警信号的常开和常闭用于确定 X1 和 X2

采用何种触点。例如，图中，X1 是正常工况下处于常开状态，因此，用常开触点。多个过程参数可采用相类似的梯级实现。

图 6-79　确认报警信号的程序

3）报警信号灯的控制。报警信号灯的控制包括闪烁信号控制、确认后转为平光的控制和试验信号灯控制三部分。图 6-80 是报警信号灯控制程序。

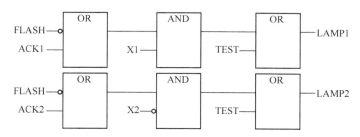

图 6-80　报警信号灯的控制程序

当过程参数超限时，FLASH 信号使对应的信号灯闪烁，当确认后，对应的确认信号（即 ACK1 或 ACK2）使信号灯常亮。不管过程参数是否超限，只要 TEST 按钮按下，就能使全部信号灯点亮。因此，如果按下 TEST 按钮后，信号灯不亮表示该信号灯损坏。

4）声响装置控制。声响装置控制包括各报警信号确认后消声控制和试验声响装置控制两部分。图 6-81 是声响装置控制程序。

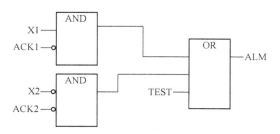

图 6-81　声响装置控制程序

如图 6-81 所示，每个 AND 函数的输入信号是该过程参数和该过程参数超限报警后的确认信号的反相信号。只要过程参数超限及该信号没有被确认，则经 OR 函数后输出 ALM 报警信号。当过程参数超限，但该信号已经被确认，则经 OR 函数后输出为 0，声响装置不发出声响，即确认按钮除可使对应的信号灯变为平光外，也使声响装置消声。当按下 TEST 测试按钮后，经 OR 函数输出为 1，因此，声响装置发出声响，用于测试声响装置是否良好。

**4. 能区分第一事故原因的闪光报警控制系统的设计**

为了对第一事故原因进行识别，需要设计能区别第一事故原因的闪光信号报警系统。第一事故是在一系列事故中最早发生的事故，通常，由于第一事故的发生造成了后续事故的发生，因此，寻找第一事故原因对于事故的分析和预防具有十分重要的意义。

第一事故原因信号又称首出（First Out）信号，能区别第一事故原因的闪光信号报警系统也因对首出信号的不同处理而有不同的设计。下面以两个过程报警信号（一个报警信号用常开触点，一个报警信号用常闭触点）为例，说明能区别第一事故原因的闪光信号报警系统设计方法。

（1）能区别第一事故原因的闪光信号报警系统的控制要求

当过程参数超限时，首出报警信号所对应的信号灯闪光，后续报警信号所对应的信号灯平光，并发出报警声响。操作员根据信号灯识别报警的过程参数和报警类型，例如首出报警信号和后续报警信号灯。按动确认按钮，使声响报警消除，信号灯都成为平光，并及时处理有关事故。当过程参数恢复到正常工作范围后，平光的信号灯熄灭，信号报警系统恢复到正常待机状态。表 6-15 是能区别第一事故原因的闪光信号报警系统的控制要求。图 6-82 是过程参数 X1 和 X2 超限和恢复过程的有关波形图。

表 6-15　能区别第一事故原因的闪光信号报警系统的控制要求

| 过程参数工作状态 | 正常 | 超限 | 按确认按钮 | 恢复正常 | 按试验按钮 |
|---|---|---|---|---|---|
| 首出信号灯 | 灭 | 闪光 | 平光 | 灭 | 亮 |
| 后续信号灯 | 灭 | 平光 | 平光 | 灭 | 亮 |
| 声响器 | 不响 | 响 | 不响 | 不响 | 响 |

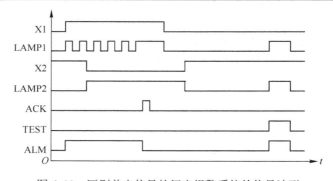

图 6-82　区别首出信号的闪光报警系统的信号波形

（2）能区别第一事故原因的闪光信号报警系统的变量设置

与一般闪光报警系统相似，用 ACK 和 TEST 表示确认按钮和试验按钮。由于首出信号要存储并互锁。因此，控制程序需要增加报警信号的存储，以便互锁。

表 6-16 是能区别第一事故原因的闪光信号报警系统中变量地址的分配表。

表 6-16　能区别第一事故原因的闪光信号报警系统中变量地址的分配

| 变量 | X1 | X2 | ACK | TEST | LAMP1 | LAMP2 | ALM | ACK1 | ACK2 | MEM1 | MEM2 |
|---|---|---|---|---|---|---|---|---|---|---|---|
| 地址 | %IX0.0 | %IX0.1 | %IX0.2 | %IX0.3 | %QX0.0 | %QX0.1 | %QX0.2 | | | | |
| 用途 | 过程参数1 | 过程参数2 | 确认按钮 | 试验按钮 | 信号灯1 | 信号灯2 | 声响器 | X1确认 | X2确认 | X1存储 | X2存储 |

（3）能区别第一事故原因的闪光信号报警系统的编程

能区别第一事故原因的闪光信号报警系统的工作原理与一般闪光信号报警系统的工作原理的区别是能区别第一事故原因的闪光信号报警系统需要设计程序，用于对首出信号进行存储并保持，对后续信号进行互锁。

因此，能区别第一事故原因的闪光信号报警系统的程序增加对报警信号的存储和互锁。程序分下面 5 个部分。

1）闪光信号发生器。闪光信号发生器程序与图 6-78 所示一般闪光信号报警系统的闪光信号发生器程序相同。

2）确认报警信号。报警信号的确认程序与图 6-79 所示一般闪光信号报警系统的报警信号的确认程序相同。

3）报警信号的存储和互锁。报警信号的存储和互锁包括报警信号的存储和互锁，报警确认信号的互锁等。它是该系统与一般闪光信号报警系统不同而添加的程序，如图 6-83 所示。

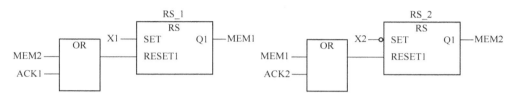

图 6-83　报警信号存储和互锁程序

过程参数超限时，首出报警信号被 RS 功能块存储，同时，该 RS 功能块的输出信号用于对其他报警信号互锁，使其他报警信号不能被其 RS 功能块存储。当操作员按动确认按钮后，报警信号的确认信号使 RS 功能块解锁，从而使首出报警信号的存储和互锁解除。例如，当过程参数 X1 超限时，它的信号被 RS1 功能块存储，其输出 MEM1 用于其他 RS 功能块，例如，使 RS_2 的 RESET1 端为 1，其后续的报警信号的报警被 MEM1 锁定，从而只有首出信号能够用于闪光。

4）报警信号灯的控制。报警信号灯的控制程序包括闪烁信号控制、确认后转为平光的控制和试验信号灯控制三部分。其控制程序与一般闪光报警系统的报警信号灯控制程序类似，但增加互锁触点 MEM1 和 MEM2，如图 6-84 所示。

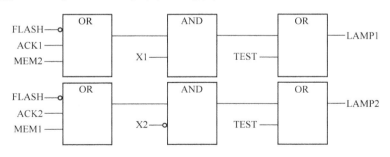

图 6-84　报警信号灯的控制程序

需注意，当报警信号点数较多时，第一个 OR 函数的输入信号也需相应增加，以保证信号的互锁。

5）声响装置的控制。其程序与图 6-79 所示的一般闪光信号报警系统声响装置的控制程序相同。

### 6.2.3 物料输送过程的控制系统

#### 1. 控制要求

物料输送过程的控制系统由三条传送带组成，如图 6-85 所示。

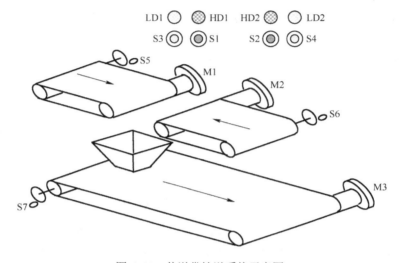

图 6-85 传送带输送系统示意图

该物料输送过程控制系统的控制要求如下：

1）传送带机 1 和传送带机 2 分别由 S1~S4 按钮手动控制起动和停止。

2）传送带机 1 或传送带机 2 运行后，传送带机 3 自动运转。

3）传送带机 1 和传送带机 2 不能同时运转。

4）为检测传送带机的传送带是否断裂或传送带机停转，设置传感器，用 10Hz 脉冲信号检测，由 PLC 发送脉冲信号，送传感器，一旦传感器发送脉冲信号，而检测器没有检测到脉冲，则表示有故障，检测开关 S5~S7 发送信号为 0，表示脉冲未检测到，传送带断裂。

5）传送带机运行开始的 3s 内不对脉冲信号检测。

6）为不在传送带机上积料，在按下传送带机的停止按钮后延时 2s 后，传送带机 1 或传送带机 2 才能停止运转，传送带机 3 需要在传送带机 1 或传送带机 2 停运后 6s 才能停转。

7）检测到传送带机 1 或传送带机 2 的皮带断裂故障后，对应的传送带电动机应自动停转，同时，对应的停车信号灯闪烁，而传送带 3 必须在延时 6s 后才能停转。

8）检测到传送带机 3 的皮带断裂，则自动停止三台传送带电动机的运转。

#### 2. 控制系统分析和信号地址分配

根据控制系统的控制要求，该控制系统的地址配置见表 6-17。

表 6-17 物料输送过程控制系统的地址配置

| 输入变量用途 | 开传送带机1 | 开传送带机2 | 停传送带机1 | 停传送带机2 | 检测1 | 检测2 | 检测3 | |
|---|---|---|---|---|---|---|---|---|
| 变量名 | S1 | S2 | S3 | S4 | S5 | S6 | S7 | |
| 地址 | %I0.0 | %I0.1 | %I0.2 | %I0.3 | %I0.4 | %I0.5 | %I0.6 | |
| 输出变量用途 | 传送带机1转 | 传送带机2转 | 传送带机1停 | 传送带机2停 | RUN1 | RUN2 | RUN3 | 脉冲发生 |
| 变量名 | HD1 | HD2 | LD1 | LD2 | RUN1 | RUN2 | RUN3 | CLK |
| 地址 | %Q0.0 | %Q0.1 | %Q0.2 | %Q0.3 | %Q0.4 | %Q0.5 | %Q0.6 | %Q0.7 |

**3. 控制系统编程**

该控制系统由六部分程序组成。

（1）脉冲信号发生器

该控制系统需要用 10Hz 的脉冲信号和 2Hz 的方波信号。为此，编制脉冲信号发生器程序如图 6-86 所示。

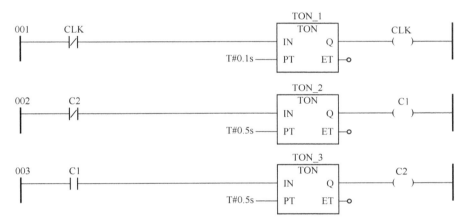

图 6-86 脉冲信号发生程序

图中，梯级 001 的程序用于发送 0.1s 的脉冲信号，其脉冲频率是 10Hz。梯级 002 和 003 的程序用于产生 2Hz 方波信号，它用于传送带机停运信号灯的闪烁显示。

（2）运行状态

该程序用于显示传送带机 1 和传送带机 2 的运行状态。程序如图 6-87 所示。

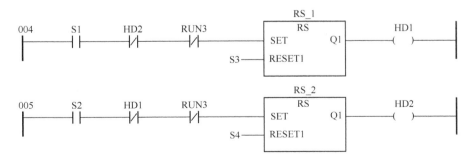

图 6-87 运行状态信号灯程序

399

传送带机1和传送带机2运行需互锁。保证传送带机1和传送带机2中，只有一个传送带机是运行的。

（3）传送带机运行开始阶段3s内不进行检测

该控制系统的PLC采用西门子公司S6-300，原程序采用S_ODT功能块，IEC标准编程语言没有提供该功能块，因此，需要用标准编程语言建立S_ODT功能块。

1）传送带机运行开始阶段3s内不进行检测程序的编程。程序如图6-88所示。

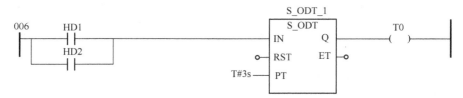

图6-88　传送带机运行开始阶段3s内不检测的程序

2）接通延时定时器S_ODT功能块的编程。与标准IEC 61131-3的接通延时定时器比较，西门子公司的接通延时定时器有复位信号RST。该功能块有输入信号IN、复位信号RST、设定时间PT、输出信号Q和持续时间ET。输入和输出信号波形关系如图6-89所示。

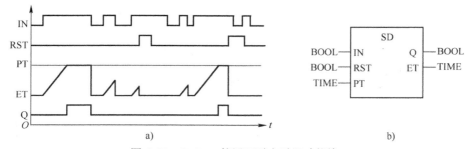

图6-89　S_ODT接通延时定时器功能块

a) SD接通延时定时器波形图　b) SD接通延时定时器功能块图形表示

该功能块控制要求是当输入IN接通后，要延时设定时间PT后，才接通输出Q，当输入信号断开时，输出Q也断开。当输入信号持续时间小于PT时，输出Q保持为零。复位信号RST用于输出Q复位。

为此，建立用户功能块SD。该功能块有输入变量IN、RST和PT，输出变量Q和输出持续时间ET。程序如图6-90所示。

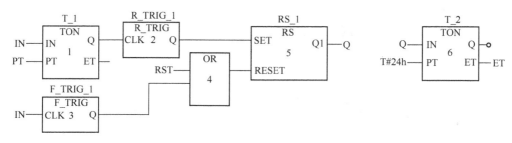

图6-90　SD功能块程序

需注意，程序中，T_2定时器仅用于输出Q持续时间的确定，因此，将PT设置为24h

程序采用上升沿和下降沿检测功能块来检测输入信号的上升和下降变化。

该用户功能块可用于下述程序的编程。

（4）传送带机检测

当传送带机1或传送带机2运行3s后，需要对传送带机进行检测。程序如图6-91所示。

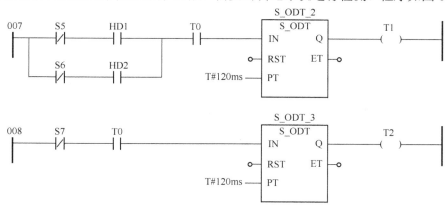

图6-91　传送带机运行检测程序

程序中，T1和T2是传送带机1和传送带机2的检测灯。可连接到外部显示，本示例作为内部变量，未显示。

（5）停车信号灯

传送带机的停车信号灯程序如图6-92所示。

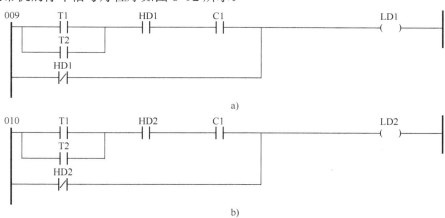

图6-92　传送带机停车信号灯程序

a) 传送带机1停车信号灯程序　b) 传送带机2停车信号灯程序

（6）传送带机运行信号

采用图6-93所示程序实现传送带机1、传送带机2和传送带机3的运行。

程序中的S_OFFDT功能块也是西门子公司提供的功能块。其控制要求与标准功能块断开延时定时器TOF功能类似。其控制要求为输入IN为1，输出Q也立刻为1；输入IN断开后要延时设定时间PT才使输出Q为0；当输入IN断开后的持续时间不足设定的延时时间PT时，输出Q将保持为1。其不同点是SF功能块有复位信号RST，可使输出Q复位。

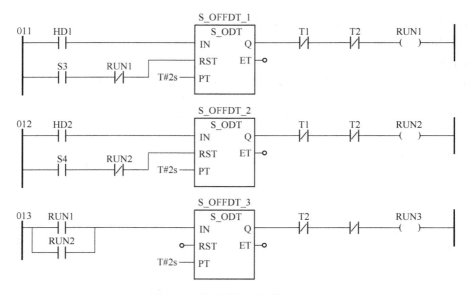

图 6-93 传送带机运行信号程序

为此建立 SF 功能块实现上述功能。该功能块有输入信号 IN、RST 和 PT，输出 Q 和 ET。该功能块输入输出信号波形如图 6-94 所示。

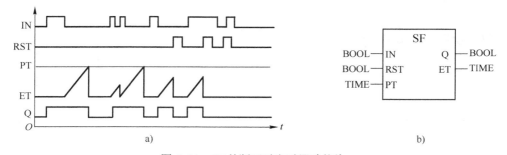

图 6-94 SF 关断延时定时器功能块

a) SF 关断延时定时器波形图 b) SF 关断延时定时器功能块图形表示

SF 功能块程序如图 6-95 所示。

本示例是将原始用西门子公司 S6-300 的程序，转换为其他符合 IEC 61131-3 标准编程语言的 PLC 的应用示例。它根据西门子公司提供功能块的功能，建立用户的功能块，实现有关功能。其中，SD 功能块并未使用复位信号，因此，也可直接用 TON 标准功能块替代。SF 功能块可直接用图 6-95 所示程序，其中，TON_1 功能块也可不使用。

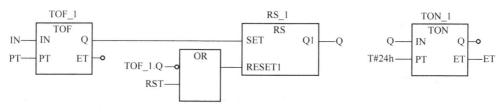

图 6-95 关断延时定时器 SF 功能块程序

## 6.2.4 零件分选系统

### 1. 分选过程简介

为分选不同大小的盒子，可采用分选器。它从高的盒子中区别小盒子，将前者送到右面，后者送到左面。从结构观点看，它是由两个集成的基本单元：传送带机和旋转平台组成，如图 6-96 所示。

传送带机由电动机带动运行，它带动盒子向前，进入旋转平台。该电动机停止将保持直到旋转平台准备接受新的盒子。旋转平台由两个电动机相互操作，一个旋转电动机旋转平台，用于接收盒子和选择出口的方向；另一个传送电动机移动一些滚辊来确定送入的盒子在平台的中央位置，在旋转平台合适地旋转后推动盒子到它的出口方向。当没有盒子在平台上时，或跨越平台给料的边界时，这两个电动机停止，平台的方向保持在中央，准备接收新的盒子。

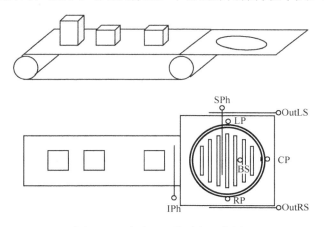

图 6-96　分选器工艺过程示意图

盒子的大小和位置由合适的光电管来识别，供应到每个出口方向的盒子根据标志信号的状态从另一个盒子约定的出口送出。

注意一旦盒子从传送带进入到平台边界，一个光电检测元件 IPh 检测到该事件和盒子开始从加载阶段（Loading Phase），进入旋转平台。这表示平台传送电动机闭合，盒子移动到平台的中央，一个合适的传感器 BS 检测到已经到了中央位置。然后，平台传送电动机再次停止。

来自另一个光电检测元件 SPh 的信号提供盒子高度的信息，并选择出口的方向。当平台旋转电动机动作时，根据被选择的方向可以正转或反转，直到所选的方向达到，并被合适的传感器（LP 或 RP）检测到。然后，旋转电动机停止，传送电动机运转，盒子被推动到达它的出口（即处于非加载阶段 Unloading Phase），提供有关的出口标志（OutLS 或 OutRS）变为绿色（TRUE）。当盒子最后离开平台后，平台的传送电动机停止，而旋转电动机再次用于旋转平台到中央位置，由 CP 传感器检测。

### 2. 程序设计和优化

（1）定义输入、输出变量和数据类型

表 6-18 列出分选器控制系统的变量和数据类型。

表 6-18　分选器控制系统的变量和数据类型

| 变量名 | 数据类型 | 描　　　述 | 变量名 | 数据类型 | 描　　　述 |
|---|---|---|---|---|---|
| IPh | BOOL | 检测有无盒子的光电池 | OutLS | BOOL | 盒子已经出左出口的接近开关 |
| SPh | BOOL | 检测盒子大小（高度）的光电池 | OutRS | BOOL | 盒子已经出右出口的接近开关 |
| BS | BOOL | 盒子位于平台中央的接近开关 | | | |
| LP | BOOL | 平台转向左面到位的接近开关 | ConvM | BOOL | 传送带电动机的运行信号 |
| RP | BOOL | 平台转向右面到位的接近开关 | PlatTM | BOOL | 平台传送电动机的运行信号 |
| CP | BOOL | 平台转向中间到位的接近开关 | PlatRM | (-1, 0, 1) | 平台旋转电动机反、停和正转信号 |

表中，输出变量 PlatRM 假设有 3 个值，即-1、0 和 1，分别表示电动机向左转（逆时针）、停止和向右转（顺时针）。实际应用时，采用两个布尔变量 PlatRML、PlatRMR，为 1 表示左转和右转，该两个变量同时为 0 表示停转。

对出口标志，可采用两个后续的传送单元，用于接收和传送高和小的盒子，并用 TRUE 和 FALSE 命名，表示准备和忙碌，它们对于分选器是输入信号。

（2）控制系统设计

1）状态图。分选器的行为可表示为下列两个阶段的交替：

① 向前的阶段：当盒子跨越传送带与旋转平台的边界，它的高度被检测和被推向合适的出口方向。

② 向后的阶段：旋转平台返回到中央位置和传送带再次运行。

图 6-97 用状态图描述分选器的各状态和两个阶段。其中，实线表示向前的阶段，虚线表示向后的阶段。

状态图确定 7 个有意义的系统状态，用圆表示。其主要意义如下：

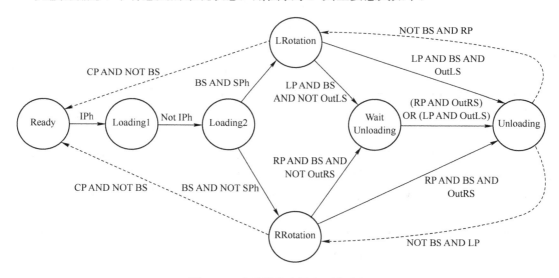

图 6-97　分选器状态图和两个阶段

① Ready：该状态时，传送带机开始运行，而旋转平台电动机停止。

② Loading1：该状态表示盒子跨越传送带与旋转平台时的状态，为了将盒子送到平台，

平台传送电动机运转是必要的。

③ Loading2：一旦盒子已经完成装载到旋转平台，传送带电动机就应停止直到平台的滚辊继续工作。

④ LRotation：左转，如果盒子大小是高的，则在盒子达到平台中央和平台传送电动机停止后起动，另一个左转是在反向阶段，它移回平台从右面到中央位置（准备位置）。

⑤ RRotation：右转，如果盒子是小的，在盒子到平台中央和平台传送电动机停止后起动，另一个右转是在反向阶段，它移回平台从左面到中央位置（准备位置）。

⑥ Unloading：盒子已经到底最终传送的位置。因此，平台旋转电动机停止，平台传送电动机开始运转，系统保持该状态直到盒子完全离开平台。

⑦ WaitUnloading：该状态在盒子已经到达最终传送方向但是旗语显示下一单元正在改变时才达到。系统将等待旗语的变化，然后就移入 Unloading 状态。

2）确定状态、转换条件和动作控制功能块。根据事件确定状态的传递。表 6-19 显示状态和转换条件关系。

表 6-19 分选器状态和转换条件的关系

| 原状态 | 新状态 | 转换条件 | 原状态 | 新状态 | 转换条件 |
|---|---|---|---|---|---|
| Ready | Loading1 | IPh | Loading1 | Loading2 | NOT IPh |
| Loading2 | LRotation | BS AND SPh | LRotation | Unloading | LP AND BS AND OutLS |
| Loading2 | RRotation | BS AND NOT SPh | RRotation | Unloading | RP AND BS AND OutRS |
| LRotation | WaitUnloading | LP AND BS AND NOT OutLS | Unloading | LRotation | NOT BS AND RP |
| RRotation | WaitUnloading | RP AND BS AND NOT OutRS | Unloading | RRotation | NOT BS AND LP |
| LRotation | Ready | CP AND NOT BS | RRotation | Ready | CP AND NOT BS |
| WaitUnloading | Unloading | （RP AND OutRS）OR（LP AND OutLS） | | | |

为完成系统行为的表示，表 6-20 列出各步连接的动作和其意义。

表 6-20 分选器状态和动作的意义

| 状　态 | 当转换条件成立时 | 动　作 | 意　义 |
|---|---|---|---|
| Ready | E | PlatRM:= 0 | 平台旋转电动机停止 |
| | | ConVM:= T | 传送带电动机运转 |
| Loading1 | E | PlatTM:= T | 平台传送电动机运转 |
| Loading2 | E | ConVM:= F | 传送带电动机停止 |
| LRotation | E | PlatTM:= F | 平台传送电动机停止 |
| | | PlatRMR:= 1 | 平台旋转电动机向右旋转 |
| RRotation | E | PlatTM:= F | 平台传送电动机停止 |
| | | PlatRML:= 1 | 平台旋转电动机向左旋转 |
| Unloading | E | PlatRM:= 0 | 平台旋转电动机停止 |
| | | PlatTM:= T | 平台传送电动机停止 |
| WaitUnloading | E | PlatRM:= 0 | 平台旋转电动机停止 |

3）SFC。根据分析分选器的控制过程，该过程可表示如图 6-98 所示，结合表 6-19

和表 6-20，可编写分选器的顺序功能表图。转换条件表见表 6-21。动作控制功能块见表 6-22。

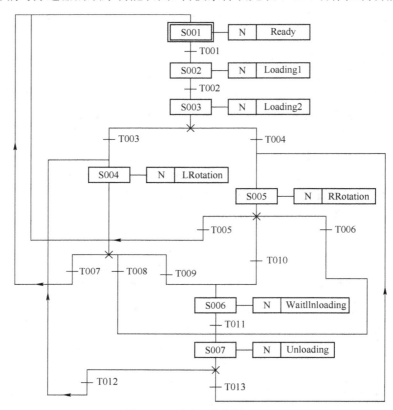

图 6-98  分选器控制的 SFC

表 6-21  分选器的转换条件

| 原 状 态 | 新 状 态 | 转 换 名 | 转 换 条 件 |
|---|---|---|---|
| Ready | Loading1 | T001 | IPh |
| Loading1 | Loading2 | T002 | NOT IPh |
| Loading2 | LRotation | T003 | BS AND SPh |
| Loading2 | RRotation | T004 | BS AND NOT SPh |
| RRotation | Ready | T005 | CP AND NOT BS |
| RRotation | Unloading | T006 | RP AND BS AND OutRS |
| LRotation | Ready | T007 | CP AND NOT BS |
| LRotation | Unloading | T008 | LP AND BS AND OutLS |
| LRotation | WaitUnloading | T009 | LP AND BS AND NOT OutLS |
| RRotation | WaitUnloading | T010 | RP AND BS AND NOT OutRS |
| WaitUnloading | Unloading | T011 | （RP AND OutRS）  OR  （LP AND OutLS） |
| Unloading | LRotation | T012 | NOT BS AND RP |
| Unloading | RRotation | T013 | NOT BS AND LP |

表 6-22 动作控制功能块

| 步或状态 | 传送带电动机 | 平台传送电动机 | 平台旋转电动机 | |
|---|---|---|---|---|
| | ConVM | PlatTM | PlatRMR | PlatRML |
| Ready | 1 | 0 | 0 | 0 |
| Loading1 | 1 | 1 | 0 | 0 |
| Loading2 | 0 | 1 | 0 | 0 |
| LRotation | 0 | 0 | 0 | 1 |
| RRotation | 0 | 0 | 1 | 0 |
| Unloading | 0 | 0 | 0 | 0 |
| WaitUnloading | 0 | 1 | 0 | 0 |

根据上述的转换条件和动作控制功能块，在 SFC 的基础上可直接编写有关程序实现。

4）SFC 的优化。实际应用时，可考虑对分选器控制系统进行优化，以提高系统效率。例如，考虑一旦盒子在平台的旋转步时，传送带电动机就可将下一个盒子传送到使 IPh 为 1。这样，当旋转平台回复到 CP 位置时，就能进行下一次的分选。这种优化可缩短操作时间，提高分选效率。

仅有当两个盒子之间的距离没有足够来确保它们的分离时才应停止传送带机的传送。因此，当平台仍在处理前一个盒子时，下一个新盒子到的 IPh 的情况可用 IF 语句进行识别。

为此，可增加一些步或状态，定义一个新的状态图；也可采用原状态图，但增加新的有关其状态的动作。图 6-99 是经改进后的状态图。

改进后的动作控制功能块见表 6-23。转换条件可从图 6-97 直接列出，不再多述。

表 6-23 经改进后的动作控制功能块

| 步 | 传送带电动机 | 平台传送电动机 | 平台旋转电动机 | |
|---|---|---|---|---|
| | ConVM | PlatTM | PlatRMR | PlatRML |
| Ready | 1 | 0 | 0 | 0 |
| Loading1 | 1 | 1 | 0 | 0 |
| Loading2 | 0 | 0 | 0 | 0 |
| Loading2* | 0 | 1 | 0 | 0 |
| LRotation | 0 | 0 | 0 | 1 |
| LRotation* | 0 | 0 | 0 | 1 |
| RRotation | 0 | 0 | 1 | 0 |
| RRotation* | 0 | 0 | 1 | 0 |
| Unloading | 0 | 1 | 0 | 0 |
| Unloading* | 0 | 1 | 0 | 0 |
| WaitUnloading | 0 | 0 | 0 | 0 |
| WaitUnloading* | 0 | 0 | 0 | 0 |

注：表中带符号*的步表示改进后的。

实际应用时，可增加判别语句实现。如在 S004、S005、S006 和 S007 步增加下列语句：

```
IF  IPh  THEN  ConvM :=0 ; END_IF;
```

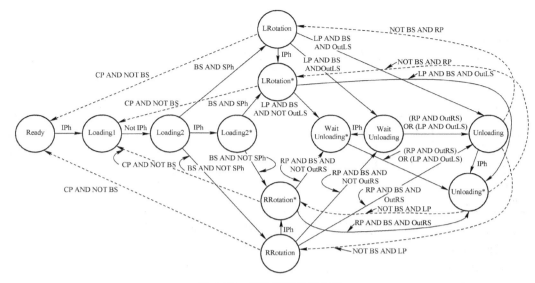

图 6-99　经改进后的状态图

## 6.2.5　火电厂蒸汽轮机驱动给水泵的控制

### 1. 过程简介

大型火电厂的给水泵用来保持锅炉锅筒的水位，使它控制在安全的工作区间。图 6-100 中，由锅炉产生的过热蒸汽供给驱动发电机的蒸汽轮机和其他以蒸汽作为动力的厂用设备，例如，驱动锅炉主给水泵的蒸汽轮机。若锅筒的水位太低，会使锅炉水冷壁钢管从炉膛中吸收过多热量，导致过热甚至损坏；若锅筒的水位太高，会使过热蒸汽中含有水分，以致损坏主蒸汽轮机的叶片。驱动给水泵的小型汽轮机也从主蒸汽管中获取过热蒸汽作为动力，将从凝汽器回流的脱去气泡的水经加压泵送至锅筒，以维持锅筒水位。

本示例考虑给水泵用蒸汽轮机驱动要解决的控制问题，以及控制系统与给水泵装置中的内其他设备的相互影响和作用的问题。

图 6-101 显示锅炉给水泵控制系统组成。

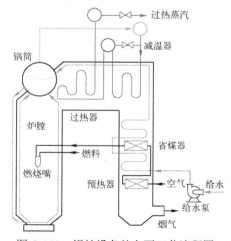

图 6-100　锅炉设备的主要工艺流程图

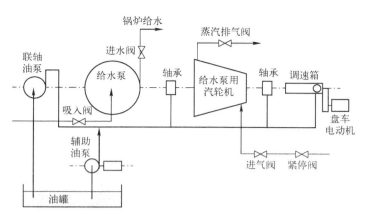

图 6-101 锅炉给水泵控制系统

蒸汽轮机的主轴通过联轴节与给水泵的主轴连接，向给水泵提供驱动动力，同时，它还驱动一台联轴油泵，给水泵轴承的润滑油和液压调速器的动力由该油泵供给。

操作人员可在中央控制室内完成给水泵起动的初始化，设定给水泵由静止到满速运行的升速时间，以及初始运行速度。在打开蒸气进气阀和排气阀后，蒸汽轮机按指定的斜率升速。为使蒸汽轮机的转子和外壳的温度均衡，汽轮机先升速至某中间转速，并保持此转速运转一段时间，直到汽轮机的外壳温度与进气温度相适应。然后慢慢开大蒸汽进气阀，让蒸汽量逐步加大，直至汽轮机到达运行速度。

当给水泵处于运行速度（约 3000r/min）时，打开油泵的负压阀和给水泵的进水阀，将给水输至锅炉的锅筒。此时控制系统切换至"随动控制"，由一种专门的算法按照一定的关键的过程参数值调节汽轮机的速度。这些参数值包括锅筒的水位、给水流量和进水阀的阀位。

该调节控制算法计算出所要求的泵速，通过液压调速器来微调蒸汽轮机的转速。

为了让给水泵停车，操作人员按下停车按钮或处于紧急停车条件时，先关闭供气管道的蒸汽进气阀和排气阀。当汽轮机减速并停转时，起动汽机的盘车电动机，让汽轮机慢速旋转，以保证汽轮机的轴在冷却过程中不致变形。

当汽轮机轴承的液压低到最低压力时，或当汽轮机的转速过低，以至不能带动油泵的轴转动时，为维持轴承的液压，要启用辅助电动油泵。

**2. 设计方法**

可以把给水泵控制系统的设计考虑分为下列阶段：

1）定义控制系统的输入和输出，即控制系统与外部之间的接口，包括来自传感器的输入和连接至执行器（诸如阀门和齿轮箱）的输出。

2）定义控制系统与蒸汽轮机拖动给水泵装置的其他部分需要交换的主要信号。

3）定义与操作人员的所有进行交互的接口、人控功能和监控数据。

4）采用由上至下的方法分析控制问题，由此可得到按 IEC 61131-3 标准所要求的程序组织单元，即 IEC 程序和功能块。

5）定义所要求的任意低级功能块。

6）定义不同程序和功能块所要求的扫描循环时间。

7）进行程序和功能块的详细设计。

图 6-102 显示控制系统与蒸汽轮机拖动给水泵装置的主要接口。

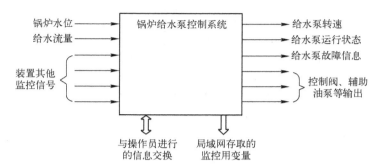

图 6-102　锅炉给水泵控制系统的概貌

从图 6-102 可见，该锅炉给水控制系统通过检测锅炉水位调节给水泵的转速，以保持锅炉锅筒的水位在给定的数值。整个控制系统还包括监控一百多个输入信号（包括阀位传感器、温度、油压等），以确定整个装置的状态。另外还有许多输出，用来调整蒸汽阀门开度，以及辅助电气装置的运行。

（1）定义数据类型

任何一个工程项目，都要先定义数据类型，使这些数据可以在整个项目中加以应用。

【例 6-15】　定义给水泵运行模式的数据类型。定义 PumpMode 为枚举数据类型。

```
TYPE PumpMode :(
    NotAvailable,      // 给水泵不可运行
    Stopped,           // 给水泵停车
    Barring,           // 给水泵以盘车转速旋转
    Ramping,           // 给水泵转速正在上升
    Running            // 给水泵以运行转速运转
)
END_TYPE
```

【例 6-16】　定义给水泵转速提升的数据类型。定义 RampSpec 为结构化数据类型。

```
TYPE RampSpec
    STRUCT
        Target: REAL;        // 给水泵提升的目标转速
        Duration: TIME;      // 给水泵提升的时间间隔
    END_STRUCT
END_TYPE
```

（2）定义给水泵装置的输入和输出

需要对所有与给水泵运行有关的输入传感器的信号（包括蒸汽阀的阀位、油压、齿轮变速器和温度等）进行定义；也需要定义所有的驱动执行机构（诸如阀门控制器的执行机构和齿轮变速箱的执行机构，在辅助油泵起动时的输出）作为输出信号；此外，还需要增添附加的 I/O 信号。

命名输入和输出变量的规则是能够方便地从信号变量名本身就可以联想到其信号的来源

和目的。每个信号都应该定义其数据类型以及能清楚地分辨出是系统的输入还是输出。对一个大型项目中，建立一个数据库用来保存和存储所有的 I/O 信号的信息十分必要。

信号值读入或向外部设备发送的输出信号的方式因 PLC 而异。在本例中，假定 PLC 的硬件配置是将 I/O 值存放在已预先确定的存储空间。

【例 6-17】 定义系统输入。

```
VAR_GLOBAL                              // 作为全局变量的输入变量
    P1_Local      AT    %IX1.0: BOOL;       // 就地控制
    P1_PumpSpeed    AT    %ID50 : REAL;       // 给水泵转速
    P1_FlowRate    AT    %ID51 : REAL;       // 给水流量
    P1_DrumLevel    AT    %ID52 : REAL;       // 蒸汽锅筒水位
    P1_CasingTemp    AT    %ID53 : REAL;       // 汽轮机机壳温度
    …
END_VAR
```

【例 6-18】 定义系统输出。

```
VAR_GLOBAL                              // 作为全局变量的输出变量
    P1_SteamIV    AT    %QD80 : REAL;       // 蒸汽进气阀阀位
    P1_SteamEV    AT    %QX81 : BOOL;       // 排气阀
    P1_SuctionV    AT    %QX10 : BOOL;       // 虹吸抽水阀
    P1_DischV    AT    %QX11 : BOOL;         // 锅炉进水阀
    …
END_VAR
```

变量声明段中，前缀"P1_"表示与 1 号泵有关的信号。这是为今后可能扩建考虑的，一旦要增加 2 号泵的控制系统，那么与之相关的信号均可以"P2_"为前缀。

（3）定义外部接口

示例虽然主要是给水泵的控制。但设计时仍需要定义装置的其他部分的接口。其他控制系统也应该是系统设计的重要部分。几乎给水泵的控制系统都有来自其他系统的硬接线信号，还有一个甚至多个通信接口。因此，必须定义这些信号和所有通信接口的相互作用信号。

对经装置的局域网进行存取的变量，可以用 VAR_ACCESS 变量声明段进行声明。

【例 6-19】定义直接主控制输入。

```
VAR_GLOBAL                              // 作为全局变量的输入变量
    P1_StartPemit    AT    %IX200 : BOOL;       // 允许给水泵起动的主信号
    P1_Local    AT    %IX201 : BOOL;             // 给水泵紧急停车信号
    …
END_VAR
```

【例 6-20】 定义主控制输出。

```
VAR_GLOBAL                              // 作为全局变量的输出变量
    P1_PumpMode    AT    % QW400 : PumpMode;       // 给水泵运行方式
    P1_Local    AT    %QW401 :BOOL;              // 给水泵运行故障
    …
```

END_VAR

用于通信网络的存取路径变量也需要定义。

**【例 6-21】** 定义存取路径变量。

　　　VAR_ACCESS
　　　　　A1_BFPSpeed : P1_PumpSpeed : REAL　　　READ_ONLY
　　　　　　　　　　　　　　　　// 至锅炉 1 号泵运行速度的存取路径变量, 只读属性
　　　　　A1_BFPMode : P1_PumpMode : PumpMode　READ_ONLY
　　　　　　　　　　　　　　　　// 至锅炉 1 号泵运行模式的存取路径变, 只读属性
　　　　　…
　　　END_VAR

（4）人机交互作用

操作人员通过直接硬接线的开关和指示灯、指示器之间的交互作用, 可以用一般的输入和输出信号定义。

通过通信接口的交互作用需要采用特定的通信功能块。可采用 IEC 61131-5 提供的通信控制功能块, 也可用户编写用户的通信控制功能块。

本示例编写了用户的通信控制功能块 Operator_Data_Request。它仅为操作员提供一种远程面板或显示站的接口。它向操作员发送消息, 在得到响应后再发送信号。该功能块有两个标志的输入-输出变量：Message_Ready 和 Data_Valid, 在操作员的消息可被刷新和当操作员送入的数据为有效后, 这两个标志作为一种信号标志送出。

图 6-103 是该功能块图形符号的描述。

该功能模块用于汽轮机升速运行顺序中请求汽轮机按线性比例升速的速度和升速过程所需的时间。

需注意, 功能块中 Message_Ready 和 Data_Valid 是输入-输出变量。

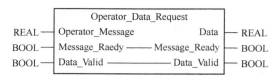

图 6-103　用户通信功能块

**3. 控制问题分解**

给水泵示例的主要控制功能可分为两部分：顺序控制和辅助控制、随动控制。

将 PLC 的资源也分为两部分, 分别对它们进行处理。主资源 Main 执行汽轮机升速的主顺序控制和其他辅助控制功能。调制控制资源 ModulatingControl 执行对模拟量输入信号的扫描采样及执行随动控制。

图 6-104 显示两个资源和配置 BFB1_Control 的关系。

两个资源中所用到的全局变量在配置这一级定义。这些全局变量既有在两个资源都要求、且表示系统的输入和输出, 也有那些作为两个资源之间交换的信息。例如, 当给水泵已升至设定的运转速度时, MainControl1 发出信号立即起动 ModControl1。该信号是由在主资源 MainControl1 程序中设置的一个全局布尔变量 P1_Auto 实现。

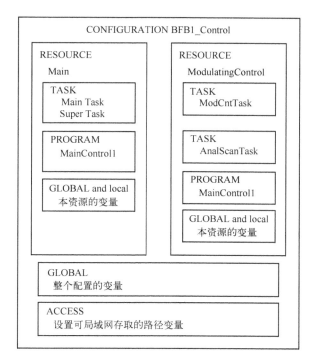

图 6-104　系统配置的结构层次

仅在一个特定资源内所要求的全局变量，则在资源级声明。例如，常数 MaxPunpSpeed 仅仅与 MainControl1 程序有关，因此只要在主资源 Main 中作为全局变量来定义。

设计时，应让全局变量尽可能少。示例中，所有关键变量都经由正式的输入和输出导入和导出程序。这样做的结果可使软件设计具有良好的结构性，但也会导致在主程序中存在大量的输入-输出变量。

存取路径变量用于为所选择变量提供外部路径。通信存取的变量通常仅限于少数主要变量，例如，给水泵的转速和运行方式。为了监控目的，可对一些存取路径变量设置为只读属性，例如，报警监控的变量。

对内部控制变量不应提供直接存取的方式，因为偶尔的突发因素有可能会对控制系统的完整性产生危险。

此外，还可假定超出 IEC 61131-3 范围以外的诊断手段，在系统调试期间为建立各种整定常数也是很有用的，理当予以考虑。

每个资源包含一个或多个任务。资源 Main 中有两个任务：任务 MainTask 运行主程序块和大多数在资源 MainControl1 内的功能块。任务 Supertask 与给水泵运行的监控功能块有关，用来监控慢速变化的输入数据，例如温度和振动幅度等，因此，运行时采取慢扫描的速率。

ModulatingControl 资源中有一个任务 ModulatingControl。它承担随动控制功能块和模拟量输入信号调理功能块的运行。

下面给出配置 BFB1_Control 的部分文本描述（双斜线后的该行字符是注释，便于读者清晰了解而添加）。

【例 6-22】　配置和资源的文本描述。

```
CONFIGURATION   BFP1_Control
    VAR_GLOBAL                                      // 配置级的全局变量
                                                    // 系统输入
        P1_Local    AT   %IX10 : BOOL;              // 就地控制
        P1_PumpSpeed    AT   %ID50 : REAL;          // 给水泵转速
        P1_FlowRate    AT   %ID51 : REAL;           // 给水流量
        ...

                                                    // 直接主控制输入
        P1_StartPermit   AT   %IX200 : BOOL;        // 允许主起动
        P1_PumpTrip    AT   %IX201 : BOOL;          // 给水泵紧停
        P1_StartUp    AT   %IX202 : BOOL;           // 给水泵运行起动
        ...

                                                    // 系统输出
        P1_SteamIV   AT   %QD80 : REAL;             // 蒸汽进气阀阀位
        ...

                                                    // 主控制输出
        P1_PumpMode    AT   %QW400 : PumpMode;       // 给水泵运行模式
        P1_PumpFault    AT   %QW4010 : BOOL;        // 给水泵运行故障
        ...

                                                    // 配置级，共享全局变量
        P1_Auto: BOOL;                              // 随动控制自动运行
    END_VAR

                                                    // 资源的声明段

    RESOURCE   MainControl
    VAR_GLOBAL   CONSTANT                           // 定义所有的全局常数
        Seq_Scan_Period : TIME := T#100ms;
        MaxPumpSpeedl :   REAL := 4000.0;
        ...
    END_VAR
    VAR                                             // 资源级的内部变量
                                                    // 系统输入
        P1_AOP_Press    AT   %ID533 :   REAL:       // 辅助油压泵压力
        ...

                                                    // 系统输出*)
        P1_SteamEV    AT   %QX81 : BOOL;            // 排气阀
        P1_SuctionV    AT   %QX10 : BOOL;           // 虹吸抽水阀
        P1_DischgV    AT   %QX81 : BOOL;            // 锅炉进水阀
        ...
    END_VAR
                                                    // 任务的声明
    TASK   MainTask (INTERVAL := Seq_Scan_Period, PRIORITY := 5);
    TASK   SuperTask (INTERVAL := T#500ms,   PRIORITY := 10) ;
                                                    // 调用 MainControl1 程序
    PROGRAM   MainControl1   WITH   MainTask :
    MainControl (
                                                    // 输入变量连接清单
        StartUp:= P1_StartUp,                       // 给水泵运行
        Local := P1_Local,                          // 就地控制方式
```

```
            PumpSpeed := P1_ PumpSpeed,
            FlowRate := P1_ FlowRate,
            PumpTrip := P1_ PumpTrip,
            …
                                                // 输出变量连接清单

            Auto => P1_Auto,
            PumpMode    => P1_ PumpMode,
            PumpFault   => P1_ PumpFault,
            SteamIV     => P1_ SteamIV,          // 蒸汽进气阀
            SteamEV     => P1_ SteamEV,          // 蒸汽排气阀
            SuctionV    => P1_ SuctionV,         // 虹吸抽水阀
            P1_DischgV  => P1_ DischgV,          // 锅炉进水阀
            …
                                                // 将监控功能块赋予任务 SuperTask
            PumpSupervision With SuperTask;
            );
        END_RESOURCE
        RESOURCE    ModulatingControl
            …                                    // 从略
        END_RESOURCE
        VAR_ACCESS
                            // 存取路径变量的声明段
            A_BFP1Speed : P1_PumpSpeed : REAL         READ_ONLY;
            A_BFP1Mode : P1_PumpMode    : PumpMode   READ_ONLY;
            A_BFP1Suction : MainControl.P1_SuctionV : BOOL    READ_ONLY;
            …
        END_VAR
    END_CONFIGURATION
```

#### 4. 程序分解

下面以主程序 MainControl 为例说明程序的分解。注意，MainControl1 是程序 MainControl 的实例。它为今后系统的扩建提供了可复用性。例如，对第二台给水泵的控制系统，可直接建立程序实例 MainControl2，并将相关输入和输出与第二台给水泵的相应信号链接即可。

图 6-105 显示主程序 MainControl 的分解，程序分解时需注意，每个功能块都与锅炉给水泵的某个特定部分的控制有关。只要可能，都应该把这个特定部分的行为特性的控制逻辑包含在这个特定的功能块内。主程序可包含下列功能块实例。

（1）汽轮机顺序起动功能块 TurbineSequence

该功能块是蒸汽轮机的主升速顺序控制功能块，可用顺序功能表图描述其执行顺序过程。图 6-106 是该功能块的顺序功能表图。

该功能块的初始步 StandBy 在接收到 StartUp 信号后，开始步的进展，按顺序进入检查 Check 步，该步将检查给水泵的各种联锁情况，其动作控制功能块名是 A1_Pump_Interlocks。如果一切正常，即发出 ChecksOK 信号，步的状态转移到设置斜坡 SetupRamp 步。如果检查发现问题，则发出 NOT ChecksOK 信号，步的状态转移到检查故障 CheckFault 步，其动作控制功能块名是 A10_ChksFault。

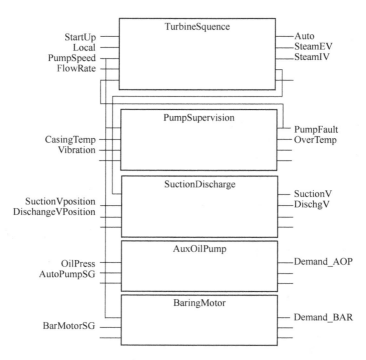

图 6-105　MainControl 程序的分解

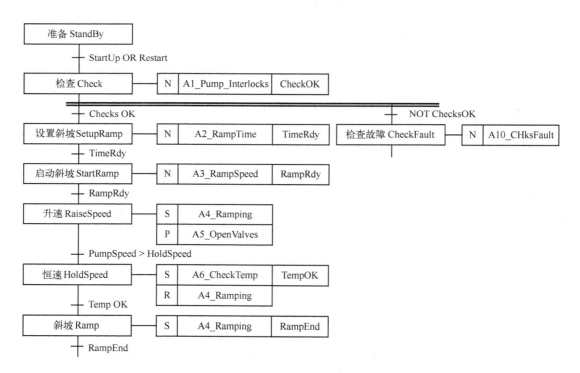

图 6-106　汽轮机顺序起动功能块的部分顺序功能表图

在设置斜坡 SetupRamp 步，系统执行的动作控制功能块名是 A2_RampTime。该步由操作员设置升速的时间等。一旦设置完成，发送 TimeRdy 信号，该步进展到下一步，即起动斜坡 StartRamp 步。

在起动斜坡 StartRamp 步，系统执行的动作控制功能块名是 A3_RampSpeed。该步完成设置升速目标转速。这些动作后发送 RampRdy 信号，该步进展到升速 RaiseSpeed 步。

在升速 RaiseSpeed 步，系统执行的动作控制功能块名是 A4_Ramping 的置位和 A5_OpenValves。完成打开蒸汽进气阀、蒸汽紧停阀和排气阀等操作，并使汽轮机升速，同时，该功能块将被置位，即汽轮机将保持升速。当汽轮机转速 RampSpeed 达到预先设定好的中间转速 HoldSpeed 时，该步进展到恒速 HoldSpeed 步。

在恒速 HoldSpeed 步，系统执行的动作控制功能块名是 A6_CheckTemp 和 A4_Ramping 的复位。在该步检查汽轮机外壳温度，当外壳温度已趋于稳定的结果时发送 TempOK 信号，作为向下一步斜坡 Ramp 转移的条件。

在斜坡 Ramp 步，系统执行的动作控制功能块名是 A4_Ramping 置位，即重新使汽轮机继续升速，直到转速达到所设定的运转速度，并发送升速顺序结束的信号 RampEnd。

SFC 也显示当接到 Restart 信号，顺序可直接进入初始状态后的检查 Checks 步。

SFC 中的动作控制功能块可用 IEC 61131-3 标准规定的任何一种编程语言编写。例如，动作控制功能块 A3_RampSpeed 用于向值班操作人员提示，需要键入汽轮机起动升速所需的目标转速，它调用通信功能块 Operator_Data_Request 的实例 Operator_Data_Request1。图 6-107 是用梯形图编程语言编写的程序。

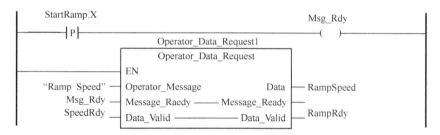

图 6-107　A3_RampSpeed 动作控制功能块程序

程序中，当步 StartRamp 为活动步时，StartRamp.X=BOOL#1，因此，准备好信号 Msg_Rdy 置位，因通信功能块 Operator_Data_Request 的 EN 端被直接连接到梯级的左轨线，因此，该功能块被执行，功能块向值班操作员发出提示"Ramp Speed"，操作员根据提示信息，键入升速目标转速 RampSpeed。经确认后，发送斜坡准备信号 RampRd。

类似地，动作控制功能块 A5_OpenValves 的程序可用如下的结构化文本编程语言编写：

```
ACTION    A5_OpenValves
    StEmergStopCtl (Position := OPEN, Time := T#15s);
    StExhaustCtl ( Position := OPEN, Time := T#15s);
END_ACTION
```

该功能块调用两个用户的功能块实例 StEmergStopCt1 和 StExhaustpCt1，分别用于将蒸汽紧停阀和蒸汽排气阀打开，为汽轮机进行起动升速做准备。这两个功能块实例都是下述阀门控制功能块 ValvaControl 的实例。

（2）给水泵监控功能块 PumpSupervision

该功能块用于检查汽轮机和给水泵，以监控它们是否运行在正常的限定范围之内。功能块连续地检测轴承温度、振动幅度，以及汽轮机外壳的温度。一旦某一个参数偏离正常范围，立即输出给水泵故障信号 PumpFault。

图 6-108 是该功能块的功能块图程序。

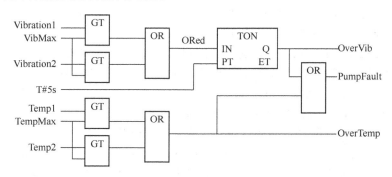

图 6-108　用功能块图描述 PumpSupervision 功能块

由于此功能块仅涉及检测变化相当慢的输入，所以，它采用比主控制程序 MainControl 中的其他模块要慢的扫描速率运行。为此，在示例的配置中，专门把与给水泵监控功能块 PumpSupervision 相关联的任务 SuperTask 调用的扫描周期指定为 500ms。

程序显示，当汽轮机的轴振动或给水泵轴振动的测量值超过规定的 VibMax，并且其持续时间大于 5s，或者汽轮机外壳温度或给水泵温度测量值超过规定的 TempMax，则发送 PumpFault，并相应发送 OverVib 或 OverTemp 的故障信号。

（3）给水泵抽水给水功能块 SuctionDischarge

当给水泵转速接近其运转速度时，锅炉给水的虹吸抽水阀和进水阀打开。因此，给水泵抽水给水功能块 SuctionDischarge 确保这些阀门只在达到规定的状态下开启；而且该功能块也用于检查这些阀门的阀位传感器，以确保阀门已开到所要求的位置。

（4）辅助油泵功能块 AuxOilPump

汽轮机和给水泵的轴承内的油压维持在一个良好的压力是保证它们处于正常状态的关键。辅助油泵功能块 AuxOilPump 连续检测油压，保证油压高于规定的最小临界值。如果油压跌至临界值以下，且持续了几秒钟，辅助油泵功能块动作，使辅助电动油泵立刻上电起动。同时，该功能块检查辅助油泵的减速齿轮箱，以确保它按要求在运转，并且，辅助油泵以规定的油压向轴承供油。

（5）盘车电动机功能块 BarringMotor

当给水泵停止运转时，汽轮机要按一定规程减速，直至停转。为此，必须让盘车电动机与汽轮机的转轴啮合，使汽轮机以一个适当的低速旋转，以避免汽轮机轴变形。盘车电动机功能块 BarringMotor 在接收到来自功能块 TurbineSequence 的请求信号后，执行让盘车电动机与汽轮机的轴啮合，并起动电动机。此外，在汽轮机升速并进入正常升速顺序的操作时，盘车电动机功能应切断盘车电动机的电源，让该电动机与汽轮机转轴的啮合断开。

### 5. 低层级功能块

示例中，有很多阀要控制。除了蒸汽进气阀是按比例开启之外，其他阀门都可以用同样的阀门控制器功能块予以控制。

来自控制系统的信号驱动阀门执行器去打开或关闭阀门的时，要求阀门必须在预定的时间内让阀门到位。为此，每个阀门上都安装了限位开关，当阀门达到全开或全关位置时，这些限位开关都反馈阀门已到位信号。

作为低层级功能块，阀门控制功能块 ValveControl 提供阀门移动至所要求位置的全部逻辑控制，检查阀门是否到位。如果在规定时间内阀门没有到位，则产生一个故障信号，指示检查到被要求的阀门未到位。

图 6-109 是阀门控制功能块 ValveControl 实例 StExhaustCtl 与蒸汽排放阀门执行器、限位开关的连接图。阀门减速箱上的限位开关将所检测到的阀门位置信号反馈给阀门控制功能块 ValveControl。

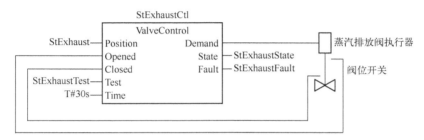

图 6-109　阀门控制功能块 ValveControl

对给水泵控制系统还要考虑许多其他的功能块，例如，起动辅助油泵或盘车电动机等电气装置都会用到齿轮箱离合控制的功能块。为此，可事先设计好类似的基础级功能块，以便于今后可用于其他系统。

### 6. 信号流

用基于 IEC 61131-3 编程语言标准的编程系统所编制的软件可以深度嵌套，所以，信号值从源头发至目的地，可能会经过多个层级的流动。这样，一个特定信号的数值就有可能在不同的层级有不同的变量名。

【例 6-23】　蒸汽排气阀信号流的示例。

蒸汽排气阀的低层级的功能块是阀门控制功能块 ValveControl，它的实例名是 StExhaustCtl。该功能块位于汽轮机顺序起动功能块 TurbineSequence 内，汽轮机顺序起动功能块是程序 MainControl 的实例 MainControl1 内的功能块。根据上述，图 6-110 描述了信号流的关系。

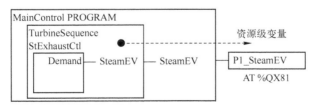

图 6-110　信号流示例

TurbineSequence 功能块的输出变量 SteamEV 直接驱动程序实例名 MainControl1 的输出 SteamEV。而程序实例名 MainControl1 的输出值 SteamEV 被写入资源级变量 P1_SteamEV 中。

类似地，也存在系统的输入项的内部功能块流动的信号流。

因此，在编程和调试时，应特别注意信号流的各变量之间的关系。例如，例 6-23 中，变量 SteamEV 作为功能块 TurbineSequence 的输出变量，它不应与程序实例 MainControl1 的输出 P1_SteamEV 混淆。

一个大系统中可能存在许多软件层级，它们不应成为系统性能变差的因素，良好的程序设计应使信号流在软件界面传递过程中不产生任何显著的处理开销。

# 参 考 文 献

[1] D G Johnson.    Programmable Controllers for Factory Automation[M]. New York: Marcel Dekker, 1987.

[2] C T Jones, L A Bryan. Programmable Controllers Concepts and Application[M]. Atlanta: IPC/ASTEC, 1983.

[3] K T Erickson, Programmable Logic Controllers: An Emphasis on Design and Application[M]. Ralla: Dogwood Valley, 2006.

[4] IEC 61131-1 Programmable controllers – Part1 : General information[S]. 3th ed, 2013.

[5] IEC 61131-2 Programmable controllers – Part2 : Equipment requirements and tests[S]. 3th ed, 2012.

[6] IEC 61131-3 Programmable controllers – Part3 : Programming languages[S]. 3th ed, 2013.

[7] 北京机械工业自动化研究所，北京航空航天大学，无锡气动技术研究所有限公司. 流体传动系统及元件图形符号和回路图 第 1 部分：用于常规用途和数据处理的图形符号：GB/T 786.1—2009[S]. 北京：中国标准出版社，2009.

[8] 中国机电一体化技术应用协会. 可编程序控制器 第 1 部分：通用信息：GB/T15969.1—2007[S]. 北京：中国标准出版社，2007.

[9] 中国机电一体化技术应用协会. 可编程序控制器 第 2 部分：设备要求和测试：GB/T15969.2—2008[S]. 北京：中国标准出版社，2008.

[10] 中国机电一体化技术应用协会. 可编程序控制器 第 3 部分：编程语言：GB/T 15969.3—2005[S]. 北京：中国标准出版社，2006.

[11] 中国机电一体化技术应用协会. 可编程序控制器 第 4 部分：用户导则：GB/T 15969.4—2007[S]. 北京：中国标准出版社，2007.

[12] 北京机械工业自动化研究所. 可编程序控制器 第 5 部分：通信：GB/T 15969.5—2002[S]. 北京：中国标准出版社，2003.

[13] 中国机电一体化技术应用协会. 可编程序控制器 第 8 部分：编程语言的应用和实现导则：GB/T 15969.8—2007[S]. 北京：中国标准出版社，2007.

[14] 中华人民共和国工业和信息化部. 可编程控器系统设计规范：HG/T 20700—2014[S]. 北京：化学工业出版社，2014.

[15] 中华人民共和国工业和信息化部. 仪表供电设计规范：HG/T 20509—2014[S]. 北京：化学工业出版社，2014.

[16] 中华人民共和国工业和信息化部. 仪表配管配线设计规范：HG/T 20512—2014[S]. 北京：化学工业出版社，2014.

[17] 中华人民共和国工业和信息化部. 仪表系统接地设计规范：HG/T 20513—2014[S]. 北京：化学工业出版社，2014.

[18] 中华人民共和国工业和信息化部. 自控专业工程设计用图形符号和文字代号：HG/T 20637.2—2017[S]. 北京：化学工业出版社，2018.

[19] PLCopen-TC2. Function blocks for Motion control (Formerly Part1 and Part2)[S]. V.2.0, 2011.

[20] PLCopen-TC2. Function blocks for Motion control. Part3-User guidelines[S]. V.2.0, 2013.

[21] PLCopen-TC2. Function blocks for Motion control. Part4-Coordinated motion[S]. V.1.0, 2008.

[22] PLCopen-TC2. Function blocks for Motion control. Part5-Homing procedured[S]. V.2.0, 2011.

[23] PLCopen-TC2. Function blocks for Motion control. Part6-Fluid power extensions[S]. V.2.0, 2011.

[24] PLCopen TC2&5. Logic,Motion,Safety[S]. V.0.41, 2008.

[25] PLCopen TC5. Safety software-Part1-Concepts and function blocks[S]. V.1.0, 2006.

[26] PLCopen TC5. Safety software-Part2-User examples[S]. V.1.01, 2008.

[27] PLCopen TC5. Safety Functionality-Part3-Extensions to the function blocks[S]. V.1.0, 2013.

[28] PLCopen TC5. Safety software-Part4-Application specific FBs for presses[S]. V.1.0, 2013.

[29] PLCopen TC6. XML formats for IEC61131-3[S]. V.2.01, 2009.

[30] PLCopen and OPC Foundation. OPC UA Information Model for IEC61131-3[S]. V.1.00, 2010.

[31] PLCopen and OPC Foundation. OPC UA Client function blocks for IEC61131-3[S]. V.1.1, 2016.

[32] ISG. Control platform for PLCopen[S]. V.22e, 2014.

[33] ISG. PLC library McpBase[S]. V.24$, 2013.

[34] 彭瑜. IEC 61131-3 的现状与发展[J]. 世界仪表与自动化，2002(2, 3): 14-18.

[35] 彭瑜. 工控编程语言 IEC 61131-3 的现状和发展[J]. 国内外机电一体化技术，2004(1):42-49.

[36] 彭瑜. 充分发挥 SFC 的潜力，改善当前 PLC 程序的开发实践[J]. 国内外机电一体化技术，2007(6):31-35.

[37] 彭瑜. 工控编程语言国际标准 IEC 61131-3 及其影响[J]. 国内外机电一体化技术，2006(4):53-61.

[38] 彭瑜. 基于多平台编程系统的工控程序移植及其实现途径[J]. 国内外机电一体化技术，2005(1):8-13.

[39] 彭瑜. 关于 IEC 61131、PLC 和软 PLC 的一些观点——在中国的过去、现在和未来趋势[J]. 国内外机电一体化技术，2003(1):48-51.

[40] 彭瑜，何衍庆. IEC61131-3 编程语言及应用基础[M]. 北京：机械工业出版社，2009.

[41] 何衍庆，何乙平，王朋. 常用 PLC 应用手册[M]. 北京：电子工业出版社，2008.

[42] 何衍庆，黎冰，黄海燕. 可编程控制器编程语言及应用[M]. 北京：电子工业出版社，2006.

[43] 黄海燕，黎冰，何衍庆. PLC 现场工程师工作指南[M]. 北京：化学工业出版社，2012.

[44] 胡学林. 可编程控制器教程：提高篇[M]. 北京：电子工业出版社，2005.

[45] 胡学林. 可编程控制器教程：实训篇[M]. 北京：电子工业出版社，2004.

[46] 齐蓉. 最新可编程控制器教程[M]. 西安：西北工业大学出版社，2000.

[47] 谢克明，夏路易. 可编程控制器原理与程序设计[M]. 北京：电子工业出版社，2002.

[48] 宋伯生. PLC 编程理论、算法及技巧[M]. 北京：机械工业出版社，2005.

[49] 陈在平，赵相宾. 可编程序控制器技术与应用系统设计[M]. 北京：机械工业出版社，2005.

[50] 任向阳. 开放式 IEC 61131 控制系统设计[M]. 北京：机械工业出版社，2016.